教育部高等农林院校理科基础课程
教学指导委员会推荐示范教材

普通高等教育农业部“十二五”规划教材

普通高等教育“十四五”规划教材

Organic Chemistry

有机化学

第3版

叶 非 袁光耀 姜建辉◎主编

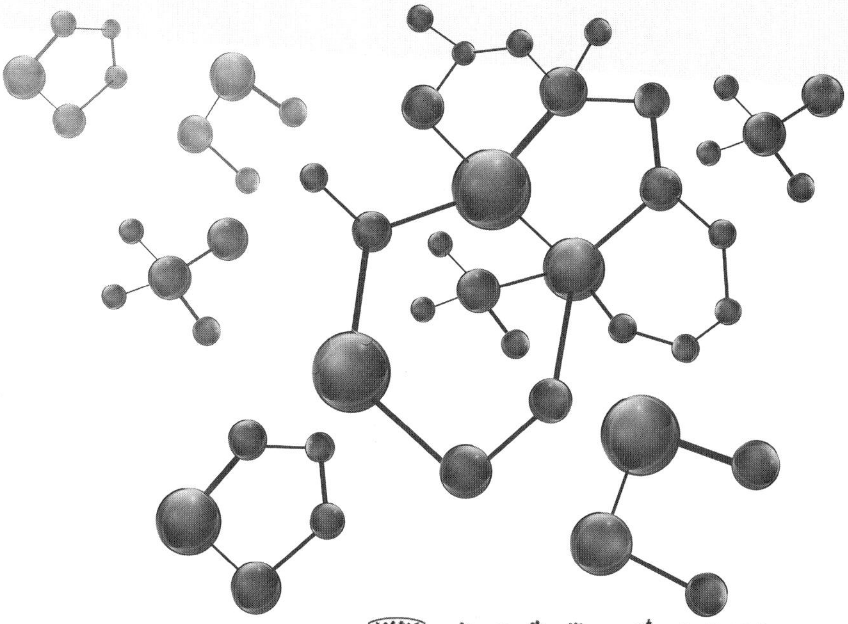

中国农业大学出版社
China Agricultural University Press
·北京·

内容简介

本教材是按照教育部高等农林院校理科基础课程教学指导委员会制定的普通高等农林院校有机化学（少学时）教学大纲的要求编写。内容以“基本”和“新”为原则，注重基础知识和基本理论的介绍；编排上以官能团系统为主线，建立结构、性质、典型反应机理的理论体系；在保证有机化学体系完整性的基础上，加强与农业科学与相关学科的联系。

本书共16章，包含四部分内容。第一部分为基本原理；第二部分为各类有机化合物的结构、命名、性质、基本反应、立体化学等；第三部分为天然有机化合物；第四部分为有机化合物的波谱知识。各章节中有思考题，章后有习题。内容上注意与后续课程（生理、生化、遗传、分子生物学等）的衔接。

本书除可作为高等农业院校有机化学教材外，也可供高等林、水院校及生物类有关专业教学参考。

图书在版编目(CIP)数据

有机化学/叶非，袁光耀，姜建辉主编. --3版. --北京：中国农业大学出版社，2024.1（2024.10重印）

ISBN 978-7-5655-3128-6

Ⅰ.①有… Ⅱ.①叶… ②袁…③姜… Ⅲ.①有机化学 Ⅳ.①O62

中国国家版本馆CIP数据核字(2023)第245704号

书　名 有机化学　第3版

作　者 叶　非　袁光耀　姜建辉　主编

策划编辑	梁爱荣	**责任编辑**	梁爱荣
封面设计	李尘工作室		
出版发行	中国农业大学出版社		
社　址	北京市海淀区圆明园西路2号	**邮政编码**	100193
电　话	发行部 010-62733489,1190	读者服务部	010-62732336
	编辑部 010-62732617,2618	出　版　部	010-62733440
网　址	http://www.caupress.cn	**E-mail**	cbsszs@cau.edu.cn
经　销	新华书店		
印　刷	北京溢漾印刷有限公司		
版　次	2024年1月第3版　2024年10月第2次印刷		
规　格	185 mm×260 mm　16开本　22.75印张　568千字		
定　价	72.00元		

图书如有质量问题本社发行部负责调换

第 3 版编委会

主　　编　叶　非（东北农业大学）
　　　　　　袁光耀（河北北方学院）
　　　　　　姜建辉（塔里木大学）

副 主 编　盛显良（内蒙古农业大学）
　　　　　　赵俭波（塔里木大学）
　　　　　　郭振福（河北北方学院）
　　　　　　陈红兵（山西农业大学）

参　　编　（按姓氏拼音排序）
　　　　　　崔　薇（吉林农业大学）
　　　　　　姜大伟（东北林业大学）
　　　　　　李咏玲（山西农业大学）
　　　　　　苏　瑛（沈阳农业大学）
　　　　　　王世飞（山西农业大学）
　　　　　　夏旭东（塔里木大学）
　　　　　　徐英操（东北农业大学）
　　　　　　闫　慧（内蒙古农业大学）
　　　　　　张玉辉（内蒙古农业大学）
　　　　　　赵淑杰（吉林农业大学）

主　　审　付　颖（东北农业大学）

第2版编委会

主　　编　叶　非　袁光耀　姜建辉

副 主 编　盛显良　赵俭波　郭振福　陈红兵

编写人员　（按姓氏拼音排序）

陈红兵（山西农业大学）
崔　薇（吉林农业大学）
郭振福（河北北方学院）
姜大伟（东北林业大学）
姜建辉（塔里木大学）
李蜀眉（内蒙古农业大学）
李咏玲（山西农业大学）
盛显良（内蒙古农业大学）
苏　瑛（沈阳农业大学）
王世飞（山西农业大学）
徐英操（东北农业大学）
叶　非（东北农业大学）
于海峰（塔里木大学）
袁光耀（河北北方学院）
赵俭波（塔里木大学）
赵淑杰（吉林农业大学）

主　　审　付　颖（东北农业大学）

第1版编委会

主　　编　叶　非　杨爱萍

副主编　袁光耀　盛显良　高吉刚
　　　　岳霞丽　刘文杰　刘晓宇

参　　编　（按姓氏笔画排序）
　　　　史美丽　李红霞　李蜀眉
　　　　姜　林　徐英操　徐胜臻
　　　　郭振福

主　　审　徐雅琴

出版说明

在教育部高教司农林医药处的关怀指导下，由教育部高等农林院校理科基础课程教学指导委员会（以下简称“基础课教指委”）推荐的本科农林类专业数学、物理、化学基础课程系列示范性教材现在与广大师生见面了。这是近些年全国高等农林院校为贯彻落实“质量工程”有关精神，广大一线教师深化改革，积极探索加强基础、注重应用、提高能力、培养高素质本科人才的立项研究成果，是具体体现“基础课教指委”组织编制的相关课程教学基本要求的物化成果。其目的在于引导深化高等农林教育教学改革，推动各农林院校紧密联系教学实际和培养人才需求，创建具有特色的数理化精品课程和精品教材，大力提高教学质量。

课程教学基本要求是高等学校制定相应课程教学计划和教学大纲的基本依据，也是规范教学和检查教学质量的依据，同时还是编写课程教材的依据。“基础课教指委”在教育部高教司农林医药处的统一部署下，经过批准立项，于 2007 年底开始组织农林院校有关数学、物理、化学基础课程专家成立专题研究组，研究编制农林类专业相关基础课程的教学基本要求，经过多次研讨和广泛征求全国农林院校一线教师意见，于 2009 年 4 月完成教学基本要求的编制工作，由“基础课教指委”审定并报教育部农林医药处审批。

为了配合农林类专业数理化基础课程教学基本要求的试行，“基础课教指委”统一规划了名为“教育部高等农林院校理科基础课程教学指导委员会推荐示范教材”（以下简称“推荐示范教材”）。“推荐示范教材”由“基础课教指委”统一组织编写出版，不仅确保教材的高质量，同时也使其具有比较鲜明的特色。

一、“推荐示范教材”与教学基本要求并行 教育部专门立项研究制定农林类专业理科基础课程教学基本要求，旨在总结农林类专业理科基础课程教育教学改革经验，规范农林类专业理科基础课程教学工作，全面提高教育教学质量。此次农林类专业数理化基础课程教学基本要求的研制，是迄今为止参与院校和教师最多、研讨最为深入、时间最长的一次教学研讨过程，使教学基本要求的制定具有扎实的基础，使其具有很强的针对性和指导性。通过“推荐示范教材”的使用推动教学基本要求的试行，既体现了“基础课教指委”对推行教学基本要求的决心，又体现了对“推荐示范教材”的重视。

二、规范课程教学与突出农林特色兼备 长期以来各高等农林院校数理化基础课程在教学计划安排和教学内容上存在着较大的趋同性和盲目性，课程定位不准，教学不够规范，必须科学地制定课程教学基本要求。同时由于农林学科的特点和专业培养目标、培养规格的不同，对相关数理化基础课程要求必须突出农林类专业特色。这次编制的相关课程教学基本要求最大限度地体现了各校在此方面的探索成果，“推荐示范教材”比较充分反映了农林类专业教学改革的新成果。

三、教材内容拓展与考研统一要求接轨 2008 年教育部实行了农学门类硕士研究生统一入学考试制度。这一制度的实行，促使农林类专业理科基础课程教学要求做必要的调整。“推荐示范教材”充分考虑了这一点，各门相关课程教材在内容上和深度上都密切配合这一考试制度的实行。

四、多种辅助教材与课程基本教材相配 为便于导教导学导考，我们以提供整体解决方案的模式，不仅提供课程主教材，还将逐步提供教学辅导书和教学课件等辅助教材，以丰富的教学资源充分满足教师和学生的需求，提高教学效果。

乘着即将编制国家级“十二五”规划教材建设项目之机，“基础课教指委”计划将“推荐示范教材”整体运行，以教材的高质量和新型高效的运行模式，力推本套教材列入“十二五”国家级规划教材项目。

“推荐示范教材”的编写和出版是一种尝试，赢得了许多院校和老师的参与和支持。在此，我们衷心地感谢积极参与的广大教师，同时真诚地希望有更多的读者参与到“推荐示范教材”的进一步建设中，为推进农林类专业理科基础课程教学改革，培养适应经济社会发展需要的基础扎实、能力强、素质高的专门人才做出更大贡献。

中国农业大学出版社
2009 年 8 月

第3版前言

习近平总书记在党的二十大报告中指出："科技是第一生产力、人才是第一资源、创新是第一动力""实施科教兴国战略，强化现代化建设人才支撑"。人才是引领行业发展的第一资源，而教材是人才培养的根本。

本教材为教育部高等农林院校理科基础课程教学指导委员会组织编写的理科基础课程示范教材，是普通高等教育农业部"十二五"规划教材、出版社普通高等教育"十四五"规划教材。本教材以教育部高等农林院校理科基础课程教学指导委员会制定的普通高等农林院校有机化学(少学时)的课程内容与教学基本要求为依据，吸取了各高等农业院校长期积累的教学改革的实践经验编写而成。

根据有机化学在各高等农林院校教学计划，本教材分为16章，将有机化合物的结构和性能的关系作为贯穿有机化学教材的一条主线，建立以能力培养为中心的基础体系，突出有机化合物的结构和性质相关性，力求从结构的角度阐明每类化合物各具特性的原因；教材在章节次序上以官能团系统编排，并着力解决有机化学与后续课程(生理、生化、遗传、分子生物学等)的衔接。

本教材延续了第2版的编写模式和优点，在整合已有的教学资源基础上，吸纳有机化学前沿领域的知识，更新了数据，修订了原教材中的错误，充实了部分章节的内容。

本教材由东北农业大学、河北北方学院、塔里木大学、内蒙古农业大学、山西农业大学、吉林农业大学、沈阳农业大学和东北林业大学8所高等院校的17位教师共同编写：叶非(第1章，东北农业大学)，徐英操(第2章，东北农业大学)，盛显良、张玉辉、闫慧(第3、4章，内蒙古农业大学)，崔薇(第5章，吉林农业大学)，李咏玲(第6章，山西农业大学)，赵淑杰(第7章，吉林农业大学)，陈红兵(第8章，山西农业大学)，袁光耀(第9章，河北北方学院)，郭振福(第10章，河北北方学院)，姜建辉(第11章，塔里木大学)，赵俭波(第12章，塔里木大学)，苏瑛(第13章，沈阳农业大学)，王世飞(第14章，山西农业大学)，夏旭东(第15章，塔里木大学)，姜大伟(第16章，东北林业大学)。

本教材由叶非、袁光耀、姜建辉担任主编，盛显良、赵俭波、郭振福、陈红兵担任副主编。教材的初稿经主编、副主编审阅和修改，东北农业大学付颖教授仔细审校全稿，最后由叶非教授审定。

本教材编写过程中得到全国高等农林院校理科基础课程示范教材编审委员会、参编学校各级领导、中国农业大学出版社的指导和支持；在编写过程中编者参考了国内外教材并引用了其中的一些图表、数据和习题等，在此一并表示衷心的感谢。

限于编者水平，书中难免有错漏之处，恳切希望读者和专家批评指正。

编　者

2023 年 10 月

第 2 版前言

本教材为教育部高等农林院校理科基础课程教学指导委员会组织编写的理科基础课程推荐示范教材，按照教育部高等农林院校理科基础课程教学指导委员会制定的普通高等农林院校有机化学(少学时)的课程内容与教学基本要求，吸收了各高等农林院校长期积累的教学改革的实践经验编写而成。

根据各高等农林院校“有机化学”教学计划，本书分为 16 章，将有机化合物的结构和性能的关系作为贯穿教材的一条主线，建立以能力培养为中心的基础体系，突出了有机化合物的结构和性质的相关性，力求从结构的角度阐明每类化合物各具特性的原因，把有机化学的基本理论知识系统地阐述清楚，并着力解决有机化学与后续课程(生理、生化、遗传、分子生物学等)的衔接。

本教材的编写在体系和内容方面着重体现以下特色：

1. 把培养学生的能力、拓宽有机化学知识、增加适用性放在首位。

2. 内容以“基本”和“新”为原则，注重基础知识和基本理论的介绍，适当拓宽知识面，达到厚基础、宽口径的目的。

3. 教材以官能团系统编排，建立结构、性质、典型反应机理为主线的理论体系，增强有机化学的科学性、规律性和系统性，便于学生归纳、综合和应用。

4. 把反应机理放在各有关章节介绍，分散了难点，有利于学生的学习。

5. 各章后除附有综合习题外，还插有适量针对性强、富有思考性的问题，以便学生及时复习和巩固所学的知识。

6. 在保证有机化学体系完整性的基础上，加强与农业科学的联系；此外还注重与能源、环境、食品、医药等学科的联系，力求达到既提高学生的学习兴趣，又扩大学生的知识面的目的。

本教材由东北农业大学、河北北方学院、塔里木大学、内蒙古农业大学、山西农业大学、吉林农业大学、沈阳农业大学和东北林业大学 8 所高等院校的 16 位教师共同编写，具体分工如下：叶非(第 1 章，东北农业大学)，徐英操(第 2 章，东北农业大学)，盛显良(第 3 章，内蒙古农业大学)，李蜀眉(第 4 章，内蒙古农业大学)，崔薇(第 5 章，吉林农业大学)，李咏玲(第 6 章，山西农业大学)，赵淑杰(第 7 章，吉林农业大学)，陈红兵(第 8 章，山西农业大学)，袁光耀(第 9 章，河北北方学院)，郭振福(第 10 章，河北北方学院)，姜建辉(第 11 章，塔里木大学)，赵俭波(第 12 章，塔里木大学)，苏瑛(第 13 章，沈阳农业大学)，王世飞(第 14 章，山西农业大学)，于海峰(第 15 章，塔里木大学)，姜大伟(第 16 章，东北林业大学)。

本教材由叶非、袁光耀、姜建辉担任主编，盛显良、赵俭波、郭振福、陈红兵担任副主编。教材的初稿经主编、副主编审阅和修改，东北农业大学付颖教授仔细审校全稿，最后由叶非教授定稿。

本教材编写过程中得到全国高等农林院校理科基础课程推荐示范教材编审委员会、参编学校各级领导、中国农业大学出版社的指导和支持；在编写过程中编者参考了国内外教材并引用了其中的一些图表、数据和习题等，在此一并表示衷心的感谢。

书中错漏之处，恳切希望读者和专家批评指正。

编　者

2017 年 3 月

第 1 版前言

本书为教育部高等农林院校理科基础课程教学指导委员会组织编写的理科基础课程示范教材，是根据 2008 年 11 月教育部高等农林院校理科基础课程教学指导委员会制定的普通高等农林院校有机化学(少学时)的课程教学内容与教学基本要求编写的。

本教材的编写在体系和内容方面力求体现以下特色：

1. 始终把培养学生的能力、拓宽有机化学知识、增强适用性放在首位。

2. 内容以“基本”和“新”为原则，注重基础知识和基本理论的介绍，适当拓宽知识面，达到厚基础、宽口径的目的。

3. 教材以官能团分类体系编排，建立结构、性质、典型反应机理为主线的理论教学体系，更好地体现有机化学的规律性和系统性，便于学生归纳、综合和应用。

4. 把反应机理放在各有关章节介绍，分散了难点，有利于学生的学习。

5. 除章末附有综合习题外，章内还穿插有适量针对性强的问题，以便学生及时复习和巩固所学的知识。

6. 在保证有机化学体系完整性的基础上，注意介绍当代有机化学与农业、能源、环境、食品、医药等领域的交叉发展及应用渗透，既能提高学生的学习兴趣，又能扩大学生的知识面。

本书由东北农业大学、青岛农业大学、河北北方学院、内蒙古农业大学、山东农业大学、华中农业大学、新疆塔里木大学、沈阳农业大学 8 所高等院校的 15 位教师共同编写。

叶非、杨爱萍任主编，袁光耀、盛显良、高吉刚、岳霞丽、刘文杰、刘晓宇任副主编。编写分工为：叶非(东北农业大学)，第 1 章；徐英操(东北农业大学)，第 2 章；盛显良(内蒙古农业大学)，第 3 章；李蜀眉(内蒙古农业大学)，第 4 章；史美丽(青岛农业大学)，第 5 章；徐胜臻(华中农业大学)，第 6 章；岳霞丽(华中农业大学)，第 7 章；高吉刚(山东农业大学)，第 8 章；袁光耀(河北北方学院)，第 9 章；郭振福(河北北方学院)，第 10 章；刘文杰(新疆塔里木大学)，第 11 章；李红霞(新疆塔里木大学)，第 12 章；刘晓宇(沈阳农业大学)，第 13 章、第 14 章；杨爱萍(青岛农业大学)，第 15 章；姜林(山东农业大学)，第 16 章。教材的初稿经主编、副主编审阅、修改，东北农业大学徐雅琴教授审校全稿，最终由主编统稿和定稿。

本书在编写及出版过程中得到高等农林院校理科基础课程示范教材编审委员会、参编学校各级领导的指导和支持；在编写中参考了国内外教材并引用了其中的一些图表和数据等，在此一并表示衷心的感谢。

限于编者水平，书中仍会有错误和不妥之处，恳切希望读者和专家批评指正。

编　者

2009 年 11 月

目录
CONTENTS

Chapter 1 第1章 绪论

Introduction

1.1 有机化合物和有机化学

世界是物质的，要认识世界和改造世界必须要认识物质及物质之间的变化规律。为了研究上的方便和深入，人们很自然地对所知的物质进行分类。17 世纪中叶，人们根据物质来源将物质分为动物物质、植物物质和矿物物质三大类。18 世纪末，通过化学分析发现，动物物质和植物物质都含有碳、氢、氧等元素；并且有些物质既可以来源于动物，又可以来源于植物。如油脂既存在于动物中，也存在于植物中；蚁酸可以从蒸馏蚂蚁得到，也可以从糖的氧化得到。这使得物质的分类产生了困难。到了 19 世纪初，当时在世界化学界享有极大威望的瑞典化学家柏齐利乌斯(Berzelius)把动物物质和植物物质合并称为有机化合物，把矿物物质称为无机化合物。于是科学史上首次出现了有机物质的名称。"有机"(organic)一词来源于"有机体"(organism)，即有生命的物质。这是由于当时人们对生命现象的本质缺乏认识而赋予有机化合物的神秘色彩，认为它们不能用人工方法合成，而是"生命力"所创造的。这种"生命力"学说在一段时期内严重阻碍了有机化学的发展。

1828 年，年轻的德国化学家伍勒(Wöhler)在实验室用无机化合物氯化铵和氰酸银一起加热，制得有机化合物尿素：

$$NH_4Cl + AgCNO \longrightarrow AgCl + NH_4CNO$$

$$NH_4CNO \xrightarrow{\triangle} (NH_2)_2CO$$

当时公认尿素是有机化合物，而氰酸铵是无机物。以无机物为原料在没有"生命力"的影响下制得了有机物质，这对于"生命力"学说是有力的打击。此后，以无机物为原料，陆续合成了醋酸、甲烷等一系列有机物，"生命力"学说才彻底被否定，有机物的研究才摆脱了唯心主义的"生命力"学说的束缚，开始得到迅速的发展。

1850 年前后，根据当时对大量有机物成分的分析结果，德国化学家格美林(Gmelin)指出："一切有机物含有碳。"德国化学家凯库勒(Kekulé)也指出："我们把有机化学定为碳化合物的化学。"所以现在认为：有机化合物是指含碳元素的化合物，研究碳化合物的化学叫有机化学。有些简单的碳化合物，如二氧化碳、碳酸盐等的性质，同典型的无机化合物相似，一般把它们看作是无机化合物。应当指出，有机化合物不再与“生命力”学说有任何联系。现在保留“有机”二字，只不过是历史的遗留，当然也反映了有机化合物确实与生物体有很密切的联系。

思考题 1-1 你对有机化合物的定义是如何理解的？为什么说“有机”这个词已经失去了它固有的含义？

1.2 有机化合物的特点

1.2.1 有机化合物的组成和结构

有机化合物元素组成除碳外，常常还含有氢、氧、氮、硫、磷、卤素等。有机物元素组成虽然简单，数目却非常之多。到 2019 年 11 月，美国《化学文摘》收录的从自然界得到的和用人工方法在实验室合成的有机化合物数目已经超过 1.5 亿种，而无机化合物只不过 10 余万种。

有机化合物组成简单、数目众多的主要原因就是它的结构复杂。碳位于元素周期表第二周期第四主族，它最外层有 4 个电子，既不容易得到也不容易失去电子，而易与其他原子以共价键形成化合物。硅虽然也在第四主族，也有 4 个价电子，但是因为它的原子半径较大，所形成的共价化合物不如碳的化合物稳定。此外，碳原子间有很强的成键能力，可以形成稳定的共价键；以它们为骨架可以形成链状化合物，也可以形成环状化合物；碳原子间可以形成单键，也可以形成双键或三键。这种结构的多样化，就使异构现象成为有机化合物中的一种极其普遍的现象。所谓异构现象就是指化学组成相同，但是结构不同，因而形成了不同化合物的现象。所以有机化合物一般元素组成比较简单，但结构复杂，使得有机化合物的总数非常多，已远远超过无机化合物的数目。

1.2.2 典型有机化合物的理化特性

有机化合物与无机化合物都遵循化学的一般规律，它们之间存在着共性。但是由于有机化合物组成上的特性，其性质上也有自身的特点。多数有机化合物的理化性质有下列特点：

1. 多数有机化合物较易燃烧

有机化合物一般都含有碳和氢，完全燃烧后能生成内能较低的 CO_2 和 H_2O，所以多数有机化合物较易燃烧。

2. 有机化合物的熔点和沸点较低

有机化合物多为共价化合物，分子间为范德华力；而无机化合物多为离子化合物，强大的静电力使它们牢固地结合在一起。所以有机化合物的熔点和沸点都比较低。

3. 多数有机化合物易溶于有机溶剂而不易溶于水

有机化合物是共价化合物，一般极性较弱或无极性，而水是强极性的。因此，有机化合物一般难溶或不溶于水。

4. 有机化合物反应速度慢，而且常有副反应发生

有机化合物的化学反应，多涉及旧共价键的断裂和新共价键的形成，反应的活化能较高；而且在同一条件下，共价键断裂的部位可能不同，所以与无机化合物相比，它的反应速度慢，而且往往除主产物以外，还有副产物出现。因此有机反应需要注意选择最佳反应条件，尽量减少副反应。

以上所说的有机化合物的理化特性，是多数有机化合物的共性，但是还有很多特例，不能作为区别有机化合物与无机化合物的标准。

1.3 有机化合物的分子结构

物质的组成与结构是认识物质的核心。组成与结构的差异，才构成了不同的物质，赋予物质不同的性质和用途。早在古希腊，哲学家们和炼金术士就开始了物质的组成与结构的研究；直到 1927 年海特勒(Heitler)和伦敦(London)应用量子力学处理氢分子时，才开始了近代共价键理论的研究，揭示了共价键的本质。

1.3.1 共价键

有机化合物分子中的原子主要是以共价键相结合的。由一对电子把两个原子结合在一起所形成的键称作共价键。1916 年路易斯(Lewis)提出了原子的价电子可以配对共用形成共价键，使分子中每个原子都达到“八隅体”电子构型的学说，这种电子构型使分子处于稳定的能量较低的状态。碳原子的最外层有四个价电子，当碳原子与其他原子结合时，要失去或接受四个电子来形成八隅体电子构型是很困难的，即碳原子既不易得到也不易失去四个价电子，而是通过原子间价电子的配对共用来实现八隅体的电子构型的。例如：

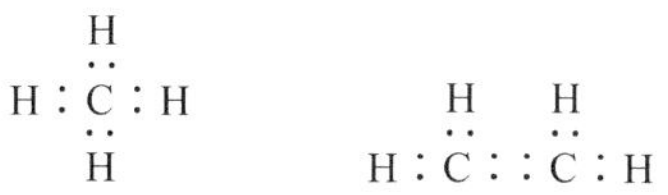

上式中用电子对表示一个共价键的结构式，称路易斯式或电子式。原子间共用一对电子的共价键称单键，也称 σ 键；共用两对电子的称为双键；共用三对电子的称为三键。如果共用的电子对来自一个原子，称配位键。整个分子中，每个原子(除氢为二电子)的外层电子必须满足八隅体电子构型，否则形成不稳定的化合物或活泼的中间体。对共价键的解释有价键理论和分子轨道理论。

1.3.2 价键理论

量子力学的价键理论认为，共价键可以看成是由参与成键原子的原子轨道相互重叠而

形成的。正是这种重叠使成键原子间的电子出现的概率增大，从而增加了对两个原子核的静电吸引力，减少了两核间的排斥力，因而降低了体系的能量，形成了稳定的共价键，如图1-1所示。

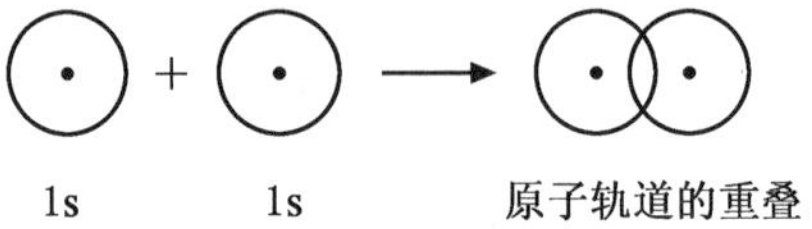

图1-1　氢原子轨道重叠

由于每种元素的原子所能提供的成键轨道的数目以及在形成分子时所能提供的未成对电子数目是一定的，所以原子能够形成共价键的数目也是一定的，这就是所谓共价键的饱和性。例如Cl原子只有一个未成对电子，它和H原子形成HCl分子后已达饱和，不能再与第二个H原子形成共价键。

共价键的形成是原子轨道重叠使能量降低所致的，所以轨道间总是尽可能最大限度地重叠。除s轨道外，p、d、f及杂化轨道均非球形对称，而在空间有一定取向，因而成键时，除s-s轨道在空间任何方向都能达到最大重叠外，其他轨道的重叠必须沿着一定的方向，才能实现最大限度的重叠，这就是所谓共价键的方向性。图1-2是s轨道与p轨道的三种重叠情况。

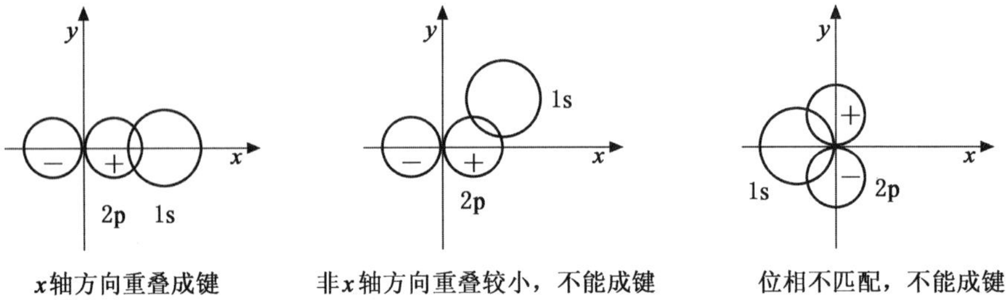

图1-2　s轨道与p轨道的三种重叠情况

1.3.3　分子轨道理论

分子轨道理论认为，在分子中，组成分子的所有原子的价电子不只从属于相邻的原子，而是处于整个分子的不同能级的分子轨道中。分子轨道是分子中电子的运动状态，可由波函数Ψ来描述。目前应用最广泛的是通过原子轨道线性组合的近似方法来得到分子轨道。所谓原子轨道线性组合就是由原子轨道函数Φ相加或相减而导出分子轨道函数Ψ。一个分子中的分子轨道数目与组成该分子的所有原子轨道总数是相等的。例如：

$$\Psi_1=\Phi_1+\Phi_2 \quad \Psi_2=\Phi_1-\Phi_2$$

在分子轨道Ψ_1中，两个原子轨道Φ_1和Φ_2的波函数符号相同，即位相相同，它们之间的作用就如波峰和波峰相遇而得到加强一样，此时核间的电子云密度最大，即两原子轨道达到最大限度的重叠，故这种轨道称为成键轨道，其能量低于原来的原子轨道。在分子轨道 Ψ_2 中，两个原子轨道 Φ_1 和 Φ_2 位相不同，它们的组合就如波峰和波谷相遇而减弱，核间电子云密度减小，这样的分子轨道能量比原来两个原子轨道能量反而高，所以叫反键轨道(图 1-3)。

分子轨道理论还认为，原子轨道要组合成分子轨道，必须具备最大重叠、能量相近和轨道对称性相同(指轨道的位相相同)这三条原则，否则不能组合成稳定的分子轨道。例如：两个氢原子的 1s 轨道可以线性组合成两个分子轨道，即由两个波函数相加得到能量低于原子轨道的成键轨道，两个波函数相减得到能量高于原子轨道的反键轨道。在基态时，氢分子中的两个电子都在成键轨道中，见图 1-4。

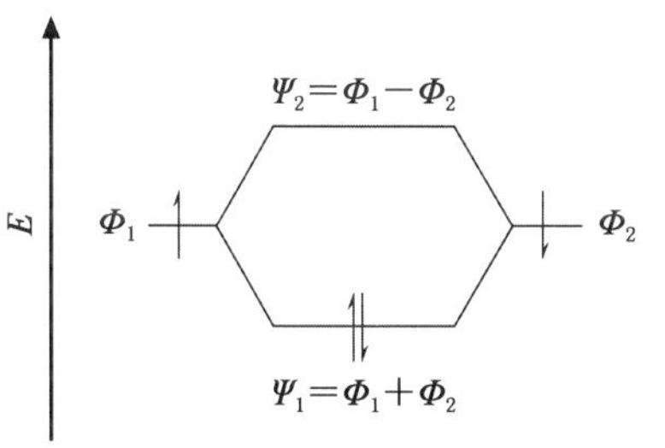

图 1-3 两个原子轨道组成两个分子轨道

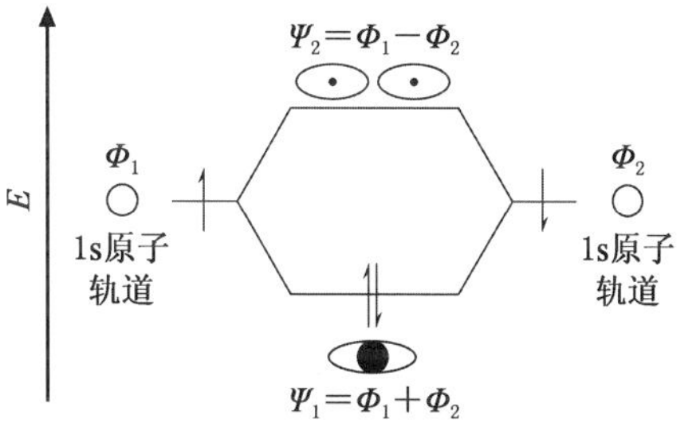

图 1-4 氢分子的分子轨道

价键理论和分子轨道理论在处理分子结构时都是可靠和有效的方法，分子轨道理论对于共价键中价电子是分布在整个分子中的离域的描述更为确切，而价键理论对于价电子的定域描述更简洁，也直观形象。这两种理论互为补充。

有关碳原子的杂化轨道理论将在后续章节中进一步详细讨论。

1.3.4 分子结构式的表示方法

用价键将分子中各原子相互连接起来表示分子结构的式子叫结构式；用电子对代替价键表示分子结构的式子叫电子式。在写结构式时，有些基团的结构比较简单而且不存在几种不同结构方式，这些基团的结构在书写结构式时就不必详细写出，而以简化的结构式表示。这种简化了的结构式称为结构简式。

书写结构式的方法就是用相应的价键将各个原子连接起来，使每个原子的化合价都正好达到饱和。结构式可以清楚地表示分子中各原子的连接顺序以及键的性质。例如异构体乙醇与二甲醚它们的组成都是 C_2H_6O，但结构不同：

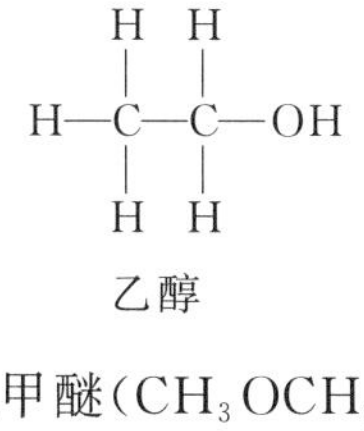

乙醇

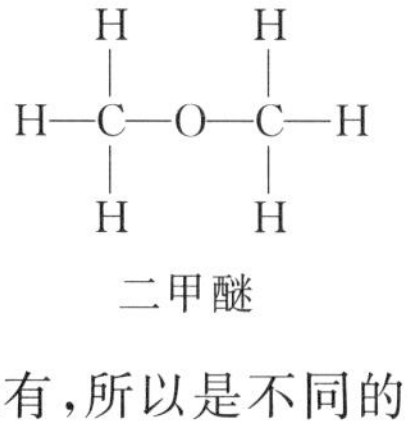

二甲醚

乙醇含有羟基(—OH)，二甲醚(CH_3OCH_3)则没有，所以是不同的化合物。

由于结构式书写烦琐，所以写化学反应式的时候，总是用结构简式。在写结构简式时，双键和三键都不能省略。在链状结构中，单键可以省略；在环状结构中，单键也不能省略。

一种结构简式只能代表一种结构，不应误会为其他结构。如 C_3H_7—有两种不同的结构，即 $CH_3CH_2CH_2$—和 $(CH_3)_2CH$—，书写结构简式时，不能笼统地写 C_3H_7—。

结构式的一个重要缺陷，就是不能反映分子的立体结构。写结构式时，只能把它写在平面上，但实际上构成分子的原子并不一定都在一个平面上。如甲烷、乙烷等，键角都是 109°28′，构成分子的原子伸向三维空间的各个方向。结构式并不反映键角，例如下列两个结构式好像代表不同的化合物，但实际上为同一种物质。

1.4 共价键的重要参数

在有机化合物的分子中，往往存在多个共价键。这些共价键如何参与反应，如何根据共价键性质来判断一个有机化合物的性质，为此需要了解决定共价键性质的几个参数。

1.4.1 键的离解能和键能

键的离解能和键能都是表示键的强度的。25 ℃时 1 mol 气态分子中共价键均裂（将共用电子对一分为二等量地分给两个成键原子：A∶B→A·＋B·）时所需要的能量是该共价键的离解能。在一个分子中同类键的离解能并不相等。如甲烷分子中有四个同类的碳氢键，第一个碳氢键破裂时所需能量与第二个不等，第二个又与第三个、第四个不等。分子中同类键离解能的平均值叫作键能。双原子分子键的离解能等于键能。

键能表示键的强度，键能越大，键越稳定。表 1-1 是一些常见共价键的键能。

表 1-1 常见共价键的键能 kJ/mol

键的类型	键能	键的类型	键能
CH_3CH_2—H	410±4	C—C	345.6
CH_2═CH—H	452±8	C═C	610
HC≡C—H	523±4	C≡C	835
N—H	389	C—N	305
O—H	464	C—O	357.7
S—H	347	C—Cl	338.6
C═N	615	C—Br	284.5
C═O	736（醛）	C—I	217.6
	749（酮）		

1.4.2 键长

键长即共价键所连两原子的核间距离。共价键的键长，主要取决于键所连原子的种类、键的类型，但也受相邻共价键的影响。常见共价键的键长见表 1-2。

表 1-2 常见共价键的键长 nm

键	键长	键	键长	键	键长
O—H	0.095 6	C—C	0.154 1	C═C	0.133 7
N—H	0.101 4	C—O	0.143	C≡C	0.121
C—H	0.109 1	C—N	0.147 2	C═O	0.123

1.4.3 键角

键角是一个原子与其他原子形成共价键时，两个共价键之间的夹角。键角产生于共价键的方向性，与分子的几何外形有关，也受分子中邻近原子的影响，在一定范围中变化。如甲烷分子为正四面体结构，键角是 109°28′；乙炔为直线型，键角是 180°。如果一个化合物中键角与正常值差别很大，分子就会出现一些特殊性质(例如，环烷烃中小环的不稳定即与键角不正常有关)。

1.4.4 键的极性和分子的极性

当两个相同原子构成共价键，成键的电子云是对称分布的，因而共价键是没有极性的，如各种双原子单质分子中的共价键。由电负性不同的两原子构成的共价键，成键的电子密度在电负性大的原子一边多一些，所以该共价键在这一端显负电性，在电负性小的原子一端就显正电性。一般用 δ^+ 和 δ^- 分别表示共价键的正负极。具有极性的共价键叫极性共价键；没有极性的共价键叫非极性共价键。键的极性可以定量地用偶极矩 μ 来表示，其单位为库仑・米(C・m)。共价键所连原子的电负性相差越大，键的偶极矩就越大，键的极性也越大(表 1-3)。

表 1-3 若干共价键的偶极矩 10^{-30} C・m

键	偶极矩	键	偶极矩	键	偶极矩
C—H	1.33	Cl—H	3.60	C—Cl	2.3
N—H	4.37	Br—H	2.60	C—Br	2.2
O—H	5.04	I—H	1.27	C—I	2.0
S—H	2.27	O—C	2.47		

分子的极性也用偶极矩表示。对于多原子分子而言，分子的偶极矩是各个键偶极矩的向量和。键有极性，分子不一定有极性。例如 CH_4 分子中 C—H 键的 $\mu=1.33\times10^{-30}$ C・m，而 CH_4 的 $\mu=0$，为非极性分子。CH_3Cl 分子是极性分子，$\mu=6.24\times10^{-30}$ C・m。一些分子的偶极矩见表 1-4。

表 1-4 若干分子的偶极矩 10^{-30} C・m

分子	偶极矩	分子	偶极矩	分子	偶极矩
H_2	0	CH_3Cl	6.24	CH_3CH_2OH	5.64
NH_3	4.87	CH_2Cl_2	5.34	CH_3OCH_3	4.34
H_2O	6.14	$CHCl_3$	3.40	CH_3CHO	8.97
CO_2	0	CCl_4	0	CH_3COCH_3	9.60
CH_4	0	CH_3OH	5.67	HCOOH	4.70

思考题 1-2 什么是键的极性和分子的极性？能否说键有极性，分子一定有极性？试举例说明。

思考题 1-3 试说明为什么 CO_2 的偶极矩等于零。

1.5 研究有机化合物结构的程序和方法

有机化合物的分子结构决定它的性质；化合物的性质也反映它的分子结构。因此，研究有机化合物的结构非常重要。无论是天然的、还是人工合成的有机化合物，都必须进行分离提纯，得到纯的化合物，然后才能进一步测定它的性质，研究它的分子结构。研究有机化合物的一般程序为：

1.5.1 分离提纯

1. 重结晶法

这是精制固体常用的方法。选择一种适当溶剂，利用被提纯物质与杂质在该溶剂中不同温度下溶解度的差异，在较高温度下制成被提纯物质的饱和溶液，滤去不溶性固体杂质，然后再冷却、结晶。必要时可进行几次重结晶，直至熔点范围达到 1 ℃左右为止(纯度越高，熔点范围越小)。

2. 蒸馏

蒸馏是利用沸点差异除去不易挥发的杂质而精制液体样品的方法。沸点在 250 ℃以上的样品，为了避免在蒸馏过程中分解，可以在减压下进行蒸馏，即所谓减压蒸馏。利用液体混合物中各组分沸点的不同，通过蒸馏方法将液体混合物分开叫分馏。有时需多次分馏，才能得到沸点范围在 1 ℃左右的纯品。

3. 溶剂萃取

选择适当溶剂，利用溶解度的差异，从固态或液态混合物中将某一化合物提取出来的方法叫萃取。索氏提取器是为多次反复萃取而设计的仪器。

4. 色谱法

色谱法是一种分离和鉴定化合物的有效方法。根据分离原理的不同，主要分为吸附色谱和分配色谱两大类。

吸附色谱主要以氧化铝、硅胶等为吸附剂，将待分离物质吸附到它的表面，而后用溶剂洗脱(或展开)，吸附剂为固定相(固定在柱内或薄板上)，洗脱(或展开)溶剂为流动相。当流动相不断流经固定相时，经过吸附、溶解、再吸附、再溶解多次反复，最后由于混合物中不同组分与吸附剂吸附能力不同以及它们在洗脱溶剂中溶解度的差异，吸附能力小的组分先随着溶剂得到分离，吸附能力大的组分后得到分离，从而达到完全分离的目的。

分配色谱是利用欲分离的混合物中的各组分在两种不相互溶的溶剂中溶解度的不同(即分配系数的不同)而得到分离。其中一种溶剂吸附在一种固体(如纤维素、硅藻土等)上作为固定相。这种固体称为载体，它对被分离物质没有吸附作用，只起支撑作用。另一种溶剂作为流动相，进行洗脱（或展开）。分离时，将样品溶液流经固定相，溶解于固定相，然后用流动相洗脱，易溶于流动相的组分先流出柱得到分离，在固定相中溶解度大而在流动相中溶解度小的组分后得到分离。

色谱法是目前分离有机化合物的一种极为重要的手段，它与各种检测器配合使用，还可鉴定有机化合物。它不仅用于定性还可用于定量，具有灵敏、快速以及用样量小等优点。

分离提纯有机化合物的方法还有很多，如过滤、升华、离心、水蒸气蒸馏等，可参阅一般有机化学实验资料。

1.5.2 定性与定量分析

一种纯的有机化合物都具有自己特有的物理常数，如熔点、沸点、相对密度、折光率及独有的光谱等。通过测定适当的物理常数，可判定化合物的纯度。得到纯的化合物之后，要进行定性与定量分析，分析化合物中含何种元素，每种元素含量多少，确定其实验式；再通过测定相对分子质量来确定分子式。一般用元素分析仪进行定量分析各种元素的含量。

1.5.3 确定化合物的结构式

对于有机化合物来说，弄清了一个化合物的分子式，还只是认识该化合物的开始，关键是要弄清其结构式。确定有机化合物的结构，特别是天然化合物的立体结构，是一项十分复杂的工作。

确定化合物的结构，可用化学法和近代物理方法。化学法是根据性质反映结构的理论，观察被测化合物与特定试剂的化学反应，判断其所含官能团，确定其结构。近代物理方法中最常用的是红外吸收光谱法、核磁共振法、紫外吸收光谱法和质谱法等。与化学法比较，物理方法快速，分析样品用量很少。化学法工作量很大，也并非毫无价值，往往需要相辅相成。特别是在用化学法或近代物理方法初步确立其结构后，还需要用化学方法予以合成，以证实认识的正确性。

1.6 有机化合物的分类

有机化合物数目众多，需要将其分门别类才便于研究。历史上有过一些分类方法，例如根据化合物的来源，将油脂及其同源化合物称为脂肪族化合物。但来源不能反映分子的内在联系，不能作为分类的科学依据。随着人们对结构理论的深入了解和对有机化合物性质的大量积累，科学地采用按化合物的结构来进行分类。该分类首先按分子的基本骨架，即分子中所含的碳架进行分类；其次按化合物中所含的官能团进行分类；最后把两者结合起来，就可以完整地反映出化合物的基本结构以及一个化合物在有机化合物总体中的隶属关系。

1.6.1 按碳架分类

根据有机化合物的基本“骨架”，即主要碳原子的连接方式，有机化合物可分为以下三大类。

1. 链状化合物

链状化合物也称开链化合物或脂肪族化合物。这类化合物分子中不存在环状结构，分子中的碳原子相互连接呈链状(泛指主链和侧链),如乙醇、异丁烷等。

链状化合物又可细分为饱和链状化合物与不饱和链状化合物。

2. 碳环化合物

分子中碳原子间相连接成环的化合物。在碳环化合物中又分为两大类:芳香族化合物和脂环族化合物。含有苯环或类似结构的化合物为芳香族化合物,如甲苯等。芳香族以外的碳环化合物为脂环族化合物,如环己烷等。

3. 杂环化合物

分子中含有碳原子及其他非碳原子共同连接成环的化合物,如呋喃、吡啶等。

1.6.2 按官能团分类

官能团即分子中决定化合物特性的原子或基团,它的存在使分子具有某些特有的理化性质。表 1-5 列出了常见的官能团以及由这些官能团构成的各类有机化合物。

表 1-5 有机化合物按官能团分类表

官能团	化合物类别	化合物举例
碳碳双键: $>C=C<$	烯	丙烯($CH_3CH=CH_2$)
碳碳三键: $-C\equiv C-$	炔	丙炔($CH_3C\equiv CH$)
卤素:$-X$	卤代烃	氯乙烷(CH_3CH_2Cl)
羟基:$-OH$	醇或酚	甲醇(CH_3OH)、苯酚(C_6H_5OH)
醚键:$C-O-C$	醚	乙醚($CH_3CH_2OCH_2CH_3$)
醛基:$-CHO$	醛	乙醛(CH_3CHO)
酮基:$-CO-$	酮	丙酮(CH_3COCH_3)
羧基:$-COOH$	羧酸	乙酸(CH_3COOH)
酯基:$-COOR$	酯	乙酸甲酯(CH_3COOCH_3)
酰卤基:$-COX$	酰卤	乙酰氯(CH_3COCl)
酰胺基:$-CONHR$	酰胺	乙酰胺(CH_3CONH_2)
酸酐基:$-COOCO-$	羧酸酐	乙酸酐$(CH_3CO)_2O$
氨基:$-NH_2$	胺	
伯氨基:$-NH_2$	伯胺	甲胺(CH_3NH_2)
仲氨基:$-NH-$	仲胺	二甲胺($(CH_3)_2NH$)
硝基:$-NO_2$	硝基化合物	硝基苯($C_6H_5NO_2$)
氰基:$-CN$	腈	乙腈(CH_3CN)
巯基:$-SH$	硫醇或硫酚	甲硫醇(CH_3SH)、苯硫酚(C_6H_5SH)
磺酸基:$-SO_3H$	磺酸	苯磺酸($C_6H_5SO_3H$)

把两种分类方法结合起来,就可得到更全面的分类,如乙醇为脂肪族醇类,苯胺为芳香族胺类,甘氨酸为脂肪族氨基酸类。结构中含有不止一种官能团的化合物称为复官能团化

合物，可以看成是烃的复官能团衍生物。有机化合物又可视为烃的单官能团衍生物或复官能团衍生物。有机化学也可称为烃及其衍生物的化学。

1.7 有机化合物的物理性质与分子结构的关系

有机化合物的物理性质都是分子在聚集状态下表现出来的，涉及分子间的关系。首先应该了解分子间力。

分子间力即分子间存在的引力，一般称为范德华(van der Waals)力或范氏引力。它主要包括三种力：极性分子的永久偶极间的取向力、诱导偶极间的诱导力和瞬间偶极间的色散力。范氏引力的能量在 10 kJ/mol 上下，它与分子大小及分子间的距离关系极大，一般在两原子核间距离为 20～50 nm 时引力最大，距离再大则引力减小，但距离太近，则引力转为斥力。

氢键是一种特殊的永久偶极间作用力。与电负性大的氟、氧、氮原子以共价键结合的氢原子，由于电子云向电负性大的原子做很大的偏移，氢原子核带部分正电荷，它可以与同一分子或另一分子的带部分负电荷的氟、氧或氮原子间产生静电引力，这种引力称为氢键，用虚线表示为：

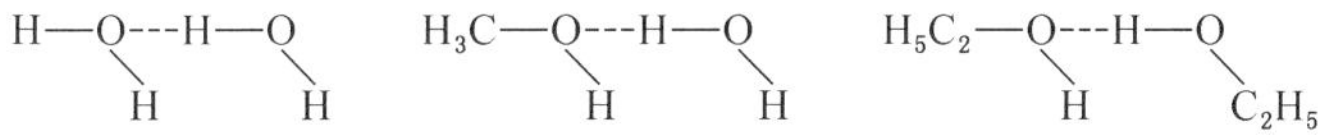

氢键的能量在 10～30 kJ/mol，比一般分子间力大，但只及一般共价键键能的数十分之一。

1.7.1 沸点

沸点(boiling point，缩写为 b. p.)是液态分子的蒸气压与外界压力相等时的温度。有机化合物多为共价化合物，它的沸点实际上是分子的热运动克服液态分子间的引力，转为气态分子的最低温度。有机化合物的沸点规律如下：

(1)分子的极性大，则分子间的引力大，克服此引力需要较高动能，所以极性大的分子沸点较高。如丙烷与二甲醚的相对分子质量相差不多，都不含氢键，但丙烷极性小(偶极矩为 0.084D)，二甲醚极性稍大一点(偶极矩为 1.30D)，故丙烷的沸点(－42 ℃)低于二甲醚(－23 ℃)。

(2)相对分子质量大，则分子运动所需动能增大，故分子间引力大，沸点较高。在一个同系列中，化合物的沸点随着相对分子质量的增加而增高(图 1-5)。

(3)直链化合物的沸点一般比有侧链的高。因为侧链多，分子较接近球形，表面积减小，分子间色散力减小，接触面积也减少。如相对分子质量相同的正戊烷的沸点(36.1 ℃)比新戊烷的沸点(9 ℃)高。故其他条件相同时，侧链越多，沸点越低。

(4)当分子间存在氢键时，分子间作用力大大增加，需要更大能量才能克服这种引力，沸点明显增高。如乙醇与氯甲烷相对分子质量和极性都相近；由于乙醇分子间存在氢键，所以乙醇的沸点(78.3 ℃)比氯甲烷(－24.2 ℃)高得多。

分子内存在氢键时，会影响分子间氢键的形成，相对地降低化合物的沸点。如邻硝基苯

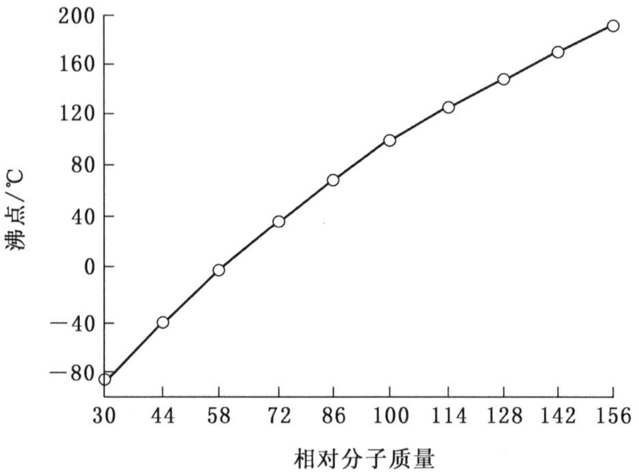

图 1-5　烷烃沸点与相对分子质量的关系

酚可以借分子内氢键形成一个较稳定的六元环；而对硝基苯酚只能形成分子间氢键，所以不存在分子内氢键。因此，邻硝基苯酚的沸点就比对硝基苯酚的低。

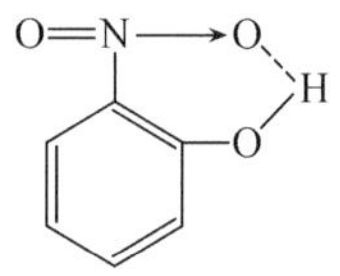

邻硝基苯酚
（沸点 216 ℃）

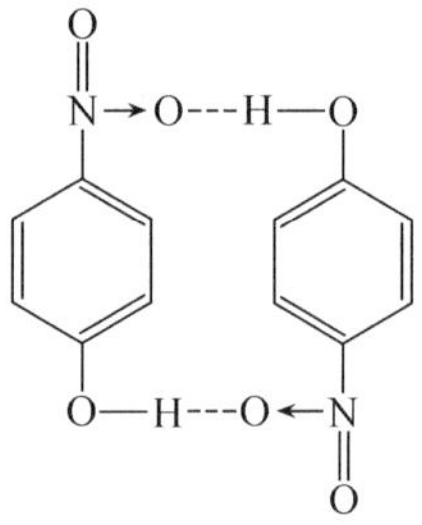

对硝基苯酚
（沸点 279 ℃）

1.7.2　熔点

熔点（melting point，缩写为 m. p.）是物质的液态与固态平衡时的温度。熔融是晶格中的质点从高度有序的排列转变成较混乱的排列的结果。有机化合物的晶体中，大多是分子晶格，结构单元为分子，分子间力维持着它们的晶体状态。熔点除了与分子间力有关外，还与晶体结构中分子的排列是否紧密有很大关系。

（1）在一个同系列中，相对分子质量越大，分子运动所需的动能就越大，熔点也就越高。

（2）分子的对称性大，则在晶体中的结构紧密，要破坏其晶体结构，提高其混乱度，使其熔融，就需要较大能量，所以熔点较高。如丙烷的相对分子质量大于甲烷，但因甲烷分子的对称性大，故甲烷的熔点（−183 ℃）反而高于丙烷的熔点（−188 ℃）。

在有些同系列中，同系物的熔点与相对分子质量的关系呈锯齿形上升的趋势。这是因为含偶数个碳原子的化合物，虽然其相对分子质量较后一个含奇数个碳原子的同系物小，但由于对称性较大，在晶体中结构更为紧密，所以熔点反而比后一个同系物的熔点高一些，故呈锯齿形（图 1-6）。

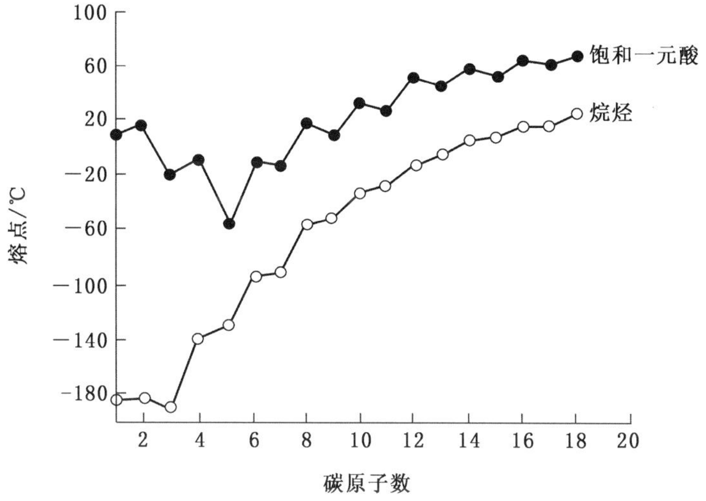

图 1-6 烷烃及饱和一元酸的熔点与相对分子质量的关系

1.7.3 溶解度

物质的溶解性是很复杂的。从最简单的情况看,溶质溶于溶剂,要靠溶质与溶剂之间的分子引力,克服溶质与溶质间以及溶剂与溶剂间的引力。如果溶质与溶剂的极性相近,分子间力相近,则溶剂分子容易挤入溶质分子间,将其溶解。如甲烷易溶于四氯化碳,因为它们的偶极矩都是零,四氯化碳分子间的引力可以替换甲烷分子间的引力,甲烷分子间的引力也可替换四氯化碳分子间的引力。甲烷不易溶于水,因为水的极性大,水分子与甲烷分子间的引力远比水分子间的引力小,所以甲烷不可能插入水分子间,水分子也不能插入甲烷分子间。从经验中形成了一条判断溶解性很有用的规律:"相似相溶"原理。结构相似者互相溶解,极性相近者互相溶解。极性强的化合物溶于极性强的溶剂中,极性弱的化合物溶于极性弱的溶剂中。

溶剂极性的大小,常用介电常数来表示。介电常数越大,溶剂的极性越大。表 1-6 是几种常见溶剂的介电常数值。

表 1-6 几种常见溶剂的介电常数值

溶剂	结构式	介电常数	极性
水	H_2O	80	√
甲酸	HCOOH	59	√
甲醇	CH_3OH	33	√
乙醇	CH_3CH_2OH	24	√
醋酸	CH_3COOH	6	√

从物质的结构看,分子中含有羟基、羧基、氨基、磺酸基等极性基团时,能增加在水中的溶解性。这些基团称为亲水基团;相反,烃基、卤素等则称为疏水基团,它们的存在

有利于在有机溶剂中的溶解。乳化剂等表面活性剂为既含亲水基团又含疏水基团的大分子化合物，它们可在油与水之间起桥梁作用，使不溶于水的有机物均匀地分散到水中。

氢键与有机物在水中的溶解性有十分重要的关系，能与水分子形成氢键的化合物，能够增加在水中的溶解性。

1.7.4 物质的颜色

物质的颜色是由物质吸收一部分可见光而引起的。可见光是电磁波中的一部分，它的波长范围在400～800 nm。在此范围以外的紫外线、红外线等电磁波是人眼看不到的。物质能否吸收可见光，吸收哪一部分可见光，是由它的分子结构决定的。分子中的电子都处于一定能量的分子轨道中，它吸收一定能量的光（即具有一定波长的光）之后，电子由基态跃迁至激发态。如果吸收全部可见光，物质即呈黑色；如果吸收可见光的一部分，而可见光的其余部分透过或散射，则物质显出透过或散射光的颜色（或者称为被吸收颜色的补色）。如红光被吸收，则物质呈蓝绿色；紫光被吸收，则物质呈黄色。

分子中 σ 轨道的电子激发需要较高的能量，即吸收紫外线才能跃迁，所以这样的物质看不到颜色。当分子中有 π 轨道的电子时，激发比较容易。当分子中含有下列基团时，它们可吸收部分可见光，物质即有颜色。这种能产生颜色的基团称为生色团。例如：

$-C{=}C-C{=}C-$（长的共轭双键），$-N{=}N-$（偶氮基），
$-NO_2$（硝基），$-NO$（亚硝基），对苯醌基，邻苯醌基

另有一些酸性或碱性基团，连接在色原体的共轭链或生色团上，使共轭链与生色团吸收光的波长向更长波段移动，而使物质的颜色加深，这样的基团叫助色团（或深色团）。助色团中含有孤对电子，孤对电子可参与并扩大分子中的共轭链或发色团的共轭体系。常见的助色团有：

$-NR_2$，$-NHR$，$-NH_2$，$-OH$，$-SO_3H$，$-X$，$-OCH_3$

分子中既有生色团，又有助色团的物质可作为染料。助色团是酸性基团（如酚羟基、羧基、磺酸基）的称为酸性染料，制成盐使用；助色团是碱性基团（如氨基和亚氨基）的称为碱性染料，制成无机酸盐使用，以增大在水中溶解度。

思考题 1-4 请归纳出有机化合物的物理性质（沸点、熔点等）与其分子结构的关系。

思考题 1-5 正丁醇的沸点（118 ℃）比它的同分异构体乙醚的沸点（34.6 ℃）高得多，但这两个化合物在水中的溶解度却相同（100 g 溶解 8 g），怎样解释这些事实？

思考题 1-6 丁醇的异构体中沸点最高的化合物是哪个？沸点最低的是哪个？试说明原因。

□ 习 题

1-1 下列化合物各属于有机化合物还是无机化合物？各属于哪一类别？

(1)$CH_3CH_2OCH_2CH_3$　(2)$KMnO_4$　(3)$CH_2{=}CHCHO$

(4)$CH_3CH_2CH_2OH$　(5)$(CH_3)_3C{-}NH_2$　(6)$(CH_3)_2C{=}CH_2$

(7) 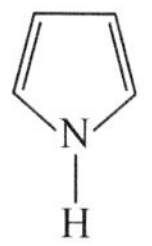　(8) 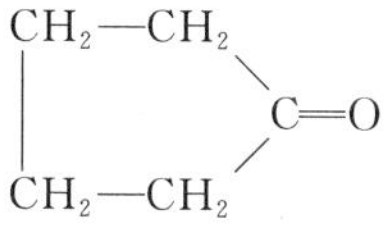

1-2 比较 CCl_4 与 $CHCl_3$ 熔点的高低，并说明原因。

1-3 下列化合物哪些可以通过氢键缔合？哪些不能缔合，但能与水形成氢键？

(1)CH_3OH　(2)CH_3OCH_3　(3)$(CH_3)_2CO$　(4)CH_3Cl

(5)CH_3NH_2　(6)$CH_3CH_2CH_2CH_3$　(7)CH_3CHO

1-4 比较下列各组化合物的水溶性和沸点。

(1)CH_3CH_2OH 和 CH_3CH_2Cl

(2)CH_3COOH 和 $CH_3(CH_2)_{16}COOH$

1-5 比较下列各组化合物的沸点，并说明原因。

(1)C_7H_{16} 和 C_8H_{18}　(2)C_2H_5Cl 和 C_2H_5Br

(3)$C_6H_5CH_2CH_3$ 和 C_6H_5CHO　(4)CH_3OCH_3 和 CH_3CH_2OH

1-6 判断下列化合物分子的几何形状。

(1)CH_3Cl　(2)$HCHO$

1-7 写出分子式为 C_3H_6O 的化合物的某几个符合下列条件的异构体结构式。

(1)含有醛基　(2)含有酮基

(3)含有环和羟基　(4)含有双键和羟基(双键和羟基不在同一碳原子上)

Chapter 2 第 2 章

饱和脂肪烃

Saturated Aliphatic Hydrocarbons

有机化合物中只含有碳和氢两种元素的化合物称为碳氢化合物，又称烃。从结构来分，烃可分为脂肪烃和芳香烃。脂肪烃又可进一步分为饱和烃(烷烃、环烷烃)和不饱和烃(烯烃、炔烃)。

2.1 烷烃的结构及同系列

2.1.1 碳原子的 sp^3 杂化

烷烃分子中碳原子的核外有 6 个电子，它们在基态时所占的原子轨道为 $1s^2 2s^2 2p^2$。在最外层的 4 个电子中有 2 个是成对的，剩下 2 个电子是未成对的。按价键理论，这样的原子应为二价，但在一般有机化合物中，碳原子均为四价。这只有一种可能，即一个 2s 电子激发到 2p 空轨道上，呈现 4 个未配对电子(图 2-1)。

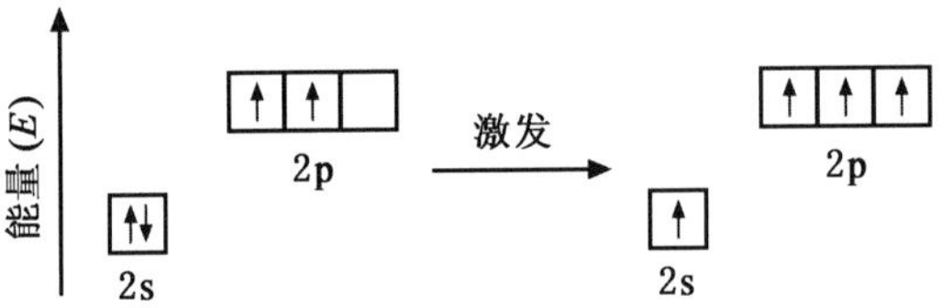

图 2-1　2s 轨道电子的激发

2s 电子激发所需要的能量可以由碳与氢化合形成 C—H 共价键时放出的能量补偿。这可以解释碳在有机化合物中为什么呈四价。不过根据这样的激发，碳的四个价电子所占据的 $2s^1 2p_x^1 2p_y^1 2p_z^1$ 原子轨道应分属于能量不同的 2s 和 2p 轨道，那么甲烷分子中的碳氢键也应分为两种不同类型。但这一推论与事实不符；现代物理方法证明，甲烷分子中四个碳氢键都一样，键长都是 0.109 nm，键角都是 109°28′，所以甲烷分子是正四面体结构。基于这样的事实，美国化学家鲍林(Pauling)提出了杂化轨道理论。他认为碳原子与氢原子化合时，碳原子的一个 2s

电子和它的三个 2p 电子互相作用,相互混杂,形成了四个相同的新的杂化轨道。杂化轨道既不同于原来的 2s 轨道,也不同于原来的 2p 轨道,而是含有 1/4s 轨道成分和 3/4p 轨道成分的杂化轨道。由一个 s 轨道和三个 p 轨道杂化而成的杂化轨道,叫作 sp^3 杂化轨道。

在形成有机化合物时碳的原子轨道发生杂化的原因:首先因为体系的能量降低了,杂化轨道的能量和低于轨道杂化前的能量和(图 2-2);其次是杂化轨道的形状不同于原来的轨道,使碳的成键能力加强。2p 轨道中节面两边的双球是对称的,而杂化轨道的形状却变了。位相与 2s 相同的一瓣增大了(原子轨道的符号相同就是位相相同。位相相同的原子轨道才有可能结合为稳定的分子轨道),与 2s 不同的一瓣缩小了。就是说杂化轨道的方向性增强了;杂化轨道与其他原子轨道成键时重叠的程度增加,即成键能力增强。s、p 与 sp^3 轨道成键能力的比较如图 2-3 所示。

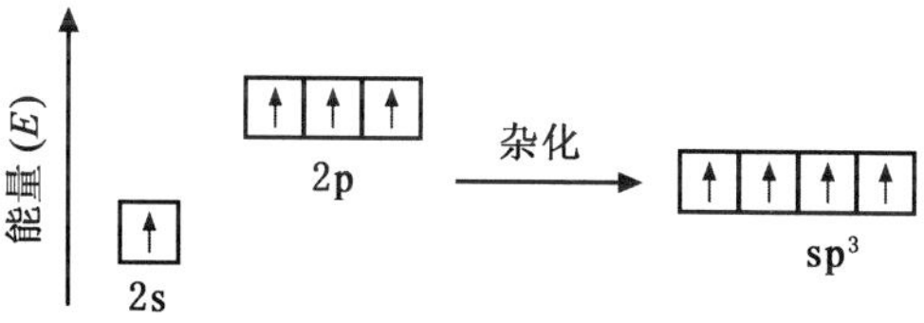

图 2-2 轨道杂化前后的能量变化

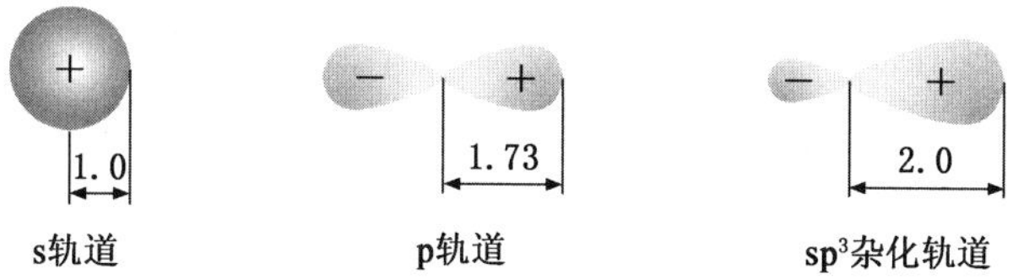

图 2-3 s、p 与 sp^3 轨道成键能力比较

碳原子的四个 sp^3 杂化轨道在空间互相排斥,排斥力相同,键角均为 109°28′,故甲烷分子呈正四面体结构,如图 2-4 所示。

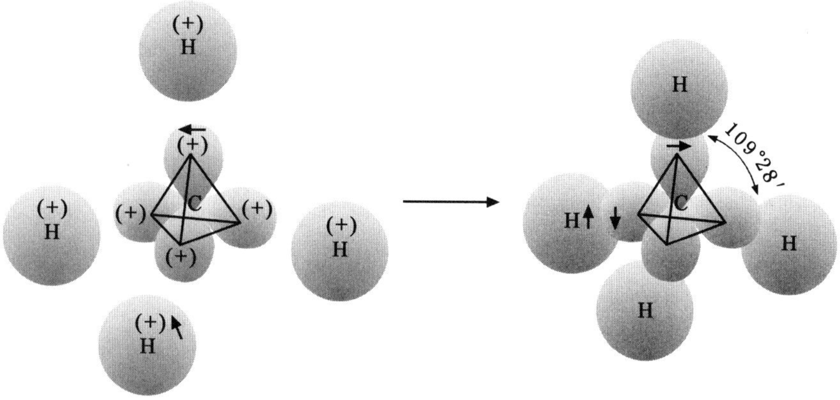

图 2-4 甲烷的正四面体结构

在甲烷分子中，存在四个等同的C—H键，都是由氢原子的s轨道同碳原子的sp^3杂化轨道重叠形成的。这种s轨道与sp^3杂化轨道的重叠，和s轨道与s轨道重叠、sp^3轨道与sp^3轨道重叠一样，都是以核间连线为对称轴的，称为σ分子轨道，常称为σ键（图2-5）。σ键的特点是键连的两个原子可以围绕键轴自由旋转而σ键并不破裂。

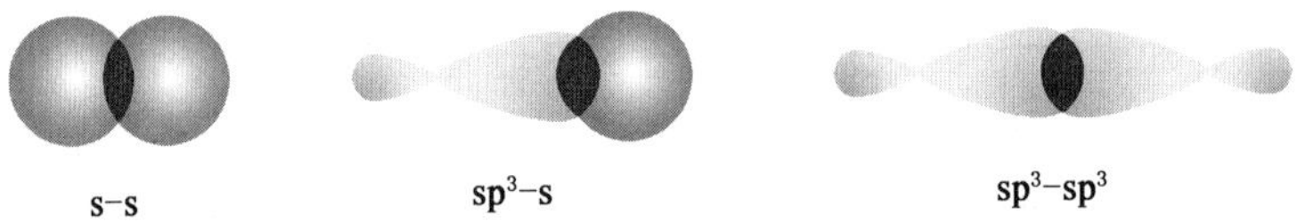

图 2-5　σ键举例

甲烷是烷烃中最简单的一个化合物，整个分子呈正四面体形状，碳原子位于正四面体的中心，四个氢原子位于四个顶点，键角为109°28′，碳氢键键长为0.109 nm。甲烷碳氢键均由sp^3-s轨道重叠而成，分子中所有的共价键都是σ键。

2.1.2　烷烃的构象

σ键的特点之一是键连原子可以围绕键轴相对自由旋转。在甲烷分子中，任何一个原子围绕σ键旋转，甲烷的几何外形不变。乙烷分子则不同；如果两个碳原子围绕C—C键相对旋转，则可出现无数种不同的原子排列方式。这种通过单键的旋转而形成的、可以相互转变的、原子在空间的不同排列方式称为构象。在乙烷分子的全部构象中，有两种构象具有典型性：一种称为重叠式，另一种称为交叉式（图2-6）。介于这两者之间存在着无数种构象。

不同构象中各种原子的相互排列关系，常用纽曼（Newman）投影式来表示。纽曼投影式的投影方法是沿着相邻两个碳原子的键轴，由前边一个碳原子往后进行投影，较远的碳原子以圆圈表示，较近的碳原子以圆心表示，碳原子所连的原子或基团，按相对角度分别与碳原子相连（图2-6）。

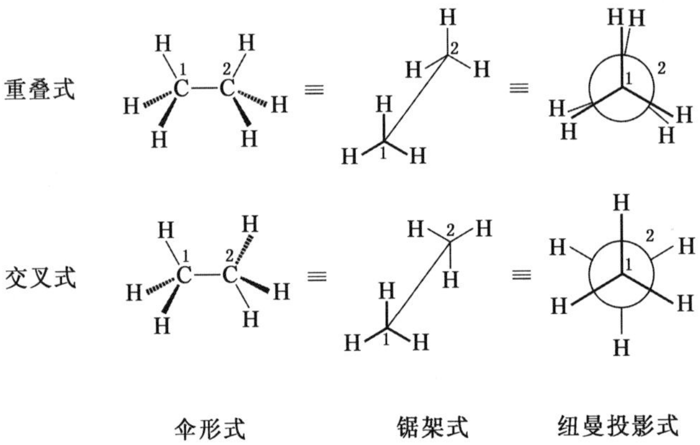

图 2-6　乙烷的构象

在重叠式构象中，两相邻碳原子上相应的氢原子距离最近，这个距离小于两个氢原子的范瓦耳斯(van der Waals)半径和,氢原子间相互排斥;两碳原子上相应的C—H键相距最近,也互相排斥,故分子势能最高,最不稳定。在交叉式构象中,氢原子间及相应的C—H键间相距最远,相互作用最小,分子的势能最低,最稳定。图2-7是乙烷分子中各种构象的能量关系图。

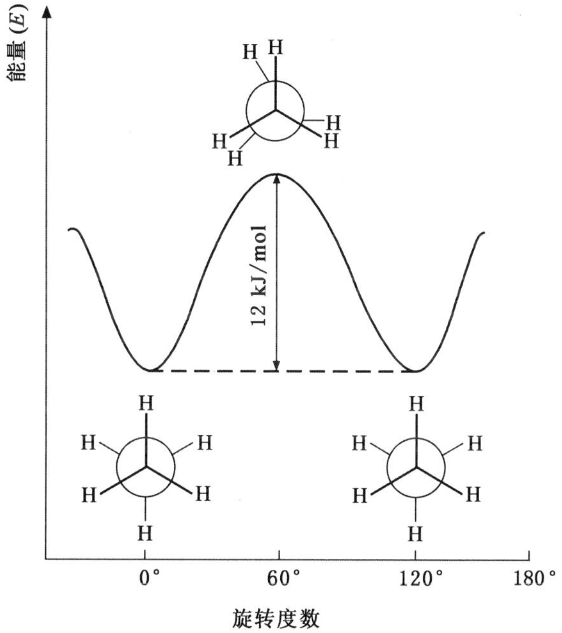

图 2-7 乙烷各种构象的能量图

在乙烷的各种构象间,能量相差不超过12 kJ/mol,而分子间的碰撞即可产生近80 kJ/mol的能量,所以各构象间可以互相转变,在室温下不能分出单一构象的乙烷分子,因而它们不算异构体。但从统计观点看,乙烷的交叉式构象远比重叠式构象所占比例大,最稳定的交叉式构象称为优势构象。

分子中碳原子数增加,构象就更为复杂。如丁烷分子围绕C_2—C_3键相对旋转可形成无数种构象,典型构象的纽曼投影式及能量关系见图2-8。

丁烷的优势构象是全交叉式,它和最不稳定的全重叠式的能量差约为23 kJ/mol。其他烷烃的构象比丁烷要复杂得多。各种烷烃在固体状态时,常以较稳定的优势构象(交叉式)存在。

思考题 2-1 用纽曼投影式写出2-溴丙烷所有典型的构象式,并指出优势构象。

2.1.3 同系列

烷烃为一类化合物,总称为烷烃同系列。所谓同系列,即一个系列的化合物,组成可用一个通式表示,结构上有共同的特点。烷烃的组成可用C_nH_{2n+2}表示,均为链状化合物,分

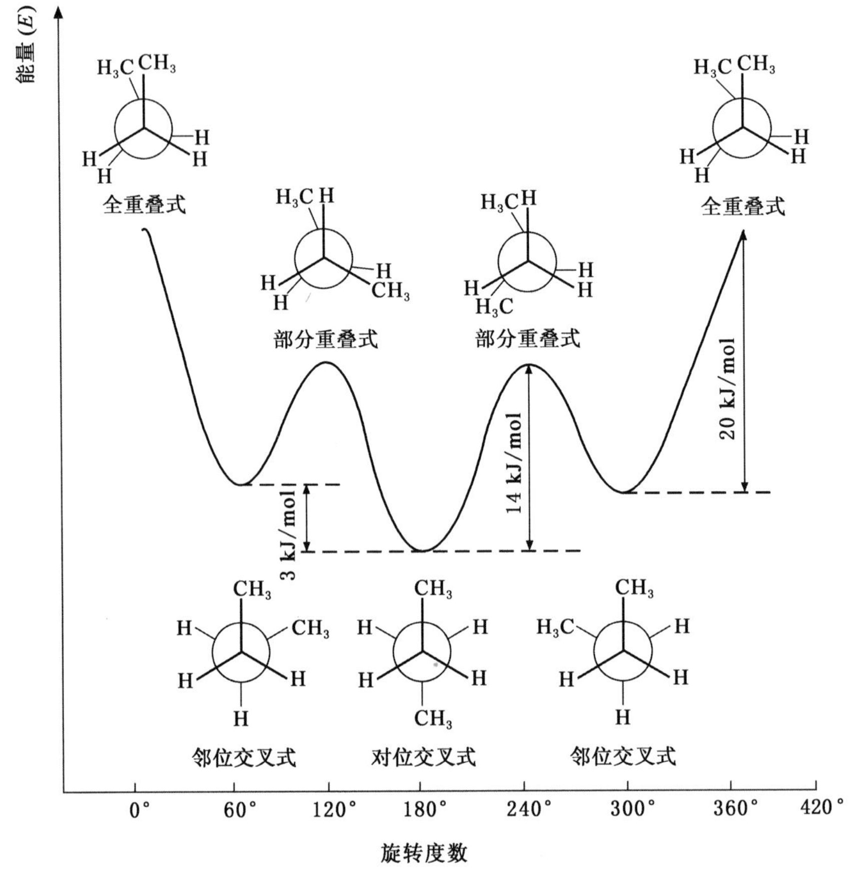

图 2-8　丁烷各种构象的能量图

子中只有 σ 键，碳原子均为 sp^3 杂化。同系列中各化合物，互称为同系物。在任何一个同系列中，各化合物的物理性质是随着碳原子数目的增加有规律地变化着。表 2-1 为正链烷烃的主要物理常数。

表 2-1　正链烷烃的主要物理常数

名称	熔点/℃	沸点/℃	相对密度(d_4^{20})	折光率
甲烷	−183	−161.5	0.424	
乙烷	−172	−88.6	0.546	
丙烷	−188	−42.1	0.501	
丁烷	−135	−0.5	0.579	1.332 6
戊烷	−130	36.1	0.626	1.357 5
己烷	−95	68.7	0.659	1.374 2
庚烷	−91	98.7	0.684	1.387 6

续表 2-1

名称	熔点/℃	沸点/℃	相对密度(d_4^{20})	折光率
辛烷	−57	125.7	0.703	1.397 4
壬烷	−54	150.8	0.718	1.405 4
癸烷	−30	174.1	0.730	1.411 9
十一烷	−26	195.9	0.740	1.417 6
十二烷	−10	216.3	0.749	1.421 6
十五烷	10	270.6	0.769	1.453 6
十七烷	22	292		
十八烷	28	308		
二十烷	37	342.7	0.786	
三十烷	66	446.4	0.810	

一个同系列中各化合物的化学性质基本上是相同的，当然由于相对分子质量的不同，在反应速度上存在差别，特别是同系列中的第一个化合物往往具有或多或少的特殊性。

思考题 2-2 根据表 2-1，正链烷烃的熔、沸点随着碳原子数的增加有什么变化规律？试说明原因。

2.2 烷烃的异构

分子式相同、结构不同的化合物互称为异构体。烷烃的异构现象主要是碳架异构，即由于分子中碳原子连接方式不同而形成的异构。甲烷、乙烷和丙烷分子中的碳原子只有一种连接方式，没有异构体。但丁烷有正丁烷和异丁烷两种异构体；戊烷有三种异构体，各异构体的物理性质不同，如：

——正戊烷，$CH_3CH_2CH_2CH_2CH_3$，沸点 36.1 ℃，熔点 −130 ℃。

——异戊烷，$(CH_3)_2CHCH_2CH_3$，沸点 23 ℃，熔点 −160 ℃。

——新戊烷，$C(CH_3)_4$，沸点 9 ℃，熔点 −17 ℃。

在戊烷的三种异构体中，碳原子的连接方式不同：正戊烷没有侧链，分子中只有伯碳原子和仲碳原子（直接与一个碳原子相连的碳原子叫伯碳原子，直接与两个碳原子相连的碳原子叫仲碳原子）；异戊烷分子中除伯碳、仲碳原子外，还有一个叔碳原子（直接与三个碳原子相连的碳原子）；新戊烷分子中含有一个季碳原子（直接与四个碳原子相连的碳原子）。

根据这种对碳原子的分类，将碳原子上的氢原子也进行分类：与伯碳原子相连的氢叫伯氢；与仲碳原子相连的氢叫仲氢；同理还有叔氢。三种氢在化学反应中的活性存在着差异。

随着分子中碳原子数的增加，异构体的数目迅速增加。根据计算，己烷（C_6H_{14}）有 5 种异构体，庚烷（C_7H_{16}）有 9 种异构体，癸烷（$C_{10}H_{22}$）有 75 种异构体，二十烷（$C_{20}H_{42}$）有

336 319 种异构体。相对分子质量不大的烷烃的异构体，都已在实验室中合成，证实了上述结果的可靠性。

对于某些含有手性碳原子的烷烃，还可能有立体异构（构型异构）。我们将在第 5 章旋光异构再做详细论述。

思考题 2-3 试解释正戊烷、异戊烷、新戊烷熔沸点的变化规律。

2.3 烷烃的命名法

有机化合物数目众多，异构现象复杂，所以命名十分重要。由于历史的局限性，曾经把化合物的来源或其某种理化特性作为命名的根据。如乙醇含于酒中，就叫作酒精；三硝基苯酚味苦有酸性，就叫作苦味酸等。以后认识到名称应能反映结构，并且国际上应有统一的名称，所以 1892 年在日内瓦召开了第一次国际化学会议，拟定了统一的有机化合物系统命名法，以后几经修订，形成了目前国际上通用的 IUPAC 命名法。我国使用的有机化合物系统命名法就是根据 IUPAC 原则，结合我国文字特点而制定的。除了系统命名法以外，有些习惯名称也常使用。

2.3.1 普通命名法

普通命名法一般只适用于简单的、含碳较少的烷烃。基本原则是根据分子中碳原子的数目而称为某烷。碳原子数在十以内的，用天干序（甲、乙、丙、丁、戊、己、庚、辛、壬、癸）表示碳原子数；十以上的用十一（碳）、十二（碳）等数字表示。

为了区别含碳原子数相同的异构体，常用正（或 n-）、异（或 i-）、新（或 neo-）等词头。如戊烷的三种异构体：

$CH_3CH_2CH_2CH_2CH_3$	$(CH_3)_2CHCH_2CH_3$	$C(CH_3)_4$
正戊烷	异戊烷	新戊烷

“正”指直链的意思，一般正字可以略去；“异”通常用于在链端的第二个碳原子上只有一个甲基侧链的化合物；在链端第二个碳原子上连有两个甲基而无支链的称为“新某烷”。“异”和“新”只适用于 7 个碳原子以下的烷烃。对于异构体较多的烷烃，这种命名法就无能为力了。

烷烃分子中除去一个氢原子后所余部分叫烷基，常用 R 泛指烷基。为了区别组成相同、结构不同的烷基，也使用正、异、新、仲、叔等词头。例如：

$CH_3CH_2CH_2—$	$(CH_3)_2CH—$
丙基	异丙基
$\begin{array}{l}CH_3CH_2CH— \\ \qquad\quad\;\; | \\ \qquad\quad\; CH_3\end{array}$	$(CH_3)_3C—$
仲丁基	叔丁基

烷基是分子中的一个基团,一般不独立存在。

2.3.2 系统命名法

系统命名法不是以分子中碳原子总数来命名,而是以分子中最长而连续的碳链作为母体结构,把化合物看作是由烷基取代母体结构中的氢而衍生出来的。具体的命名方法是:

(1)选择最长而连续的碳链作为母体结构,根据其所含碳原子数确定母体结构的名称。母体结构的命名法与普通命名法相同。例如:

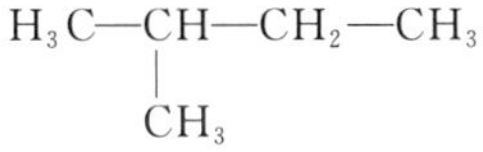

分子中最长而连续的碳链含 4 个碳原子,该母体结构的名称为丁烷。原化合物即被看作是丁烷中的一个氢原子被甲基取代后的衍生物。

(2)把取代基与母体所连的位置及取代基的名称加在母体名称之前。

为了标明取代基的位次,需将母体碳链从一端开始向另一端编号,编号的位次以使取代基的位次(如果只有一个取代基)最小为原则,并规定位次用阿拉伯数字表示,位次与取代基名称间加一小横。所以上述化合物的名称为 2-甲基丁烷。

如有几个支链时,可从两个方向编号,然后将位次依次排列,逐项对比,最先出现差别那项中,取位号小的那种编号法。如下式有两种编号法:

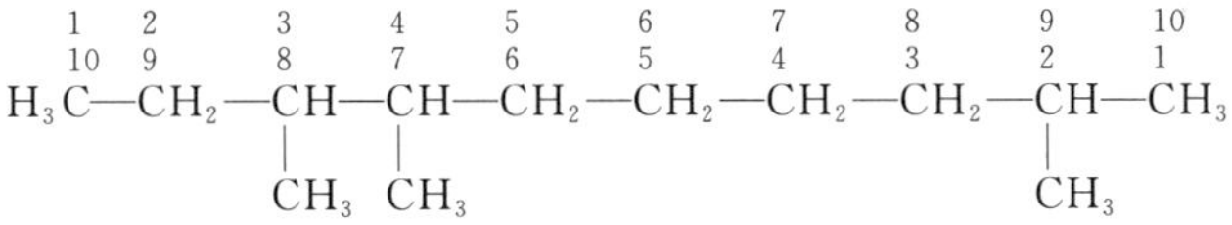

从右到左的支链位号为 2,7,8。

从左到右的支链位号为 3,4,9。

逐项对比,第一项即有不同。上面编号为 2,下面为 3,故选用上面一种编号法。该编号法称为“最低系列”编号。

(3)如果同样的取代基多次出现,则用二、三等汉字表明这种取代基的总个数,并用阿拉伯数字标明每个取代基的位次,位次数间用“,”隔开。如上述化合物的名称为 2,7,8-三甲基癸烷。

又如,下列化合物:

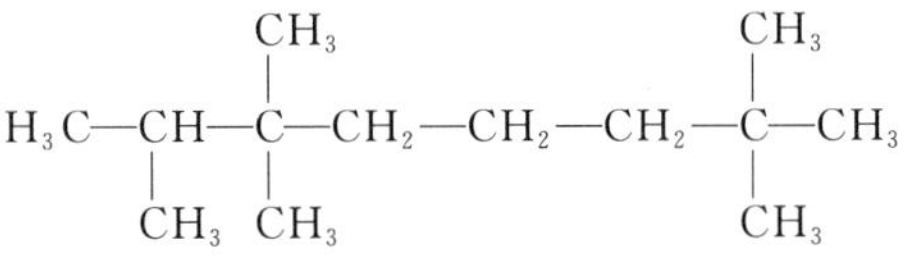

称为 2,2,6,6,7-五甲基辛烷,而不称为 2,3,3,7,7-五甲基辛烷。

(4)如果两个或更多支链处于主链两端相对应的位置,则可按照立体化学中次序规则“较优”基团后列出的原则,从先列出的支链那一端开始编号。如:

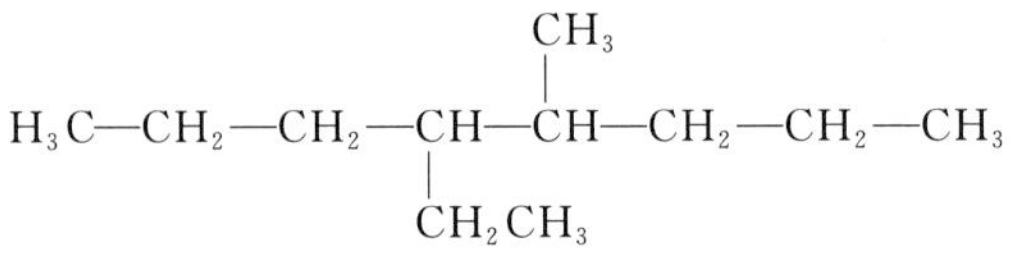

4-甲基-5-乙基辛烷

结构式中甲基不如乙基优先，故从甲基一端开始编号。关于“优先基团”将在第 3 章再做详细论述。

（5）如有等长碳链皆可作为主链时，应选择取代基最多的为主链。如：

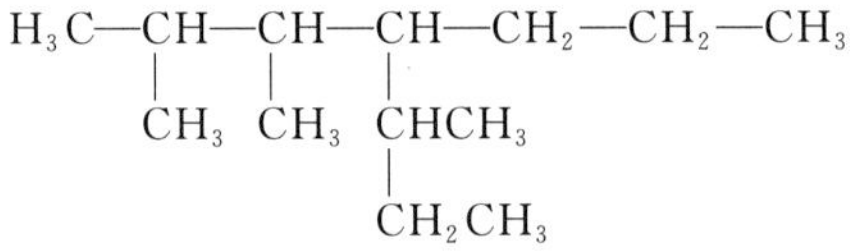

2，3，5-三甲基-4-丙基庚烷

思考题 2-4 试写出下列各化合物的结构式，判断是否有违反系统命名的名称，并予以更正。

（1）3，3-二甲基丁烷　　（2）2，4-二甲基-5-异丙基壬烷

（3）2，4，5，5-四甲基-4-乙基庚烷　　（4）2，3-二甲基-2-乙基丁烷

2.4 烷烃的化学性质

烷烃分子中含有稳定的 σ 键，而且碳氢键的极性小，所以烷烃是化学性质比较稳定的一类化合物。常温时，它与强酸、强碱、强氧化剂和强还原剂都不发生明显的化学反应。所以液态烷烃（如液状石蜡）常用作有机溶剂。在适当条件下，烷烃可以进行氧化、卤代等一些反应。

2.4.1 氧化反应

烷烃完全燃烧的化学反应式为：

$$C_nH_{2n+2} + O_2 \longrightarrow CO_2 + H_2O$$

烷烃燃烧时放出大量的热，这是石油作为能源的反应基础，但如果烷烃不充分燃烧，则可生成烟和有毒的气体一氧化碳。汽车、拖拉机等内燃机汽缸排出的废气常有一氧化碳，会对环境造成污染。

烷烃除了最后氧化为 CO_2 和 H_2O 外，在适当条件下还可氧化成醇、醛、酸等含氧衍生物，如：

$$RCH_2—CH_2R' + O_2 \xrightarrow{MnO_2} RCOOH + R'COOH + H_2O$$

高级烷烃的氧化是工业上制备高级醇和高级脂肪酸的常用方法。高级醇和高级脂肪酸

是制造合成表面活性剂及肥皂的原料。

低级烷烃($C_1 \sim C_6$)蒸气与空气混合至一定的比例时，遇到明火或火花便燃烧而放出大量的热，从而使生成的 CO_2 及 H_2O 急剧膨胀而发生爆炸，这是煤矿中发生爆炸事故的原因。甲烷的爆炸极限是5.53%～14%，也就是说，甲烷在空气中的比例在此范围内时遇到火花则爆炸，而低于5.53%或高于14%时遇到火花只是燃烧而不爆炸。

2.4.2 卤代反应

有机化合物分子中的氢原子被其他原子或基团取代的反应总称为取代反应。氢原子被氯原子取代，叫氯代反应；被溴取代叫溴代反应。氟代反应进行得过于激烈，限制了它的应用；而用碘直接进行的碘代反应速度太慢，无法应用。

甲烷与氯在光照或加热时，生成一氯甲烷：

$$CH_4 + Cl_2 \xrightarrow{\triangle\text{或光}} CH_3Cl + HCl$$

由于一氯甲烷可进一步氯代，所以产物中常混有 CH_2Cl_2、$CHCl_3$、CCl_4 等副产物。

其他烷烃也可进行氯代，但产物更为复杂。实验表明，叔氢比仲氢容易被取代，仲氢比伯氢容易被取代。如：

$$CH_3CH_2CH_3 + Br_2 \xrightarrow{\text{光}} \underset{97\%}{\underset{\displaystyle Br}{CH_3\overset{}{C}HCH_3}} + \underset{3\%}{CH_3CH_2CH_2Br}$$

高级烷烃的卤代产物更为复杂，异构的卤代物很多，一般不易控制得到某一个产物，异构体也难分离。

思考题2-5 正丁烷和异丁烷分别与 Cl_2 在光照下发生卤代反应的主要产物是什么？试说明原因。

2.5 自由基取代反应机理

反应机理(又称反应历程)是研究反应进行的详细过程：如反应是怎样开始的，分几步进行，每一步的反应速度怎样，哪一步决定总的反应速度；反应经过哪些过渡状态和中间体等等。反应机理是对由反应物至产物所经途径的详细描述，它是在大量同一类型的实验事实基础上总结出的一种理论假设，这种假设必须符合并能说明已经发现的实验事实。一种反应机理只适用于某一类型的反应。

共价键破裂有均裂与异裂两种。两原子的共用电子对在共价键破裂时，平分给两个原子称为均裂。均裂反应的中间体是带单电子的自由基(游离基)。反应按这种历程进行的叫自由基反应机理。在共价键破裂时，两原子的共用电子对归于键连原子的某一方，则形成带电离子。按这样机理进行的反应叫离子型反应。烷烃的卤代反应遵循自由基取代反应机理。

2.5.1 自由基的结构

自由基一般是在高温或光照下在气相中形成的，它的命名是在相应原子或基团的名称基础上加上“自由基”。如 Cl· 为氯自由基，$\cdot CH_3$ 为甲基自由基等。

自由基的结构以 $R_3C\cdot$ 为例来说明(图 2-9)：在形成自由基时，碳原子 sp^3 杂化变为 sp^2 杂化，键角由 109°28′变为 120°，三个 R 基位于同一平面，没有杂化的 p 轨道分布在平面的上面和下面，并与该平面垂直，单电子位于 p 轨道上。p 轨道上只有一个未成对电子，而且其电子云裸露于分子平面上下，故自由基很不稳定，一般寿命只有 10^{-12} s 左右。

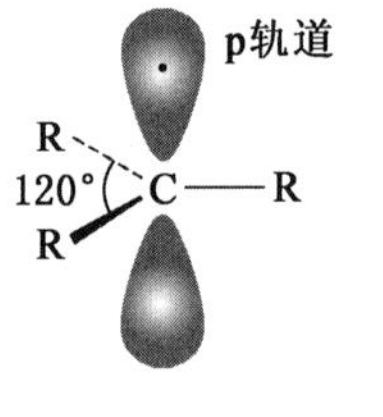

图 2-9 自由基的结构

各种自由基的稳定性不同，它们参加反应的活泼性不同，这可由形成自由基时键的离解能的不同而得到证明。例如：

$$CH_3—H \longrightarrow \cdot CH_3 + \cdot H \qquad \Delta H = 435\ kJ/mol$$

$$CH_3CH_2—H \longrightarrow CH_3\dot{C}H_2 + \cdot H \qquad \Delta H = 410\ kJ/mol$$

$$CH_3CH_2CH_2—H \longrightarrow CH_3CH_2\dot{C}H_2 + \cdot H \qquad \Delta H = 410\ kJ/mol$$

$$CH_3\underset{\substack{|\\H}}{C}HCH_3 \longrightarrow CH_3\underset{\cdot}{C}HCH_3 + \cdot H \qquad \Delta H = 398\ kJ/mol$$

$$CH_3CH_2\underset{\substack{|\\H}}{C}HCH_3 \longrightarrow CH_3CH_2\underset{\cdot}{C}HCH_3 + \cdot H \qquad \Delta H = 398\ kJ/mol$$

$$(CH_3)_3C—H \longrightarrow (CH_3)_3C\cdot + \cdot H \qquad \Delta H = 385\ kJ/mol$$

形成叔自由基需要能量最少，它最稳定。自由基稳定性次序为：

叔自由基＞仲自由基＞伯自由基＞甲基自由基

思考题 2-6 排列下列自由基的稳定性顺序。

(1) $\cdot CH_3$ (2) $CH_3CH_2CH_2\dot{C}H_2$ (3) $CH_3CH_2\dot{C}HCH_3$ (4) $CH_3\overset{\cdot}{\underset{\substack{|\\CH_3}}{C}}CH_3$

2.5.2 烷烃氯代反应机理

烷烃与氯在暗处不发生反应，但经紫外线照射，反应即开始进行，而且只要吸收一个光子，即可引起数千个烷烃分子进行氯代。此外，如果在反应物中有少量氧存在，则延缓反应进行。基于这些事实，人们认为烷烃卤代反应的机理属于自由基取代反应机理。它的反应机理包括链的引发、链的增长和链的终止三个阶段。现以甲烷氯代反应为例：

1. 链的引发

在紫外线照射或高温情况下，氯分子形成氯自由基，这个过程称为链的引发阶段。

$$Cl:Cl \xrightarrow{光} 2Cl\cdot$$

2. 链的增长

氯自由基不稳定，极易与周围甲烷分子发生反应，生成甲基自由基：

$$CH_4 + Cl\cdot \longrightarrow \cdot CH_3 + HCl$$

甲基自由基也很活泼，立刻与周围的氯作用，生成一氯甲烷和氯自由基：

$$\cdot CH_3 + Cl_2 \longrightarrow CH_3Cl + Cl\cdot$$

氯自由基又与甲烷重复反应，生成甲基自由基，甲基自由基再与氯反应生成一氯甲烷和氯自由基，反应多次重复，这个过程称为链的增长阶段。

3. 链的终止

当反应体系中氯与甲烷的浓度很低时，发生下列的某种或某几种自由基间的相互作用，结束整个反应。这个过程称为链的终止阶段。

$$Cl\cdot + Cl\cdot \longrightarrow Cl_2$$
$$\cdot CH_3 + \cdot CH_3 \longrightarrow CH_3CH_3$$
$$\cdot CH_3 + \cdot Cl \longrightarrow CH_3Cl$$

总的反应为 $CH_4 + Cl_2 \rightarrow CH_3Cl + HCl$，它是经自由基的进攻而完成的，故称为自由基反应机理。

卤代反应常有副反应发生，是因为随着反应物浓度的减少，CH_3Cl 的浓度逐渐增大，有可能发生下列反应：

$$CH_3Cl + Cl\cdot \longrightarrow HCl + \cdot CH_2Cl$$
$$\cdot CH_2Cl + Cl_2 \longrightarrow CH_2Cl_2 + Cl\cdot$$
$$\vdots$$

氧分子可与 $\cdot CH_3$ 生成 $CH_3—O—O\cdot$，它的活性远比 $\cdot CH_3$ 小，因此可延缓自由基反应。加少量某种物质即可对链反应起抑制作用，这是链反应的特征之一。

烷烃分子中伯、仲、叔氢原子卤代反应的活化能和相对活性见表 2-2。

表 2-2 烷烃中伯、仲、叔氢原子卤代反应的活化能和相对活性

化学反应	活化能/(kJ/mol)				相对活性(伯氢∶仲氢∶叔氢)
	甲烷氢	伯氢	仲氢	叔氢	
氯代	17	4	2	0.4	1∶3.8∶5(25 ℃)
溴代	75	54	42	31	1∶82∶1 600(127 ℃)

2.6 甲烷

甲烷为正四面体对称结构的非极性分子，熔点和沸点很低（熔点 −183 ℃，沸点 −161.5 ℃），常温常压时为无色无味气体。它微溶于水，易溶于酒精、乙醚等有机溶剂。甲烷是植物残体、动物粪便等有机物在厌氧菌作用下发酵的产物，因而自然界有极其丰富的资源；它是天然气、石油气以及煤矿内坑气的主要成分。池沼中冒出的沼气也是甲烷，因此甲烷也叫沼气。有的学者认为甲烷可能是宇宙中第一个有机物，它与 H_2、H_2O、NH_3 经过几千万年在特定条件下作用生成甲醛、氨基酸等较复杂的有机物，进而生成更复杂的核酸等以至生命。诺贝尔奖获得者美国的哈罗德-尤里（Harold C. Urey）于 1953 年和他的学生斯坦利-米勒（Stanley Miller）的试验支持了这种学说，他们发现甲烷、氢、水和氨的混合物在电火花的作用下，能够生成氨基酸等构成生物体的许多有机物。

甲烷的用途很广泛。利用发酵方法在农村制造沼气，作为燃料，解决能源问题等有很多优越性。甲烷还是重要的化工原料，它在催化剂等适当条件下，可氧化为甲醇、甲醛，也可转化为 CO、HC≡CH、HCN 及炭黑等重要工业原料。

天然气和石油是烷烃的主要来源。我国四川的天然气中甲烷的含量高达 95%以上，有些地区的天然气中还同时含有乙烷、丙烷、丁烷等。某些高级烷烃构成一些植物的叶或果实（如烟叶、苹果等）表面防止水分蒸发的保护层。有些烷烃是某些昆虫的外激素。所谓“昆虫外激素”是同种昆虫之间借以传递各种信息而分泌的化学物质。例如，有一种蚁，它们通过分泌一种有气味的物质来传递警戒信息，经分析，这种有气味的物质中含有正十一烷及正十三烷。又如雄虎蛾引诱雌蛾的性外激素是 2-甲基十七烷，这样，人们就可合成这种昆虫性外激素，并利用它将雄虎蛾引至捕集器中而将它们杀死。昆虫激素往往很专一，所以可以利用它只杀某一种昆虫而不伤害其他昆虫。这便是近些年发展起来的第三代农药。

烷烃除能被少数细菌或微生物代谢外，绝大部分生物是不能吸收或使它们代谢的，这和烷烃对大多数试剂的相对稳定性是一致的。

2.7 环烷烃的分类和命名

2.7.1 环烷烃的分类

化学性质与脂肪烃类似的环烃叫脂环烃。实际上除芳香烃以外的全部环烃都属于脂环烃。很多天然有机物为脂环烃的衍生物。

脂环烃根据其饱和程度分为饱和脂环烃（又称环烷烃）和不饱和脂环烃（如环烯与环炔等）；根据分子中碳环数分为单环烃和多环烃。单环烃根据构成碳环的碳原子数分为三元环烃、四元环烃等。单环体系中又可按环的大小分为小环（3～4 个碳原子）、普通环（5～7 个碳原子）、中环（8～11 个碳原子）以及大环（11 个碳原子以上）。多环烃又可根据环的相互关系分为桥环烃和螺环烃等。

2.7.2 单环脂环烃的命名

分子中只含有一个碳环的脂环烃称为单环脂环烃。单环烃的系统命名与脂肪烃基本相同，只是以碳环为母体，母体的名称是在相应脂肪烃的名称前冠以“环”字。环烷烃中环仍按最低系列原则编号。例如：

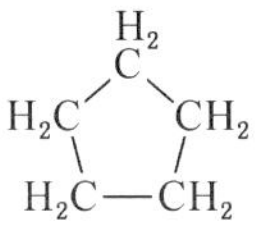

环戊烷

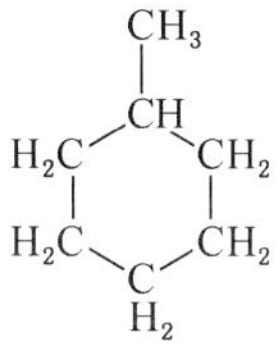

甲基环己烷

脂环烃常常用简式表示，如：

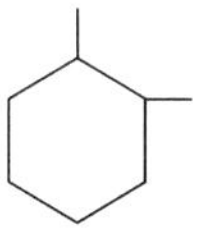

1,2-二甲基环己烷

甲基环丙烷

如果简单的环上连接有较长的碳链，或在同一碳链上连接有几个脂环基时，则将环作为取代基来命名。例如：

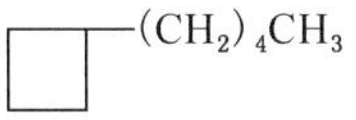

环丁基戊烷

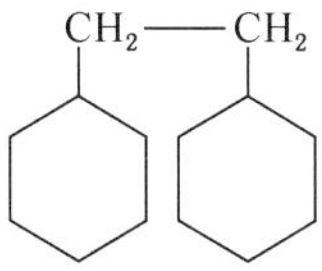

1,2-二环己基乙烷

2.7.3 多环脂环烃的命名

1. 螺环脂环烃的命名

两个环共用一个碳原子的多环脂环烃叫螺环烃。共用的碳原子叫螺原子。螺环的命名，是根据整个环中所含的螺原子数目而用螺、二螺、三螺等词头，然后在方括号中顺着整个环的编号次序用数字标明各螺原子间所夹的碳原子数目，加在相当于整个环的链烃名前，数字之间用下角圆点隔开。单螺（含一个螺原子）环的编号是从邻接于螺原子的一个碳原子开始，由小环编到大环。例如：

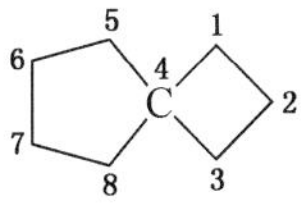

螺[3.4]辛烷

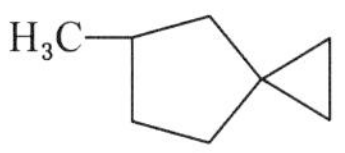

5-甲基螺[2.4]庚烷

2.桥环脂环烃的命名

桥环烃是指两环间共用两个或两个以上碳原子的双环烃或多环烃。桥环烃命名时，以环的数目及构成环的总碳原子数确定母体的名称。环上碳原子的编号，是从一个桥头原子编号，沿着最长的桥编到另一桥头原子，再沿着所余最长的桥编回到第一桥头原子，最短的桥留在最后编号。例如：

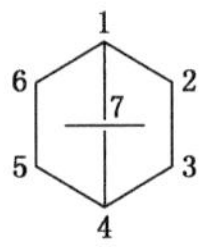

参与成环的碳原子数共七个，两个碳环共用第1、7、4三个碳原子，属双桥环类。两个环连接处的两个碳原子叫桥头碳原子(即第1、4两个碳原子)。两个桥头原子间有三道桥：第2、3位碳组成第一道桥，第5、6位碳组成第二道桥，第7位碳组成第三道桥。这三道桥分别由两个、两个、一个碳原子组成。命名时用二环做词头，然后在方括号中注上各桥所含碳原子数，放在相当于环中全体碳原子数的链烃名称之前。上列化合物的系统名称为7,7-二甲基二环[2.2.1]庚烷。

又如：

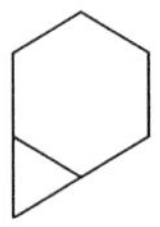

二环[4.1.0]庚烷

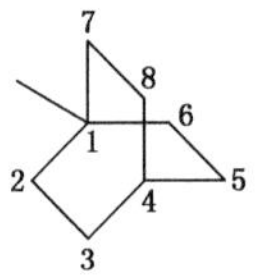

1-甲基二环[2.2.2]辛烷

某些天然的脂环化合物常常使用俗名。例如：

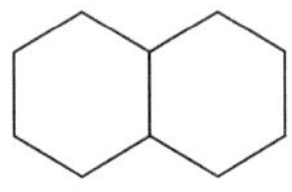

十氢萘

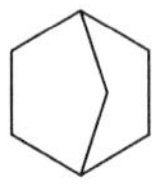

降冰片

两个或两个以上的环彼此以双键或单键直接相连，称为联环烃。两个相同环烃组成的联环烃，使用“联”字命名。例如：

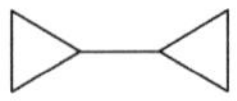

环丙基环丙烷
(联环丙烷)

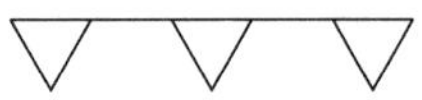

联三环丙烷
(1,2-二环丙基环丙烷)

思考题2-7 简述单螺环烷烃和桥环烷烃命名中的主要区别并命名下列化合物。

(1) 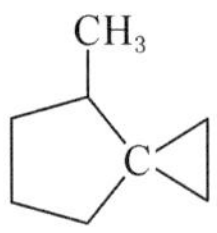

(2) 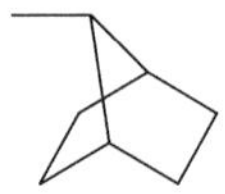

2.8 环烷烃的物理性质

环烷烃的物理性质与相应的链烃相似，但环烷烃的熔点、沸点和相对密度都较相应的烷烃要高些。脂环烃不溶于水，比水轻，易溶于有机溶剂。部分脂环烃的物理常数见表 2-3。

表 2-3 脂环烃的物理常数

名称	熔点/℃	沸点/℃	相对密度(d_4^{20})	折光率
环丙烷	−127	−33	0.680 7	1.372 6
环丁烷	−80	13	0.703 8	1.375 2
环戊烷	−94	49	0.745 4	1.406 5
环己烷	6.5	81	0.778 6	1.426 2
环庚烷	−12	118	0.810 9	1.444 9
环辛烷	15	151	0.836 2	1.458 5

2.9 环烷烃的化学性质

环烷烃的化学性质与相应的烷烃的性质基本相似。如环烷烃具有烷烃典型的自由基取代反应。但是环烷烃也有某些特性，如三元环及四元环容易开环而发生加成反应。

2.9.1 自由基取代反应

在光或热的作用下，环戊烷及更高级的环烷烃可发生卤代反应，如：

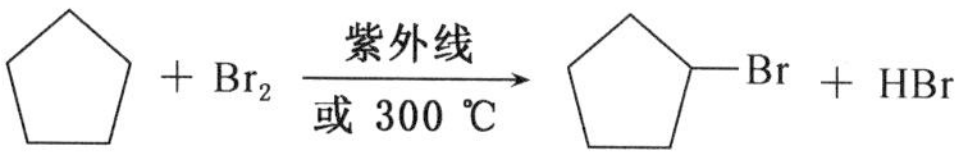

2.9.2 加成反应

1. 加氢

环烷烃可以催化加氢，生成烷烃。环的大小不同，加氢难易程度也不同。例如：

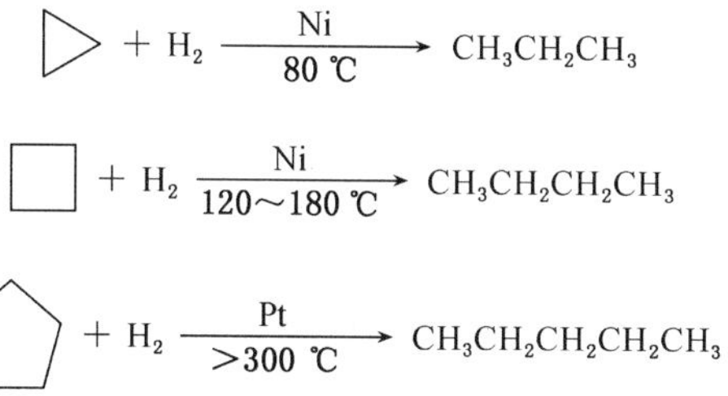

从反应条件可以看出，越小的环越易开环而发生加成反应。环戊烷以上的环很难开环，它们是比较稳定的。

2. 加卤素

小环可以与卤素发生加成反应，例如：

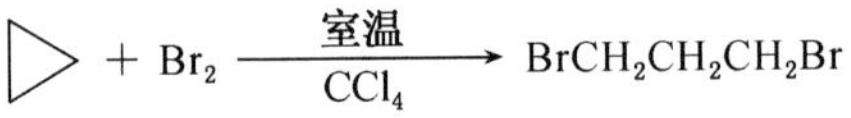

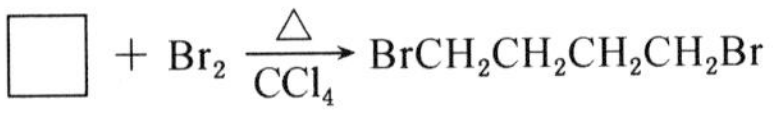

环丙烷和环丁烷都能使溴的四氯化碳溶液褪色。但它们不能使高锰酸钾溶液褪色，因为环烷烃不易发生氧化反应。

3. 加卤化氢

小环可以与卤化氢发生加成反应，例如：

当环丙烷上带有烷基取代基时，与卤化氢发生开环加成反应的位置应在连接氢原子最多与连接氢原子最少的两个成环碳原子之间。加成时，卤素加到含氢较少的碳原子上，氢加到含氢较多的碳原子上，即遵循马氏规则(见第 3 章)。例如：

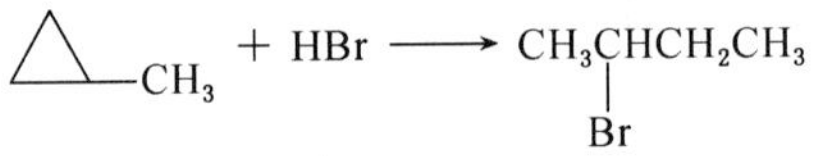

思考题 2-8 如何用化学方法鉴别丙烷与甲基环丙烷？

2.9.3 氧化反应及燃烧

环烷烃不与 $KMnO_4$ 等氧化剂反应，但在催化剂作用下可被空气氧化而开环，生成二元羧酸。如环己烷可被氧化为己二酸：

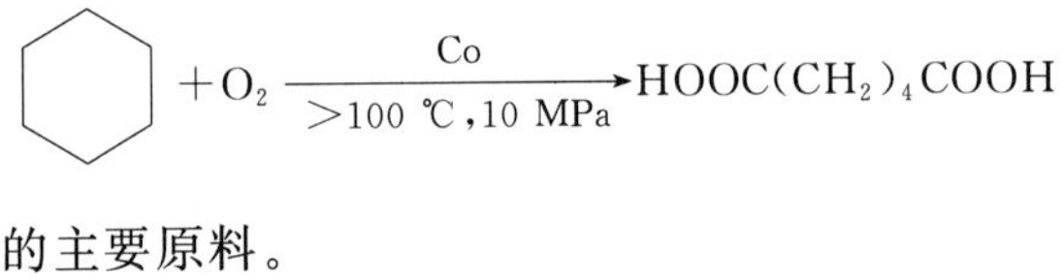

己二酸是合成尼龙 66 的主要原料。

环烷烃和其他烃一样都可以燃烧，生成 CO_2 和 H_2O。

$$(CH_2)_n + \frac{3}{2}nO_2 \longrightarrow nCO_2 + nH_2O$$

燃烧 1 mol 化合物生成二氧化碳和水时所放出的热量叫燃烧热。表 2-4 为环烷烃的燃烧热及张力能。从表 2-4 中可以看出，不同的环烷烃中每个 CH_2 的燃烧热不全相同；环己烷的以及十五碳环烷烃的与烷烃的相同，说明环不产生什么特殊影响。环丙烷的每个 CH_2 放出的热量最多，说明它的势能最大。环丁烷次之。这与环丙烷、环丁烷容易开环、发生加成反应的事实是一致的。其他各环烷烃每个 CH_2 的燃烧热相差不多，说明它们的势能相差不多。

表 2-4 环烷烃的燃烧热及张力能 kJ/mol

环烷烃	平均每个 CH_2 的燃烧热	张力能	总张力能
环丙烷	697.1	35.8	115.5
环丁烷	686.2	27.6	110.4
环戊烷	664.0	5.4	27.0
环己烷	658.6	0	0
环庚烷	662.3	3.7	25.9
环辛烷	663.6	5.0	40.0
环壬烷	664.4	5.8	52.2
环癸烷	663.6	5.0	40.0
环十二烷	659.4	0.8	9.6
环十五烷	658.6	0	0
环十六烷	659.0	0.4	6.4
烷烃	658.6		

2.10 环烷烃的结构和构象

构象分析是碳的四面体结构理论之后立体化学上的一个极其重要的发展。构型规定了分子中原子相互连接的位置和取向，构象分析则进一步正确地指出了这些原子在分子中的实际地位和在各种条件下的取向。化合物的各种性质都由其结构决定，而构象在其中发挥了重要的甚至是决定性的作用。化学反应过程中旧键的断裂和新键的生成，进攻试剂及离去原子基团的取向都与试剂及被作用物的构象密切相关。当它们反应时，有一定立体构象的试剂和反应物必定要处于合乎要求的空间位置才有利于键的断裂和生成，新产生的产物分子的立体化学也必定取决于该反应的过渡态构象。许多以往难以解释的化学现象和反应机理均可以从构象分析中得到说明，它能解释和预测在反应中所形成的占优势的产物的立体结构和立体化学过程，推论最有力的过渡状态。正确的构象分析对于理解和控制反应都是非常重要的。

2.10.1 环丙烷的结构和构象

1. 角张力

环丙烷分子的三个碳原子是一个正三角形。sp^3 杂化轨道的夹角是 109°28′，而正三角形的内角是 60°。因此，在环丙烷分子中，sp^3 杂化轨道不可能沿着轨道对称轴实现最大重叠。为了能较好地形成 C—C σ 键，键角就必须压缩（图 2-10），分子中也就存在着一种向正常键角扩张的力量，这种力量称角张力。

根据测定，环丙烷分子中 C—C—C 键角是 104°，比 109°28′小，但比 60°大，因此碳碳之间的 sp^3 杂化轨道不是沿着两个碳原子之间的连线重叠。这样的键与一般的 σ 键不一样，它的电子云没有对称轴，而是分布在一条曲线上，这种键通常称为弯键（图 2-11）。

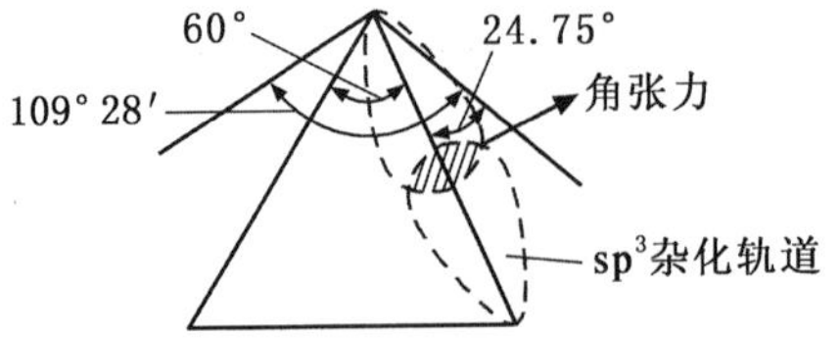

图 2-10 环丙烷键角压缩

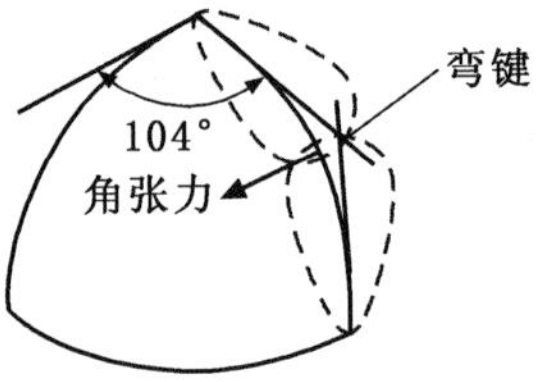

图 2-11 环丙烷键弯曲

弯键与正常的 σ 键相比，轨道的重叠程度较小，因此 σ 键比正常的弱，并且具有较高的能量。这是由于键角的压缩和键的弯曲产生的角张力使体系的内能增大，这也是环丙烷张力较大，容易开环的重要原因。

2. 扭转张力

环丙烷的三个碳原子处于同一平面，相邻两个碳原子上的 C—H 键都处在重叠式的位置(图 2-12)，这种由于构象是重叠式而产生趋向达到交叉式稳定构象的力叫扭转张力。

环丙烷所以不稳定就是因为它的结构中存在较大角张力和扭转张力。

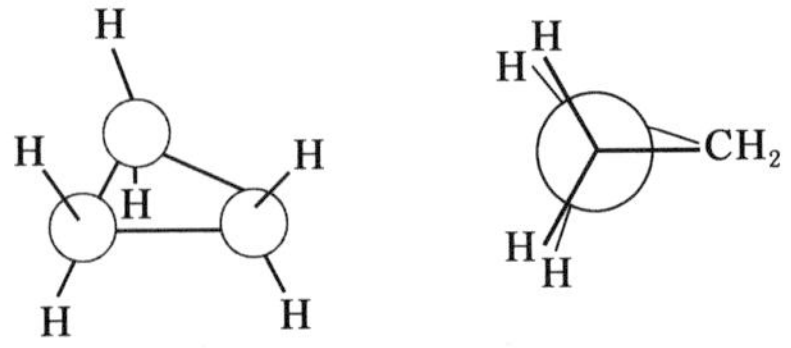

图 2-12 环丙烷的结构

思考题 2-9 分析环丙烷分子中主要存在哪些张力，简述产生这些张力的因素，并查阅文献说明环丁烷和环戊烷是否与环丙烷一样存在这些张力。

2.10.2 环己烷的结构和构象

在环己烷分子中，碳原子是四面体结构，碳原子之间以单键相连，键角是 109°28′，因此分子中的 6 个碳原子不可能形成平面的环，而只能形成折曲式的环。它的环可以翻转，在翻转过程中会出现无数种构象，其中比较有代表性的有：椅式、船式、半椅式和扭船式(图 2-13)。

图 2-13 环己烷的几种构象

由一种椅式构象翻转成另一种椅式构象的整个过程中，势能的变化见图 2-14。在这些构象中，有两种典型的空间排列方式，分别称为椅式构象和船式构象。

在椅式构象中，环己烷的碳原子各以其 sp^3 杂化轨道按照正常键角达到轨道间的最大重叠，构象中全部碳氢键均处于交叉式，所以不存在扭转张力(图 2-15)。由于椅式构象中环己烷两个对角(C_1 和 C_4)上的氢相距最远，所以也不存在范氏张力(图 2-16)。

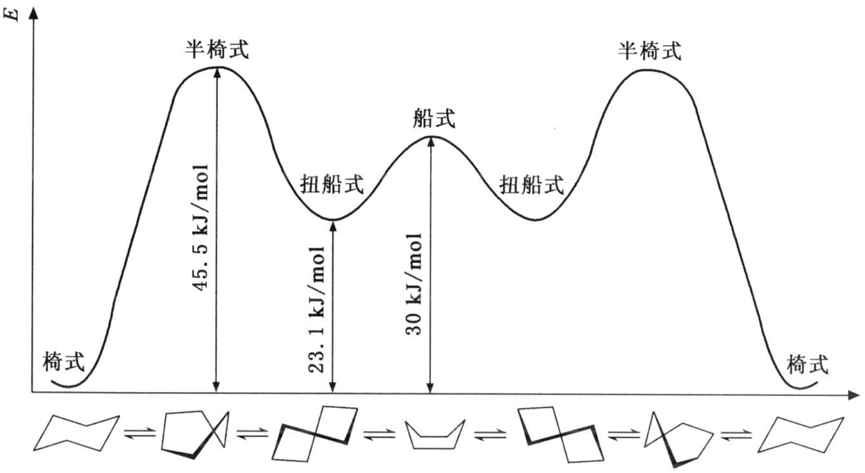

图 2-14 环己烷构象变化势能图

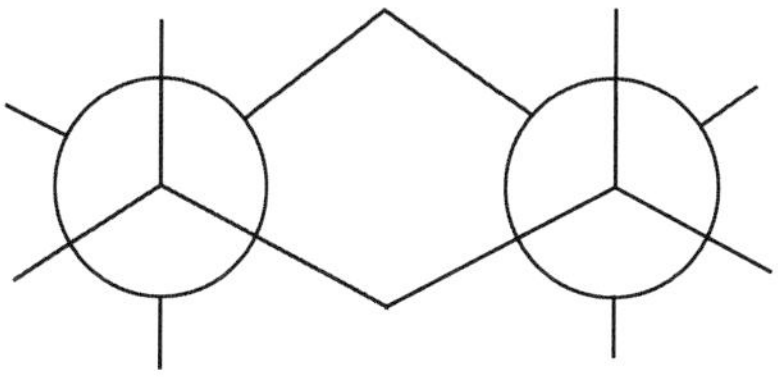

图 2-15 环己烷椅式构象纽曼投影

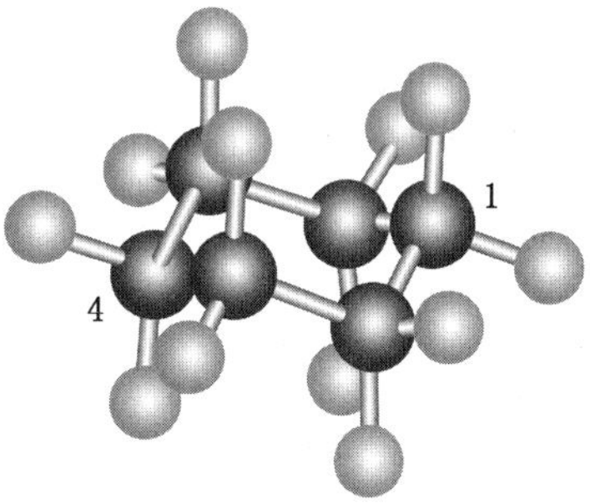

图 2-16 椅式构象中 C_1 与 C_4 上的氢距离最近

船式构象中虽无角张力，但环上碳氢键处在重叠的位置，存在扭转张力(图 2-17)。同时船式环己烷中 C_1 与 C_4 上的氢相距只有 0.183 nm，比它们的范氏半径和(0.24 nm)小得多(图 2-18)，因此互相排斥而产生范氏张力。所以船式构象为不稳定的构象，而椅式构象为环己烷的优势构象。

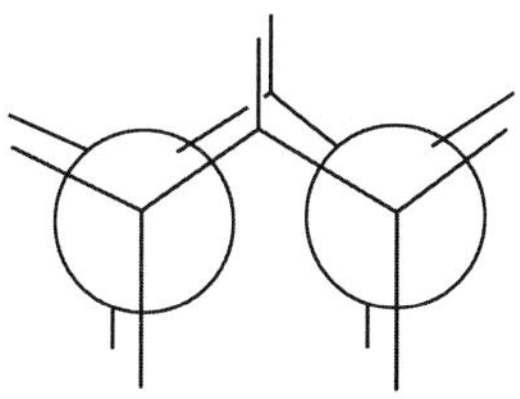

图 2-17 环己烷船式构象的纽曼投影

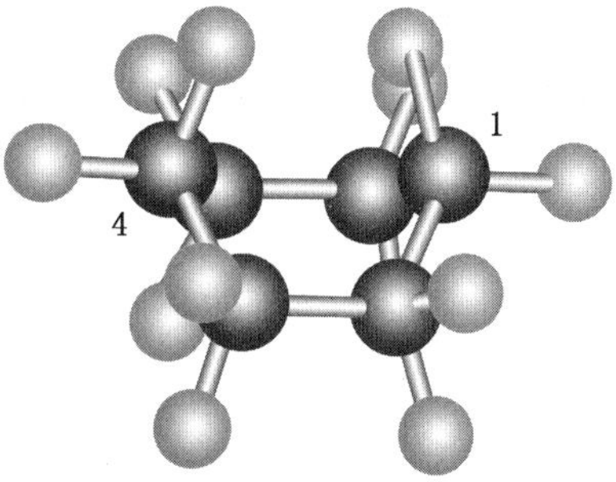

图 2-18 船式构象中 C_1 与 C_4 上的氢距离最近

环己烷椅式构象中的 12 个 C—H 键分为两种类型：有 6 个键基本上与碳环位于同一平面(6 个碳实际上并不在一个平面上，但可找出一个平均平面)并向四周伸出的，叫平伏键或 e 键；另外还有 6 个 C—H 键基本上是垂直于碳环平面的，叫直立键或 a 键(图 2-19)。

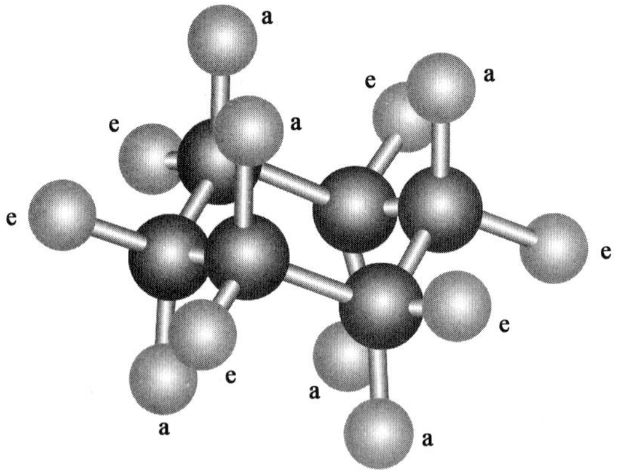

图 2-19　环己烷椅式构象

每个碳原子上有一个 a 键，一个 e 键；如果 a 键向上，则相邻碳上的 a 键必向下，所以 6 个 a 键中 3 个向上，3 个向下，相间排列。6 个 e 键，实际上也是有的向上，有的向下；一个碳原子 a 键向上时，则 e 键略向下；a 键向下时，则 e 键略向上。

环己烷的椅式构象可以通过 C—C 键的协同旋转，转变成另一种椅式构象，这种转变叫作转环作用。在转环过程中，原来的 a 键都变成了 e 键，原来的 e 键都变成了 a 键(图 2-20)。

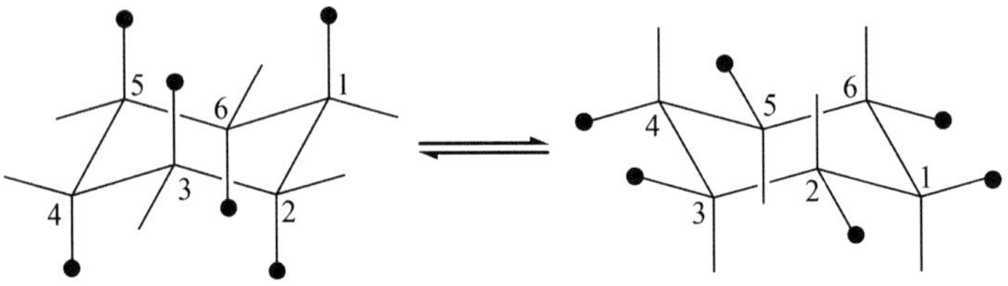

图 2-20　两种椅式构象的相互转变

由于碳氢键有 a、e 键之分，所以一元取代物也有 a 取代物和 e 取代物之分。a 取代物不如 e 取代物稳定，因为 a 取代物中 C_1 上的 R 基与 C_3、C_5 位上的氢相距很近，存在范氏张力(图 2-21)。所以在一取代环己烷中，取代基在 e 键的空间构象是稳定的，是优势构象。

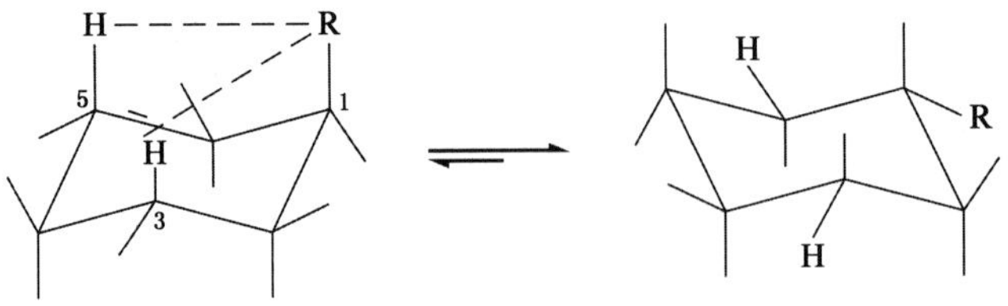

图 2-21　环己烷一元取代物椅式构象的翻转

在环己烷中，如有不同的取代基团时，较大的基团处于 e 键上较稳定；如有多取代基团时，则 e 键上的取代基团越多越稳定。如反-1,2、顺-1,3 和反-1,4 二取代环己烷分别比顺-1,2、反-1,3 和顺-1,4 二取代环己烷稳定。

2.10.3 十氢萘的结构和构象

十氢萘(二环[4.4.0]癸烷)的结构式，是由两个环己烷稠合而成的。环己烷的构象间易于互相转变，常温下不能分离，但在十氢萘中，两环互相制约，键的旋转困难，已经分离出两种异构体，它们均为椅式结构(图 2-22)。

反-十氢萘中两个环己烷都以 e 键相连，顺-十氢萘中两个环己烷以一个 e 键和一个 a 键相连，它不如反式稳定。

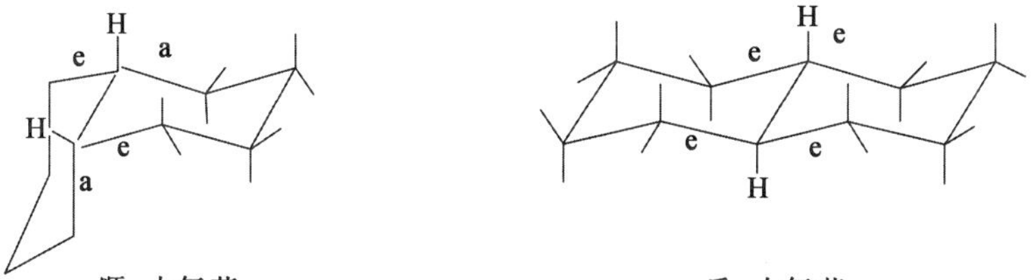

顺-十氢萘　　　　反-十氢萘

图 2-22　顺-十氢萘与反-十氢萘的构象

思考题 2-10　试分析反-1,2、顺-1,3 二取代环己烷分别比顺-1,2、反-1,3 二取代环己烷稳定的原因，并总结其规律性。

□ 习　题

2-1　写出丙烷各典型构象的纽曼投影式。

2-2　命名下列化合物。

(1) $CH_3CH_2\underset{\displaystyle CH_2CH_3}{\underset{|}{C}H}CH_2C(CH_3)_3$

(2) $CH_3CH_2\overset{\displaystyle CH_3}{\overset{|}{\underset{\displaystyle CH_3}{\underset{|}{C}}}}CH_2CH_2\overset{\displaystyle C_2H_5}{\overset{|}{C}H}CH_2CH_3$

(3) 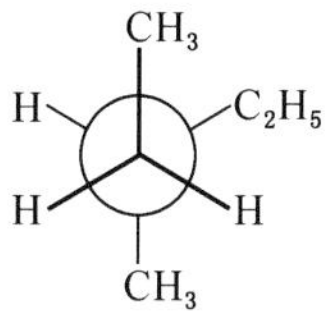

(4) 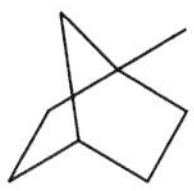

(5) 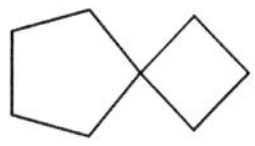

(6) 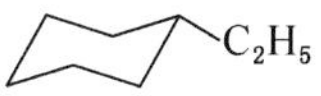

(7) $CH_3\overset{\displaystyle C_2H_5}{\overset{|}{C}H}C_2H_5$

(8) 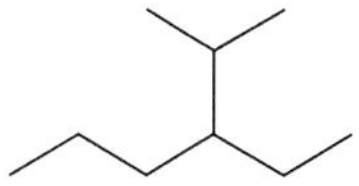

2-3 写出下列化合物的结构式。

(1)2,5-二甲基己烷　　(2) 2,4-二甲基-4-乙基庚烷

(3)2,2,4-三甲基戊烷　　(4) 2,2,4,4-四甲基辛烷

(5)异丙基环己烷　　(6) 1,7,7-三甲基二环[2.2.1]庚烷

(7)甲基环戊烷　　(8) 二环[4.4.0]癸烷

(9)6-甲基螺[4.5]癸烷　　(10) 3,7,7-三甲基二环[4.1.0]庚烷

2-4 写出下列化合物的纽曼投影式。

(1)1,2-二氯乙烷的优势构象　　(2)2,3-二溴丁烷的优势构象

2-5 完成下列反应。

(1) $CH_3\underset{\displaystyle CH_3}{\underset{|}{C}}HCH_3 + Br_2 \xrightarrow{\triangle}$

(2) $H_3C-\overset{\displaystyle CH_3}{\overset{|}{\underset{\displaystyle CH_3}{\underset{|}{C}}}}-CH_3 + Cl_2 \xrightarrow{光}$

(3) 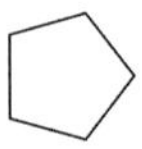 $+ Cl_2 \xrightarrow{光}$

(4)  $+ Cl_2 \longrightarrow$

(5)  $+ HCl \longrightarrow$

2-6 将下列自由基按稳定性大小排列成序。

(1) $\cdot CH_3$　　(2) $CH_3\underset{\displaystyle CH_3}{\underset{|}{C}}HCH_2\dot{C}H_2$　　(3) $CH_3\underset{\displaystyle CH_3}{\underset{|}{\dot{C}}}CH_2CH_3$　　(4) $CH_3\underset{\displaystyle CH_3}{\underset{|}{C}}H\dot{C}HCH_3$

2-7 用化学方法区别下列各组化合物。

(1)丙烷和环丙烷　　(2)环戊烷和 1,2-二甲基环丙烷

2-8 画出顺-1-甲基-2-异丙基环己烷和反-1-甲基-2-异丙基环己烷的优势构象并比较其稳定性。

2-9 试用构象分析法说明。

(1) 反-1,4-二甲基环己烷比顺-1,4-二甲基环己烷稳定

(2) 顺-1,3-二甲基环己烷比反-1,3-二甲基环己烷稳定

Chapter 3 第 3 章

不饱和脂肪烃

Unsaturated Aliphatic Hydrocarbons

不饱和脂肪烃是指分子中含有碳碳双键或碳碳三键等不饱和键的碳氢化合物。分子中含有碳碳双键的烃称为烯烃，根据分子中所含的双键数目又可以分为单烯烃、二烯烃和多烯烃等；分子中含有碳碳三键的烃称为炔烃。双键和三键分别是烯烃和炔烃的官能团。

3.1 烯烃

3.1.1 烯烃的结构、异构和命名

1. 烯烃的结构

烯烃分子中，形成双键的碳原子是以一个 2s 原子轨道与两个 2p 原子轨道发生杂化，形成 3 个相同的 sp^2 杂化轨道，还有一个 p 轨道未参加杂化。3 个 sp^2 杂化轨道互相排斥，处于同一平面，互成 120°角，未杂化的 p 轨道垂直于这个平面(图 3-1)。sp^2 杂化轨道的形状与 sp^3 杂化轨道类似，也是分为两瓣，一头大，一头小。

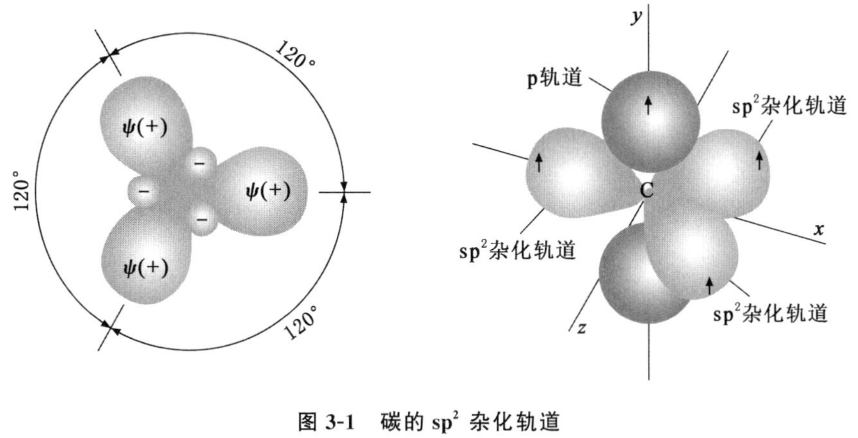

图 3-1　碳的 sp^2 杂化轨道

乙烯分子中两个碳原子间以 sp^2-sp^2 杂化轨道形成一个 C—C σ 键，每个碳原子剩余的两个 sp^2 杂化轨道与两个氢原子的 s 原子轨道以头碰头形式重叠形成两个 sp^2-s C—H σ 键，当两个碳原子的 5 个 σ 键都位于同一平面时（譬如平行于纸面），则两个碳原子未杂化的 2p 轨道正好都互相平行，肩并肩地构成 π 键（图 3-2）。π 键所连的两个原子不能相对旋转，否则肩并肩重叠即被破坏。

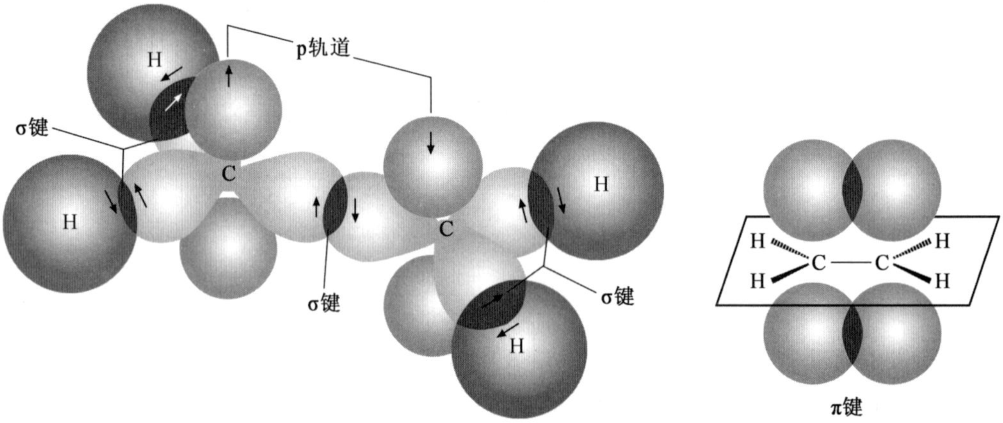

图 3-2　乙烯的结构

烯烃分子中的双键，是由一个 σ 键和一个 π 键组成的。电子衍射及光谱实验证明乙烯分子为平面型，分子中的键角接近于 120°，碳碳双键的键长为 0.133 7 nm，比碳碳单键短；碳碳双键的键能为 610 kJ/mol，不是碳碳单键键能的 2 倍，说明碳碳双键不等于两个碳碳单键的简单加和。π 键不如 σ 键稳定，比较容易断裂，是烯烃化学反应的中心。

2. 烯烃的异构

烯烃由于具有碳碳双键官能团，异构现象较烷烃复杂得多。除了碳架异构以外，还有双键的位置不同而产生的官能团位置异构。例如：

$CH_3CH_2CH{=}CH_2$　　$CH_3CH{=}CHCH_3$　　$CH_3C(CH_3){=}CH_2$

1-丁烯　　2-丁烯　　异丁烯

在丁烯的同分异构体中，1-丁烯与 2-丁烯互为官能团位置异构体，1-丁烯与异丁烯互为碳链异构体。无论是碳链异构还是官能团位置异构都是由于分子中原子之间的连接方式和次序不同产生的，属于构造异构。

除了具有构造异构体外，某些烯烃还存在顺反异构体。例如 2-丁烯就存在着如下两种异构体：

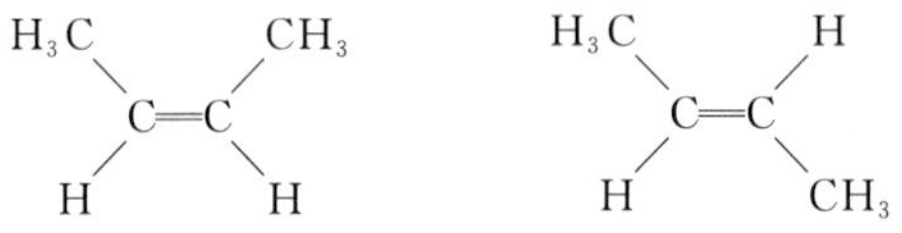

（Ⅰ）顺-2-丁烯　　（Ⅱ）反-2-丁烯

（Ⅰ）和（Ⅱ）虽然具有相同的构造式，但是它们的立体结构以及物理性质明显不同，它们是两种不同的化合物。（Ⅰ）式中相同基团（两个甲基或两个氢原子）在双键的同侧，称为顺式异构体；（Ⅱ）式中相同基团在双键的异侧，称为反式异构体。这种异构的产生是由于双键不能自由旋转，使连接在双键两端碳原子上的四个原子或基团在空间有两种不同排列方式，即产生不同的构型，这种异构现象称为顺反异构，也称为几何异构，属于立体异构的一种。

分子中产生顺反异构，必须在结构上具备两个条件：①分子中有两个相互连接的不能自由旋转（或旋转受阻）的原子，如含碳碳双键、碳氮双键的化合物以及脂环等。②这两个旋转受阻的原子上分别连接不同的原子或基团。凡具备这两个条件的分子均有顺反异构体。例如：

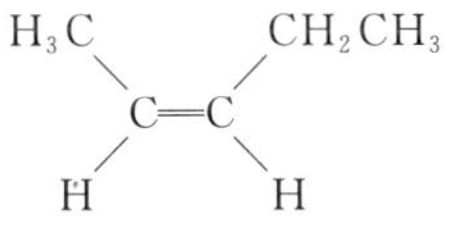

顺-2-戊烯

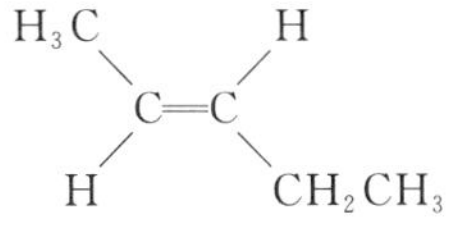

反-2-戊烯

顺-1，2-二甲基环丙烷

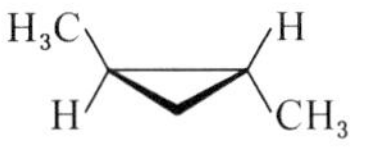

反-1，2-二甲基环丙烷

必须指出，并不是所有的烯烃都有顺反异构现象。当任何一个双键碳原子上连有相同的原子或基团时，则不存在顺反异构现象。例如，下列类型化合物就没有顺反异构体。

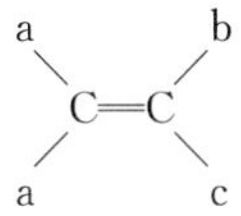

3. 烯烃的命名

烯烃的命名方法与烷烃基本上相似，主要有普通命名法和系统命名法。普通命名法只适用于结构简单的烯烃，如乙烯 $H_2C{=}CH_2$、丙烯 $CH_3CH{=}CH_2$、异丁烯 $(CH_3)_2C{=}CH_2$ 等，烯烃的命名通常采用系统命名法。

（1）单烯烃的系统命名法　单烯烃的系统命名法主要包括以下几个步骤：

①选主链。选择含有双键最长的碳链作为主链，看作母体，按主链碳原子的数目称为某烯。如主链含有五个碳，则称为戊烯；十一个及以上碳用汉字数字，并且在烯字前面加上一个“碳”字表示，如十二碳烯。侧链则作为取代基。

②编号。从靠近双键的一端开始依次将主链的碳原子编号，以较小的数字表示双键的位次，并将其写在烯烃名称之前。

③确定名称。将主链以外的取代基的位次、名称和数目分别写在烯烃名称之前。例如：

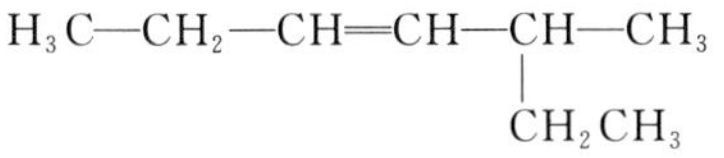

5-甲基-3-庚烯

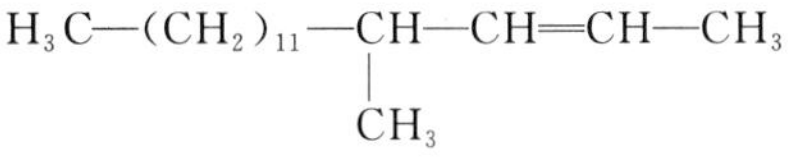

4-甲基-2-十六碳烯

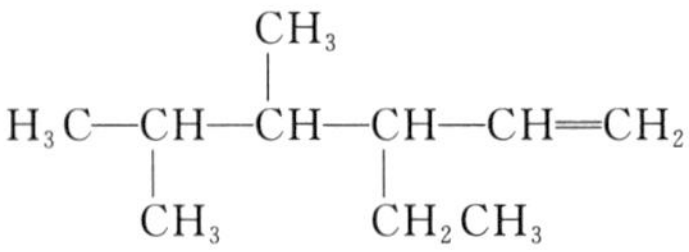

4,5-二甲基-3-乙基-1-己烯

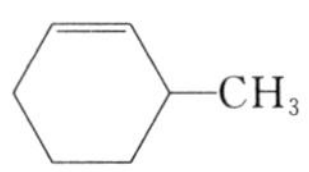

3-甲基环己烯

烯烃去掉一个氢原子后剩下的基团称为烯基，烯基的命名是在相应的母体名称后加“基”字，烯基的编号应该从去掉氢原子的碳原子开始。例如：

$H_2C{=}CH—$　乙烯基

$H_3C—CH{=}CH—$　丙烯基

$H_3C—CH{=}CH—CH_2—$　2-丁烯基

$H_2C{=}CH—CH_2—$　烯丙基(2-丙烯基)

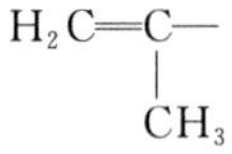

异丙烯基

烯丙基和异丙烯基是从习惯名称保留下来并一直沿用至今。

(2)烯烃顺反异构体的命名　当烯烃具有不同构型且有两个相同的原子或基团分别连于双键两个碳原子时，若相同原子或基团均在双键同一侧者，名称前冠以“顺”字；相同原子或基团分别在双键异侧者，名称前冠以“反”字。例如：

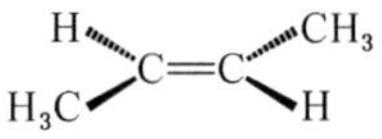

反-2-丁烯

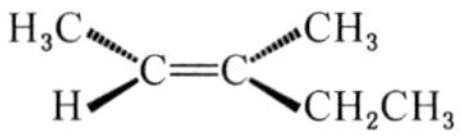

顺-3-甲基-2-戊烯

顺、反命名法用于碳碳双键的两个碳原子上连接有相同的原子或基团时，是比较方便和明确的。命名比较复杂的顺反异构体时，如碳碳双键上连接四个不同的原子或基团时，要确定顺式还是反式就比较困难。

因此，国际上做了统一的规定，即用 Z、E 命名法来表示构型的不同。“Z”表示每个双键碳上的优先基团在双键的同一侧，“E”表示每个双键碳上的优先基团不在双键的同一侧。所谓“优先基团”就是根据“次序规则”将每个双键碳上所连接的两个原子或基团排出大小，大者称为优先基团。

次序规则主要内容如下：

①比较与每一个双键碳原子上直接相连的两个原子的原子序数，原子序数大者为优先基团。常见几种原子的优先次序为：I>Br>Cl>S>P>F>O>N>C>D>H。

例如：

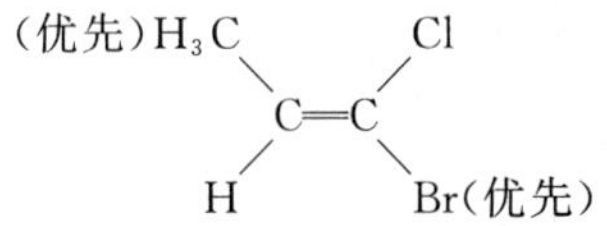

(E)-1-氯-1-溴丙烯

因为原子序数 C>H，Br>Cl，两个优先基团不在双键的同一侧，所以上述化合物为E 式。

②如果与每一个双键碳原子上直接相连的两个原子的原子序数相同，则逐个比较与第一个原子相连的第二个原子的原子序数，原子序数按由大到小的顺序排列比较，依此类推，

直到比较出优先基团为止。例如：

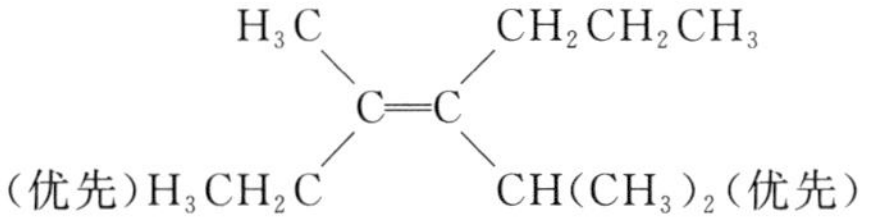

(*Z*)-3-甲基-4-异丙基-3-庚烯

在—CH_3 和—CH_2CH_3 以及—$CH_2CH_2CH_3$ 和—$CH(CH_3)_2$ 中与双键碳直接相连的都是 C，与这些碳相连的第二个原子，在—CH_3 是(H，H，H)，在—CH_2CH_3 是(C，H，H)，所以—CH_2CH_3 是优先基团；在—$CH_2CH_2CH_3$ 是(C，H，H)，在—$CH(CH_3)_2$ 是(C，C，H)，所以—$CH(CH_3)_2$ 是优先基团。由于两个优先基团在双键的同一侧，所以上述化合物为 *Z* 式。需要指出的是，基团的优先顺序是由原子序数大小而不是由体积决定的，例如：在—CH_2F(F，H，H)和—$C(CH_3)_3$(C，C，C)两个基团中，由于 F 原子序数大于 C，所以—CH_2F 是优先基团。

③如果基团中含有双键或三键，每一个双键或三键可看作连着两个或三个相同的原子。例如：

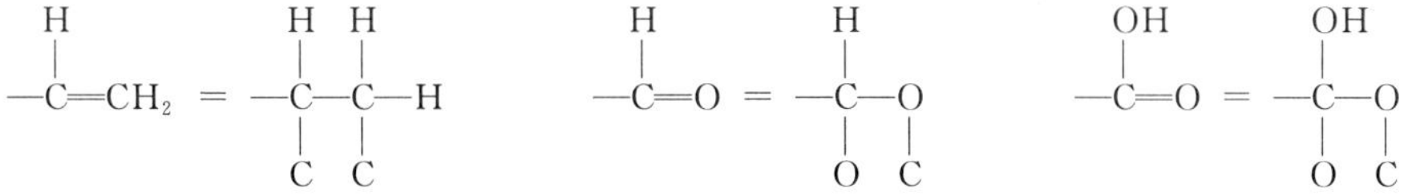

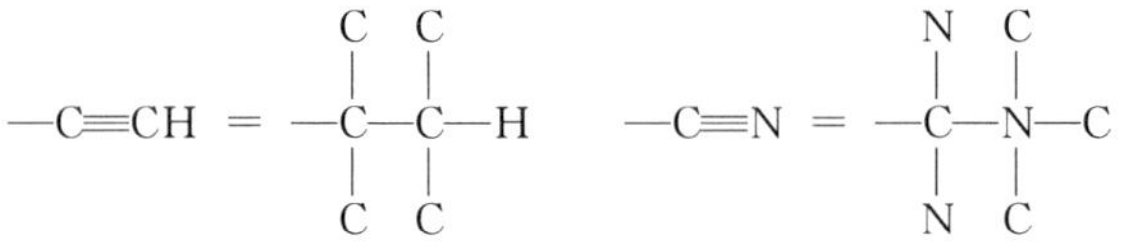

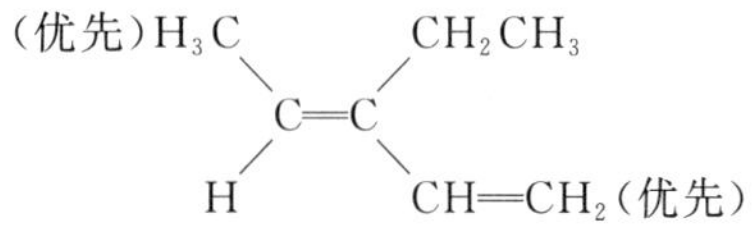

(*E*)-3-乙基-1,3-戊二烯

需要特别指出的是，顺反命名法和 *Z*、*E* 命名法两者之间无必然的联系，是两种不同的构型表示方法。

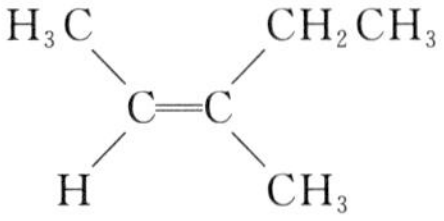

(*Z*)-3-甲基-2-戊烯
(反-3-甲基-2-戊烯)

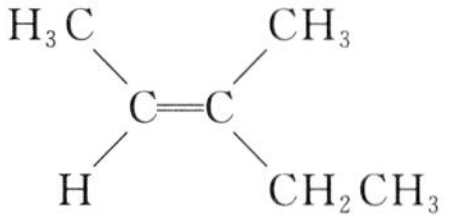

(*E*)-3-甲基-2-戊烯
(顺-3-甲基-2-戊烯)

思考题 3-1 命名下列化合物。

(1) 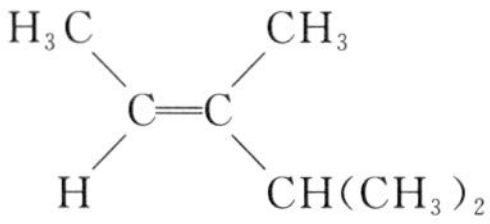

(2) 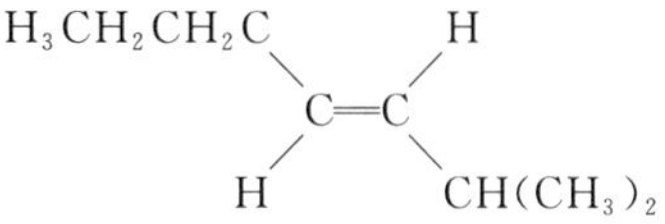

(3) 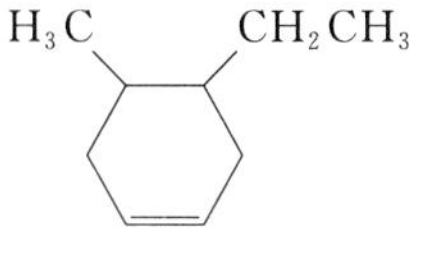

(4) 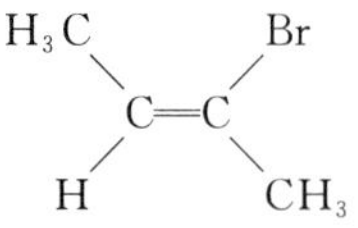

思考题 3-2 写出下列化合物的结构式。

(1)(*Z*)-2-氯-3-溴-2-丁烯　(2)2,3-二甲基-2-戊烯　(3)反-2-甲基-3-庚烯

3.1.2 烯烃的物理性质

烯烃的物理性质与烷烃相似，常温下 $C_2 \sim C_4$ 的烯烃为气体，$C_5 \sim C_{15}$ 的烯烃为液体，高级烯烃为固态。烯烃的熔点、沸点、相对密度等都随相对分子质量的增加而上升。它们都难溶于水，易溶于石油醚、乙醚、苯、四氯化碳等非极性和弱极性的有机溶剂。含相同碳原子数目的直链烯烃的沸点比支链的高，顺式异构体的沸点比反式异构体的高，熔点比反式的低。一些常见烯烃的物理常数见表 3-1。

表 3-1　一些常见烯烃的物理常数

名称	熔点/℃	沸点/℃	相对密度(d_4^{20})
乙烯	−169	−102	0.566(−102 ℃)
丙烯	−185	−48	0.519 3
1-丁烯	−184	−6.5	0.595 1
顺-2-丁烯	−139	4	0.621 3
反-2-丁烯	−106	1	0.604 2
异丁烯	−141	−7	0.590 2
1-戊烯	−165.2	30.1	0.640 5
1-己烯	−139	63.5	0.673 1
1-庚烯	−119	93	0.697 0

3.1.3 烯烃的化学性质

烯烃的化学性质比较活泼，能和许多试剂作用，主要原因是碳碳双键中的 π 键是由碳原子的 p 轨道“肩并肩”侧面重叠形成的，轨道的重叠程度较小，π 电子云分布在成键原子的上方和下方，原子核对 π 电子的束缚较弱，π 电子易受外界影响发生极化。因此，烯烃 π 键的强度比 σ 键低得多，容易断裂发生加成、氧化、聚合等反应。

1. 加成反应

含不饱和键的化合物与试剂反应时，π 键断裂，试剂中的两个原子或基团分别加到连接 π 键的两个碳原子上，形成两个新的 σ 键，这种反应称为加成反应。加成反应是烯烃的典型反应，可以表示如下：

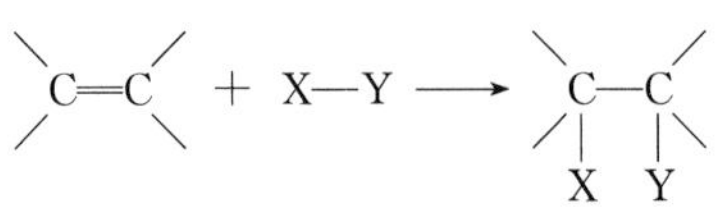

(1)催化加氢　在催化剂的作用下，烯烃与氢气反应生成相应的烷烃，称为催化氢化。常用的催化剂有铂(Pt)、钯(Pd)、镍(Ni)等。

$$R—CH{=}CH_2 + H_2 \xrightarrow{\text{催化剂}} R—CH_2—CH_3$$

烯烃的催化氢化可以定量进行，因此通过反应时吸收氢的量可以确定不饱和化合物中双键的数目。

烯烃的催化氢化无论是在实验室研究中还是在工业中都具有重要意义。油脂工业中植物油经催化氢化，可使含有不饱和双键的液态油脂制成固态的脂肪，成为奶油的代用品。

(2)与卤素的加成　氟与烯烃反应非常激烈，反应放出的大量热会使烯烃分解，反应需要在特殊的条件下才能进行；碘与烯烃一般不发生反应。卤素与烯烃加成的活性次序为：$F_2 > Cl_2 > Br_2 > I_2$。氯、溴与烯烃很容易发生加成反应，生成邻二卤代烷。例如，在室温下，将乙烯通入溴的四氯化碳溶液中，溴的红棕色很快褪去，并有无色的1,2-二溴乙烷生成。在实验室和工业上常用此反应来检验烯烃的存在。例如：

$$H_2C{=}CH_2 + Br_2 \xrightarrow[CCl_4]{\text{室温}} BrCH_2{-}CH_2Br$$

1,2-二溴乙烷

$$(CH_3)_2CHCH{=}CHCH_3 + Br_2 \xrightarrow[CCl_4]{0\ ^\circ C} (CH_3)_2CH{-}\underset{Br}{\underset{|}{CH}}{-}\underset{Br}{\underset{|}{CH}}{-}CH_3$$

4-甲基-2-戊烯　　　　2-甲基-3,4-二溴戊烷

(3)与卤化氢的加成　烯烃与卤化氢加成后，生成卤代烷。不同卤化氢与同一烯烃加成时，反应活性顺序为：HI>HBr>HCl。HF与烯烃不发生反应。

$$H_2C{=}CH_2 + HX \longrightarrow CH_3CH_2X$$

乙烯是一个对称分子，它与卤化氢加成时，不论氢原子加到哪个碳原子上，产物都是相同的。但是，当卤化氢与不对称烯烃(两个双键碳所连的基团不相同)加成时，就可能生成两种不同的加成产物。例如：

$$H_3C{-}CH{=}CH_2 + HBr \longrightarrow H_3C{-}CH_2{-}CH_2Br \quad \text{(1-溴丙烷)}$$

$$H_3C{-}CH{=}CH_2 + HBr \longrightarrow H_3C{-}\overset{Br}{\overset{|}{CH}}{-}CH_3 \quad \text{(2-溴丙烷)}$$

实验结果表明：2-溴丙烷是主要产物，产率达到了90%。1868年俄国化学家马尔可夫尼可夫(Markovnikov)根据大量实验事实总结出一条经验规则：当不对称烯烃和卤化氢加成时，氢原子主要加到含氢较多的双键碳原子上，这个规则称为马氏规则。利用这个规则可以预测不对称烯烃加成的主要产物。例如：

$$(CH_3)_2C{=}CH_2 + HBr \xrightarrow{\text{乙酸}} (CH_3)_2\overset{Br}{\overset{|}{C}}{-}CH_3$$

2-甲基-2-溴丙烷(100%)

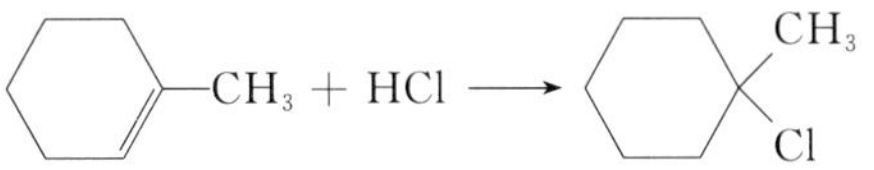

1-甲基-1-氯环己烷

(4)与水的加成　在酸(常用硫酸或磷酸)的催化下,烯烃与水加成生成醇,这是制备醇的一种方法,称为烯烃的直接水合法。例如:

$$H_2C{=}CH_2 + H_2O \xrightarrow[300\ ℃, 7\ MPa]{H_3PO_4/\text{硅藻土}} CH_3CH_2OH$$

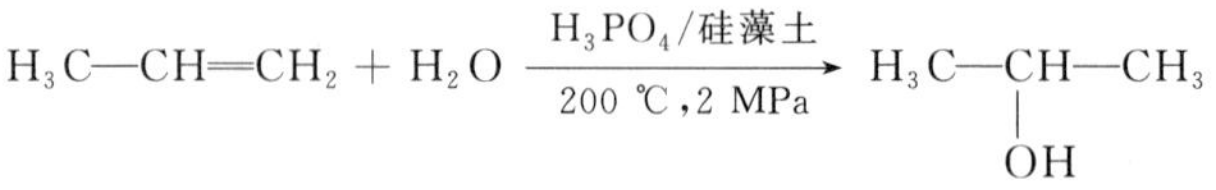

异丙醇

不对称烯烃与水加成时同样遵守马氏规则。

(5)与硫酸的加成　烯烃与冷的浓硫酸加成,生成能够溶于硫酸的硫酸氢酯,硫酸氢酯容易水解生成相应的醇,这也是制备醇的方法之一,称为烯烃的间接水合法。例如:

$$H_2C{=}CH_2 + H_2SO_4 \longrightarrow CH_3CH_2OSO_3H \xrightarrow[90\ ℃]{H_2O} CH_3CH_2OH$$

硫酸氢乙酯(98%)

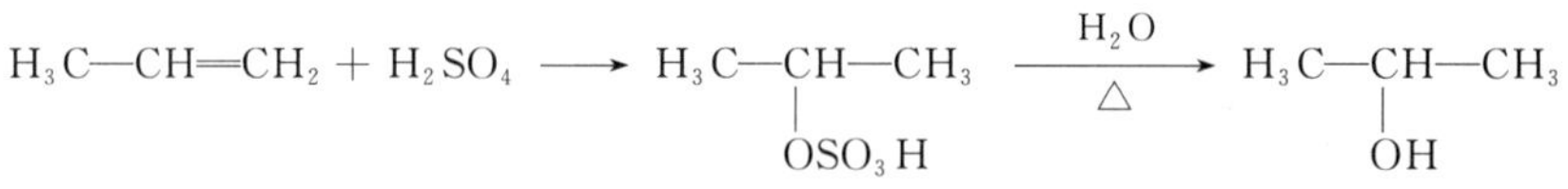

硫酸氢异丙酯(80%)　　异丙醇

不对称烯烃与浓硫酸加成时也遵守马氏规则。

烯烃与冷的浓硫酸加成反应除了可以用来制备醇外,还可利用反应中生成的硫酸氢酯溶于硫酸的这一性质,提纯某些不与硫酸作用、又不溶于硫酸的有机物(如烷烃、卤代烃等)。例如,将含少量烯烃的卤代烷与适量的浓硫酸一起振荡,烯烃生成硫酸氢酯而溶于硫酸中,达到除去卤代烷中烯烃的目的。

(6)与次卤酸的加成　烯烃和氯或溴的水溶液加成,生成 β-卤代醇。例如:

$$H_2C{=}CH_2 + HOX(X_2 + H_2O) \longrightarrow XCH_2{-}CH_2OH$$

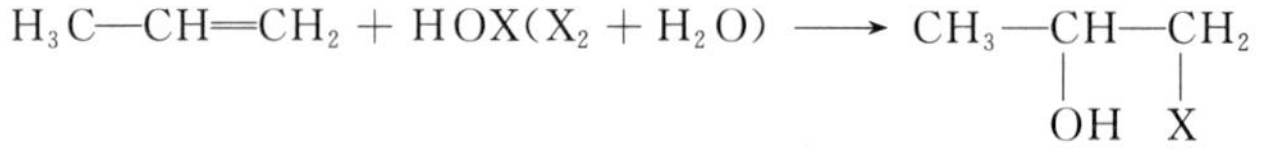

对于结构不对称的烯烃,卤原子加在含氢多的双键碳原子上。

(7)硼氢化-氧化反应　硼烷(BH_3,以二聚体 B_2H_6 形式保存在醚溶液中)和烯烃加成时,所生成的烷基硼化物不用分离,直接在碱性条件下用过氧化氢氧化得到醇,总的结果相当于在烯烃双键加上了一分子的水。

$$CH_3CH_2CH{=}CH_2 \xrightarrow{BH_3} (CH_3CH_2CH_2CH_2)_3B \xrightarrow{H_2O_2/OH^-} CH_3CH_2CH_2CH_2OH \quad (93\%)$$

不对称烯烃和硼烷进行加成时,硼烷中的氢原子加到含氢少的双键碳上,硼原子加到含氢多的双键碳上,得到三烷基硼,然后在碱性条件下用过氧化氢氧化得到的醇相当于反马氏规则的产物。烯烃的硼氢化-氧化反应制备醇和烯烃的酸催化水合制备醇都是制备醇的重要的方法,二者相互补充。

思考题 3-3 完成下列反应方程式。

(1) $CH_3CH{=}C(CH_3)_2 + HBr \longrightarrow$

(2) $CH_3CH_2CH{=}CH_2 + H_2O \xrightarrow{H_2SO_4}$

(3) 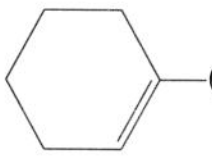 $-CH_3 \xrightarrow{H_2SO_4} \xrightarrow{H_2O}$

(4) $H_3C{-}CH{=}CH_2 + Br_2 + H_2O \longrightarrow$

2. 氧化反应

(1)高锰酸钾氧化　烯烃很容易被高锰酸钾等氧化剂氧化，随氧化剂和反应条件的不同，氧化产物也各异。在稀的碱性或中性高锰酸钾溶液中，较低温度下，烯烃被氧化成邻二醇，同时溶液的紫色褪去，生成棕褐色的二氧化锰沉淀。此反应可用来鉴定烯烃的存在。

$$R{-}CH{=}CH{-}R + 2KMnO_4 + 4H_2O \xrightarrow[\text{或中性}]{\text{稀 }OH^-} R{-}\underset{OH}{\underset{|}{CH}}{-}\underset{OH}{\underset{|}{CH}}{-}R + 2MnO_2\downarrow + 2KOH$$

在热或酸性高锰酸钾溶液中，烯烃中碳碳双键发生断裂，不同结构的烯烃得到不同的氧化产物。

$$R{-}CH{=}CH_2 \xrightarrow[H_2SO_4]{KMnO_4} R{-}COOH + CO_2 + H_2O$$

$$\begin{matrix}R\\ \end{matrix}\!\!\!\!\begin{matrix}\diagdown\\ \end{matrix} C{=}CH{-}R'' \xrightarrow[H_2SO_4]{KMnO_4} \begin{matrix}R\\ \end{matrix}\!\!\!\!\begin{matrix}\diagdown\\ \end{matrix} C{=}O + R''{-}COOH$$
$$R' \diagup \qquad\qquad\qquad\qquad R' \diagup$$

从上述反应可以看出，烯烃氧化后 $CH_2{=}$ 部分生成 CO_2 和 H_2O，$RCH{=}$ 部分生成羧酸(RCOOH)，$RR'C{=}$ 部分生成酮($RCOR'$)。因此，根据烯烃氧化后的产物，可以推断双键的位置和烯烃的分子结构。

(2)臭氧氧化　将含有 6%～8%臭氧的氧气在低温下通入烯烃的非水溶液中，会生成不稳定的臭氧化物，这个反应称为臭氧化反应。臭氧化合物具有爆炸性，可以直接在溶液中水解成醛或酮。由于水解时生成的过氧化氢会把醛氧化成羧酸，所以在水解时常加入还原剂(如锌粉)，以防止醛被氧化。

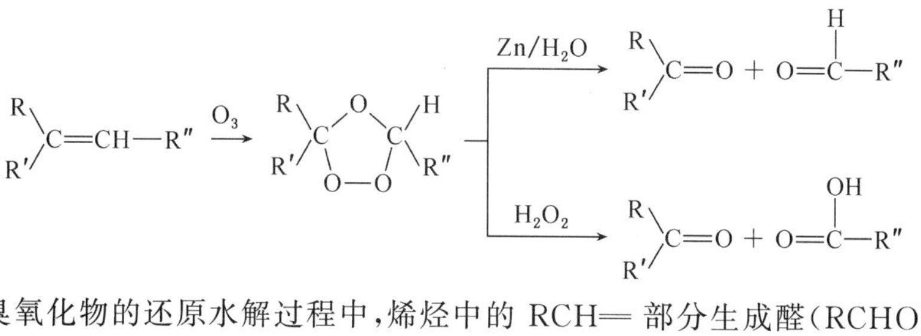

在烯烃臭氧化物的还原水解过程中，烯烃中的 $RCH{=}$ 部分生成醛(RCHO)，$RR'C{=}$ 部分生成酮($RCOR'$)，例如：

$$(CH_3)_2C{=}CHCH_2CH_3 \xrightarrow{O_3} \xrightarrow{Zn/H_2O} \underset{\text{丙酮}}{(CH_3)_2C{=}O} + \underset{\text{丙醛}}{O{=}CHCH_2CH_3}$$

由于得到的醛酮的结构很容易测定。因此,可以根据生成物醛酮的结构,推测烯烃中双键的位置及烯烃的分子结构。

思考题 3-4 完成下列反应方程式。

(1) $H_3C{-}CH{=}CH{-}CH_3 \xrightarrow{KMnO_4/OH^-}$　　(2) $H_3C{-}CH{=}CH{-}CH_3 \xrightarrow{KMnO_4/H^+}$

(3) 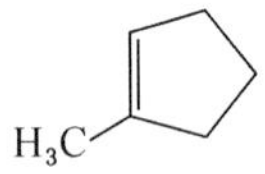 $\xrightarrow{O_3} \xrightarrow{Zn/H_2O}$

思考题 3-5 下面是一些烯烃经臭氧氧化和还原水解后生成的产物,试推测原烯烃的结构。

(1)只有 $CH_3\overset{O}{\overset{\|}{C}}CH_3$　(2) $CH_3\overset{O}{\overset{\|}{C}}CH_3$, HCHO, $OHCCH_2CHO$　(3) $OHCCH_2CH_2CH_2CHO$

3. α-氢的卤代

当具有 α-氢(与碳碳双键相连的碳称为 α-碳,其上连接的氢称为 α-氢)的烯烃在光照或高温条件下,结构中的 α-氢可以与卤素进行取代反应。例如:

$$H_3C{-}CH{=}CH_2 + Cl_2 \xrightarrow[\text{或光照}]{500\sim600\ ℃} Cl{-}CH_2{-}CH{=}CH_2$$

烯烃中碳碳双键与卤素的加成反应是按亲电加成反应机理进行的,不需光照或高温即可进行。而烯烃 α-氢的取代反应与烷烃的卤代反应一样是按自由基反应历程进行的,必须在高温、光照或过氧化物(如过氧化苯甲酰)引发下才能进行。

一个适合于在实验室条件下进行烯烃 α-氢卤代的常用方法是:用 N-溴代丁二酰亚胺(简称 NBS)为溴化试剂,在光照或过氧化物作用下,于惰性溶剂中与烯烃作用生成 α-溴代烯烃。例如:

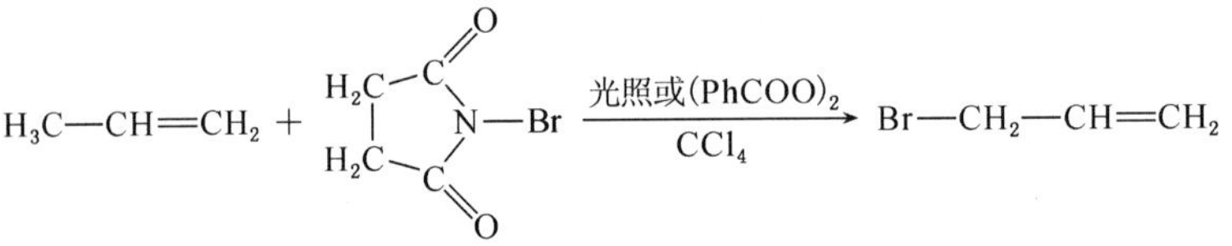

N-溴代丁二酰亚胺(NBS)

思考题 3-6 完成下列反应方程式。

(1) $H_3C{-}CH{=}CH_2 + Br_2 \xrightarrow{CCl_4}$　　(2) $H_3C{-}CH{=}CH_2 + Br_2 \xrightarrow{\text{光照}}$

(3) 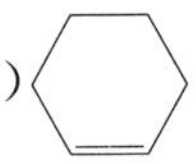 $+ NBS \xrightarrow{\text{光照}}$

4. 聚合反应

在催化剂或引发剂的作用下，烯烃分子通过加成的方式互相结合，生成高分子化合物，这种反应称为聚合反应。

$$n\,H_2C{=}CH_2 \xrightarrow[100\sim150\ \text{MPa}]{100\sim300\ ℃} \left[\!-CH_2-CH_2-\right]_n$$

聚乙烯无毒、耐低温并有良好的绝缘和防腐性能，是一种用途很广的塑料，常用于制作食品袋、塑料杯、管件、电绝缘材料及薄膜等。聚丙烯是一种无毒新型材料，具有良好的机械性能、耐热性、耐化学腐蚀等优点，除可作日用品外，还可制成管件、塑料绳、纤维等。

3.1.4 诱导效应

1. 诱导效应的产生

不同原子之间形成化学键，由于它们电负性的不同，共用的电子对偏向电负性较强的原子，使之带有部分负电荷(用 δ^- 表示)，另一原子带有部分正电荷(用 δ^+ 表示)。在静电引力作用下，这种影响能沿着原子链诱导传递，引起成键电子云向着某一方向偏移，从而使整个分子发生极化的效应，称为诱导效应，用符号 I 表示。例如在 1-氯丙烷($CH_3CH_2CH_2-Cl$)中，因为氯原子的电负性比碳原子大，C_1-Cl 键之间的共用电子对偏向于氯原子，使得 Cl 带有部分负电荷(δ^-)，C_1 带有部分正电荷(δ^+)。在静电引力作用下，C_2、C_1 本来对称共用的电子对也向着氯原子方向偏移，使得 C_2 也带有少量的正电荷($\delta\delta^+$)，同样 C_3 也带有更少量的正电荷($\delta\delta\delta^+$)，这样使整个分子产生诱导效应。下式中箭头所指的方向即为电子偏移的方向。

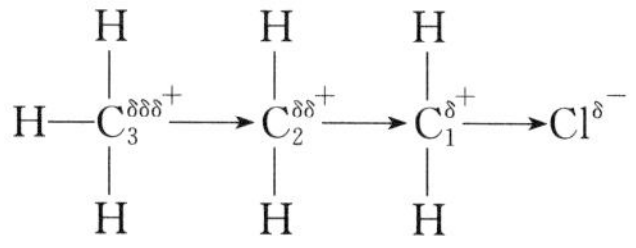

诱导效应一般以氢为比较标准，如果取代基的吸电子能力比氢强，则称其具有吸电子的诱导效应，用－I 表示。如果取代基的给电子能力比氢强，则称其具有给电子的诱导效应，用＋I 表示。

一些常见吸电子基团的诱导效应强弱顺序如下：

$$-NO_2>-CN>-F>-Cl>-Br>-I>-C{\equiv}C->-OCH_3>-OH>-C_6H_5>-C{=}C->-H$$

一些常见给电子基团的诱导效应强弱顺序如下：

$$-C(CH_3)_3>-CH(CH_3)_2>-CH_2CH_3>-CH_3>-H$$

2. 诱导效应的特点

(1)诱导效应具有强弱性　诱导效应的强弱取决于基团吸电子能力和给电子能力的大小，吸电子(或给电子)能力越强其诱导效应越强。在上面所列举的一些基团中，排在前面的是较强的吸电子(或给电子)基团。

(2)诱导效应具有传递性　诱导效应沿着原子链传递，并随着原子链的增长而迅速减弱，大致隔三个单键后诱导效应就很微弱，一般只考虑三个键以内的影响。

$$C \rightarrow \overset{\delta\delta\delta^{+}}{C} \rightarrow \overset{\delta\delta^{+}}{C} \rightarrow \overset{\delta^{+}}{C} \rightarrow \overset{\delta^{-}}{Cl}$$

(3)诱导效应具有叠加性　当两个或几个基团都能对某一键产生诱导效应时，该键所受的诱导效应就是这几个基团诱导效应的总和。方向相同时叠加，方向相反时互减。

马氏加成规则可以从诱导效应方面加以解释。例如当丙烯与 HBr 加成时，丙烯分子中的甲基是一个供电子基，甲基表现出向双键供电子，结果使双键上的 π 电子云发生极化，这样，含氢原子较少的双键碳原子带部分正电荷，含氢原子较多的双键碳原子则带部分负电荷。加成时，HBr 分子中带正电荷的 H^{+} 首先加到带负电荷的(即含氢较多的)双键碳原子上，然后，Br^{-} 才加到另一个双键碳上，得到符合马氏规则的产物。

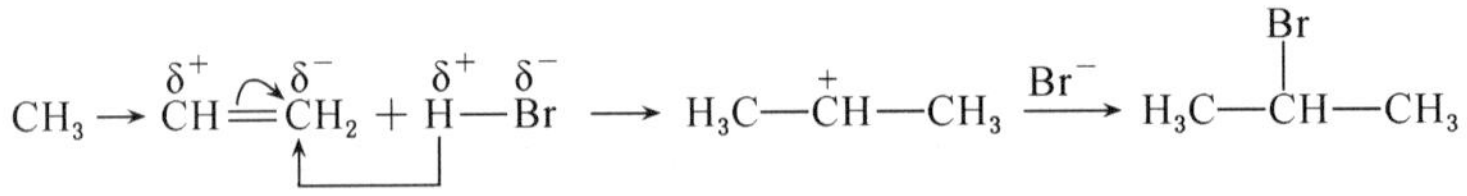

3.1.5　烯烃的亲电加成反应机理

1. 亲电试剂和亲核试剂

有机化学反应多涉及旧共价键的断裂与新共价键的形成。但共价键自行断裂，耗能较大，不易发生；所以往往需要试剂进攻其作用部位，引起反应。通常反应试剂可分为两类：一类试剂带有正电荷或电子云密度较低，在反应中进攻反应物上带部分负电荷的位置，这种试剂称为亲电试剂，如 H^{+}、$^{+}NO_2$、R^{+}、X^{+}(卤素)等。由亲电试剂进攻而引起的化学反应称为亲电反应。另一类试剂带有负电荷或电子云密度较高，在反应中进攻反应物上带部分正电荷的位置，这种试剂称为亲核试剂，如 OH^{-}、RO^{-}、CN^{-} 以及其他有未共用电子对的 H_2O、NH_3、ROH、RNH_2 等。由亲核试剂进攻而引起的化学反应称为亲核反应。

2. 亲电加成反应机理

由于烯烃中碳碳双键的 π 电子云分布在成键原子的上方和下方，原子核对 π 电子的束缚较弱，π 电子容易受外界影响发生极化，易受亲电试剂进攻而形成加成产物。因此，烯烃与卤素的加成反应是典型的亲电加成反应。

将乙烯通入溴的四氯化碳溶液中，发生加成反应而生成 1,2-二溴乙烷。如果在氯化钠水溶液中进行溴与乙烯的加成时，产物除了 1,2-二溴乙烷外，还有少量 1-氯-2-溴乙烷和 2-溴乙醇；然而将乙烯通入氯化钠水溶液中反应却不发生。

$$H_2C{=}CH_2 + Br_2 \xrightarrow{NaCl,H_2O} Br{-}CH_2{-}CH_2Br + Br{-}CH_2{-}CH_2{-}Cl + Br{-}CH_2{-}CH_2{-}OH$$

这一实验事实说明：乙烯与溴分子反应时，两个溴原子并不是同时加在双键两个碳原子上，而是分两步进行。若是两个溴原子同时一步加到双键两个碳原子上，所生成的产物只能有 1,2-二溴乙烷一种，不会有 1-氯-2-溴乙烷和 2-溴乙醇。由于三种产物都含有溴原子，说明第一步反应加上去的一定是 Br^{+}，Cl^{-} 和 OH^{-} 是第二步才加上去的。乙烯与溴的加成反应机理如下：

(1) 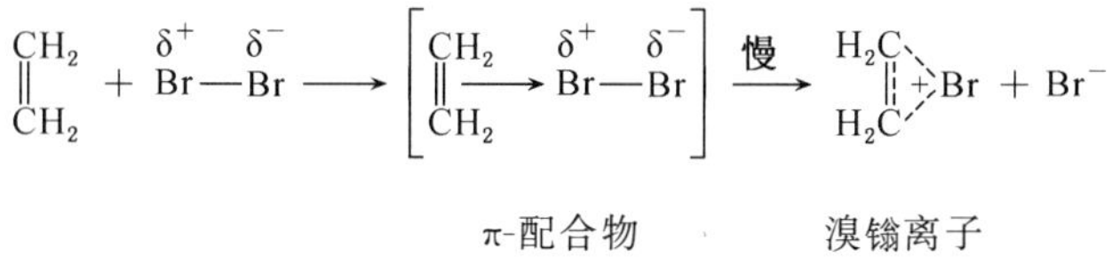

(2) 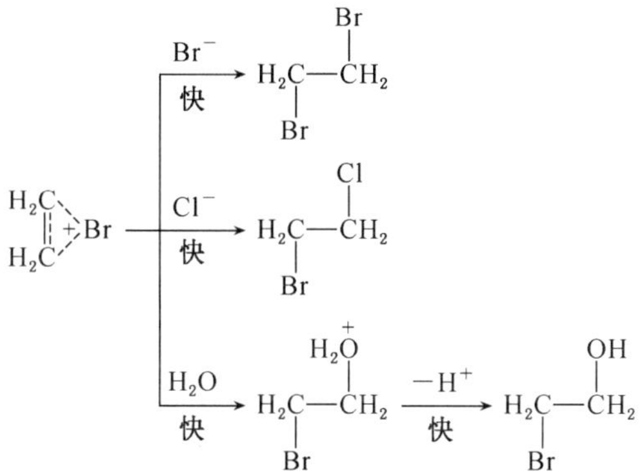

第一步，溴分子受到烯烃 π 电子的作用而极化，使靠近双键的溴原子带部分正电荷，另一个溴原子带部分负电荷，用 $\overset{\delta^+}{Br}—\overset{\delta^-}{Br}$ 表示。当带部分正电荷的溴原子接近乙烯时，溴分子与乙烯双键间的 π 电子云形成 π-配合物，然后 Br—Br 键减弱而发生异裂，形成环状中间体溴鎓离子和溴负离子 Br^-。由于这一步包括 π 键和 Br—Br 键的断裂，需要较高的活化能，反应速度慢，因此是决定整个加成反应速度的关键步骤。

第二步，溴负离子从反面进攻溴鎓离子，生成 1,2-二溴乙烷。若溶液中存在其他亲电试剂如 Cl^- 和 H_2O 等，就会有 1-氯-2-溴乙烷和 2-溴乙醇生成。烯烃与溴的加成反应是由亲电试剂 Br^+ 的进攻引起的，所以称为亲电加成反应。

烯烃与卤化氢等酸的加成也是亲电加成。第一步，H^+ 加到烯烃双键的一个碳原子上，使双键的另一个碳原子形成碳正离子，这一步反应速度慢，是决定整个加成反应速度的关键步骤。第二步，碳正离子再与 X^- 迅速结合生成卤代烷。

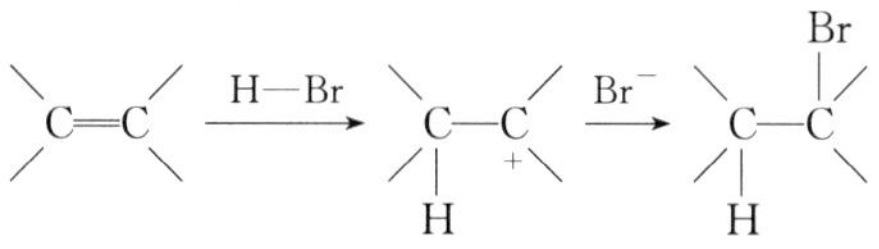

不对称烯烃和卤化氢加成遵守马氏规则，还可以从亲电加成反应过程中生成的活性中间体碳正离子的稳定性来解释。例如，丙烯和 HBr 加成，第一步反应生成的碳正离子中间体有两种可能：

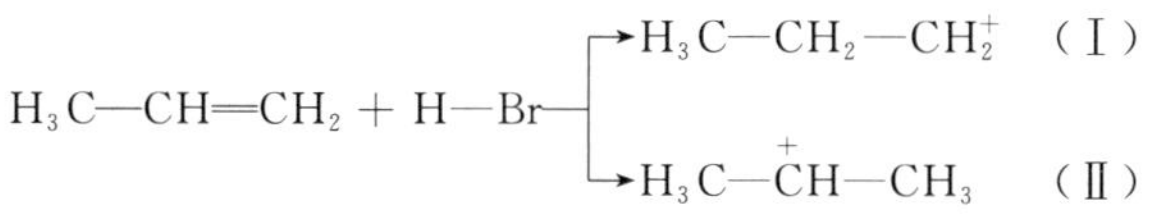

究竟生成哪一种碳正离子，取决于碳正离子的相对稳定性。根据物理学规律，一个带电体系的稳定性取决于所带电荷的分散程度，电荷越分散，体系越稳定。丙烯分子中的甲基是

一个供电子基，表现出供电子诱导效应，甲基的成键电子云向缺电子的碳正离子方向移动，使碳正离子的正电荷减少一部分，因而使其正电荷得到分散，体系趋于稳定。因此，带正电荷的碳上连接的烷基越多，供电子诱导效应越大，碳正离子的稳定性越高。一般烷基碳正离子的稳定性次序为：叔碳正离子＞仲碳正离子＞伯碳正离子＞甲基正离子，即 $R_3C^+ > R_2CH^+ > RCH_2^+ > CH_3^+$。

根据碳正离子的稳定性次序，碳正离子(Ⅱ)比(Ⅰ)稳定，因此生成碳正离子(Ⅱ)比较有利，也就是氢加到含氢较多的碳原子上。碳正离子(Ⅱ)一旦生成，很快与 Br^- 结合，主要生成 2-溴丙烷，即符合马氏规则。

思考题 3-7 请预测在甲醇溶液中，溴和乙烯加成反应的产物种类并解释之。

3.1.6 烯烃的自由基加成反应

烯烃与溴化氢加成时，随着反应条件的不同，得到的反应产物不同：若无过氧化物存在，生成的产物符合马氏规则；若有过氧化物存在，生成的产物与马氏规则所预见的结果刚好相反，这是一个反马氏规则的加成。例如：

$$H_3C—CH═CH_2 + H—Br \xrightarrow{\text{无过氧化物}} H_3C—\underset{}{\overset{Br}{\overset{|}{C}}}H—CH_3 \quad \text{(马氏规则)}$$

$$H_3C—CH═CH_2 + H—Br \xrightarrow{\text{有过氧化物}} H_3C—CH_2—CH_2Br \quad \text{(反马氏规则)}$$

反马氏加成是由于有过氧化物存在时，反应按自由基机理加成进行的。

$$RCOO—OOCR \longrightarrow 2RCOO\cdot \quad \text{(过氧化物自由基)}$$

$$RCOO\cdot + HBr \longrightarrow RCOOH + Br\cdot \quad \text{(链引发)}$$

$$RCH═CH_2 + Br\cdot \longrightarrow R\dot{C}HCH_2Br \quad \text{(链增长)}$$

$$R\dot{C}HCH_2Br + HBr \longrightarrow RCH_2CH_2Br + Br\cdot \quad \text{(链增长)}$$

$$\vdots$$

$$2Br\cdot \longrightarrow Br_2 \quad \text{(链终止)}$$

$$Br\cdot + R\dot{C}HCH_2Br \longrightarrow R\underset{\underset{Br}{|}}{C}HCH_2Br \quad \text{(链终止)}$$

$$2R\dot{C}HCH_2Br \longrightarrow R\underset{\underset{CH_2Br}{|}}{C}H—\underset{\underset{CH_2Br}{|}}{C}HR \quad \text{(链终止)}$$

从反应历程可知：在自由基加成中，首先是溴自由基向烯烃双键进攻，生成产物有两种可能：

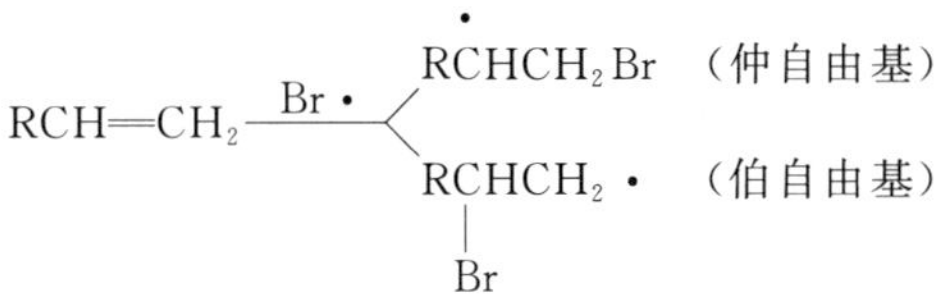

由于仲自由基比伯自由基稳定，所以更加容易形成。所以在过氧化物存在下，烯烃与 HBr 的加成为反马氏加成。

必须指出，只有溴化氢在过氧化物或光照下才按反马氏加成，其他卤化氢则不能。这是因为氟化氢和氯化氢分子中的氢氟键、氢氯键比氢溴键强得多，均裂产生 F· 和 Cl· 比较困难；而碘化氢虽然可以生成 I·，但活性差（可自己结合成 I_2），不足以与双键迅速进行加成反应。

思考题 3-8 补充下列反应的条件。

(1) 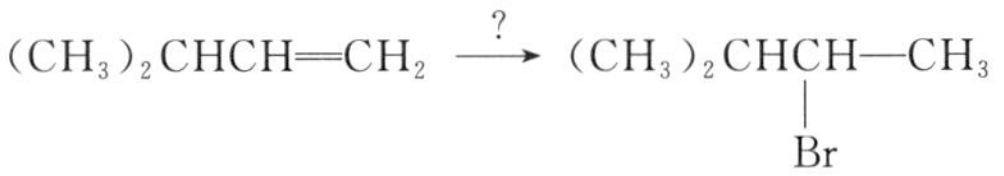

(2) 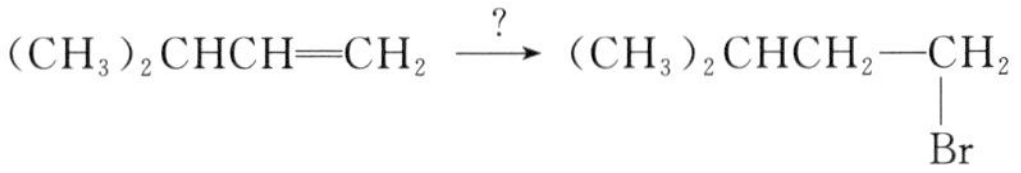

(3) 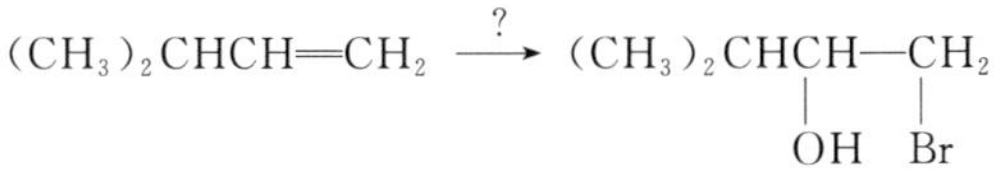

(4) 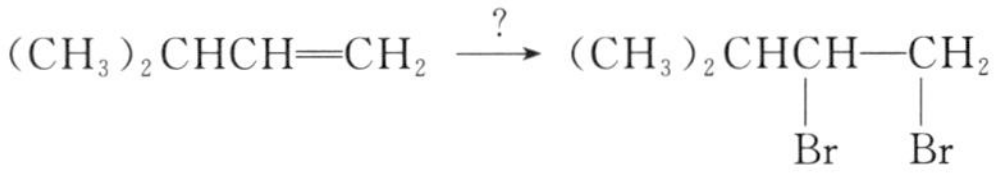

3.1.7 重要的烯烃化合物

1. 乙烯

乙烯是烯烃同系列中最简单的一个，它是无色可燃性气体，微溶于水，能与空气形成爆炸性混合物，其爆炸范围是 3%～29%。乙烯仅微量存在于石油和煤气中，工业上从石油热裂大量制取乙烯。乙烯性质活泼，可用于制造聚乙烯、环氧乙烷、乙醇、乙醛、氯乙烯等。目前乙烯系列产品在国际市场上占全部石油化工产品产值的 1/2 左右，因此乙烯的产量是衡量一个国家石油工业水平的重要标志之一。

乙烯是植物体内能够产生的一种内源激素，在未成熟的果实中乙烯含量达 0.1～1 mg/kg，而成熟的果实中含量还会增多。乙烯可用作已采摘的未成熟果实的催熟剂。同时乙烯对植物的各个发育阶段，如种子发芽、根茎生长、花芽生成以及落叶、落果等都有调节作用。

2. 丙烯

丙烯是无色气体，微溶于水，溶于乙醇、乙醚等有机溶剂，易燃，高浓度时对人有毒性。丙烯也是重要的化工原料，可用于制备甘油、异丙醇、环氧丙烷、丙酮、异丙苯、丙烯醛等重要化工产品。以丙烯为原料制备的聚丙烯、丙烯腈等,是塑料、橡胶、洗涤剂、增塑剂及苯酚的生产原料。

3.2 炔烃

3.2.1 炔烃的结构、异构和命名

1. 炔烃的结构

炔烃分子中,形成三键的碳原子是以一个 2s 原子轨道与一个 2p 原子轨道发生杂化形成两个 sp 杂化轨道,还有两个 2p 轨道未参加杂化。sp 杂化轨道的形状也与 sp^3 相似。两个 sp 杂化轨道分布在一条直线上,轨道的夹角 180°,未参与杂化的两个 2p 轨道都垂直于两个 sp 杂化轨道所构成的直线上(图 3-3)。

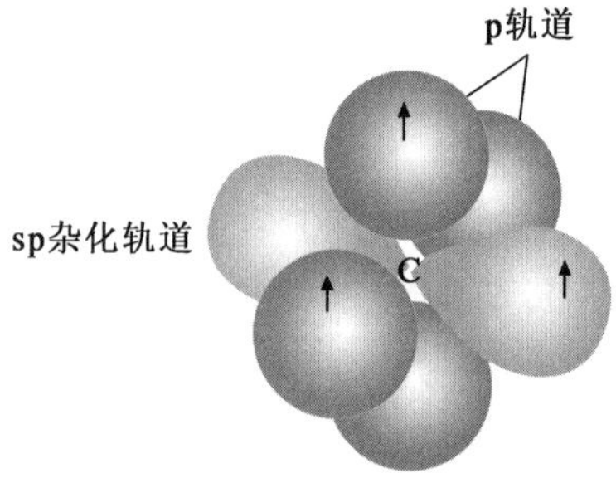

图 3-3　sp 杂化轨道

乙炔分子中,两个碳原子以 sp-sp 杂化轨道重叠构成一个 C—C σ 键,每个碳原子剩余的 sp 杂化轨道与一个氢原子的 s 原子轨道重叠形成一个 sp-s C—H σ 键;两个碳原子间互相垂直的两对 2p 原子轨道两两重叠,构成相互垂直的两个 π 键(图 3-4)。

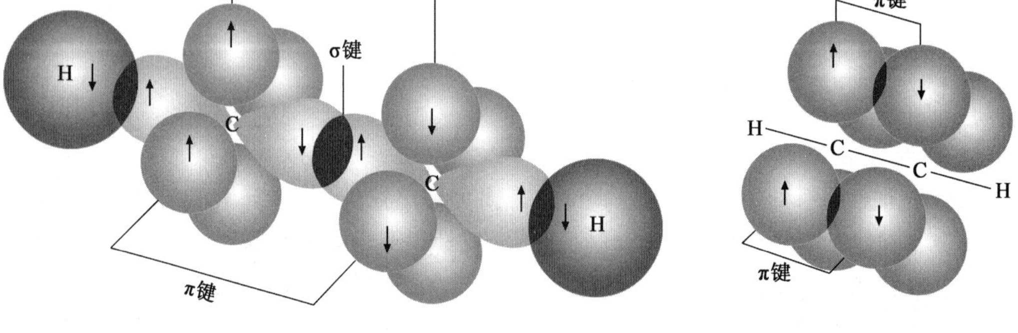

图 3-4　乙炔的结构

因此,炔烃分子中的三键,都是由一个 σ 键和两个 π 键组成的。由电子衍射及光谱实验也证明乙炔分子为直线型,分子中的键角为 180°,碳碳三键的键长为 0.121 nm,比碳碳双键和碳碳单键短,这是由碳碳之间共用电子对的数目增多所致。碳碳三键的键能为 835 kJ/mol,不是碳碳单键键能的 3 倍,说明碳碳三键不等于 3 个碳碳单键的简单加和;并且其中的 π 键不如碳碳 σ 键稳定,比较容易断裂,是炔烃化学反应的中心。

2. 炔烃的异构

炔烃分子结构中三键的几何形状为直线型，三键的碳原子只能连有一个原子或基团，所以炔烃不存在顺反异构现象，因此炔烃异构体的数目比碳原子数相同的烯烃少。4个碳原子以上的炔烃存在着碳链异构和官能团的位置异构。例如：

$CH_3CH_2CH_2C{\equiv}CH$

（Ⅰ）1-戊炔

$CH_3CH_2C{\equiv}C{-}CH_3$

（Ⅱ）2-戊炔

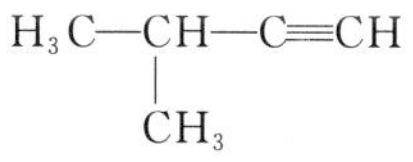

（Ⅲ）3-甲基-1-丁炔

在戊炔的同分异构体中，（Ⅰ）和（Ⅱ）互为官能团位置异构体，（Ⅰ）与（Ⅲ）互为碳链异构体。

3. 炔烃的命名

炔烃的命名有普通命名法和系统命名法。炔烃的普通命名法是把乙炔作为母体，其他炔烃作为乙炔的衍生物命名。例如：

$(CH_3)_2CH{-}C{\equiv}CH$

异丙基乙炔

$H_3C{-}C{\equiv}C{-}CH_3$

二甲基乙炔

$H_3C{-}C{\equiv}C{-}C(CH_3)_3$

甲基叔丁基乙炔

炔烃的系统命名与烯烃相似，即选择含三键的最长碳链为主链，从靠近三键的一端开始编号，写出取代基的位次、个数及名称。例如：

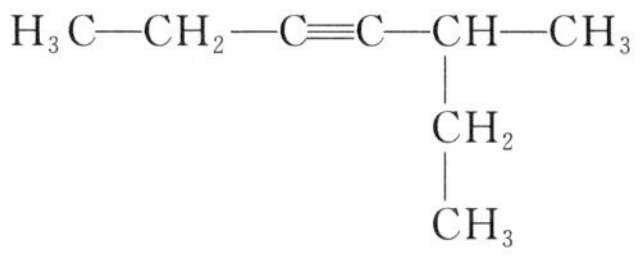

5-甲基-3-庚炔

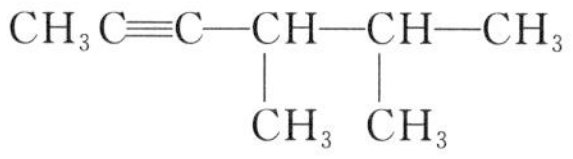

4,5-二甲基-2-己炔

同时含有双键和三键的分子称为某烯炔，命名时选择包含三键和双键同时在内的碳链为主链，链的编号遵循最低系列原则，使双键和三键编号尽可能小；当双、三键处在相同的位次时，使双键具有最小的位次。例如：

$H_3C{-}CH{=}CH{-}C{\equiv}CH$

3-戊烯-1-炔

$H_2C{=}CH{-}CH_2{-}C{\equiv}CH$

1-戊烯-4-炔

思考题 3-9 写出己炔的所有异构体，并命名。

3.2.2 炔烃的物理性质

乙炔、丙炔和1-丁炔在常温常压下为气体，四个碳以上的炔烃为液体，高级炔烃为固体。炔烃的熔点、沸点、相对密度比碳原子数相同的烷烃、烯烃稍高。炔烃不溶于水，易溶于四氯化碳、乙醚、烃类等有机溶剂中。常见炔烃的物理常数见表3-2。

表 3-2　常见炔烃的物理常数

名称	熔点/℃	沸点/℃	相对密度(d_4^{20})
1-丁炔	−125.7	8.1	0.678 4
1-戊炔	−90.0	40.2	0.690 1
2-戊炔	−101.1	56.1	0.710 1
1-己炔	−132.0	71.3	0.715 5
1-庚炔	−80.9	99.8	0.733 0

3.2.3　炔烃的化学性质

炔烃的碳碳三键中含有两个 π 键，因此炔烃和烯烃一样也可以发生加成、氧化和聚合等反应，但三键不等同于双键，因此炔烃的化学性质和反应活性具有其特殊性。

乙炔分子中的碳原子采取 sp 杂化，与 sp^2 或 sp^3 杂化相比，sp 含有的 s 成分(50%)比 sp^2(33%)或 sp^3(25%)多。s 成分越多，轨道距离原子核较近，也就是原子核对 sp 杂化轨道中的电子约束力就越大，即 sp 杂化状态的碳原子电负性较强。各种不同杂化状态碳原子的电负性顺序为：$sp > sp^2 > sp^3$。由于 sp 杂化碳原子的电负性较强，所以炔烃虽然有两个 π 键，但是不像烯烃那样容易给出电子，因此炔烃的亲电加成反应一般要比烯烃慢。

1. 加成反应

(1)催化加氢　炔烃在铂、镍、钯等催化剂的存在下，可以与氢进行加成，反应首先生成烯烃，烯烃继续加氢生成烷烃。

$$R—C{\equiv}CH \xrightarrow[\text{催化剂}]{H_2} R—CH{=}CH_2 \xrightarrow[\text{催化剂}]{H_2} R—CH_2—CH_3$$

由于后一步烯烃的加氢速度非常快，反应难以停留在烯烃阶段，而直接被还原为烷烃。为使反应停留在烯烃阶段，可以采用活性较低的林德拉(Lindlar)催化剂(钯附着在 $CaCO_3$ 或 $BaSO_4$ 及少量氧化铅或喹啉上)。

$$R—C{\equiv}C—R + H_2 \xrightarrow{Pd/BaSO_4/\text{喹啉}} R—CH{=}CH—R$$

(2)亲电加成反应

①与卤素的加成：炔烃与溴、氯发生加成，先生成二卤代烯，然后生成四卤代烷。例如：

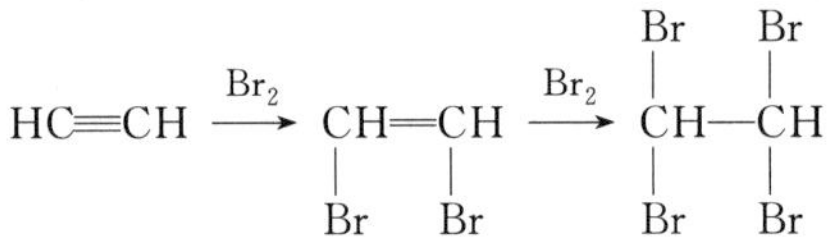

1,2-二溴乙烯　1,1,2,2-四溴乙烷

炔烃与卤素的加成比烯烃困难，如乙烯可使溴的四氯化碳溶液立即褪色，而乙炔则在几分钟之后才使之褪色，但此反应仍然可以用来鉴别炔烃。当分子兼有双键和三键时，卤素加成首先发生在双键上。例如：

$$H_2C{=}CH{-}CH_2{-}C{\equiv}CH + 1\ mol\ Br_2 \xrightarrow{\text{低温}} \underset{Br}{\underset{|}{CH_2}}{-}\underset{Br}{\underset{|}{CH}}{-}CH_2C{\equiv}CH$$

1-戊烯-4-炔　　　　4,5-二溴-1-戊炔

②与卤化氢的加成：炔烃与等摩尔卤化氢加成，生成卤代烯烃。进一步加成，形成偕二卤代物（"偕"表示两个卤素连在同一个碳原子上）。加成反应符合马氏规则。

$$R{-}C{\equiv}CH \xrightarrow{HX} R{-}\underset{X}{\underset{|}{C}}{=}CH_2 \xrightarrow{HX} R{-}\overset{X}{\overset{|}{\underset{X}{\underset{|}{C}}}}{-}CH_3$$

③与水的加成：在催化剂的存在下，炔烃与水加成先生成烯醇（羟基直接连在碳碳双键上），烯醇不稳定，经过分子重排很快转变成醛或酮。只有乙炔水合生成乙醛，其他炔烃的水合都生成相应的酮，工业上利用这个反应从乙炔制作乙醛。炔烃与水的加成符合马氏规则。例如：

$$HC{\equiv}CH + H{-}OH \xrightarrow[H_2SO_4]{HgSO_4} \left[H_2C{=}\underset{OH}{\underset{|}{CH}} \right] \xrightarrow{\text{重排}} CH_3CHO$$

乙醛

$$CH_3(CH_2)_2C{\equiv}CH + H{-}OH \xrightarrow[H_2SO_4]{HgSO_4} CH_3(CH_2)_2\overset{O}{\overset{\|}{C}}CH_3$$

2-戊酮

思考题 3-10　完成下列反应方程式。

(1) $CH_3C{\equiv}CH \xrightarrow{?} CH_3CH{=}CH_2 \xrightarrow{?} CH_3CH_2CH_2Br$

(2) $CH_3C{\equiv}CH \xrightarrow{?} CH_3\overset{O}{\overset{\|}{C}}CH_3$

(3) $? \xrightarrow[\text{Lindlar 催化剂}]{H_2} ? \xrightarrow{O_3} \xrightarrow{H_2O/Zn} CH_3CH_2CHO + CH_3CHO$

2. 聚合反应

乙炔在不同催化剂作用下，可有选择地聚合成链状或环状的化合物。但炔烃一般不聚合成高分子化合物。

$$HC{\equiv}CH + HC{\equiv}CH \xrightarrow[NH_4Cl]{CuCl} H_2C{=}CH{-}C{\equiv}CH \xrightarrow[CuCl/NH_4Cl]{HC{\equiv}CH} H_2C{=}CH{-}C{\equiv}C{-}CH{=}CH_2$$

乙烯基乙炔　　　　二乙烯基乙炔

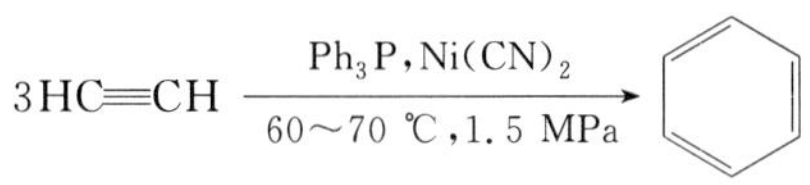

3. 氧化反应

炔烃可被高锰酸钾和臭氧等氧化剂氧化，碳碳三键断裂，生成相应的氧化产物。

$$R{-}C{\equiv}CH + KMnO_4 \longrightarrow RCOOH + CO_2 + H_2O$$

$$R{-}C{\equiv}C{-}R' \xrightarrow{O_3} \xrightarrow{H_2O} RCOOH + R'COOH$$

根据高锰酸钾溶液颜色变化，可以鉴别炔烃。炔烃的结构不同，氧化产物各异，HC≡被氧化成 CO_2 和水，而 RC≡则被氧化为 RCOOH，因此可从所得产物的结构推测出原炔烃的结构。

4. 金属炔化物的生成

由于 sp 杂化碳原子的电负性较强，乙炔和末端炔烃（RC≡CH）上的氢原子具有弱酸性，能够被金属置换生成金属炔化物，如在氨溶液中可被银离子或亚铜离子取代，生成灰白色炔化银沉淀或红棕色炔化亚铜沉淀。

$$HC{\equiv}CH + 2Ag(NH_3)_2^+ \longrightarrow AgC{\equiv}CAg\downarrow$$

乙炔化银（灰白色）

$$R{-}C{\equiv}CH + Cu(NH_3)_2^+ \longrightarrow R{-}C{\equiv}CCu\downarrow$$

炔化亚铜（红棕色）

上述反应速度快，现象明显，常用来鉴定乙炔及末端炔烃。金属炔化物干燥后，遇热或受到撞击时易发生爆炸，所以反应生成的金属炔化物应用硝酸处理使之分解，以免发生危险。

思考题 3-11 用化学方法鉴别下列化合物。

(1)戊烷　　(2)1-戊炔　　(3)1-戊烯

3.2.4 乙炔

乙炔是最重要的炔烃之一，俗称电石气。它是无色、无味、易燃的气体，难溶于水，易溶于丙酮、乙醇、苯等有机溶剂。乙炔与空气混合，含量达到 3%～70%时，会剧烈爆炸。在商业上为了安全地处理乙炔，把它装入钢瓶中(1.2～2.0 MPa)，瓶内装有多孔材料，如硅藻土、浮石或木炭，再装入丙酮。丙酮在常压下，25 ℃时，约可以溶解相当于它体积 25 倍的乙炔，而在 1.2 MPa 可溶解相当于其体积 300 倍的乙炔。乙炔燃烧时产生高温，火焰的温度可以达到 2 800 ℃左右，用于切割和焊接金属。此外，乙炔是重要的有机合成原料。

1971 年日本科学家白川英树(H. Shirakawa)首先合成了聚乙炔，他与另外两位美国科学家黑格(A. J. Heeger)和麦克迪尔米德(A. G. MacDiarmid)共同研究了聚乙炔的性质，惊奇地发现聚乙炔具有良好的导电性。导电塑料的出现打破了塑料不能导电的传统观点，三位科学家因为研究导电塑料的杰出贡献共同获得了 2000 年诺贝尔化学奖。

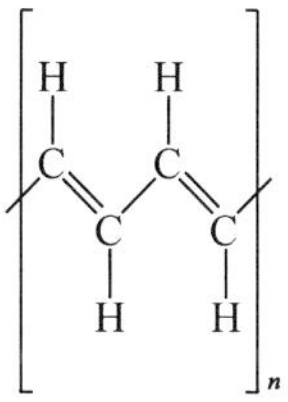

聚乙炔

工业上可由甲烷热解制得乙炔，也可以用碳化钙(电石)水解生成乙炔。例如：

$$3C + CaO \xrightarrow{2\ 000\ ^\circ C} CaC_2 + CO$$

$$CaC_2 + H_2O \longrightarrow CH{\equiv}CH + Ca(OH)_2$$

碳化钙水解生产乙炔的成本高、能耗大，环境污染严重，除少数国家外，均已不用此方法。随着石油工业的发展，利用石油和天然气生产乙炔成为主流方法。

3.3　二烯烃

3.3.1　二烯烃的分类和命名

分子中含有两个碳碳双键的烯烃称为二烯烃或双烯烃，其通式为 C_nH_{2n-2}。二烯烃与同碳数的单炔烃是同分异构体，属于官能团异构。根据两个双键的相对位置可以把二烯烃分为三类：

(1)聚集二烯烃(或累积二烯烃)　两个双键连接在同一个碳原子上的二烯烃。例如：

$$H_2C{=}C{=}CH_2$$

丙二烯

(2)共轭二烯烃　两个双键被一个单键隔开的二烯烃。例如：

$$H_2C{=}CH{-}CH{=}CH_2$$

1,3-丁二烯

(3)隔离二烯烃　两个双键被两个或两个以上的单键隔开的二烯烃。例如：

$$H_2C{=}CH{-}CH_2{-}CH{=}CH_2$$

1,4-戊二烯

聚集二烯烃数量少且不稳定；共轭二烯烃具有特殊的结构和性质；隔离二烯烃的性质基本与单烯烃相似。

二烯烃的命名与烯烃相似，但词尾用二烯代替烯，并分别注明两个双键的位置。例如：

$$H_2C{=}\underset{\displaystyle CH_3}{\underset{|}{C}}{-}CH{=}CH_2 \qquad H_3C{-}CH{=}CH{-}CH_2{-}CH{=}CH_2$$

2-甲基-1,3-丁二烯　　　　1,4-己二烯多烯烃的双键两端连接的原子或基团不同时，也存在顺反异构现象。命名时要逐个标明其构型。例如：

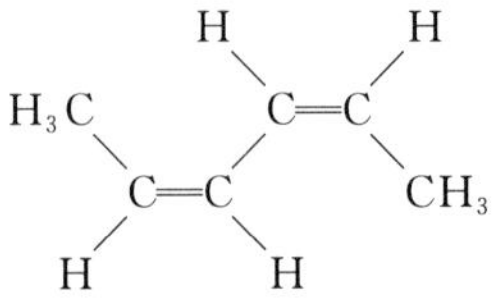

(2*Z*,4*Z*)-2,4-己二烯

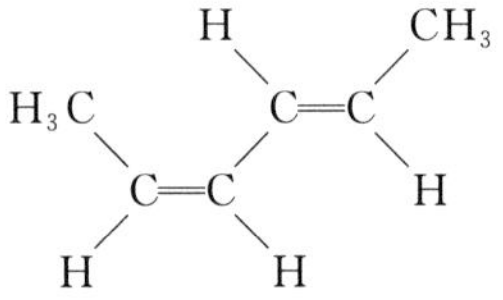

(2*Z*,4*E*)-2,4-己二烯

思考题 3-12 命名下列化合物。

(1) 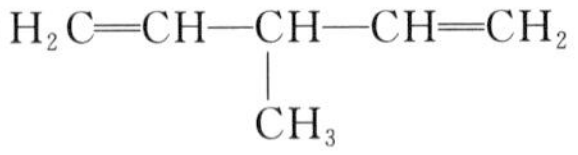

(2) 

(3) 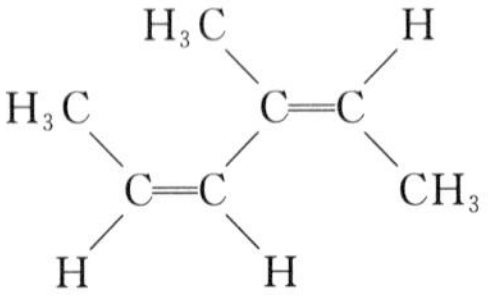

(4) 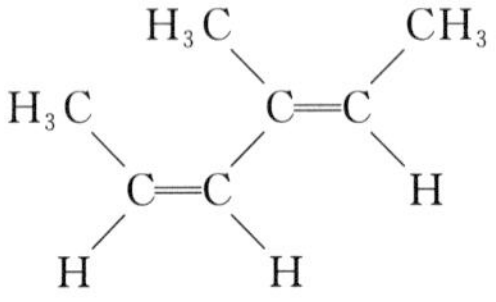

3.3.2 共轭二烯烃的结构

共轭二烯烃在结构和性质上都表现出一系列的特性。1,3-丁二烯是最简单的共轭二烯烃，下面就以它为例来说明共轭二烯烃的结构特点。

在1,3-丁二烯分子中，C═C 双键键长是 0.136 nm，C—C 单键键长是 0.146 nm，而乙烯和乙烷的双键键长和单键键长分别为 0.134 nm 和 0.153 nm，这说明 1,3-丁二烯中双键的键长与单烯烃近似，而单键的键长明显小于烷烃中的碳碳单键，也就是 1,3-丁二烯分子中的键长趋于平均化。键长趋于平均化是所有共轭烯烃的共性，这是由于它的特殊结构决定的。

在 1,3-丁二烯分子中，每个碳原子都是 sp^2 杂化，碳原子以 sp^2 杂化轨道互相重叠形成三个 C—C σ 键，其余的 sp^2 杂化轨道又分别与氢原子的 1s 轨道重叠形成六个 C—H σ 键，这些 σ 键都处在同一平面上，即四个碳原子和六个氢原子都在同一平面。此外，每个碳原子上还有一个垂直于分子平面且相互平行的 p 轨道。在 σ 键形成的同时，这些 p 轨道不仅在 C_1—C_2、C_3—C_4 之间重叠形成 π 键，而且在 C_2—C_3 之间也有一定程度的重叠，具有部分双键的性质(图 3-5)。

在简单烯烃分子中，两个 p 轨道形成 π 键时，两个 p 电子只能围绕成键的两个原子运动，称为电子的定域。定域中的每一个电子只受到两个原子核的束缚。而在 1,3-丁二烯分子中，C_2—C_3 p 轨道重叠的结果使 4 个 p 电子的运动范围不再两两局限于 C_1—C_2 和 C_3—C_4 之间，而是可以扩展到 4 个碳原子核范围内运动，形成包括 4 个碳原子在内的共轭 π 键(或叫大 π 键)，这种现象称为电子的离域。离域中的每一个电子受到 4 个原子核的束缚，因此增强了分子的稳定性。凡能发生电子离域的结构体系称为共轭体系。

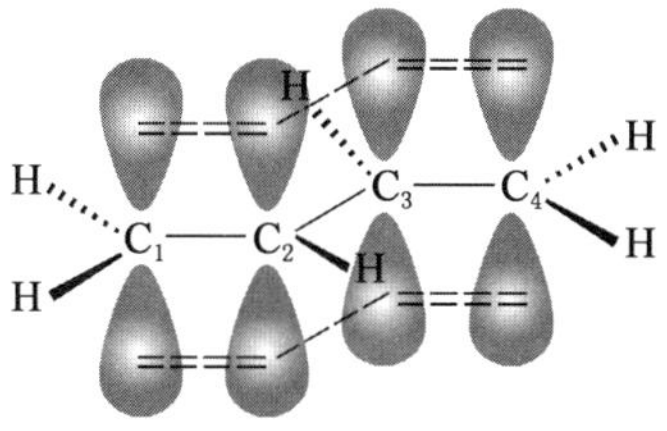

图 3-5 1,3-丁二烯分子中离域 π 键形成示意图

3.3.3 共轭效应

从 1,3-丁二烯分子结构的分析可以看出，在共轭体系中由于 π 电子离域，使电子云密度的分布有所改变，内能降低，键长趋于平均化，这种效应称为共轭效应，用 C 表示。

产生共轭效应的必要条件是共轭体系中的各个原子都在同一平面上，才能保证参加共轭的 p 轨道互相平行而发生重叠。如果 p 轨道的互相平行发生偏离或消失，则不能实现有效的重叠，共轭效应就随之减弱或完全消失。

1. 共轭体系的结构特点

(1)单、双键的差别减小，键长趋于平均化。例如，1,3-丁二烯分子中双键的键长与单烯烃趋近，而单键的键长明显小于烷烃中的碳碳单键。共轭链越长平均化程度越高。

(2)共轭体系的能量低，结构稳定。这点从共轭二烯烃和非共轭二烯烃的氢化热的比较即可说明。例如，共轭二烯 1,3-戊二烯的氢化热为 226.4 kJ/mol，而非共轭二烯 1,4-戊二烯的氢化热为 254.4 kJ/mol，其差值为 28 kJ/mol，即为 1,3-戊二烯的共轭能或离域能。共轭体系越长，共轭能越大，结构越稳定。

(3)共轭体系中 π 电子云转移时，各原子的电子云密度出现疏密交替的现象。共轭效应与诱导效应的传递方式不同，它是沿着共轭链传递，不随碳链的增长而减弱。例如：

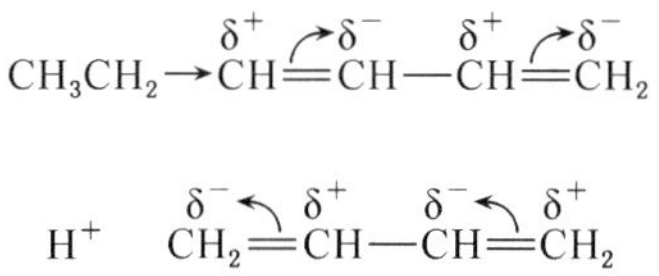

弯箭头表示共轭效应中电子偏移的方向，δ^+ 和 δ^- 表示电子云密度的相对大小。

2. 共轭体系的基本类型

(1)π-π 共轭体系　π 轨道与 π 轨道相互重叠而形成的共轭体系称为 π-π 共轭体系，如 1,3-丁二烯(CH_2═CH—CH═CH_2)、丙烯醛(CH_2═CH—CH═O)等。除了两个 π 轨道可以形成共轭体系外，还可以由更多个 π 轨道组成长的共轭体系，凡是有双键与单键交替连接的结构都属于 π-π 共轭体系。

(2)p-π 共轭体系　由 p 轨道与相邻 π 轨道重叠而形成的共轭体系称为 p-π 共轭体系。根据 p 轨道上容纳的电子数不同，p-π 共轭体系可以分为以下 3 种类型。

①富电子 p-π 共轭体系：在氯乙烯(CH_2═CH—Cl：)分子中，氯原子和双键的两个碳原

子共处同一平面，氯原子中具有未共用电子对的 p 轨道与碳碳双键的 π 轨道侧面重叠，形成以 C、C、Cl 三原子为中心，包含 4 个 p 电子的共轭 π 键。由于成键的轨道数少于成键的电子数，因此这种 p-π 共轭体系称为富电子 p-π 共轭体系(图 3-6)。由于氯原子的 p 轨道有两个电子，电子密度比 π 轨道大，因此，共轭效应中电子偏移的方向是从 p 向 π 流动。

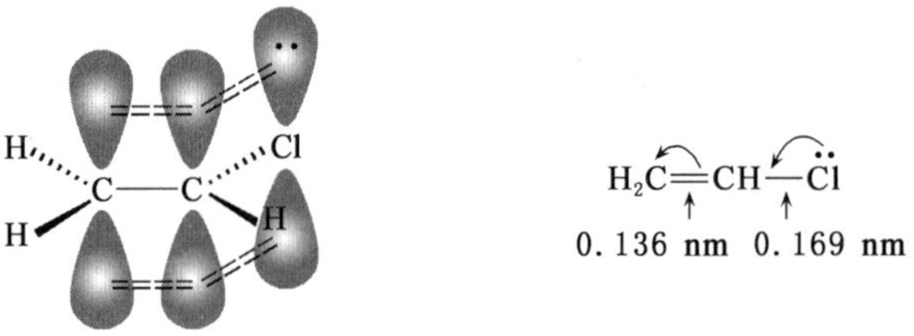

图 3-6　氯乙烯分子中 p-π 共轭示意图

凡具有未共用电子对的原子通过单键与含有 π 键的某原子相连时，均可形成富电子 p-π 共轭体系。如苯酚、苯胺、乙酰胺等很多化合物的结构中都具有这种结构。

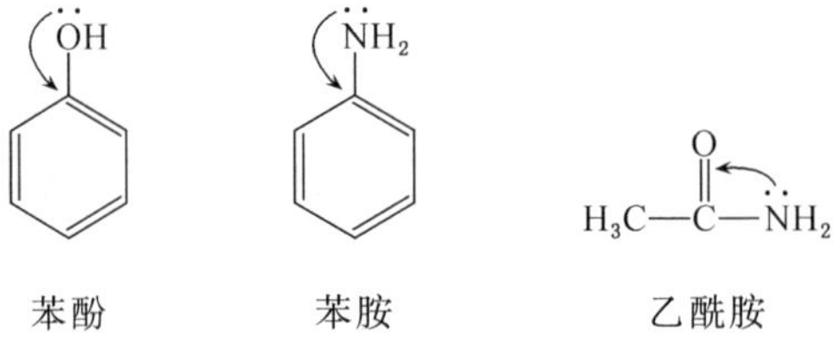

②缺电子 p-π 共轭体系：在烯丙基碳正离子($CH_2{=}CH{-}CH_2^+$)中，该体系中的 3 个碳原子均为 sp^2 杂化，带正电荷的碳原子的 p 轨道中无电子。该 p 轨道与 π 键发生侧面重叠，形成以 3 个碳原子为中心，包含 2 个 p 电子的共轭 π 键。由于成键轨道数多于成键电子数，因此这种 p-π 共轭体系称为缺电子 p-π 共轭体系(图 3-7)。由于碳正离子的 p 轨道没有电子，所以 π 键中的 p 电子流向碳正离子的 p 轨道，碳正离子的正电荷被分散到了 3 个 p 轨道，每一个 p 电子受到 3 个碳原子核的吸引，碳正离子的稳定性增加。

③等电子 p-π 共轭体系：烯丙基自由基($CH_2{=}CH{-}CH_2\cdot$)和烯丙基碳正离子相似，只是与双键相连的 p 轨道中有一个电子，该 p 轨道与 π 键发生侧面重叠，形成以 3 个碳原子为中心，包含 3 个 p 电子的共轭 π 键。由于成键轨道数等于成键电子数，因此这种 p-π 共轭体系称为等电子 p-π 共轭体系(图 3-8)。每一个 p 电子受到 3 个碳原子核的吸引，碳自由基的稳定性增强。

(3)超共轭体系　由于 C—C σ 键可以绕键轴自由旋转，因此 α-C 上每一个 C—H σ 键都可以旋转至与 π 轨道或 p 轨道部分重叠并产生类似的电子离域现象，这样形成的体系称为 σ-π 超共轭体系或 σ-p 超共轭体系。超共轭效应比 π-π 共轭效应和 p-π 共轭效应弱得多。

①σ-π 超共轭体系：当 sp^3-s 轨道形成的 C—H σ 键与碳碳双键相连时，σ 轨道和 π 轨道也能有很小的重叠，使得 σ 电子向 π 轨道离域，形成 σ-π 超共轭。由于超共轭效应的影响，双键碳原子上烷基越多的烯烃越稳定。在结构式中常用弧形箭头表示所有参与 σ-π 超共轭的 C—H σ 键。丙烯分子中的 σ-π 超共轭如图 3-9 所示。

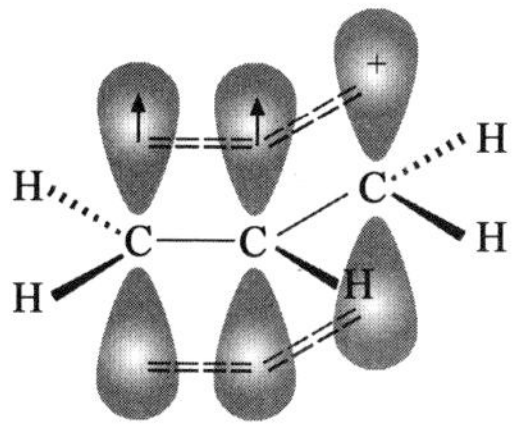

$H_2C{=}CH{-}\overset{+}{C}H_2$

图 3-7 烯丙基碳正离子中 p-π 共轭示意图

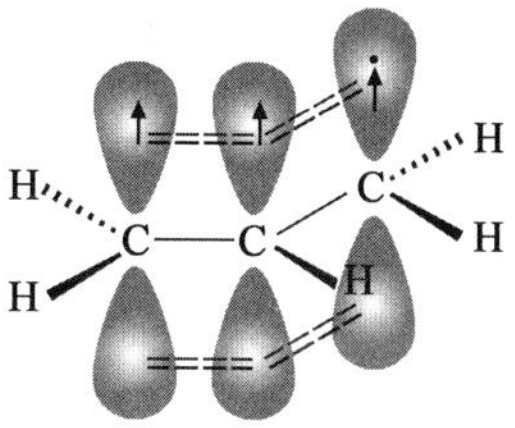

$H_2C{=}CH{-}\dot{C}H_2$

图 3-8 烯丙基自由基中 p-π 共轭示意图

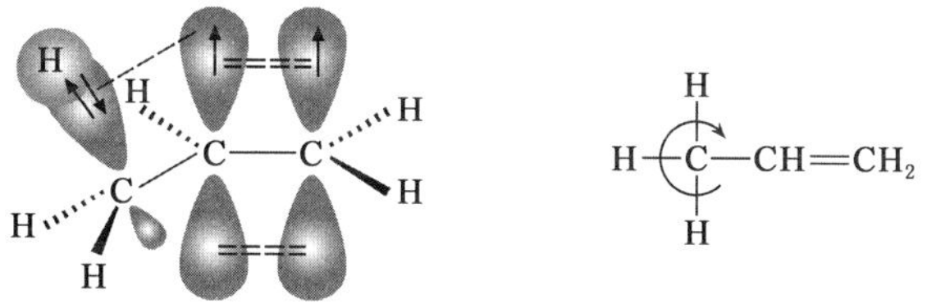

图 3-9 丙烯分子中的 σ-π 超共轭示意图

②σ-p 超共轭体系：在碳正离子和碳自由基中，sp^3-s 轨道形成的 C—H σ 键也可以与相邻碳原子上的 p 轨道形成 σ-p 超共轭，如图 3-10 和图 3-11 所示。

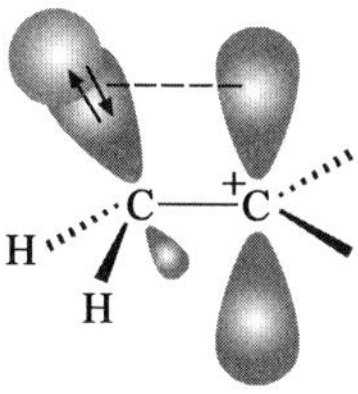

图 3-10 碳正离子中的 σ-p 超共轭示意图

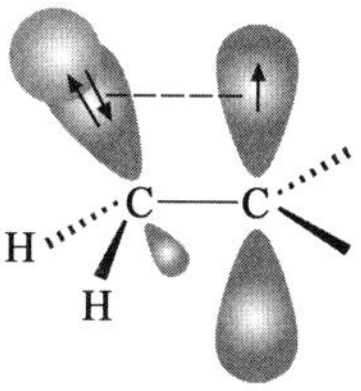

图 3-11 碳自由基中的 σ-p 超共轭示意图

C—H 键的 σ 电子是向 p 轨道离域。参与超共轭的 C—H σ 键数目越多，离域的范围越大，就越有利于电荷的分散，体系也越稳定。因此，不同种类中间体的稳定性是：

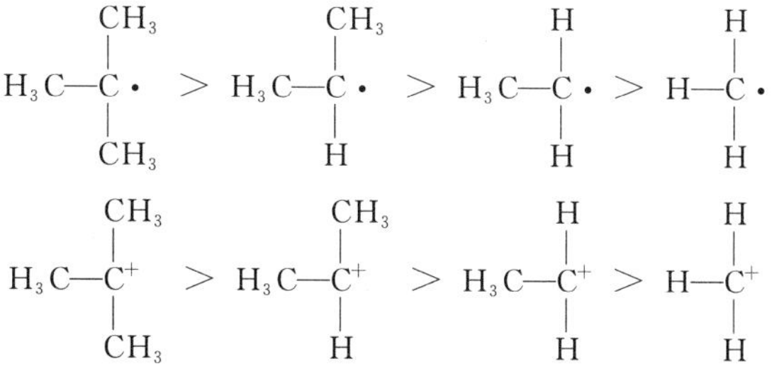

参加超共轭的 C—H 数　9　6　3　0

3.3.4 共轭二烯烃的化学性质

共轭二烯烃因含有双键，具有烯烃双键的一些化学性质；由于结构的特殊性，又具有其特殊的化学性质。

1. 1,4-加成反应

1,3-丁二烯与卤素、卤化氢等试剂都容易发生亲电加成反应。例如，当1,3-丁二烯与一分子溴或溴化氢加成时，可生成两种产物：一种是亲电试剂（如 Br_2、HBr）加到 C_1 和 C_2 上，称为1,2-加成；另一种是亲电试剂（如 Br_2、HBr）分别加到 C_1 和 C_4 上，分子中原来的两个双键消失，而在 C_2 和 C_3 之间生成一个新的双键，称为1,4-加成或共轭加成。例如：

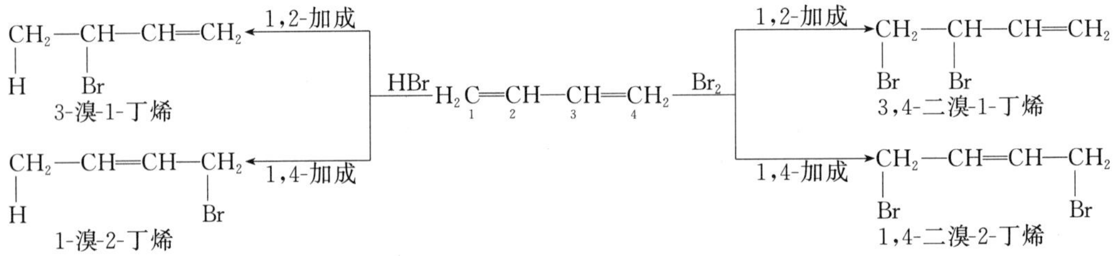

与单烯烃的加成相似，共轭二烯烃的加成也是分两步进行的。例如1,3-丁二烯与溴化氢的加成第一步是亲电试剂 H^+ 的进攻，H^+ 可能加在 C_1 或 C_2 上，生成两种不同的碳正离子（Ⅰ）和（Ⅱ）：

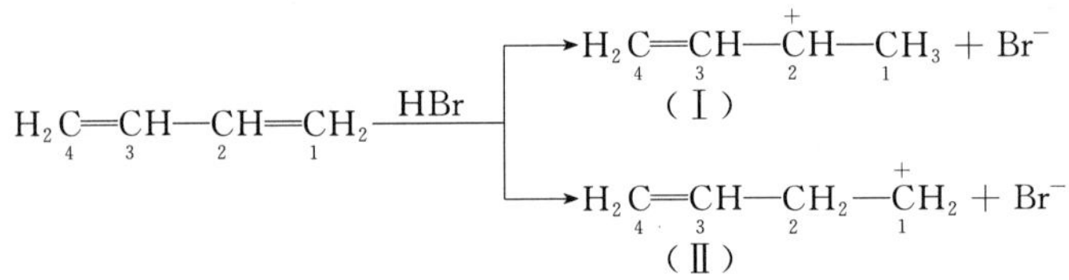

碳正离子（Ⅰ）中带正电荷的 C_2 处于 sp^2 杂化状态，由于它与双键碳原子相连，所以，C_2 上空着的 p 轨道与碳碳双键上的 π 轨道可以形成缺电子的 p-π 共轭。在此 p-π 共轭体系中 3 个碳原子只有两个 π 电子，由于 π 电子的离域作用，C_2 的正电荷被分散了，使整个共轭体系的 3 个碳都带部分正电荷，其中 C_2 和 C_4 上电子云密度更低些。

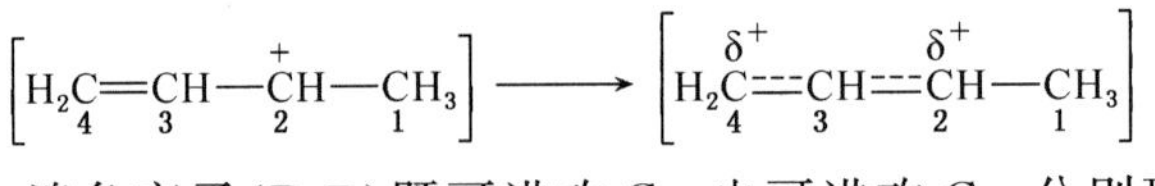

在反应的第二步，溴负离子（Br^-）既可进攻 C_2，也可进攻 C_4，分别形成1,2-加成产物和1,4-加成产物。

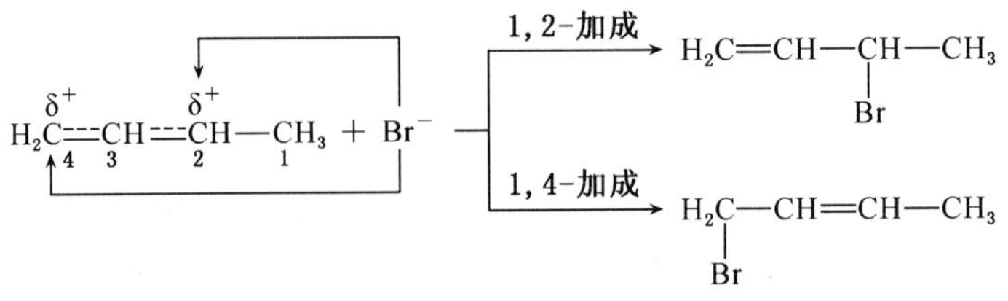

共轭二烯烃的1,2-加成和1,4-加成是同时发生的，产物的比例决定于反应条件，在常温或较高温度下(极性溶剂中)主要得到1,4-加成产物。

2. 双烯合成反应

共轭二烯烃与具有碳碳双键或三键的化合物进行1,4-加成，生成六元环状化合物的反应称为双烯合成反应，这一反应是由德国化学家狄尔斯(Diels)和阿德尔(Alder)于1928年发现的，所以该反应又称为Diels-Alder反应。例如：

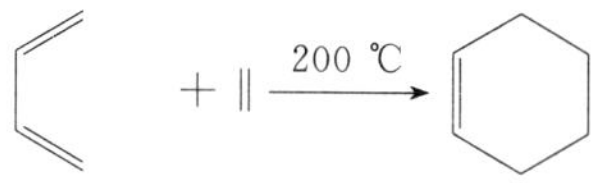

通常把双烯合成中的共轭二烯烃称为双烯体，与其进行反应的具有碳碳双键或三键的化合物称为亲双烯体。如果在亲双烯体的双键或三键碳原子上连有—CHO、—COOH、—COOR、—CN、$—NO_2$ 等强的吸电子基时，反应更容易进行。例如：

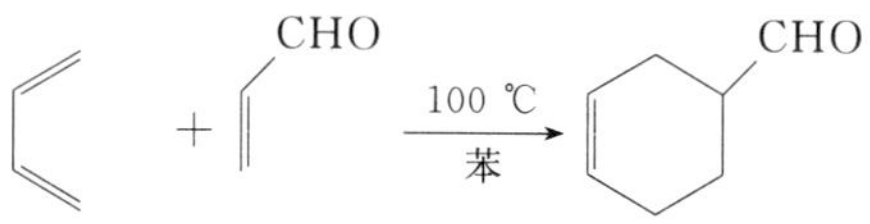

双烯合成反应可以将链状化合物转变成环状化合物，是有机合成的重要方法之一。狄尔斯和阿德尔由于双烯合成反应的发现和卓越研究成果共同获得了1950年的诺贝尔化学奖。

思考题 3-13 完成下列反应方程式。

(1) $H_2C{=}CH{-}CH_2{-}CH{=}CH_2 \xrightarrow{O_3} \xrightarrow{H_2O/Zn}$

(2) $H_2C{=}\underset{}{\overset{CH_3}{\overset{|}{C}}}{-}CH{=}CH_2 \xrightarrow{HCl}$

(3) 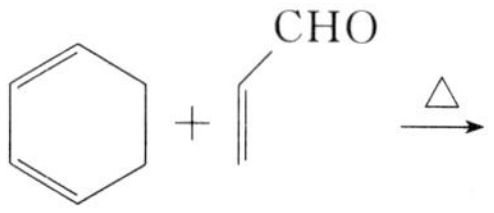

3. 聚合反应

共轭二烯烃在催化剂作用下，很容易发生聚合反应。例如：

$$nH_2C{=}CH{-}CH{=}CH_2 \xrightarrow{催化剂} {-}\!\![CH_2{-}CH{=}CH{-}CH_2]\!\!{-}_n$$

聚丁二烯

聚合反应与加成反应相似，也有1,2-聚合和1,4-聚合两种方式，但以1,4-聚合为主。聚丁二烯有顺式和反式两种构型。构型对聚合物的性质影响很大，顺式构型弹性大、强度较小；反式构型强度大、弹性小。共轭二烯烃的聚合反应是制造合成橡胶的基础。

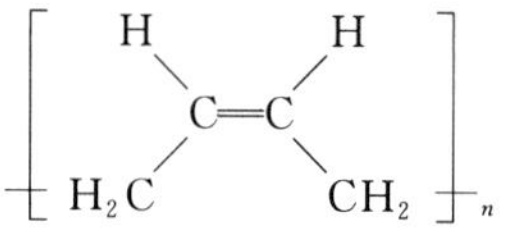

顺-1,4-聚丁二烯

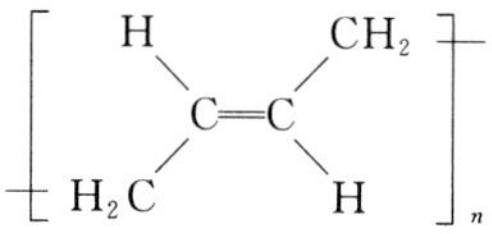

反-1,4-聚丁二烯

天然橡胶是异戊二烯(2-甲基-1,3-丁二烯)的聚合物。

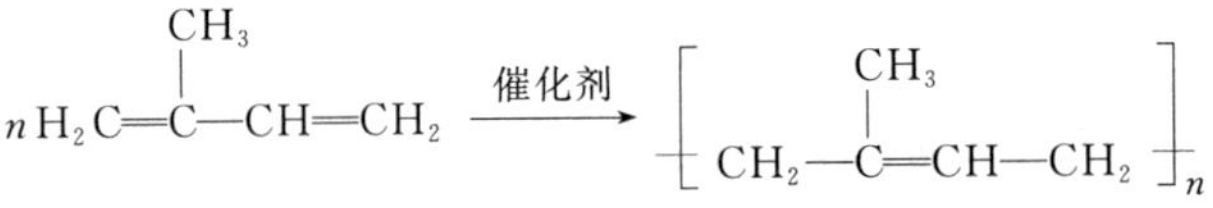

异戊二烯　　　　聚异戊二烯(橡胶)

天然橡胶太黏,无法满足工业应用的需要。为了改进它的硬度和强度,可以把橡胶硫化处理,这样可以在橡胶各个不同链之间形成硫桥,这些交联使橡胶变得硬度和强度更大一些,并消除了未经处理的橡胶的胶黏性。因此,硫化处理使得利用天然橡胶制造汽车轮胎成为可能。天然橡胶的构型是顺式结构。

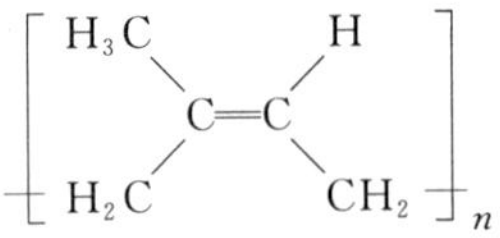

顺-1,4-聚异戊二烯(天然橡胶)

3.4　萜类化合物

萜类化合物是广泛存在于植物、昆虫和微生物等动植物体内的一大类天然有机化合物,是植物香精油、色素、维生素等物质的主要组成成分,在生物体内有着重要的生理功能。许多萜类化合物可作为医药、食品、香料、化妆品等工业的重要原料。

3.4.1　萜类化合物概述

萜类化合物是由异戊二烯单位聚合而成的化合物。异戊二烯单位是指 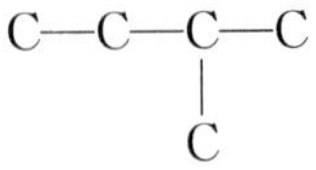 或 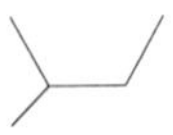,这类化合物分子中的碳原子数都是 5 的整数倍,它们的结构骨架都是由异戊二烯单位头尾相连而成的,可以相连成链状,也可以成环状。这种结构上的特点,称为萜类化合物的异戊二烯规律。

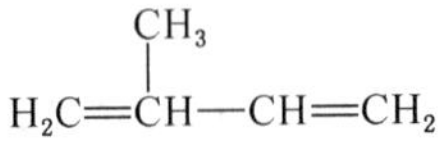

异戊二烯

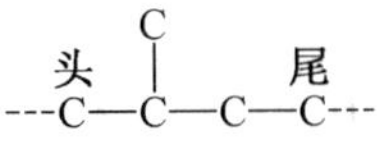

异戊二烯单位

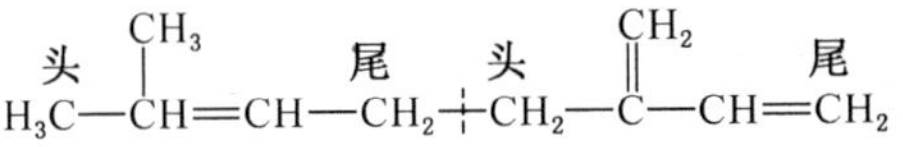

月桂烯

根据分子中异戊二烯单位数目,可对萜类化合物进行分类(表 3-3)。

表 3-3 萜类化合物分类

类别	碳原子数	异戊二烯单位数	重要代表物
单萜	10	2	柠檬烯、香叶醇
倍半萜	15	3	法尼醇、杜鹃酮
二萜	20	4	维生素 A_1、叶绿醇
三萜	30	6	角鲨烯、龙涎香醇
四萜	40	8	胡萝卜素

3.4.2 重要的萜类化合物

1. 单萜

从植物的花、叶、果皮、种子以及树皮等中提取得到的具有芳香气味的易挥发的液体称为精油。精油用途十分广泛，可用作药物和香料。单萜类化合物是精油的主要成分之一。单萜是由两个异戊二烯单位组成的化合物。按其碳骨架可分为开链单萜、单环单萜、双环单萜。

(1)开链单萜　开链单萜是由两个异戊二烯单位结合而成的开链化合物。重要的代表物有香叶醇和橙花醇，二者互为顺反异构体，橙花醇为 *Z* 构型，香叶醇为 *E* 构型。香叶醇(又称为牻牛儿醇)，存在于玫瑰油、香叶油、衣兰油等中，主要用于配制皂用香精。橙花醇是存在于玫瑰油、橙花油和香茅油中的一种贵重香料，有玫瑰和橙花的香气，比香叶醇柔且优美，用于配制玫瑰型和橙花型花香香精。这两个醇氧化后，分别生成香叶醛(又称为柠檬醛 a)和橙花醛(又称为柠檬醛 b)。这两种醛主要存在于柠檬草油、柠檬油和山苍子油中，它们都有柑橘类水果的清香，是一种重要的食用香精。

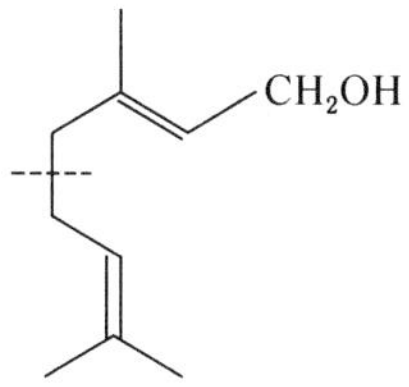

香叶醇

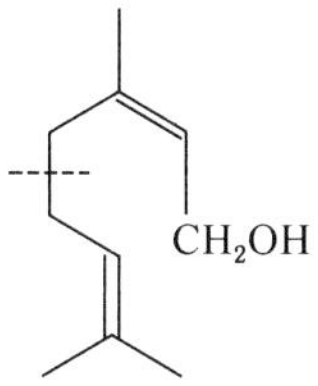

橙花醇

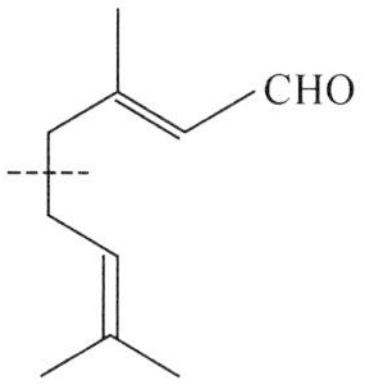

香叶醛(柠檬醛 a)

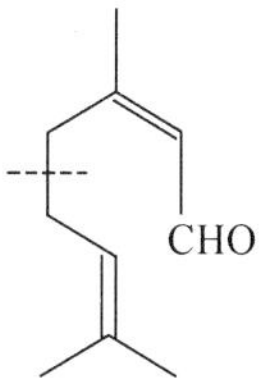

橙花醛(柠檬醛 b)

(2)单环单萜　单环单萜是由两个异戊二烯单位构成的具有一个六元环的化合物。重要的代表物有苧烯(又称为柠檬烯)、薄荷醇(又称为薄荷脑)和萜品醇(又称为松油醇)。

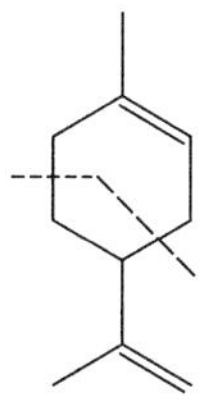

苧烯

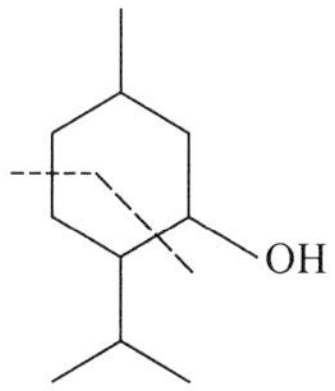

薄荷醇

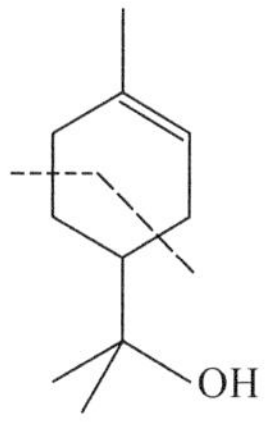

萜品醇

苧烯广泛存在于松节油、柠檬油、橘皮油等多种香精油中，具有柠檬的香味。在工业上，用于配制香料、溶剂等。

薄荷醇的氧化产物是薄荷酮，薄荷醇与薄荷酮共存于薄荷油中，都具有强烈的薄荷气味。薄荷醇具有防腐、杀菌和清凉作用。它广泛用于医疗和食品中，是清凉油的主要成分之一，也可用作清凉饮料的原料。

萜品醇广泛存在于松油、玉树油、橙花油等中，具有甜甜的紫丁香气味，广泛用作香精。

(3)双环单萜　双环单萜的骨架是由一个六元环分别和一个三元环、或四元环或五元环共用若干个原子构成的。其中最重要的代表物是蒎烷系和莰烷系。

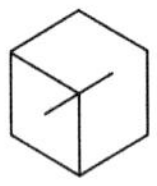
蒎烷系

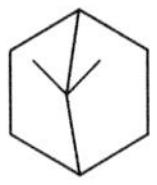
莰烷系

在蒎烷系中，最重要的是蒎烯，有 α 和 β 两种异构体，都存在于松节油中。在莰烷系中最重要的是龙脑(又称为 2-莰醇或冰片)和樟脑(又称为 2-莰酮)。

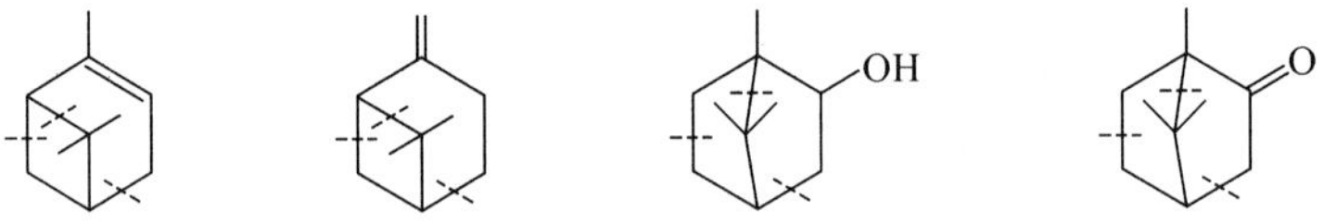
α-蒎烯　β-蒎烯　2-莰醇(龙脑)　2-莰酮(樟脑)

龙脑存在于多种植物油中，为无色片状结晶，难溶于水，有清凉气味和杀菌作用，是人丹、冰硼散、牙痛药水等药物的主要成分。将龙脑氧化可得到樟脑，主要存在于樟树油中。樟脑为无色结晶，易升华，难溶于水，有愉快香味。樟脑在医学上用作强心剂，还可用于驱虫防蛀。

2. 倍半萜

倍半萜是由三个异戊二烯单位组成的化合物。重要的代表物有金合欢醇和山道年。

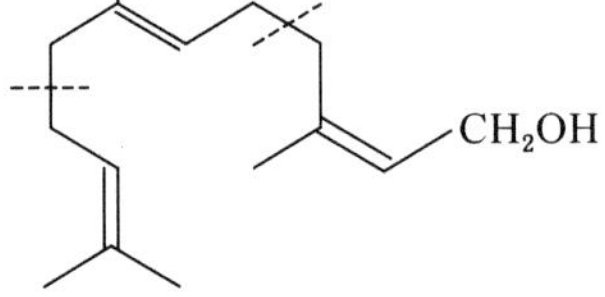

金合欢醇

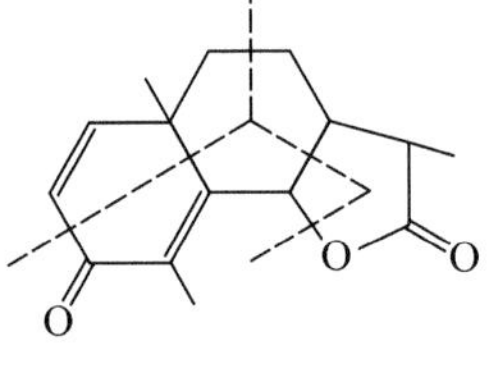

山道年

金合欢醇又称法尼醇，是一种开链倍半萜。在金合欢花油、橙花油和香茅油中含量较高，是高级香料的重要原料。

山道年是从山道年花蕾中提取出来的，为无色结晶，不溶于水，易溶于有机溶剂，是一个三环结构的内酯衍生物，具有内酯的性质，因此易被碱水解为山道年酸盐而溶于碱液中。山道年具有驱蛔虫作用。

3. 二萜

二萜是由四个异戊二烯单位组成的化合物。重要的代表物有维生素 A 和叶绿醇等。

维生素 A(又称为视黄醇),它可以分为维生素 A_1 和维生素 A_2,维生素 A_2 较维生素 A_1 在环上多一个双键,其生理功能较维生素 A_1 低,约为维生素 A_1 的 40%。通常所说的维生素 A 是指维生素 A_1。结构式如下:

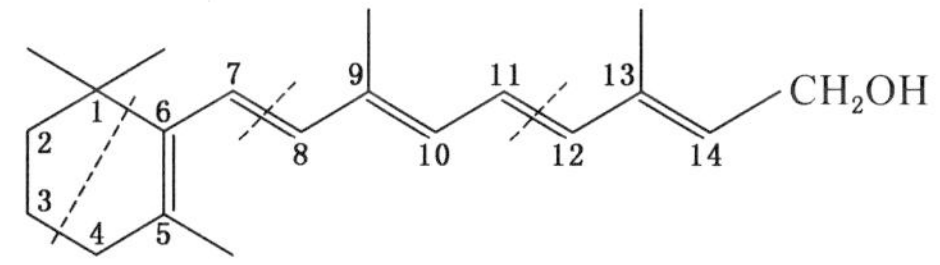

维生素 A_1

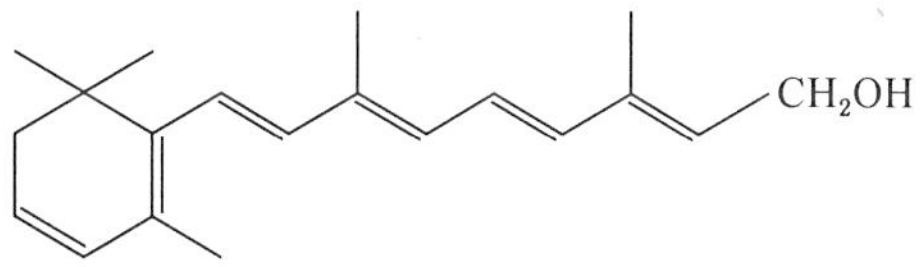

维生素 A_2

维生素 A 为淡黄色结晶,不溶于水而易溶于有机溶剂,受紫外线照射后失去活性,在空气中易被氧化。维生素 A 主要存在于动物的肝脏、奶油、蛋黄和鱼肝油等中。当人或动物缺乏维生素 A 时,可引起夜盲症、皮肤粗糙、儿童生长滞缓等病症。

叶绿醇(又称为植醇)是叶绿素分子的组成部分,是工业上合成维生素 E 和维生素 K_1 的原料。

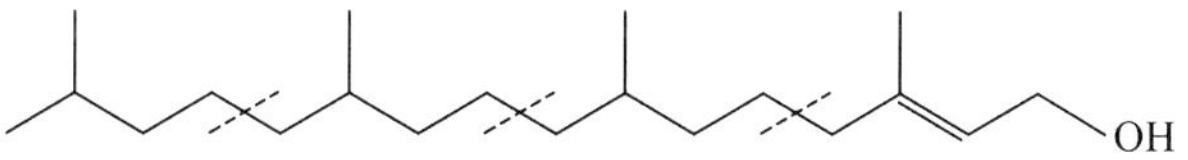

叶绿醇

4. 三萜

三萜是由六个异戊二烯单位组成的化合物。重要的代表物有角鲨烯和龙涎香醇。

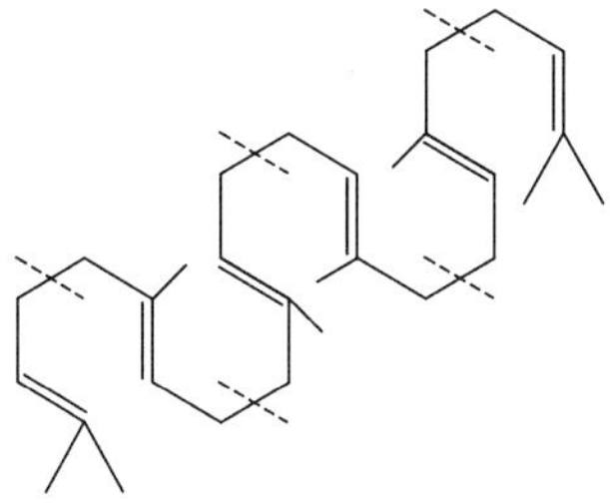

角鲨烯

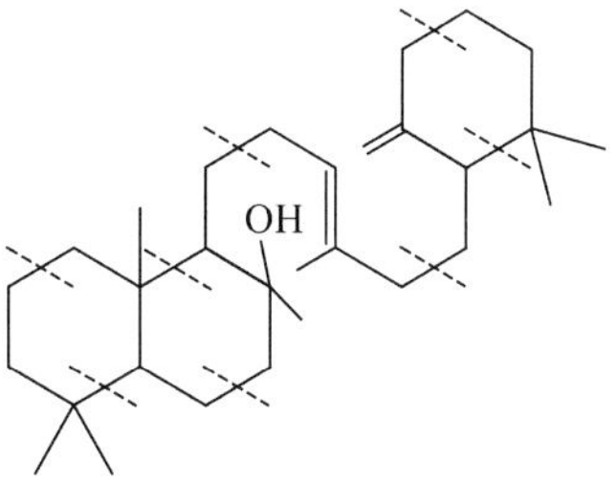

龙涎香醇

角鲨烯主要存在于鲨鱼肝油中,一些植物油脂如橄榄油、菜籽油等中也有少量存在。角鲨烯容易聚合,受酸的影响则可环合成四环鲨烯。角鲨烯是甾体化合物生物合成的中间体。

龙涎香醇是龙涎香的主要成分。龙涎香是存在于抹香鲸肠胃的病状分泌物,由抹香鲸排出体外后,被海水带至海滩上。龙涎香是一种极名贵的定香剂,可用于配制高级化妆品。

5. 四萜

四萜是由八个异戊二烯单位组成的化合物。重要的代表物主要是胡萝卜素类化合物。

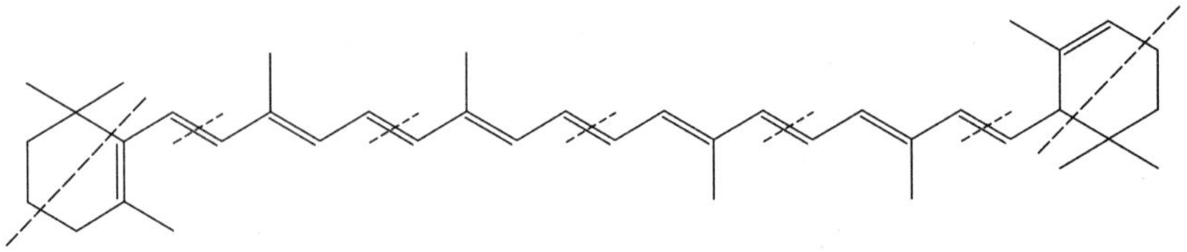

α-胡萝卜素（熔点 188 ℃）

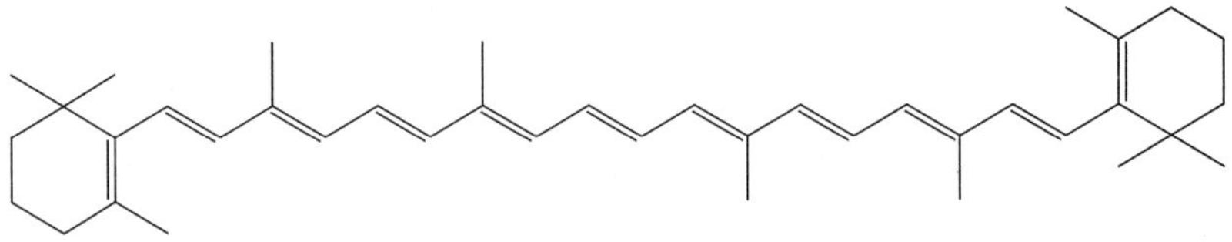

β-胡萝卜素（熔点 184 ℃）

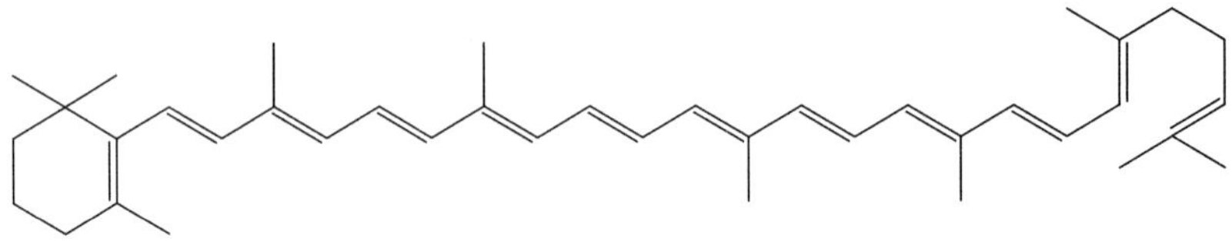

γ-胡萝卜素（熔点 178 ℃）

胡萝卜素最早由胡萝卜内取得，它广泛存在于植物的叶、花、果实以及动物的乳汁和脂肪中，呈黄色或橙色，不溶于水，易溶于有机溶剂。它有 α、β、γ 三种异构体，其中以 β-胡萝卜素含量较高，可达 85%。在动物体内胡萝卜素受酶的作用可以转化为两分子维生素 A，所以胡萝卜素又称维生素 A 原，β-胡萝卜素能够治疗夜盲症。

结构与胡萝卜素相似的还有叶黄素、茄红素、虾青素等，它们都是在分子结构中有长链的共轭体系，因此都是有色的物质，通常称为多烯色素，是一类重要的天然色素。

□ 习　　题

3-1　写出下列化合物的结构式。

（1）2-甲基-3-乙基-2-己烯　（2）乙烯基乙炔　（3）3-乙基环己烯

（4）(Z)-3，4-二甲基-3-己烯　（5）异丁烯　（6）4-甲基-3-戊烯-1-炔

（7）异戊二烯　（8）($2Z$，$4E$)-2，4-己二烯

3-2　命名下列化合物。如有顺反异构体时则分别标出构型。

（1）
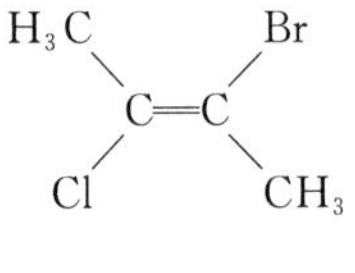

（2）
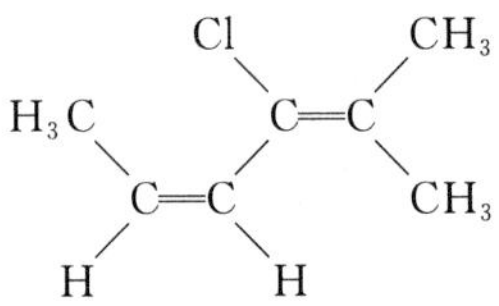

（3）
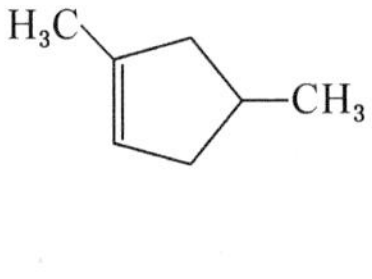

（4）$HC{\equiv}C{-}\underset{\displaystyle CH_3}{\underset{|}{CH}}{-}\underset{\displaystyle CH_2CH_3}{\underset{|}{CH}}{-}CH{=}CH_2$

(5) $CH_3CH(CH_2CH_3)—CH═CH—CH(CH_2CH_3)—CH_3$ (6) 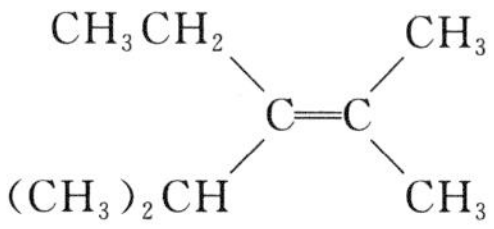

3-3 写出 1-丁烯与下列试剂反应的主要产物。

(1) H_2/Pd (2) Br_2 (3) HBr

(4) H_2O/H_2SO_4 (5) 浓硫酸 (6) Br_2-H_2O

(7) 冷、稀的 $KMnO_4/OH^-$ (8) $KMnO_4/H^+$ (9) O_3，然后 H_2O/Zn

(10) HBr/过氧化物 (11) Cl_2/500～600 ℃ (12) NBS/光照

3-4 写出 1-丁炔与下列试剂反应的主要产物。

(1) H_2/Pd (2) 2 mol Br_2 (3) 2 mol HBr

(4) $H_2O/HgSO_4, H_2SO_4$ (5) $Ag(NH_3)_2NO_3$ (6) H_2/Lindlar 催化剂

(7) $Cu(NH_3)_2NO_3$ (8) $KMnO_4/H^+$ (9) O_3，然后 Zn/H_2O

3-5 完成下列反应方程式。

(1) 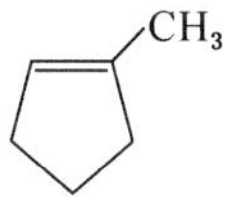 + HI ⟶

(2) $(CH_3)_2C═CH_2 + H_2O \xrightarrow{H_2SO_4}$

(3) $(CH_3)_2C═CH_2$ + 浓 $H_2SO_4 \longrightarrow\ ?\ \xrightarrow{H_2O}$

(4) 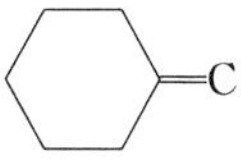 $═CH_2 + HBr \xrightarrow{\text{过氧化物}}$

(5) 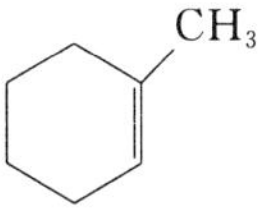 $\xrightarrow{O_3} \xrightarrow{Zn/H_2O}$

(6) $CH_3C≡CH \xrightarrow{\text{Lindlar 催化剂}}\ ?\ \xrightarrow{H_2O/H^+}$

(7) $CH_3CH_2C≡CH + H_2O \xrightarrow[H_2SO_4]{HgSO_4}$

(8) 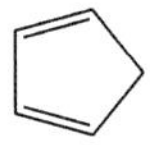 + $CH_2═CH—CHO$ ⟶

(9) $CH_3CH_2C≡CCH_3 \xrightarrow{O_3} \xrightarrow{Zn/H_2O}$

(10) $CH_3CH═CH—C≡CH$ + 1 mol $Br_2 \xrightarrow{\text{低温}}$

(11) $CH_3CH_2CH═CH_2 + Cl_2 \xrightarrow{500\sim600\ ℃}$

(12) $H_2C═C(CH_3)—CH═CH_2$ + 1 mol HCl ⟶

(13) ? + HI ⟶ $CH_3CH_2C(I)(CH_3)_2$

(14) $H_2C{=\!=}CHCH_2CH{=\!=}CH_2$ + 1 mol HBr ⟶

3-6 用化学方法鉴别下列各组化合物。

(1)环己烷,环己烯,丙基环丙烷　　(2)戊烷,乙基环丙烷,1-戊烯,1-戊炔

3-7 由丙烯合成下列化合物。

(1)1-溴丙烷　　(2)2-溴丙烷　　(3)3-溴丙烯

(4)2-丙醇　　(5)1-溴-2-丙醇

3-8 由丙炔合成下列化合物。

(1)2-溴丙烷　　(2)1-溴丙烷　　(3)2,2-二溴丙烷

(4)丙酮　　(5)2-溴丙烯　　(6)1,2-二溴丙烯

3-9 有 A、B、C 三种化合物其分子式都是 C_6H_{12},A 经过 $KMnO_4$ 氧化得到乙酸和丁酮,B 经过臭氧氧化并与锌和水反应只得到了丙醛,C 与溴的四氯化碳溶液不反应,在光照条件下 C 的一元溴代物只有一种。试推测 A、B、C 的可能结构式。

3-10 有 A、B、C、D 四种化合物其分子式都是 C_6H_{10},它们都能使溴的四氯化碳溶液褪色。A 能与氯化亚铜的氨溶液作用产生沉淀,B、C、D 则不能。当用热的酸性高锰酸钾溶液氧化时,A 得到戊酸和二氧化碳;B 只得到丙二酸;C 只得到己二酸;D 得到了乙酸和二氧化碳。试推测 A、B、C、D 的可能结构式。

Chapter 4 第 4 章

芳香烃

Aromatic Hydrocarbons

芳香烃简称芳烃，是指苯、苯的衍生物以及具有类似苯的结构和性质的化合物。根据分子中是否含有苯环，芳烃分为苯系芳烃和非苯芳烃；苯系芳烃分子中根据苯环的数目及连接方式可分为单环芳烃、多环芳烃、稠环芳烃等。

4.1 芳烃的分类和命名

4.1.1 芳烃的分类

芳香族化合物最初是从植物的香树脂、香精油中提取的，且具有芳香气味，因此而得名。实际上，许多芳香族化合物并没有香味。

分子中只含一个苯环结构的烃称为单环芳烃，包括苯及苯的同系物。例如：

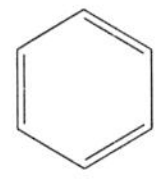

苯

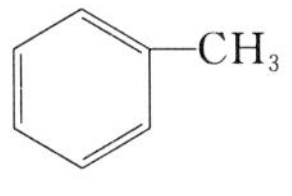

甲苯

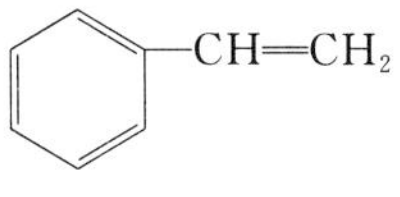

苯乙烯

分子中含有两个或两个以上苯环结构的烃称为多环芳烃。根据分子中苯环的连接方式又可分为多苯代脂烃、联苯烃和稠环芳烃等。

脂肪烃分子中的氢原子被两个或多个苯环取代的化合物称为多苯代脂烃。例如：

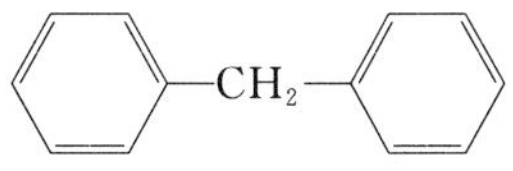

二苯甲烷

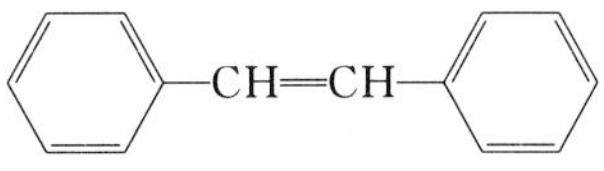

1,2-二苯基乙烯

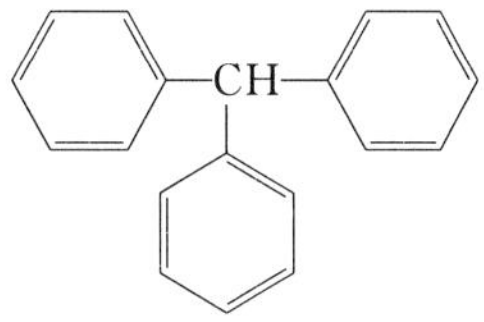

三苯甲烷

两个或多个苯环直接相连的化合物称为联苯烃。例如：

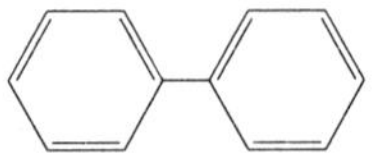

联苯

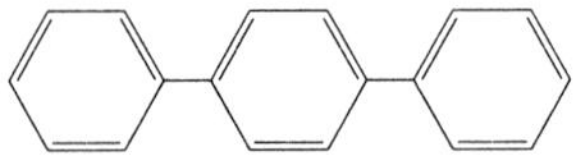

三联苯

两个或多个苯环共用两个邻位碳原子的化合物称为稠环芳烃。例如：

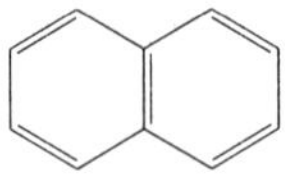

萘

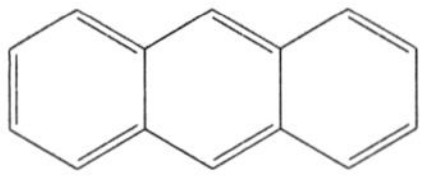

蒽

最简单且最重要的芳香烃是苯。

4.1.2 单环芳烃的命名

简单的烷基苯是以苯环为母体，烷基作为取代基。例如：

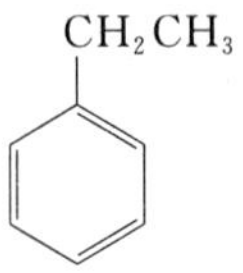

乙(基)苯

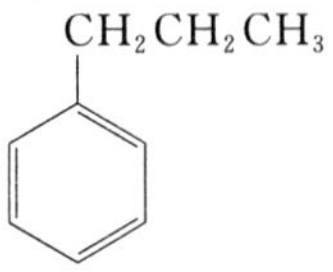

正丙(基)苯

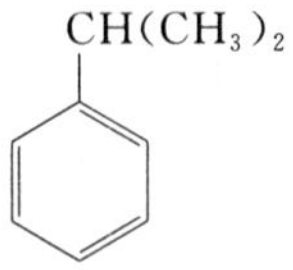

异丙(基)苯

二烷基苯有三种异构体，常用邻(*ortho* 或 *o*)、间(*meta* 或 *m*)、对(*pata* 或 *p*)等字头表示两个取代基的相对位置，也可用阿拉伯数字表示。例如：

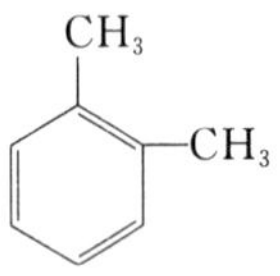

邻二甲苯
(*o*-二甲苯或 1,2-二甲苯)

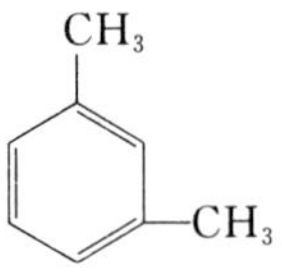

间二甲苯
(*m*-二甲苯或 1,3-二甲苯)

对二甲苯
(*p*-二甲苯或 1,4-二甲苯)

甲苯、异丙苯、邻二甲苯、苯乙烯可作为母体来命名其衍生物。例如：

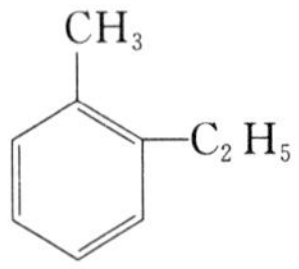

邻乙基甲苯
(2-乙基甲苯)

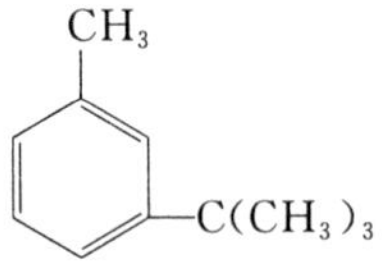

间叔丁基甲苯
(3-叔丁基甲苯)

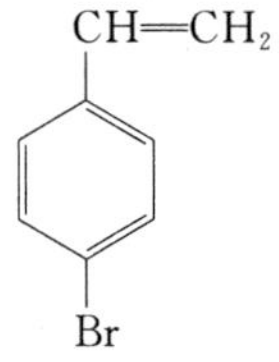

对溴苯乙烯
(4-溴苯乙烯)

当苯环上连有不饱和烃基或较复杂的烷基，或烃链上有多个苯环时常把苯环作为取代基来命名。例如：

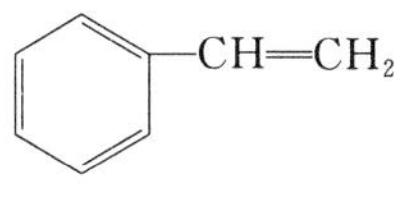

苯乙烯

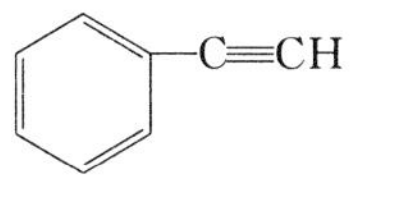

苯乙炔

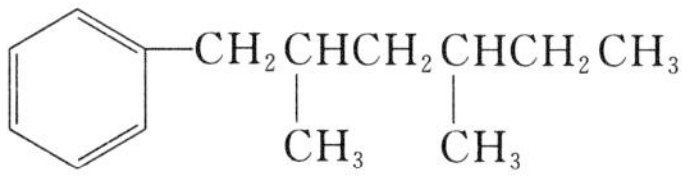

2,4-二甲基-1-苯基己烷

当苯环上有其他基团取代时,命名与前面的原则类似。例如:

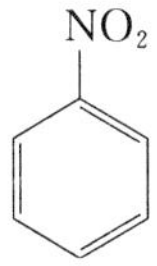

硝基苯

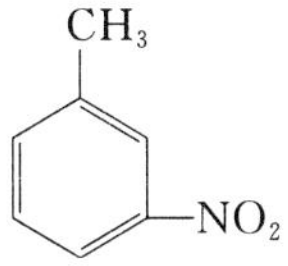

3-硝基甲苯

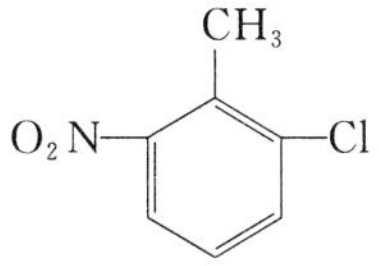

2-硝基-6-氯甲苯

当取代基为官能团时,如—NH_2,—OH,—COOH 等,则把官能团作为母体命名,例如:

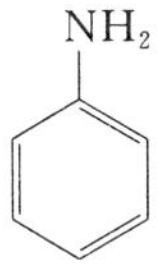

苯胺

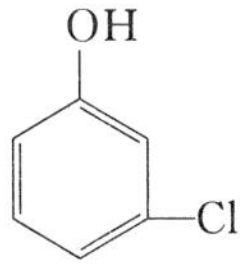

间氯苯酚

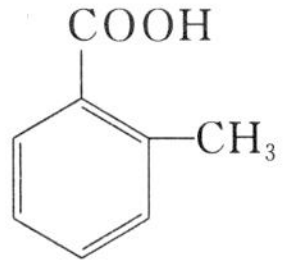

邻甲基苯甲酸

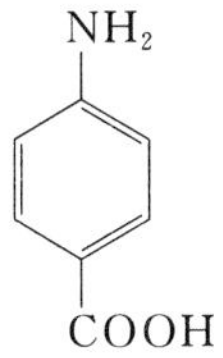

对氨基苯甲酸

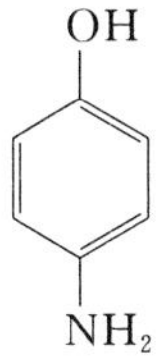

对氨基苯酚

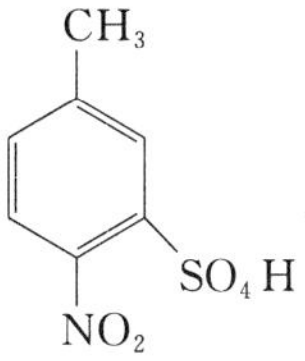

5-甲基-2-硝基苯磺酸

如苯环上连有多种官能团,则需使母体编号最小。常见官能团优先顺序如下:

—COOH>—SO_3H>—COX>—$CONH_2$>—CH>—CHO> >C=O >—OH>—SH>—NH_2>

>C=C< > —C≡C— >—R>—X>—NO_2

思考题 4-1 写出下列化合物的结构式。

(1)对二乙基苯　　(2)苯乙炔　　(3)2-硝基-6-氯甲苯

(4)邻羟基苯甲酸

4.1.3 苯的结构

苯的分子式为 C_6H_6,具有高度不饱和性。但在化学性质上,苯与不饱和烃完全不同,它容易发生取代反应,不容易发生加成反应,也不容易被氧化。而且苯的一取代物只有一种,邻二取代物也只有一种。

为了解释这些现象，1865 年德国化学家凯库勒(Kekulé)提出苯是碳碳首尾相连的环状结构，环中单、双键相间。

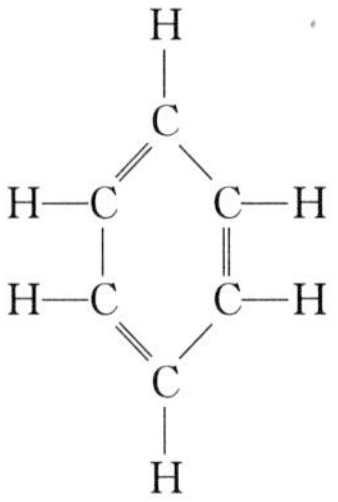

可简写为

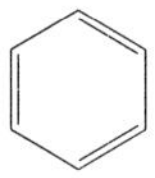

苯环上的六个氢所占的地位相等，因此只有一种一取代物，一种邻二取代物。

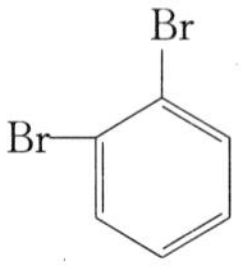

Ⅰ

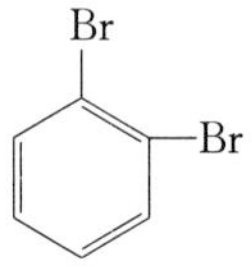

Ⅱ

从结构上看Ⅰ和Ⅱ似乎是两个异构体，即Ⅰ中两个溴原子与单键相连，而在Ⅱ中两个溴原子与双键相连。凯库勒又提出苯中的双键没有固定的位置，它们之间相互转化极快，是两种结构式的平衡体系。

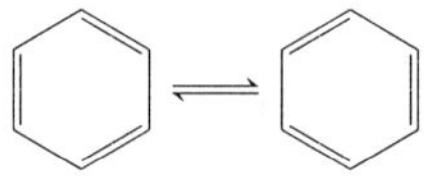

实验证明，以上两种异构体呈平衡的假设并不存在。但凯库勒关于苯分子的六元环状结构的假设却非常重要，至今我们仍然使用凯库勒式表示苯，但必须明确指出苯分子中并不存在单、双键间隔体系。因为用单双键交替的凯库勒式来研究苯取代反应机理，表示反应中的结构更直观，所以一直被化学家采用。

近代物理方法证明，苯是一个平面分子，苯分子中的六个碳原子和六个氢原子都在同一平面内，六个碳原子组成正六边形，键长完全平均化(0.139 7 nm)，所有的键角都是 120°。这与由分子杂化轨道推断出的苯的结构相吻合。根据杂化轨道理论，苯环中六个碳原子均为 sp^2 杂化，每个碳原子的三个 sp^2 杂化轨道分别与两个碳原子和一个氢原子形成三个 σ 键，键角均为 120°，六个碳原子处在一个平面，形成一个正六边形。每个碳原子余下的 p 轨道垂直于环所在的平面且相互平行(图 4-1)，这样六个 p 轨道之间都可以相互重叠，形成一个闭合的环状共轭大 π 键，π 电子云高度离域，达到完全平均化，能量从而降低。

因此，苯的结构式除了用凯库勒式外，也常用下式表示：

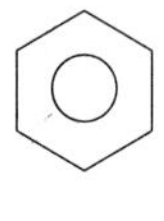

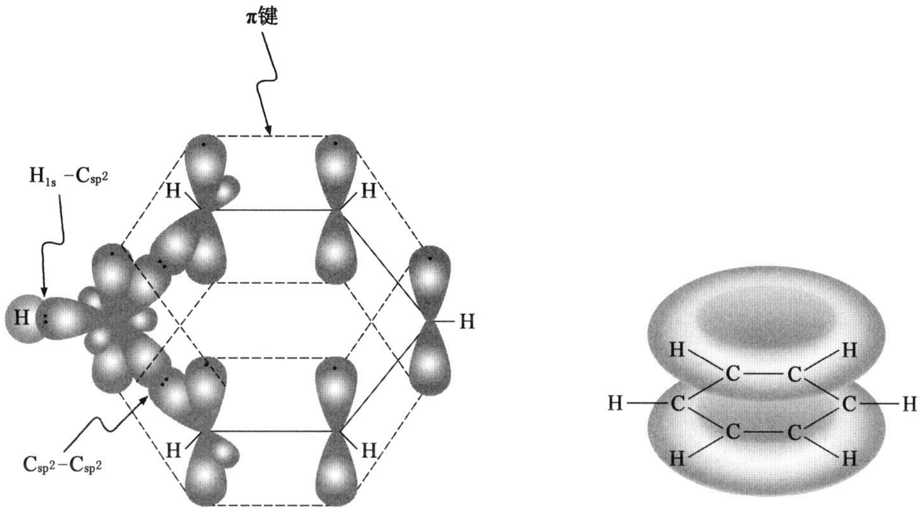

图 4-1 苯分子的 π 电子云分布示意图

4.1.4 单环芳烃的物理性质

苯及其同系物一般为无色液体，不溶于水，易溶于石油醚、乙醇、乙醚、四氯化碳等有机溶剂，相对密度在 0.86～0.9。沸点随相对分子质量升高而升高；熔点不仅与相对分子质量有关，还与分子结构有关，分子越对称熔点越高。液态芳烃自身也是一种良好溶剂。苯及其同系物有毒，长期吸入会引起肝、造血器官及神经系统的损伤。一些常见单环芳烃的物理常数见表 4-1。

表 4-1 常见单环芳烃的物理常数

名 称	熔点/℃	沸点/℃	相对密度(d_4^{20})
苯	5.5	80	0.879
甲苯	−95	111	0.866
乙苯	−95	136	0.867
丙苯	−99	159	0.862
异丙苯	−96	152	0.864
邻二甲苯	−25	144	0.881
间二甲苯	−48	139	0.864
对二甲苯	13	138	0.861
苯乙烯	−31	145	0.907
苯乙炔	−45	142	0.930

4.1.5 单环芳烃的化学性质

1. 加成反应

与烯烃、炔烃等不饱和烃相比，苯一般不容易进行加成反应。在特定的条件下，苯也能与氢和氯进行加成反应。

在镍的催化下，苯与氢发生加成反应，生成环己烷。

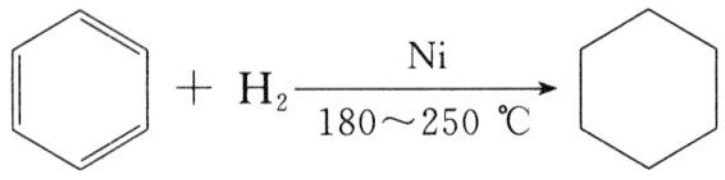

在光照条件下，苯与氯发生加成反应，生成六氯环己烷。

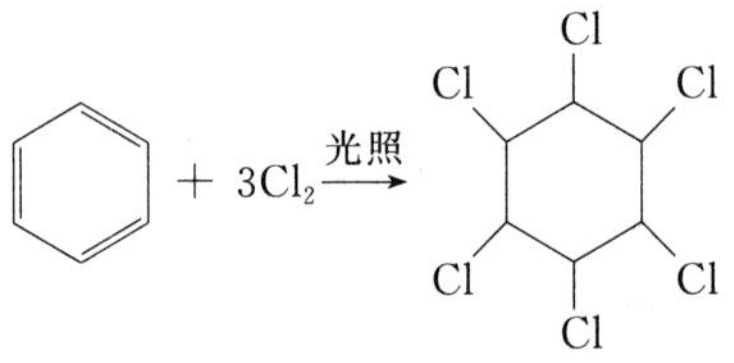

1,2,3,4,5,6-六氯环己烷(六六六)

2. 氧化反应

苯环对氧化剂很稳定，但在高温和催化剂存在下，可被氧化成顺丁烯二酸酐。

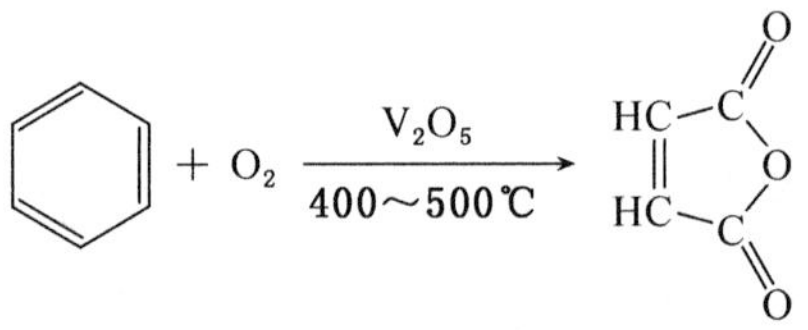

顺丁烯二酸酐(马来酐)

这是工业上制备顺丁烯二酸酐的方法之一。

烷基苯比苯易进行氧化反应，在高锰酸钾、重铬酸钾、硝酸等强氧化剂的作用下，烷基被氧化成羧基，而且不论烷基长短，只要与苯环相连的碳子上连有氢原子，氧化后都生成苯甲酸。例如：

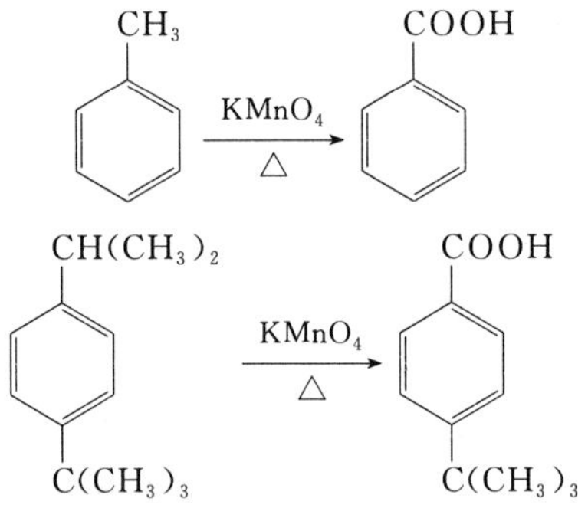

如果苯环上有两个或多个烷基时，通常是长的带有支链的烷基首先被氧化。

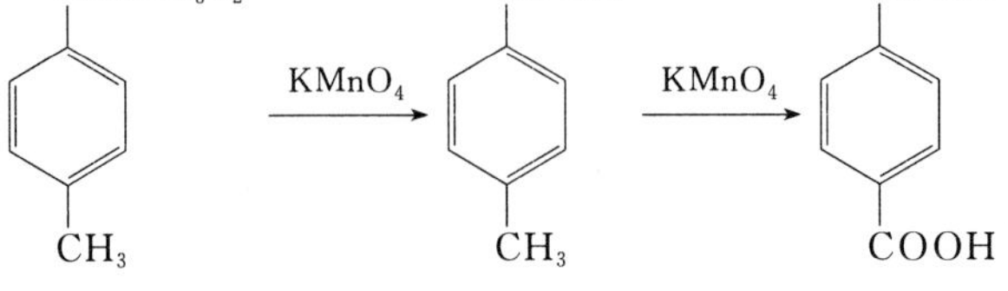

3. 取代反应

苯环中的 π 电子与烯烃的 π 电子不同，它的大 π 键使苯环具有特殊的稳定性，决定了其容易发生取代反应。

（1）卤代　在铁或三卤化铁为催化剂的条件下，苯与卤素作用生成卤苯，同时放出卤化氢。例如：

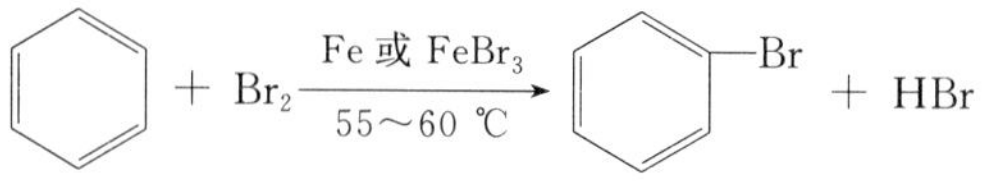

溴苯

工业上和实验室常用这个反应来制备氯苯和溴苯。

卤代反应对卤素来说，其活泼次序是：氟＞氯＞溴＞碘。氟太活泼，直接氟化反应太猛烈，常采用间接法制备氟苯。而碘的活泼性不够，反应较慢，因此实际合成中往往采用别的方法。

烷基苯的卤代可发生在苯环上，也能发生在侧链上，可通过控制反应条件来实现。在光照或能产生自由基的物质存在下，甲苯的卤代发生在侧链上，甲基上的氢可逐个被取代，这个反应属于自由基取代反应。

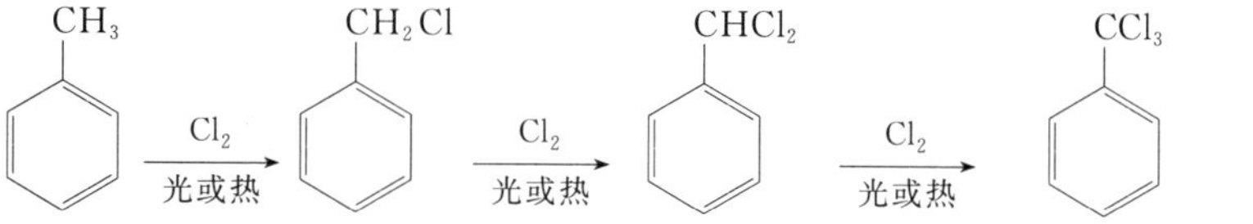

苄基氯　　α,α-二氯甲苯　　α,α,α-三氯甲苯

控制氯气用量，可使反应停留在一取代阶段。

如果侧链较长，卤代主要发生在 α 位，这是因为苯甲基型自由基最稳定。例如：

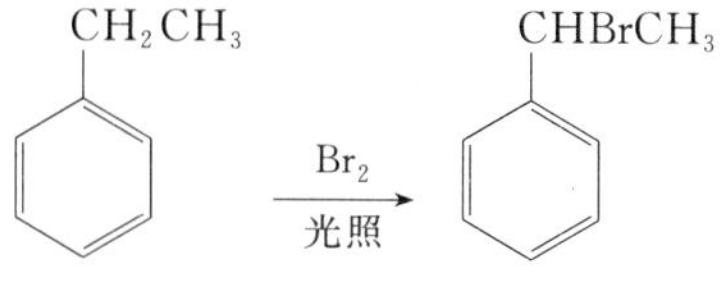

100%

（2）硝化　苯与浓硝酸和浓硫酸的混合物（称混酸）共热，生成硝基苯。

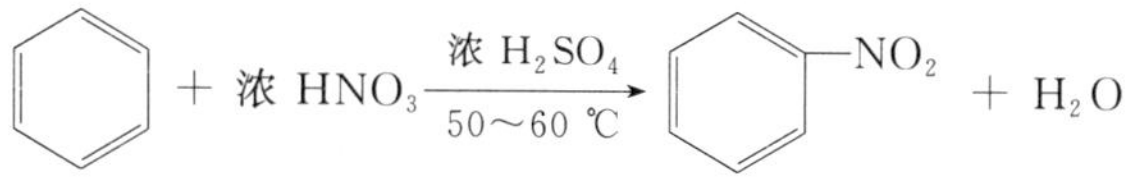

硝基苯

如果提高温度，硝基苯可与过量的混酸继续作用，生成间二硝基苯。

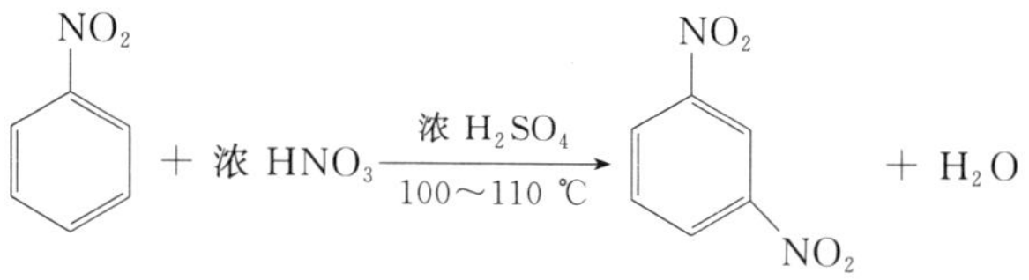

间二硝基苯

(3)磺化　苯与浓硫酸共热或与发烟硫酸反应，生成苯磺酸。

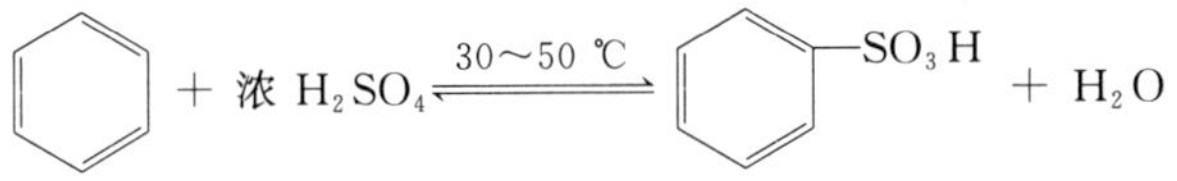

苯磺酸

磺化反应是一个可逆反应。例如，苯磺酸在稀硫酸或稀盐酸下，加压、加热至 150～200 ℃，则水解成苯。

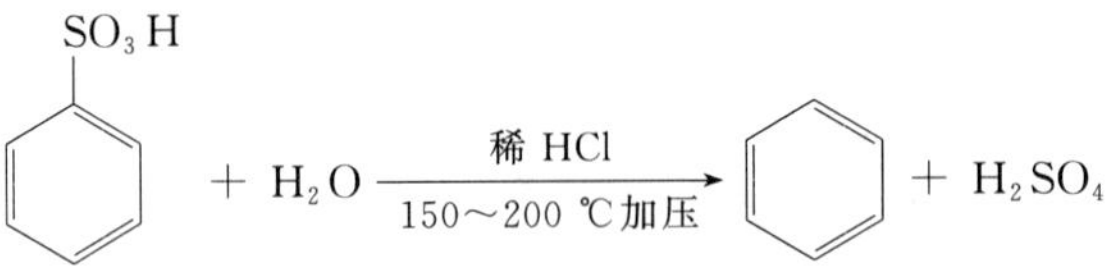

磺酸的这一性质，在有机合成中可用于保护芳环上的某一位置不发生反应。例如：

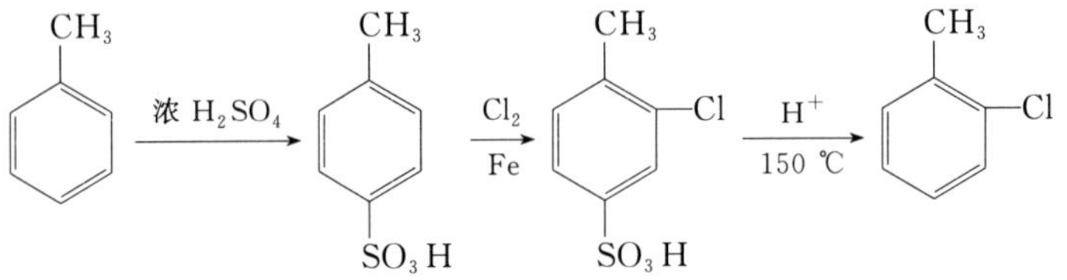

(4)弗里德-克拉夫茨(Friedel-Crafts)反应　在无水三氯化铝存在下，芳烃与烷基卤和酰卤的反应称为弗里德-克拉夫茨反应，简称弗-克反应。

在无水三氯化铝的催化下，苯与卤代烷反应，生成烷基苯，这个反应称为弗-克烷基化反应。

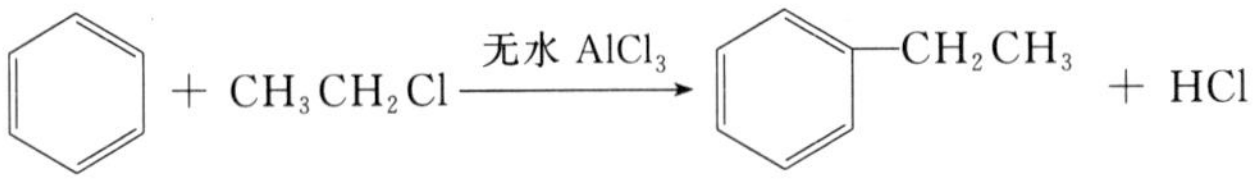

乙苯

如果卤代烷中的烷基有较长的碳链，在反应过程中会发生异构化。例如：

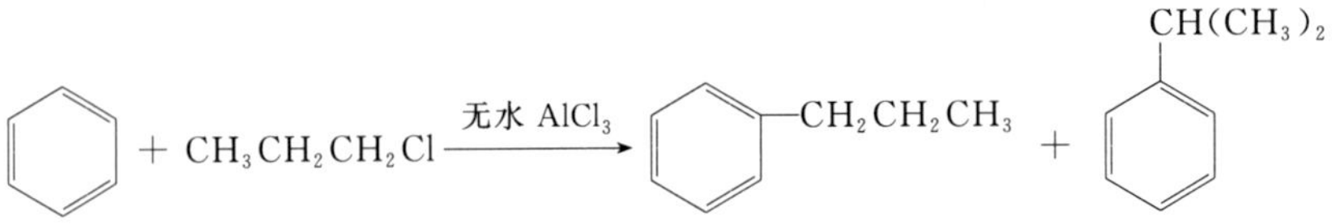

丙苯(31%～35%)　　异丙苯(65%～69%)

反应得到的主要产物是异丙苯。这是因为反应过程中形成碳正离子，由于碳正离子的稳定性不同，产生了碳正离子的重排。反应机理为：

$$CH_3CH_2CH_2Cl + AlCl_3 \longrightarrow CH_3CH_2\overset{+}{C}H_2 + [AlCl_4]^-$$

$$CH_3CH_2\overset{+}{C}H_2 \xrightarrow{\text{重排}} (CH_3)_2\overset{+}{C}H$$

因为伯碳正离子不如仲碳正离子稳定，因此发生异构化。这种异构化产物的生成，是离子化反应的特征，证明了中间体碳正离子的存在。

常用的烷基化试剂除卤代烷外，还有烯烃和醇等。

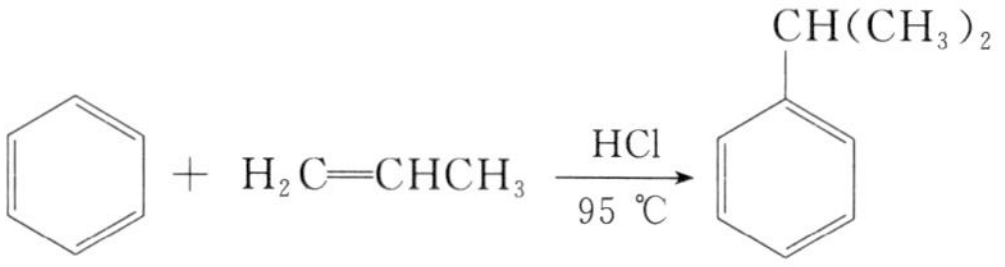

在无水三氯化铝的催化下，苯与酰卤反应，生成芳酮。

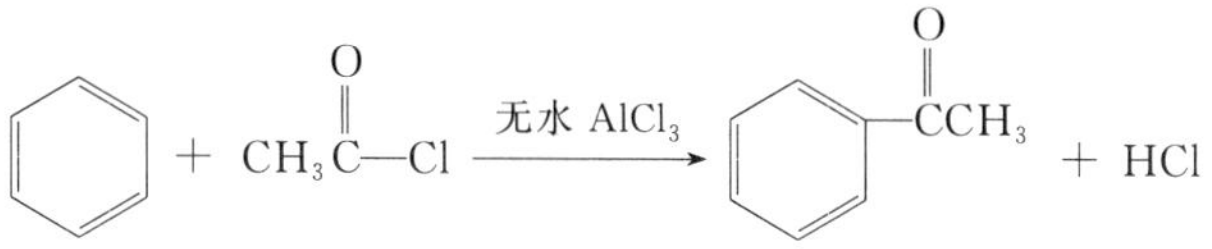

苯乙酮

由于酰基化反应无重排，如将得到的芳酮进一步还原，则可得到直链取代的烷基苯。这是向苯环上引入烷基的一个重要方法。例如：

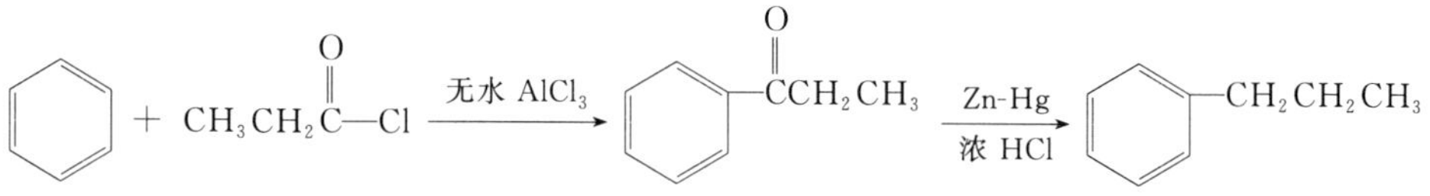

当苯环上有硝基、酰基、氰基等强的吸电子基时，一般不发生弗-克烷基化和酰基化反应。

思考题 4-2 完成下列反应。

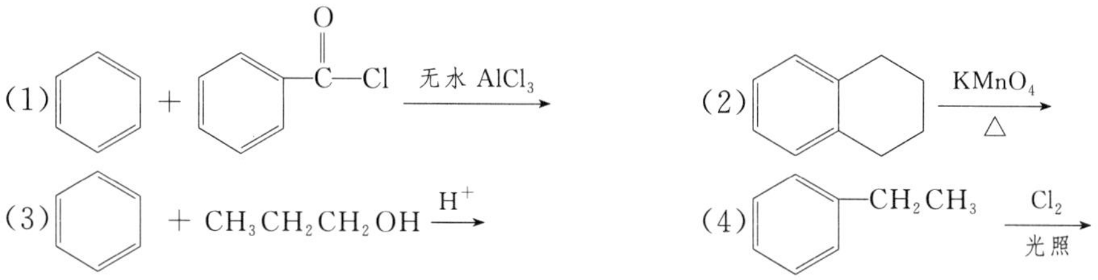

4.1.6 芳烃的亲电取代反应机理

芳环在取代反应中，总是作为电子的供给者与亲电试剂发生取代反应。所以芳烃取代反应为亲电取代反应机理。具体步骤归纳如下：

1. 亲电试剂的形成

芳烃取代反应中，试剂首先与催化剂作用生成强有力的亲电试剂(路易斯酸)，如：

$$Cl_2 + FeCl_3 \longrightarrow [FeCl_4]^- + Cl^+$$

2. 亲电试剂与芳烃反应，得到中间体 σ 配合物

缺电子的亲电试剂 Cl^+ 进攻苯环，从苯环的闭合共轭体系中夺走两个 π 电子，与苯环上

被进攻的碳原子结合成σ键，同时这个碳原子也由原来的 sp^2 杂化转变成 sp^3 杂化，进而脱离苯环的共轭体系，使原来由六个碳原子组成的苯环闭合共轭体系被破坏，环上剩余的四个π电子离域分布在其余五个碳原子形成的共轭体系中，因缺少一个电子而带正电荷，构成一个带正电荷的缺电子共轭体系，例如：

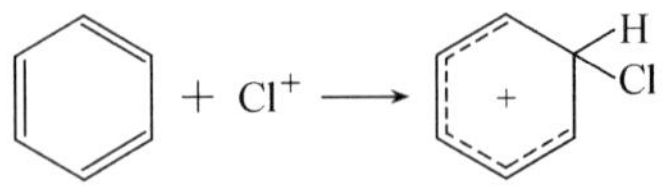

这样形成的环状碳正离子叫作σ配合物或称芳基正离子，它很不稳定，在反应中趋向形成苯环的稳定结构。

3. σ配合物脱去一个质子，形成芳烃的取代产物

不稳定的σ配合物在亲核试剂的作用下，从 sp^3 杂化碳原子上失去一个质子，将共用电子对留给碳原子，碳原子又从 sp^3 杂化变回 sp^2 杂化，与其余五个碳原子恢复闭合的共轭体系的稳定结构；离去的质子与亲核试剂结合，恢复原催化剂。

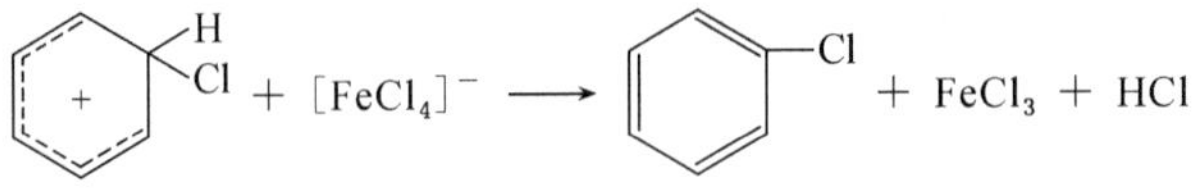

4.1.7 苯环上取代反应的定位效应

1. 定位效应

苯环上的六个氢是等同的，它的一元取代物只有一种。但当一元取代苯再进行亲电取代反应时，第二个基团进入的位置可能有三种，即邻位、间位和对位。

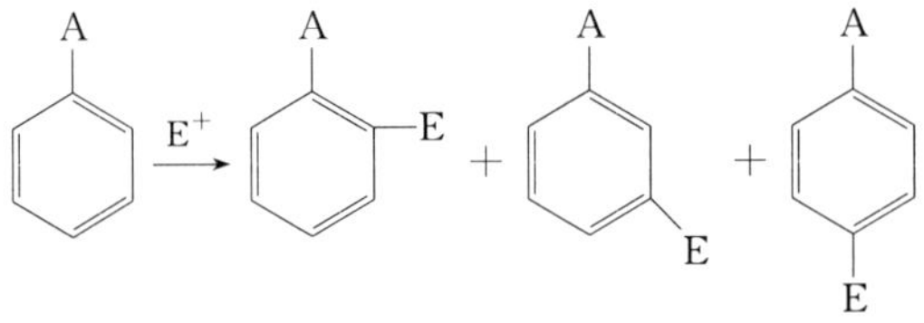

实验结果表明，这三个不同的位置被取代的机会并不是均等的，第二个取代基进入的位置主要由苯环上原有取代基的性质决定。苯环上的第一个取代基对第二个取代基具有定位的作用，这种现象称定位效应（或定位规律）。表 4-2 是一些常见取代基的定位效应。

2. 定位效应的解释

当苯环上有了一个取代基后，由于取代基的影响，苯环上的电子云密度分布发生了改变，使苯环上各个位置进行取代反应的难易程度不同。

(1)邻、对位定位基　通常邻、对位定位基是供电子基团（卤素除外），可使苯环上的电子云密度增加，且在邻、对位增加得较多，有利于亲电取代反应，同时邻、对位定位基有使苯环活化的作用。

甲苯分子中的甲基是供电子基团，通过诱导效应使苯环上的电子云密度增加，即分子中存在着供电子的诱导效应（+I）。另外，甲基的 C—H 键的σ电子可以和苯环形成给电子的超共轭效应（+C）。

表 4-2 常见取代基的定位效应

取代基			定位效应			硝化速度(以苯=1为标准)	
			邻位	对位	间位	致活	致钝
邻对位定位基	↑致活	$—NH_2$	邻位	对位		强烈致活	
		—OH	40	60	微量	强烈致活	
		$—NHCOCH_3$	19	79	2	中等致活	
		$—OCH_3$	74	11	15	$\sim 2\times10^5$	
		$—C_6H_5$	邻位	对位		弱致活	
		$—CH_3$	59	37	4	24.5	
		$—C(CH_3)_3$	15.8	72.7	11.5	15.5	
	致钝	—Cl	29.6	69.5	0.9		3.3×10^{-2}
		—Br	36	62.9	1.1		3×10^{-2}
间位定位基	致钝↓	$—COOC_2H_5$	24	4	72		3.67×10^{-3}
		—COOH	19	1	80		$<10^{-3}$
		—CHO	19	9	72		中等致钝
		$—SO_3H$	21	7	72		中等致钝
		$—NO_2$	6.1	0.3	93.3		$\sim10^{-7}$
		$—N^+(CH_3)_3$	0	11	89		$\sim10^{-8}$

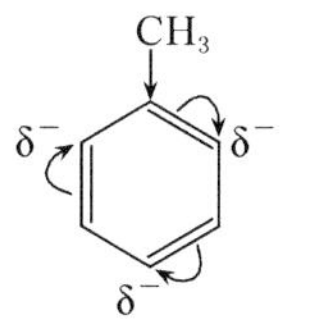

诱导效应

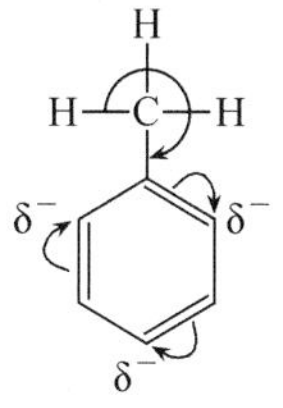

超共轭效应

由于甲基的诱导效应和超共轭效应都使苯环上的电子云密度增加，且在邻、对位增加得较多，因此甲苯再进行亲电取代反应时，不仅比苯容易，而且主要发生在邻位和对位。相对于苯而言，甲苯环上的电子云密度分布如下图所示：

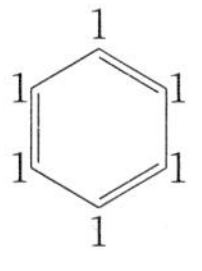

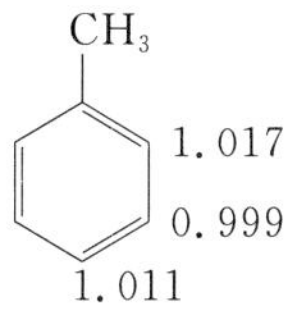

在苯酚分子中，由于羟基上氧原子的电负性比碳原子强，当它与苯环直接相连时，表现

出吸电子的诱导效应(－I)，使苯环上的电子云密度降低。但羟基氧原子上的未共用电子对与苯环发生了 p-π 共轭，使氧原子上的电子向苯环转移，产生了给电子的共轭效应(＋C)，即苯环上的电子云密度增加。

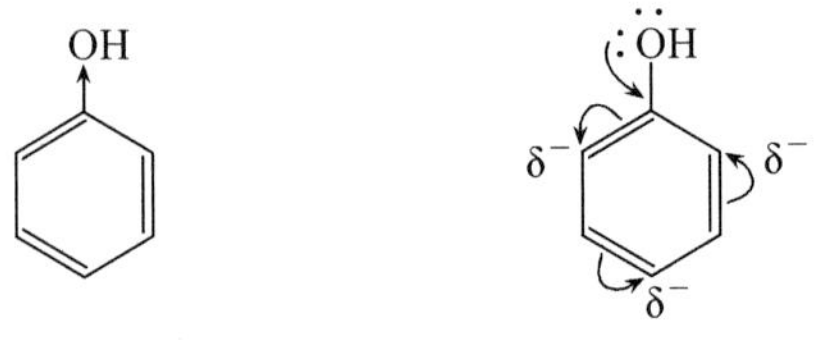

－I　　　　＋C

诱导效应和共轭效应共同作用的总结果是共轭效应占主导(＋C ＞－I)。羟基表现出供电性，使苯环上电子云密度增加，特别是羟基的邻位和对位增加得更多。因此，苯酚比苯容易进行亲电取代反应，而且取代反应主要发生在羟基的邻位和对位。

卤代苯比较特殊，卤素原子的电负性比碳原子的大，具有较强的吸电子诱导效应(－I)。同时卤素 p 轨道上有孤对电子，孤对电子与苯环发生 p-π 共轭，具有供电子的共轭效应(＋C)。由于诱导效应占优势(－I＞＋C)，总的结果是使苯环上的电子云密度降低。而共轭效应又使卤原子的邻位和对位电子云密度高于间位，所以卤素属于邻、对位定位基，但是钝化苯环。氯苯环上的电子云密度分布如下图所示：

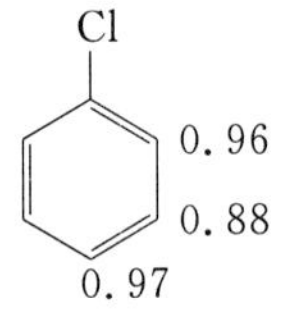

(2)间位定位基　间位定位基都是吸电子基团，均使苯环钝化，对苯环邻、对位的钝化作用大于间位。相比较，在间位上具有较大的电子云密度，所以亲电取代反应主要发生在间位。

在硝基苯分子中，组成硝基的氮原子和氧原子的电负性都比碳原子大，即硝基表现出吸电子的诱导效应(－I)，使苯环上的电子云密度降低。另外，硝基与苯环共平面，硝基的氮氧双键上的 π 轨道与苯环的大 π 键形成了 π-π 共轭。因为氧原子的电负性较强，所以由硝基所引起的共轭效应使苯环上的电子向硝基转移，即产生了吸电子的共轭效应(－C)。

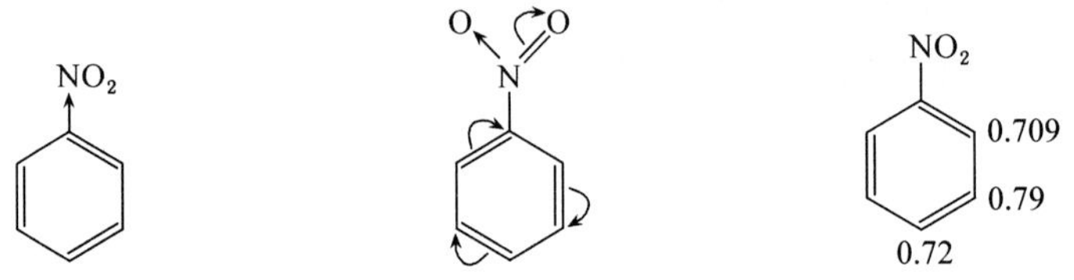

－I　　　　－C

诱导效应和共轭效应都使苯环电子云密度降低，其中邻、对位降低得更多，因此硝基苯在进行亲电取代反应时，不仅比苯慢，而且主要发生在间位。

思考题 4-3 完成下列反应方程式，写出主要产物。

(1) 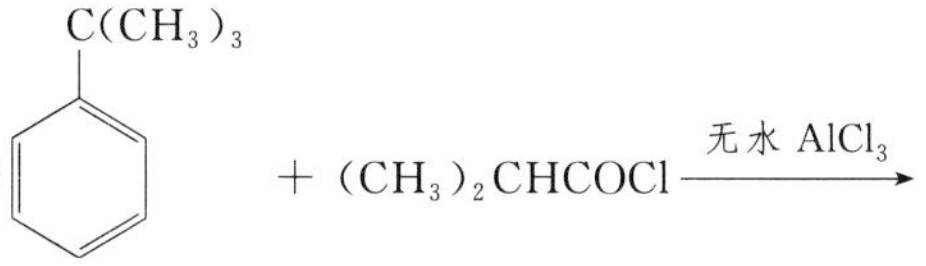

(2) 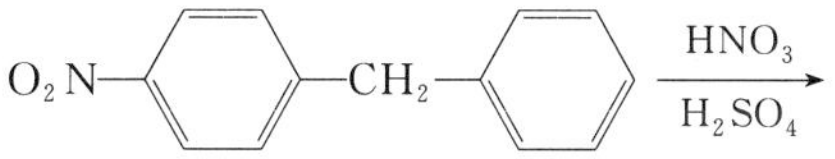

(3) 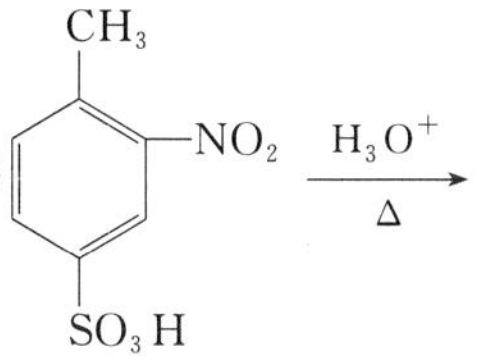

(4) 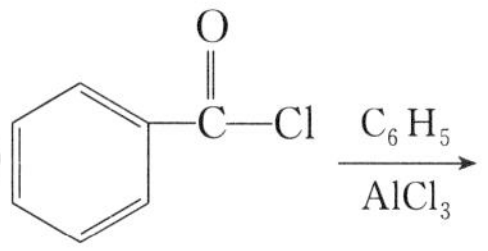

3. 二取代苯的定位效应

按照定位效应，还可以预测主要的三取代物。二取代苯的苯环上已经有了两个取代基，当两个取代基位于相互加强定位效应的位置时，第三个取代基的位置很容易确定。如下列二取代苯进行亲电取代反应时，新取代基进入箭头所示位置：

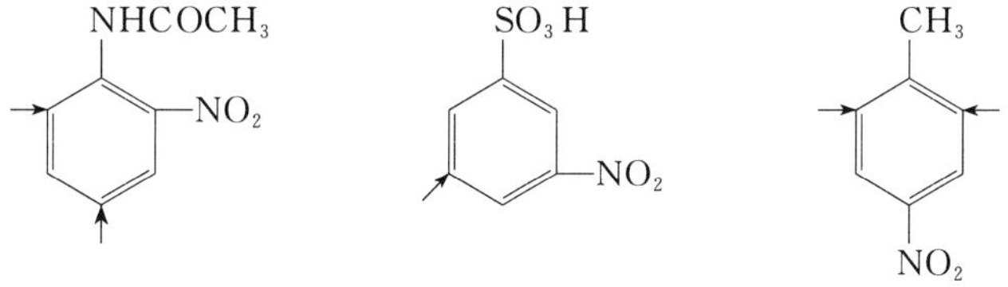

当两个取代基的定位效应发生矛盾时，以下规律可供参考：

(1)强烈活化基团的定位能力胜过钝化基团或弱的活化基团。主要基团的定位能力，按下列顺序递减：

$$—NH_2, —OH > —OR, —NHCOR > —C_6H_5, —CH_3 > \text{间位定位基}$$

例如：

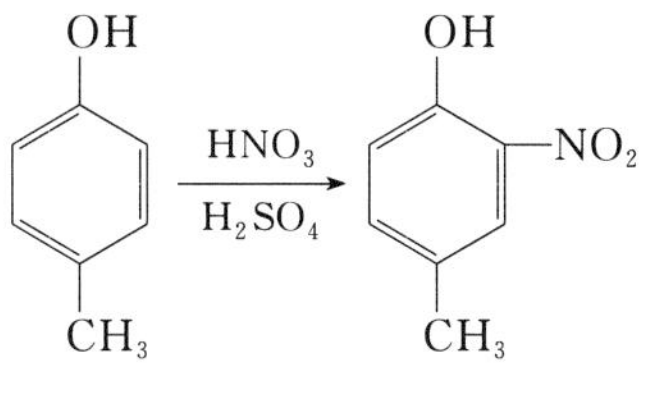

(2)两个均为钝化基团时，由致钝能力强的决定。例如：

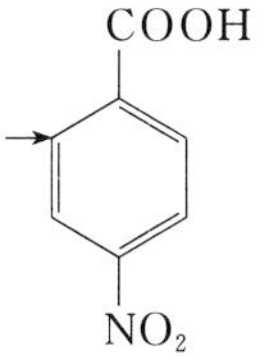

(3)两个基团互相处于间位时，其间的位置由于空间的阻碍，很少发生取代。

例如：

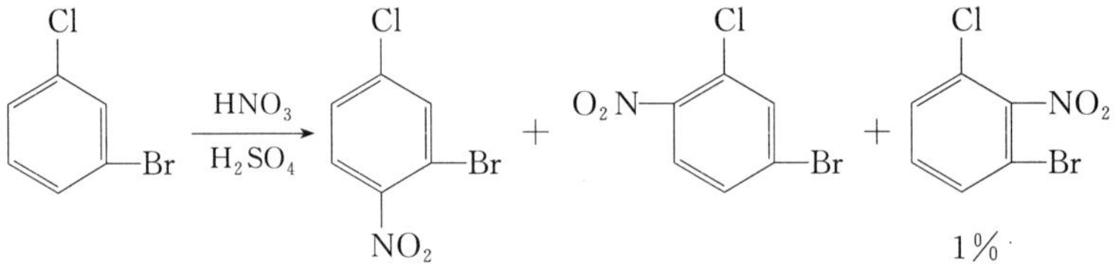

由于空间位阻，两者其间取代的产物仅为1%。

4. 定位效应的应用

有机合成的目的是要制备一个纯净的化合物。在合成苯的衍生物时，需运用定位效应，合理设计路线，否则难以达到预期目的。例如，由苯合成间硝基溴苯时，需先硝化后溴代。

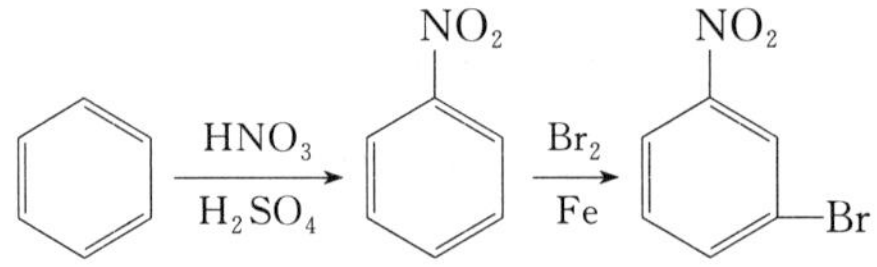

如果制备对硝基溴苯，则需先溴代后硝化，溴是邻、对位定位基，主要得到邻、对位硝基溴苯。

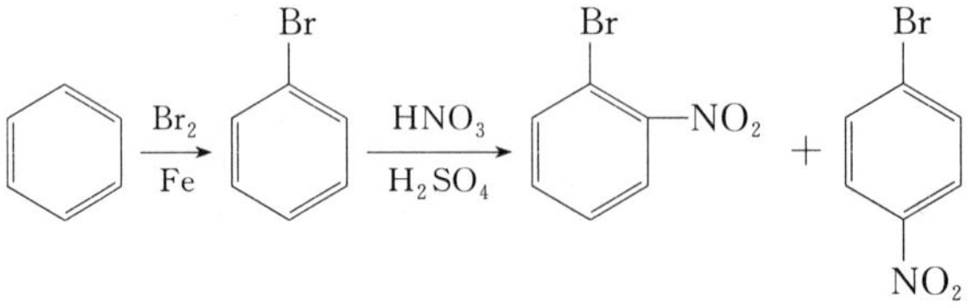

而由甲苯合成对硝基苯甲酸，只有先硝化再氧化，才能得到所需要的产物。

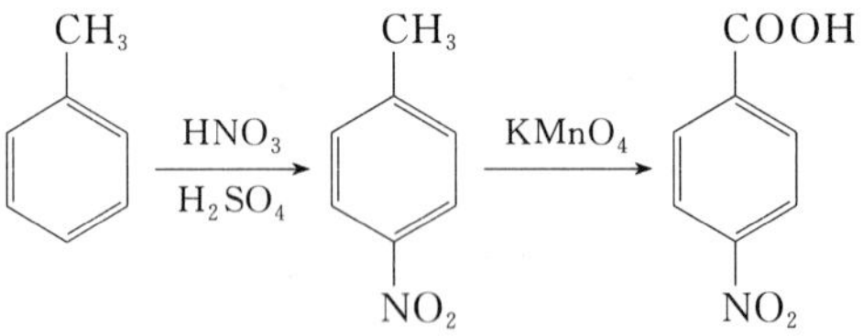

思考题 4-4 以苯或甲苯为原料合成下列化合物。

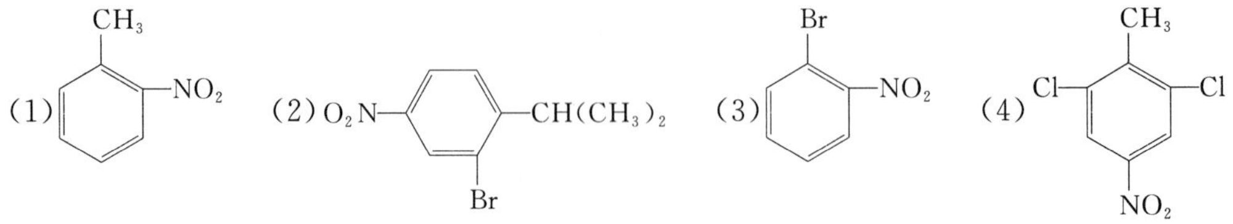

4.2 稠环芳烃

两个或多个苯环共用两个邻位碳原子的化合物称为稠环芳烃。重要的稠环芳烃有萘、蒽、菲等。

4.2.1 萘

萘是无色片状晶体，有特殊气味，易升华。熔点 80.3 ℃，沸点 218 ℃，不溶于水，易溶于乙醇、苯等有机溶剂。

1.萘的结构

萘的分子式为 $C_{10}H_8$，与苯分子相似，萘分子的两个苯环处在同一平面，但分子中的碳碳键长并不完全相等。萘分子中十个碳原子是不等同的，编号方式如下：

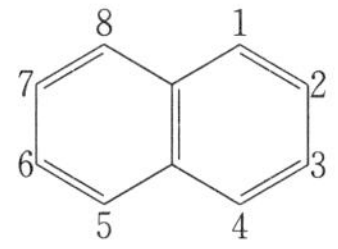

萘

式中，1，4，5，8 四个碳原子的位置等同，又称 α 位；2，3，6，7 四个碳原子的位置也是等同的，称为 β 位。因此萘的一元取代物有两种，可用 α、β 或 1、2 表示，如：

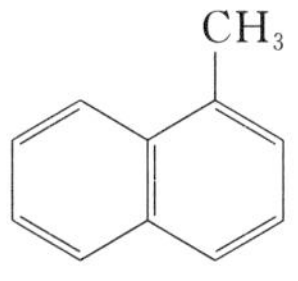

1-甲基萘(α-甲基萘)

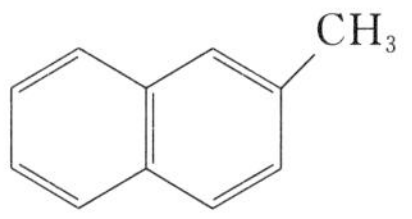

2-甲基萘(β-甲基萘)

多取代萘要用数字表示取代基的位置，并使取代基编号尽可能小。如有官能团，则使官能团编号尽可能小，如：

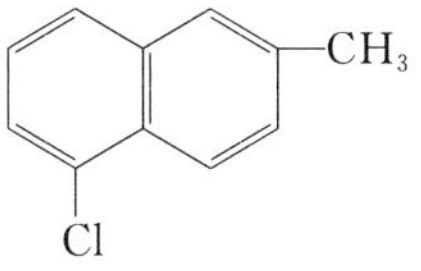

6-甲基-1-氯萘

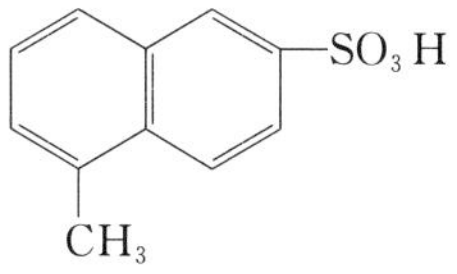

5-甲基-2-萘磺酸

2.萘的化学性质

(1)取代反应　萘具有芳香性，可进行亲电取代反应。萘的 α 位电子云密度高，β 位次之。因此，取代基主要进入 α 位。萘环上氢的取代活性比苯环上的氢大，且发生取代反应的条件比苯温和。

萘氯代用苯作溶剂，碘作催化剂；溴代反应可不用催化剂。

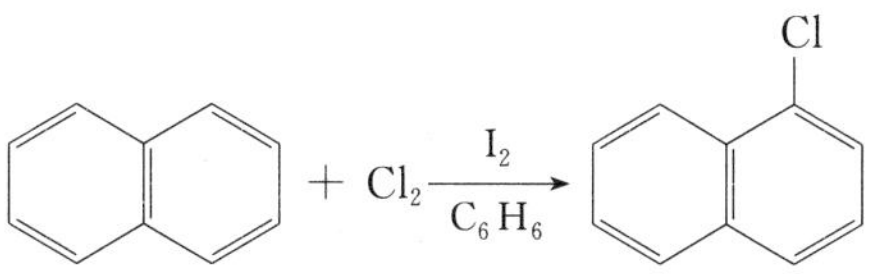

α-氯萘(92%)

硝化反应时，主要得到 α-硝基萘。

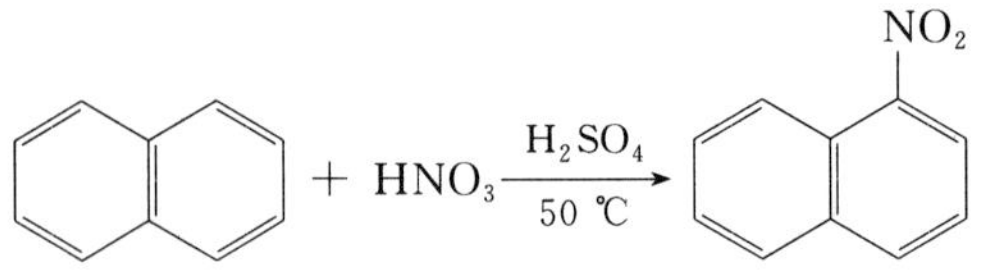

α-硝基萘(95%)

萘的磺化反应与卤化和硝化不同，磺酸基进入的位置与反应条件有关。在较低温度主要生成 α-萘磺酸，较高温度主要生成 β-萘磺酸。

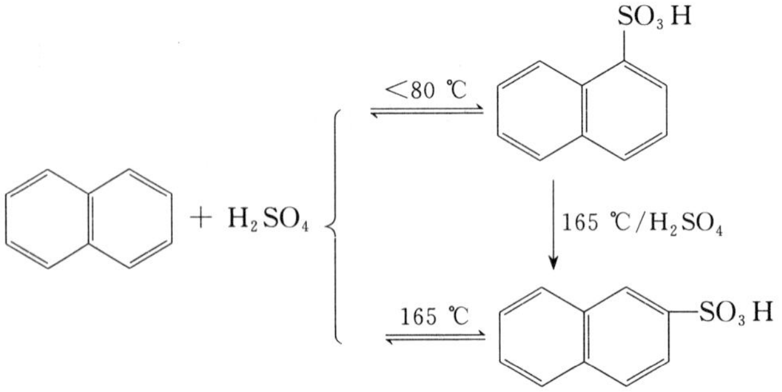

(2)氧化反应　萘比苯容易氧化，当条件不同时，萘可氧化为不同产物。

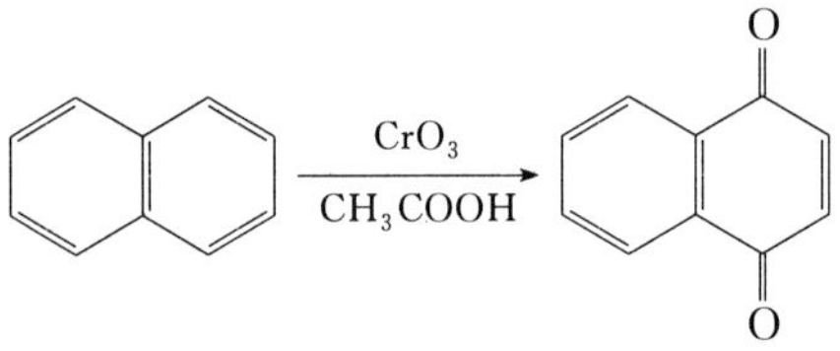

1,4-萘醌

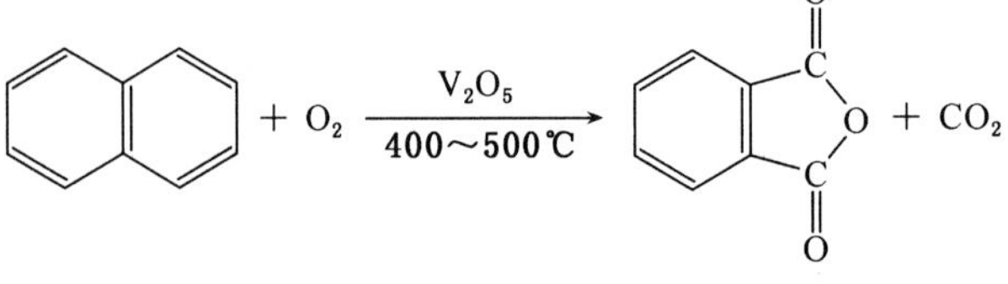

邻苯二甲酸酐

思考题 4-5　完成下列反应，写出主要产物。

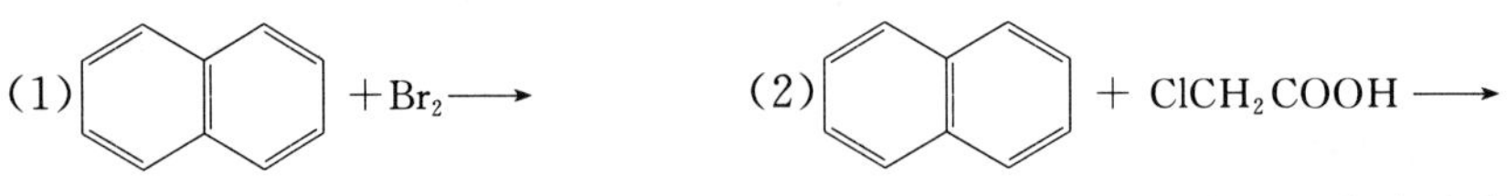

(3)加成反应　萘的芳香性比苯差，它比苯容易发生加成反应，但比烯烃要难。萘加氢在不同的催化剂和反应条件下，可分别得到不同的产物。例如：

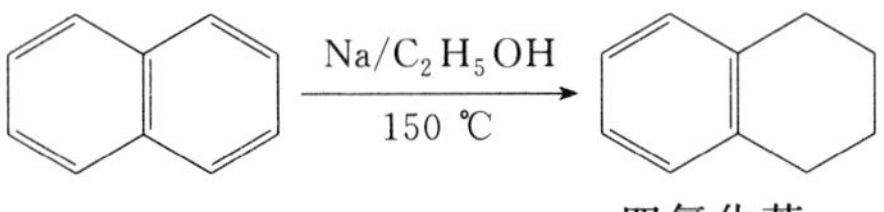

四氢化萘

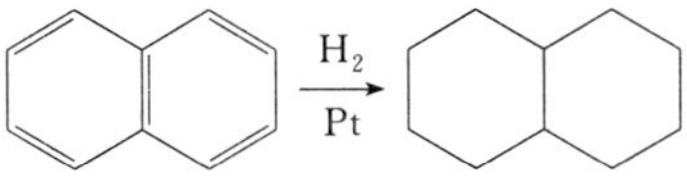

十氢化萘

4.2.2 蒽和菲

蒽和菲都是无色的晶体，有荧光，分子式为 $C_{14}H_{10}$。蒽和菲是同分异构体，它们都是由三个苯环组成的，并且三个苯环都在同一平面内；不同的是蒽的三个苯环在同一直线上，菲却不在同一直线上。它们的碳原子编号及物理常数如下：

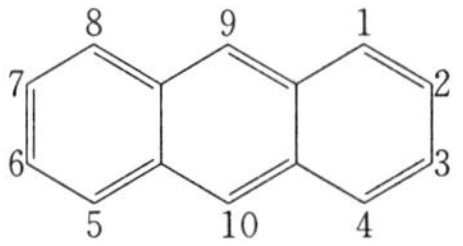

蒽（熔点 216 ℃，沸点 340 ℃）

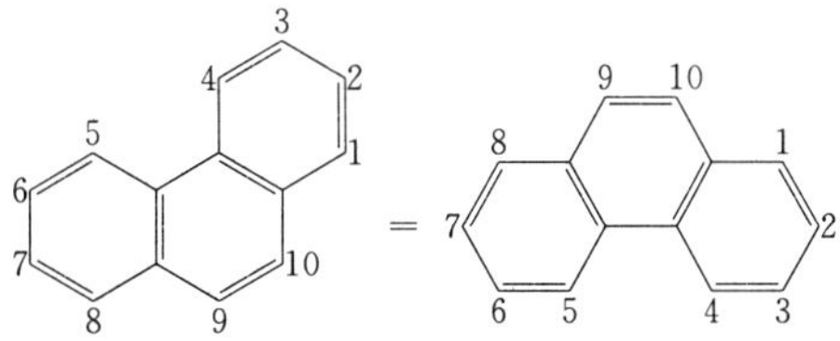

菲（熔点 101 ℃，沸点 340 ℃）

蒽和菲都具有芳香性，比萘更容易发生加成、氧化、还原、取代等反应。反应主要发生在9、10 位，以保持两个稳定的苯环不变。

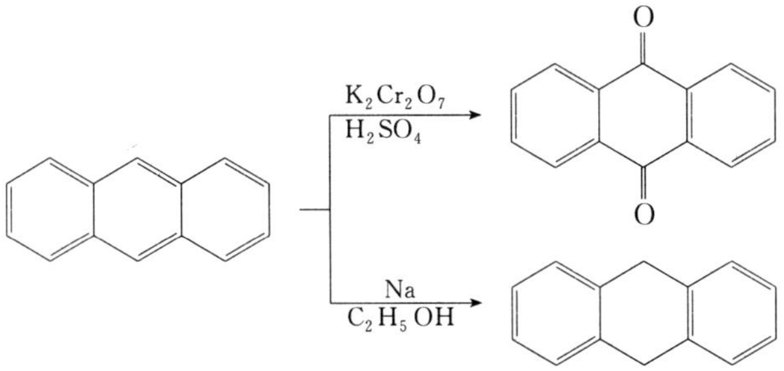

（9,10-蒽醌）

（9,10-二氢蒽）

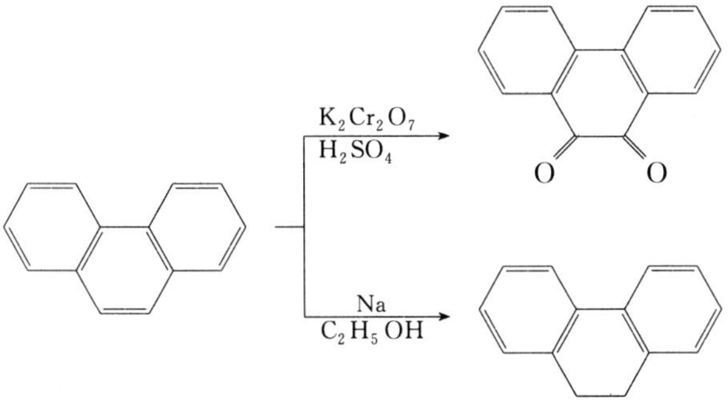

（9,10-菲醌）

（9,10-二氢菲）

4.3 非苯芳烃

4.3.1 休克尔规则

π 电子离域是苯、萘、蒽等芳香性化合物的共同特点，依据这一特点，由 sp^2 杂化碳原子所组成的任何一个环状结构的化合物都应具有芳香性。但 1912 年合成的环辛四烯虽然是由 sp^2 杂化碳原子以单键、双键交替组成的环状结构，可它的性质与苯截然不同，不易发生取代，易发生加成和氧化，且不具有芳香性。

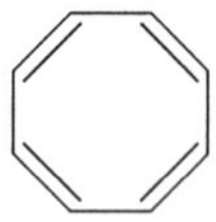

环辛四烯

1931 年德国物理化学家休克尔（Hückle）用分子轨道法计算环的稳定性，得出结论：一个平面的、环状闭合共轭体系的单环烯，只有当它的 π 电子数为$(4n+2)$时，才具有芳香性。这个规则称为休克尔规则，式中 n 是整数，可以是 0、1、2、3……。苯分子中有 6 个 π 电子，符合休克尔规则，而环辛四烯分子中有 8 个 π 电子，不符合休克尔规则，是非芳香性的。

4.3.2 重要的非苯芳烃

1. 环丙烯正离子

环丙烯不具有芳香性，当它失去一个氢负离子后，得到只有两个 π 电子的具有平面环状共轭结构的环丙烯正离子，符合休克尔$(4n+2)$规则，因此环丙烯正离子具有芳香性。

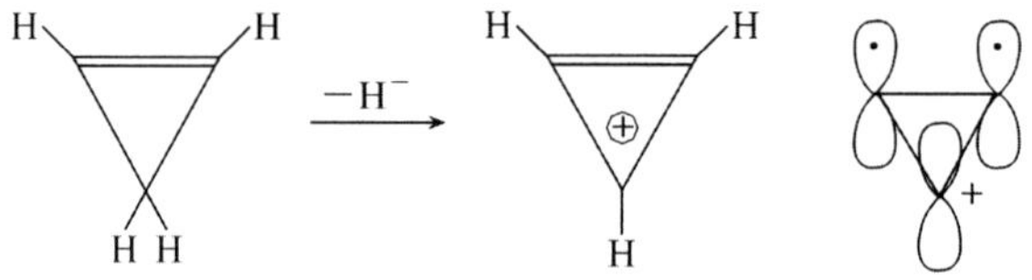

2. 环辛四烯负离子

环辛四烯与金属作用后，生成了环辛四烯二价负离子，其 π 电子数为 10，符合休克尔规则，因此环辛四烯二价负离子有芳香性。

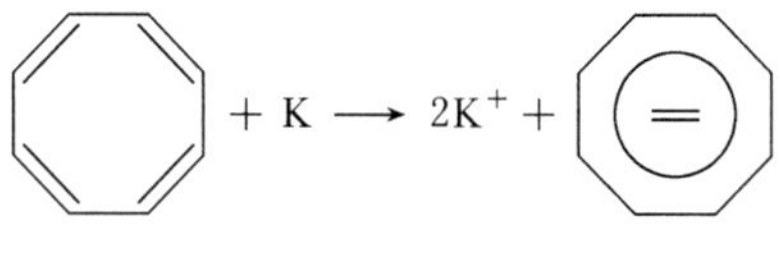

如果无芳香性的环状化合物在失去或得到电子后，形成 π 电子数是$(4n+2)$的环状闭合共轭结构，则所形成的化合物就成为具有芳香性的正离子或负离子。例如，环戊二烯负离子和环庚三烯正离子都含有 6 个 π 电子，都具有芳香性。

环戊二烯负离子

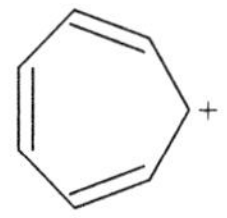
环庚三烯正离子

思考题 4-6 下列化合物是否具有芳香性？

(1) 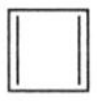 (2)  (3)  (4) 

□ 习 题

4-1 写出下列化合物的结构式。

(1)对异丙基甲苯 (2)邻溴苯磺酸 (3)2,3-二硝基-4-氯甲苯

(4)2,6-二甲基萘 (5)β-萘磺酸

4-2 命名下列化合物。

(1) 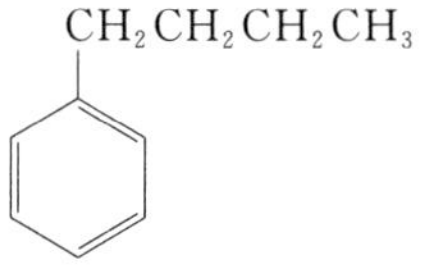 (2) 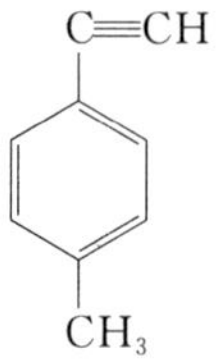 (3) 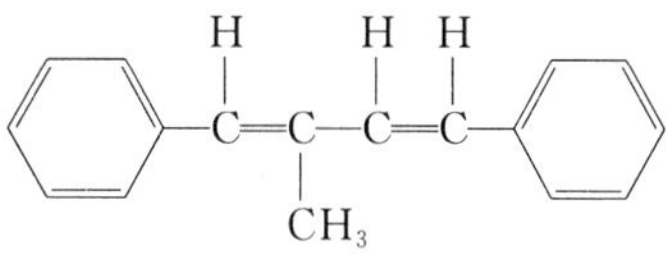

(4) 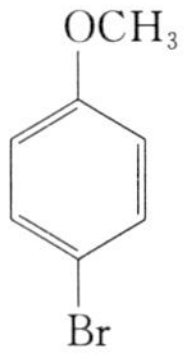 (5) 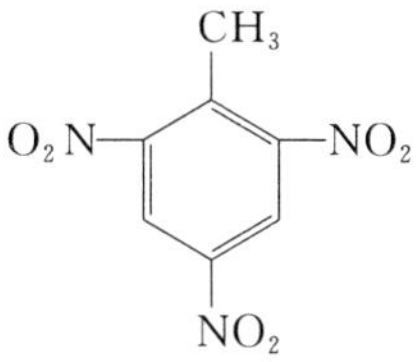 (6) 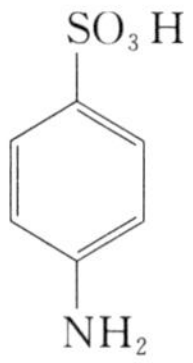

4-3 完成下列反应方程式。

(1) 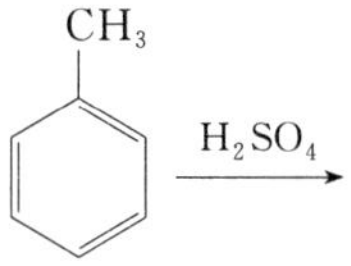

(2) 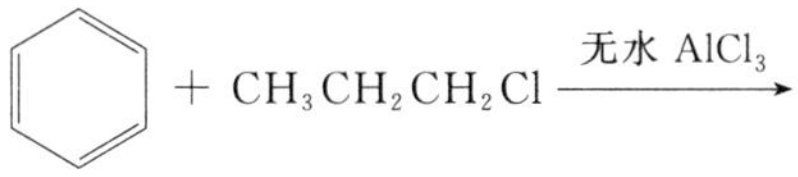

(3) 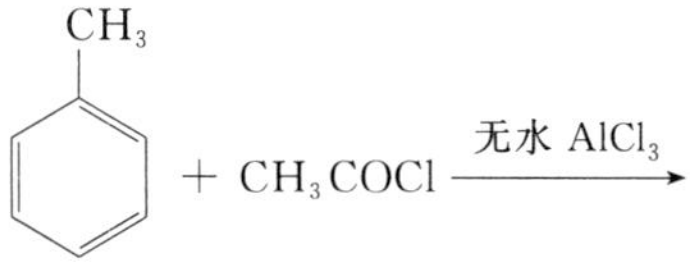

(4) 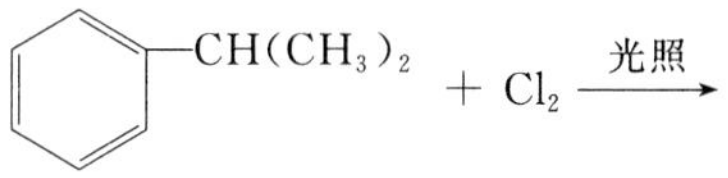

(5) 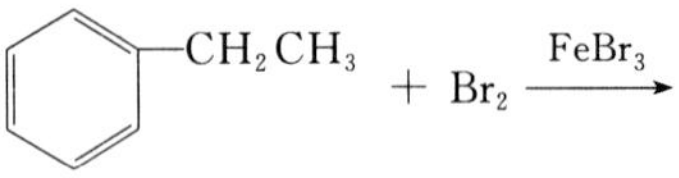

(6) 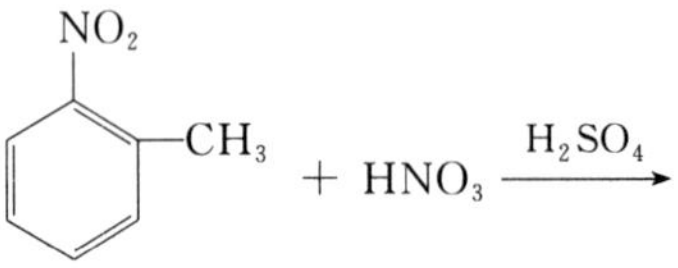

(7) 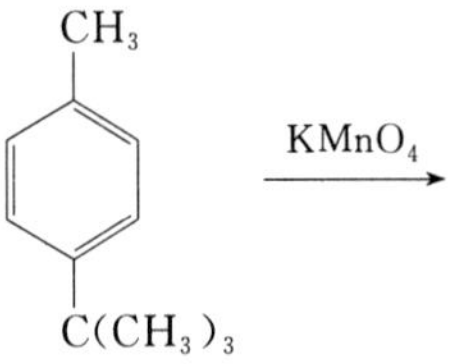

(8) 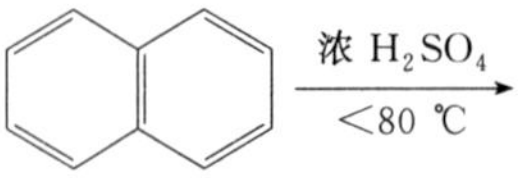

4-4　排出下列各组化合物发生亲电取代反应的活泼顺序。

(1) 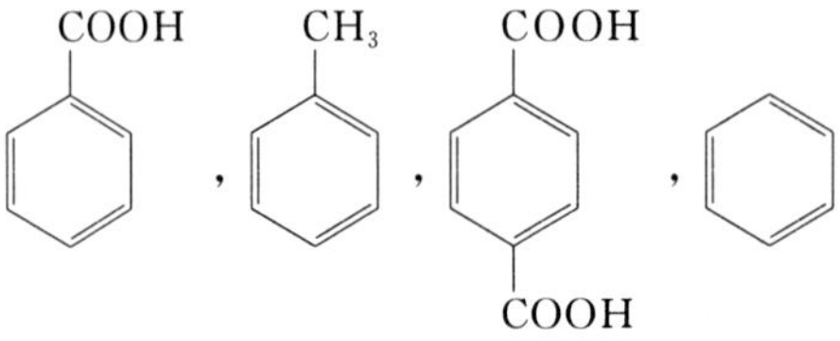

(2) 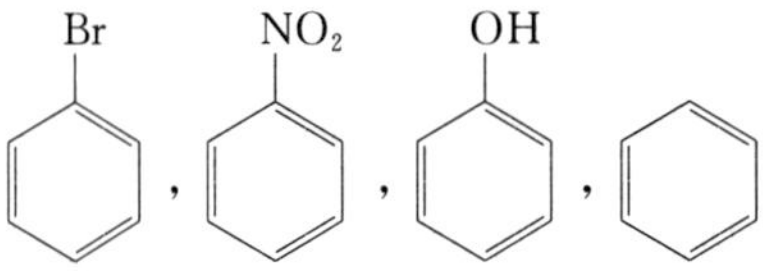

4-5　下列哪些物质不能发生弗-克反应？

(1) 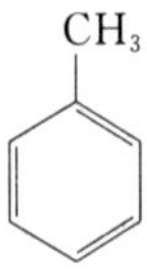

(2) 

(3) 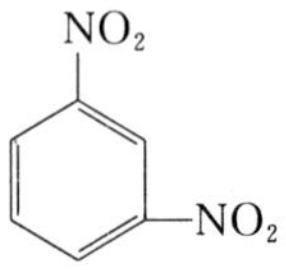

(4) 

(5) 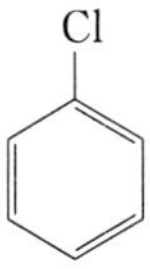

4-6　下列化合物发生硝化反应时，硝基应进入苯环的哪个位置(用箭头表示)？

(1) 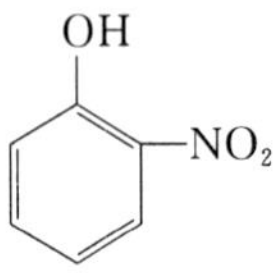

(2) 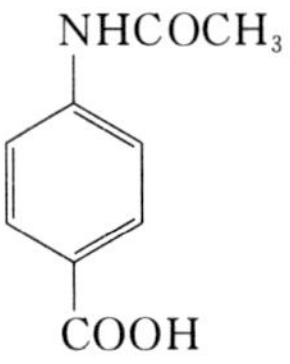

(3) 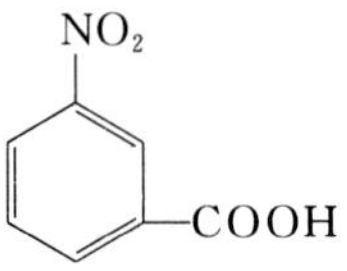

(4) 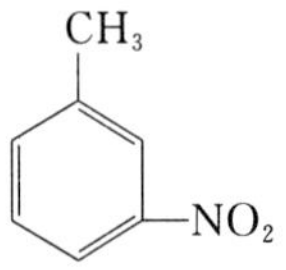

(5) 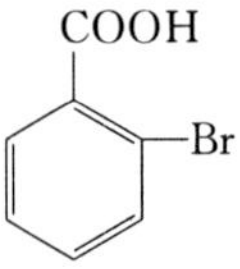

(6) 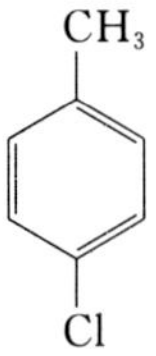

4-7 以苯或甲苯为起始原料合成下列化合物。

(1) 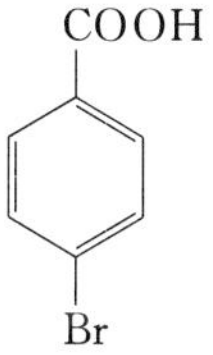
(2) 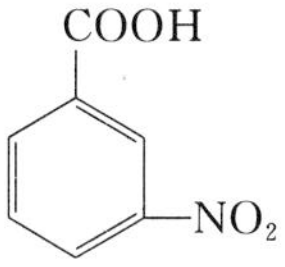
(3) 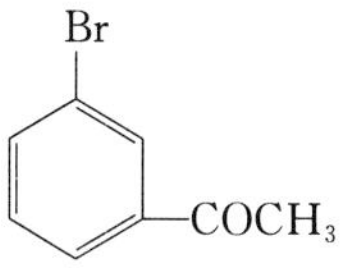

(4) 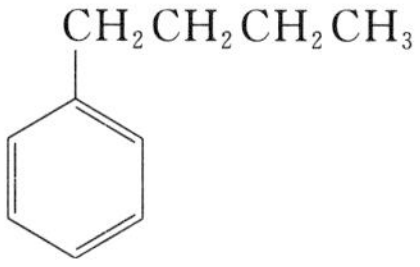
(5) 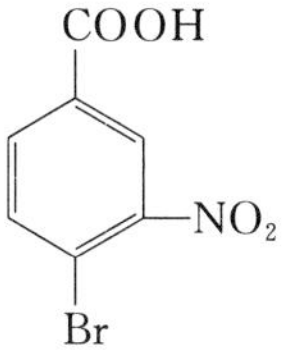
(6) 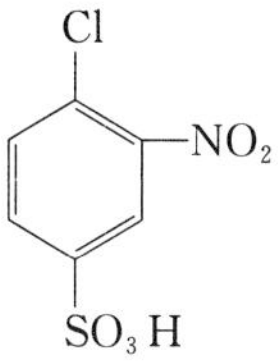

4-8 下列化合物是否具有芳香性?

(1) 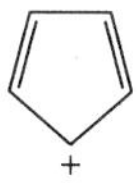
(2) 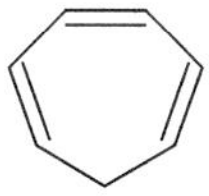
(3) 

(4) 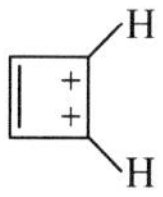
(5) 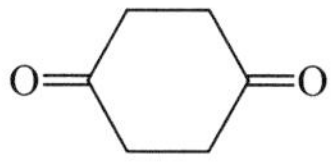
(6) 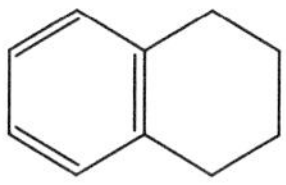

4-9 三种三甲苯 A、B、C,硝化后 A 得到一种一元硝基化合物,B 得到两种一元硝基化合物,C 得到三种一元硝基化合物,试写出 A、B、C 的结构式。

4-10 某芳烃 A($C_{10}H_{14}$),有五种可能的一溴代物($C_{10}H_{13}Br$),A 经剧烈氧化后生成一个酸性物质($C_8H_6O_4$),后者只有一种硝化产物($C_8H_5O_4NO_2$),试推测 A 的结构。

Chapter 5 第 5 章

旋光异构

Optical Isomerism

有机化合物的特点是组成简单但数目众多，其原因就是有机化合物中普遍存在同分异构现象。同分异构现象主要包括构造异构和立体异构两大类，而立体异构又分为构型异构和构象异构两个方面，归类如下：

- 同分异构
  - 构造异构
    - 碳架异构
    - 官能团位置异构
    - 官能团异构
    - 互变异构
  - 立体异构
    - 构型异构
      - 顺反异构
      - 旋光异构
        - 对映异构
        - 非对映异构
    - 构象异构

不对称分子中原子或原子团在空间的不同排布，对平面偏振光的偏振面发生不同影响所引起的异构现象，称为旋光异构(optical isomerism)，它所产生的异构体，称为旋光异构体(optical isomer)。本章主要讨论旋光异构现象。

5.1 偏振光和旋光性

5.1.1 平面偏振光和旋光性

光波是一种电磁波，它的振动方向与其前进方向相垂直。如果使普通光通过一个由方解石(特殊晶形的碳酸钙)制成的尼可尔(Nicol)棱镜，只有与棱镜晶轴平行的平面上振动的光线可以透过棱镜，因此通过棱镜的光线就只在一个平面上振动，这种光就是平面偏振光，简称偏振光；偏振光振动的平面称为偏振面(图 5-1)。

若使偏振光透过一些物质(液体或溶液)，有些物质如乳酸、葡萄糖等，会使偏振光的振动平面旋转一定的角度(α)，这些物质是旋光性物质；而有些物质如水、酒精、丙酸等对偏振光不发生影响，偏振光仍维持原来的振动平面而不发生旋转，这些物质则不具有旋光性，见图 5-2。

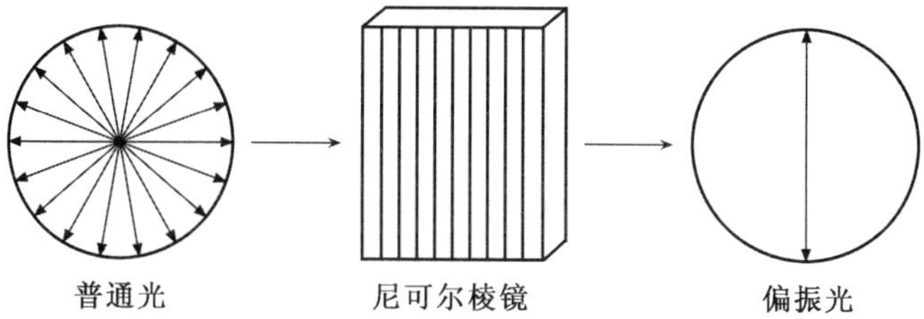

图 5-1 普通光和平面偏振光示意图

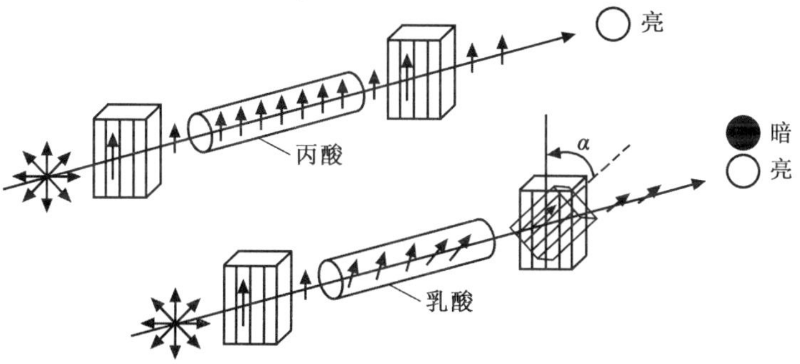

图 5-2 物质对偏振光的反应示意图

这种能使偏振光的振动平面发生旋转的性质称为物质的旋光性。具有旋光性的物质称为旋光性物质或光学活性物质。旋光性物质使偏振光的振动平面旋转的角度称为旋光度，通常用 α 表示。

5.1.2 旋光仪和比旋光度

1. 旋光仪

测定物质旋光度的仪器是旋光仪，旋光仪的构造原理见图 5-3。

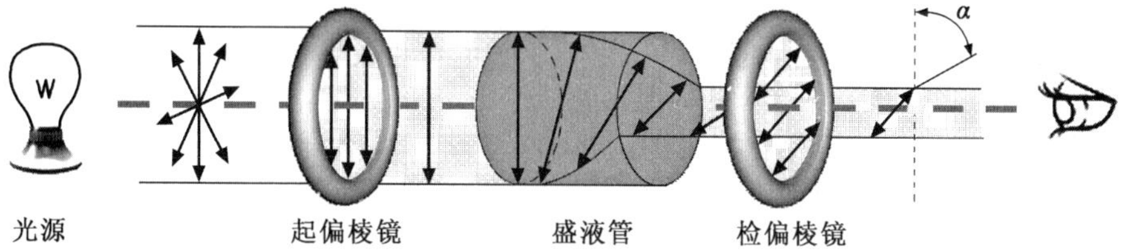

图 5-3 旋光仪构造原理示意图

旋光仪内装有两个尼可尔棱镜。起偏棱镜固定不动，其作用是把光源投入的光变成偏振光；检偏棱镜与刻度盘相连，可以转动，用以测定物质使偏振光振动平面旋转的角度和方向。如果盛液管中不放液体试样，那么经过起偏棱镜后出来的偏振光就可直接射在第二个棱镜——检偏棱镜上。只有当检偏棱镜的晶轴和起偏棱镜的晶轴互相平行时，偏振光才能通过，这时目镜处视野明亮；如若两个棱镜的晶轴互相垂直，则偏振光完全不能通过，视野黑暗。

在测定时，可以把两个棱镜的晶轴互相平行时作为零点，然后将被测试样放进盛液管中，若管子里放的是非旋光物质，偏振光经过盛液管后仍然可以完全通过检偏棱镜，由于检偏棱镜未经转动，刻度盘仍处在零点处；若是旋光性物质，偏振光的振动平面就要被向右或向左旋转一定的角度，使偏振光不能完全通过检偏棱镜，这时就必须把检偏棱镜相应地向右或向左旋转同样一个角度，才能使光线完全通过。从刻度盘上读出的度数就是该被测物质的旋光度。

使偏振光振动平面向右旋转(顺时针方向)的物质称为右旋体，用"＋"或"*d*"表示；使偏振光振动平面向左旋转(逆时针方向)的物质称为左旋体，用"－"或"*l*"表示。

2. 比旋光度

由旋光仪测得的旋光度，不仅与物质的结构有关，而且与测定的条件有关。旋光现象是偏振光透过旋光性物质的分子时所造成的，透过的分子越多，偏振光旋转的角度越大。因此，由旋光仪测得的旋光度与被测样品的浓度(如果是溶液)，以及盛放样品的管子(旋光管)的长度密切相关。通常规定旋光管的长度为 1 dm，待测物质溶液的浓度为 1 g/mL，在此条件下测得的旋光度叫作该物质的比旋光度，用$[\alpha]_\lambda^t$ 表示。t 为测定时的温度，一般是室温(15～30 ℃)，λ 为测定时光的波长，一般采用钠光(波长为 589.3 nm，用符号 D 表示)。比旋光度由物质的结构决定，是物质特有的物理常数。

例如，从肌肉中得到的乳酸的比旋光度为：

$$[\alpha]_D^{20} = +3.8°$$

这表明肌肉乳酸在 20 ℃，用钠光作光源时其比旋光度为＋3.8°。

物质在其他浓度(c)或管长(l)条件下测得的旋光度(α)，可以通过下列公式换算成比旋光度。

$$[\alpha]_\lambda^t = \frac{\alpha}{c \cdot l}$$

计算时还要考虑旋光性物质的性质。

①若所测的旋光性物质为纯液体，则可直接放在盛液管中测定，但在计算比旋光度时，需将公式中的 c 换成该液体的相对密度 d。

②当所测物质为溶液时，所用溶剂不同也会影响物质的旋光度。因此在不是水作溶剂时，需注明溶剂的名称。例如，右旋酒石酸在乙醇中，浓度为 5%时，其 $[\alpha]_D^{20} = +3.79°$(乙醇，5%)。上面的公式不仅可以用来计算物质的比旋光度，反之，在已知比旋光度的情况下，也可用以测定物质的浓度或者鉴定物质的纯度。

思考题 5-1 溶于氯仿中的胆甾醇的浓度是 100 mL 溶液中溶解 6.15 g。

(1)一部分放在 5 cm 长的盛液管中，所观察到的旋光度是－1.2°，计算胆甾醇的比旋光度。

(2)同样的溶液放在 10 cm 盛液管中，测定其旋光度。

5.2 旋光性与分子结构的关系

5.2.1 手性

人的两只手，看起来似乎没有什么区别，但是将左手的手套戴到右手上是不合适的；而如果把左手放在镜子前面，在镜中呈现的镜像恰与右手相同。两只手的这种关系可以比喻为"实物"与"镜像"的关系，它们之间的区别就在于五个手指的排列顺序相反，因此左手与右手是不能完全重叠的。和左右手相似，有些分子结构组成完全相同，但是基团在空间的排列顺序不同，造成某两个分子的构型可以呈镜像关系，却不能重叠，这两个分子的性质就是手性。

实物与其镜像不能重叠的这种特性存在于微观世界的分子中。任何一个不能和它的镜像完全重叠的分子，叫作手性分子。凡手性分子都有旋光异构体，都有旋光性，手性和旋光性之间互为充分必要条件。判断一个分子是否具有旋光性可以从检查这个分子有无对称因素入手。对称因素一般指：对称面、对称中心等。凡是分子具有这些对称因素时，分子就无旋光性。

5.2.2 对称因素

1. 对称面

如果一个分子中所有的原子都在一个平面内，或是通过分子的中心，可以用一个平面将分子分成互为实物和镜像的两半，那么这种分子就具有对称面。如(*E*)-1,2-二氯乙烯分子是平面型的，其 sp^2 杂化轨道的轴所处的平面，就是分子的对称面。二氯甲烷分子呈四面体型，如果使两个氯原子位于纸面上，虚线连接的氢原子伸向纸后，楔线连接的氢原子伸向纸前，则纸面(即 Cl—C—Cl 形成的平面)或垂直于纸面的平面(即 H—C—H 形成的平面)都是分子的对称面，见图 5-4。

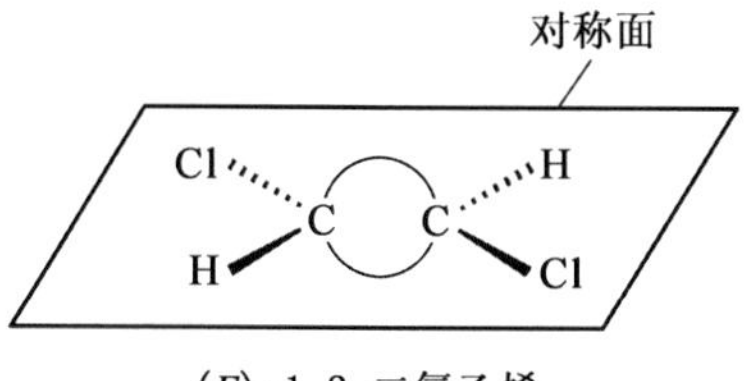

(*E*)-1,2-二氯乙烯

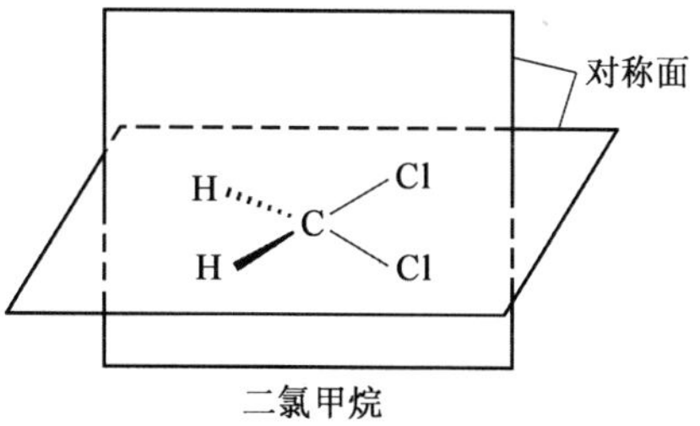

二氯甲烷

图 5-4 对称面举例

2. 对称中心

若分子中有一点 *P*，通过 *P* 点画任何直线，在离 *P* 等距离的直线两端有相同的原子或基团，*P* 点位于所有相同原子或基团的连线交点并且平分连线，则点 *P* 称为分子的对称中心。例如，2,4-二甲基-1,3-环丁烷二甲酸即具有对称中心，见图 5-5。

3. 对称轴

以设想直线为轴旋转 360°/*n*，得到与原分子相同的分子，该直线称为 *n* 重对称轴(又称 *n* 阶对称轴)。例如：反-1,2-二氯乙烯，中间可以画出一个垂直于分子平面的轴，分子可以围

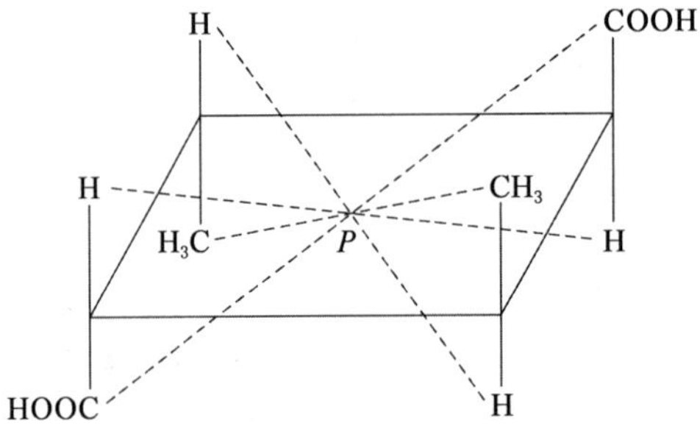

图 5-5　对称中心举例

绕轴任意转动，保持不变（图 5-6）。

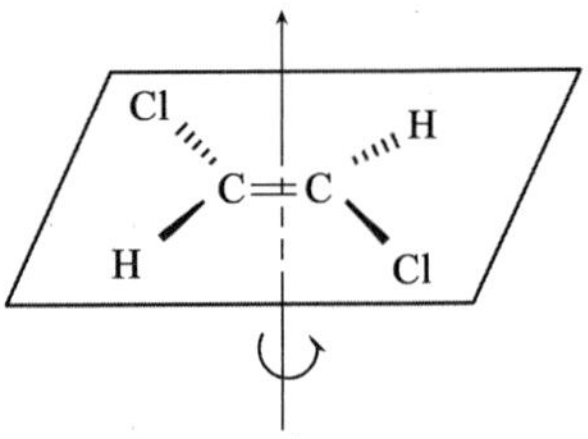

图 5-6　对称轴

当一个分子不存在对称因素时，分子的实物和镜像不能重合，该分子为手性分子，或称不对称分子。若分子中存在对称因素，分子与其镜像能够重合，则该分子为非手性分子。

若碳原子连接四个不相同的原子或基团，该碳原子称为手性碳原子，常在碳上用 * 表示。例如：

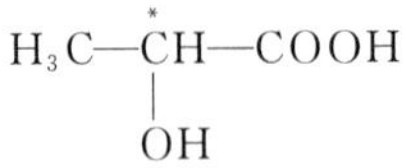

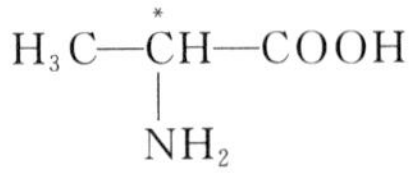

思考题 5-2　下列化合物哪些具有对称面或对称中心？

（1）$CHCl_3$　　（2）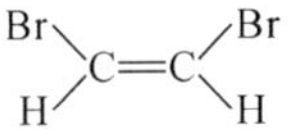

（3）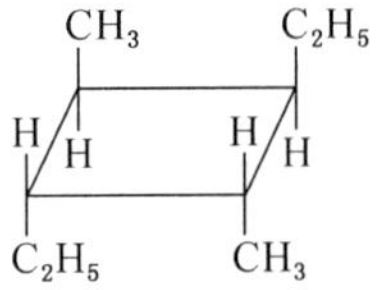

（4）

5.3　含一个手性碳原子化合物的旋光异构

5.3.1　对映体和外消旋体

生活中我们会接触到两种乳酸，一种是牛奶久置之后酸败产生的乳酸，称为发酵乳酸；另一种是运动之后肌肉产生的乳酸，称为肌肉乳酸，这两种乳酸的分子式完全相同，都是

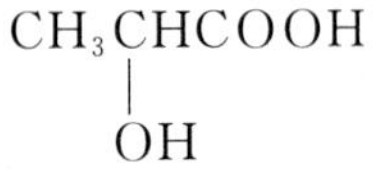

，但是两种乳酸偏振光旋转的方向却不相同，是不同的分子。

乳酸是含一个手性碳原子的化合物。其 α-碳原子是手性碳原子，分别与 H、OH、CH_3

和 COOH 相连。含一个手性碳原子的化合物可以有两种构型，在空间有两种排列方式，如图 5-7 所示。

图 5-7 中(a)和(b)之间呈实物和镜像的关系，粗看起来似乎代表同一个分子，但实际将(a)和(b)无论怎样翻转，都不能完全重叠，所以它们分别代表两个分子。这样的异构体叫作对映异构体，简称对映体。

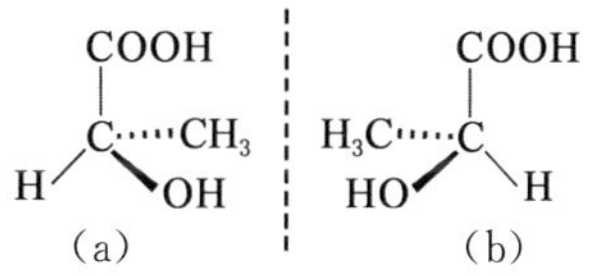

图 5-7 乳酸的两种构型

由于对映体的构造相同，因此一般化学性质相同，物理性质如熔点、沸点、比旋光度等均相同，但旋光方向相反。如右旋乳酸的比旋光度为＋3.8°(15 ℃)，左旋乳酸的比旋光度为－3.8°(15 ℃)。

由于左旋体和右旋体的旋光度相同，旋光方向相反，所以等量的左旋体和右旋体组成的体系，是没有旋光活性的，这种体系叫作外消旋体，常用(±)表示。外消旋体不仅没有旋光性，并且其他物理性质也与单纯的对映体不同，但化学性质基本相同。另外，外消旋体与其他任意两种物质的混合物不同，外消旋体常有固定的物理常数。外消旋体可以拆分为右旋和左旋两个有旋光活性的异构体。

5.3.2 构型的表示方法

空间分子结构书写起来很不方便，1891 年德国化学家费歇尔(Fisher)提出用投影的方式描述旋光异构体分子中的原子或基团在空间的排列方式，将空间结构用平面的方式描述出来，这种方式被称为费歇尔投影式。

费歇尔投影式的投影原则是：把与手性碳原子结合的左右横向的两个键伸向手性碳原子的前面，即伸向观察者；把上下竖立的两个键伸向手性碳原子的后面，然后将结构投影到纸面上。为了便于记忆，常称为“横前竖后”，即横键朝前，竖键朝后的意思。

费歇尔投影式的标准写法是把碳链写在上下竖立的位置，并把氧化态较高的基团放在碳链的上端，把其他的原子或基团放在左右横向位置投影到纸面上。用这样方法所得的为标准化费歇尔投影式。横竖键交叉形成十字线，交点即为手性碳原子。如乳酸对映体的费歇尔投影式见图 5-8。

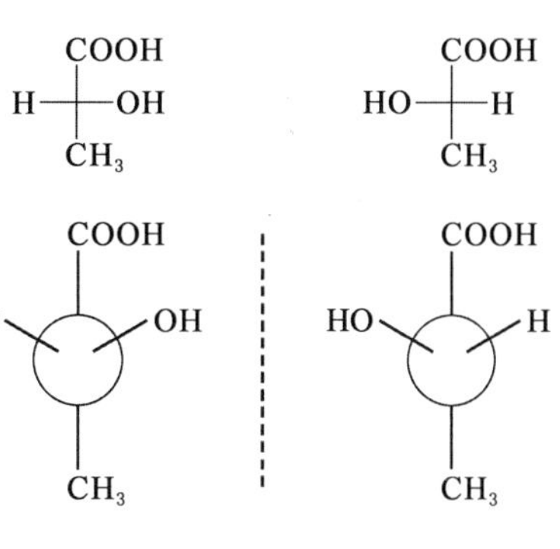

图 5-8 乳酸对映体的费歇尔投影式

若在投影时，不是把碳链直立、氧化数高的碳原子放在上端，所得的投影式不是标准化费歇尔投影式。非标准化的费歇尔投影式可以通过基团交换得到标准化的费歇尔投影式。

在使用(书写)费歇尔投影式要注意以下2点：

(1)不能使费歇尔投影式离开纸平面进行翻转，只能在纸平面旋转；旋转180°或360°构型不变，旋转90°或270°构型发生变化，转化为其对映异构体。

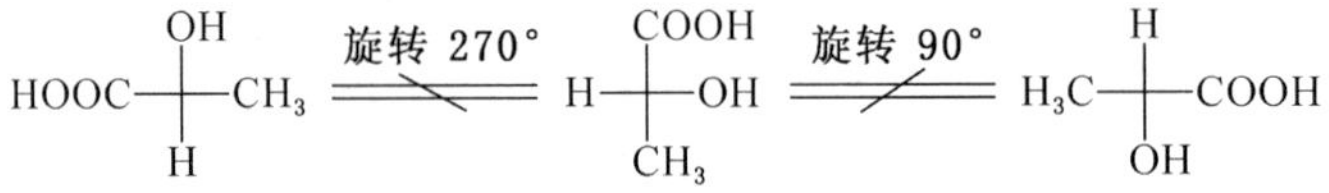

(2)在投影式中固定其中任何一个原子或基团，其他三个原子或基团顺时针或逆时针依次变换位置，构型不变。

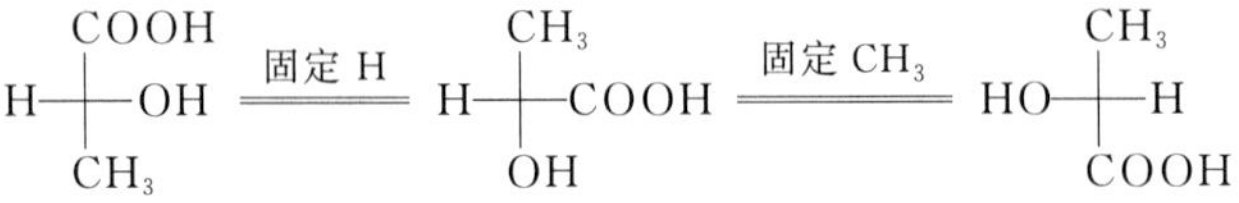

思考题5-3 下列投影式中哪些是对映体？哪些是同一化合物？

5.3.3 构型的标记法

1. *D*/*L* 构型标记法

在研究旋光异构现象的早期，无法测定旋光异构体的真实构型。一对对映体的两种构型异构体，都可以用费歇尔投影式表示，并且对映异构体的旋光方向和比旋光度可由旋光仪测出。但旋光仪不能测定异构体的旋光方向和真实构型的对应关系。为此，费歇尔以甘油醛为标准，人为规定：在甘油醛的费歇尔投影式中，手性碳原子上的羟基在右边的表示右旋甘油醛，其构型定为*D*-构型(*Dextro*，源自拉丁文，右)；羟基在左边的表示左旋甘油醛，其构型定为*L*-构型(*Laevo*，源自拉丁文，左)。

D-甘油醛　　*L*-甘油醛

凡是可以从*D*-甘油醛通过化学反应而得到的化合物，或可以转变成*D*-甘油醛的化合物，都具有同*D*-甘油醛相同的构型，即*D*型。这里所用的化学反应一般不能涉及手性碳原子，即不会改变其构型的反应。同样，与*L*-甘油醛有相同构型的化合物则是*L*型。

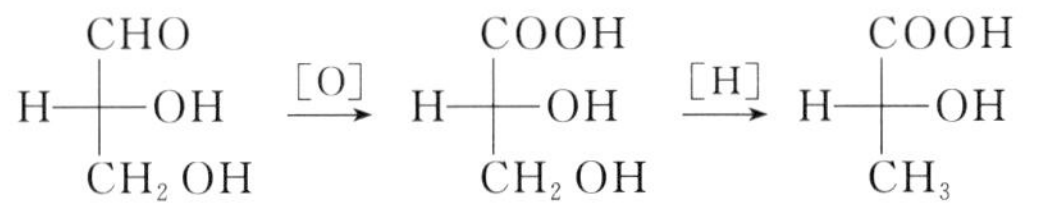

D-(+)-甘油醛　　*D*-(−)-甘油酸　　*D*-(−)-乳酸

从上例中可以看出，*D*-构型不一定是右旋，也不一定是左旋。构型与旋光方向之间没有必然的联系。

1951 年，比约特(Bijvoet)应用 X 射线衍射方法成功地测得了(+)-酒石酸铷钠分子中各原子在空间分布的绝对构型。由于酒石酸及许多光活性化合物的相对构型已经通过各种化学转变得到确认，结果发现费歇尔从两个可能性中任意指定(+)-甘油醛中官能团的相对空间关系恰好和它的实际构型即绝对构型一致。这样其他的通过甘油醛相关联确定的相对构型也可以被肯定与绝对构型是一致的。

随着科学的发展，手性分子发现得越来越多，在实践中人们感到仅用 *D*/*L* 标记法表示构型已不够用，有时甚至引起混乱，所以这种表示方式渐渐被另一种更科学的方式所代替。目前，*D*/*L* 标记法只用于糖和氨基酸。

2. *R*/*S* 构型标记法

有的旋光异构体的构型无法以甘油醛为标准来确定，这样相对构型的表示就有了它的局限性。1951 年后，X 射线衍射技术的发展，人们可以直接测定对映体结构中的原子或基团的空间排列位置，得到它们的真实构型，因此叫绝对构型。绝对构型的标记是用英果尔(Ingold)和凯恩(Cahn)确立的以手性碳原子所连接的基团在空间不同方向上的排布为特征的构型标记法——*R*/*S* 构型标记法。

R/*S* 构型标记法是根据化合物的实际模型或投影式判定构型。它先按次序规则将与手性碳原子所连的四个原子或基团确定一个从大到小的优先次序(如 a＞b＞c＞d)；然后把次序最小的原子或基团(d)作为手性碳原子四面体的顶端，a、b、c 为四面体底部的三个角；再从四面体的底部向顶端观察 a→b→c 的排列次序，如果是顺时针排列的就称为 *R* 构型，相反，如果是逆时针排列的就称为 *S* 构型，见图 5-9。

图 5-9　*R*、*S* 构型判断

原子或基团 a、b、c、d 大小先后按照次序规则排序。例如，乳酸的手性碳原子所连的四个基团的优先次序是—OH＞—COOH＞—CH_3＞—H。观察时，把氢放在最远处，从所余的三个基团所处的平面往氢原子处看，在(−)-乳酸分子中，从—OH、—COOH 到—CH_3 是顺时针方向，所以它是 *R*-构型，标为 *R*-(−)-乳酸；它的对映体是 *S*-(+)-乳酸，见图 5-10。

D/*L* 表示法与 *R*/*S* 表示法没有对应关系。虽然 *R*-(−)-乳酸就是 *D*-(−)-乳酸，但不是所有的 *R* 型的异构体都是 *D* 构型。

R-乳酸

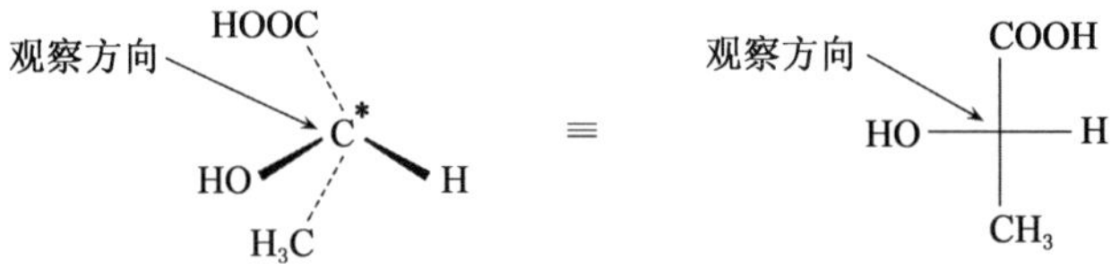

S-乳酸

图 5-10　乳酸构型判断

含有两个以上手性碳原子的化合物的投影式，也同样可以按照次序规则，给每一个手性碳原子标定构型，但必须同时注明手性碳原子的位次编号。例如：

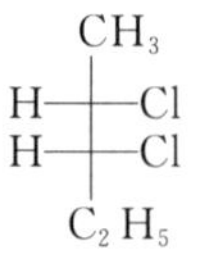

(2*S*,3*R*)-2,3-二氯戊烷

如果一个手性分子不是按照费歇尔投影式的标准写法(横键朝前，竖键朝后的投影原则不变)，那么我们也可以判定它的构型。如下列各式都表示的是 *R*-乳酸：

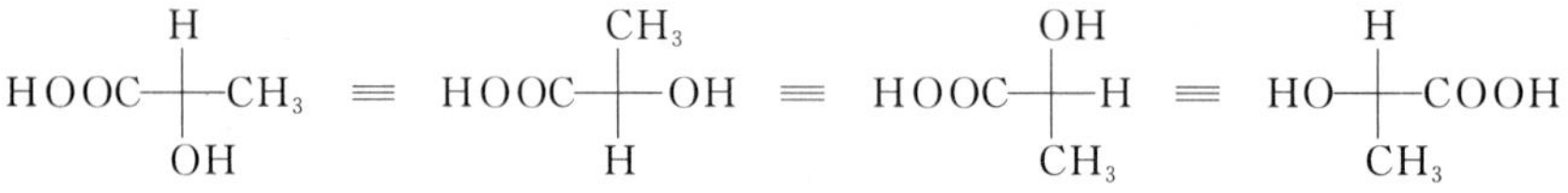

思考题 5-4　标明下列化合物的 *R*/*S* 构型。

(1) 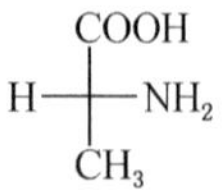　(2) 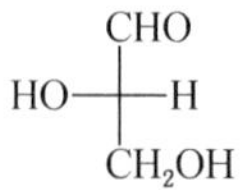　(3) 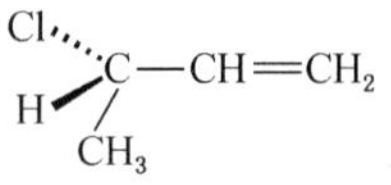　(4) 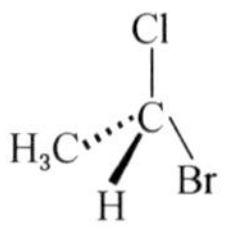

5.4　含两个手性碳原子化合物的旋光异构

有机化合物分子中，随着手性碳原子数目的增加，其旋光异构现象也越加复杂。含有两个手性碳原子的化合物有以下两种情况。

5.4.1　含两个不相同手性碳原子的化合物

2,3,4-三羟基丁酸，含有两个不同的手性碳原子。每个手性碳原子都各有两种不同的构型，它们可以形成4种不同的异构体，它们的投影式分别为：

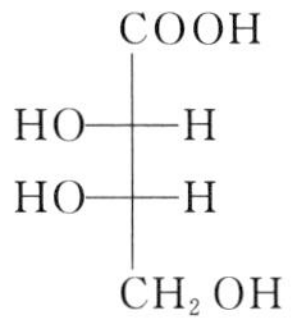
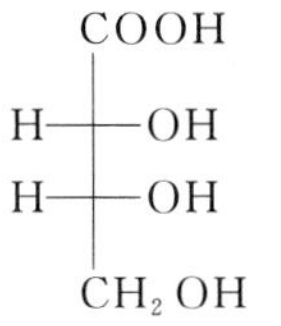
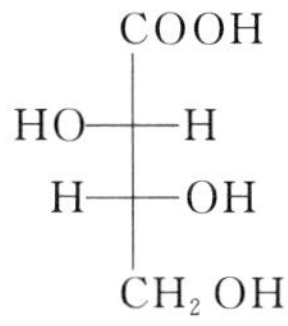
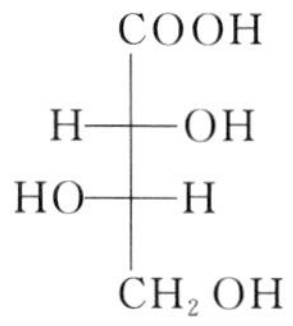

（Ⅰ）（2*S*，3*S*）　（Ⅱ）（2*R*，3*R*）　（Ⅲ）（2*S*，3*R*）　（Ⅳ）（2*R*，3*S*）

（Ⅰ）和（Ⅱ）及（Ⅲ）和（Ⅳ）分别组成两对对映异构体。对映体的等量混合物是外消旋体。而（Ⅰ）与（Ⅲ）或（Ⅱ）与（Ⅲ），不是实物与镜像的关系，叫作非对映异构体，简称非对映体，也属于旋光异构体。

对于含两个手性碳原子的化合物，考察其构型的过程与考察含一个手性碳原子的化合物一样。以阿拉伯数字表示手性碳原子的位次，则（Ⅰ）的构型应为（2*S*，3*S*），（Ⅱ）是（Ⅰ）的对映体，就应为（2*R*，3*R*）；（Ⅲ）的 C_2 与（Ⅰ）的 C_2 相同，即为2*S*，而其 C_3 与（Ⅱ）的 C_3 相同，即为3*R*，所以（Ⅲ）的构型应为（2*S*，3*R*）；那么（Ⅳ）就是（2*R*，3*S*）。

对映体之间，除旋光方向和生理功能外，其他理化性质都相同。非对映体之间不仅旋光性不同，其他物理性质不同，化学性质也不完全相同，因此非对映体混合在一起，可以用一般的物理方法将它们分开。每组对映体可以组成一个外消旋体，非对映体间则不能组成外消旋体。

分子中手性碳原子数越多，旋光异构体的数目也就越多。如果含有 n 个不相同的手性碳原子，就有 2^n 个旋光异构体。

5.4.2 含两个相同手性碳原子的化合物

酒石酸（2，3-二羟基丁二酸）是含有两个相同手性碳原子的化合物，每个手性碳原子上连接的4个原子或基团都是H、OH、COOH及CH(OH)COOH，按照每一个手性碳原子有两种构型，则可以构成4种异构体，它们的投影式分别为：

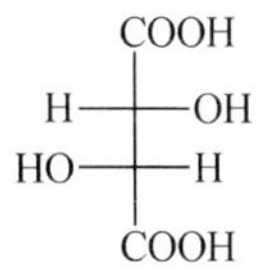
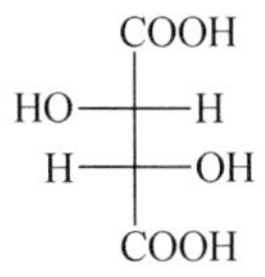
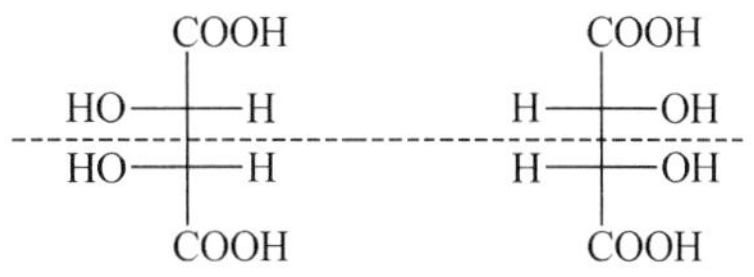

（Ⅰ）(2*R*，3*R*)　（Ⅱ）(2*S*，3*S*)　（Ⅲ）(2*S*，3*R*)　（Ⅳ）(2*R*，3*S*)

根据 *R*/*S* 构型标记法（Ⅰ）的构型应为（2*R*，3*R*）；（Ⅱ）为（2*S*，3*S*）；（Ⅲ）为（2*S*，3*R*）；（Ⅳ）为（2*R*，3*S*）。

（Ⅰ）和（Ⅱ）为对映异构体，分别是右旋体和左旋体。（Ⅲ）和（Ⅳ）似乎也是对映异构体，但如将（Ⅳ）在纸面上转180°，即可与（Ⅲ）重叠。在（Ⅲ）中，可以用虚线将分子分成实物和镜像关系的两半，这样，虚线所代表的平面就是这个分子的对称面，所以（Ⅲ）没有手性，从而没有旋光活性，这种异构体叫内消旋体，常用词头 *meso*-表示。

与外消旋体不同，内消旋体之所以不具有旋光活性，是由于分子中两个相同的手性碳原子的构型相反，一个为 R，一个为 S，所以由它们引起的旋光性在同一分子内相互抵消。内消旋体虽无旋光性，但同外消旋体有本质不同，内消旋体是纯化合物，不能拆分为两个具有旋光性的对映体。

思考题 5-5 判断下列化合物有无旋光性，并标明其 R/S 构型。

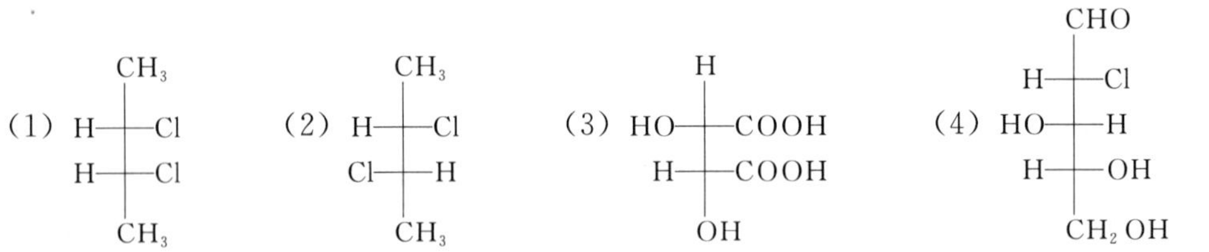

5.5 含手性碳原子的环状化合物的立体异构

5.5.1 环丙烷衍生物

环状化合物的立体异构现象比链状化合物复杂，往往顺/反异构和旋光异构同时存在。

在 1,2-环丙烷二甲酸分子中，由于三元环的存在，两个羧基可以排布在环的同侧或异侧，构成了顺/反异构体：

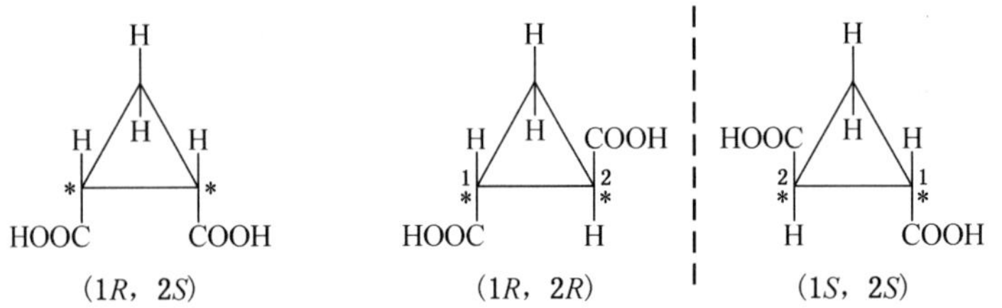

(1R, 2S)　　(1R, 2R)　　(1S, 2S)

顺式　　**反式**

另外，环中的 C_1、C_2 为两个手性碳原子，因此又存在旋光异构体。顺式异构体中因具有对称面，为内消旋体，没有旋光性。反式异构体中没有对称面，也没有对称中心，因此具有手性，有一对对映体。如果三元环上两个碳原子所连的基团不相同，例如在 1-氯-2-溴环丙烷分子内存在着两个不相同的手性碳原子，它有顺/反异构体，并各存在着一对对映体，所以共有 4 个立体异构体。

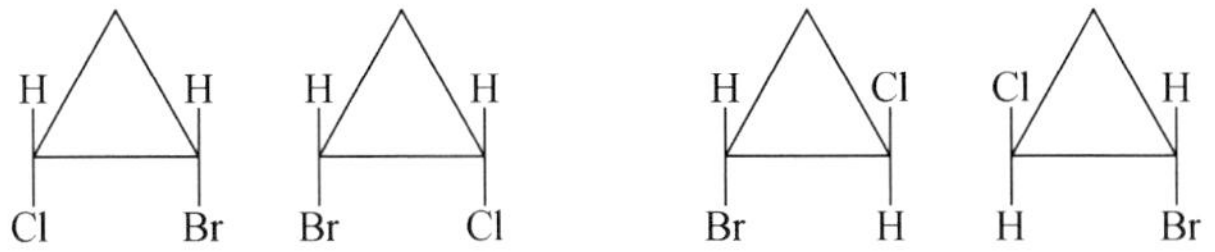

顺式　　　　反式

从这里可以看出，顺式和反式既是顺/反异构体又是非对映异构体。此外，环状化合物旋光异构体的数目与其相应开链化合物的相等。

5.5.2 环己烷衍生物

当环上的碳原子数增多时，例如，在常见的六元脂环化合物中，6 个碳原子并不在同一个平面上，一般以椅式构象存在，因此研究它们的立体异构，还需考虑构象问题。但由于构象之间转变迅速，且它不足以造成化学键的断裂，并不影响分子的构型。因此在研究环己烷衍生物等的立体异构时，对构象引起的手性现象可以不予考虑，而只考虑顺反异构和旋光异构，并可以直接用平面六角形来观察，这样可以得到同样正确的结果。如顺式和反式 1,2-环己烷二甲酸可用下式表示：

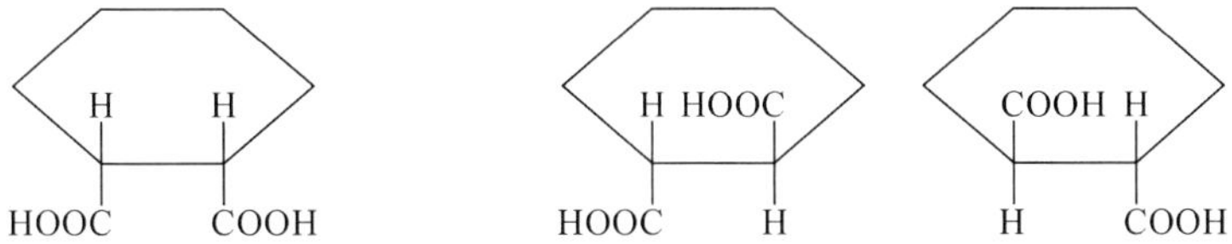

顺式　　　　反式

顺式分子中存在对称面，它与镜像可以重叠，为内消旋体，因此没有旋光性。而反式异构体与镜像不能重合，有旋光性。所以 1,2-环己烷二甲酸存在着顺式、反式右旋和反式左旋 3 种立体异构体。

如果两个羧基处在环上的 1,4 位(即 1,4-环己烷二甲酸)，那么不论顺式或反式都具有通过 1,4 位且垂直于环平面的对称面，所以都没有对映异构体，也没有旋光性。

5.6 不含手性碳原子化合物的旋光异构

手性分子一定有旋光性。一般手性分子的特征是含有手性碳原子，但是含手性碳原子的化合物如果分子中存在对称面、对称中心时，则失去旋光性。此外，有少数物质的结构中并不含手性碳原子，但整个分子是手性分子，也具有旋光性。

5.6.1 丙二烯型化合物

丙二烯型化合物结构中，组成两个双键的中间碳原子是 sp 杂化的，两个 p 轨道是互相垂直的，所以分子中的两个 π 键也是互相垂直的，两个 CH_2 处于互相垂直的两个平面，结构如图 5-11 所示。

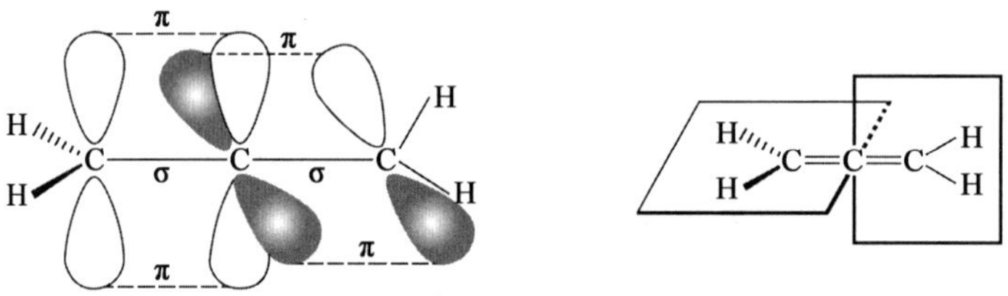

图 5-11　丙二烯型化合物结构

如果取代丙二烯型化合物中同一碳上的两个基团不同，虽然分子中没有手性碳原子，但整个分子中无对称因素，有旋光性，存在一对对映体，如 2,3-戊二烯的对映异构体：

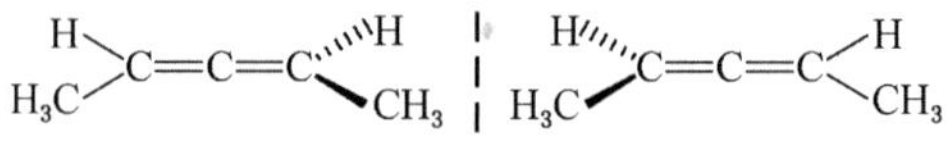

5.6.2　联苯型化合物

当联苯分子中两个苯环的邻位上有较大的原子或基团时，由于空间障碍作用，阻碍了苯环间单键的自由旋转，致使两个苯环不能处于同一平面，而是互成一定角度，所以当 2 位和 6 位、2′位和 6′位取代基不同时，整个分子既无对称面也无对称中心，分子产生了手性，存在对映体。例如：

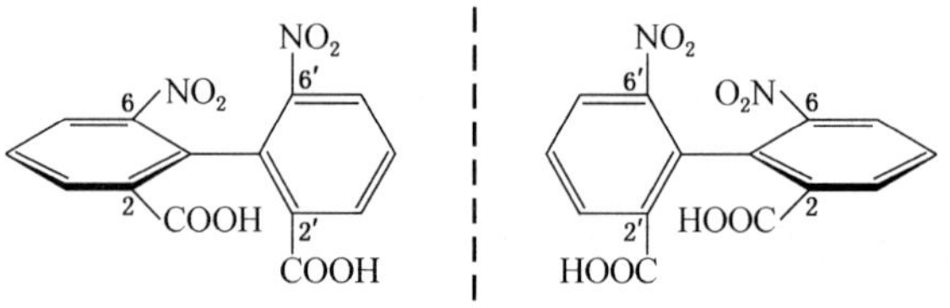

5.6.3　螺环型化合物

螺环型化合物中，螺原子连接的两个环由于空间阻力的原因，也并不是在同一个平面，两个环互成一定角度，当两端碳原子上分别连有不同基团时，整个分子没有对称因素，产生了旋光性或手性(图 5-12)。

图 5-12　螺环型化合物

思考题 5-6 下列化合物哪些具有旋光性？

(1) 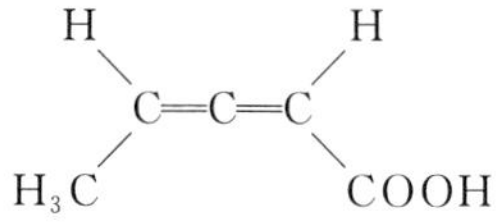

(2) $CH_3CH=C=C(CH_3)_2$

(3) 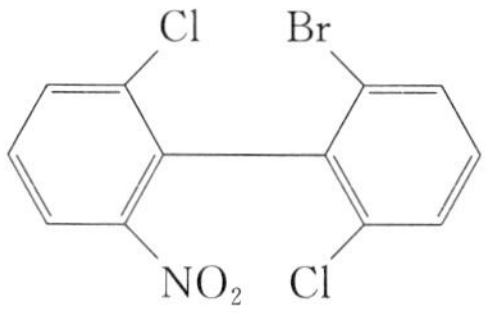

(4) 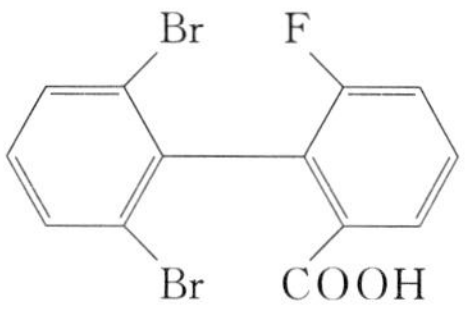

5.7 外消旋体的拆分

外消旋体是由一对对映体等量混合组成的。对映体之间除旋光方向相反外，其他物理性质都相同，因此，虽然外消旋体是由两种化合物组成的，但用一般的物理方法（如分馏、重结晶等）不能把一对对映体分离开来，将外消旋体分离成旋光体的过程通常称为“拆分”。拆分的方法很多，一般有下列5种。

(1)机械拆分法　利用外消旋体中对映体的结晶形态上的差异，用眼睛直接辨认或通过放大镜进行辨认，而把两种结晶体挑拣分开。此法要求结晶形态有明显的不对称性，且结晶大小适宜。此法较原始，只在实验室中少量制备时偶尔采用。

(2)微生物拆分法　某些微生物或它们所产生的酶，对于对映体中的一种异构体有选择性的分解作用。利用微生物或酶的这种性质可以从外消旋体中把一种旋光体拆分出来。此法的缺点是在分离过程中，外消旋体至少有一半被消耗掉了。

(3)选择吸附拆分法　用某种旋光性物质作为吸附剂，使之选择性地吸附外消旋体中的一种异构体，这样就可以达到拆分的目的。

(4)诱导结晶拆分法　在外消旋体的过饱和溶液中，加入一定量的一种旋光体的纯晶体作为晶种，溶液中该种旋光体在晶体的诱导下优先结晶析出。将这种结晶滤出后，则另一种旋光体在滤液中相对较多。再加入外消旋体制成过饱和溶液，于是另一种旋光体优先结晶析出。如此反复进行结晶，就可以把一对对映体完全分开。

(5)化学拆分法　这种方法应用最广。其原理是将对映体转变成非对映体，然后用一般方法分离。外消旋体与无旋光性的物质作用并结合后，得到的仍是外消旋体。但若使外消旋体与旋光性物质作用，得到的就是非对映体混合物。非对映体具有不同的物理性质，可以用一般的分离方法把它们分开。最后再把分离所得的两种衍生物分别变回原来的旋光化合物，即达到了拆分的目的。用化学法拆分对映体的旋光性物质，通常称为拆分剂。不少拆分剂是由天然产物中分离提取获得的。化学拆分法最适用于酸或碱的外消旋体的拆分。例如，对于酸，拆分的步骤可用通式表示如下：

$$\left.\begin{array}{l}(+)\text{RCOOH}\\(-)\text{RCOOH}\end{array}\right\}+2(-)\text{R}'\text{NH}_2\longrightarrow\left\{\begin{array}{l}(+)\text{RCOOH}\cdot(-)\text{R}'\text{NH}_2\\(-)\text{RCOOH}\cdot(-)\text{R}'\text{NH}_2\end{array}\right.$$

非对映体混合物

$$\frac{\text{分离}}{\text{非对映体}}\begin{cases}\rightarrow(+)\text{RCOOH}\cdot(-)\text{R}'\text{NH}_2\xrightarrow{\text{HCl}}(+)\text{RCOOH}+(-)\text{R}'\text{NH}_3^+\text{Cl}^-\\\rightarrow(-)\text{RCOOH}\cdot(-)\text{R}'\text{NH}_2\xrightarrow{\text{HCl}}(-)\text{RCOOH}+(-)\text{R}'\text{NH}_3^+\text{Cl}^-\end{cases}$$

拆分酸时，常用的旋光性碱主要是有手性的生物碱，如左旋奎宁、左旋马钱子碱等。拆分碱时，常用的旋光性酸是酒石酸、樟脑磺酸等。

5.8 立体化学在生命科学中的重要意义

立体化学在生命科学的研究方面发挥着重要作用。在没有外部手性条件（如手性溶剂、手性试剂、手性催化剂等手性环境）的影响下，对映体具有完全相同的物理性质和化学性质，而仅仅是对平面偏振光的旋转方向不同。由于生物体是一个手性环境，如酶和细胞表面受体是手性的，因此对于具有生物活性的药物的对映体，也是以手性的方式与受体部位相互作用，因此一对对映体在人体内将可能会有完全不同的作用，其作用效果也会截然不同。手性药物的对映异构体在生理活性、药效上的差异主要表现为以下几个方面：

(1)两种对映体可产生不同类型的药理作用，都可以作为治疗药。如右旋丙氧芬是镇痛药，左旋丙氧芬却是止咳药。

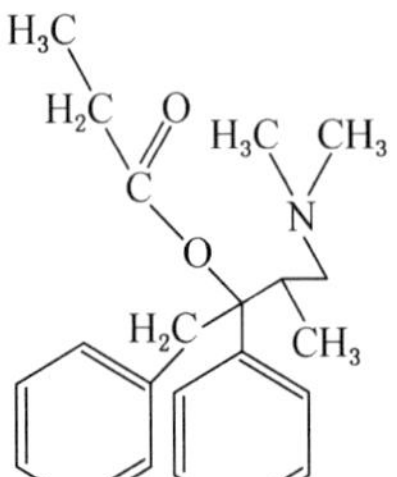

(2*R*,3*S*)-(+)-丙氧芬

镇痛药

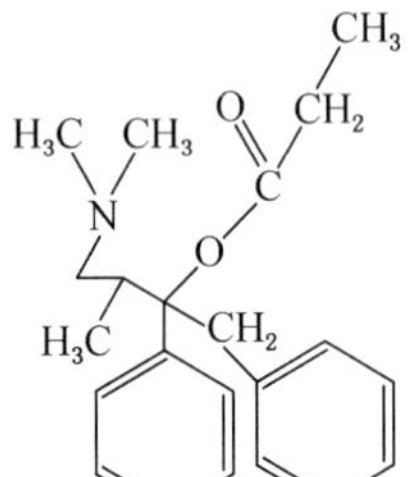

(2*S*,3*R*)-(−)-丙氧芬

止咳药

(2)其中一种对映体是生物受体的阻滞剂，因此会降低另一种对映体的活性。

(3)一种对映体具有治疗作用，另一种对映体却产生副作用。如喷他佐辛（镇痛新）左旋对映体具有镇痛作用，而右旋体几乎无镇痛作用，并且可使病人产生紧张烦躁的情绪。

(4)其中一种对映体具有完全相反的（有时候是有毒的）活性。如 20 世纪 60 年代发生在欧洲的一个悲剧，源于医生利用了具有镇静和止吐的药物沙利度胺，也称反应停，该药 *R* 构型的异构体具有减缓孕妇呕吐现象的功效，而 *S* 构型的异构体是极强烈的胎儿致畸剂。当该药以外消旋体的形式进入欧洲市场后，导致了数百名婴儿严重的出生缺陷。而且发现生理 pH 条件下两个对映体均可以通过消旋化而相互转化，导致更加严重的后果。

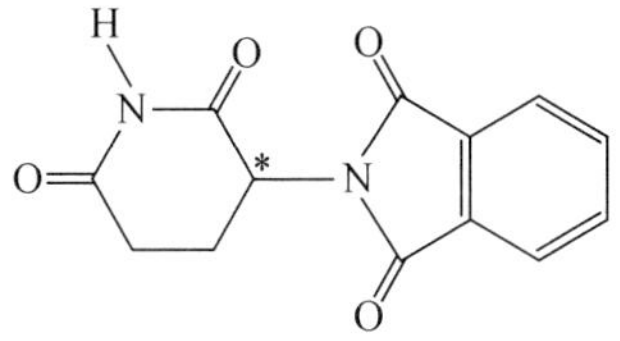

沙利度胺

把一个非手性分子转化为一个手性分子通常生成外消旋体，因此市场上销售的大部分合成的手性药物都是外消旋混合物。一般情况下两种对映体都有一定的生理功能，或者其中一种是无活性的，所以拆分有时候是不必要的，而且外消旋体的大规模拆分成本相当昂贵，这会增加药物研发的费用。目前，世界上一些医药管理部门鼓励制药公司生产单一对映体的药物制剂，以保证药物的生物活性更高，药物的专利寿命更长。

□ 习　题

5-1　观察乳酸的几种费歇尔投影式，指明(1)与(2)～(7)的关系。

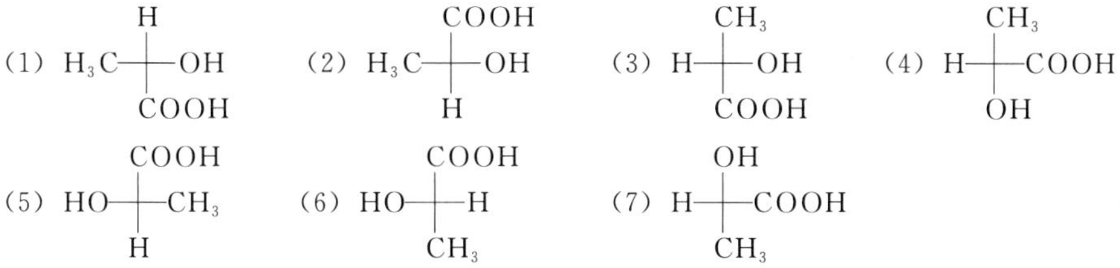

5-2　用 R/S 标记出下列化合物中手性碳原子的构型。

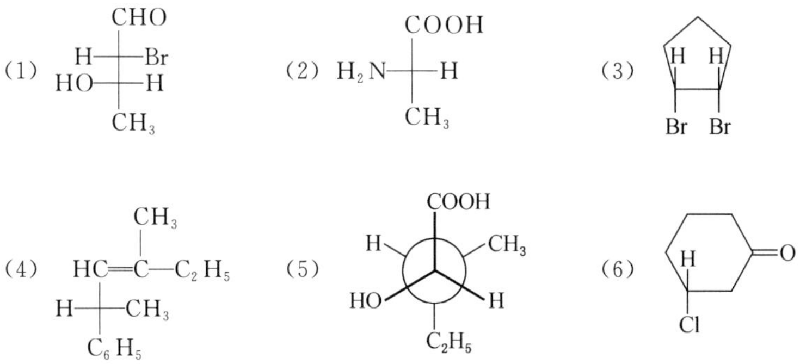

5-3　比较左旋仲丁醇和右旋仲丁醇的下列各项：

(1)沸点　(2)熔点　(3)相对密度　(4)比旋光度　(5)溶解度　(6)构型

5-4　命名或写出下列化合物的构型式。

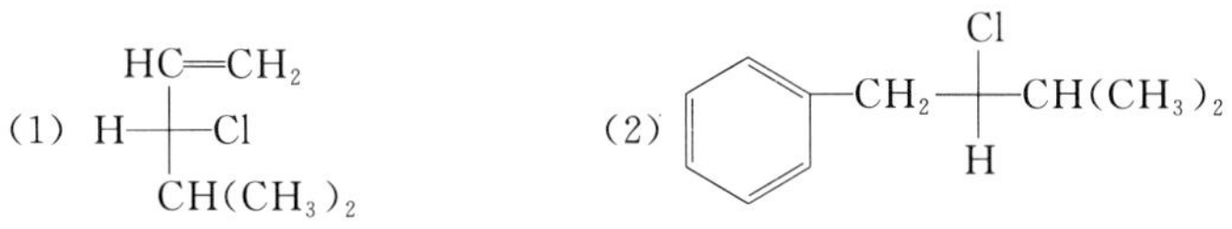

(3)(2Z,4R)-4-溴-2-戊烯　　(4)(R)-2-甲基-1-苯基丁烷

(5)(S)-乳酸　　(6)(2S,3S,4R)-2-氯-3,4-二溴己烷

5-5 去甲二氢愈创木酸(NDGA)是一种从蒺藜树分离出来的物质,可用于防止猪油的腐败,结构式如下。问它有几种旋光异构体?

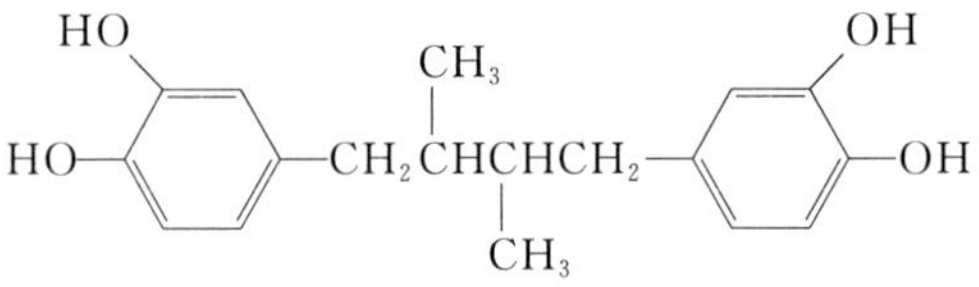

5-6 写出 4-氯-2-戊烯所有旋光和顺反异构体的构型式,并用 R/S 和 Z/E 标注构型。

5-7 一个具有旋光性的酒石酸衍生物,如果用稀硫酸回流处理或用少量浓硫酸和甲醇与其反应,所得产物均无旋光性,试写出该酒石酸衍生物的费歇尔投影式。

5-8 (±)-乳酸与(S)-(−)-2-甲基丁醇反应生成酯的混合物,试写出它们的投影式。

5-9 解释下列名词。

(1)旋光度　(2)比旋光度　(3)手性分子　(4)手性碳原子

(5)对映体　(6)非对映体　(7)外消旋体　(8)内消旋体

5-10 下列说法对吗?为什么?

(1)分子的不对称性是分子具有光学活性的根本原因

(2)含手性碳原子的化合物都有光学活性

(3)不含手性碳原子的化合物都没有光学活性

(4)对映体的所有化学性质和物理性质(除旋光方向外)都相同

5-11 某旋光性化合物 A(C_5H_9Cl),催化加氢后,生成无旋光性的化合物 B($C_5H_{11}Cl$),试推测 A 和 B 的构造式。

5-12 化合物 A 的分子式为 C_6H_{10},有光学活性,没有三键,A 经催化氢化后得到 B,B 的分子式为 C_6H_{14},没有旋光活性,试推断 A、B 的结构。

Chapter 6 第6章

卤代烃

Halohydrocarbons

卤代烃是指烃分子中的一个或多个氢原子被卤素原子取代所得烃的衍生物，其通式为RX（卤原子用X表示），X可看作其官能团，包括F、Cl、Br、I。自然界中存在的卤代烃主要分布在海洋生物中，量较少，多数卤代烃需通过化学合成得到。卤代烃的化学性质较为活泼，可通过多种类型的化学反应转化为其他各类有机化合物，在有机合成中有着不可替代的重要作用。

6.1 卤代烃的分类与命名

6.1.1 卤代烃的分类

卤代烃可根据分子的组成和结构进行分类。

根据卤原子的种类不同，可将卤代烃分为氟代烃、氯代烃、溴代烃、碘代烃，其中氟代烃因氟原子结构较为特殊，其性质与其他卤代烃明显不同，一般单独讨论。

根据卤代烃分子中所含卤原子的数目，可将其分为一卤代烃和多卤代烃。

根据卤代烃中烃基的种类，可将其分为饱和卤代烃、不饱和卤代烃和芳香族卤代烃。

根据卤代烃中直接与卤原子相连的碳原子类型，可将卤代烃分为伯卤代烃、仲卤代烃和叔卤代烃。

$CH_3CH_2CH_2Cl$	$CH_3CH_2\underset{\displaystyle Br}{\underset{\vert}{C}}HCH_3$	$(CH_3)_3Cl$
伯卤代烃(1°)	仲卤代烃(2°)	叔卤代烃(3°)
(氯代烃)	(溴代烃)	(碘代烃)

思考题 6-1 写出 $C_5H_{11}Br$ 的所有异构体，注明伯、仲或叔卤代烃。

6.1.2 卤代烃的命名

1. 普通命名法

结构简单的卤代烃通常用普通命名法命名。命名规则是：先用普通命名法将烃基命名，在烃基名称的后面加上卤素的名称。某些结构简单的卤代烯烃和卤代芳烃也可用该法命名。如：

$H_2C{=}CHCH_2Cl$ 烯丙基氯

$CH_3CH{=}CHBr$ 丙烯基溴

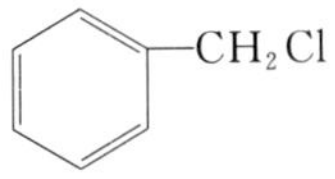

苄基氯

一些多卤代烷烃经常有特殊名称，如将 CHX_3 称为卤仿(haloform)。

$CHCl_3$ 氯仿

$CHBr_3$ 溴仿

CHI_3 碘仿

2. 系统命名法

结构复杂的卤代烷烃采用系统命名法命名，其命名原则与烷烃类似，将卤原子和支链都看作取代基，按照以下原则命名：

(1)选择包含卤原子所连碳链的最长碳链作为主链。

(2)主链的编号遵循最低系列原则。

(3)取代基和卤原子的位次和名称按照次序规则，以优先基团后列出的原则在母体名称前列出。

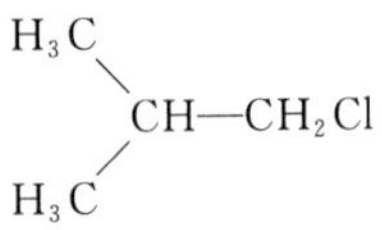

2-甲基-1-氯丙烷

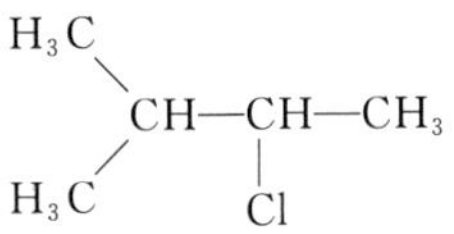

2-甲基-3-氯丁烷

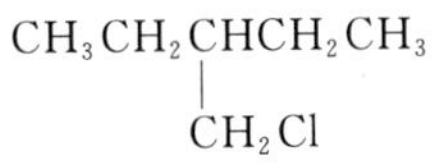

2-乙基-1-氯丁烷

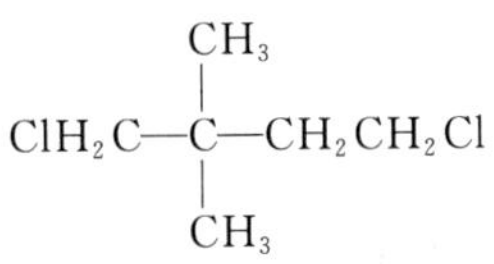

2,2-二甲基-1,4-二氯丁烷

卤代烯烃和卤代芳烃的命名与卤代烷烃类似，通常以相应的烯烃和芳烃作母体，卤原子为取代基命名。

卤代烯烃选择含有不饱和键和连有卤原子的最长碳链为主链，从靠近不饱和键的一端开始编号：

$H_2C{=}CHCH_2Br$

3-溴-1-丙烯

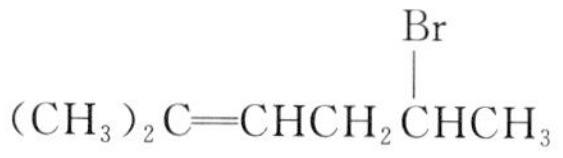

2-甲基-5-溴-2-己烯

卤代芳烃的命名分为两种情形，卤素如果取代在芳烃侧链上，则把侧链作为母体；如果卤素取代在芳烃上，则把芳基作为母体，其他作为取代基。

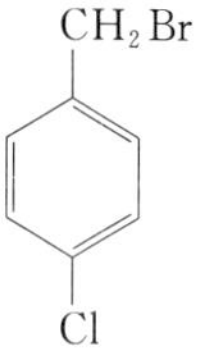

对氯苯溴甲烷

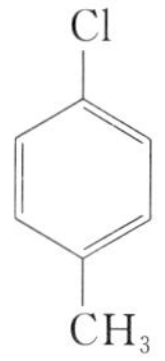

对氯甲苯

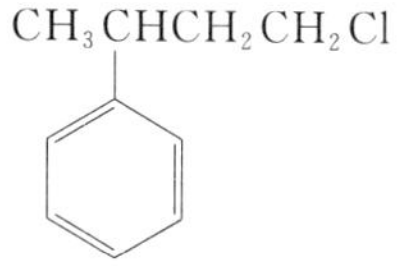

3-苯基-1-氯丁烷

思考题 6-2 用系统命名法命名下列化合物或写出化合物的构造式。

(1) 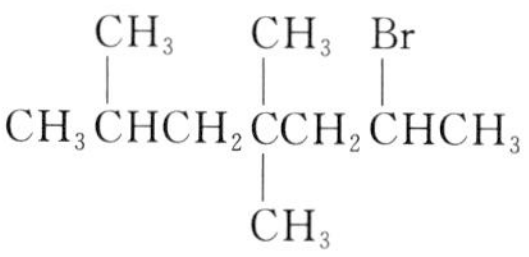

(2) 2,6-二氯-4-溴甲苯

(3) 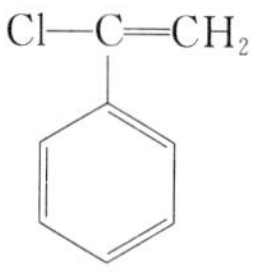

6.2 卤代烃的物理性质

在常温常压下，常见的卤代烷烃(氟代烃除外)中，除氯甲烷、氯乙烷和溴甲烷是气体外，一般低级卤代烃多为无色液体，高级卤代烃多为固体，有不愉快的气味；卤代烃蒸气可通过皮肤被人体吸收，产生毒害，使用时应特别注意。

卤代烃均难溶于水，而易溶于醇、醚、烃类等有机溶剂，某些卤代烃本身就是很好的有机溶剂，如二氯甲烷、氯仿等。一氯代烷比水轻，其余卤代烃的相对密度一般都比水大，且相对密度随分子中卤原子数的增多而增大。在同系列中，由于随碳原子数的增加，卤原子在卤代烃分子中所占的质量百分比降低，卤代烃的相对密度也随之减小。

卤代烃的沸点主要是由分子间的范德华力决定的，故卤代烃的沸点高于相应的烷烃，且随着分子中碳原子数的增加，沸点升高。在烃基相同的卤代烃中，其沸点随卤原子的原子序数增大而升高，碘代烃的沸点最高，溴代烃次之，氯代烃最低。相同卤素的卤代烃同分异构体中，支链越多，沸点越低。一些卤代烃的物理性质见表 6-1。

表 6-1　某些卤代烃的主要物理常数

烷基或卤烷名称	氯化物		溴化物		碘化物	
	沸点/℃	相对密度(d_4^{20})	沸点/℃	相对密度(d_4^{20})	沸点/℃	相对密度(d_4^{20})
甲基	−24.2	0.916	3.5	1.676	42.4	2.279
乙基	12.3	0.898	38.4	1.460	72.3	1.936
正丙基	46.6	0.891	71.0	1.354	102.5	1.749
异丙基	35.7	0.862	59.4	1.314	89.5	1.703
正丁基	78.5	0.886	101.6	1.276	130.5	1.615
仲丁基	68.3	0.873	91.2	1.259	120	1.592
异丁基	68.9	0.875	91.5	1.264	120.4	1.605
叔丁基	52	0.842	73.3	1.221	100	1.545
二卤甲烷	40.0	1.335	97	2.492	181	3.325
1,2-二卤乙烷	83.5	1.256	131	2.180	分解	2.13
三卤甲烷	61.2	1.492	149.5	2.890	升华	4.008
四卤甲烷	76.8	1.594	189.5	3.27	升华	4.50

思考题 6-3 比较下列化合物的沸点。

(1) $CH_3CH_2CH_2CH_2Cl$　(2) 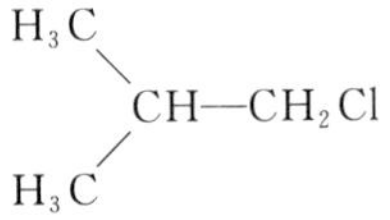　(3) $(CH_3)_3CCl$　(4) $CH_3CH_2CH_2Cl$

6.3 卤代烷烃的化学性质

卤原子是卤代烃的官能团，其电负性较大，致使 C—X 键极性较强，易异裂发生化学反应。因此，卤代烷烃化学性质较活泼，可转变成其他类型的有机化合物，是有机合成中非常重要的合成原料。

卤代烃中 C—X 键的异裂不仅受其极性影响，还受试剂和溶剂的诱导极化影响。C—X 键的极化度随卤原子半径的增大而增加，极化度次序为 C—I > C—Br > C—Cl。共价键的极化度对化学反应的活性起主导作用，虽然 C—X 键的极性次序是 C—Cl > C—Br > C—I，但卤代烷烃的反应活性顺序是：R—I > R—Br > R—Cl。

卤代烷烃的化学性质主要分为以下三个方面：

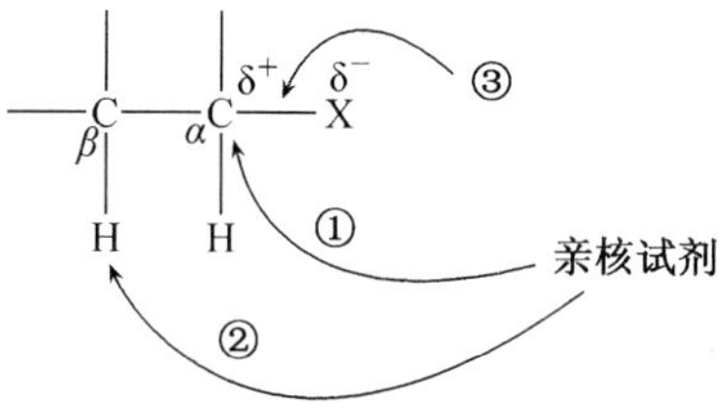

①亲核取代反应，简称 S_N；②消除反应，简称 E；③与金属反应

6.3.1 亲核取代反应

卤代烷烃中由于卤原子的电负性大于碳原子，故 C—X 键上的电子偏向卤原子，缺电子的碳原子易受带有负电荷或孤对电子的亲核试剂的进攻，C—X 键断裂，卤素带 C—X 键上的一对电子离开，得到取代产物。由于是亲核试剂进攻带正电荷的碳而发生的取代反应，称为亲核取代反应，用 S_N 表示。反应过程可用如下通式表示：

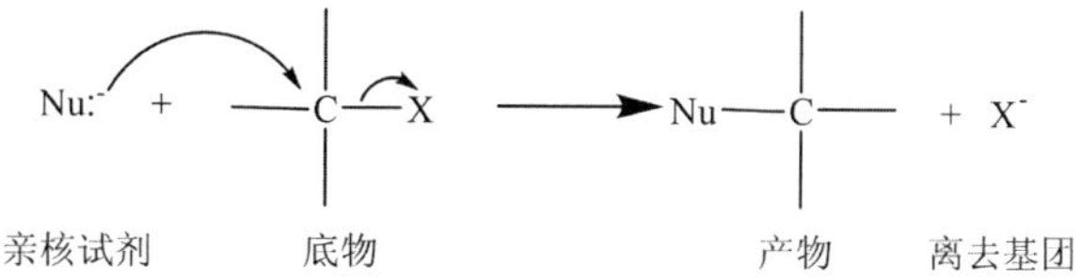

卤代烷为接受试剂进攻的对象，称为底物；Nu:$^-$ 为亲核试剂或进入基团；X^- 为反应中离开的基团，称为离去基团。

卤代烷烃常见的亲核取代反应如下：

1. 水解反应

卤代烷与水作用时，卤原子被羟基取代而生成醇，称为水解反应。

$$R—X + H_2O \rightleftharpoons R—OH + HX$$

此反应是可逆的，一般情况下，卤代烷的水解反应进行很慢。为了加快反应并使反应进行完全，通常将卤代烷与强碱（氢氧化钠、氢氧化钾）的水溶液共热来进行反应，由于碱可中和反应中生成的 HX，加速反应向右进行，提高醇的产率。

$$R—X + NaOH \xrightarrow[\triangle]{H_2O} R—OH + NaX$$

卤代烷一般可由相应的醇制得，因此该反应在合成上应用价值较小。但实际上在一些较复杂的分子中引入羟基较为困难时，可先引入卤原子，再通过水解引入羟基。

2. 与氰化钠作用

卤代烷与氰化钾（钠）作用，卤原子被氰基取代生成腈（R—CN）。

$$R—X + NaCN \xrightarrow{醇} R—CN + NaX$$

在酸性溶液中，腈可水解生成比原卤代烃多一个碳原子的羧酸。因此，该反应在有机合成中常用来增长碳链。

$$R—CN + H_2O \xrightarrow{H^+} R—COOH$$

3. 与氨作用

卤代烷与氨作用,卤原子被氨基取代可生成伯胺。

$$R—X + NH_3 \xrightarrow{醇} R—NH_2 + HX$$

由于生成的伯胺会继续和卤代烷作用,得到仲胺、叔胺等多种产物的混合物,因此,利用此反应制备伯胺要在过量氨的作用下完成。

4. 与醇钠作用

卤代烷与醇钠作用,卤原子被烷氧基取代生成醚。

$$R—X + NaOR' \longrightarrow R—OR' + NaX$$

该反应是制备醚尤其是混合醚常用的一种方法,叫作威廉姆逊合成法。反应通常采用伯卤代烷在无水条件下进行。

5. 与硝酸银作用

卤代烷与硝酸银的乙醇溶液共热时,卤原子被硝酰氧基取代生成硝酸酯和卤化银沉淀。

$$R—X + AgNO_3 \xrightarrow{乙醇} R—ONO_2 + AgX\downarrow$$

不同卤代烷的活性次序是:叔卤代烷 > 仲卤代烷 > 伯卤代烷 > 甲基卤代烷,因此,该反应也可用于鉴别卤代烃的常用方法之一。

思考题 6-4 写出溴乙烷与 NaOH 水溶液、NaCN、NH_3、CH_3ONa 和 $AgNO_3$ 乙醇溶液作用的产物,并指出进攻试剂和离去基团。

6.3.2 消除反应

卤代烷与碱的醇溶液共热时,可由分子中脱去一分子卤化氢而生成烯烃。这种由一个分子中脱去一些小分子,同时形成双键的反应称为消除反应,用符号 E 表示。

$$R-\underset{H}{\overset{H}{\underset{|}{\overset{|\beta}{C}}}}-\underset{X}{\overset{H}{\underset{|}{\overset{|\alpha}{C}}}}-H \xrightarrow[\triangle]{KOH/醇} R—CH{=}CH_2 + KX + H_2O$$

由上述反应式可知,卤代烷分子发生消除反应,消除的是 α-碳上的卤素原子和 β-碳上的氢原子。当含两种以上 β-碳原子的卤代烷烃发生消除反应时,则得到的产物不止一种。例如 2-溴丁烷与 KOH 乙醇溶液一起加热回流,脱去一分子溴化氢后,应得到两种产物,即 1-丁烯和 2-丁烯:

$$H_3C-\underset{\displaystyle H}{\underset{|}{CH}}-\underset{\displaystyle Br}{\underset{|}{CH}}-\underset{\displaystyle H}{\underset{|}{CH_2}} \xrightarrow[\triangle]{KOH/\text{醇}} \underset{\text{2-丁烯}}{H_3C-CH{=}CH-CH_3(81\%)} + \underset{\text{1-丁烯}}{H_3C-CH_2-CH{=}CH_2(19\%)}$$

反应得到的主要产物是一种，反应优先脱去含氢较少 β-碳上的氢原子，得到双键碳原子上连有较多烃基的烯烃，即 2-丁烯。这个规律称为札依采夫规律。

札依采夫规律主要是基于烯烃的双键碳原子上连有烃基越多，其与双键构成超共轭的 C—H 键也越多，体系也就较为稳定，消除反应就趋向于生成具有该结构的稳定烯烃。

不同结构的卤代烷烃因生成烯烃的结构有差异，其发生发消除反应的难易不同，次序为：$R_3CX > R_2CHX > RCH_2X$。

6.3.3 与金属的反应

卤代烷烃在一定条件下可与多种金属反应，生成有机金属化合物，其中最为常用的是有机镁化合物，称为格利雅试剂，简称格氏试剂。格氏试剂可通过一卤代烷在无水乙醚条件下，与金属镁作用制备。生成的格氏试剂可溶解在乙醚中，与乙醚生成稳定的溶剂化产物。

$$R-X + Mg \xrightarrow{\text{无水乙醚}} \underset{\text{格氏试剂}}{R-MgX}$$

在有机镁化合物中，C—Mg 是共价键，但极性很强，性质非常活泼，能与含活泼氢的多种化合物反应生成烷烃。如

$$RMgX-\begin{cases} \xrightarrow{HOH} RH + HOMgX \\ \xrightarrow{ROH} RH + ROMgX \\ \xrightarrow{HC\equiv CR'} RH + R'C\equiv C-MgX \\ \xrightarrow{HNH_2} RH + H_2NMgX \end{cases}$$

因此，格氏试剂的制备必须在干燥和纯净的条件下进行，常用无水乙醚为溶剂，反应时避免与水、醇、酸、氨等物质接触。在有机合成上，常利用格氏试剂合成醇、羧酸等有机化合物。

思考题 6-5 为什么必须在无水乙醚中制备格氏试剂？

6.4 亲核取代反应(S_N)机理

亲核取代反应可简写为 S_N，其中 S(substitution)表示取代，N(nucleophilic)表示亲核。根据化学动力学研究及实验证明，亲核取代反应可按两种机理进行，即单分子亲核取代反应(S_N1)和双分子亲核取代反应(S_N2)。

6.4.1 双分子亲核取代反应(S_N2)

有两种分子参与了决定反应速率关键步骤的亲核取代反应，称为双分子亲核取代反应，

用 S_N2 表示，S_N 表示亲核取代，2 表示双分子，如：

$$CH_3Br+OH^- \longrightarrow CH_3OH+Br^-$$

反应速率 $v=kc(CH_3Br)c(OH^-)$。取代反应的反应速率与溴甲烷和亲核试剂 OH^- 的浓度成正比，在动力学上属于二级反应。

S_N2 反应是同步过程，即亲核试剂从反应物离去基团的背面进攻与它连接的碳原子（α-碳原子），先与 α-碳原子形成比较弱的键，同时离去基团与碳原子的键有一定程度的减弱，两者与碳原子成直线形；此时碳原子由 sp^3 杂化的四面体结构变为 sp^2 杂化的平面三角形结构，碳原子上另外三个键也由伞形转变成平面。该过程需要消耗能量，即活化能，是整个反应的慢步骤，故是整个反应的速度控制步骤。当反应进行并达到最高能量状态即过渡态时，亲核试剂与 α-C 之间的新键开始形成，α-C 与离去基团间的旧键开始断裂，碳原子又由 sp^2 杂化转变为 sp^3 杂化，另外三个键也由平面向另一边偏转，犹如大风将雨伞由里向外翻转一样，这个过程要释放能量，逐渐形成产物。决定和控制反应速度的一步（慢步骤）是由亲核试剂和反应物两种分子决定的，需要两种分子的碰撞，是双分子间的反应，因此该反应是双分子亲核取代反应（S_N2）。S_N2 反应的反应历程可表示为：

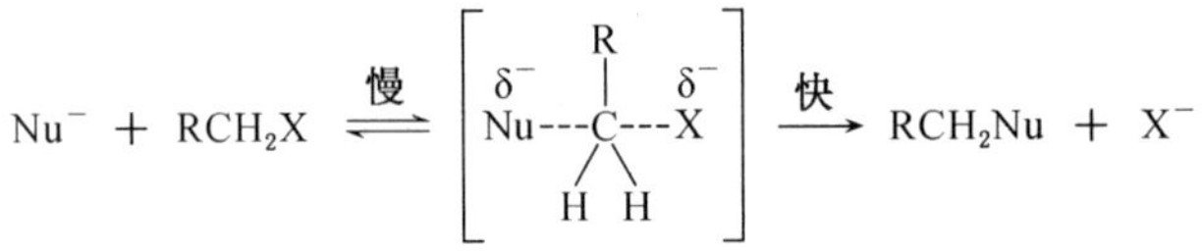

过渡态

例如，溴甲烷在碱性条件下受 OH^- 作用水解，其水解的反应机理见图 6-1。

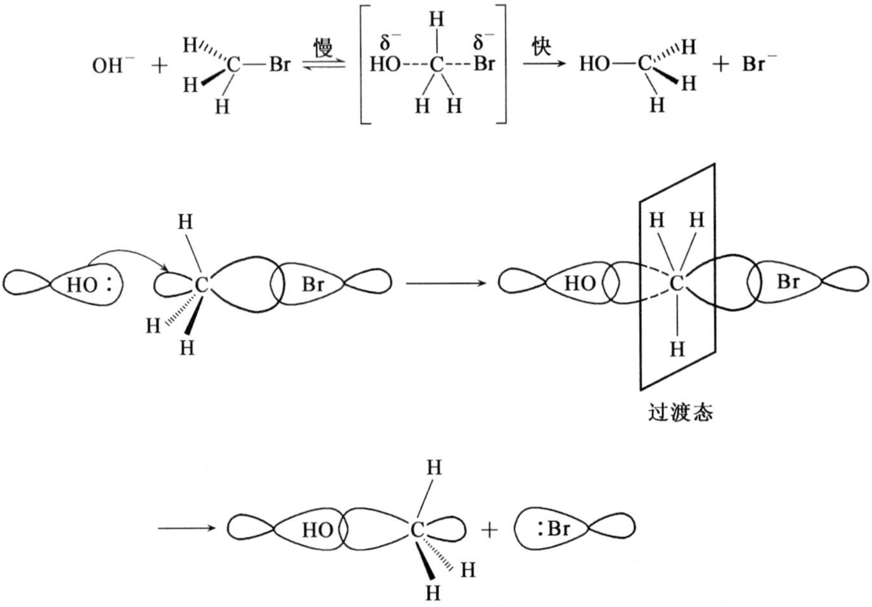

图 6-1　S_N2 反应机理

当反应物形成过渡态时，需要吸收能量 E_2，过渡态为势能最高点，此过程是整个反应中最慢的一步。过渡态一旦形成，即释放能量，很快形成产物。反应物与产物之间的能量差为 E'（图 6-2）。

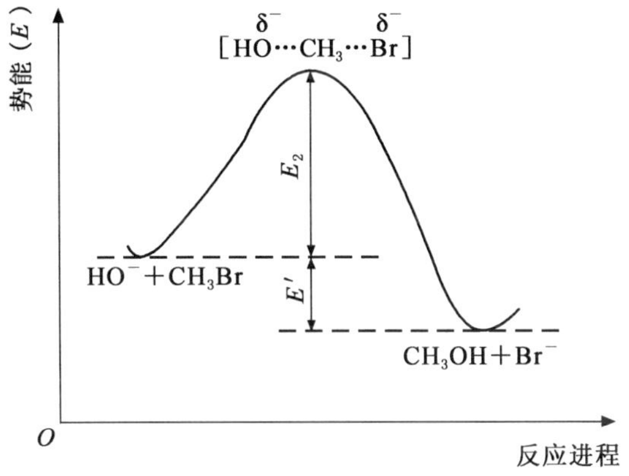

图 6-2 S_N2 反应能量示意图

S_N2 反应机理虽看似分两步进行，但实际上整个反应是连续的，旧键的断裂和新键的形成是同步进行的。

S_N2 的机理是亲核试剂从离去基团的背面进攻 α-碳原子，形成过渡态，此时的碳原子由原来的 sp^3 四面体结构转变成 sp^2 的平面三角形结构，碳原子剩余的一个 p 轨道的一端与亲核试剂（Nu）连接，另一端与卤素原子（X）连接，然后新键形成，同时旧键断裂，碳原子又转变为 sp^3 四面体结构，此时三个键由过渡态的平面结构，翻转向相反一面。如果 α-碳原子为手性碳原子，这种结构的翻转会引起产物的构型与反应物的构型完全相反，称为"构型转化"，或称瓦尔登转化，立体化学的研究证实了上述 S_N2 反应机制。

卤代烷的 S_N2 反应中，由于是双分子反应，两个分子需要碰撞接触才能反应，如果卤原子所连碳原子的背后空间位阻很大，亲核试剂进攻 α-C 时，它与碳原子碰撞概率就很小，反应就进行得很慢，甚至不能进行。图 6-3 为溴甲烷及其 α-C 上的氢被甲基取代后的空间示意图及其按 S_N2 反应机制在 80%乙醇水溶液中碱性水解的相对速率。

$$RBr + OH^- \longrightarrow ROH + Br^-$$

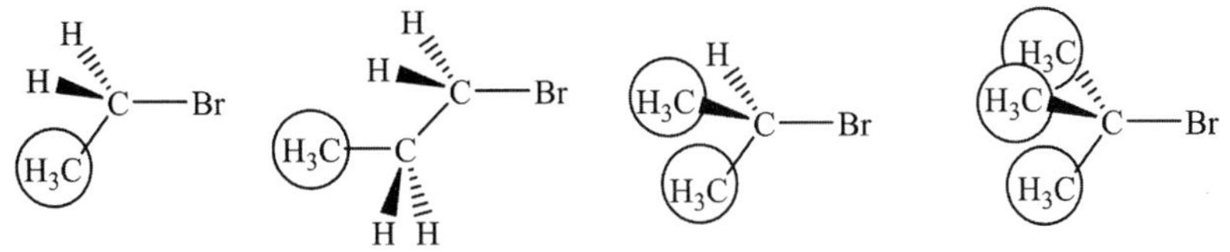

相对速率：　100　　7.9　　0.22　　~0

图 6-3 空间结构对 S_N2 反应的影响

因此，不同分子结构的卤代烃进行 S_N2 反应的反应活性是：

$$\underset{\text{卤代甲烷}}{CH_3X} > \underset{\text{伯卤代烷}}{RCH_2X} > \underset{\text{仲卤代烷}}{R_2CHX} > \underset{\text{叔卤代烷}}{R_3CX}$$

6.4.2 单分子亲核取代反应(S_N1)

S_N1 的反应机理是分步进行的，反应物首先离解为碳正离子与带负电荷的离去基团，这个过程需要能量，反应速度较慢，是反应的速度控制步骤；然后，离解生成的碳正离子很快与亲核试剂结合，是快反应步骤。S_N1 反应历程可表示为：

第一步 $$RX \xrightleftharpoons{慢} R^+ + X^-$$ 速控步

第二步 $$R^+ + Nu^- \xrightarrow{快} RNu$$

例如：叔丁基溴用 OH^- 水解：

$$(CH_3)_3CBr \xrightleftharpoons{慢} (CH_3)_3C^+ + Br^-$$ 速控步

$$(CH_3)_3C^+ + OH^- \xrightarrow{快} (CH_3)_3COH$$

R—X 离解生成碳正离子的过程中，C—X 键逐渐伸长，C—X 键间的电子云逐渐偏向溴原子，使碳原子上的正电荷与卤素原子上的负电荷逐渐增加，经过渡态离解成活性中间体碳正离子和卤素负离子。

$$(CH_3)_3C—Br \longrightarrow \left[(CH_3)_3\overset{\delta^+}{C}---\overset{\delta^-}{Br}\right] \longrightarrow (CH_3)_3C^+ + Br^-$$

图 6-4 为 S_N1 反应的势能变化示意图。以三级溴丁烷的水解为例，C—Br 键的离解需要能量，当能量达到最高点时，此时对应的结构为第一过渡态 $[(CH_3)_3C^{\delta+}\cdots Br^{\delta-}]$，然后能量降低，C—Br 键离解形成活性中间体碳正离子和 Br^-。当碳正离子与亲核试剂接触形成新键时，也需要能量，形成第二过渡态 $[(CH_3)_3C^{\delta+}\cdots OH^{\delta-}]$，新键一旦形成，放出能量，得到产物。决定反应速度的一步，是过渡态势能最高点的一步，即 C—Br 键离解这一步，这步反应只涉及卤代烃一种分子，因此该反应为单分子的亲核取代反应。

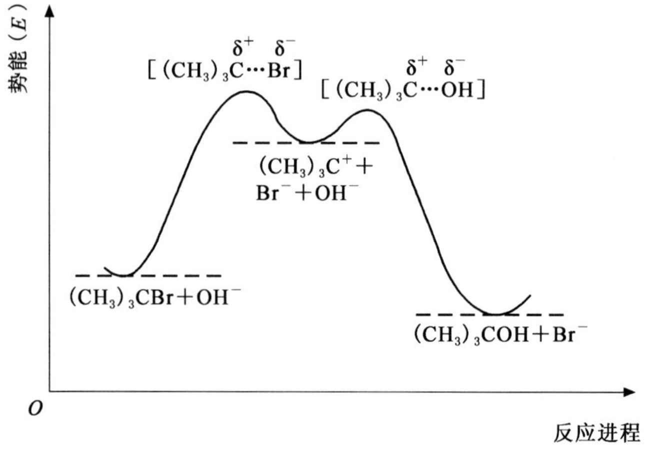

图 6-4 S_N1 反应能量示意图

从立体化学看，三级卤代烷离解生成碳正离子时，α-碳原子由 sp^3 杂化的四面体结构转变成 sp^2 杂化的平面三角形结构，亲核试剂与碳正离子作用时，由于平面的两边均可进攻，机会均等，故可以得到“构型保持”和“构型转化”的两种化合物，即外消旋体(raceme)(图 6-5)。

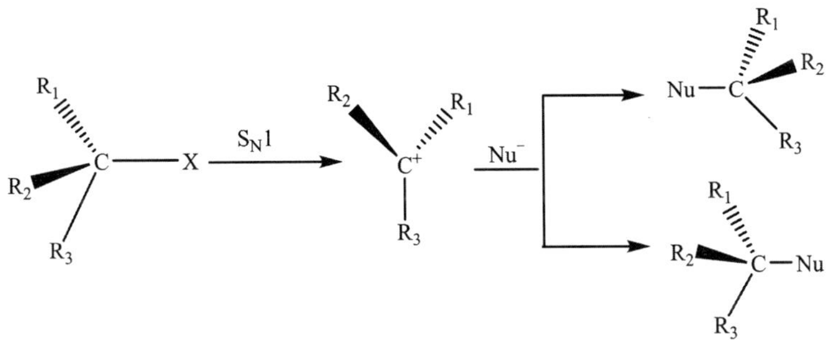

图 6-5 S_N1 反应中的外消旋化

S_N1 反应中，由于决定反应速率的步骤是碳正离子的生成，碳正离子越稳定，则越容易形成。所以进行 S_N1 反应时，不同卤代烃的反应活性是：

$$R_3CX > R_2CHX > RCH_2X > CH_3X$$
叔卤代烷　仲卤代烷　伯卤代烷　卤代甲烷

S_N1 反应的活性次序与 S_N2 反应相反。一般情况下，卤代烷烃都选择最有利于反应的机理进行，卤代甲烷和伯卤代烷的亲核取代按 S_N2 机理进行，叔卤代烷按 S_N1 机理进行，仲卤代烷有些按 S_N1 机理，有些按 S_N2 机理，或者两者都有，具体由反应条件决定。

思考题 6-6

(1)按 S_N2 机理排出下列化合物的活性顺序。
　1-溴丁烷，2-甲基-1-溴丁烷，3-甲基-1-溴丁烷，2,2-二甲基-1-溴丙烷
(2)按 S_N1 机理排出下列化合物的活性顺序。
　苄基溴，α-苯基乙基溴，β-苯基乙基溴

6.5 消除反应(E)机理

当亲核试剂与卤代烃反应时，它既可以进攻 α-碳原子发生亲核取代，又可以进攻 β-H 发生消除反应。因此，消除反应机理与亲核取代反应相似，也有两种，即单分子消除(E1)反应机理和双分子消除(E2)反应机理。

6.5.1 双分子消除反应(E2)

E2 的机理与 S_N2 的相类似。当亲核试剂进攻 β-H 时，β-H 和亲核试剂部分结合成键，β-C 和 β-H 之间的电子云向 α 碳与 β 碳之间偏移，同时，卤原子带着一对电子逐渐离开 α-C，

C—X 键逐渐削弱，经过一个旧键未完全断裂，新键未完全生成的高能过渡态。接下来，β-H 与亲核试剂结合而离去，卤原子完全脱离碳原子呈 X^- 离去，分子内电子重新分配而形成双键，整个消除反应完成。

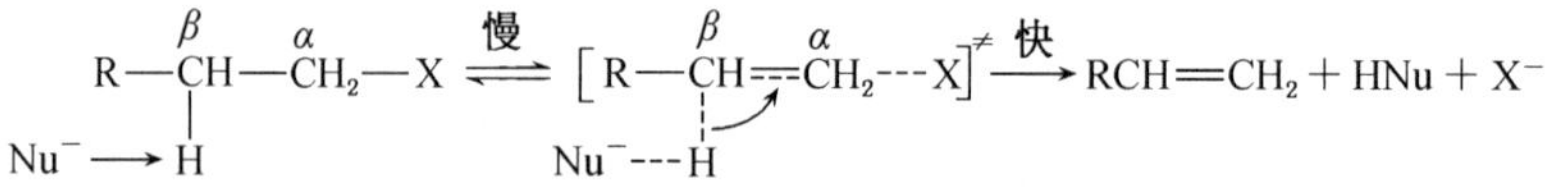

反应中 H—Nu 键的形成、C—X 的断裂和分子中双键的形成是同步的，反应速度与卤代烷和亲核试剂的浓度成正比，是双分子决定反应速率的二级反应，因此，该反应为双分子消除反应(E2)。

从立体化学来看，E2 反应中存在两种可能的消除途径，即顺式和反式消除，可分别用构象式表示如下：

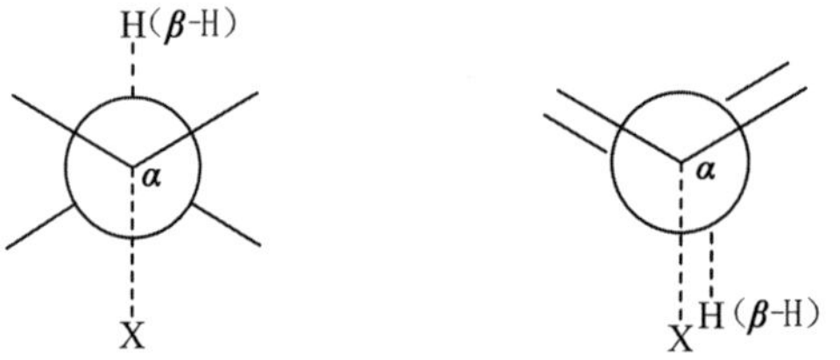

(Ⅰ) 反式消除　　(Ⅱ) 顺式消除

在式(Ⅰ)中 β-H 和卤原子为全交叉式，二者距离最远，有利于过渡状态的形成；而(Ⅱ)式中 β-H 与卤原子为重叠式，是能量较高的分子状态，不利于过渡态的形成。故卤代烷的 E2 反应主要是反式消除(图 6-6)。

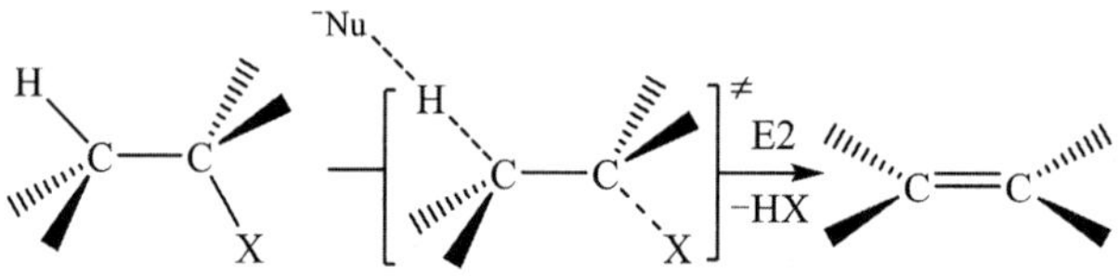

图 6-6　E2 反应的立体化学

以 2-溴丁烷的消除为例，其消除以 E2 的反式消除为主，得到的烯烃为反-2-丁烯：

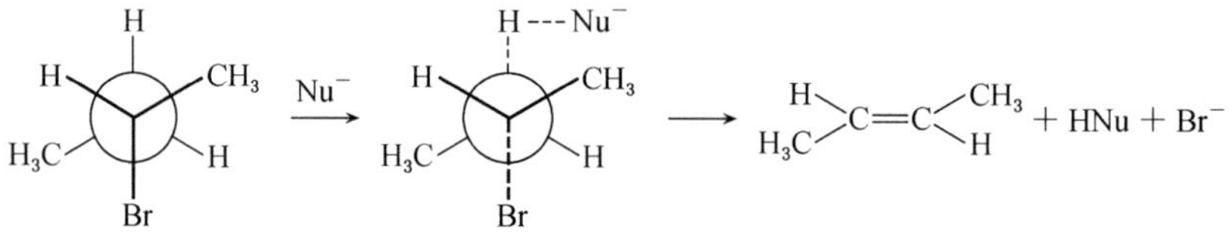

由于亲核试剂进攻 α-C 和 β-H 的机会同时存在，所以，S_N2 反应和 E2 反应存在相互竞争，但控制反应条件可以使反应向有利的方向进行。

6.5.2 单分子消除反应(E1)

E1 机理和 S_N1 类似，反应过程中也是首先卤代烷烃解离为碳正离子，然后亲核试剂进攻 β-H，β-H 从 β-C 上离解，α 碳和 β 碳间电子云重新分配，双键形成，生成烯烃。

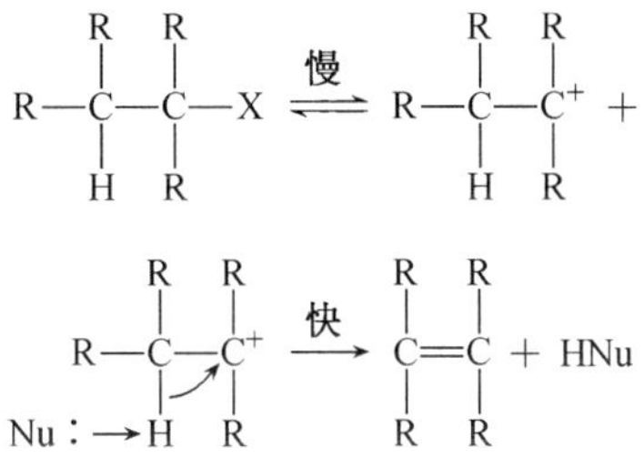

与 S_N1 反应类似，E1 反应也是分两步进行，决定整个反应的速控步是生成碳正离子这一步，因此，卤代烷分子的浓度决定了整个反应的反应速度，动力学上为一级反应，称为单分子消除反应(E1)。

由于亲核试剂与 α-C^+、β-H 结合的机会同时存在，因此，S_N1 反应和 E1 反应存在相互竞争。

综上所述，亲核试剂与卤代烷反应，共存在四种反应机理：S_N1、S_N2、E1 和 E2。伯卤代烷主要进行 S_N2 和 E2 反应；叔卤代烷主要进行 S_N1 和 E1 反应；仲卤代烷四种反应机理都可能进行。由于进攻 β-H 的空间阻碍作用相对较小，叔卤代烷在条件合适时，也可能发生 E2 反应。

6.5.3 亲核取代反应与消除反应的竞争

卤代烃的 E1、E2、S_N1 和 S_N2 反应在同一体系中相伴而生，各反应间存在相互竞争，反应究竟以何种方式进行，受反应物、试剂结构、试剂亲核性和碱性的强弱、溶剂的种类和特性等多种因素的影响。通常情况下，在浓度较大的强碱作用下，多数卤代烃以 E2 反应为主；而一级卤代烃由于其空间位阻较小，当试剂亲核性较强、碱性较弱时以 S_N2 反应为主；二级卤代烃在低极性溶剂、强亲核试剂情况下反应倾向于 S_N2 反应，在低极性溶剂、强碱性试剂情况下倾向于 E2 反应；三级卤代烃在无强碱存在时，一般以 S_N1 和 E1 反应混合进行，两种反应的产物比例取决于烃基的结构，空间位阻大有利于 E1 反应，空间位阻小有利于 S_N1 反应。

思考题 6-7

(1) $(CH_3)_3CCH_2Br$ 能否发生 β-消除反应？为什么？

(2)将下列化合物按发生消除反应的难易次序排列，并写出主要产物的结构式。

3-甲基-1-溴丁烷　　2-甲基-2-溴丁烷　　3-甲基-2-溴丁烷

6.6 卤代烯烃和卤代芳烃

烯烃或芳烃分子中一个或几个氢原子被卤原子取代的化合物,分别称为卤代烯烃或卤代芳烃。

6.6.1 卤代烯烃

卤代烯烃的活泼性因双键与卤素原子的相对位置不同而各具特点。根据卤原子与 π 键的相对位置,卤代烯烃大致可分为三种类型:

——乙烯基型卤代烯烃(RCH═CHX);

——烯丙基型卤代烯烃($RCH{=}CHCH_2X$);

——隔离型卤代烯烃($RCH{=}CH{-}(CH_2)_n{-}CH_2X, n>0$)。

隔离型卤代烯烃因卤原子与 π 键相距较远,互相影响很小,它的性质与相应的烯烃和卤代烷烃类似,故不作讨论。

1. 乙烯基型卤代烯烃

乙烯基型卤代烯烃的卤素原子直接与双键碳原子相连,卤原子 p 轨道上的孤对电子与双键碳原子 π 轨道上的电子可相互重叠,发生电子离域,形成了 p-π 共轭体系(图 6-7)。

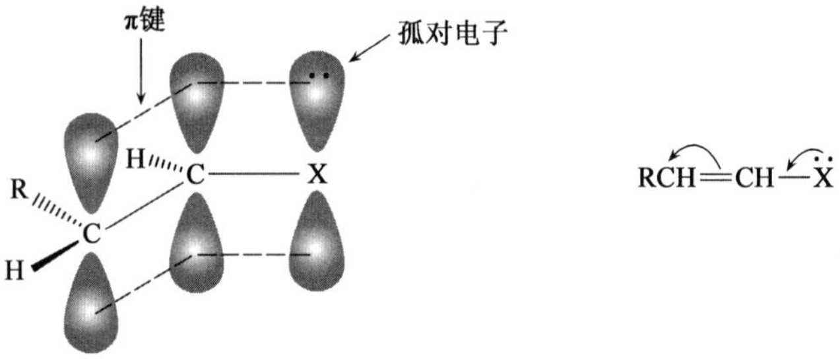

图 6-7 p-π 共轭

p-π 共轭的结果,使卤原子上孤对电子离域,电子云分布趋向平均化,C—X 键的电子云密度相应增加,键长缩短,C—X 键结合更为牢固,不易断裂。故乙烯基型卤代烯烃比较稳定,不易发生亲核取代反应。例如,乙烯基型卤代烯烃与硝酸银的酒精溶液不能产生卤化银沉淀,与 KCN 等在水浴加热条件下也不能发生取代反应。

乙烯基型卤代烯烃中除卤素原子的活泼性降低外,由于卤原子的诱导效应和 p-π 共轭效应,双键的亲电加成反应活性也显著减弱。

2. 烯丙基型卤代烯烃

烯丙基型卤代烯烃的卤原子与双键相隔一个饱和的碳原子。卤原子非常活泼,易发生取代反应,通常比叔卤代烷的反应活性还大。例如,在室温下就可和硝酸银的乙醇溶液作用,生成卤化银沉淀。

一般认为,烯丙基型卤代烃对 S_N1 或 S_N2 历程都是活泼的。对于 S_N1 历程,烯丙基型卤代烯烃的卤素离解后可生成烯丙基碳正离子，该碳正离子中存在 p-π 共轭，使正电荷得到分散，体系能量降低(图 6-8)，体系较稳定(烯丙基型碳正离子比叔碳正离子还要稳定)。因此，烯丙基型卤代烯烃比较容易离解产生碳正离子和卤素负离子，有利于 S_N1 反应的进行；对于 S_N2 历程，由于烯丙基型卤代烃在 S_N2 反应中的过渡态已有了初步的共轭体系的结构，比较稳定，较易形成过渡态，利于反应的进行。因此，烯丙基型卤代烃在 S_N2 反应中也是活泼的(图 6-9)。

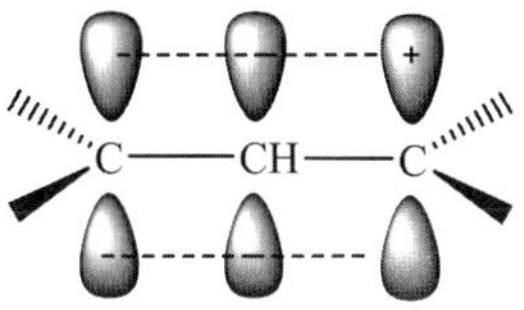

中间体

图 6-8 烯丙基型碳正离子

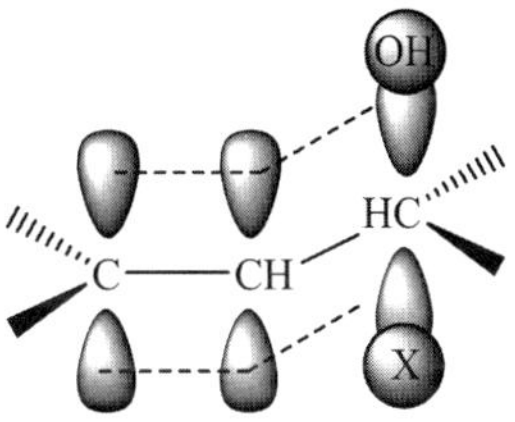

过渡态

图 6-9 烯丙基型卤代烯烃 S_N2 反应的过渡态

在烯丙基型卤代烯烃分子中，卤原子的吸电子诱导效应使其双键的亲电加成反应活性减弱，但强于乙烯基型卤代烯烃。

不同卤代烃的亲核取代反应活性为：

烯丙基型卤代烯烃＞卤代烷烃＞乙烯基型卤代烯烃

6.6.2 卤代芳烃

芳香族卤代烃的分类与不饱和卤代烃相似，可根据卤素原子与芳环的相对位置分为三种类型：

芳环(苯基型)卤代烃(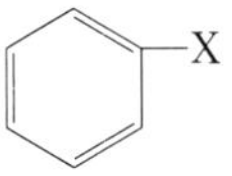)；

苯甲基型(苄基型)卤代烃(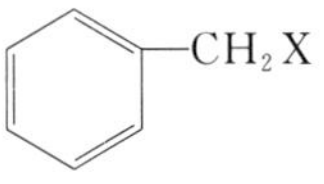)；

隔离型芳香族卤代烃(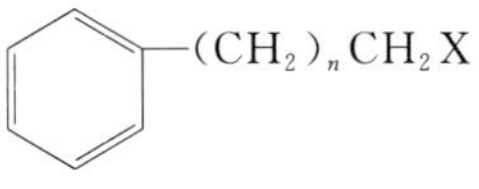)。

卤原子与芳环间隔较远的隔离型芳香族卤代烃，卤原子与芳环间的相互影响较小，其卤原子的反应活性与卤代烷相似，芳环的性质也与其他烷基芳烃基本相似。

芳环卤代烃的卤原子直接与芳环相连，与乙烯基型卤代烯烃相似，卤原子可以与芳环的大 π 键形成 p-π 共轭，使卤原子的反应活性降低，一般情况下不易发生取代反应。例如，芳环卤代烃与硝酸银的醇溶液在加热情况下不能生成卤化银沉淀。芳环卤代烃的芳环同时受卤原子强吸电子诱导效应的影响，使芳环上的 π 电子云密度降低，因此不利于芳环上亲电取代反应的发生(卤原子对于芳环的亲电取代反应是一个钝化基团的作用)。

苯甲基型(苄基型)卤代烃的卤原子与芳环相隔一个饱和的碳原子,与烯丙基型卤代烯烃相似,具有较大的活泼性,S_N1 和 S_N2 反应都易于进行。例如,苯甲基型卤代烃室温下就能和硝酸银的醇溶液作用,立即出现卤化银沉淀。苯甲基型卤代烃由于易离解成较稳定的苄基碳正离子,更易于进行 S_N1 反应。苄基碳正离子中缺电子碳原子的空 p 轨道与苯环上的大 π 键发生重叠,形成 p-π 共轭,造成电子的离域,使正电荷得以分散,离子更稳定,更利于生成(图 6-10)。

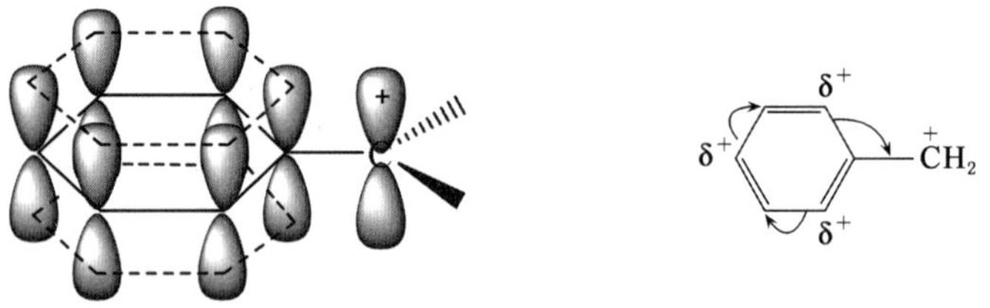

图 6-10　苄基碳正离子 p 轨道与苯环大 π 轨道的交盖

苄基碳正离子比叔碳正离子还要稳定。也可根据碳正离子的稳定性,推测亲电加成反应的主要产物。如:

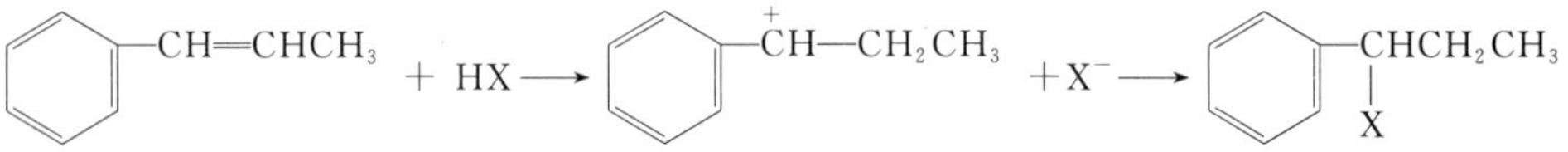

6.7　重要的卤代烃化合物

1. 溴甲烷

溴甲烷也叫甲基溴,常温下为无色有毒气体,沸点 3.5 ℃,相对密度 1.676,难溶于水,易溶于乙醇、乙醚、氯仿等有机溶剂。在氧气中易燃,在空气中遇高热、明火才燃。溴甲烷主要用作化工原料及甲基供体,有强烈的神经毒性,广泛用于仓库粮食、种子和土壤的熏蒸剂,果树杀虫剂等。

2. 三氯甲烷

俗名氯仿,是一种无色而具有甜味的液体,沸点 61.2 ℃,不能燃烧,也难溶于水,相对密度 1.492,能溶解油脂、蜡、有机玻璃、橡胶等有机物,曾是常用的溶剂,常用来提取中草药有效成分和精制抗菌素。氯仿有麻醉性,曾用作外科手术的麻醉剂,但因对心脏和肝脏有毒性,现在已不再使用。

氯仿在光作用下,易被空气中的氧逐渐分解,生成剧毒的光气:

$$2CHCl_3 + O_2 \longrightarrow \underset{\text{光气}}{2Cl-\overset{\overset{\displaystyle O}{\|}}{C}-Cl} + 2HX$$

光气毒性很大,吸入肺中会引起肺水肿。每升空气中含有 0.5 mg 光气,人吸入 10 min 后即可致死。所以氯仿应保存在棕色瓶中，装满到瓶口甲乙封闭，以隔绝空气。药用氯仿还需加入 1%乙醇，使可能生成的光气转变为无毒的物质。

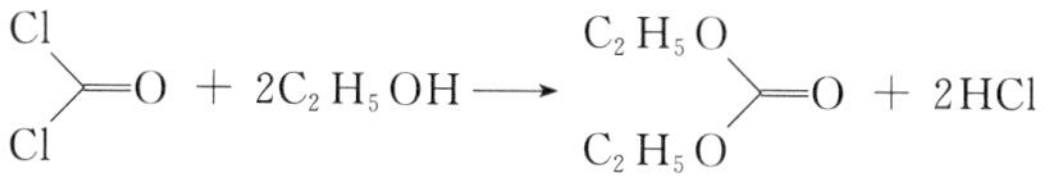

碳酸二乙酯

3. 四氯化碳

四氯化碳为无色有特殊气味的液体，沸点 76.8 ℃，相对密度 1.594，不溶于水，能溶解油脂、油漆、树脂、橡胶等多种有机物质，是实验室和工业上常用的溶剂。四氯化碳不能燃烧，易挥发，蒸气比空气重，蒸气可把燃烧物体覆盖，达到灭火效果，是一种常用的灭火剂，但在 500 ℃以上时可与水反应产生光气，故用它灭火时必须注意通风，以防中毒。金属钠着火时也不能用四氯化碳扑灭，因为在较高温度时会发生猛烈爆炸。现在世界上许多国家已禁止使用四氯化碳这种灭火剂。

4. DDT 和六六六

1874 年，德国人齐德勒(Zeidler)合成出有机化合物双对氯苯基三氯乙烷，简称 DDT。它的杀虫功效于 1939 年由瑞士化学家缪勒(Muller)发现并推广，该产品几乎对所有的昆虫都非常有效，在 20 世纪上半叶，它对防治农业病虫害、治疗疟疾、霍乱、伤寒起到非常重要的作用。

1825 年，法拉第(Faraday)发现了六氯环己烷的混合物，俗称六六六。1942—1943 年发现了六六六的杀虫效力，并很快实现了产业化。20 世纪五六十年代，六六六曾是我国使用最多、应用最广的杀虫剂。

六六六和 DDT 中的 C—Cl 键都较为稳定，不能被自然界分解，易随动植物进入人体，在体内蓄积，对人类及其生存环境造成伤害和污染，因此，很多国家和地区已经禁止生产和使用六六六和 DDT。

5. 氟利昂

氟利昂(Freon)是指一类含氟和氯的烷烃，如 CF_2Cl_2，$CFCl_3$、$CF_2Cl—CFCl_2$ 等。CF_2Cl_2(二氟二氯甲烷)为无毒、不燃烧、无腐蚀性的物质，沸点 −29.8 ℃，广泛用作冷冻剂，它的商品名叫"氟利昂-12"或 F_{12}，氟利昂商品名的代号"F"表示氟代烃，F 右下角的数字的个位数代表分子中的氟原子数，十位数字代表分子中氢原子数加 1，百位数字代表分子中碳原子数减 1，若百位数为零，可省去不写，氯原子数目不写。例如，F_{11} 代表 CCl_3F、F_{22} 代表 $CHClF_2$ 等。

氟利昂由于其特别的化学结构，较为稳定，不易分解，残留在大气中并不断上升，可吸收 260 nm 波长以下的阳光，分解出氯自由基，继之与大气中臭氧作用生成 ClO · 自由基，引发链反应，每个氯自由基可使大约 10 万个臭氧分子分解，对大气臭氧层造成了严重破坏，产生臭氧"空洞"，使紫外线对地球的直接辐射增强，对动植物的生存产生极大危害，故近年来被逐渐禁用，寻求氟利昂替代品的研究备受关注。

6. 四氟乙烯

四氟乙烯在常温下为无色气体，沸点 −76.3 ℃，在催化剂作用下可聚合成聚四氟乙烯。

聚四氟乙烯相对分子质量为 $5\times10^5\sim2\times10^6$，具有极高的耐热性能和耐寒性能，可在 $-100\sim+300$ ℃温度范围内使用，化学稳定性超过一切塑料，与浓硫酸、浓碱、氟和王水等都不起反应，机械强度高，由它制成的塑料有“塑料王”之称，商品名为“特氟隆”(Teflon)。

□ 习　题

6-1 用系统命名法命名下列化合物。

(1) 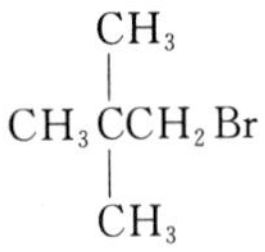

(2) 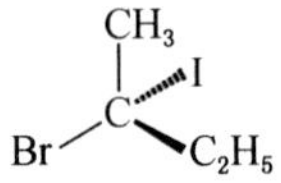

(3) 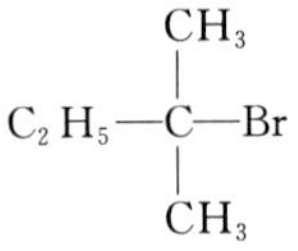

(4) 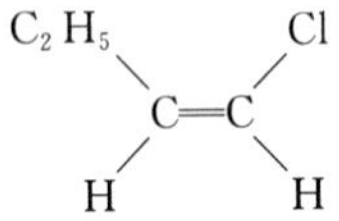

(5) 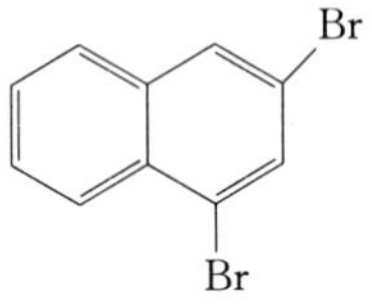

(6) 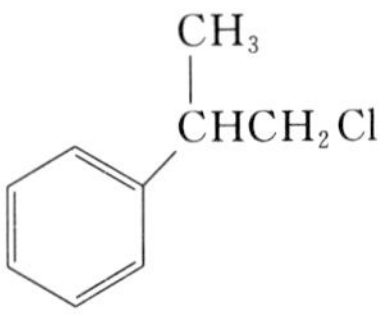

6-2 写出下列化合物的结构式。

(1)丙烯基溴　(2)对硝基氯苯　(3)氯仿　(4)3-甲基-2-氯-1-戊烯

(5)对氯苯基溴甲烷　(6)反-2-苯基-1-氯环己烷　(7)环己基溴化镁

6-3 完成下列反应方程式。

(1) $H_3C-CH=CH_2 \xrightarrow{?} CH_3CH(Br)CH_3 \xrightarrow{?} CH_3OCH(CH_3)_2$

(2) 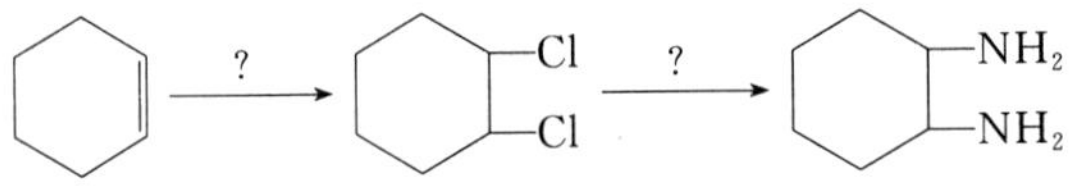

(3) 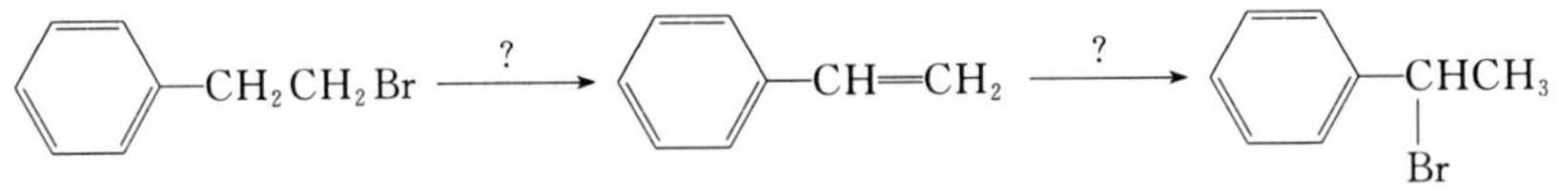

(4) 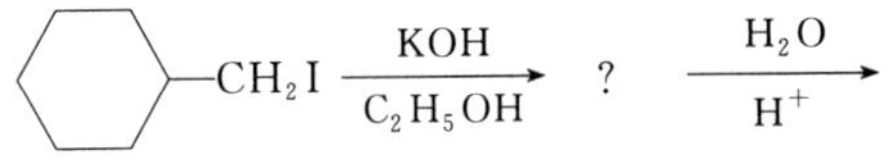

(5) 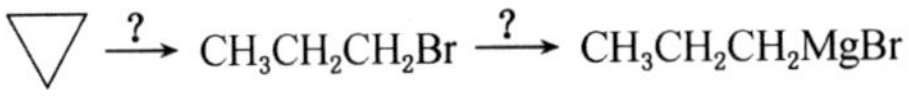

(6) 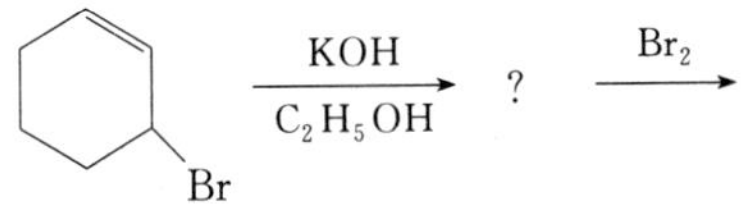

(7) 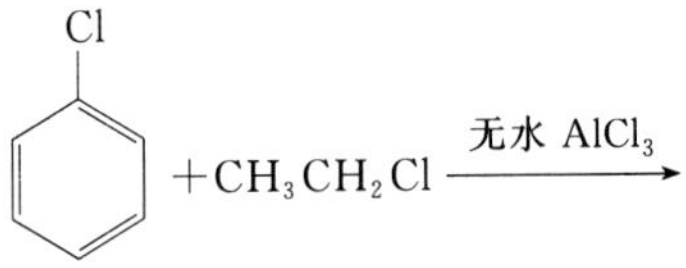

(8) $ClCH_2CH=CHBr + NaCN \longrightarrow$

(9)$CH_3CHBrCH_3+C_2H_5ONa \xrightarrow{\text{醇}}$

(10) 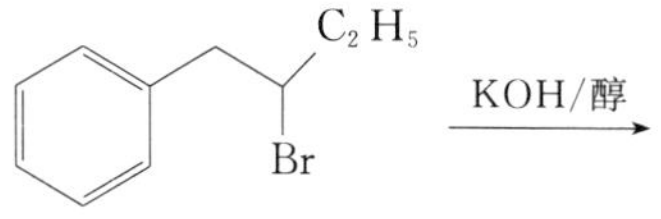

(11) 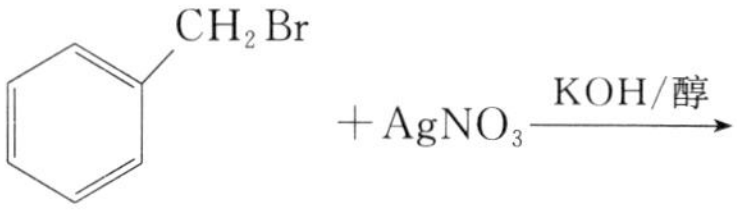

6-4 用化学方法鉴别下列各组化合物。

(1) 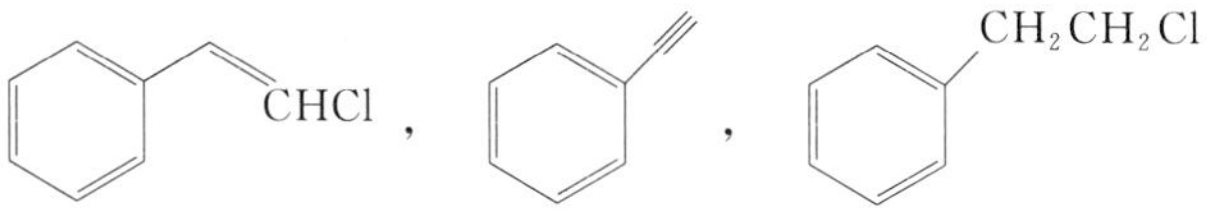

(2) 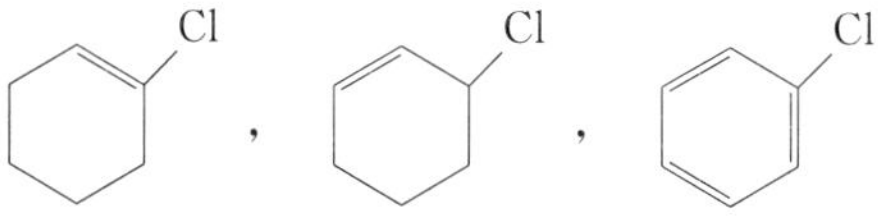

6-5 按要求将下列各组化合物排序。

(1)S_N1 反应：$CH_3CH_2CH_2Br$，$CH_3CHBrCH_3$，PhCHBrPh

(2)S_N2 反应：1-溴丁烷，2-溴丁烷，2-甲基-2-溴丙烷

(3)卤原子活性：

①$H_3C—CH═CH—CH_2Cl$　　②$H_3C—CH═CH—CH_2Br$

③$H_3C—CH═C(Cl)—CH_3$　　④$H_3C—CH═C(Br)—CH_3$

6-6 试判断在下列各种情况下卤代烷水解是属于 S_N2 机理还是 S_N1 机理？

(1)产物的构型完全转化　　(2)反应分两步进行

(3)碱的浓度增大反应速率加快　　(4)叔卤代烷水解

6-7 完成下列转化。

(1) 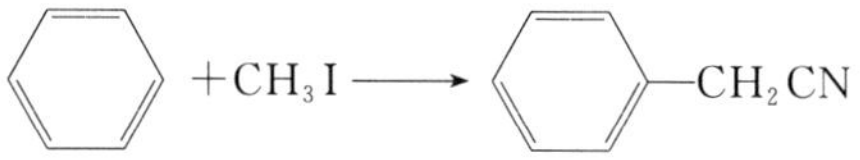

(2)$CH_3CH_2CH_2CH_2Cl \longrightarrow \quad \longrightarrow CH_3CH═CHCH_3$

(3)$BrCH_2CH_2CH_2CH_2CH_2Br \longrightarrow$ 

6-8 溴代烷 A、B、C 均具有分子式 C_4H_9Br。A 与 NaOH 水溶液作用生成 $C_4H_{10}O$ 的醇，B 与 NaOH 作用生成 C_4H_8 的烯，C 与 NaOH 作用生成 $C_4H_{10}O$ 和 C_4H_8 的混合物，试推导 A、B、C 可能的结构式。

6-9 氯代烃 C_8H_9Cl 分子中有一个苯环，其中三种异构体 A、B、C 分别与 $AgNO_3/CH_3CH_2OH$ 作用，C 在室温下迅速作用出现混浊，A 在加热时出现混浊，B 在各种条件下均不反应，此外 B、C 在酸性 $KMnO_4$ 溶液中被氧化为一元羧酸，试给出 A、B、C 的结构式。

Chapter 7 第 7 章

醇、酚、醚

Alcohols, Phenols, Ethers

醇(R—OH)、酚(Ar—OH)和醚(R—O—R,R—O—Ar,Ar—O—Ar)属于重要的有机含氧化合物,可以看作是烃分子中的氢原子被羟基(—OH)或烃氧基(—OR(Ar))取代的衍生物;也可以看作是水分子中的氢原子被烃基取代的衍生物,醇可看作水分子中的一个氢原子被脂肪族烃基取代,酚可看作水分子中一个氢原子被芳烃基取代,醚可看作水分子中两个氢原子均被烃基取代。醇和酚的官能团相同,是羟基(—OH),醚的官能团是醚键(C—O—C)。醚与相同原子组成的醇或酚为同分异构体。

硫和氧同属于元素周期表第 VI 主族,因此含硫有机化合物与含氧有机化合物有一些相似的性质,所以本章也学习硫醇(R—SH)、硫酚(Ar—SH)和硫醚(R—S—R,R—S—Ar)的基本知识。

7.1 醇

7.1.1 醇的分类和命名

1. 醇的分类

根据醇羟基所连烃基结构不同,可以分为脂肪醇、脂环醇和芳香醇;根据分子中烃基的饱和程度不同,又可以分为饱和醇、不饱和醇。

在不饱和醇中,根据羟基与碳碳双键的位置,可以分为不同类型:—OH 与C═C 双键或芳环相隔一个饱和碳原子类型的醇分别叫烯丙式醇和苯甲醇(苄醇);—OH 与C═C 双键直接相连的醇为烯醇。大多数烯醇是不稳定的,很容易互变异构成羰基化合物,只有在较特殊的结构条件下,烯醇式结构才能在平衡体系中以一定量存在。

脂肪醇:

CH_3CH_2OH	$CH_3CH_2CH═CHCH_2OH$
乙醇(饱和醇)	2-戊烯-1-醇(不饱和醇,烯丙式醇)

脂环醇：

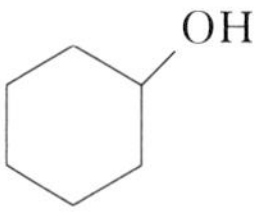

环己醇(饱和醇)

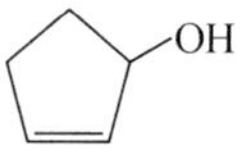

2-环戊烯-1-醇(不饱和醇,烯丙式醇)

芳香醇：

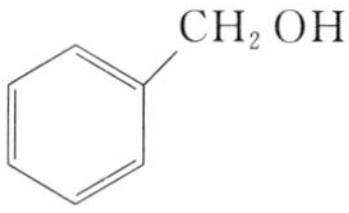

苯甲醇或苄醇

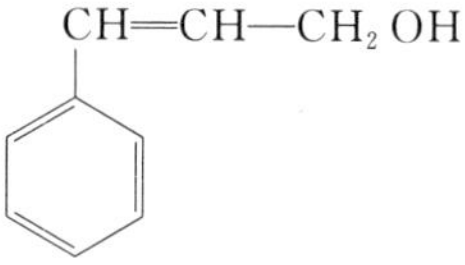

苯丙烯醇

根据羟基所连的碳原子种类不同,可分为伯醇(一级醇,1°)、仲醇(二级醇,2°)、叔醇(三级醇,3°)。

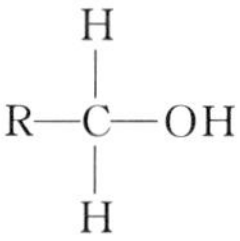

伯醇

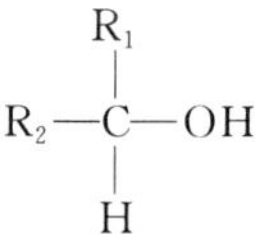

仲醇

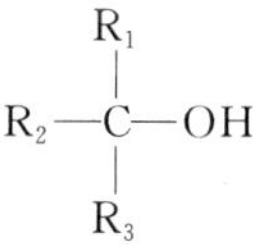

叔醇

根据分子中含有的羟基数目不同,可分为一元醇、二元醇、三元醇……二元醇以上统称为多元醇。

$CH_3CH_2CH_2OH$

正丙醇(一元醇)

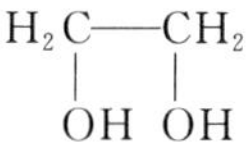

乙二醇(二元醇)

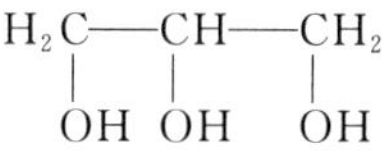

丙三醇(多元醇)

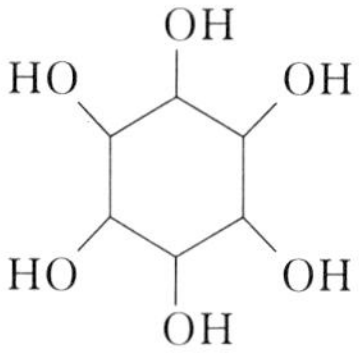

环己六醇(多元醇)

2. 醇的命名

(1)普通命名法　简单醇的命名常采用普通命名法,根据羟基所连烃基名称来命名,在“烃基”名称后面加上“醇”字,即“烃基醇”,通常“基”字可省略。

$CH_3CH_2CH_2CH_2OH$

正丁醇

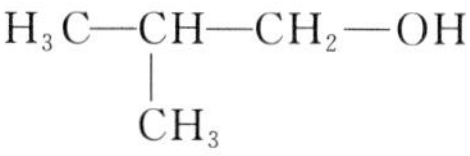

异丁醇

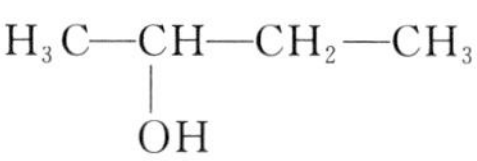

仲丁醇

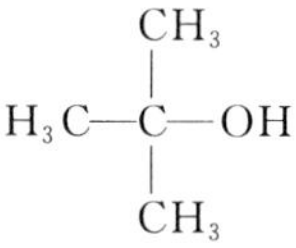

叔丁醇

(2)系统命名法　结构比较复杂的醇采用系统命名法命名，以醇作为主体，具体命名规则分以下几种情况：

饱和一元醇　选择连有羟基的最长碳链为主链，根据主链的碳原子数称为“某醇”；从离羟基最近的碳链端开始对主链用阿拉伯数字进行编号；书写时，将羟基所在碳原子的位号写在“某醇”之前，得到母体名称，再将取代基的位号和名称写在母体名称前。

2-戊醇

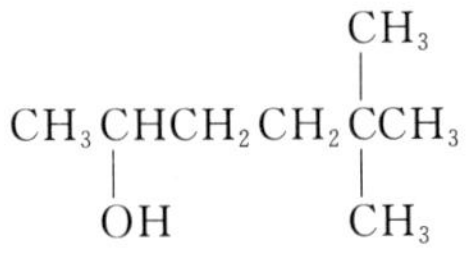

5,5-二甲基-2-己醇

不饱和醇　选择包含羟基和不饱和键在内的最长碳链为主链，根据主链碳原子数称为“某烯(炔)醇”；从离羟基最近的碳链端开始对主链进行编号；书写时，不饱和键的位号写在“某烯(炔)”前，羟基的位号写在“醇”字前面，这样得到母体名称，再将取代基的位置和名称写在母体名称前。

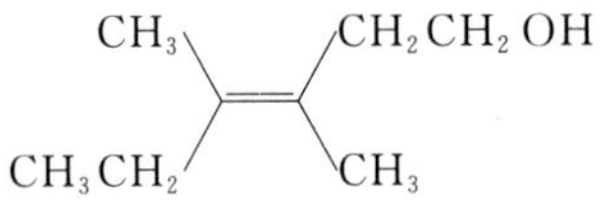

反-3,4-二甲基-3-己烯-1-醇

(或 *Z*-3,4-二甲基-3-己烯-1-醇)

$CH_3C\equiv CCH_2OH$

2-丁炔-1-醇

多元醇　选择含有尽可能多的羟基在内的最长碳链为主链，根据主链碳原子数及羟基个数称为“某几醇”；从最靠近羟基的一端将主链碳原子编号，多个羟基的位号依次写在“某几醇”前，数字之间用逗号隔开，数字前后各画一短线；羟基的数目用二、三、四……数字表明写在“醇”字的前面。

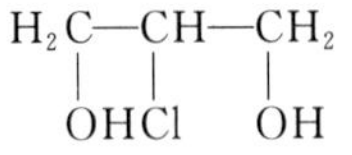

2-氯-1,3-丙二醇

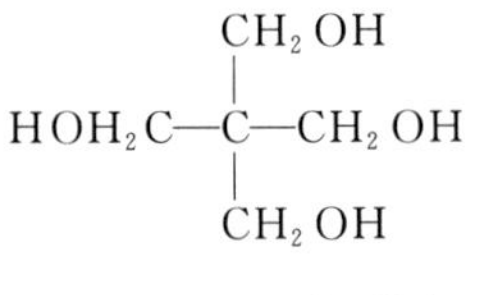

2,2-二(羟甲基)-1,3-丙二醇(俗名：季戊四醇)

脂环醇和芳香醇　命名时以脂肪醇为母体，把芳基作为取代基；脂环醇从羟基所连碳开始为环上碳原子依次编号，在此基础上使其他取代基位次尽量小。

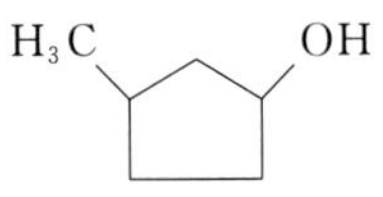

3-甲基环戊醇

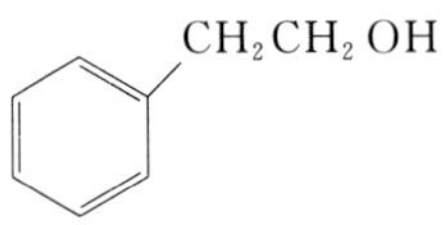

2-苯基乙醇

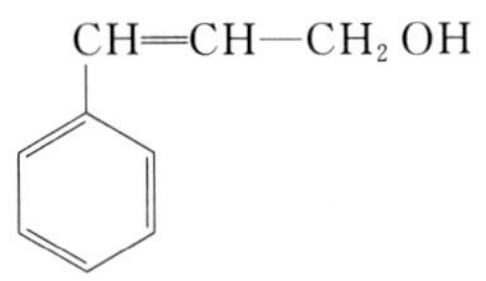

3-苯基-2-丙烯-1-醇

(3)俗名　某些醇也可根据来源和性质等用俗名。

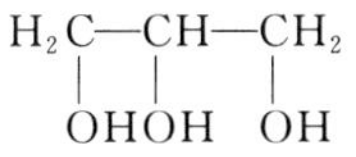

甘油

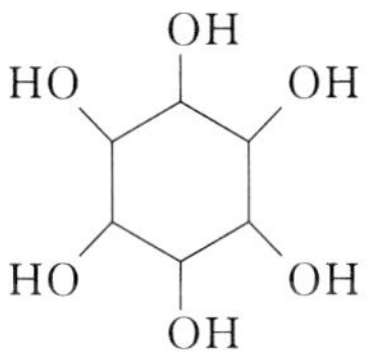

肌醇

思考题 7-1

1.用系统命名法命名下列化合物。

(1) 

(2) 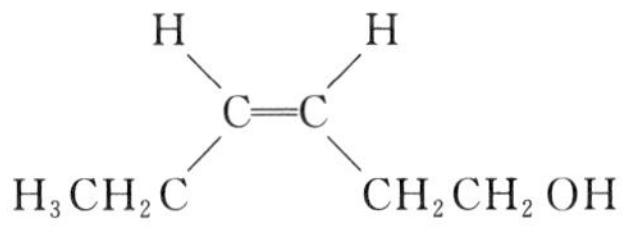

(3) 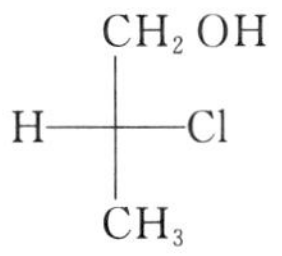

(2)写出分子式为 $C_5H_{12}O$ 的各种醇的构造异构体，并用系统命名法命名。

7.1.2　醇的物理性质

醇的物理性质很大程度上取决于羟基的极性和生成氢键的能力。一些常见醇的主要物理常数见表 7-1。

表 7-1　醇的物理常数

名称	熔点/℃	沸点/℃	相对密度(d_4^{20})	溶解度/(g/100 g 水)
甲醇	−97	64.5	0.793	互溶
乙醇	−115	78.5	0.789	互溶
丙醇	−126	97.2	0.804	互溶
异丙醇	−86	82.5	0.789	互溶
正丁醇	−90	118	0.810	7.9
异丁醇	−108	108	0.802	10.0
仲丁醇	−114	99.5	0.806	12.5
叔丁醇	25.5	83	0.789	互溶
正戊醇	−78.5	138	0.817	2.3
正己醇	−52	156.5	0.819	0.6
正壬醇	−5	214	0.827	不溶
正癸醇	6	228	0.829	不溶
正十二醇	24	259	0.835	不溶
烯丙醇	−129	97	0.855	互溶
环己醇	24	161.5	0.963	3.6
苯甲醇	−15	205	1.046	4
丙三醇	18	290	1.261	互溶

直链饱和一元醇中，含 1～4 个碳原子的醇为有酒味的液体；含 5～11 个碳原子的醇为有不愉快气味的油状液体；含 12 个碳原子以上的醇是无嗅无味的蜡状物；二元醇和多元醇具有甜味，如甘油就是因为有甜味呈油状液体而得此俗名的。

直链饱和一元醇的沸点比相对分子质量相近的卤代烃和烃类化合物高很多(如乙醇的沸点为 78.5 ℃，氯乙烷的沸点为 13.1 ℃，丙烷的沸点为－42.2 ℃)，这是醇能通过氢键发生分子间缔合的缘故[图 7-1(a)]。但随着相对分子质量的加大，醇与相应的卤代烃及烃的沸点的差距越来越小，这是由于羟基上所连烃基的存在对羟基与氢之间的缔合有阻碍作用，这种阻碍作用与烃基的大小及形状有关，烃基愈大，阻碍作用也愈大，氢键的缔合作用减弱，所以醇与相应的卤代烃及烃的沸点差距也减小。

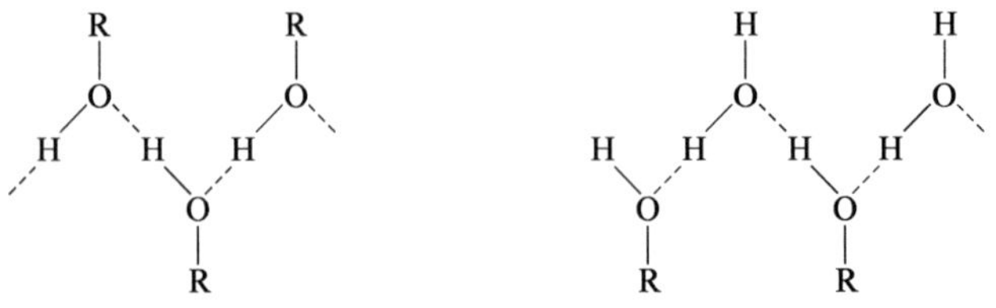

图 7-1　醇分子形成氢键示意图

直链饱和一元醇的沸点随相对分子质量增加而有规律地升高，每增加一个系差(CH_2)，沸点升高 18～20 ℃；在同分异构体中，直链伯醇的沸点最高，带支链的醇沸点要低一些，支链愈多，沸点愈低；含相同碳架的一元烷醇中，伯醇的沸点最高，仲醇次之，叔醇最低。在相对分子质量相近的条件下，醇分子中羟基数目愈多，分子间能形成氢键的能力愈强，沸点也更高，如丙三醇的沸点为 290 ℃。

一元低级醇如甲醇、乙醇、丙醇可以与水互溶，从正丁醇起在水中的溶解度显著降低。这是因为醇能够和水分子形成氢键(图 7-1(b))，因此相对分子质量较小的醇在水中溶解度较大；而随着相对分子质量增加，疏水性的烃基在分子中所占比例较大，亲水性的羟基所占比例变小，与水的氢键缔合作用减弱，分子的水溶性降低。多元醇由于分子中羟基增多，与水分子形成氢键的能力增大，故可与水互溶甚至具有吸湿性。例如，丙三醇不仅与水互溶，而且吸湿性强。芳醇则由于芳环的存在，水中溶解度都很小。

烷醇的密度大于烷烃，但小于 1，多元醇和芳醇的密度大于 1。

低级醇能和一些无机盐类($MgCl_2$、$CaCl_2$ 等)形成结晶状的分子化合物，称为结晶醇。例如 $MgCl_2 \cdot 6CH_3OH$、$CaCl_2 \cdot 4C_2H_5OH$、$CaCl_2 \cdot 4CH_3OH$ 等。结晶醇不溶于有机溶剂而溶于水，因此醇类不能用这些盐类干燥，但可以用来除去混合物中的少量低级醇。例如，工业用的乙醚中常杂有少量乙醇，利用乙醇与 $CaCl_2$ 生成结晶醇的性质，便可除去乙醚中少量的乙醇。

7.1.3 醇的化学性质

羟基是醇的官能团，是醇发生化学反应的核心部位。C—O 键和 O—H 键都是极性键，比较活泼，易发生断裂：

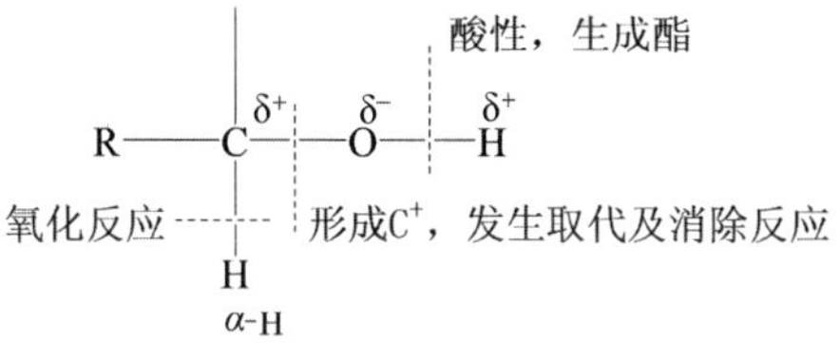

O—H 键断裂，羟基中氢被取代；C—O 键断裂，羟基被其他基团取代或者发生消除反应，羟基与烃基互相影响，使烃基 α-H 具有较大的反应性能，也能进行某些反应。

1. 醇与活泼金属反应（酸性）

醇羟基上的氢具有一定的酸性，能与活泼金属如 Na、K、Mg、Al 等发生反应，生成相应的醇化物（醇盐），并放出氢气。例如：

$$ROH + Na \longrightarrow \underset{\text{醇钠}}{RONa} + \frac{1}{2}H_2$$

$$CH_3CH_2OH + Na \longrightarrow CH_3CH_2ONa + \frac{1}{2}H_2\uparrow$$

醇也可以离解为 H^+ 和 RO^-。但是，烃基（R）具有给电子效应，它能使氧周围的电子云密度增大，使烷氧基更容易结合 H^+，所以醇与金属钠作用不如水活泼。随着烃基的变大和烃基增多，烷氧基结合 H^+ 的能力更强，使得低级醇的反应比高级醇容易得多。伯、仲、叔三种醇与金属钠反应活性次序如下：

$$\text{甲醇} > \text{伯醇} > \text{仲醇} > \text{叔醇}$$

醇钠为无色固体，是醇的共轭碱，其碱性比氢氧化钠强。在有机合成中常用醇钠作强碱性试剂和亲核试剂。醇钠易被水解，生成醇和氢氧化钠。

$$RONa + H_2O \longrightarrow ROH + NaOH$$

2. 醇与酸的酯化反应

醇与酸作用生成酯和水的反应叫作酯化反应。醇和有机酸在少量无机酸催化下生成羧酸酯，常用的无机酸有浓硫酸或干燥的氯化氢。例如：

$$R-\overset{\overset{\displaystyle O}{\|}}{C}-OH + H-OR' \xrightleftharpoons{H_2SO_4} R-\overset{\overset{\displaystyle O}{\|}}{C}-OR' + H_2O$$

这个反应是可逆的，在一定条件下达到平衡。工业上在进行这个反应时，通常是将生成的酯和水蒸馏出，使平衡向右移动，从而获得产率比较高的酯。

醇也可以同硫酸、硝酸、磷酸等无机含氧酸发生酯化反应，生成无机酸酯。例如：

$$CH_3O—H + HOSO_3H \rightleftharpoons CH_3OSO_3H + H_2O$$

硫酸氢甲酯

$$CH_3O—H + CH_3OSO_3H \rightleftharpoons (CH_3O)_2SO_2 + H_2O$$

硫酸二甲酯

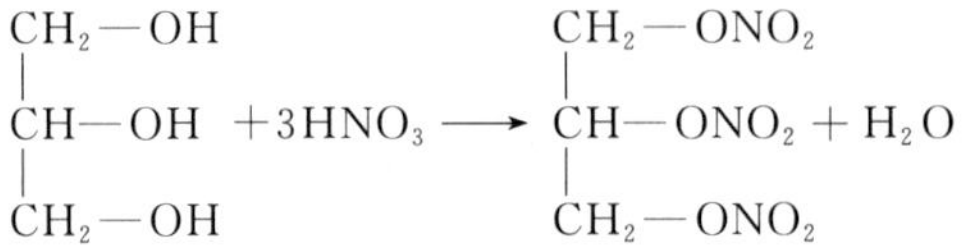

硝酸甘油(或甘油三硝酸酯、硝化甘油)

硝酸甘油是无色或淡黄色液体,溶于乙醇、乙醚等,是一种烈性炸药;在人体内可分解成NO,有松弛血管平滑肌的作用,能扩张小静脉和冠状动脉,所以可在医药上用来治疗心绞痛和心肌梗死。

在酯化反应中,醇分子中烃基增大,反应速率变慢。醇的反应活性大小顺序如下:

甲醇 > 伯醇 > 仲醇 > 叔醇

低级醇硫酸酯,如硫酸二甲酯和硫酸二乙酯有剧毒,不溶于水,对呼吸器官和皮肤都有强烈的刺激作用,但在有机合成中都是重要的烷基化试剂,可以向其他分子引入甲基或乙基。高级醇的酸性硫酸酯钠盐是常用的合成洗涤剂之一,如十二烷基磺酸钠($C_{12}H_{25}OSO_2Na$)是一种表面活性剂。

3. 醇羟基的卤代反应

(1)醇与卤化氢的反应　醇与卤化氢反应生成卤代烃:

$$ROH + HX \longrightarrow RX + H_2O$$

伯、仲、叔醇羟基被取代都发生了碳氧键的断裂,在醇的分子中烃基诱导效应的作用与羟基氧强电负性的吸引电子方向对碳氧键极性的影响是一致的(实线表示氧吸引电子的方向,虚线表示烃基诱导效应的作用):

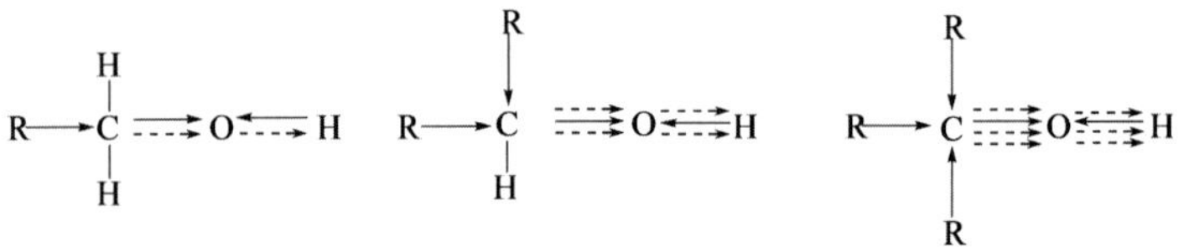

伯醇　　　　仲醇　　　　叔醇

氧的电负性和诱导效应使得叔醇结构中 O—C 之间电子偏向氧原子最强,而伯醇则最弱。因此结构不同的醇与氢卤酸反应活性顺序是:

烯丙型醇、苄基型醇 > 叔醇 > 仲醇 > 伯醇

对同种醇来说,氢卤酸的活性次序则为:

HI > HBr > HCl >> HF

HCl 与醇的反应比较困难,一般用无水氯化锌作为催化剂实现,而且不同类型的醇反应速率差别很大。浓盐酸和无水氯化锌所配成的溶液叫作卢卡斯(Lucas)试剂,它与 6 个碳以下的

伯、仲、叔醇反应情况如下：

$$R_3COH + HCl(ZnCl_2) \xrightarrow{\text{室温}} R_3CCl + H_2O \quad (\text{立即混浊})$$

$$R_2CHOH + HCl(ZnCl_2) \xrightarrow{\text{室温}} R_2CHCl + H_2O \quad (\text{数分钟混浊})$$

$$RCH_2OH + HCl(ZnCl_2) \xrightarrow{\text{室温}} \text{无现象}$$

六个碳以下的醇溶于卢卡斯试剂，而对应生成的卤代烃则不溶，出现混浊。所以根据各种醇与卢卡斯试剂反应速度的不同，可区别伯、仲、叔醇。这是实验室常用的鉴别6个碳以下醇的方法，叫卢卡斯反应。

(2)醇与卤化磷的反应　醇可以与 PX_3 或 PX_5 作用生成卤代烃。卤化磷是很强的卤化剂，它不仅能与醇作用，而且能和其他含羟基的化合物反应，使羟基被卤原子取代。

$$ROH + PX_3 \longrightarrow RX + H_3PO_3$$

$$ROH + PX_5 \longrightarrow RX + POX_3$$

$$RCOOH + PX_3 \longrightarrow RCOX + H_3PO_3$$

卤化磷与醇作用的重要优点是反应产物分子很少发生重排，即在原来连有羟基的碳上生成碳卤键。该反应产量高、副反应少，因此，这是制备卤代烃的重要方法。

(3)醇与氯化亚砜的反应　醇与氯化亚砜(亚硫酰氯，$SOCl_2$)作用可生产氯代烃，同时还生成气体 HCl 和 SO_2。采用这一反应来制备氯代烃，反应条件温和，速度快，产率高，并且产物易分离，可以避免产生碳正离子中间体，减少重排反应的发生，得到纯度较高的产物，是制备氯代烃的好方法。

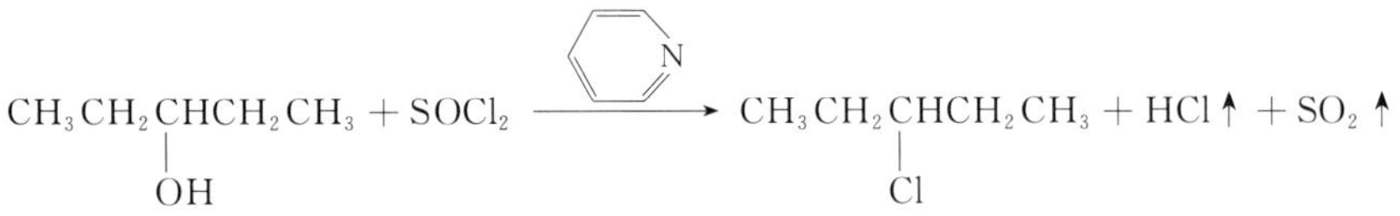

4. 脱水反应

醇与催化剂(如 H_2SO_4、H_3PO_4、Al_2O_3)共热，可以发生两种脱水反应，即分子内脱水反应和分子间脱水反应。

(1)分子内脱水(消除反应)　一般在较高温度下主要发生分子内脱水生成烯烃。例如：

$$CH_3CH_2OH \xrightarrow[170\ ^\circ C]{\text{浓}\ H_2SO_4} H_2C{=}CH_2 + H_2O$$

叔醇主要发生分子内脱水，生成烯烃。例如：

$$H_3C{-}\underset{CH_3}{\overset{CH_3}{\underset{|}{\overset{|}{C}}}}{-}OH \xrightarrow[85\sim90\ ^\circ C]{20\%\,H_2SO_4} H_3C{-}\underset{CH_3}{\underset{|}{C}}{=}CH_2 + H_2O$$

醇的脱水是实验室里制备烯烃的常用方法之一。当分子内脱水有不止一种取向时，一般遵从札依采夫(Saytzeff)规则，即脱水主要生成双键碳原子上连接烷基较多的烯烃。例如：

$$CH_3CH_2\underset{\displaystyle OH}{\underset{|}{C}}HCH_3 \xrightarrow[\text{加热}]{H_2SO_4} \underset{80\%}{CH_3CH{=}CHCH_3} + \underset{20\%}{CH_3CH_2CH{=}CH_2}$$

但是，当脱水后能形成共轭体系时，则优先形成共轭体系。例如：

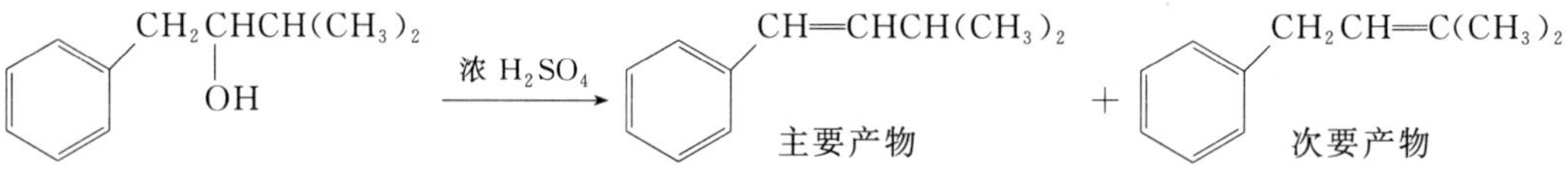

（2）分子间脱水（亲核取代） 在温度稍低时发生分子间脱水生成醚。例如：

$$CH_3CH_2OH+HOCH_2CH_3 \xrightarrow[140\ ℃]{\text{浓 } H_2SO_4} CH_3CH_2OCH_2CH_3+H_2O$$

分子内与分子间两种脱水反应常常是相伴发生的，按哪种方式脱水，反应条件起着重要作用。在比较高的温度及酸过量情况下，反应有利于分子内脱水生成烯烃；在较低的温度及醇过量情况下，反应有利于分子间脱水生成醚。显然，可以通过严格控制反应条件来决定醇的脱水方式，以减少副反应的发生。

5. 氧化反应

有机化合物分子中加入氧或脱去氢都属于氧化反应。醇分子中与羟基相连的碳原子上有氢原子（α-H）的醇易被氧化。

（1）强氧化剂的氧化 酸性 $KMnO_4$ 和酸性 $K_2Cr_2O_7$ 是常用的氧化剂。醇分子中的 α-H 受羟基的影响很活泼，易被氧化成羟基，而产生的两个羟基连在同一个碳上叫胞二醇，它很不稳定，容易脱去一分子水而成羰基。在伯醇分子中含两个 α-H，氧化产物为醛，醛可继续被氧化成酸；仲醇被氧化成酮。例如：

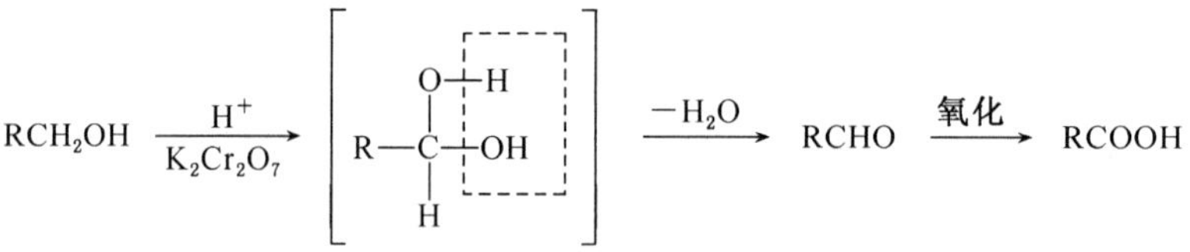

胞二醇

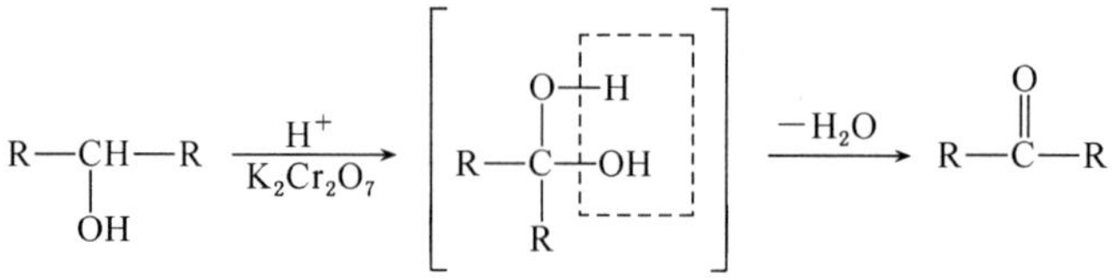

胞二醇

$$\underset{\text{橙色}}{CH_3CH_2OH+K_2Cr_2O_7}+H_2SO_4 \longrightarrow CH_3COOH+\underset{\text{深绿色}}{Cr_2(SO_4)_3}+H_2O$$

叔醇分子中羟基所连碳上没有氢，一般反应条件下不被氧化。若在强烈条件下氧化（如在酸性条件下加热），原料首先脱水成烯烃，烯烃再被氧化成小分子化合物。例如：

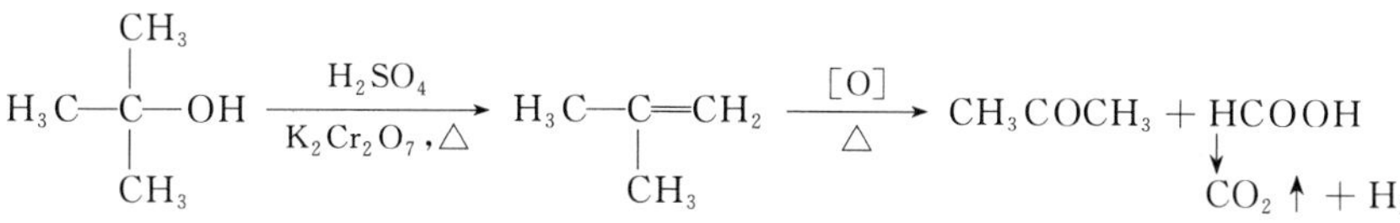

酸性 $KMnO_4$ 溶液是紫色的，氧化醇后，被还原呈无色；酸性 $K_2Cr_2O_7$ 溶液是橙色的，氧化醇后呈深绿色，现象明显。实验室里在缓和条件下氧化各类醇时，伯醇生成酸、仲醇生成酮，都能使氧化剂发生颜色变化，而叔醇不被氧化，无颜色变化，所以可利用这个性质区别这三类醇。

醛的沸点比相应的醇低得多，因此在伯醇的氧化反应中，如果想使反应产物停留在醛的阶段，可以采用蒸馏的方法将生成的醛由反应体系中蒸出。但这只限于制备沸点不高于100 ℃的醛。

(2)脱氢反应　醇氧化的另一种方式是脱氢。在高温和催化剂(Cu、Ag、Ni 等)作用下，伯醇脱氢生成醛；仲醇脱氢生成酮。

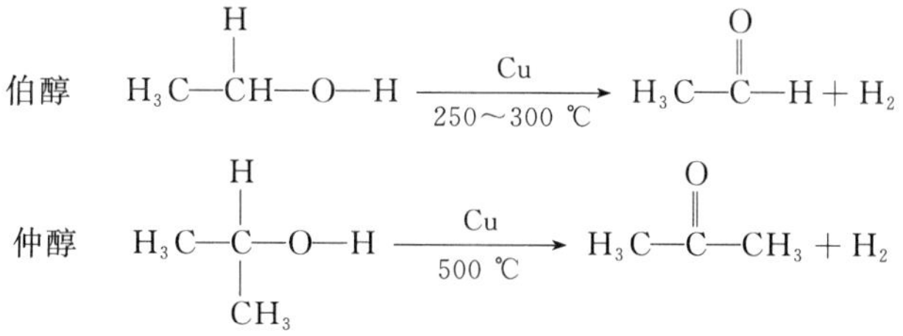

叔醇没有 α-H，所以不能脱氢。

思考题 7-2　完成下列反应式。

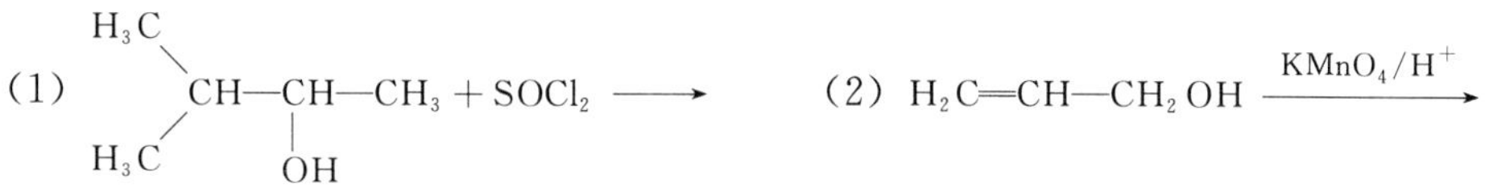

7.1.4 重要的醇类化合物

1. 甲醇

甲醇最早来自木材干馏，故俗称木醇。在工业上由一氧化碳和氢气生产，也可由甲烷和氧气制得。

$$CO + 2H_2 \longrightarrow CH_3OH$$

$$CH_4 + \frac{1}{2}O_2 \longrightarrow CH_3OH$$

甲醇为易燃无色液体，能与水和大多数有机溶剂互溶。甲醇与水不生成恒沸混合物，因此，甲醇和水的混合物可以用分馏的方法分开。用金属镁与甲醇作用，可以除去其中所含的微量水，得到无水甲醇：

$$2CH_3OH + Mg \xrightarrow{-H_2} (CH_3O)_2Mg \xrightarrow{H_2O} 2CH_3OH + MgO$$

甲醇和氯化钙能形成配合物 $CaCl_2 \cdot 4CH_3OH$，因此不能用氯化钙干燥。甲醇有毒，饮用后能使人眼睛失明，过量可致死。

甲醇是生成甲醛的重要原料。甲醇在重金属催化剂存在下与一氧化碳反应得到醋酸，在酸性催化剂存在下与异丁烯生成甲基叔丁基醚，可以用来提高汽油的辛烷值。此外，甲醇还可以代替汽油用作燃料。

2. 乙醇

乙醇是人类利用的最早有机物之一。在工业中由糖类发酵或乙烯加水制备。

乙醇与水可组成恒沸混合物，沸点 78.15 ℃，直接蒸馏不能将水完全去掉。

乙醇为无色易燃液体。能与水及大多数有机溶剂混溶。它本身是一种良好的有机溶剂。乙醇与氯化钙形成配合物 $CaCl_2 \cdot 4CH_3CH_2OH$。因此，乙醇和甲醇一样，不能用无水氯化钙进行干燥。

血液中乙醇的正常含量为 0.001‰，喝酒后约 1.5 h，乙醇含量达到最大值。一般人当血液中乙醇含量达到 0.1%，即处于强烈兴奋状态，达到 0.2%就沉醉，超过 0.3%就会引起酒精中毒。

2005 年 12 月起，我国实行了一项绿色能源工程，将 10%的乙醇添加到汽油中供汽车使用，既可使用大量陈化粮，又可节约大量石油。

3. 乙二醇

乙二醇是无色无臭并有甜味的透明液体，又称甘醇。沸点 198 ℃，是实验室里常用的高沸点溶剂。熔点−15.6 ℃，它的水溶液(60%)的冰点为−40 ℃，因此可用于发动机冷却液的防冻剂。它能与水、乙醇、丙酮等混溶，微溶于乙醚。工业上用乙烯为原料经氧化来制备乙二醇，或用环氧乙烷水解制得，主要用作合成涤纶及其他高聚物的原料。

4. 丙三醇

丙三醇是无色有甜味的黏稠液体，俗称甘油。易溶于水，不溶于乙醚及氯仿，沸点 290 ℃。工业上从油脂水解制备甘油，是肥皂工业的副产品。

由于分子中羟基比例较大，与水分子形成氢键的能力强，无水甘油具有吸湿性，但含水到 20%后，即不再吸收水分。因此，丙三醇可用在化妆品、印刷、烟草工业和食品中作为润湿剂，也是有机合成的重要原料之一，如制备硝化甘油。

5. 环己六醇

环己六醇最初是从动物肌肉中分离出来的，故称肌醇，为白色晶体，熔点 225 ℃，相对密度为 1.752。易溶于水，不溶于乙醇、乙醚等有机溶剂。

肌醇除存在于动物脑、肝、心脏和肌肉等器官中外，还广泛存在于植物体内。它是某些动物、微生物和酵母等生长所必需的物质。肌醇的六磷酸酯又称植酸或植物精，它常以钙镁盐的形式存在于植物体内，在种子、谷物种皮、胚等处含量较多，种子发芽时，在植酸酶的作用下分解，以提供幼芽生长所需要的磷。

6. 苯甲醇

苯甲醇又名苄醇，为无色液体，具有素馨香味，微溶于水，可与乙醇、乙醚等有机溶剂混溶,分布于多科植物的芳香油中,与空气长时间接触能被氧化成苯甲醛。由于它有微弱的麻醉作用及防腐功能,常被用作局部麻醉剂,体积分数为2%的苯甲醇注射用水称为无痛水,常可减轻注射时的疼痛。

7.2 酚

羟基直接与芳环相连的化合物叫作酚,通式为 ArOH。

7.2.1 酚的分类和命名

根据酚羟基数目不同,酚可分为一元酚、二元酚、三元酚等,二元以上的酚统称为多元酚。根据芳烃基,可分为苯酚、萘酚等。萘酚按羟基的位置又可分为 α-萘酚和 β-萘酚。

酚的命名是在酚字前面加上芳香基的名称,以此作为母体,其他的取代基和位次放在母体的前面。例如:

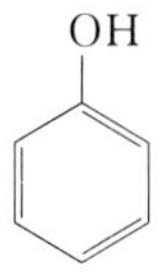

苯酚

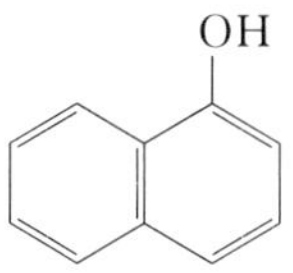

α-萘酚(1-萘酚)

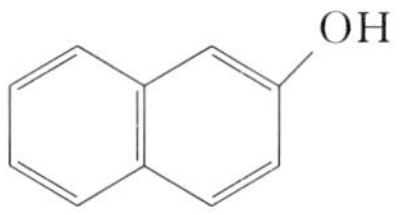

β-萘酚(2-萘酚)

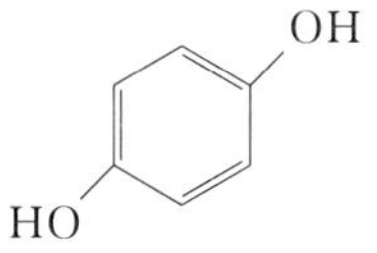

对苯二酚

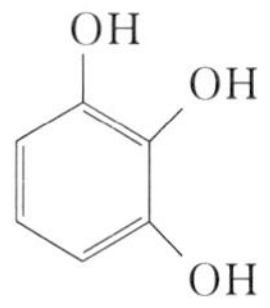

连苯三酚

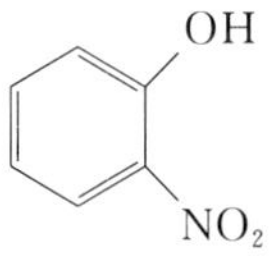

2-硝基苯酚

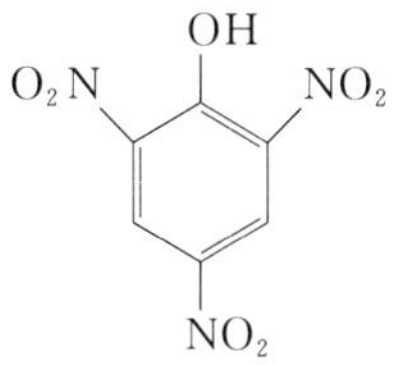

2,4,6-三硝基苯酚
(俗名:苦味酸)

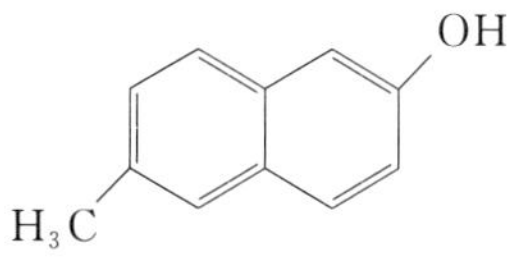

6-甲基-2-萘酚

7.2.2 酚的物理性质

在室温时,纯粹的酚以无色液体或固体存在,但因为易被空气所氧化,放久后通常呈淡红色、红色,直至棕色等。低级酚都有特殊的刺激性气味,有一定的挥发性,尤其对眼睛、呼吸道黏膜、皮肤等有强烈的刺激和腐蚀作用,使用时应注意安全保护措施。

与醇相似,酚能形成分子间氢键,通过氢键发生分子间的缔合:

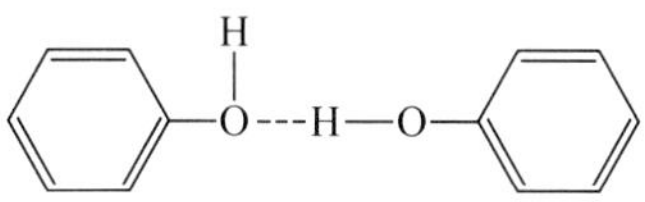

因此,酚的熔点和沸点比相对分子质量相近的芳烃或芳基卤代物高得多。但个别的酚,如邻硝基苯酚等,由于存在分子内的氢键,所以它们的沸点比相应的间位和对位异构体低得多。

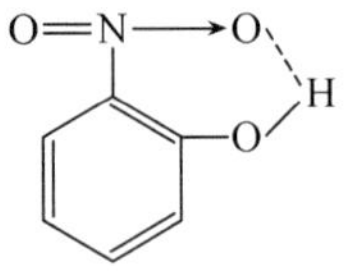

邻硝基苯酚

酚类化合物中，由于芳基的存在，一元酚在水中的溶解度都很小，如苯酚、甲苯酚均微溶于水。酚在水中的溶解度随分子中所含羟基数目的增加而增大，多元酚的溶解度则较大，这也是因为酚羟基与水形成氢键的缘故。酚能溶于苯、乙醚、乙醇等有机溶剂中。酚的相对密度大于1。一些常见酚的主要物理常数列于表7-2。

表7-2　酚的物理常数

名称	熔点/℃	沸点/℃	溶解度/(g/100 g 水)	pK_a
苯酚	43	181	9.3	9.98
邻甲苯酚	31	191	2.5	10.28
间甲苯酚	11	201	2.6	10.08
对甲苯酚	35	202	2.3	10.17
邻氯苯酚	9	173	2.8	8.48
间氯苯酚	33	214	2.6	9.02
对氯苯酚	43	220	2.7	9.38
邻硝基苯酚	45	216	0.2	7.17
间硝基苯酚	97	194[a]	2.2	8.28
对硝基苯酚	114.9	279(分解)	1.7	7.15
1-萘酚	94	288	难溶	9.34
2-萘酚	123	295	0.1	9.51
邻苯二酚	105	245	45	9.85
间苯二酚	111	178[b]	123	9.81
对苯二酚	173	285	8	10.35
1,2,3-苯三酚	133	309	62	9.01
1,3,5-苯三酚	218	升华	1	9.35

注：a，9 310 Pa；b，2 128 Pa。

7.2.3　酚的化学性质

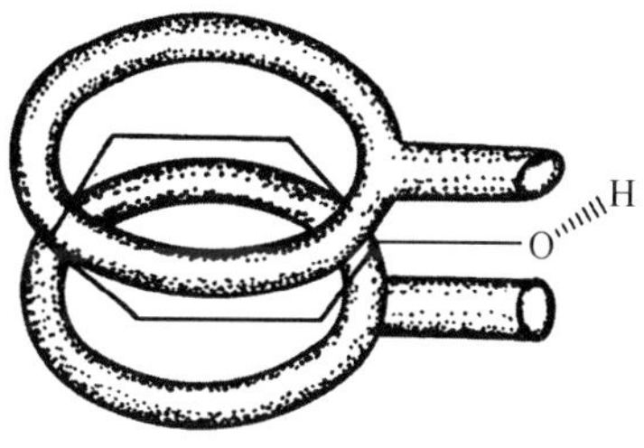

图 7-2　苯酚中 p-π 共轭

酚羟基氧原子上的孤对电子所占据的 p 轨道与苯环形成 p-π 共轭，氧周围的电子云向芳环上转移，这样就导致氧周围电子云密度降低，削弱了 O—H 键，氢易解离出去，显酸性；氧上电子云向芳环转移，增强了 C—O 键，使得酚羟基不易被取代(图 7-2)；同时苯环上电子云密度增加，使得苯环上容易发生亲电取代反应，特别是邻、对位上的取代。

1. 酚的酸性

酚有很弱的酸性，其酸性比碳酸还要弱，所以只能与强碱作用成酚盐，而不与碳酸氢钠作用。

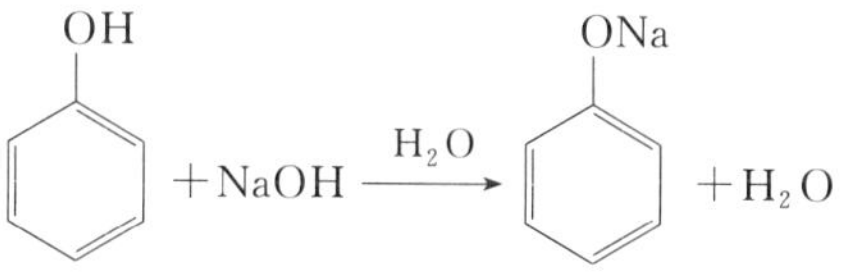

在酚盐中通入二氧化碳，可以使酚游离出来。

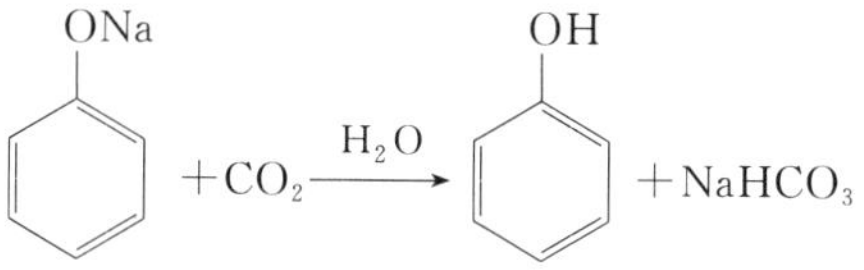

酚盐易溶于水，所以此性质可用于酚类的分离提纯。

各种物质的酸性为：

	CH_3COOH >	H_2CO_3 >	C_6H_5OH >	H_2O >	C_2H_5OH
pK_a	4.74	6.38	9.96	14	16

在酚羟基的邻、对位上连有吸电子基时，可分散氧的负电荷，使苯氧负离子更稳定，而增加其酸性，如 2,4,6-三硝基苯酚的酸性不仅比苯酚强得多，而且近于强无机酸的酸性；若在酚羟基的邻、对位上连有给电子基时，增加氧的负电荷，使苯氧负离子不稳定，而降低其酸性，如对甲苯酚的酸性比苯酚就弱得多。不同结构酚的酸性比较如下：

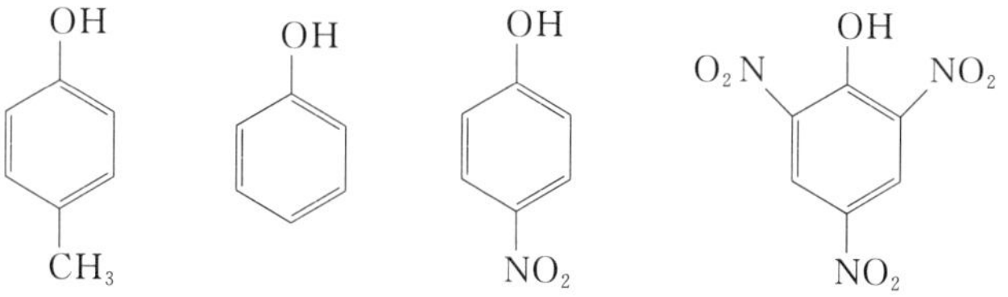

pK_a	10.17	9.96	8.15	0.78

2. 酚与 $FeCl_3$ 的显色反应

酚能与 $FeCl_3$ 发生显色反应，不同的酚反应后呈现的颜色不同，例如：苯酚呈蓝紫色，对甲苯酚呈蓝色，邻苯二酚和对苯二酚呈深绿色，间苯三酚呈淡棕红色等。反应生成酚铁配合物：

$$6C_6H_5OH + FeCl_3 \longrightarrow H_3[Fe(C_6H_5O)_6] + 3HCl$$

多数具有酚羟基结构的化合物均有此反应。不仅是酚，凡分子中具有烯醇式结构（$-\overset{|}{C}=\overset{|}{C}-OH$）的化合物大多能发生此显色反应。这个显色反应常用来鉴定酚或烯醇式结构的存在。

3. 酚的取代反应

酚羟基是邻、对位定位基，可使芳环上的氢活化。因此，苯酚比苯更易发生亲电取代反应。

（1）卤代反应　苯酚与溴水作用，立即生成 2,4,6-三溴苯酚的白色沉淀：

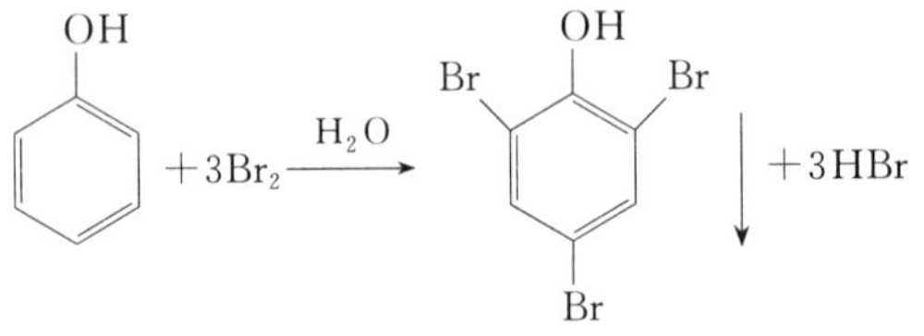

2,4,6-三溴苯酚

这个反应现象明显，作用完全，是实验室用来检查苯酚的存在和进行定量测定苯酚含量的方法。

如果反应是在非极性介质中（如 CCl_4、CS_2）、低温并且控制溴的用量条件下，可得到一溴代产物。

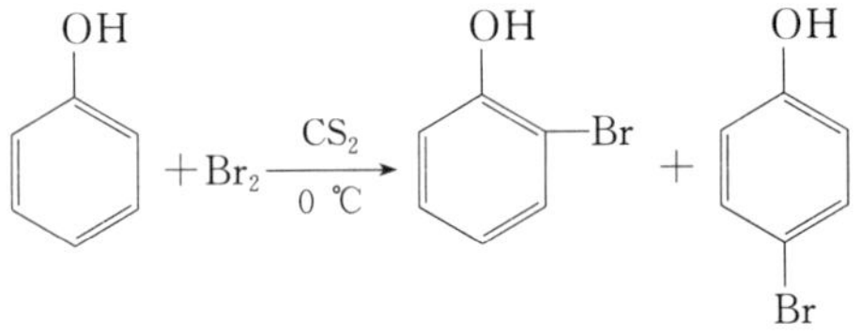

（2）硝化反应　在室温下，苯酚可被稀硝酸硝化，得到邻、对位产物。

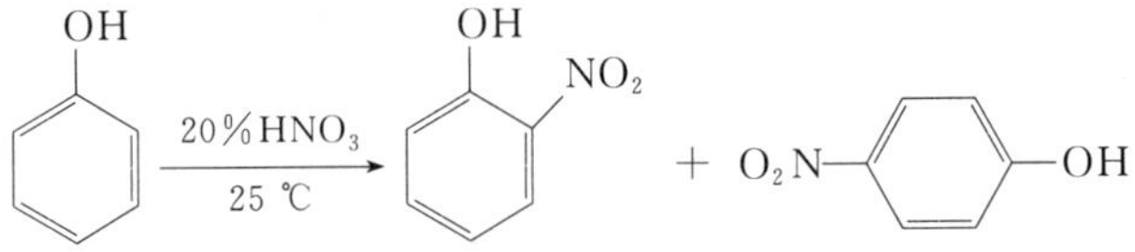

如果用浓酸（硝酸＋硫酸）与苯酚作用，可生成三硝基苯酚。

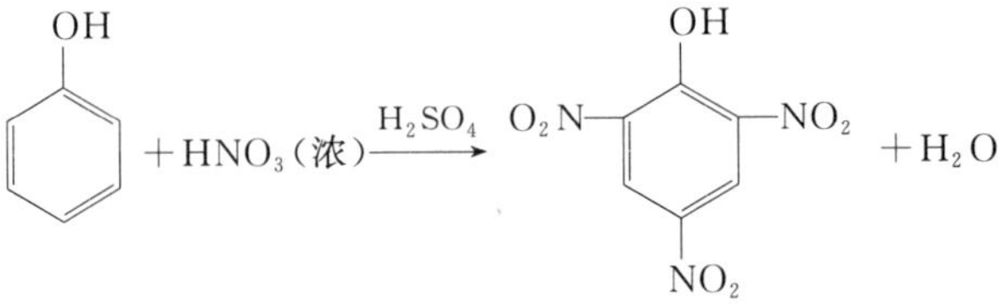

2,4,6-三硝基苯酚的水溶液有很强的酸性($pK_a=0.78$),俗称苦味酸。固体苦味酸受热或振动后容易爆炸,十分危险。

(3)磺化反应 苯酚与浓硫酸发生磺化反应,不同的温度生成的产物不同。在室温下磺化生成邻羟基苯磺酸和对羟基苯磺酸的比例接近,如果温度慢慢升高到100 ℃时,生成的邻羟基苯磺酸就转变成了对羟基苯磺酸。

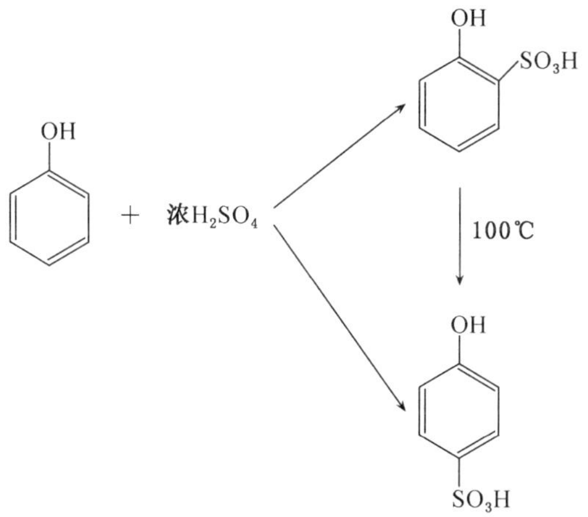

(4)弗-克(Friedel-Crafts)反应 苯环上可发生烷基化反应,一般以醇或烯烃为烷基化试剂。工业上利用烷基化反应合成各种烃基取代的酚。例如:

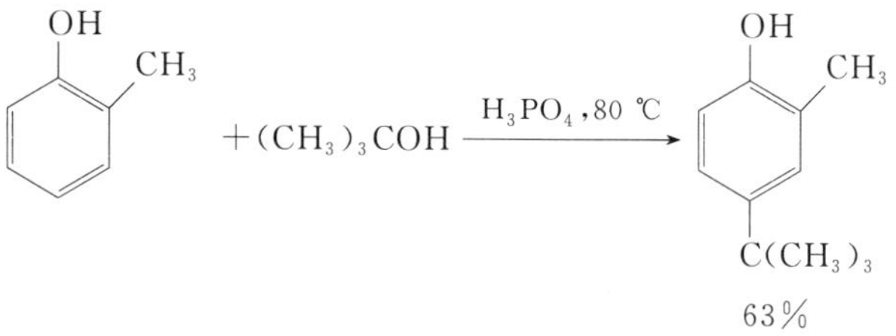

苯环上发生酰基化反应时,所用的催化剂三氯化铝应是过量的:

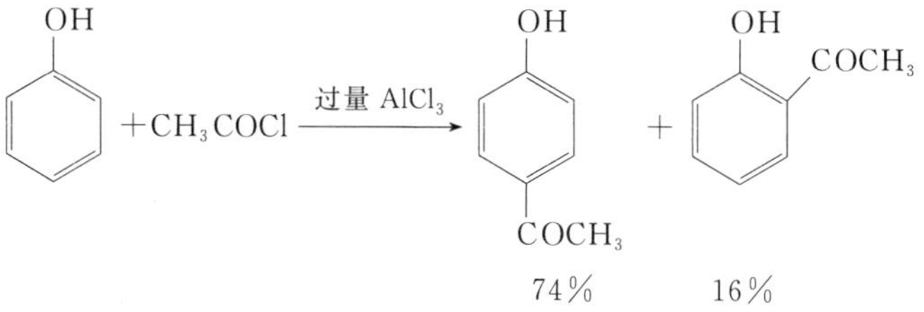

4.酚的氧化反应

酚比醇更容易氧化,例如,苯酚在空气中就能被氧化,这就是苯酚与空气接触颜色变红,直至变成棕色的原因。

苯酚与酸性重铬酸钾反应生成对苯醌。

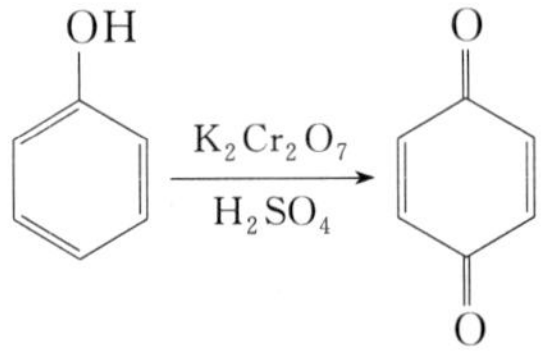

对苯醌

多元酚更易被氧化，如邻苯二酚可被氧化成邻苯醌。

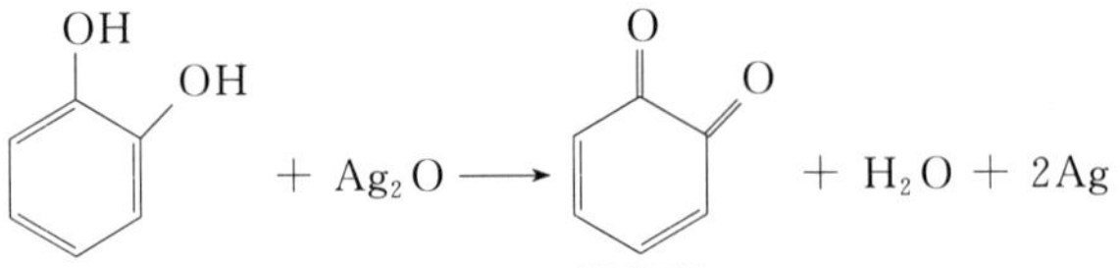

邻苯醌

苯环上羟基越多越容易被氧化。例如，1，2，3-苯三酚（焦没食子酸）很容易吸收氧气，故常把它用于气体混合物中氧的定量分析。

5. 成醚反应

由于酚羟基与苯环形成 p-π 共轭体系，使得 C—O 键很难发生断裂，因此酚与醇不同，通常很难发生分子间的脱水反应生成醚。酚醚的生成一般是在碱性条件下生成酚盐后再与卤代烃或硫酸酯作用得到[威廉姆逊(Williamson)反应]。

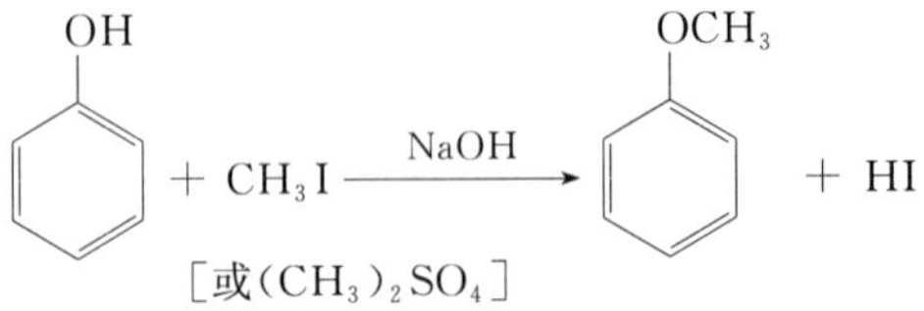

工业上用此反应合成除草醚：

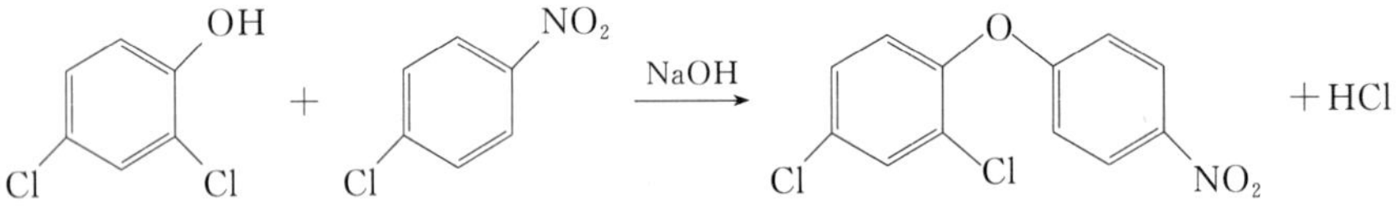

2，4-二氯苯酚　　对硝基氯苯　　除草醚

思考题 7-3　解释下列实验事实：2，4，6-三硝基苯酚的 pK_a 为 0.78，比乙酸的 pK_a(4.74) 小，且能溶于碳酸氢钠水溶液。

7.2.4 重要的酚类化合物

1. 苯酚

苯酚俗称石炭酸，无色晶体，熔点 43 ℃，沸点 181 ℃，室温下微溶于水（在 60 ℃以上可与水互溶），易溶于乙醇、乙醚。工业上主要是分解异丙苯的过氧化物来制备的。

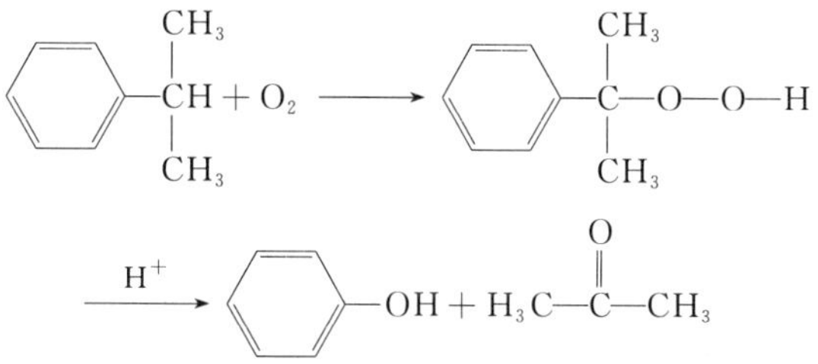

苯酚因易被氧化，保存时应注意避光。苯酚能使蛋白质变性，故有杀菌消毒作用。苯酚是合成塑料、染料、医药、农药、炸药和黏合剂等的重要化工原料。如用三氯化铁作为催化剂，苯酚与氯气反应生成五氯苯酚：

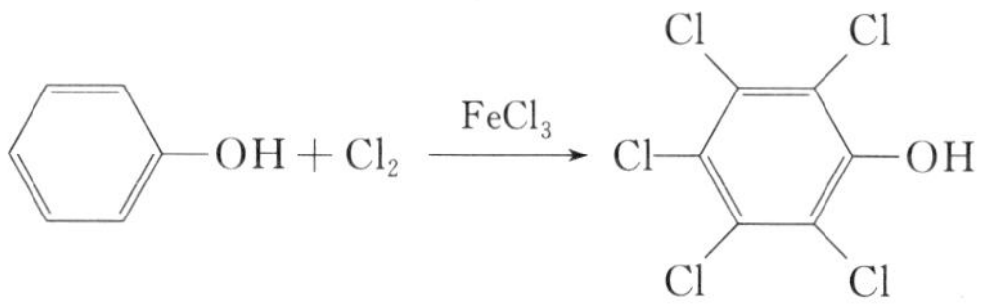

五氯苯酚为无色晶体，可用于除草、木材防腐、消灭钉螺和防治白蚁等。

2. 甲苯酚

甲苯酚又称煤酚，来源于煤焦油，是三种异构体的混合物：

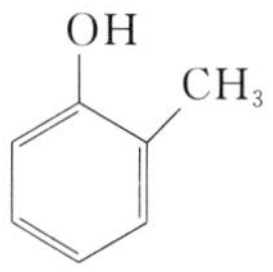

邻甲苯酚

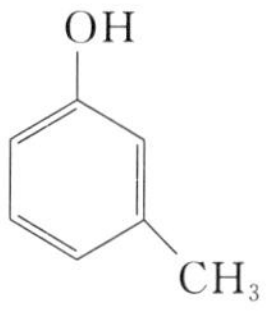

间甲苯酚

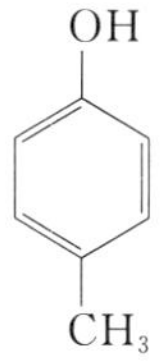

对甲苯酚

由于三者沸点相近，一般不易分离，所以实际使用的是三者的混合物。煤酚的杀菌效能较苯酚大3倍，对大多数病原微生物都有效，毒性及刺激性较小。由于甲苯酚不溶于水，所以在医药行业中常配制成47%～53%的肥皂水溶液供消毒用，称为煤酚皂溶液，俗称来苏儿。

3. 苯二酚

苯二酚存在邻、间、对三种异构体：

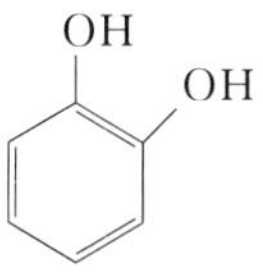

邻苯二酚（儿茶酚）

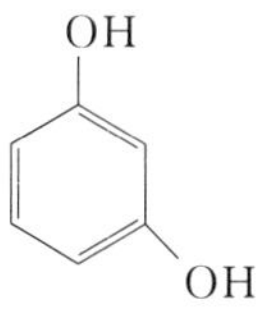

间苯二酚（雷锁辛）

对苯二酚（氢醌）

邻苯二酚和对苯二酚的主要用途是用作还原剂，如作为显影剂，能将胶片上感光后的溴化银还原为银；对苯二酚在实验室里常用作抗氧剂，还可作为阻聚剂，它能防止高分子单体被氧化剂氧化聚合等。医药上常用的肾上腺素含有邻苯二酚结构：

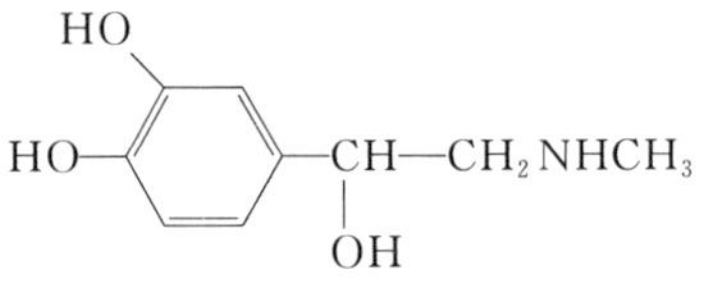

间苯二酚在自然界不存在，可由人工制得。它具有杀菌作用，强度仅为苯酚的 1/3，刺激性也小，其 20～100 g/L 的油膏及洗剂可用于治疗皮肤病。

7.3 醚

醚可看作水分子中两个氢原子被烃基取代的产物，也可看作是醇或酚分子中的羟基上氢原子被烃基取代的产物。醚的官能团是醚键（C—O—C），其通式为（Ar）R—O—R′（Ar′），R 可以是饱和烃基、不饱和烃基及脂环烃基。

7.3.1 醚的分类和命名

两个烃基相同的醚称为对称醚或单醚；两个烃基不同的醚称为不对称醚或混醚。根据醚中两个烃基的类别，将醚分为脂肪醚和芳香醚两大类。在脂肪醚中，根据烃基的不同结构又分成饱和醚、不饱和醚、环醚、冠醚等。芳香醚又可分为单芳基醚和二芳基醚。根据醚键的数目，还可把醚分成一元醚和多元醚。

醚的命名法有两种：普通命名法和系统命名法。

比较简单的醚通常用普通命名法命名，采用与氧相连的两个烃基而命名。脂肪族单醚就在醚前面加上烃基的名称，省略“二”字，芳香族单醚“二”字不能省略；混醚必须按小基团在前，大基团在后的原则表示；如果含有芳基，则芳基名称应该放在前面。例如：

$H_3C—O—C_2H_5$

甲乙醚

$H_5C_2—O—C_2H_5$

（二）乙醚

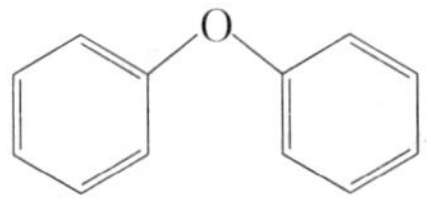

二苯醚

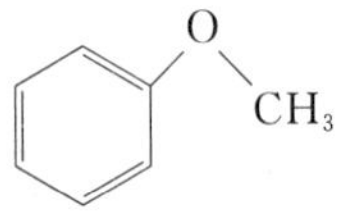

苯甲醚（茴香醚）

醚中的烃基比较复杂，或者分子中含有其他更优先的官能团时，则采用系统命名法。将较大的复杂的烃基作为母体，将较小的烃基和氧原子一起作为取代基（即烃氧基，RO—）。例如：

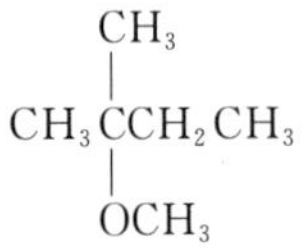

2-甲基-2-甲氧基丁烷

$CH_3OCH_2CH_2CH_2OCH_3$

1,3-二甲氧基丙烷

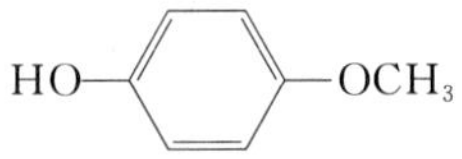

对甲氧基苯酚

7.3.2 醚的物理性质

大多数醚在室温下都是具有一定香味的液体（甲醚为气体）。由于分子中没有与氧原子相连的氢，所以醚分子间不能形成氢键，醚的沸点与相对分子质量相近的烷烃大致相近。例如,正庚烷(相对分子质量为100)的沸点为98.7 ℃,而甲基正戊醚(相对分子质量为102)的沸点为100 ℃。

醚不是线型分子,它有一个小的偶极矩,所以醚是一个弱极性分子,加上醚中含电负性大的氧原子,小分子的醚可以与水或醇形成氢键,因此,它们在水中的溶解度比烷烃大,并能溶于许多极性溶剂中。低级的醚微溶于水。但大多数醚由于氧原子被烃基“包围”,在水中几乎不溶。许多有机化合物能溶于醚,且醚在许多化学反应中活性很低,因此醚类常被用作溶剂和萃取剂。相对分子质量较低的醚具有麻醉作用,如乙醚、乙烯基醚。表7-3为部分醚的主要物理常数。

表7-3 部分醚的主要物理常数

名称	熔点/℃	沸点/℃	相对密度(d_4^{20})	溶解度(25 ℃)/(g/100 g水)
甲醚	−138.5	−23.7	1.617(气)	溶
乙醚	−116.3	34.6	0.708	7.5
正丙醚	−122	90.1	0.752	微溶
异丙醚	−60	68.5～69.0	0.725	0.2
正丁醚	−97.9	142.4	0.773	<0.05
二苯醚	26.9	258.3	1.073	微溶
苯甲醚	−37.4	153.8	0.990	不溶
苯乙醚	−29.5	170	0.965	不溶
环氧乙烷	−111.7	10.7	0.882 4	∞
1,4-二氧六环	11.8	101.4	1.034	∞

7.3.3 醚的化学性质

醚的化学性质比较稳定,不与一般的氧化剂、还原剂反应,在碱性介质中尤为稳定,因此醚经常被用作有机溶剂。常温下醚与金属钠也不起反应,因而可用金属钠干燥醚,但醚分子中的氧原子上有孤电子对,可以与酸作用,形成锌盐。另外醚键在一定条件下也可发生断裂。

1.锌盐的生成

氧提供未共用电子对与其他原子或基团结合而成的物质称为锌盐。醚由于氧原子上带有孤对电子,可接受质子。但醚接受质子的能力很弱,是一个弱碱,必须在浓强酸作用下才能生成锌盐。

$$H_3CH_2C—\ddot{\underset{\cdot\cdot}{O}}—CH_2CH_3 + H_2SO_4(浓) \xrightarrow{冷} \left[H_3CH_2C—\underset{\displaystyle H}{\overset{\cdot\cdot}{\underset{|}{O}}}—CHCH_3 \right]^+ HSO_4^-$$

将乙醚与浓 H_2SO_4 混合,由于生成锌盐,乙醚溶解,同时放出大量的热。将溶液倒入冰水中,锌盐分解,乙醚层又分离开来。

醚还可以和 BF_3、$AlCl_3$ 和 RMgX 等反应，生成配合物。例如：

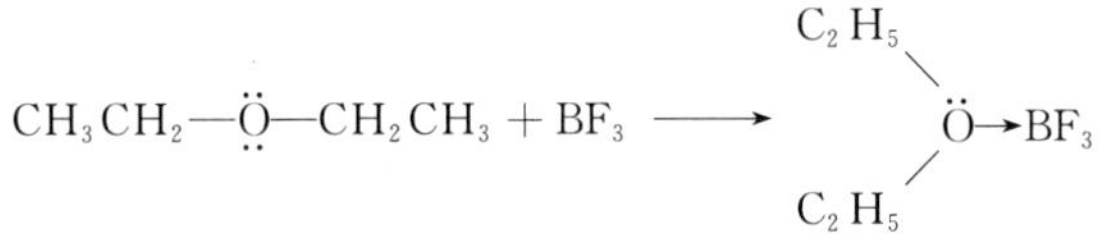

2. 醚键的断裂

醚在加热的情况下同浓 HI 或 HBr 反应，醚键发生断裂，生成卤代烃和醇或酚。例如：

$$CH_3OCH_2CH_3 + HI \xrightarrow{\triangle} CH_3I + CH_3CH_2OH$$

混醚反应时，一般是小的烃基断裂生成卤代烃，大的基团生成醇。

甲基醚、乙基醚与 HI 酸反应，几乎定量生成碘甲烷或碘乙烷。将反应生成的碘甲烷收集后再与 $AgNO_3$ 反应，根据生成的碘化银的量，计算出甲氧基的含量，这个方法称为蔡塞尔(Zeisel)烷氧基定量测定法。

对于单芳基醚，由于芳基与氧原子形成 p-π 共轭效应，芳氧键连接比较牢固，因而与 HI 反应时，发生烷氧键断裂，生成碘代烷和酚。二芳基醚则不易被 HI 分解。

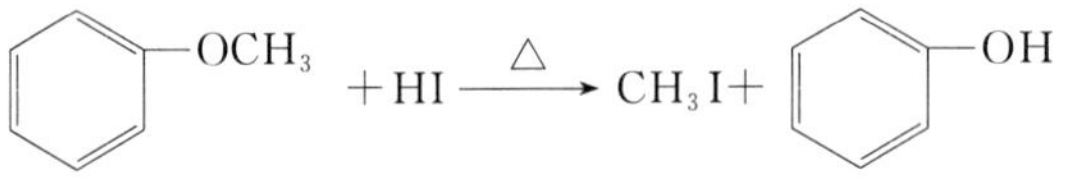

3. 过氧化物的形成

一般氧化剂不与醚反应，但是醚与空气长时间接触可以生成过氧化物，氧化通常发生在 α-碳原子上。

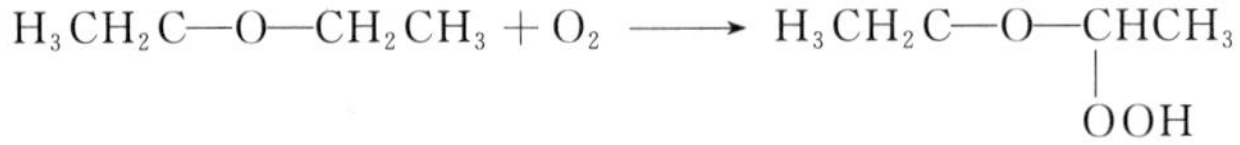

过氧化物不稳定，加热时可能发生爆炸。因此醚应避光、密封存放于阴凉处。此外，用醚类作溶剂，过氧化物的存在还会引起一些副反应。因此，醚类应尽量避免暴露在空气中。过氧化物挥发度低，并且在受热情况下非常容易爆炸，在使用以前，特别在蒸馏以前，应当检验是否有过氧化物存在，并把它除去。

常用的检验方法是用 KI-淀粉试纸，若存在过氧化物，则试纸显蓝色。除去过氧化物的方法是向其中加入硫酸亚铁或亚硫酸钠等还原剂以破坏过氧化物。

思考题 7-4

1. 完成下列反应式。

(1) 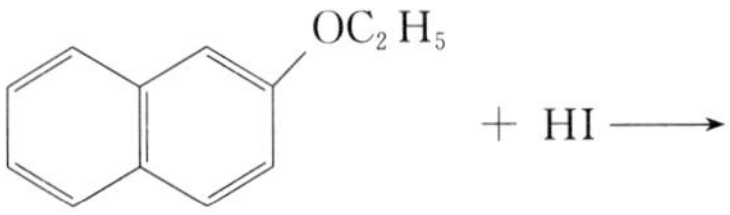

(2) 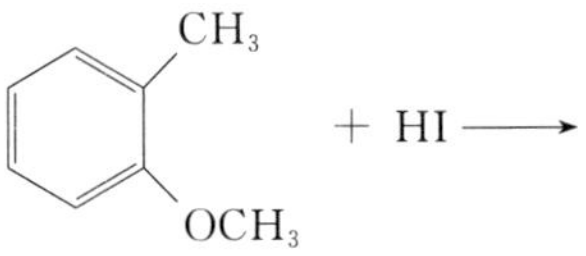

(2)为什么二苯醚不能被浓 HI 分解？

7.3.4 重要的醚类化合物

1. 乙醚

乙醚是一种常见和重要的醚，常温下为无色液体，沸点为 34.6 ℃，极易挥发和燃烧，着火点低，在操作中容易产生静电，当乙醚蒸气在空气中达到一定浓度时，遇火即发生爆炸，即使没有火焰，乙醚的蒸气遇到热的金属（如铁丝网）也会着火，因此使用时应该注意安全，尤其要避开明火。

乙醚微溶于水，能溶于多种有机物，其本身化学性质稳定，是常用的有机溶剂。吸入乙醚蒸汽会导致失去知觉，所以乙醚也是麻醉剂。

工业上，乙醚是用硫酸或氧化铝为催化剂使乙醇脱水制得的。普通乙醚中含有少量的水、乙醇和乙醛。为某些特殊用途，如用于合成格氏试剂，必须除去微量的水和醇。可以将普通乙醚先用氯化钙处理，而后用金属钠干燥，这样处理的乙醚叫绝对乙醚。为防止乙醚的自动氧化，有时在乙醚中加入铁丝或铁屑以避免过氧化物的生成。

2. 环醚

氧在环上的醚称为环醚，也称为环氧化合物。环氧化合物的系统命名是将环氧原子作为取代基，称为环氧，并在环氧前写上相连碳原子的编号，用短线与其相连。或按杂环化合物命名。例如：

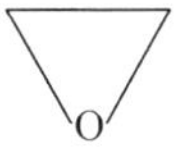

环氧乙烷

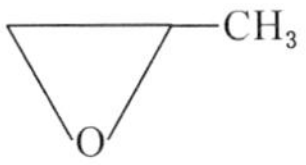

1,2-环氧丙烷

1,4-环氧丁烷
（或四氢呋喃）

1,5-环氧戊烷
（或四氢吡喃）

最简单和最重要的环醚是环氧乙烷，该三元环状化合物为无色气体，沸点为 11 ℃。环氧乙烷与环丙烷一样，由于具有环张力而不稳定，性质非常活泼，能与多种化合物发生开环加成反应，开环时在 C—O 键间断裂。

环氧乙烷主要与含有活泼氢的化合物反应（如 H_2O，ROH，NH_3 等），以及与格氏试剂反应。例如：

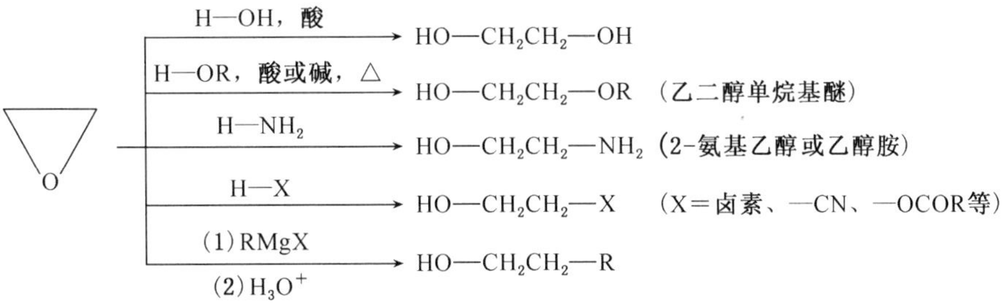

由环氧乙烷生成的乙二醇、乙二醇单烷基醚、乙醇胺及其他各种化合物都是重要的化工产品。例如乙二醇不但是高沸点溶剂以及溶纤剂和防冻剂，也是用于制造合成纤维（即涤纶）的原料。乙二醇单烷基醚是良好的溶剂，乙醇胺不但作为润湿剂和防锈剂，还大量用于

制造油漆的催干剂及黏合剂，β-羟基丙腈可用于制造β-羟基酸，也可用于制造丙烯腈。环氧乙烷与格氏试剂的反应可以得到增长两个碳原子的伯醇，这个反应常用在有机合成中。

思考题 7-5

(1)完成下列反应式。

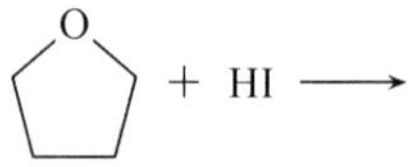

(2)为什么 1,2-环氧化合物比一般的醚类化合物更容易发生碳氧键的断裂反应？

7.3.5 冠醚

含多个氧的大环醚称为冠醚，它们的结构特征是分子中含多个—OCH_2CH_2O—重复单元。冠醚是 20 世纪 60 年代后期发展起来的、具有特殊性能的化合物，其特点是能与钾、钠等金属离子配合。

冠醚的系统命名法比较复杂，使用不便。由于最简单的冠醚的构象外形与西方的王冠相似，因此，美国杜邦公司的研究人员佩德森(Pedersen)等把这类大环多醚称为冠醚。它们的命名带有"冠"字，冠醚的名称记为 X-冠-Y，X 表示冠醚环的总原子数目，Y 则表示冠醚环中氧原子数。

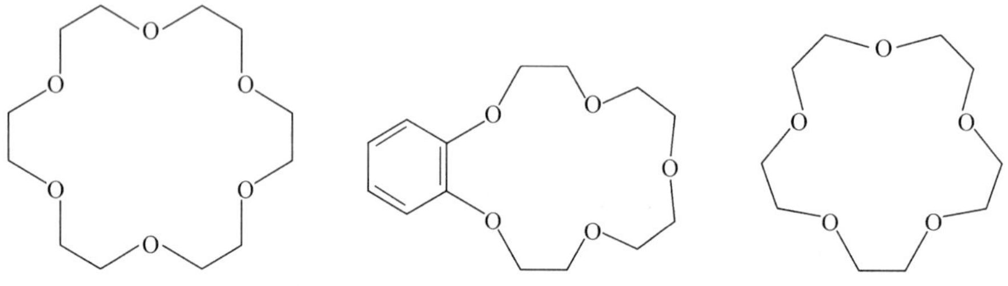

18-冠-6　　　　苯并-15-冠-5　　　　15-冠-5

冠醚主要用威廉姆逊(Williamson)合成法制备。例如，将三甘醇和相应的二氯化物与氢氧化钾一起加热，可以得到 18-冠-6：

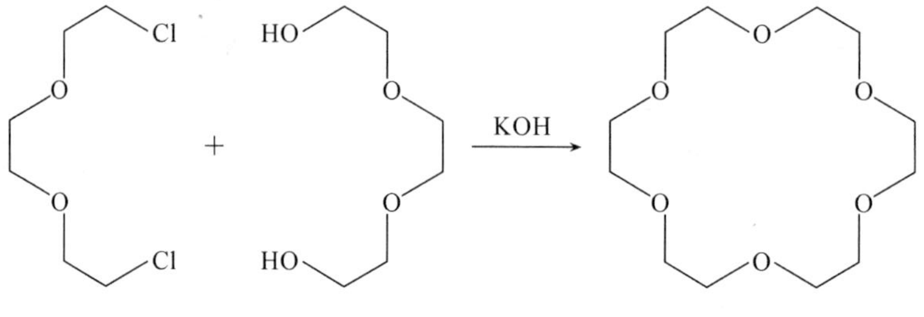

三甘醇　　　　18-冠-6

冠醚最显著的性质是能与金属盐,特别是碱金属盐形成配合物。在冠醚分子中,氧原子上的孤对电子向着环的内侧,当适合于环大小的金属离子进入环内时,氧原子与金属离子则通过静电作用形成配合物。不同冠醚环的大小不同,可以容纳不同大小的离子。例如,K^+的半径为 0.133 nm,18-冠-6 的空穴为 0.26～0.32 nm,K^+ 可以进入 18-冠-6 的空穴,因此 18-冠-6 可以与 K^+ 形成配合物。同理,12-冠-4 可与 Li^+ 形成配合物。因此,冠醚的一个重要用途就是分离金属离子。

冠醚的另一个重要用途是作为相转移催化剂。冠醚环上具有亲油性的亚甲基排列在环外侧,因而,冠醚能溶于有机溶剂。这样,冠醚能够将有机酸盐或无机酸盐的阳离子套在环里带进有机溶剂,同时相应的阴离子也随之进入有机溶剂,且具有较高的游离性,故它将不溶于有机溶剂的试剂转移到有机溶剂中,将某些不均相的反应变为在均相体系中进行,可有效提高反应速率。例如,用 $KMnO_4$ 氧化烯烃时,由于 $KMnO_4$ 不溶于有机溶剂,所以难以发生反应。当在反应中加入 18-冠-6 后,冠醚的环套住了 K^+,故也能将 MnO_4^- 带入有机溶剂中,使反应在均相中顺利进行。

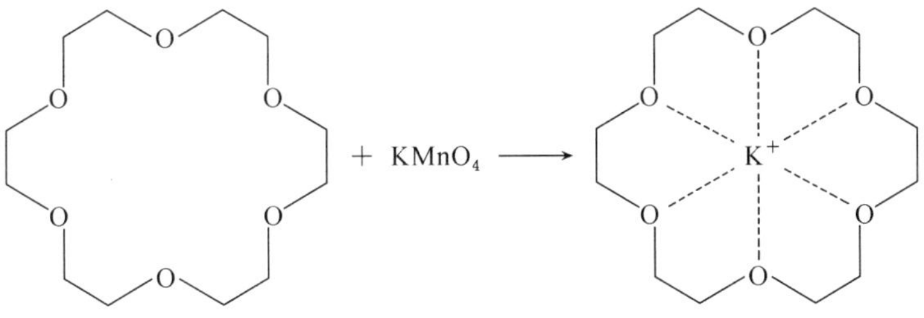

18-冠-6

相转移催化反应比传统方法具有反应速率快、条件温和、操作方便、产率高等优点。由于冠醚的价格昂贵,且毒性较大,所以使用受到限制,使用过程中必须注意避免吸入其蒸气或与皮肤接触。

7.4　硫醇、硫酚、硫醚

醇、酚、醚分子中的氧被硫代替之后得到的相应产物就是硫醇、硫酚、硫醚。硫醇与硫酚含有的硫氢基(—SH),叫巯基。

H—O—H	水	H—S—H	硫化氢
R—O—H	醇	R—S—H	硫醇
Ar—O—H	酚	Ar—S—H	硫酚
R—O—R′	醚	R—S—R′	硫醚

硫醇、硫酚、硫醚的命名很简单,只需在相应的含氧衍生物“类名”前加上“硫”字即可。例如:

H_3C—SH	C_2H_5—S—C_2H_5	$HOCH_2CH_2SH$
甲硫醇	乙硫醚	2-羟基乙硫醇

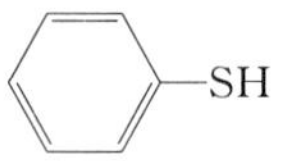
苯硫酚

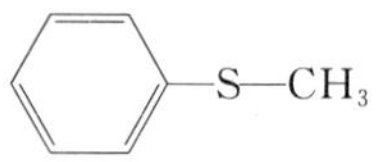
苯甲硫醚

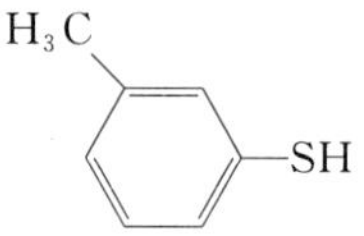
间甲苯硫酚

如果—SH(硫氢基或巯基)作为取代基命名时,命名法与其他官能团(如—OH)的命名原则相同。例如:

$HS—CH_2—COOH$

巯基乙酸

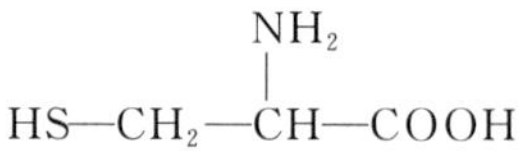
2-氨基-3-巯基丙酸

7.4.1 硫醇、硫酚、硫醚的物理性质

相对分子质量较低的硫醇有毒,具有极其难闻的臭味。乙硫醇在空气中的浓度达到 2×10^{-11} g/L 时即能为人所觉察,因此它常用于煤气检漏。黄鼠狼散发出来的防护剂中就含有丁硫醇。环境污染中硫醇为恶臭的主要来源。随着硫醇相对分子质量增大,臭味逐渐变弱。低级硫醇在多种动植物中都有一定含量,如在胡萝卜、洋葱、咖啡、牛奶中均发现有微量的甲硫醇;牛肉中含有乙硫醇;洋葱中含有丙硫醇;大蒜中有烯丙硫醇;咖啡中含有苄硫醇。硫醇类化合物具有葱、蒜等特殊气味,因而在食品香精中也有应用。例如:

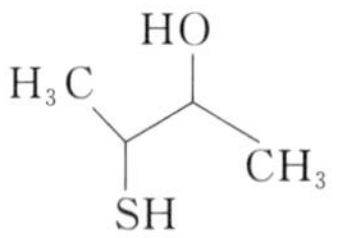
葱肉香型

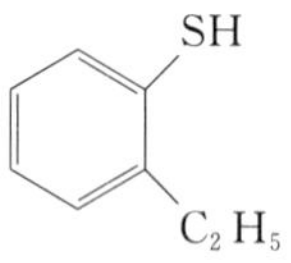
坚果香型

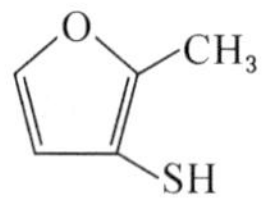
烤肉香型

硫醇的沸点比相应醇低得多,例如,乙醇的沸点为 78.5 ℃,而乙硫醇的沸点则为 37 ℃。同时它们也难溶于水而易溶于有机溶剂。

低级的硫醚是无色液体,有臭味但不如硫醇强烈。硫醚的沸点比相应的醚高,与相对分子质量相近的硫醇相当;但由于硫醚不能与水分子形成氢键,其在水中的溶解度远小于醚,几乎不溶于水。表 7-4 列出了某些硫醇、硫酚、硫醚的主要物理常数。

表 7-4 几种常见有机硫化合物的主要物理常数

名称	熔点/℃	沸点/℃	溶解度(25 ℃)/(g/100 g 水)	pK_a
甲硫醇	−121	5.96	溶	10.70
乙硫醇	−147	37.0	1.5	10.50
丙硫醇	−112	67.8	微溶	—
丁硫醇	−116	97.8	微溶	—
甲硫醚	−98.3	37.3	不溶	—
乙硫醚	−103.3	92.1	不溶	—
苯硫酚	−14.9	169.5	不溶	7.80

7.4.2 硫醇、硫酚的化学性质

硫醇、硫酚结构与醇、酚类似，但是在化学性质上存在着显著的差别。这在硫醇、硫酚的酸性和氧化反应这两个方面表现得尤其突出。

1.酸性

硫醇和硫酚的酸性要比相应的醇、酚强得多。例如，乙硫醇的 pK_a 为 10.5，是由于硫的价电子在第三层，与氢原子的 1s 轨道的重叠程度较差，所以 S—H 键比 O—H 键容易解离。虽然它难溶于水，但易溶于稀的氢氧化钠水溶液，生成乙硫醇钠，而乙醇的 pK_a 为 16，不能与碱的水溶液反应。

$$CH_3CH_2SH + NaOH \longrightarrow CH_3CH_2SNa + H_2O$$

硫醇和硫酚还能同重金属铅、汞、铜、银等的氧化物作用，生成难溶化合物：

$$2RSH + HgO \longrightarrow \underset{\text{硫醇汞(白色沉淀)}}{(RS)_2Hg\downarrow} + H_2O$$

许多重金属盐能引起人、畜中毒，原因是这些重金属离子能与机体内蛋白质和某些酶分子结构中的巯基结合，破坏了蛋白质结构并使酶失去活性。故常采用 2,3-二巯基丙醇(俗称巴尔、BAL)作为重金属盐中毒的解毒剂，它可以与重金属离子形成稳定的配合物，从尿中排出，从而消除重金属对体内蛋白质和酶的破坏作用，达到解毒的目的。

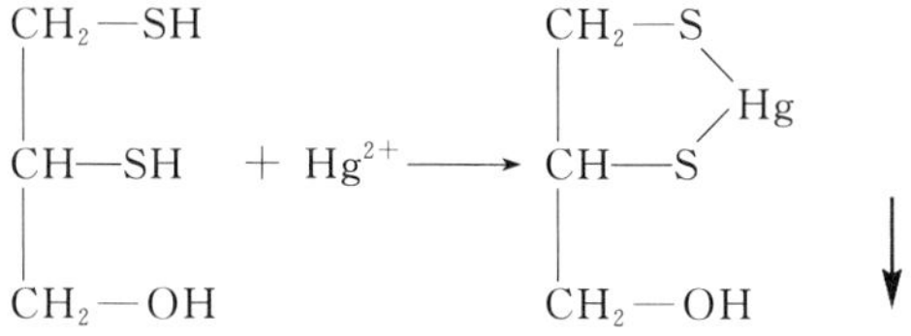

2.氧化反应

硫醇和硫酚可以被氧化，氧化反应发生在硫原子上。例如，硫醇在 I_2、稀 H_2O_2 溶液中，甚至在空气中氧的作用下(以铜、铁作催化剂)，进行温和的氧化反应，生成二硫化物，后者又可被还原为硫醇或硫酚：

$$R—SH \underset{[H]}{\overset{[O]}{\rightleftharpoons}} R—S—S—R$$

硫醇和二硫化物之间的氧化还原反应在生物体内十分重要，是生物体内常见的反应之一。如半胱氨酸与胱氨酸的氧化还原反应为：

二硫化物也可以进一步被氧化成高价化合物。如自然界存在的大蒜素和合成抗菌剂 401、402 都是二硫化物的氧化物。

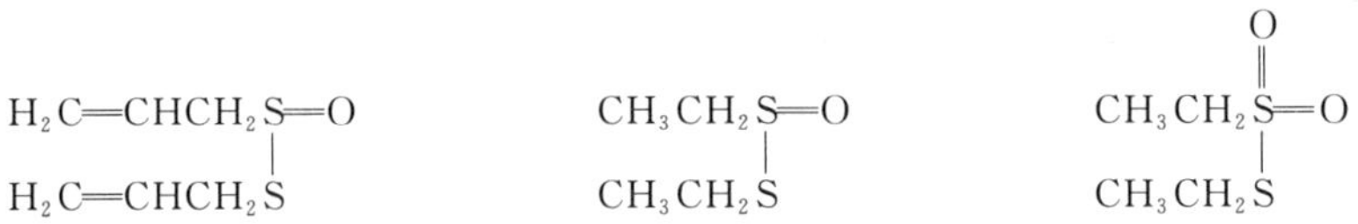

大蒜素　　401 抗菌剂(乙基大蒜素)　　402 抗菌剂

硫醇与强氧化剂作用,可被氧化成磺酸:

$$RSH \xrightarrow{HNO_3} \underset{\text{亚磺酸}}{RSO_2H} \xrightarrow{HNO_3} \underset{\text{磺酸}}{RSO_3H}$$

7.4.3 硫醚的化学性质

硫醚与醚相似,其化学性质比较稳定。由于硫原子有良好的给电子性,所以硫醚具有较明显的碱性和亲核性,以及易于氧化的特点。

硫醚具有较弱的碱性,与强酸作用生成锍盐:

$$R_2S + H_2SO_4 \rightleftharpoons R_2\overset{+}{S}H\overset{-}{SO_4}H$$

硫醚也具有较强的亲核性,与活泼的卤代烷作用生成卤代三烷基锍盐。

$$R_2S + RX \rightleftharpoons R_2\overset{+}{S}RX^-$$

硫醚与氧化剂作用可被氧化成亚砜或砜类化合物。例如:

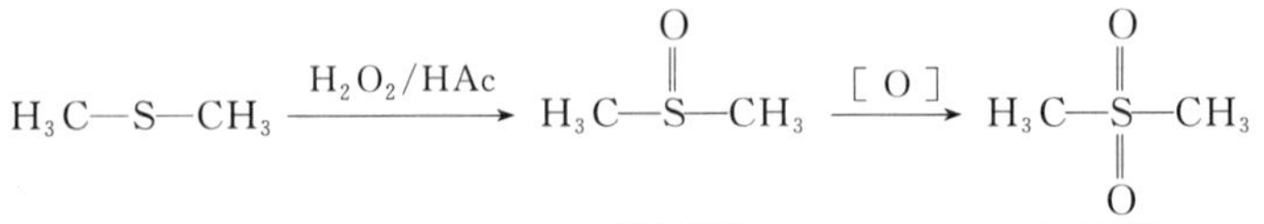

二甲亚砜　　二甲砜

7.4.4 重要的含硫化合物

1. 甲硫醇

甲硫醇是合成医药、农药和蛋氨酸等的重要原料。同时甲硫醇也是神经毒物,对中枢神经系统有麻醉作用,高浓度可致呼吸中枢麻痹而死亡。传统的合成方法有:卤代烷与硫氢化钾反应;卤代烷与硫代硫酸钠反应;二硫醚化合物还原等。

2. 二甲亚砜

二甲亚砜(DMSO)为无色液体,沸点 189 ℃,与水配成的溶液熔点可降至 −75 ℃,在 130 ℃以上会有热分解现象,是优良的非质子性极性溶剂,能溶解许多无机盐和有机化合物。二甲亚砜有一定的毒性,并且能迅速透过皮肤对人的神经系统和血液造成危害,使用时应予注意。工业上二甲亚砜是采用二甲硫醚的空气氧化法生产的,NO_2 为催化剂。

3.有机硫杀菌剂

许多含硫有机化合物在农业上被广泛地应用于植物病害的防治,它们总称为有机硫杀菌剂。例如,大蒜中含有一种有机硫化合物叫蒜氨酸。蒜氨酸本身无抗菌活性,但当大蒜的组织被破坏时,蒜氨酸在酶的作用下,分解成具有杀菌作用的大蒜素。大蒜的气味就是大蒜素产生的。大蒜素是油状液体,难溶于水,可溶于乙醇或乙醚。主要用于防治痢疾和小麦锈病、瓜果霜霉病等。

福美类杀菌剂属于二硫代氨基甲酸类杀菌剂,这类杀菌剂中,目前应用最多的是福美铁和福美锌。福美铁主要用于防治稻瘟病、纹枯病、瓜果的炭疽病、锈病、缩叶病和烟草的青霉病。福美锌主要用于防治蔬菜的霜霉病、瓜果的炭疽病、白粉病和稻瘟病等。

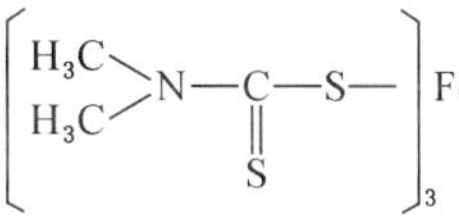

福美铁

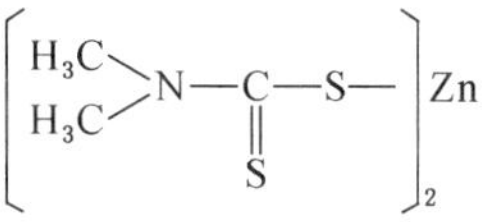

福美锌

思考题 7-6　醇的氧化产物与硫醇的氧化产物有何不同?

习　题

7-1　命名下列化合物。

(1) $CH_3CHCH_2CH_3$ (OH on C-2)

(2) $CH_3CHOHCH_2CH_2OH$

(3) $CH_3C{=}CHCH_2CH_2OH$ (CH_3 on C-3)

(4) 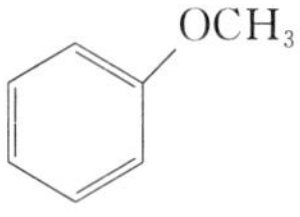

(5) 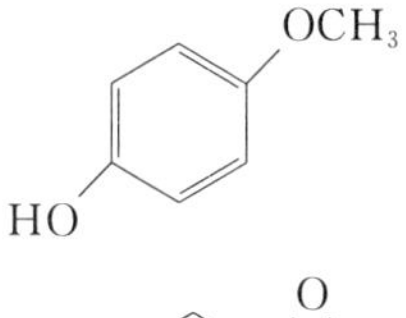

(6) 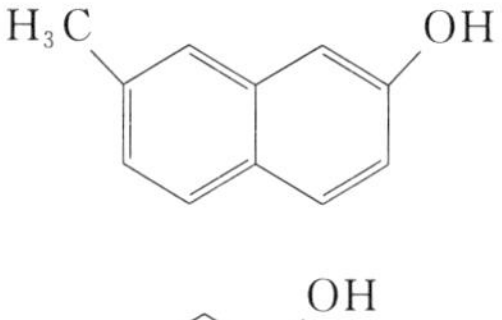

(7) $CH_3OCH{=}CHCH_3$

(8) 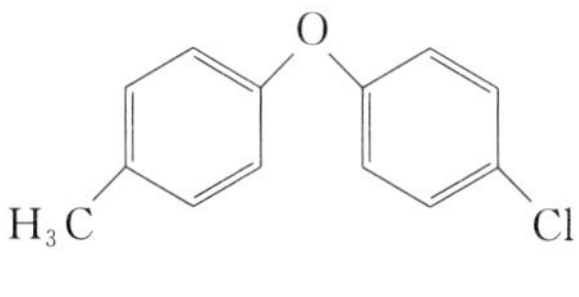

(9) 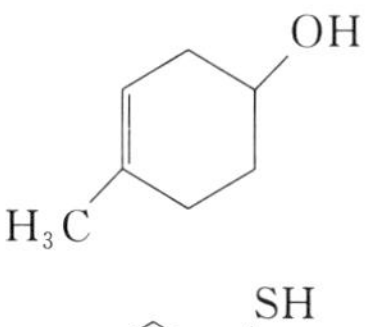

(10) $CH_3CHCH_2CH_3$ (SH on C-2)

(11) $H_2C—CH—CH_2$ (SH, SH, OH)

(12) 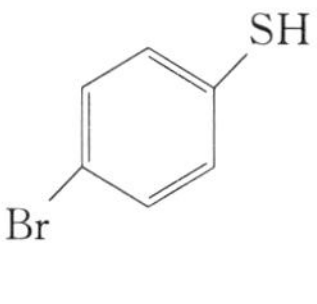

7-2　写出下列化合物的结构式。

(1)2,3-二甲基-2,3-丁二醇　(2)反-4-甲基环己醇　(3)对氯苯酚
(4)二苯醚　(5)乙二醇二甲醚　(6)6-硝基-2-萘酚
(7)苦味酸　(8)乙硫醇　(9)(*S*)-3-甲基-1-戊烯-3-醇
(10)二甲亚砜　(11)乙基环戊基硫醚　(12)2-萘硫酚

7-3 比较下列化合物的沸点。

(1)CH_3CH_3 (2)CH_3OCH_3 (3)CH_3CH_2OH (4)$HOCH_2CH_2OH$

7-4 将下列各化合物酸性由强到弱排序。

(1) 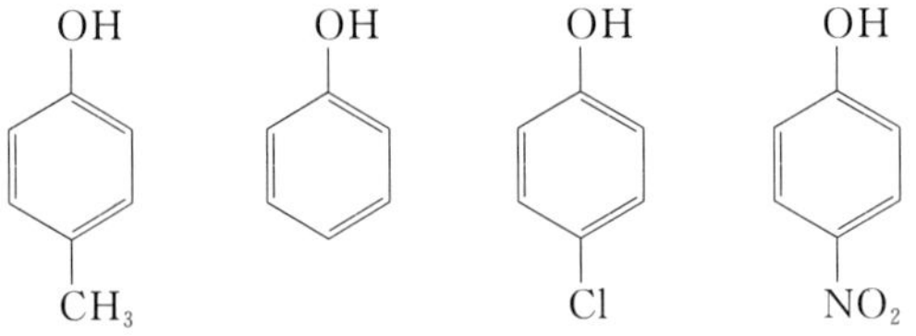

(2) 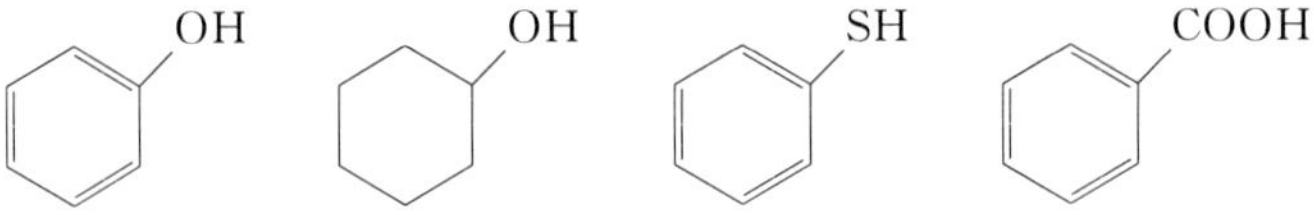

7-5 完成下列化学反应式。

(1) $H_3C\underset{\underset{CH_3}{|}}{C}H-\underset{\underset{OH}{|}}{C}H-CH_3 \xrightarrow[\triangle]{浓 H_2SO_4}$ (2) $CH_3\underset{\underset{OH}{|}}{C}HCH_2CH_3 \xrightarrow{PBr_3}$

(3) 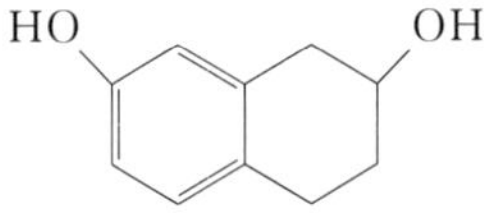 + HBr ⟶ (4) 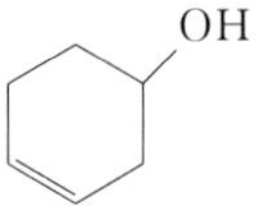 $\xrightarrow[\triangle]{浓 H_2SO_4}$

(5) 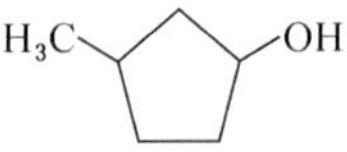 $\xrightarrow{KMnO_4/H^+}$ (6) 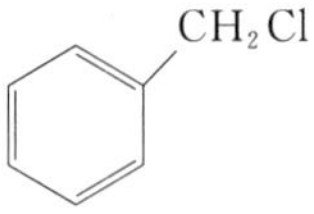 + 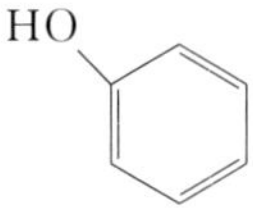 $\xrightarrow{NaOH}$

(7) 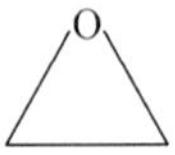 + $H_2O \xrightarrow[\triangle]{H^+}$ (8) $C_2H_5SH + NaOH \longrightarrow$

7-6 完成下列合成题(无机试剂任选)。

(1)由 $H_2C=CH_2$ 合成 $CH_3CH_2CH_2CH_2OH$

(2)由 $CH_3CH_2CH_2CH_2OH$ 合成 $CH_3CH_2\overset{\overset{OH}{|}}{C}HCH_3$

(3)由 $CH_2=CH-CH=CH_2$ 合成 $HOCH_2CH_2CH_2CH_2OH$

(4)由  合成 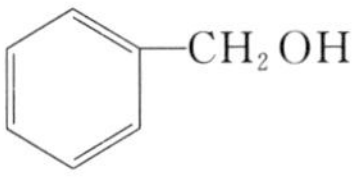

7-7 用简单的化学方法鉴别下列化合物。

(1) 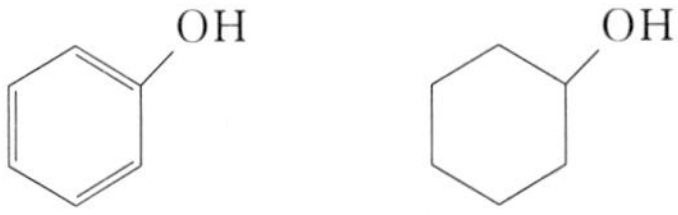

(2)  $HO-\overset{\overset{CH_3}{|}}{\underset{\underset{CH_3}{|}}{C}}-CH_3$

(3) 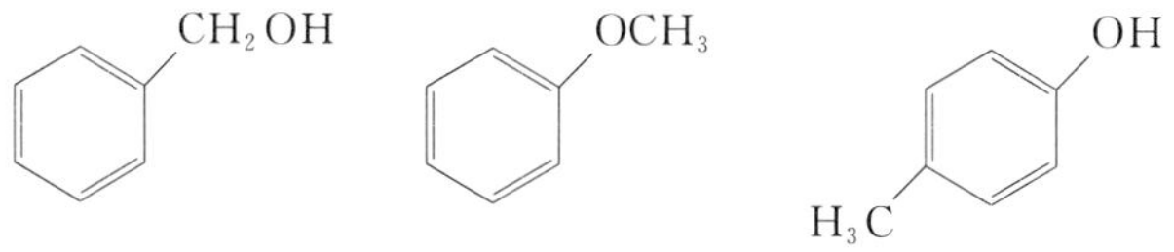

(4) $HSCH_2CH_2SCH_3$ 与 $HOCH_2CH_2SCH_3$

7-8 推断结构

(1)某化合物 A 分子式是 $C_5H_{12}O$,能被 $K_2Cr_2O_7$ 的浓 H_2SO_4 溶液氧化生成 $C_5H_{10}O$(B);A 与浓 H_2SO_4 共热生成 C_5H_{10}(C);将 C 用 $KMnO_4$ 氧化后得丙酮和乙酸。试推测化合物 A、B、C 可能的结构式。

(2)化合物 A 组成为 C_7H_8O,不溶于 NaOH 水溶液,但与浓 HI 酸反应生成 B 和 C。B 能与 $FeCl_3$ 发生显色反应,C 能与 $AgNO_3$ 的乙醇溶液作用生成沉淀。试推测化合物 A、B、C 可能的结构式,并写出有关反应方程式。

Chapter 8 第 8 章

醛、酮、醌

Aldehydes, Ketones, Quinones

醛、酮、醌都是分子中含有羰基（$>C=O$）的化合物。在醛分子，羰基位于碳链一端，至少与一个氢原子相连接；羰基位于碳链中间，与两个烃基相连接的化合物属于酮类；醌是一类特殊的不饱和环状共轭二酮，在分子中含有两个双键和两个羰基。

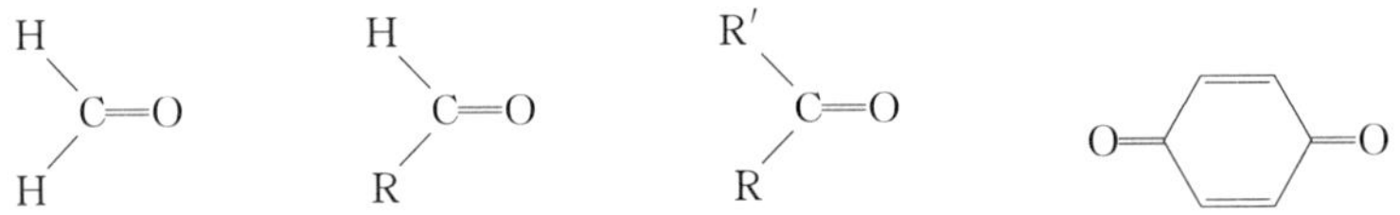

甲醛　　醛　　酮　　对苯醌

醛和酮在自然界中分布非常广泛，它是动植物代谢过程中的重要中间产物，并在代谢过程中起到重要的作用，在医学、食品工业及日化生产中也得到了广泛的应用。

8.1 醛和酮

8.1.1 醛、酮的概述

醛分子中的羰基至少连有一个氢原子，通式为 $R-C(=O)-H$，简写为 RCHO，其官能团称为醛基（$-C(=O)-H$），醛基总是处于碳链的一端。

酮分子中的羰基与两个烃基相连，通式为 $R-\overset{\overset{O}{\|}}{C}-R'$，其羰基又称为酮基。与酮基相连的烃基其中一个（或两个）为甲基时称为甲基酮。

8.1.2 醛、酮的分类和命名

根据羰基连接的烃基不同,醛、酮可分为脂肪族醛、酮和芳香族醛、酮。根据烃基的结构又可分为饱和醛、酮与不饱和醛、酮。例如：

CH_3CHO 脂肪醛(饱和醛)

$CH_3CH{=}CHCHO$ 脂肪醛(不饱和醛)

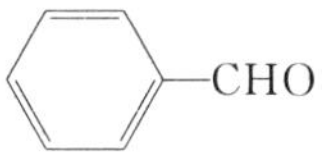
芳香醛

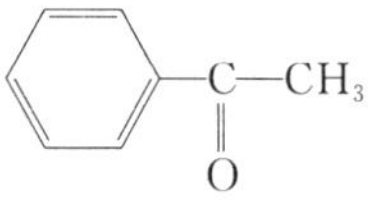
芳香酮

根据分子中含有的羰基的数目,醛、酮又可分为一元醛、酮和二元醛、酮等。

结构简单的醛、酮采用普通命名法命名。醛的普通命名法与烷烃相似,按分子中碳原子数称某醛;酮按羰基所连的两个烃基来命名,即在酮字前加上与羰基相连两个烃基的名称(习惯上将基字略去)。例如：

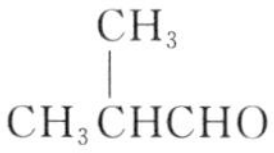
异丁醛

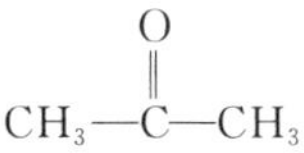
二甲(基)酮

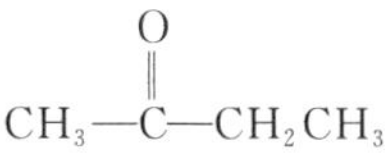
甲(基)乙(基)酮

结构复杂的醛、酮采用系统命名法命名:选择含羰基的最长碳链为主链,按主链碳原子数称为某醛或某酮。主链编号从靠近羰基端开始,酮要标出羰基的位置,主链上有取代基时,用阿拉伯数字或希腊字母标明取代基的位次。

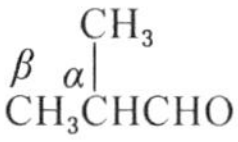
2-甲基丙醛
(α-甲基丙醛)

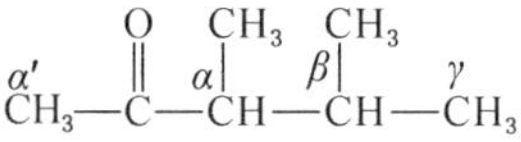
3,4-二甲基-2-戊酮
(α,β-二甲基-2-戊酮)

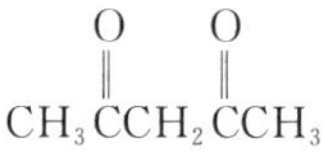
2,4-戊二酮

对不饱和脂肪族醛、酮,所选择的主链应该是含有羰基和不饱和键的最长碳链,在命名时还要标出不饱和键的位置。

$CH_3CH{=}CHCHO$
2-丁烯醛(巴豆醛)

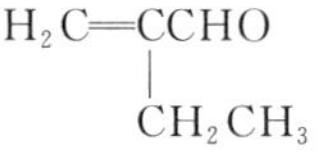
2-乙基-2-丙烯醛

脂环族醛、酮和芳香族醛、酮命名时,通常将脂环或芳香环作为取代基,例如：

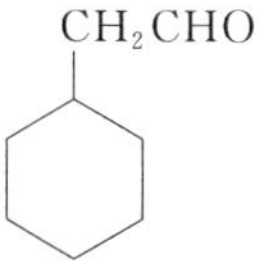
环己基乙醛

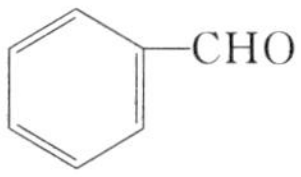
苯甲醛(苦杏仁油)

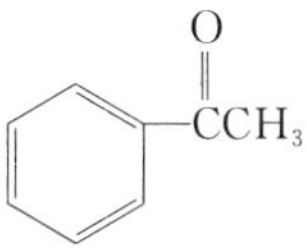
苯乙酮

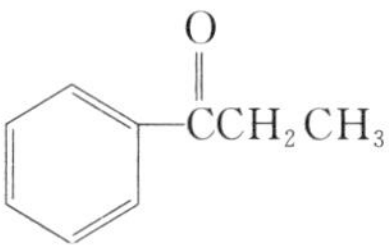
1-苯基-1-丙酮

若脂环酮的羰基在环内,则称为环某酮。

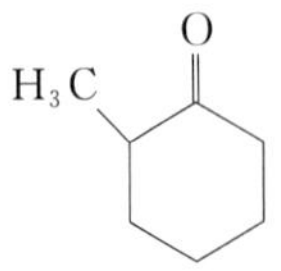
2-甲基环己酮

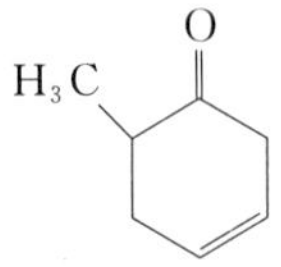
6-甲基-3-环己烯-1-酮

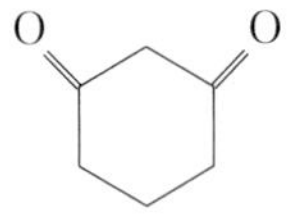
1,3-环己二酮

在实际工作中有些醛还常用俗名表示(括号内是其俗名):

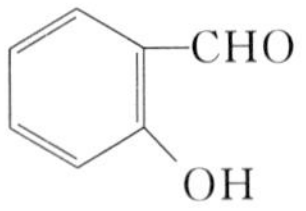
邻羟基苯甲醛(水杨醛)

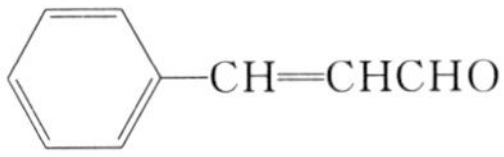
3-苯基丙烯醛(肉桂醛)

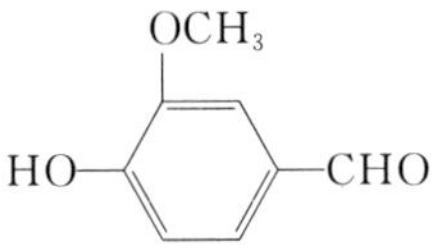
4-羟基-3-甲氧基苯甲醛(香草醛)

同时含有酮基和醛基的化合物,称为某酮醛。

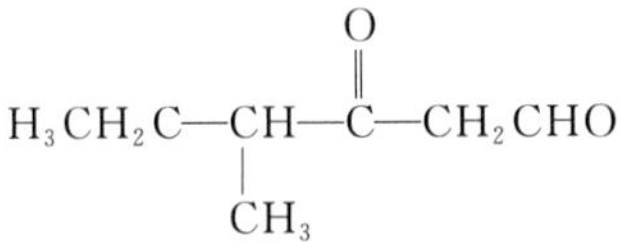
4-甲基-3-己酮醛

思考题 8-1 命名下列化合物。

(1) 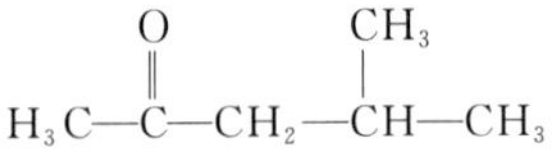

(2) $(CH_3)_2CHCOCH(CH_3)_2$

(3) 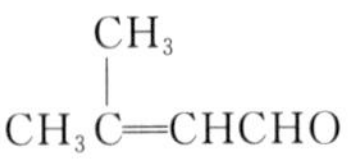

(4) 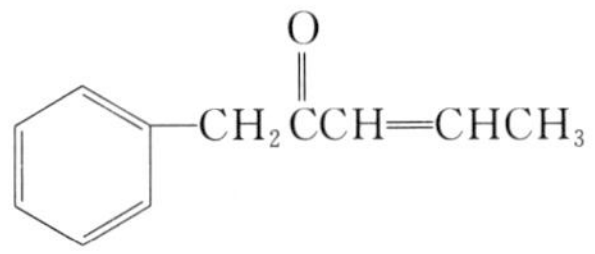

8.1.3 醛、酮的物理性质

由于羰基极性较大,醛、酮的沸点高于相对分子质量相近的烷烃、醚、卤代烃等极性较小的化合物,但低于醇、酸类化合物。常温下,除甲醛是气体外,十二个碳以下的脂肪醛、酮均为液体,高级脂肪醛、酮和芳香酮多为固体。低级醛具有强烈的刺激气味,中级醛、酮具有特殊的香味。

醛、酮的羰基氧能与水分子形成氢键,因此低级醛、酮可与水互溶。醛、酮在水中的溶解度随着相对分子质量增加而减小,大多数醛酮微溶或不溶于水。一些常见醛、酮的物理常数见表 8-1。

表 8-1 一些常见醛、酮的物理常数

名称	熔点/℃	沸点/℃	相对密度(d_4^{20})	溶解度/(g/100 g 水)
甲醛	−92	−21	0.815	55
乙醛	−121	20.8	0.783	16
丙醛	−81	48.8	0.807	20
丁醛	−99	75.7	0.817	4
苯甲醛	−26	178.6	1.046	0.33
丙酮	−95.4	56.2	0.791	混溶
丁酮	−86.9	79.6	0.805	35.3
2-戊酮	−77.8	102	0.809	几乎不溶
3-戊酮	−40	102	0.814	4.7
环己酮	−16.4	156	0.948	微溶
苯乙酮	19.7	202.3	1.026	微溶

8.1.4 醛、酮的化学性质

在醛、酮分子中，羰基碳以 sp^2 杂化轨道分别与氧及其他两个原子形成了三个 σ 键，三个 σ 键共平面，键角约 120°，碳原子中未杂化的 p 轨道和氧原子的一个 p 轨道以"肩并肩"形式重叠，形成 π 键。在碳氧双键中，氧的电负性大于碳的电负性，导致氧原子上电子云密度较大，带部分负电荷，碳原子上电子云密度较小，带部分正电荷，使碳氧双键具有较大的极性。

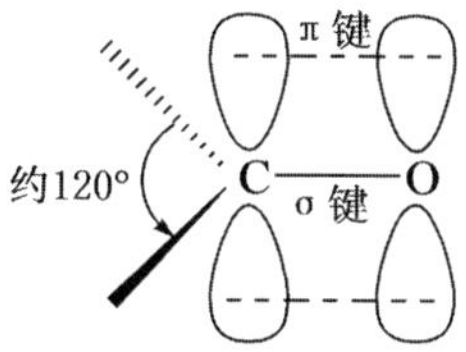

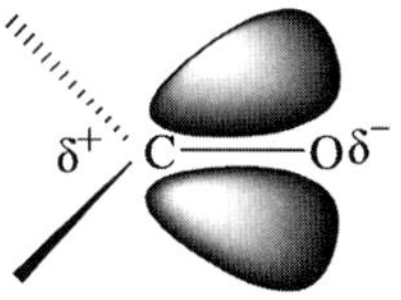

概括来讲，醛、酮的化学性质主要表现为：①羰基的加成反应；②烃基上 α-氢的反应；③醛基上氢原子的氧化反应等。可描述如下：

1. 羰基上的加成反应

在醛、酮分子中，由于羰基上的碳、氧电负性相差较大，电子云偏向氧，使羰基呈较强的极性，它可与 HCN、$NaHSO_3$、ROH 等许多极性试剂发生加成反应。与烯烃的加成不同，醛、酮的加成反应是由带负电荷或带未共用电子对的亲核试剂向带部分正电荷的羰基碳进攻而引起的，这种由亲核试剂进攻而引起的加成反应称为亲核加成反应。亲核加成反应机理可用通式表示如下：

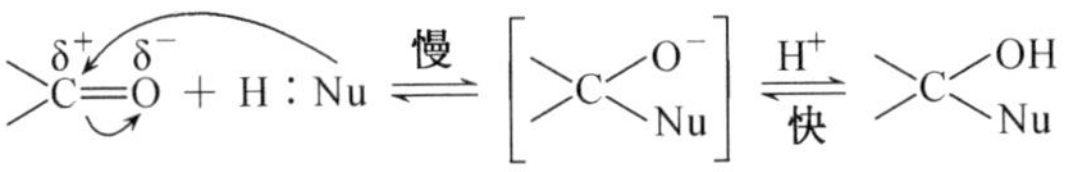

式中：Nu 为亲核试剂。

反应过程首先是亲核试剂加到羰基碳上，将碳氧双键打开，形成四面体结构的氧负离子；接着氧负离子与亲电试剂结合，形成加成产物。

由于决定反应速度的是第一步（慢）反应，所以亲核试剂进攻羰基碳原子是决定整个加成反应的关键步骤，羰基加成反应的活性主要由羰基碳原子的电子云密度、空间位阻及亲核试剂的亲核能力决定。

从电子效应考虑，羰基与吸电子基团相连接时，基团的吸电子能力越强，羰基碳原子上的电子云密度越低，所带正电性越大，越有利于亲核试剂的进攻而发生反应。相反，羰基与给电子基团相连接时，基团的给电子能力越强，羰基碳原子的正电性越小，越不利于亲核试剂的进攻。对于醛、酮化合物，由于酮的羰基碳原子上的两个烃基 R 都是给电子基团，导致羰基碳原子的正电性降低，不利于亲核试剂的进攻，所以酮的亲核加成反应活性比醛小。

从空间效应考虑，羰基碳原子上的空间位阻越小，越有利于亲核试剂的进攻。反之，羰基碳原子上连接的基团体积越大，对亲核试剂的进攻阻碍作用越大，加成反应越难进行。由于酮的羰基碳原子上连有两个烃基，使加成试剂不易靠近羰基，加成反应就难以进行。醛的羰基上至少连有一个体积小的氢原子，所以醛比酮容易发生反应。

对于羰基直接与芳香环相连的芳香醛、酮，由于芳香环不仅有较大的空间位阻，而且可与羰基形成 π-π 共轭，使羰基碳上的正电荷得到分散，导致羰基碳原子的正电性降低，亲核加成反应活性降低。综合考虑各种影响因素，不同结构的醛、酮进行加成反应的活性次序大致如下：

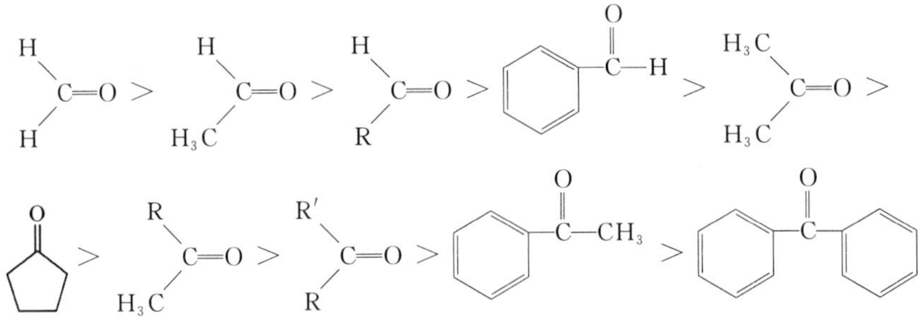

其中 $R \neq CH_3$。

(1)与氢氰酸的加成　醛、脂肪族甲基酮和八个碳以下的环酮能与氢氰酸加成，形成 α-羟基腈（氰醇）。

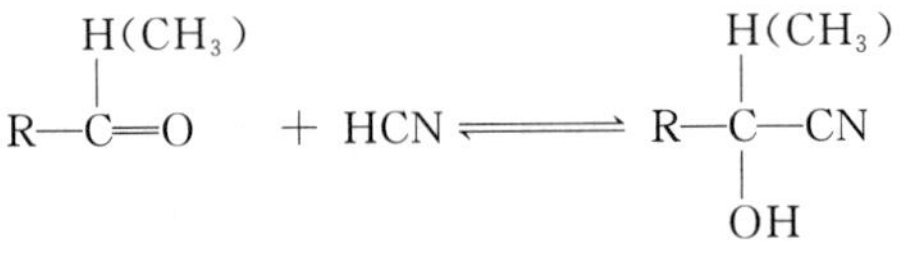

α-羟基腈

醛、酮与氢氰酸加成反应的过程可表示为：

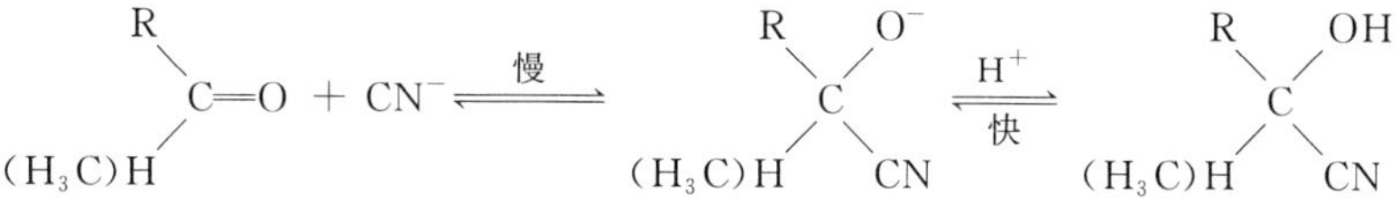

碱对醛或酮加氢氰酸的反应有极大影响。实验证明，丙酮和氢氰酸反应 3～4 h，仅有一半原料起作用；若在反应体系中加入少量氢氧化钾溶液，则反应可在几分钟内完成。这主要是因为氢氰酸是弱酸，它存在有如下的电离平衡：

$$HCN \rightleftharpoons H^+ + CN^-$$

在碱的存在下，促进弱酸 HCN 的电离，增加了强亲核试剂 CN^- 的浓度，促进亲核反应的发生。相反，若加入酸则抑制反应的进行。这也说明了羰基的加成反应是亲核加成。

α-羟基腈在酸性条件下水解，生成 α-羟基酸，因此，这个反应常用于合成比反应物醛、酮多一个碳的 α-羟基酸。

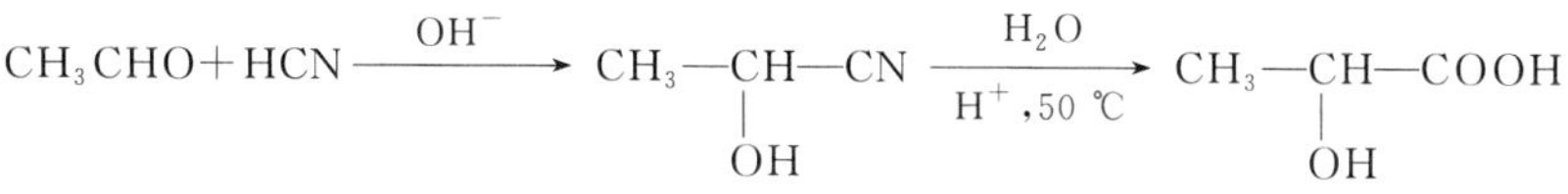

非甲基酮和较大的环酮由于空间位阻较大，反应难以进行。

思考题 8-2 如何以 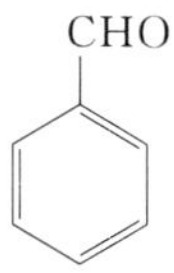 为原料制取 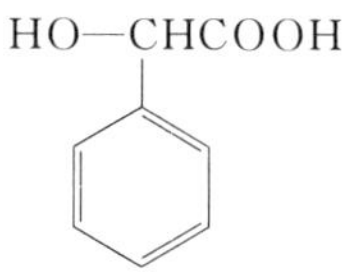 ？

(2)与亚硫酸氢钠的加成 亚硫酸氢钠是一种较弱的亲核试剂，醛、脂肪族甲基酮及八个碳以下的环酮与过量的饱和亚硫酸氢钠溶液(40%)发生加成反应，生成白色的 α-羟基磺酸钠。反应过程可表示为：

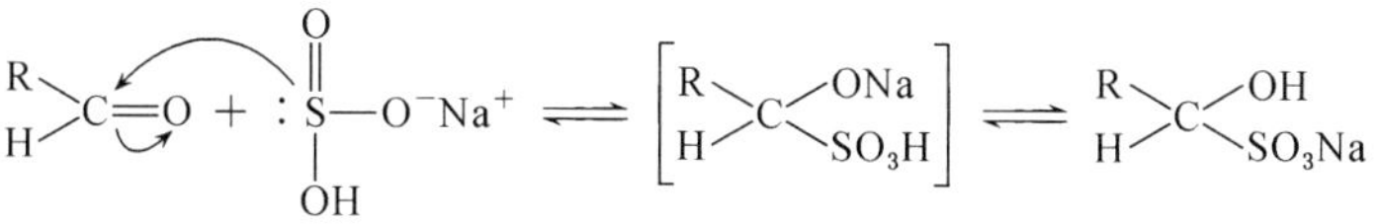

α-羟基磺酸钠

反应是可逆的，产物 α-羟基磺酸钠易溶于水，但不溶于亚硫酸氢钠的饱和溶液中，使用过量的亚硫酸氢钠饱和溶液可促使平衡向右移动，并使产物呈结晶析出。α-羟基磺酸钠与稀盐酸供热后，又分解为原来的醛和酮。

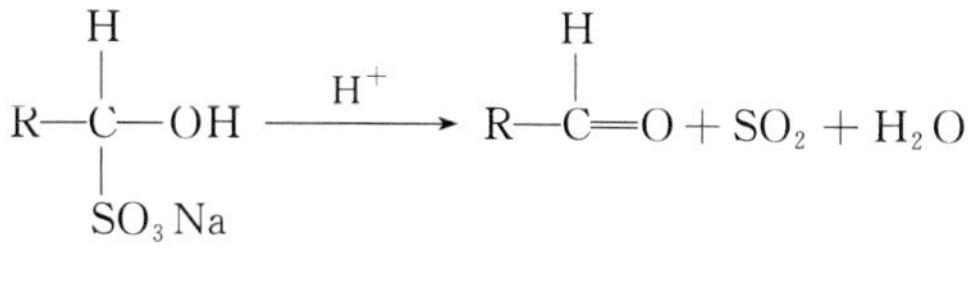

因此可利用此性质来分离提纯相应的醛、酮。

(3)与品红亚硫酸溶液的反应　品红是一种红色有机染料。在品红水溶液中通入二氧化硫，生成亚硫酸与品红结合而成的无色物质，这种无色溶液叫希夫(Schiff)试剂，它与醛作用可生成紫红色的加成物质，而酮则没有这个反应(唯有丙酮可缓慢作用产生很淡的颜色)。希夫试剂与醛作用和亚硫酸氢钠与醛作用相仿，反应式可以用下式简要表示为：

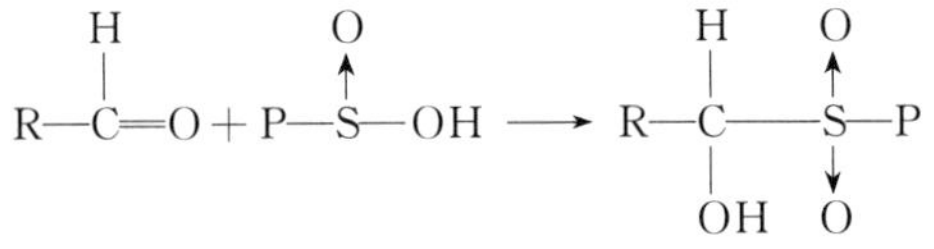

品红亚硫酸(无色)　　紫红色

因此，利用希夫试剂可以鉴别醛和酮。用品红试剂鉴别醛和酮时，溶液既不能加热，也不能含有酸、碱和氧化剂，这些物质都会使品红试剂分解而变红色。

品红亚硫酸与醛生成的紫红色溶液中加入稀硫酸(60%)后，除甲醛生成的紫红色不退色外，其他醛所生成的颜色都将退色，所以又可用此反应鉴别甲醛和其他醛。

(4)与格氏试剂的反应　格氏试剂是较强的亲核试剂，极易与醛、酮进行加成反应，格氏试剂中的烃基加在羰基碳原子上，而—MgCl 部分则加到羰基氧原子上，加成产物不必分离便可直接水解生成醇。

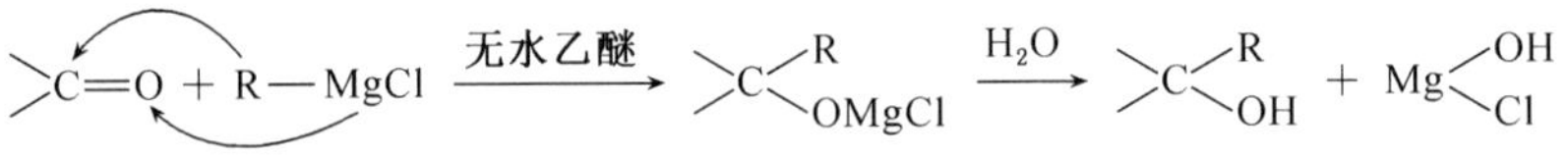

格氏试剂与甲醛作用并水解后，得到比格氏试剂多一个碳原子的伯醇；当格氏试剂与其他醛作用并水解后，得到仲醇；而酮与格氏试剂反应的最终产物是叔醇。这是合成复杂醇类的重要方法，也是有机合成中增长碳链常用的方法。

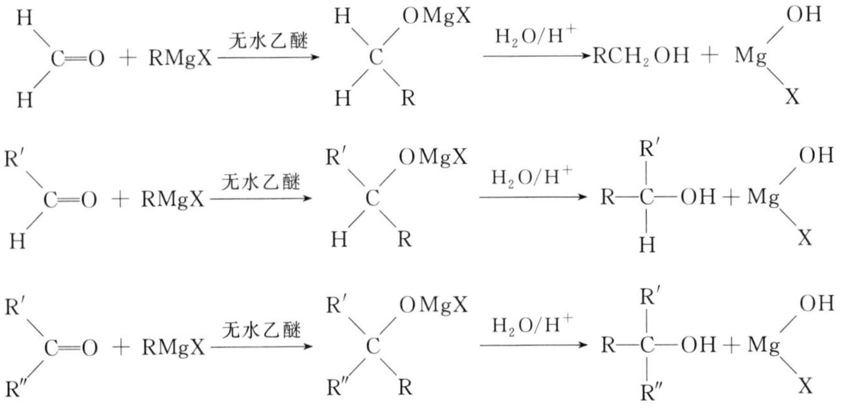

思考题 8-3　完成下列转化。

(5)与醇的加成　醇是一种较弱的含氧亲核试剂,在酸的催化作用下,醛与醇发生亲核加成反应,生成半缩醛。半缩醛很不稳定,容易分解成原来的醛和醇,但在干燥的氯化氢作用下,半缩醛可进一步与过量的醇分子间脱水,形成稳定的缩醛。

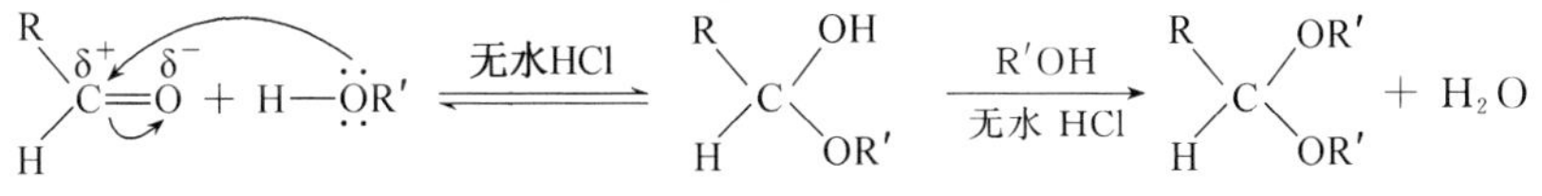

半缩醛　　缩醛

同样条件下,酮很难与一元醇作用得到缩酮,但可与乙二醇等反应生成环状缩酮。

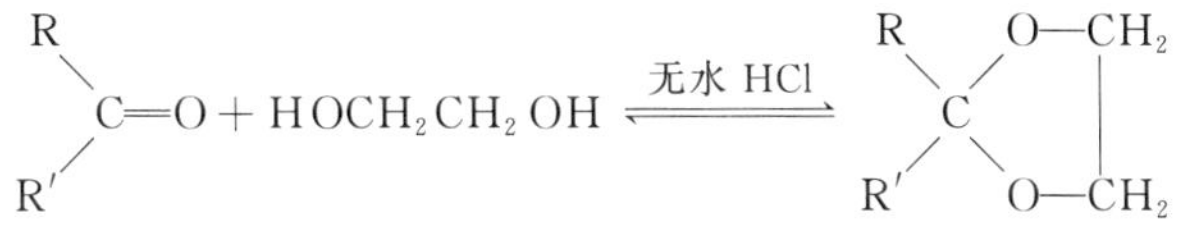

缩醛可以看作是同碳二元醚,性质与醚相似,对碱、氧化剂、还原剂都比较稳定,但在稀酸中易水解成原来的醛和醇,因此,在缩醛反应中要使用无水 HCl 作催化剂。

在有机合成中,常利用这种特性来保护醛基,避免醛基在反应过程中遭到破坏。例如,丙烯醛转化为 2,3-二羟基丙醛的过程可表示如下:

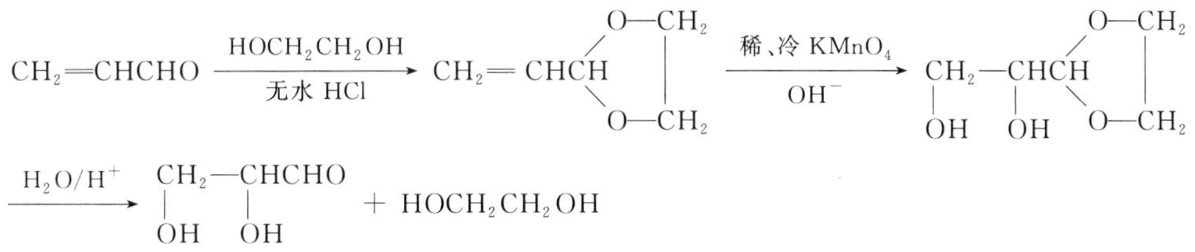

思考题 8-4　完成下列反应式。

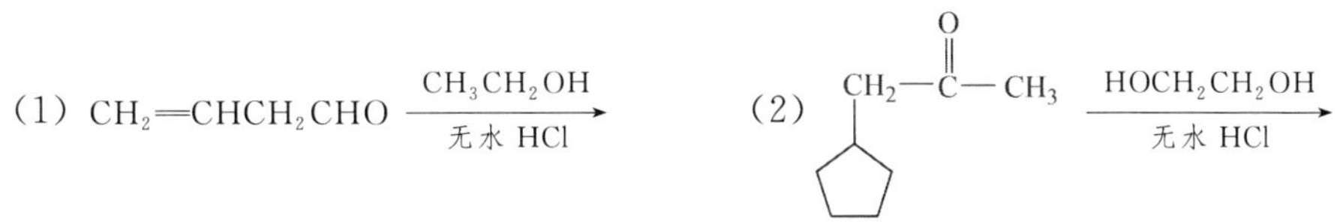

(6)与水的加成　水是一种极弱的亲核试剂,与大多数的醛、酮不能发生加成反应。但少数含活泼羰基的醛、酮可与水加成,形成水合醛、酮,例如:

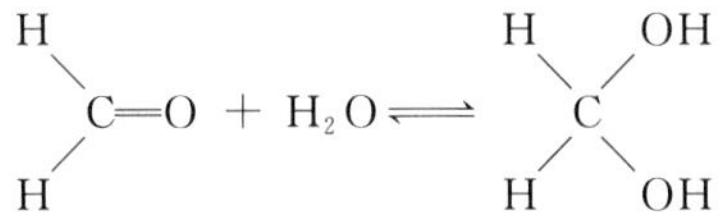

水合甲醛

由于水合醛、酮分子中两个羟基连在同一碳原子上,属于同碳二元醇。同碳二元醇一般不稳定,易脱水分解成原来的醛或酮。因此虽然甲醛的水合产物在水溶液中是稳定的,但不能将它们的水合产物从溶液中分离出来。

要分离出稳定的水合产物，醛、酮分子的羰基上必须连有强吸电子基。例如，三氯乙醛分子中，由于三个氯原子的吸电子诱导效应，升高了羰基碳原子上的正电性，羰基活性升高，有利于亲核试剂的进攻，使它与水反应生成的水合三氯乙醛可稳定存在。

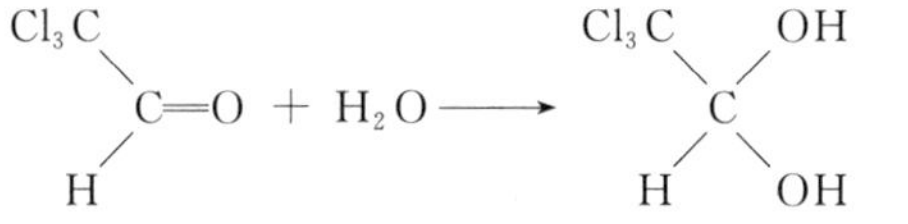

水合三氯乙醛

水合三氯乙醛简称水合氯醛，为白色晶体，在医学上可用作催眠药和镇静剂。由于分子中羰基的强吸电子效应，茚三酮也很容易与水形成稳定的水合茚三酮。

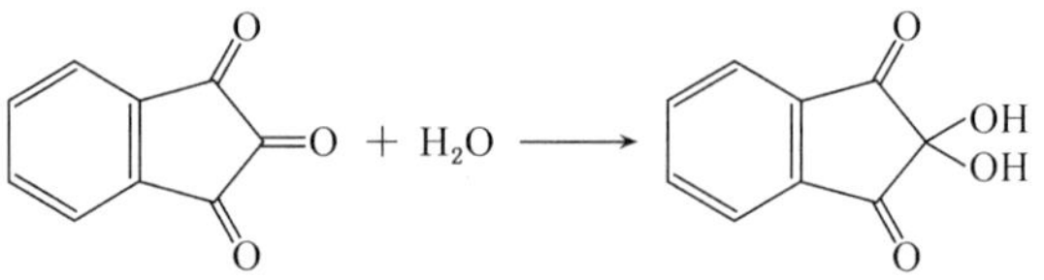

水合茚三酮

水合茚三酮常被用作 α-氨基酸色谱分析中的显色剂。

(7)与氨及氨的衍生物的反应　羰基化合物可与氨及氨的衍生物发生亲核加成反应，反应首先形成不稳定的加成产物，随即分子内脱水，形成含有碳氮双键的产物，因此，这个反应被称为加成-消除反应：

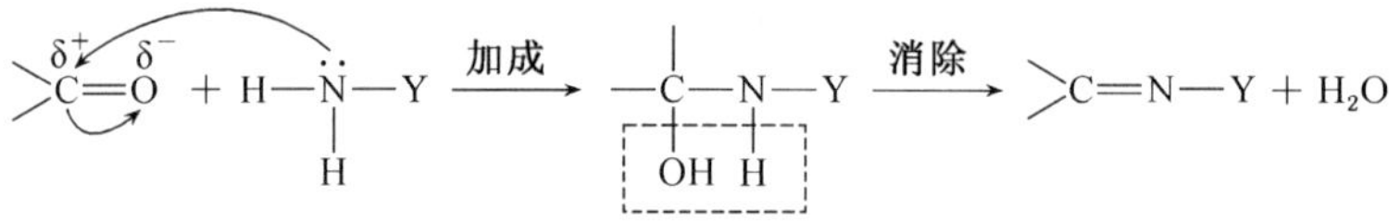

反应可简写为：

氨与羰基化合物反应的产物不稳定，会继续失水聚合，生成复杂的产物。例如甲醛与氨作用，可形成一种叫作六亚甲基四胺的环状化合物，俗称乌洛托品。

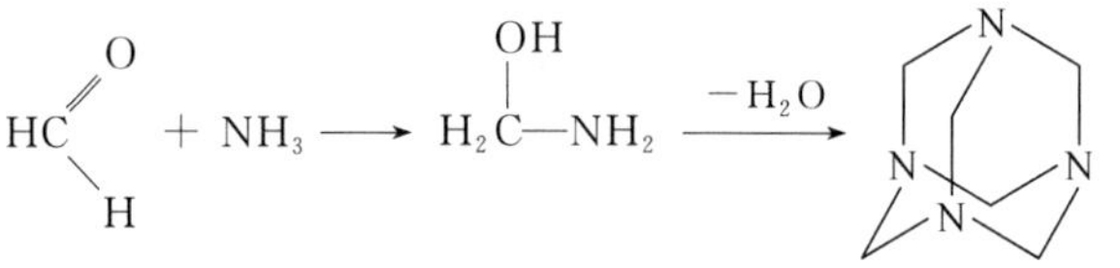

六亚甲基四胺

六亚甲基四胺是一种白色晶体，熔点 263 ℃，可用作橡胶硫化促进剂、纺织品的防缩剂，在医药行业中用作利尿剂和尿道消毒剂。

能与醛、酮羰基发生加成-消除反应的常见试剂还有下列氨的衍生物：

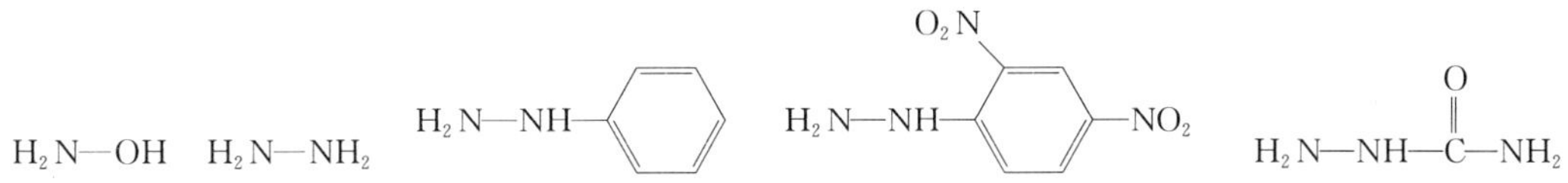

羟胺　　肼　　苯肼　　2,4-二硝基苯肼　　氨基脲

它们与羰基化合物反应可分别表示为：

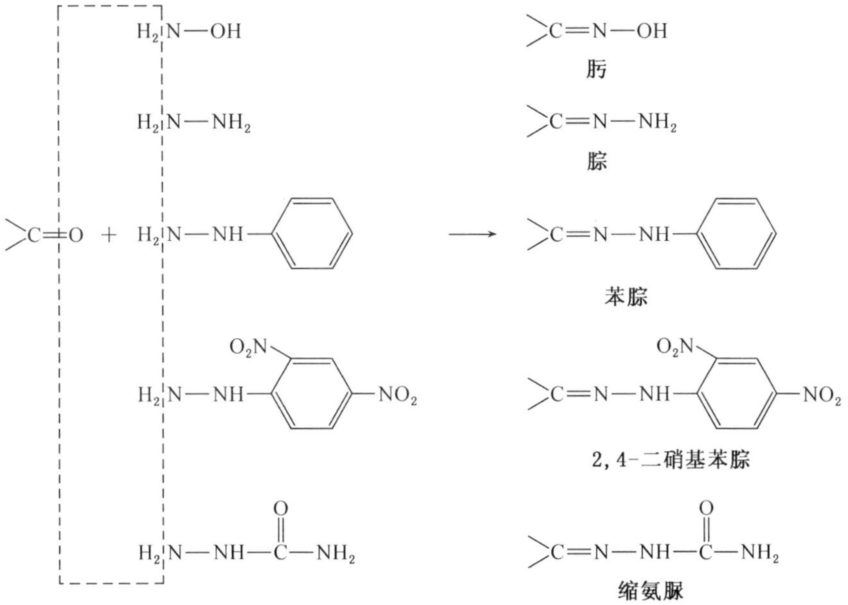

该反应一般在醋酸等弱酸催化下进行，因为羰基氧与质子结合，可以提高反应的活性。但是，若酸性太强，氨的衍生物结构中氮上的未共用电子对可与质子结合，会丧失亲核性。

醛或酮与氨的衍生物反应生成的肟、苯腙及缩氨脲大多数是固体，有固定的结晶形状和熔点，所以这些反应常用来鉴别醛、酮。羟胺、苯肼、2,4-二硝基苯肼、氨基脲等都是检验羰基化合物(醛和酮)的常用试剂，称它们为羰基试剂。

肟、苯腙、2,4-二硝基苯腙及缩氨脲经分离提纯后，用酸处理可以水解成原来的醛、酮，因此这些反应可用来从混合物中分离提纯醛、酮。

思考题 8-5　完成下列反应式，并写出产物的名字。

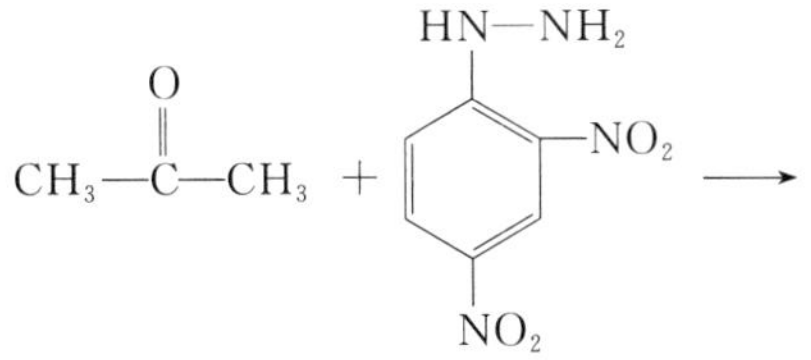

2. α-氢的反应

醛、酮分子中与羰基相连的碳原子称为 α-碳原子，α-碳原子上的氢原子，称为 α-氢原子。α-氢原子由于羰基的诱导效应和 σ-π 超共轭效应的影响，使 α-碳上的碳氢键极性增大，变得比较活泼，具有一定的酸性，在强碱的催化下，具有 α-氢的醛、酮可以形成活泼的反应中间体碳负离子：

$$R-\overset{\overset{\displaystyle O}{\|}}{C}-CH_3 + OH^- \rightleftharpoons R-\overset{\overset{\displaystyle O}{\|}}{C}-CH_2^- + H_2O$$

碳负离子很不稳定，它被亲电试剂（卤素）进攻时，引起 α-氢的卤代反应；它作为亲核试剂向另一分子醛、酮的羰基碳原子进攻时，则引起羟醛缩合反应。

(1)卤代反应　醛、酮分子中的 α-氢容易被卤素取代，生成 α-卤代醛或 α-卤代酮。该反应难以控制在一元取代阶段，主要生成二卤代或三卤代产物。这是分子中引入一个卤素原子后，羰基和卤素的吸电子效应的共同结果，导致其他 α-氢更活泼，易被卤素取代，因此反应进行得更顺利。在碱催化下，卤代反应更容易进行，常用的碱试剂是次卤酸钠或卤素的碱溶液。

$$CH_3-CH_2-CHO \xrightarrow[X_2]{OH^-} \underset{\text{α-卤代丙醛}}{CH_3-\underset{\underset{\displaystyle X}{|}}{C}H-CHO} \xrightarrow[X_2]{OH^-} \underset{\text{α,α-二卤代丙醛}}{CH_3-\overset{\overset{\displaystyle X}{|}}{\underset{\underset{\displaystyle X}{|}}{C}}-CHO}$$

如果醛、酮分子中与羰基直接相连的是甲基，则甲基上三个氢都可被卤素取代，生成三卤代醛、酮。

$$CH_3CHO \xrightarrow[NaOH]{Cl_2} ClCH_2CHO \xrightarrow[NaOH]{Cl_2} Cl_2CHCHO \xrightarrow[NaOH]{Cl_2} Cl_3CCHO$$

在三卤代醛、酮分子中，由于三个卤原子的强吸电子诱导效应，使羰基碳的正电性大大增强，在碱性条件下，容易受亲核试剂 OH^- 进攻而发生碳-碳键断裂，生成三卤甲烷（卤仿）和相应的羧酸盐。由于最终产物中有卤仿，故此反应称为卤仿反应。

$$R-\overset{\overset{\displaystyle O}{\|}}{C}-CH_3 + NaOH + X_2 \longrightarrow R-\overset{\overset{\displaystyle O}{\|}}{C}-CX_3 \xrightarrow{OH^-} CHX_3 + RCOONa$$

若以碘和氢氧化钠为试剂，则生成碘仿（CHI_3）。碘仿是黄色晶体，不溶于水。这个反应灵敏可靠，称为碘仿反应，常用来鉴别羰基上连有甲基的乙醛及甲基酮。

次卤酸钠或卤素的氢氧化钠溶液都是氧化剂，它们可以将乙醇及含有甲基的仲醇氧化成乙醛及甲基酮，再进一步发生卤仿反应，因此碘仿反应也可以用来鉴别乙醇和具有 $CH_3-\overset{\overset{\displaystyle OH}{|}}{C}H-R$ 结构的仲醇。

思考题 8-6 下列化合物中,哪些能发生碘仿反应?

(1)CH_3CH_2OH (2)$CH_3CH_2CH_2OH$ (3) 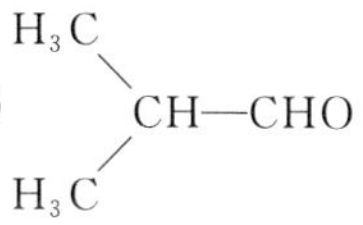 (4) 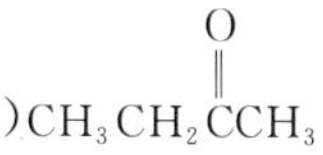

(5)CH_3CHO (6) 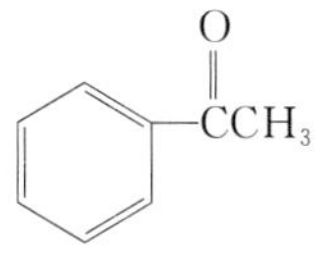 (7) 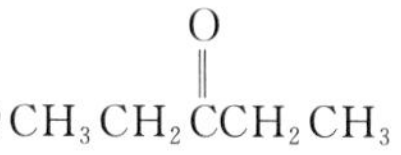 (8) 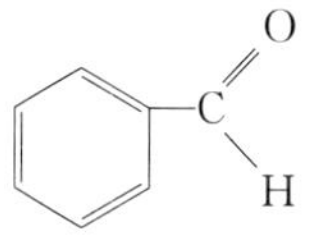

(2)羟醛缩合反应 在稀碱催化下,含 α-氢的醛与另一分子醛之间发生分子间的亲核加成反应,生成 β-羟基醛,此反应称为羟醛缩合反应。

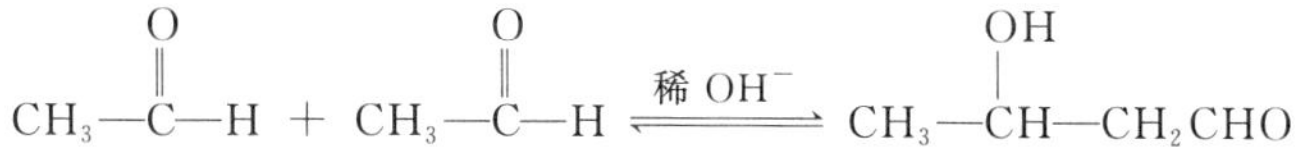

β-羟基丁醛

在羟醛缩合反应中,醛的 α-碳原子与另一分子醛的羰基碳之间生成了新的碳-碳单键,因此羟醛缩合反应也是增长碳链的重要方法之一。羟醛缩合反应历程为:

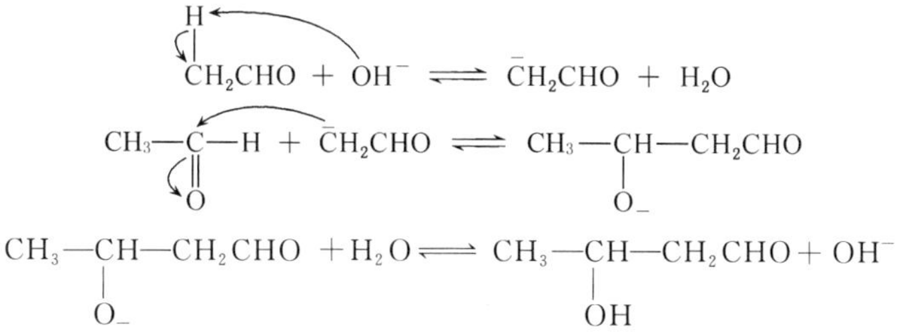

β-羟基醛(酮)分子中的 α-氢,同时受相邻羰基和羟基的双重影响,性质很活泼,稍微加热或在酸作用下即与 β-碳上的羟基发生分子内脱水,生成稳定性更好的 α,β-不饱和醛(酮)。

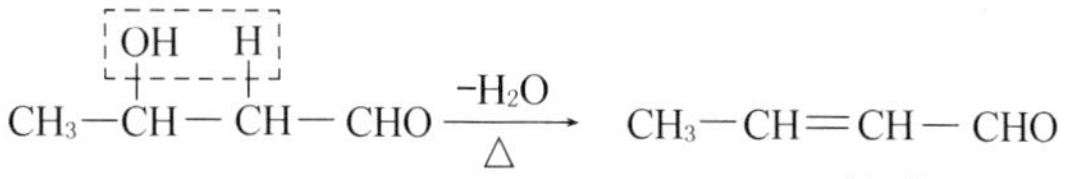

2-丁烯醛

含 α-氢的不同醛进行羟醛缩合反应,产物为四种 β-羟基醛的混合物,不易分离。例如:

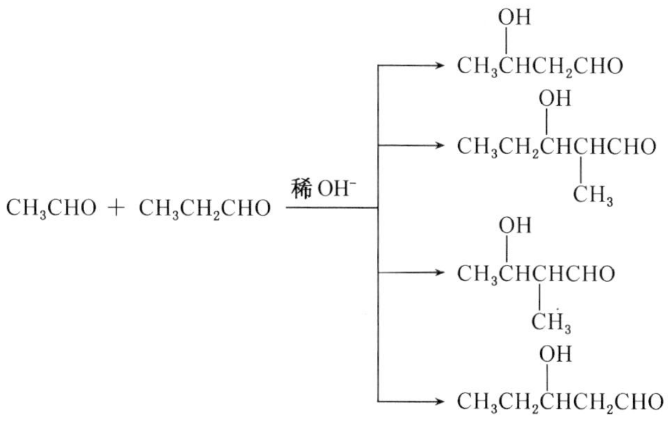

不含 α-H 的醛之间不发生羟醛缩合反应，但它们可以和含 α-H 的醛发生交叉羟醛缩合反应。

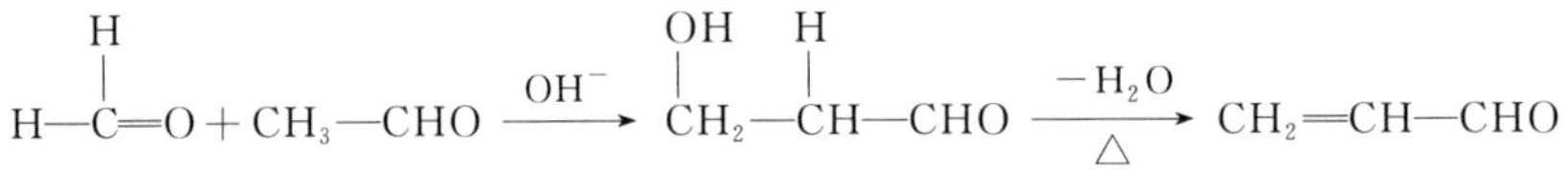

丙烯醛

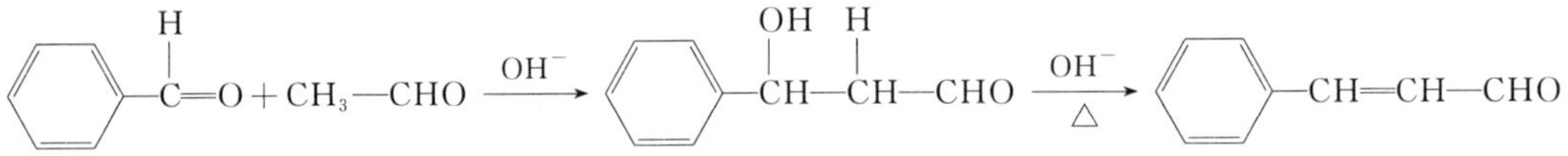

两分子酮或一分子酮和一分子醛进行缩合时，由于电子效应和空间效应的影响，反应不像醛分子间缩合那样顺利，在同样条件下，产率很低。

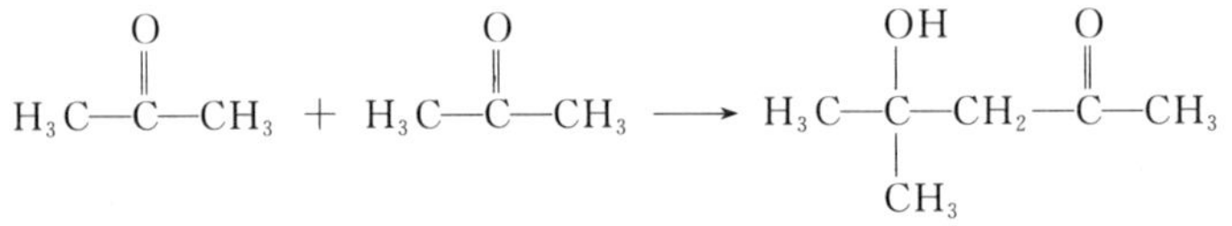

羟醛缩合反应以及交叉羟醛缩合是一类在有机合成上有广泛应用的增长碳链的反应。巧妙地选择各种羰基化合物，互相组合进行羟醛缩合，可以合成各种各样的有用产物。

3. 氧化还原反应

(1)与弱氧化剂的反应　醛的羰基上连有一个可被氧化的氢原子，可以被许多弱氧化剂氧化生成相应的羧酸。同样条件下，酮不能被弱氧化剂氧化，因此常利用这种性质来区别醛、酮。

①托伦(Tollens)试剂　托伦试剂是硝酸银的氨溶液。将醛和托伦试剂共热，醛可被银离子氧化成羧酸，银离子被还原为金属银，附着在洁净的试管壁上，形成明亮的银镜，故又称银镜反应。

$$RCHO+2[Ag(NH_3)_2]^+ +2OH^- \xrightarrow[\triangle]{} RCOONH_4+2Ag\downarrow+3NH_3\uparrow+H_2O$$

托伦试剂既能氧化脂肪醛，又能氧化芳香醛。

②斐林(Fehling)试剂　斐林试剂由 A、B 两种溶液组成：斐林试剂 A 是硫酸铜溶液，斐林试剂 B 是氢氧化钠和络合剂酒石酸钾钠溶液，平时 A、B 两种溶液分别贮存，使用时等量混合组成斐林试剂，其中作为氧化剂的是 Cu^{2+}，酒石酸钾钠的作用是防止 Cu^{2+} 在碱性溶液中生成氢氧化铜沉淀。

脂肪醛与斐林试剂反应时被氧化为羧酸，而铜离子被还原为氧化亚铜砖红色沉淀。

$$RCHO+2Cu^{2+}+5OH^- \xrightarrow[\triangle]{} RCOO^- +Cu_2O\downarrow+3H_2O$$

③本尼迪特(Benedict)试剂　本尼迪特试剂是由硫酸铜、碳酸钠和柠檬酸钠组成的混合液，其中络合剂是柠檬酸钠，所用的碱是碳酸钠。本尼迪特试剂比较稳定，平时不必分别贮存。

斐林试剂和本尼迪特试剂都只能氧化脂肪醛，而不能氧化芳香醛，因此也可用来区别脂肪醛和芳香醛。

上述弱氧化剂只能氧化醛基，而对酮基、羟基和双键不起作用。利用这种性质，可用来进行一些特殊的有机物合成。

$$CH_3CH{=}CHCHO \xrightarrow[OH^-]{[Ag(NH_3)_2]^+ \text{或} Cu^{2+}} CH_3CH{=}CHCOOH$$

思考题 8-7 利用简单的化学方法鉴别下列化合物。

丙醛　　苯乙酮　　3-戊酮　　苯甲醛

(2)与强氧化剂的反应　醛很容易被氧化成酸，常用强氧化剂有高锰酸钾、重铬酸钾、硝酸。

$$RCHO + KMnO_4 \xrightarrow{H^+} RCOOH$$

酮对氧化剂稳定，一般不易被氧化，在加热时间较长的条件下，高锰酸钾、硝酸等强氧化剂可使酮从羰基两边氧化断裂，生成几种小分子羧酸的混合物。

$$CH_3CH_2CH_2{-}\overset{\overset{\displaystyle O}{\|}}{C}{-}CH_3 \xrightarrow[\triangle]{HNO_3} CH_3CH_2CH_2COOH + CH_3CH_2COOH + CH_3COOH$$

酮的氧化在有机合成上意义不大，只有个别实例具有合成意义，如环己酮氧化成己二酸等。

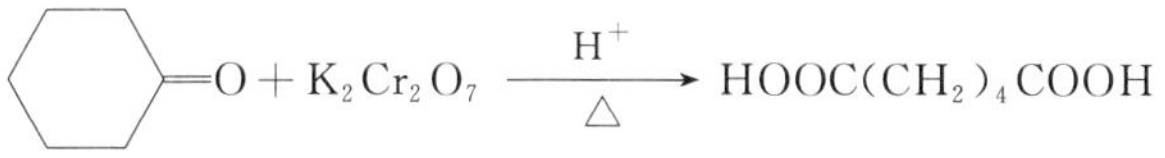

己二酸

(3)还原成醇　醛、酮在镍、钯、铂等金属催化剂催化下加氢后，可分别生成伯醇和仲醇。

$$RCHO + H_2 \xrightarrow{Ni} RCH_2OH$$

$$\begin{matrix} R \\ \quad\diagdown \\ \quad\; C{=}O + H_2 \\ \quad\diagup \\ R' \end{matrix} \xrightarrow{Ni} \begin{matrix} R \\ \quad\diagdown \\ \quad\; CHOH \\ \quad\diagup \\ R' \end{matrix}$$

由于金属催化剂选择性不强，在催化氢化时，醛、酮分子中含有的其他不饱和键也一起被还原。

$$CH_2{=}CHCHO \xrightarrow[Ni]{H_2} CH_3{-}CH_2CH_2OH$$

某些金属氢化物如硼氢化钠($NaBH_4$)、氢化铝锂($LiAlH_4$)具有较高的选择性，它们只还原羰基，对碳碳双键或三键、碳氮双键等官能团均无作用，因而可用于不饱和醛、酮分子中羰基的选择性还原。

$$CH_3CH{=}CHCHO \xrightarrow{NaBH_4} \xrightarrow{H_2O/H^+} CH_3CH{=}CHCH_2OH$$

(4)还原成烃　克莱门森(Clemmenson)还原法：醛、酮与锌汞齐和浓盐酸共热，可将羰基直接还原为亚甲基。

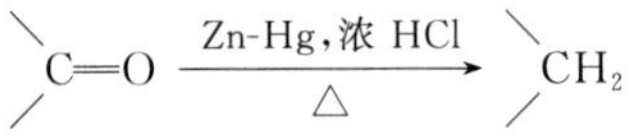

克莱门森还原法是在浓盐酸介质中进行的，因此，分子中若含有对酸敏感的基团时，不能用这个方法还原，例如，不饱和醛、酮分子，在还原过程中，不饱和键可被浓盐酸加成而破坏。

武尔夫-凯惜纳(Wolff-Kishner)-黄鸣龙还原法：将醛或酮、水合肼、氢氧化钠和一种高沸点溶剂(如二聚乙二醇或三聚乙二醇)一起加热回流，可将羰基还原为亚甲基。

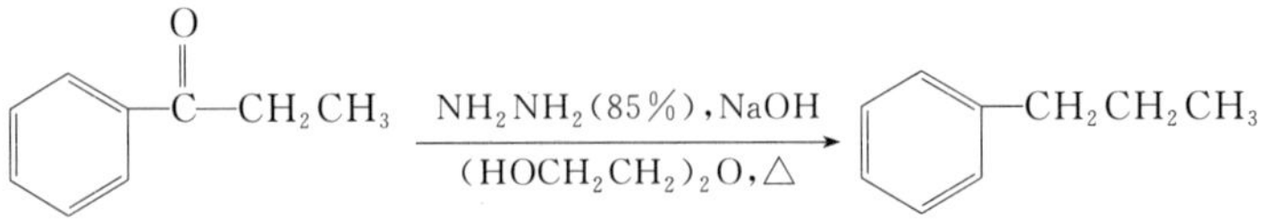

武尔夫-凯惜纳-黄鸣龙还原法是在碱性介质中进行的，若分子中含有对碱敏感基团时，不能用这种方法。

克莱门森还原法或武尔夫-凯惜纳-黄鸣龙还原法都是将羰基还原为亚甲基，在有机合成中可根据具体反应，选择合适的方法。

通过芳烃酰基化反应制得芳香酮，经克莱门森还原法或武尔夫-凯惜纳-黄鸣龙还原法将羰基还原为亚甲基，是在芳环上引入直链烷基的一种间接方法。例如：

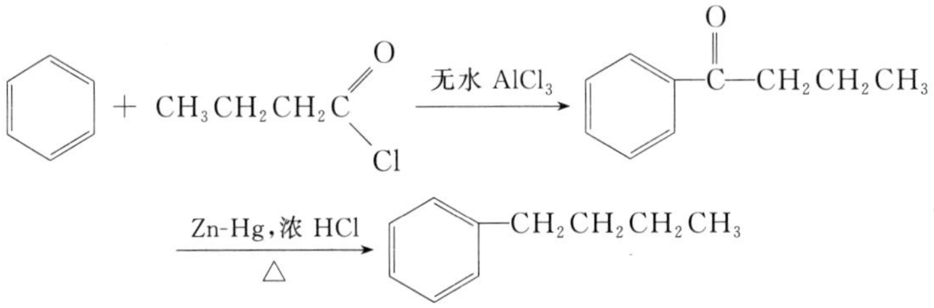

思考题 8-8　选择合适试剂完成下列反应式。

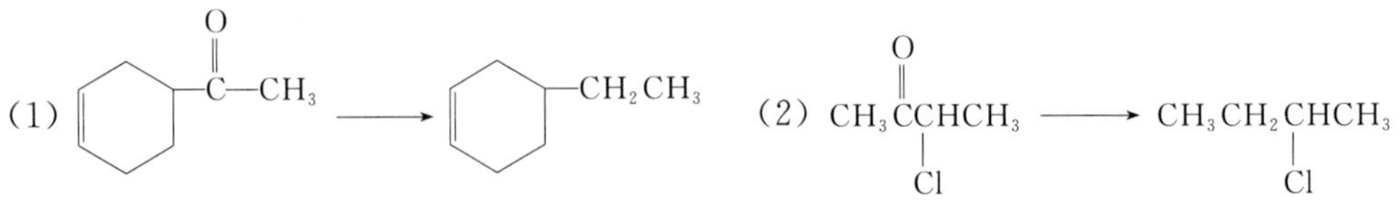

(5)歧化反应　无 α-氢的醛，如甲醛、苯甲醛、乙二醛在浓碱作用下，发生自身的氧化-还原反应，一分子醛被氧化成羧酸，另一分子醛被还原为醇，该反应是一种歧化反应，也叫作康尼查罗(Cannizzaro)反应。

$$2HCHO \xrightarrow[\triangle]{浓\ NaOH} CH_3OH + HCOONa$$

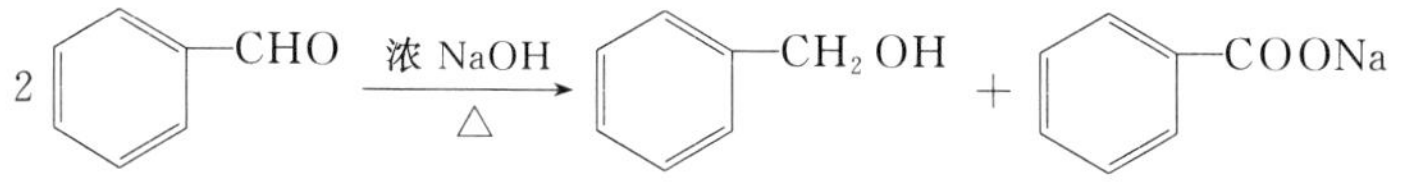

思考题 8-9 完成下列反应式。

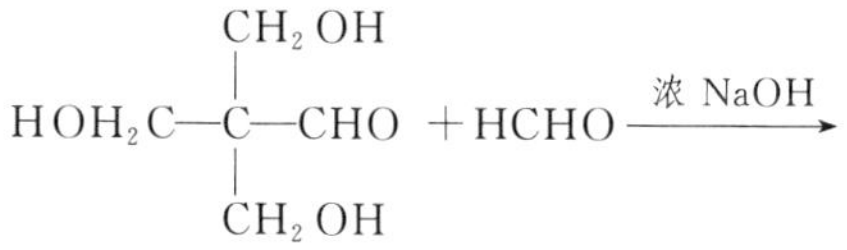

8.1.5 重要的醛、酮类化合物

1. 甲醛

甲醛又叫蚁醛。常温下是气体,沸点－21 ℃,易溶于水,一般是以水溶液保存。37%～40%的甲醛水溶液(常含有 8%～10%的甲醇)是医药行业和农业中常用的消毒剂,俗称为福尔马林。

甲醛易发生聚合作用,在长期储存放置的甲醛浓溶液中,经常会出现多聚甲醛的白色沉淀,故在福尔马林溶液中常加入少量甲醇,以防止其聚合。

甲醛可以由三分子聚合成环状三聚甲醛:

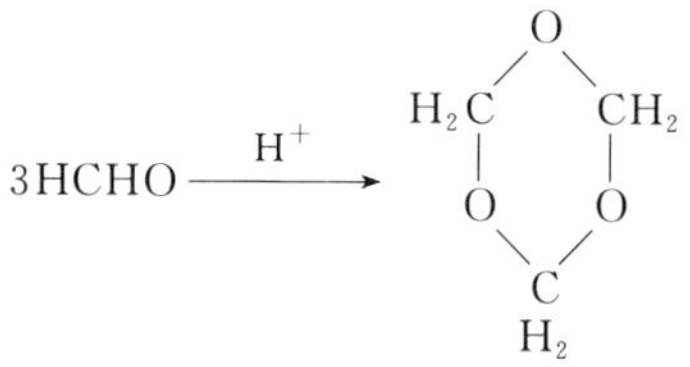

三聚甲醛

三聚甲醛为白色晶体,熔点 62 ℃,沸点为 112 ℃,它能溶于水,也能溶于有机溶剂,在强酸作用下,可解聚而生成甲醛。利用此性质,可以用来保存、运输和精制甲醛。

甲醛在水溶液中,也可由多个分子聚合形成线状的多聚甲醛,多聚甲醛是白色固体,聚合度在 8～100,熔点为 120～170 ℃。多聚甲醛在加热时可解聚为甲醛气体和水蒸气,常用作仓库的熏蒸剂和消毒杀菌剂。

由苯酚和甲醛在催化剂存在的条件下制成的酚醛树脂,是很重要的高分子材料,酚醛树脂具有良好的耐酸性能、力学性能、耐热性能,广泛应用于防腐蚀工程、胶粘剂、阻燃材料、砂轮片制造等行业。

2. 乙醛

乙醛是一种有刺激性气味的液体,沸点是 20.8 ℃,易溶于水和有机溶剂。

乙醛可由乙炔与水加成获得,也可由乙醇氧化而成。乙醛易发生聚合作用,生成环状的三聚体或四聚体。三聚乙醛是一种有香味的液体,沸点为 124 ℃,难溶于水,在稀硫酸中加热会解聚为乙醛，因此，常以三聚体的形式保存乙醛。乙醛是有机合成的重要原料，主要用于乙酸、乙酐、乙酸乙酯及乙酸乙烯酯等化合物的合成。

3. 苯甲醛

苯甲醛是一种无色液体，沸点 179 ℃，微溶于水，易溶于乙醇、乙醚氯仿等有机溶剂。在自然界，苯甲醛常与葡萄糖、氢氰酸等结合成糖苷的形式存在于杏、桃、李等种仁中，在苦杏中含量较高，所以苯甲醛又名苦杏仁油。

苯甲醛是一种重要的化工原料，通常用于制备肉桂醛、肉桂酸、苯乙醛及苯甲酸苄酯等。也常用于合成其他香料、染料和芳香族化合物。

4. 丙酮

丙酮是一种具有香味的、无色、易挥发的液体，沸点 56.1 ℃，极易溶于水，能与许多有机溶剂混溶，也能溶解油脂、蜡、树脂、塑料等。

丙酮是工业上合成双酚 A 及甲基丙烯酸甲酯的重要原料。

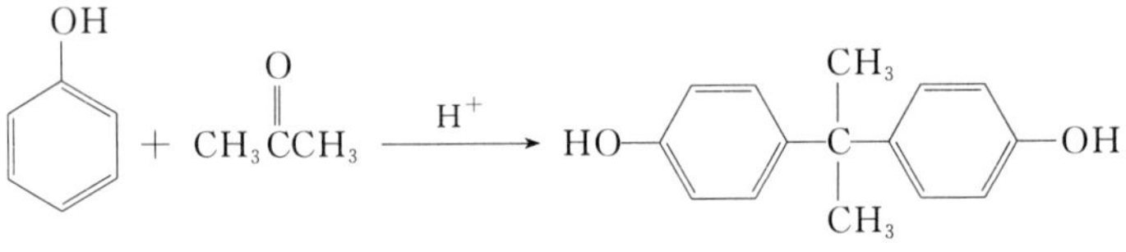

双酚 A

双酚 A 又称为二酚基丙烷，它是环氧树脂、聚碳酸酯、聚砜、聚芳酯、酚醛树脂、不饱和聚酯树脂、阻燃剂等产品的重要原料。

5. 麝香酮

麝香酮是麝香的主要成分，其化学名为 3-甲基环十五酮，它是从雄性麝鹿的臭腺中分离出的一种活性物质，天然的左旋体麝香酮是无色的液体，而人工合成的麝香酮通常为外消旋体，呈白色针状晶体，不溶于水，可溶于乙醇，由于具有天然麝香浸液的特殊香味，因此，可用于制作高级香精的有效成分。

8.2 醌

8.2.1 醌类概述

醌是一类特殊的环状不饱和二酮，一般由相应的酚及芳香胺氧化得到，其命名则按芳香烃衍生物来命名，在芳基的名称后加上“醌”字，并标出羰基的位置。

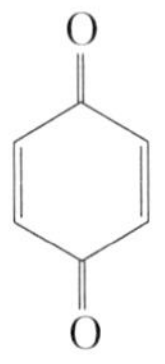

对苯醌(1,4-苯醌)
(黄色结晶)

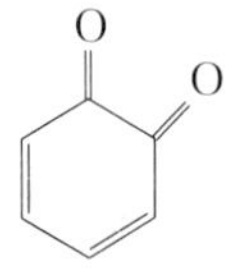

邻苯醌(1,2-苯醌)
(红色结晶)

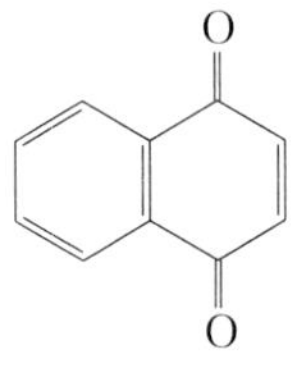

α-萘醌(1,4-萘醌)
(黄色结晶)

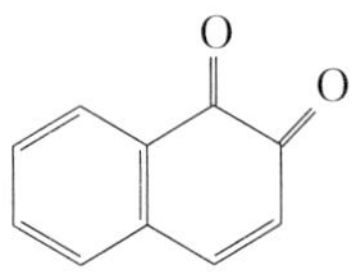

β-萘醌(1,2-萘醌)
(橙黄色结晶)

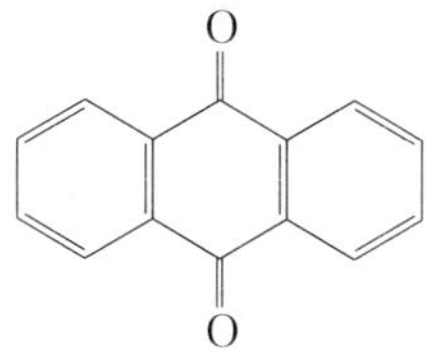

蒽醌（淡黄色结晶）

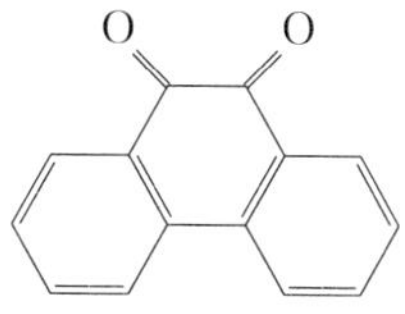

菲醌（橙黄色结晶）

8.2.2 醌类的物理性质

醌类化合物通常为结晶固体，醌型结构是个发色团，具有醌型结构的化合物一般具有颜色，对位醌呈黄色，邻位醌呈红色或橙色。对位醌具有刺激性气味，可随水蒸气汽化，邻位醌没有气味，不随水蒸气汽化。

重要醌的物理常数见表8-2。

表8-2 醌的物理常数 ℃

名称	颜色	熔点	名称	颜色	熔点
对苯醌	黄	112.9	2,6-萘醌	橙	135
邻苯醌	红	146	9,10-蒽醌	黄	286
1,4-萘醌	黄	128.5	9,10-菲醌	橙	205

8.2.3 醌类的化学性质

在醌的结构中，虽然存在碳碳双键和碳氧双键的π-π共轭体系，但它不同于芳香烃的闭环共轭体系，所以醌不属于芳香族化合物，不具有芳香性。其化学性质类似于α,β-不饱和酮，具有烯烃和羰基化合物的典型性质，既能发生亲电加成，又能发生亲核加成。

1. 羰基加成反应

由于羰基的存在，醌分子能与肼、羟胺、HCN、$NaHSO_3$、格氏试剂等亲核试剂发生加成反应。

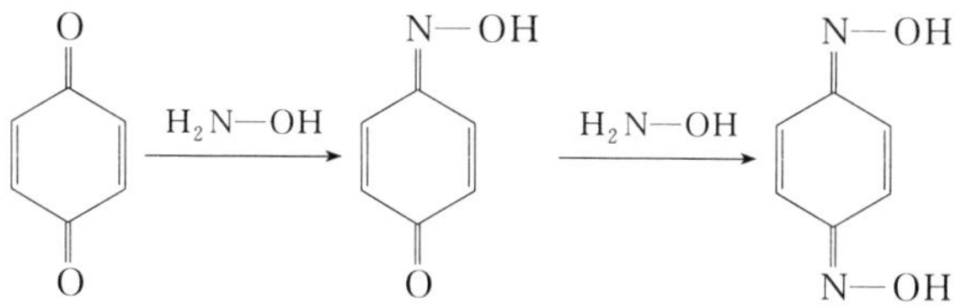

对苯醌单肟　　对苯醌双肟

2. 碳碳双键的加成

由于分子中含有碳碳双键，醌能与卤素、卤化氢等亲电试剂发生加成作用，如对苯醌与氯气加成可得二氯或四氯化物。

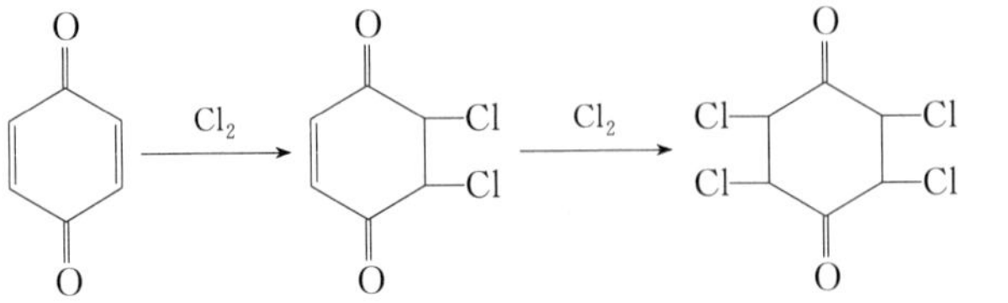

2,3,5,6-四氯-1,4-环己二酮

3.1,4-加成

对苯醌与氯化氢发生加成反应时,加成是按 1,4-加成方式进行。

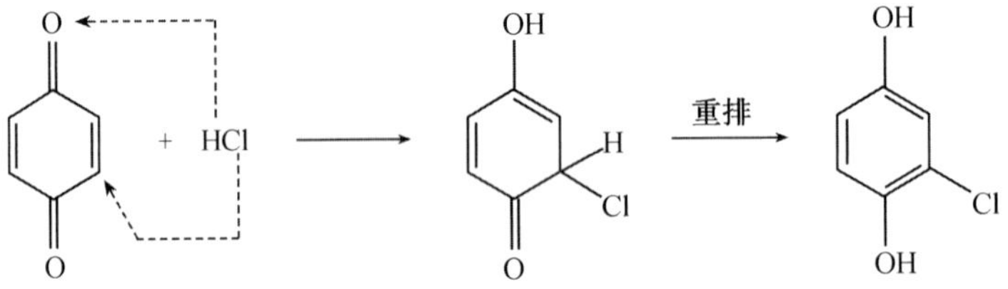

2-氯-1,4-苯二酚

对苯醌与 HCl 加成的产物氧化成醌后,再加一分子 HCl,可得二氯苯二酚;再氧化,再加成,最后可得四氯对苯醌。四氯对苯醌是一种农用杀菌剂。

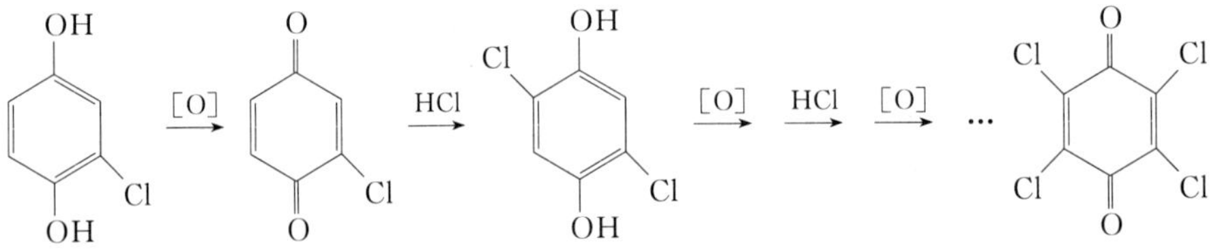

四氯对苯醌

4.双烯合成反应

醌的结构与 α,β-不饱和醛、酮相似,因此,可作为亲双烯体与共轭双烯发生 1,4-环加成反应。

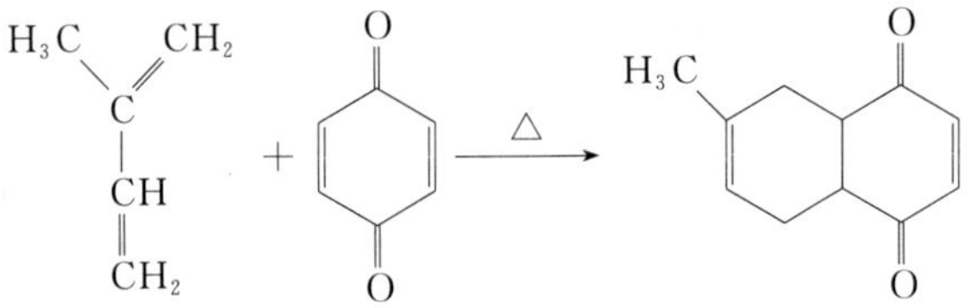

5.还原反应

对苯醌在一定条件下可被还原为对苯二酚(或称氢醌)。

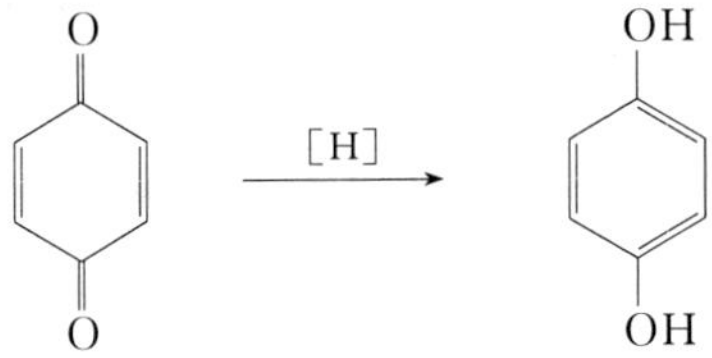

对苯醌　　对苯二酚(氢醌)

这个反应是对苯二酚被氧化为对苯醌的逆反应。此反应在生理生化过程中有着非常重要的意义，生物体内进行的氧化还原作用常是以脱氢或加氢的方式进行的，在这个过程中，氢的传递工作就是在酶的作用下通过酚醌氧化-还原体系来实现的。

8.2.4 重要的醌类化合物

1. 苯醌

苯醌有对苯醌和邻苯醌两种异构体。对苯醌是金黄色晶体，熔点 112.9 ℃，具有升华性质，可溶于热水、乙醇、乙醚。邻苯醌为红色片状结晶，60～70 ℃分解，溶于乙醚、丙酮和苯。苯醌蒸汽对眼角膜及黏膜具有刺激作用。苯醌常被用作工业原料，其还原产物对苯二酚常用作底片的显影剂和聚合反应的阻聚剂。

一种俗称放屁虫的甲虫，利用苯醌作为防御武器。因为苯醌对黏膜有刺激性。在这种甲虫体内某一个腺体里存有对苯二酚及过氧化氢，而在体内前庭室里存有一种可以催化过氧化氢氧化对苯二酚的酶。当甲虫遇到敌人袭击时，它就将对苯二酚及过氧化氢注入前庭室中，在酶的作用下，立刻开始猛烈的氧化反应，同时将对苯二酚氧化产物苯醌由下腹部喷出，在这种有刺激性的苯醌烟雾的掩护下，甲虫就可以逃跑了。

2. 泛醌

泛醌又称辅酶 Q，是一种脂溶性物质，广泛存在于生物界中，由于分子中含有醌的结构，在绿色植物的光合作用及代谢过程中，起到氢的传递和电子转移的作用，是生物体中氧化还原过程中非常重要的物质。

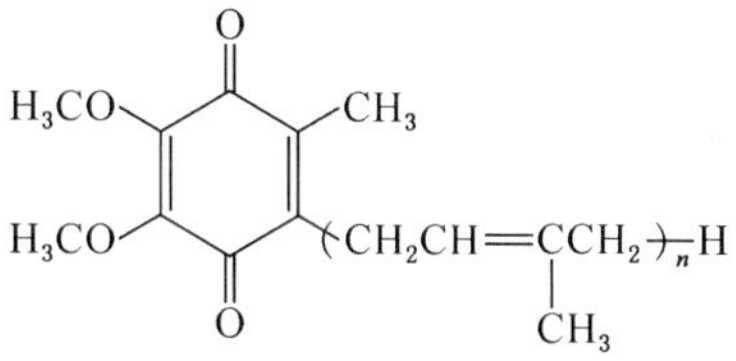

泛醌（人体中的 n 一般为 10）

3. 质醌

质醌与泛醌相似，也是对苯醌的衍生物，在光合作用中参与氢的传递和电子的转移。

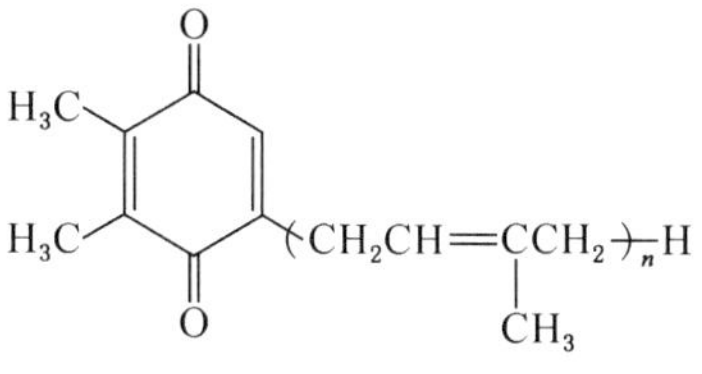

质醌（n 一般为 9）

4. 维生素 K

维生素 K 是一类能使血液凝固的萘醌衍生物，主要有维生素 K_1、维生素 K_2 和维生素 K_3。维生素 K_1 和维生素 K_2 的结构相似，都是 α-萘醌的衍生物，两者的差别在于侧链不同。

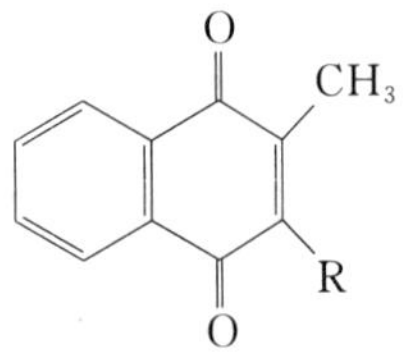

维生素K_1　R=—CH_2CH═$C(CH_3)$—CH_2—$\!\!\!($$CH_2$—$CH_2$—$CH(CH_3)$—$CH_2$$)_3$H

维生素K_2　R=$\!\!\!($$CH_2$—CH═$C(CH_3)$—$CH_2$$)_6$H

维生素 K_1 和维生素 K_2 的侧链(—R)都是由若干异戊二烯单位组成的长链。

维生素 K_1 为黄色油状液体，维生素 K_2 为黄色晶体。维生素 K_1 和维生素 K_2 广泛存在于自然界中，一些绿色植物(如苜蓿、菠菜等)、蛋黄、肝脏等含量较为丰富。

维生素 K 的主要作用是促进血液凝固，因维生素 K 具有促进肝脏合成凝血酶原及其他几种凝血因子的作用，当维生素 K 缺乏时，血浆中凝血酶原含量降低，可导致血液凝固时间加长。

在研究维生素 K_1 和维生素 K_2 及其衍生物的化学构造与凝血作用的关系时，发现 2-甲基-1,4-萘醌具有更强的凝血能力，称为维生素 K_3，可由人工合成方法制得。

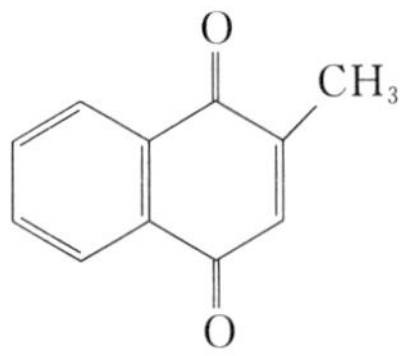

维生素 K_3

维生素 K_3 为黄色晶体，熔点 105～107 ℃，难溶于水，可溶于植物油或其他有机溶剂。由于维生素 K_3 是油溶性维生素，医药中用的是可溶于水的亚硫酸氢钠加成物。

5. 茜红和大黄素

蒽醌的衍生物在自然界中也含有很多，如含在茜草中茜素和含于大黄中的大黄素等，都有蒽醌的结构。茜素是最早被使用的天然染料之一。大黄素是广泛分布于霉菌、真菌、地衣、昆虫及花中的色素。

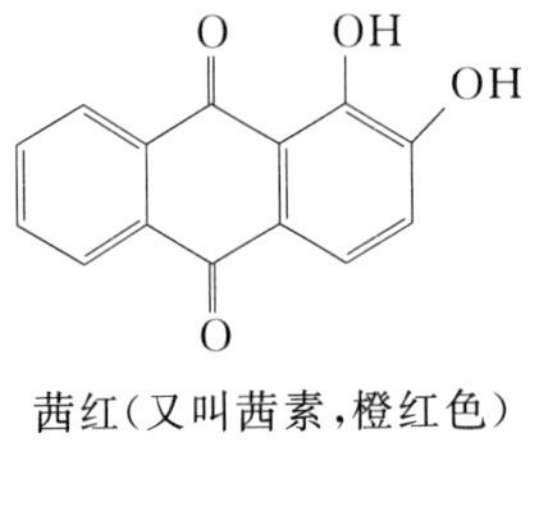

茜红(又叫茜素，橙红色)

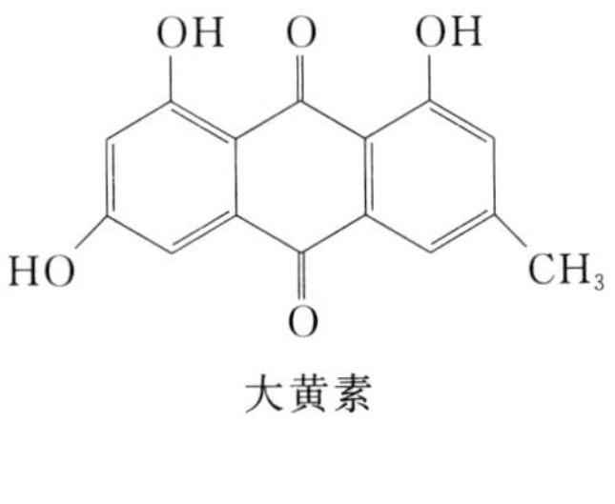

大黄素

□ 习　　题

8-1　用系统命名法命名下列化合物。

(1) 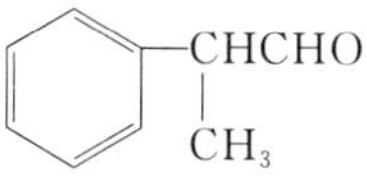

(2) 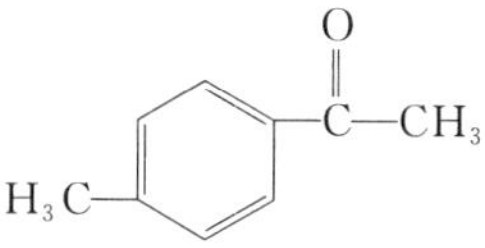

(3) 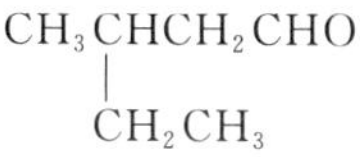

(4) 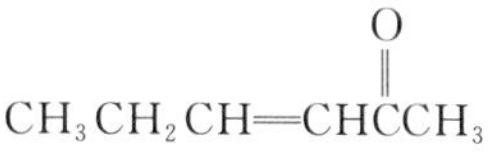

(5) 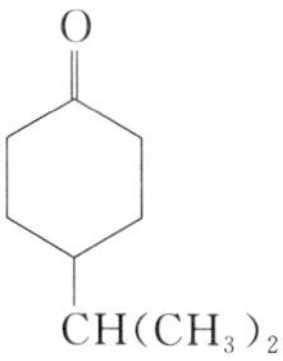

(6) 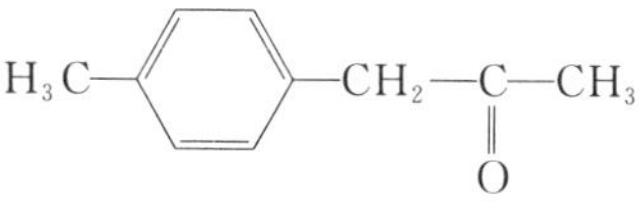

(7) 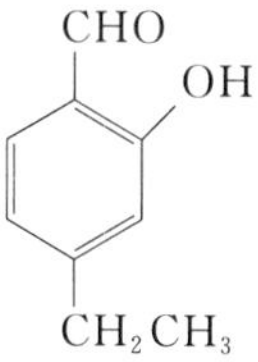

(8) 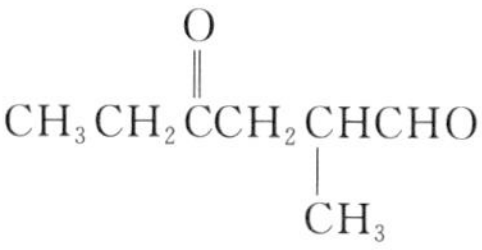

(9) 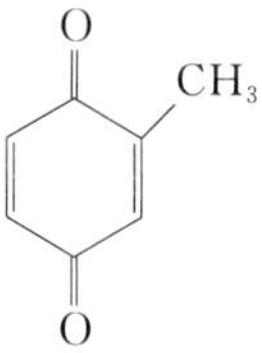

(10) 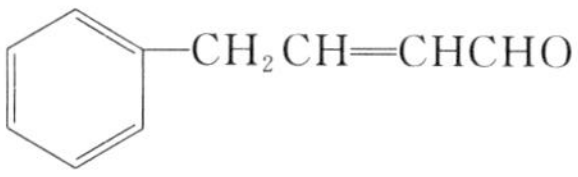

(11) 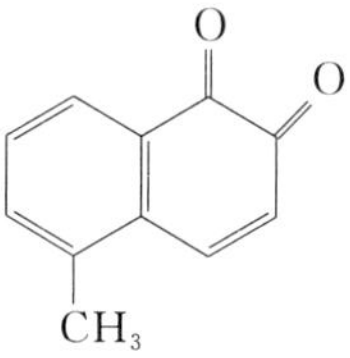

(12) 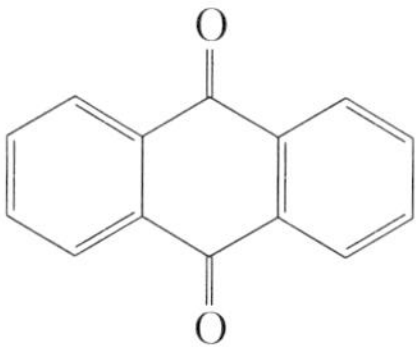

8-2　写出下列化合物的结构式。

(1)水合三氯乙醛　(2)1,3-环己二酮　(3)肉桂醛
(4)α-氯丁醛　(5)乙醛苯腙　(6)1,4-萘醌
(7)苯甲醛缩乙二醇　(8)丙酮缩氨脲　(9)4-戊酮醛
(10)2-溴丙醛　(11)3,5-二溴苯甲醛　(12)(*E*)-3,4-二甲基-3-庚烯醛

8-3　写出下列反应的主要产物。

(1) 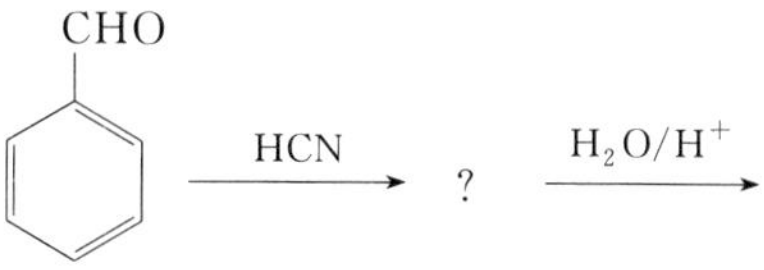

(2) $CH_3CH_2\overset{O}{\overset{\|}{C}}CH_3 + NaHSO_3 \longrightarrow$

(3) 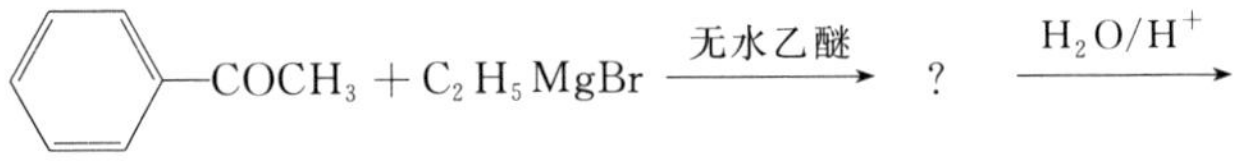

(4) $CH_3CH_2CHO + HOCH_2CH_2OH \xrightarrow{\text{无水 HCl}}$

(5) 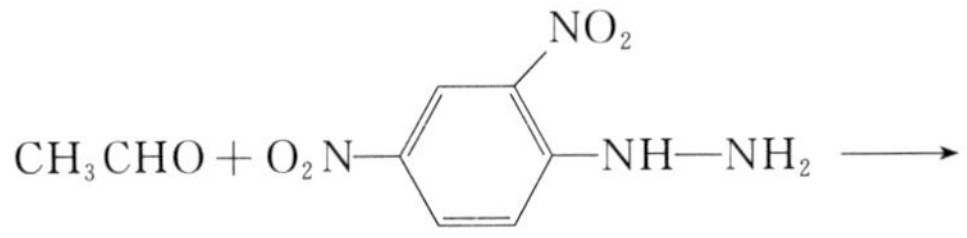

(6) 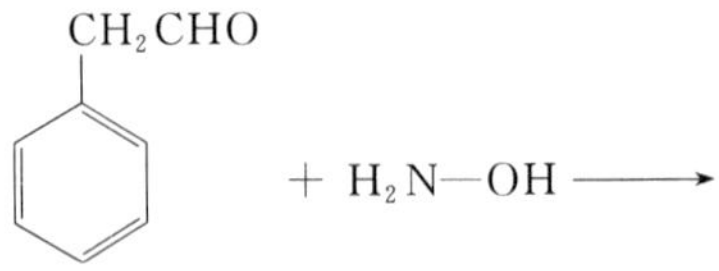

(7) $\underset{\underset{CH_3}{|}}{CH_3CH}COCH_3 \xrightarrow{I_2/NaOH}$

(8) 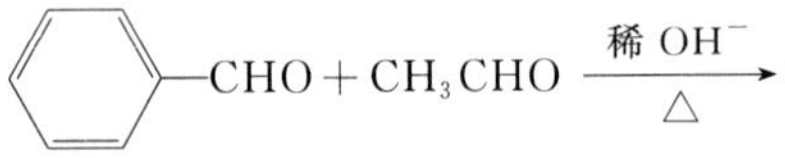

(9) 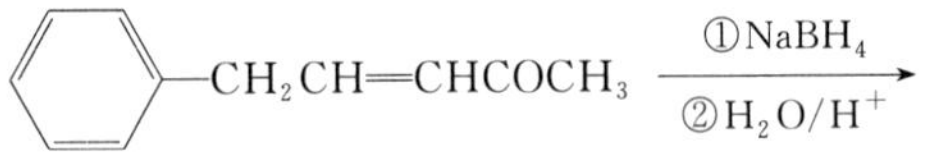

(10) 

8-4 下列化合物中，哪些化合物能发生碘仿反应？哪些化合物能与托伦试剂反应？哪些化合物能与斐林试剂反应？

(1) 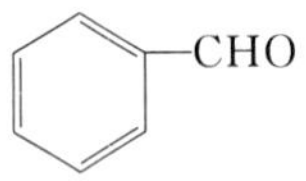

(2) 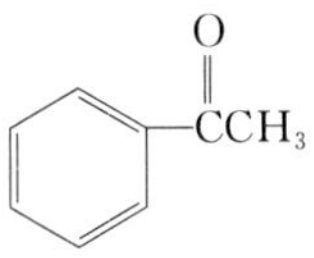

(3) 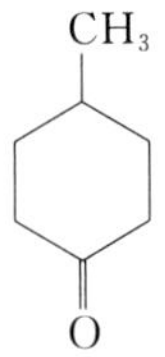

(4) CH_3CH_2OH (5) CH_3CH_2CHO (6) $CH_3CH_2\overset{O}{\overset{\|}{C}}CH_2CH_3$

8-5 写出苯乙醛与下列化合物反应产物的结构式。

(1)托伦试剂 (2) $NaBH_4$ (3) $NaHSO_3$

(4)羟胺 (5)苯肼 (6)稀 NaOH

(7) CH_3CH_2OH (无水 HCl) (8)乙基溴化镁，然后加水

8-6 用化学方法鉴别下列各组化合物。

(1)丙醛、丙酮、正丙醇、异丙醇 (2)甲醛、乙醛、丙醛、苯甲醛

(3)苯乙酮、苯乙醛、环己酮 (4)2-己醇、环己醇、环己烯、环己酮

8-7 由指定原料(其他试剂任选)合成目标化合物。

(1) $HC\equiv CH \longrightarrow CH_3CH=CHCOOH$

(2) $CH_3CH_2CH_2OH \longrightarrow CH_3CH_2CH{=}C(CH_3)CH_2OH$

(3) $CH_3CHO \longrightarrow CH_3CH{=}CHCH_2OH$

(4) $CH_3CHO \longrightarrow CH_3CH_2CH_2CHO$

8-8 推导结构式：

(1)某化合物 A 的分子式为 $C_5H_{12}O$，氧化后得 B，B 的分子式为 $C_5H_{10}O$，B 能和苯肼反应，也能发生碘仿反应。A 和浓 H_2SO_4 共热得化合物 C，C 的分子式为 C_5H_{10}，C 经酸性高锰酸钾氧化后得一分子酮和乙酸，推测 A、B、C 的结构式，并写出有关反应方程式。

(2)某化合物 A 的分子式为 $C_{10}H_{12}O_2$，不溶于 NaOH 溶液中，可与羟氨和苯肼反应，但不与多伦试剂作用。A 经 $LiAlH_4$ 还原得 B，B 的分子式 $C_{10}H_{14}O_2$，A 与 B 都能起碘仿反应。A 与 HI 作用生成 C，C 分子式为 $C_9H_{10}O_2$，能溶于 NaOH 溶液中，C 经克莱门森还原生成 D，D 的分子式为 $C_9H_{12}O$，A 经酸性 $KMnO_4$ 氧化生成对甲氧基苯甲酸。写出 A、B、C、D 的结构式及各步反应。

(3)某化合物 A，分子式为 $C_7H_{12}O$，能与苯肼反应，也能发生碘仿反应。A 经镍催化加氢得 B，B 的分子式为 $C_7H_{14}O$；B 与浓硫酸共热得化合物 C，C 的分子式为 C_7H_{12}；C 无顺反异构，C 经冷的中性 $KMnO_4$ 氧化得化合物 D，D 的分子式为 $C_7H_{14}O_2$。A 与 I_2/NaOH 反应得化合物 E 和 CHI_3，E 的分子式为 $C_6H_{10}O_2$，是一种含有五元环的化合物。试写出 A～E 的结构式。

(4)某化合物 A，分子式为 $C_6H_{12}O$，可与 2,4-二硝基苯肼作用生成黄色沉淀，但不发生银镜反应，A 经催化氢化后，得到一种醇 B，B 在浓硫酸条件下加热脱水后得化合物 C，C 再经臭氧化及还原水解，得到两种产物 D 和 E，其中 D 能发生银镜反应，但不能发生碘仿反应，而 E 能发生碘仿，但不能被斐林试剂氧化，试写出 A～E 的结构式。

Chapter 9 第 9 章

羧酸及其衍生物

Carboxylic Acids and Their Derivatives

分子中含有羧基(—COOH)的有机化合物称为羧酸。除甲酸外,其余的羧酸都可看作是烃分子中的氢原子被羧基取代的产物,它的通式为 RCOOH(脂肪羧酸)或 ArCOOH(芳香羧酸)。羧基是羧酸的官能团。

羧酸羧基中的羟基被其他原子或基团取代的产物称为羧酸衍生物。羧酸衍生物主要有酰卤、酸酐、酯和酰胺等。

羧酸及其衍生物与人类生活、科学研究和工农业生产密切相关。羧酸是许多有机化合物氧化的最终产物,常以盐和酯的形式广泛存在于自然界,许多羧酸在生物体的代谢过程中起着重要作用。有些羧酸及其衍生物还是极为重要的有机合成原料。

9.1 羧酸

9.1.1 羧酸的分类和命名

羧酸按其分子中烃基的种类可分为脂肪族羧酸、脂环族羧酸和芳香族羧酸,饱和羧酸与不饱和羧酸。按羧酸分子中所含羧基的数目,又可分为一元羧酸、二元羧酸和多元羧酸等。

许多羧酸最初是从天然产物中得到的,因此常根据其来源而有俗名。如甲酸最初是从蒸馏蚂蚁而得,所以也称为蚁酸;乙酸存在于食醋中,其俗名为醋酸;苯甲酸存在于安息香树的树脂中,故俗称为安息香酸。

羧酸的系统命名原则与醛相似。一元脂肪酸命名时,选择含有羧基的最长碳链为主链,称为某酸。主链碳原子的编号从羧基碳原子开始。对于一些简单的脂肪酸,常习惯从羧基的邻位碳原子开始,用希腊字母 α、β、γ、δ、……表示其取代基的位次。例如:

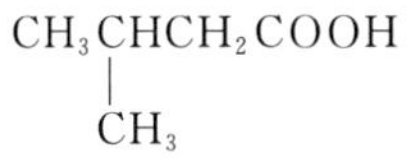

3-甲基丁酸(β-甲基丁酸)

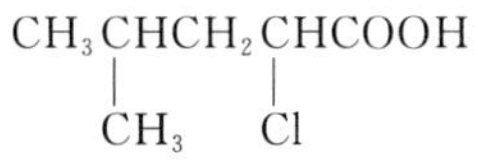

4-甲基-2-氯戊酸(γ-甲基-α-氯戊酸)

不饱和羧酸命名时,选择同时含有羧基和不饱和键的最长碳链为主链,并把不饱和键的位置写在名称之前。例如：

$CH_3CH{=}CHCOOH$

2-丁烯酸(巴豆酸)

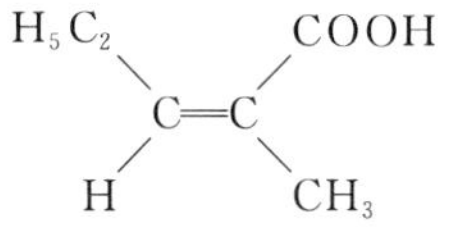

(*Z*)-2-甲基-2-戊烯酸

二元脂肪酸命名时，选择含有两个羧基的最长碳链为主链，称为"某二酸"。例如：

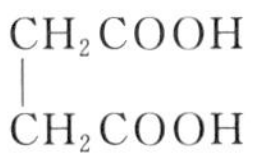

丁二酸(琥珀酸)

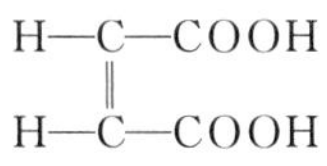

顺丁烯二酸(马来酸)

芳香酸和脂环酸命名时，通常将芳环或脂环作为脂肪羧酸的取代基来命名。例如：

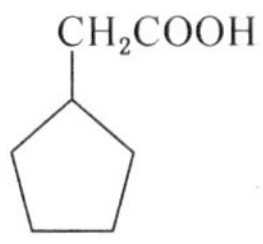

环戊基乙酸

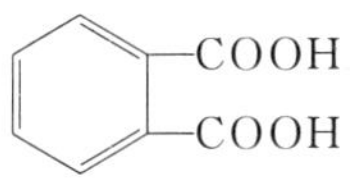

邻苯二甲酸

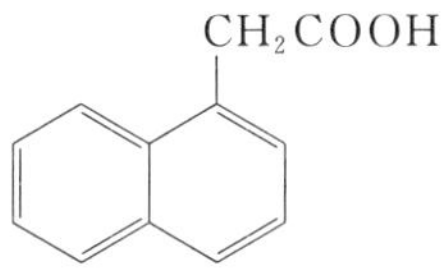

α-萘乙酸

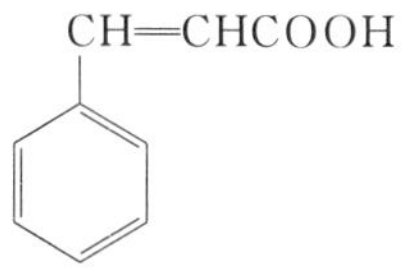

β-苯基丙烯酸(肉桂酸)

需说明的是 α-萘乙酸中的"α"是指萘环的 α 位，而不是乙酸的 α-碳原子。

9.1.2 羧酸的物理性质

常温下，甲酸、乙酸和丙酸是具有较强刺激性气味的液体，它们的水溶液有酸味。丁酸至壬酸是具有难闻气味的液体。含 10 个碳原子以上的高级脂肪羧酸是无气味的蜡状固体。脂肪二元羧酸和芳香羧酸都是结晶状固体。

羧酸是强极性物质，且分子间能形成比醇分子间更强的氢键，因此羧酸的沸点不但比相对分子质量相近的烷烃、卤代烃、醛、酮的沸点高，而且比相应的醇还要高。如乙醇的沸点为 78.3 ℃，而甲酸的沸点为 101 ℃。实验证明一些低级脂肪酸(如甲酸、乙酸等)即使在气态时也以双分子缔合体的形式存在。

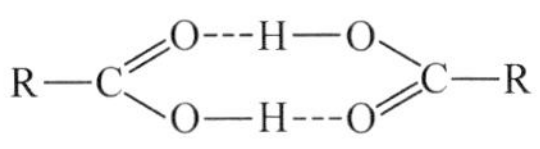

直链饱和一元羧酸的熔点随其相对分子质量的增加呈锯齿状上升，即含偶数碳原子的羧酸的熔点高于其前后相邻两个含奇数碳原子羧酸的熔点。这是由于含偶数碳原子羧酸的链端甲基与羧基分布在碳链的两侧，其对称性比含奇数碳原子羧酸好，在晶格中排列更加紧密，分子间作用力更大的缘故。

羧酸分子中的羧基是亲水基，其与水分子间形成氢键的能力比相应的醇强，所以羧酸在水中的溶解度比相应的醇大。甲酸、乙酸、丙酸、丁酸与水互溶。随着羧酸相对分子质量的增加，其疏水烃基的比例增大，在水中的溶解度逐渐减小。高级脂肪羧酸几乎不溶于水，而易溶于醇、醚等有机溶剂。芳香羧酸在水中的溶解度都很小。一些常见羧酸的主要物理常数见表 9-1。

表 9-1　一些常见羧酸的主要物理常数

化合物	俗名	熔点/℃	沸点/℃	溶解度/(g/100 g 水)	pK_{a_1}(25 ℃)	pK_{a_2}(25 ℃)
甲酸	蚁酸	8.4	101	∞	3.77	
乙酸	醋酸	16.6	118	∞	4.74	
丙酸	初油酸	−22	141	∞	4.88	
丁酸	酪酸	−5	163	∞	4.82	
戊酸	缬草酸	−35	187	3.7	4.85	
己酸	羊油酸	−2.0	205	1.08	4.84	
庚酸	毒水芹酸	−7.5	223	0.24	4.89	
辛酸	羊脂酸	16.5	239.3	0.068	4.89	
壬酸	天竺葵酸	12.2	255	微溶	4.96	
癸酸	羊蜡酸	31.5	270	不溶		
乙二酸	草酸	189		8.6	1.27	4.27
丙二酸	缩苹果酸	136		73.5	2.85	5.70
丁二酸	琥珀酸	185		5.8	4.21	5.64
戊二酸	胶酸	98		63.9	4.34	5.41
己二酸	肥酸	151		1.5	4.43	5.40
苯甲酸	安息香酸	122	249	0.34	4.20	

9.1.3　羧酸的化学性质

羧酸分子中的羧基碳原子为 sp^2 杂化，3 个 sp^2 杂化轨道分别与两个氧原子和烃基的 α-碳原子（或氢原子）形成 σ 键，键角大约 120°。羧基碳原子上未杂化的 p 轨道与氧原子的 p 轨道侧面重叠，形成碳氧 π 键。同时羧基中羟基氧原子上 p 轨道的未共用电子对与该 π 键形成 p-π 共轭体系（图 9-1），发生电子离域，导致羟基氧上的电子云密度降低，使氢原子易于解离而显酸性。同时 p-π 共轭也使羰基碳原子的电子云密度升高，正电性变弱，不利于亲核试剂与之发生加成反应。所以羧酸并不呈现羰基和醇类化合物的典型性质。

1. 羧酸的酸性

羧酸在水溶液中能电离出 H^+ 而显酸性。

$$R{-}COOH \rightleftharpoons R{-}COO^- + H^+$$

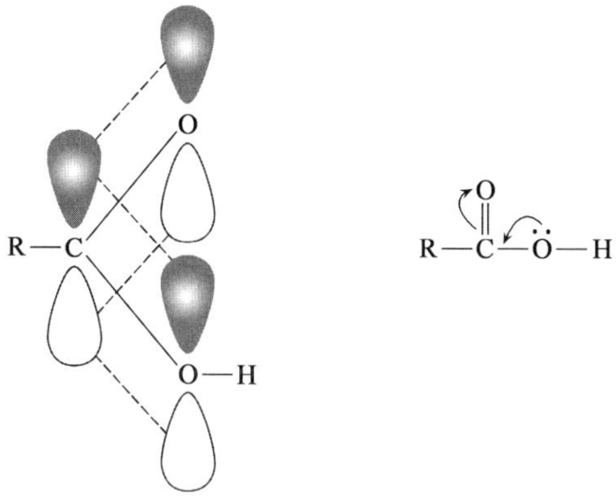

图 9-1 羧基的 p-π 共轭示意图

当羧基的氢解离后，氧上带有一个负电荷，它更易提供一对电子和羰基的 π 电子进行共轭，形成一个四电子三中心的 p-π 共轭体系。由于负电荷分散在两个电负性较强的氧原子上，降低了体系的能量，使羧酸根负离子趋于稳定，易于形成，所以羧酸的酸性要比醇强得多。X 射线衍射测定结果表明：羧酸根负离子中两个碳氧键的键长均为 0.127 nm，无双键和单键之分。所以羧酸根负离子也可表示为：

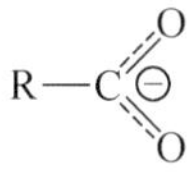

但与盐酸、硫酸等无机强酸相比，一般的羧酸仍属弱酸，在水中只发生部分电离。羧酸的 pK_a 大多在 3.5～5，比碳酸（$pK_a=6.38$）和苯酚（$pK_a=9.96$）的酸性要强。羧酸能使石蕊变红，能与氢氧化物、碳酸钠（或碳酸氢钠）作用生成盐。

$$RCOOH + NaOH \longrightarrow RCOONa + H_2O$$
$$RCOOH + NaHCO_3 \longrightarrow RCOONa + H_2O + CO_2\uparrow$$

羧酸的碱金属盐或铵盐遇强酸（如盐酸、硫酸等）可析出游离羧酸。

$$RCOONa + HCl \longrightarrow RCOOH + NaCl$$

羧酸的碱金属盐如钾盐、钠盐等，都能溶于水，这些盐类遇强酸又析出原来的羧酸。利用该性质既可将不溶于水的羧酸与其他不溶于水的有机物进行分离（如用碳酸氢钠溶液分离苯酚和苯甲酸等），也可将不溶于水的羧酸转化为水溶性的碱金属盐，便于利用。如植物生长调节剂 α-萘乙酸和 2,4-二氯苯氧乙酸（2,4-D）均不溶于水，农业生产中常加入适量的碳酸钠或碳酸氢钠将它们转变为可溶于水的钠盐。

影响羧酸酸性强弱的因素较多，但主要是诱导效应和共轭效应这两个因素的作用。凡能使羧基电子云密度降低的基团（吸电子基）可使羧酸的酸性增强，而且吸电子基的电负性越大、数目越多、离羧基越近，羧酸的酸性越强；使羧基电子云密度升高的基团（供电子基）可使羧酸的酸性减弱。例如：

	FCH_2COOH	$ClCH_2COOH$	$BrCH_2COOH$	ICH_2COOH
pK_a	2.59	2.87	2.90	3.16
	$(Cl)_3CCOOH$	$(Cl)_2CHCOOH$	$ClCH_2COOH$	CH_3COOH
pK_a	0.64	1.30	2.82	4.74
	$CH_3CH_2CHClCOOH$	$CH_3CHClCH_2COOH$	$ClCH_2CH_2CH_2COOH$	$CH_3CH_2CH_2COOH$
pK_a	2.86	4.05	4.50	4.82
	$HCOOH$	CH_3COOH	CH_3CH_2COOH	$(CH_3)_2CHCOOH$
pK_a	3.77	4.74	4.88	4.96

二元羧酸中,由于羧基是吸电子基团,两个羧基相互影响使一级离解常数比一元饱和羧酸大,这种影响随着两个羧基距离的增大而减弱。因此二元羧酸中,乙二酸的酸性最强。

	乙二酸	丙二酸	丁二酸	乙酸
pK_{a_1}	1.27	2.85	4.21	4.74

不饱和脂肪羧酸和芳香羧酸的酸性,除受到基团的诱导效应影响外,往往还受到共轭效应的影响。一般来说,不饱和脂肪羧酸的酸性略强于相应的饱和脂肪羧酸。当芳香环上有基团产生吸电子效应时,酸性增强;产生供电子效应时,酸性减弱。例如:

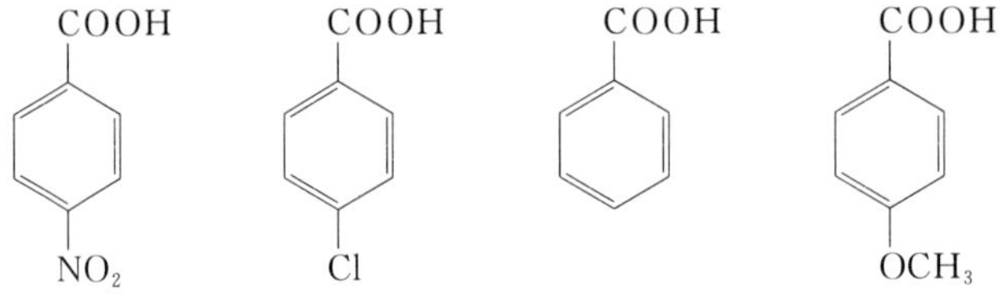

pK_a	3.42	3.97	4.20	4.47

思考题 9-1 将下列化合物按照酸性从大到小排序。

(1) $HCOOH$, H_2CO_3, H_2O, CH_3COOH, C_2H_5OH

(2)苯甲酸,对溴苯甲酸,对甲基苯甲酸,对硝基苯甲酸,对羟基苯甲酸

2. 羧酸分子中羟基的取代反应

羧酸分子中的羟基可以被卤素(—X)、酰氧基(—OCOR)、烷氧基(—OR)和氨基(—NH_2)等取代,分别生成酰卤、酸酐、酯和酰胺等羧酸的衍生物。

(1)酰卤的生成　用羧酸与三氯化磷(PCl_3)、五氯化磷(PCl_5)或亚硫酰氯($SOCl_2$)等卤化试剂反应得到酰卤。酰卤是有机合成中很重要的酰基化试剂,最常使用的酰卤是酰氯。

$$RCOOH + PCl_3 \longrightarrow RCOCl + P(OH)_3$$

亚磷酸

$$RCOOH + PCl_5 \longrightarrow RCOCl + POCl_3 + HCl$$

三氯氧磷

$$RCOOH + SOCl_2 \longrightarrow RCOCl + SO_2 + HCl$$

亚硫酰氯

酰氯很活泼，易水解，不能用水洗的方法除去反应中的无机物，常用蒸馏法分离。PCl_3 适用于制备沸点低的酰氯，PCl_5 适用于制备沸点高的酰氯。用 $SOCl_2$ 制备酰氯最为方便，因反应副产物都是气体，易于与酰氯分离。

(2)酸酐的生成　饱和一元羧酸在脱水剂如五氧化二磷的存在下加热，两分子羧酸间脱去一分子水生成酸酐。

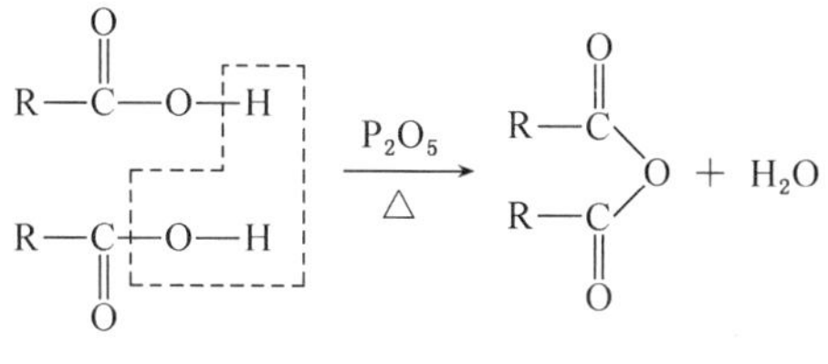

酸酐

在加热条件下，某些二元羧酸如丁二酸、戊二酸、邻苯二甲酸等分子内脱水生成五元或六元环状酸酐。例如：

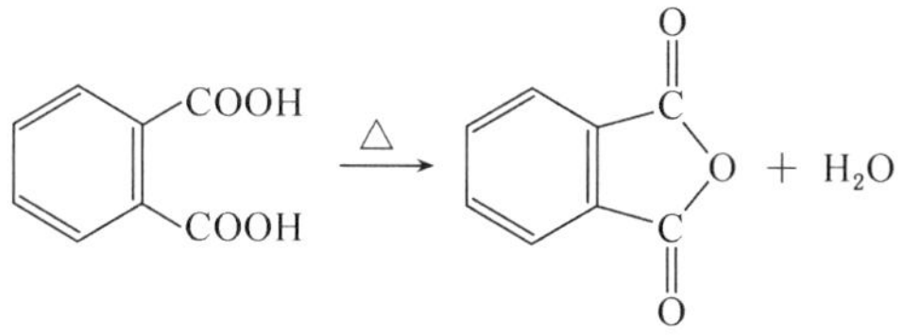

邻苯二甲酸酐

(3)酯的生成　羧酸和醇在强酸(如浓硫酸等)的催化下共热，失去一分子水形成酯。羧酸与醇的酯化反应是可逆的。

$$R-\overset{\overset{\displaystyle O}{\|}}{C}-OH + R'-{}^{18}OH \xrightleftharpoons[\triangle]{H_2SO_4} R-\overset{\overset{\displaystyle O}{\|}}{C}-{}^{18}O-R' + H_2O$$

由于酯化反应是可逆的，欲提高酯的产率，必须增大某一反应物的用量或降低某一生成物的浓度，使平衡向生成酯的方向移动。

用含有同位素${}^{18}O$的乙醇与乙酸进行酯化，发现${}^{18}O$存在于生成的酯分子中，而不在水中，说明反应中生成的水是由羧酸的羟基和醇的氢形成的，即羧酸发生了酰氧键的断裂。

(4)酰胺的生成　羧酸与氨(或碳酸铵)反应首先生成铵盐，铵盐经加热后分子内脱水得到酰胺。若继续加热，则进一步失水成腈。

$$R-\overset{\overset{\displaystyle O}{\|}}{C}-OH + NH_3 \longrightarrow R-\overset{\overset{\displaystyle O}{\|}}{C}-ONH_4 \xrightarrow[-H_2O]{\triangle} R-\overset{\overset{\displaystyle O}{\|}}{C}-NH_2 \xrightarrow[-H_2O]{\triangle} R-C\equiv N$$

二元羧酸与氨共热脱水，可生成酰亚胺。例如：

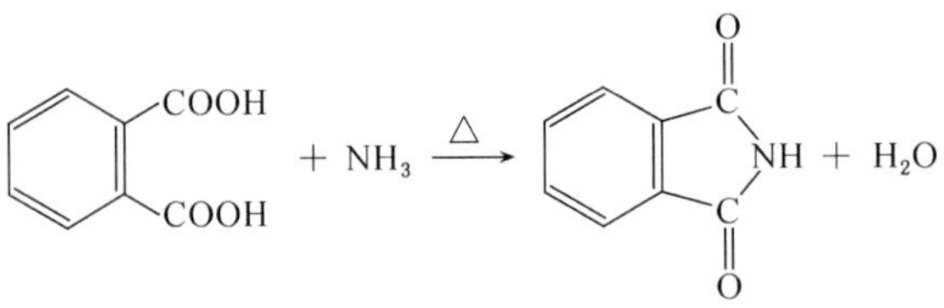

邻苯二甲酰亚胺

3. 羧基的还原反应

羧基是有机物中碳的最高氧化态，很难被一般的还原剂或采用催化氢化法还原。但用氢化铝锂($LiAlH_4$)能将其直接还原成伯醇，不仅产率高，而且在还原不饱和酸时，不影响碳碳双键。例如：

$$CH_3CH{=\!=}CHCOOH \xrightarrow{LiAlH_4} CH_3CH{=\!=}CHCH_2OH$$

4. 羧酸烃基上的反应

(1)α-氢的卤代反应　与醛、酮相似，由于羧基是较强的吸电子基，羧酸分子中的α-氢比其他碳原子的氢活泼，可以被卤素取代。但羧基的致活作用比羰基小得多，所以羧酸的α-氢被卤素取代的反应比醛、酮困难，需在日光或红磷等的催化下进行，α-氢可逐步被取代。例如：

$$CH_3COOH \xrightarrow[P]{Cl_2} \underset{一氯乙酸}{ClCH_2COOH} \xrightarrow[P]{Cl_2} \underset{二氯乙酸}{Cl_2CHCOOH} \xrightarrow[P]{Cl_2} \underset{三氯乙酸}{Cl_3CCOOH}$$

控制反应条件可使反应以生成一氯乙酸为主。

某些卤代羧酸，如α,α-二氯丙酸或α,α-二氯丁酸还是有效的除草剂，可杀灭多年生杂草。卤代羧酸也是合成多种农药和药物的重要原料。例如，一氯乙酸与2,4-二氯苯酚钠在碱性条件下反应，可制得2,4-二氯苯氧乙酸(简称2,4-D)。

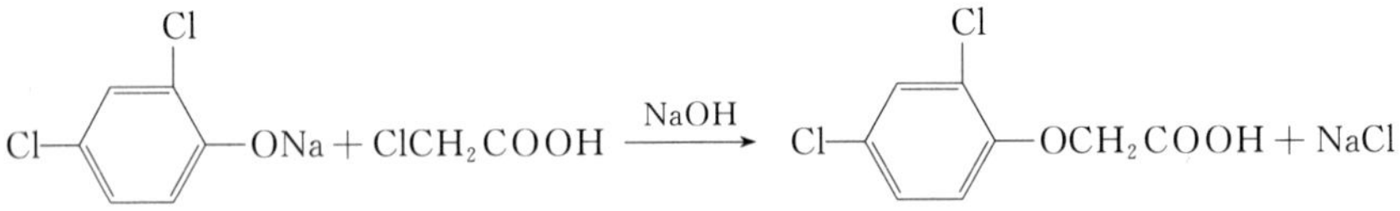

(2)芳香环的取代反应　羧基属于间位定位基，使芳环钝化。例如：

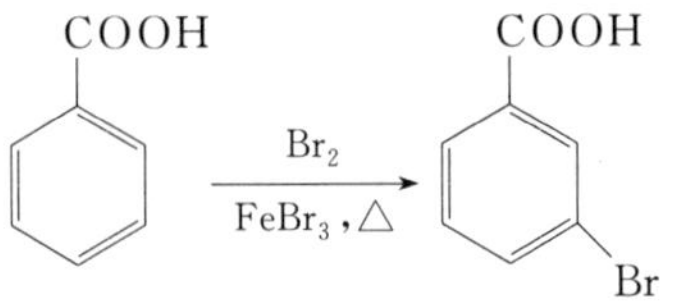

5. 二元羧酸的性质

不同的二元羧酸，由于两个羧基之间的相对位置不同，受热后发生的反应不同。例如，将乙二酸迅速加热至160 ℃则分解为甲酸并放出二氧化碳。将丙二酸加热至熔点以上则失去二氧化碳(或脱羧)而形成乙酸。

$$HOOC—COOH \xrightarrow{\triangle} HCOOH + CO_2\uparrow$$

$$HOOC—CH_2—COOH \xrightarrow{\triangle} CH_3COOH + CO_2\uparrow$$

丁二酸和戊二酸加热至熔点以上,则分子内脱水生成稳定的环状酸酐。

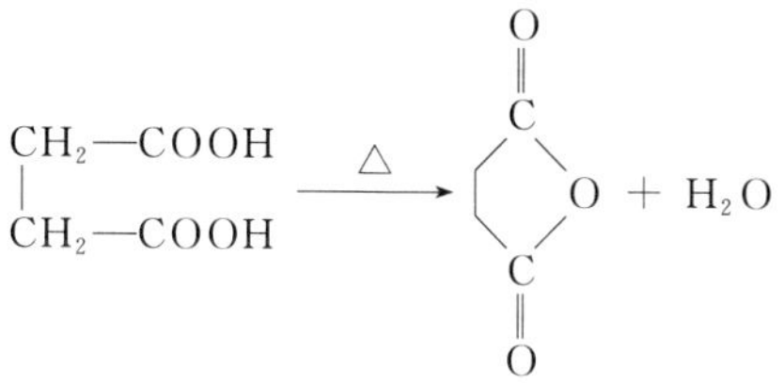

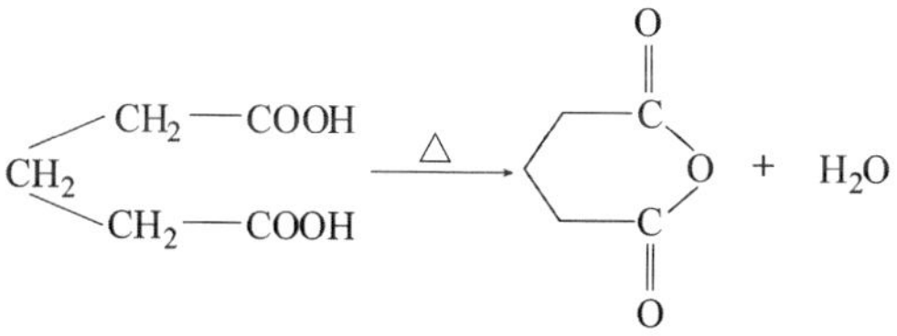

己二酸和庚二酸受热,既脱羧又失水,生成较稳定的环戊酮和环己酮。

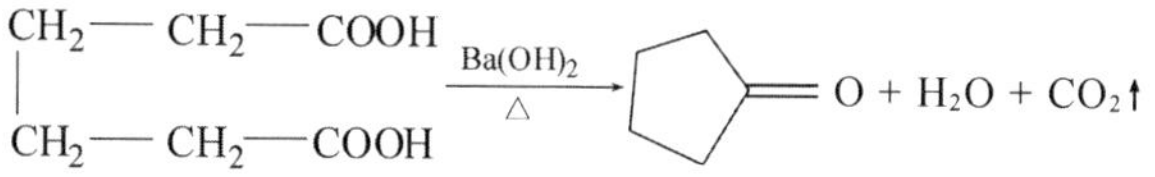

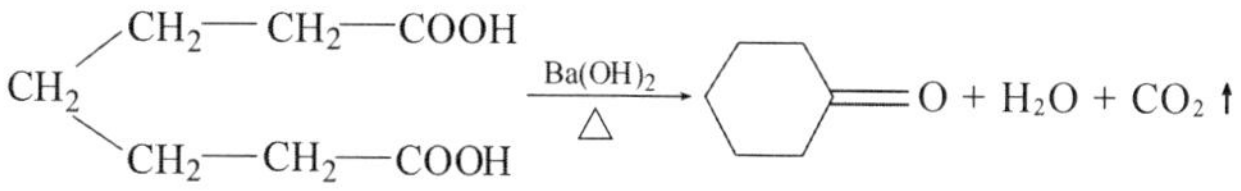

两个羧基间相隔六个及以上碳原子的二元羧酸在受热时,一般发生分子间脱水形成聚酐。以上事实说明,在有可能形成环状化合物的条件下,总是易于形成稳定性较好的五元和六元环状化合物。

思考题 9-2 写出下列反应的主要产物。

(1) $CH_3CH_2COOH \xrightarrow{PCl_3}$

(2) $CH_3CH_2COOH \xrightarrow[P]{Cl_2}$

(3) 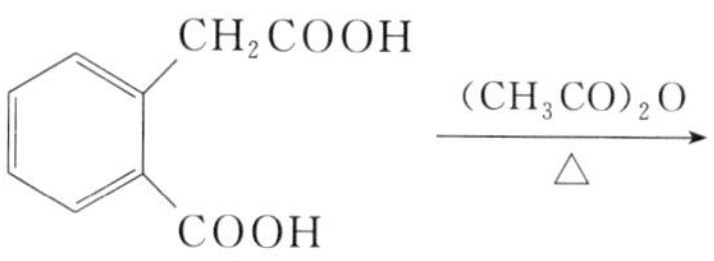

(4) 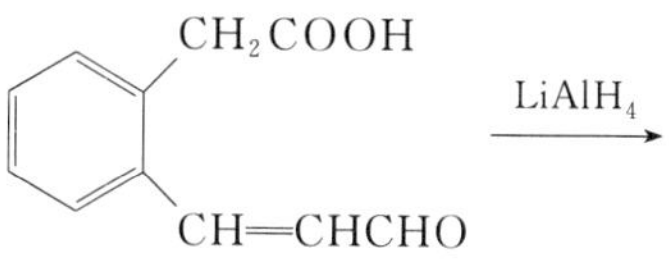

(5) 

(6) 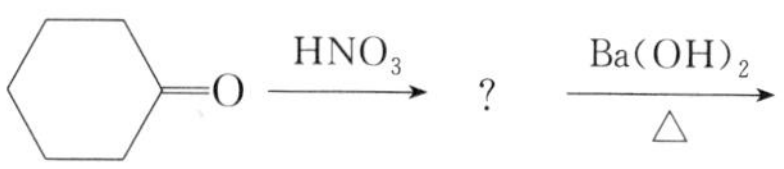

9.1.4 重要的羧酸

1. 甲酸

甲酸俗称蚁酸，存在于蜂、蚁类等动物体内和荨麻、松叶等一些植物中，是无色有刺激性气味的液体，沸点 101 ℃，易溶于水，有很强的腐蚀作用，能刺激皮肤起泡。

甲酸的结构不同于其他羧酸，它的羧基与一个氢原子相连，所以它的酸性（$pK_a=3.77$）是同系物中最强的，分子中既含有羧基又含有醛基：

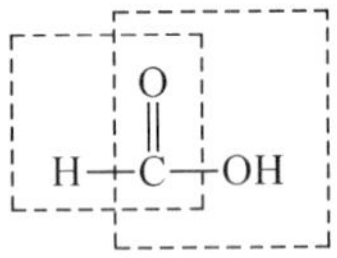

因此，甲酸除具有羧酸的特性外，还具有醛的某些性质，有较强的还原性。如能发生银镜反应，能与斐林试剂反应，也可被高锰酸钾氧化，这些反应均可用于甲酸的检验。

$$\mathrm{H{-}\overset{\overset{\displaystyle O}{\|}}{C}{-}OH} \xrightarrow{[O]} \left[\mathrm{HO{-}\overset{\overset{\displaystyle O}{\|}}{C}{-}OH}\right] \longrightarrow \mathrm{H_2O+CO_2}\uparrow$$

在浓硫酸存在下加热，甲酸可以分解为水和一氧化碳。实验室中用此法制备一氧化碳。

$$\mathrm{HCOOH} \xrightarrow[\triangle]{\text{浓}\ \mathrm{H_2SO_4}} \mathrm{H_2O+CO}\uparrow$$

甲酸在工业中可用作还原剂和橡胶的凝结剂。甲酸具有杀菌作用，也可用作消毒剂和防腐剂。

2. 乙酸

乙酸又称醋酸，是食醋的主要成分，普通食醋中含 4%～8%的乙酸，我国古代就有关于制醋的记载。乙酸是无色有很强刺激性气味的液体，沸点 118 ℃，熔点 16.6 ℃。当温度低于 16 ℃时，乙酸易结成冰状固体，因此也俗称冰醋酸。乙酸易溶于水及其他多种有机溶剂中。因为许多微生物可以将不同的有机物转化为乙酸（发酵），所以乙酸在自然界分布极广，例如酸牛奶中含有乙酸，就是由于微生物发酵所致。

乙酸是一种常用的有机溶剂，也是重要的化工原料，在医药、农药、香料、染料生产和合成纤维工业中应用极为广泛。

木材干馏或谷物发酵法都可得到乙酸。工业中采用乙烯、乙醇和乙醛为原料合成乙酸，目前更为先进的方法是由甲醇和一氧化碳在高温高压下，用铑或钌作催化剂直接合成，或以乙酸钴为催化剂，将丁烷氧化为乙酸。

3. 乙二酸

乙二酸常以盐的形式存在于多种植物的细胞膜中，因而俗称草酸。草酸是无色晶体，常含有两分子的结晶水，加热到 100 ℃时失去结晶水，得到无水草酸。无水草酸的熔点为 189 ℃。草酸易溶于水和乙醇而不溶于乙醚等有机溶剂。草酸是最简单、酸性最强的饱和二元羧酸。草酸除具有羧酸的一般性质外，还具有还原性，因此在定量分析中常用它来标定高锰酸钾溶液的浓度。

$$5\begin{array}{l}COOH\\|\\COOH\end{array} + 2KMnO_4 + 3H_2SO_4 \longrightarrow K_2SO_4 + 2MnSO_4 + 10CO_2\uparrow + 8H_2O$$

草酸可以和多种金属形成易溶于水的配合物，因此草酸可以作为清洗剂除去铁锈和衣服上蓝墨水痕迹。在工业中草酸还可用作漂白剂，用以漂白麦草等。

在浓硫酸存在下加热，草酸可同时发生脱羧、脱水反应。

由于草酸的钙盐溶解度很小，所以可用草酸与钙离子形成沉淀来测定钙的含量。

4. 丁烯二酸

丁烯二酸是最简单、最重要的不饱和二元酸，有顺式和反式两种异构体。

$$\begin{array}{c}H—C—COOH\\ \|\\ H—C—COOH\end{array}\qquad\qquad \begin{array}{c}HOOC—C—H\\ \|\\ H—C—COOH\end{array}$$

顺丁烯二酸　　　　反丁烯二酸

顺丁烯二酸俗称马来酸或失水苹果酸，为无色晶体，易溶于水，酸性较强。由于两个羧基距离较近，顺丁烯二酸受热易脱水，形成顺丁烯二酸酐(俗称顺酐)。顺丁烯二酸主要用于合成树脂或用作油脂的防腐剂。

反丁烯二酸俗称延胡索酸或富马酸，为无色晶体，难溶于水，在 200 ℃时升华，不易成酸酐。当加热至 300 ℃以上时，反丁烯二酸转化为内能较高的顺丁烯二酸后，才能脱水形成酸酐。反丁烯二酸广泛存在于自然界。

5. 苯甲酸

苯甲酸是最简单的芳香酸，最初是从安息香树胶中得到的，俗称安息香酸。苯甲酸是白色结晶，熔点 122 ℃，易升华，微溶于冷水，易溶于热水和乙醇等有机溶剂中。苯甲酸是重要的有机合成原料，其钠盐常用作食品和药品的防腐剂。

工业上常用甲苯氧化法制备苯甲酸。

6. α-萘乙酸

α-萘乙酸的简称是 NAA，为白色晶状固体，熔点 134 ℃，难溶于水，易溶于乙醇和丙酮中，但其钠盐和钾盐易溶于水。α-萘乙酸是一种常用的植物生长调节剂，低浓度时可刺激植物生长，防止落花落果，提高产量；高浓度时能抑制植物生长，可用作除草剂。

9.2 羧酸的衍生物

羧酸分子中羧基上的羟基被其他原子或基团取代的产物称为羧酸衍生物。羧酸衍生物主要有酰卤、酸酐、酯和酰胺等。从结构上看，羧酸衍生物都是含有酰基(RCO—)的化合物，故可称为酰基化合物。它们在化学性质上有许多相似之处。

9.2.1 羧酸衍生物的命名

酰卤和酰胺都是以它们所含的酰基来命名，称为“某酰卤”和“某酰胺”。当酰胺分子中氮原子上有取代基时，则在酰胺前加“N-烃基”。例如：

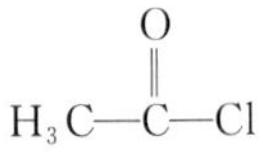

乙酰氯

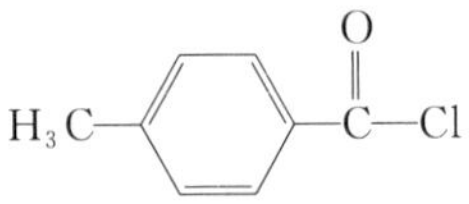

对甲基苯甲酰氯

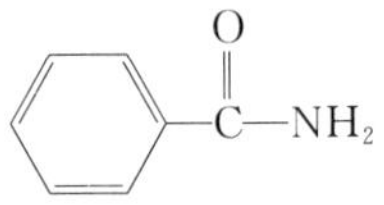

苯甲酰胺

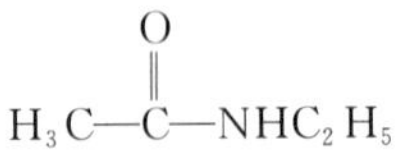

N-乙基乙酰胺

N,N-二甲基甲酰胺（简称 DMF）

酸酐按照来源的酸来命名。例如：

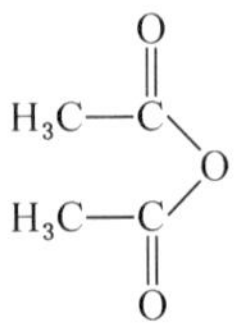

乙酸酐

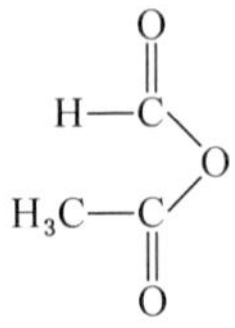

甲酸乙酸酐

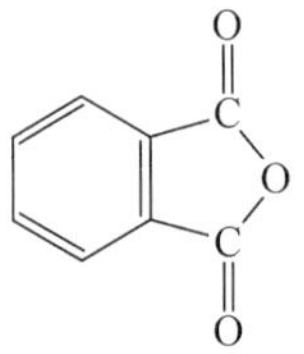

邻苯二甲酸酐

酯是根据形成它的羧酸和醇来命名的，称为“某酸某酯”。例如：

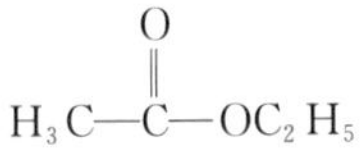

乙酸乙酯

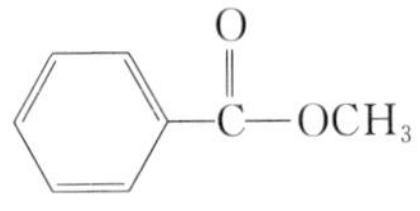

苯甲酸甲酯

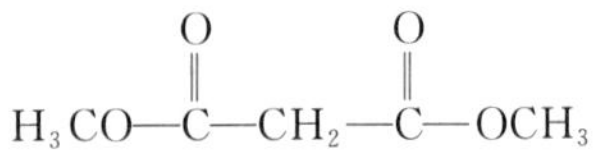

丙二酸二甲酯

9.2.2 羧酸衍生物的物理性质

酰卤中酰氯最为重要，常温下，低级的酰氯和酸酐都是无色且有刺激性的液体，高级的为固体。大多数常见的酯都是无色液体，低级的酯具有芳香气味，许多花和水果的香味都是由酯引起的，如乙酸异戊酯有香蕉香味，正戊酸异戊酯有苹果香味，因此，酯常用作食品和化妆品中的香精。除甲酰胺是液体外，一般酰胺多为固体。

酰氯、酸酐和酯的分子间无氢键缔合作用，它们的沸点比相对分子质量相近的羧酸要低得多。如乙酸（相对分子质量为 60）的沸点为 118 ℃，乙酰氯（相对分子质量为 78.5）的沸点只有 51 ℃；乙酸乙酯的沸点为 77 ℃，而相对分子质量与其相同的丁酸的沸点高达 163 ℃。酰胺分子间可以通过氨基上的氢原子形成氢键，其熔、沸点都相当高，但当氨基上的氢原子被烷基取代后，酰胺分子间失去氢键的缔合作用而成为液体，其沸点也明显降低。

羧酸衍生物一般都易溶于有机溶剂。酰氯和酸酐都不溶于水（低级酰氯和酸酐遇水分解）。酯在水中的溶解度很小，某些低级酯能溶解多种有机化合物，是很好的有机溶剂。低级酰胺可与水分子形成氢键而易溶于水中，如甲酰胺、N,N-二甲基甲酰胺、N,N-二乙基甲酰胺都能与水互溶，是良好的非极性质子溶剂；随着相对分子质量的增加，酰胺的水溶性迅速降低。

一些常见羧酸衍生物的主要物理常数如表 9-2 所示。

表 9-2 一些常见羧酸衍生物的主要物理常数 ℃

化合物	熔点	沸点	化合物	熔点	沸点
乙酰氯	−112	51	乙酸乙酯	−83	77
丙酰氯	−94	80	乙酸异戊酯	−78	142
丁酰氯	−89	102	苯甲酸乙酯	−34	213
苯甲酰氯	−1	197	甲酰胺	2.5	200(分解)
乙酸酐	−73	140	乙酰胺	82	221
丙酸酐	−45	169	丙酰胺	79	213
丁烯二酸酐	53	202	苯甲酰胺	130	290
邻苯二甲酸酐	130.5	284	N-甲基乙酰胺	28	204
乙酸甲酯	−98	57	N,N-二甲基甲酰胺		153

9.2.3 羧酸衍生物的化学性质

羧酸衍生物的结构中都含有共同的酰基，所以它们的性质有共同的一面，如能发生水解、醇解、氨解等反应。但由于酰基所连的基团不同，反应活性有很大差异。

1. 水解反应

羧酸衍生物都可发生水解反应生成相应的羧酸。酰氯水解反应速率最快，低级的酰卤遇水迅速反应，空气中微量水蒸气即可将之水解；高级的酰卤由于在水中溶解度较小，水解反应速率较慢；酸酐在加热条件下才能水解；酯和酰胺的水解都是可逆反应，需酸或碱作催化剂，并且还需加热。

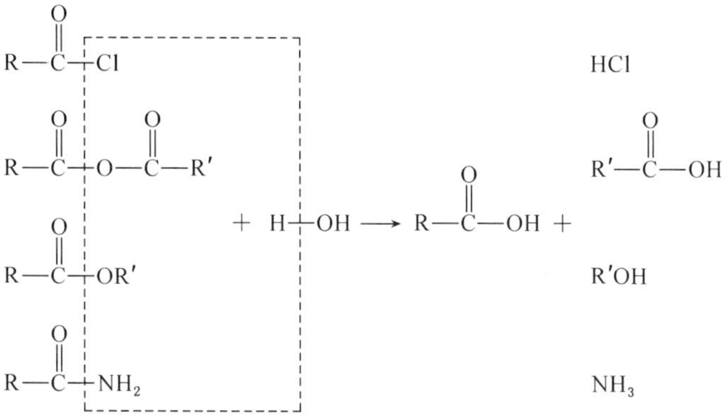

酯在酸催化下的水解是酯化反应的逆反应，水解不能进行完全。碱催化下水解生成的羧酸可与碱生成盐而从平衡体系中除去，所以水解反应可以进行到底。酯的碱性水解也称为皂化反应。

$$R-\overset{O}{\overset{\|}{C}}-OR' + H_2O \xrightarrow{NaOH} R-\overset{O}{\overset{\|}{C}}-ONa + R'OH$$

酰胺需在强酸或强碱的催化下长时间加热才能水解。

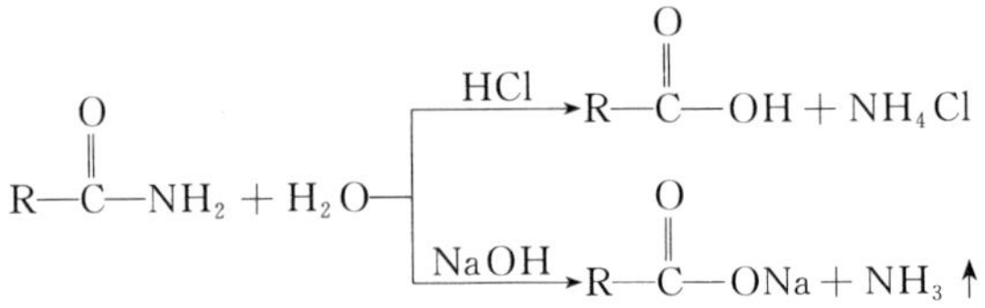

2. 醇解反应

酰氯、酸酐和酯都可与醇发生醇解反应，主要产物是酯。

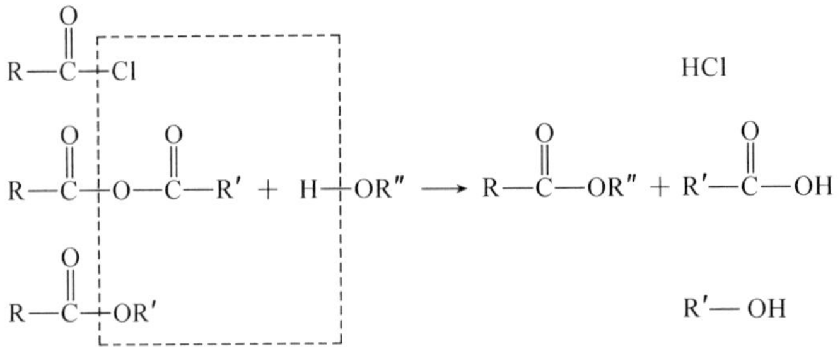

酯的醇解叫酯交换，反应是可逆的。因较高级的醇一般很难与羧酸直接酯化，可先制得较低级醇的酯，再利用酯交换反应，得到所需的高级酯。

3. 氨解反应

酰氯、酸酐和酯与氨的反应叫氨解反应，主要产物是酰胺。

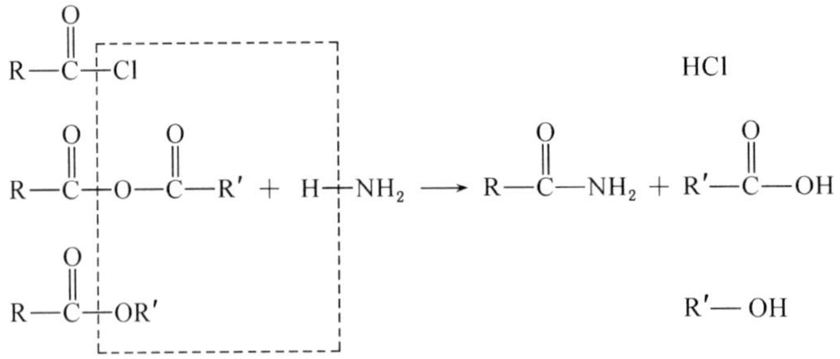

除 NH_3 外，RNH_2 和 R_2NH 也可进行同样反应。

从以上水解、醇解和氨解反应可知，四种衍生物之间，以及它们与羧酸之间在一定条件下都可以相互转化。

羧酸衍生物的水解、醇解、氨解反应都是在化合物分子中引入酰基，所以也叫酰基化反应，羧酸衍生物也叫酰基化试剂，常用的是酰氯和酸酐。

羧酸衍生物的水解、醇解、氨解与羧酸中羟基的取代反应机理相似，都属于亲核取代反应，是按加成-消除机理进行的，其反应机理可用下列通式表示：

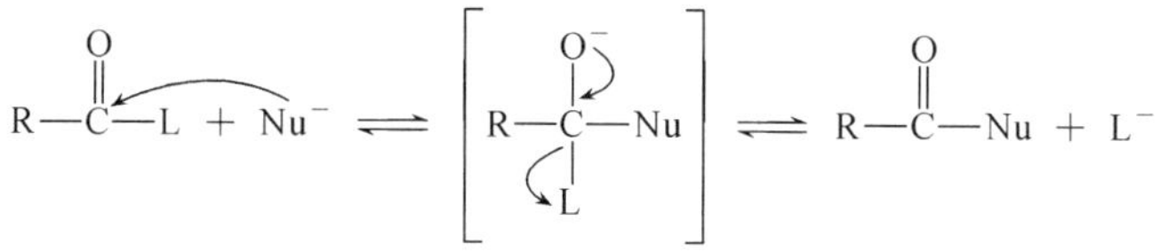

L=OH，X；OR，RCOO，NH_2；Nu=X，OR，OH，RCOO，NH_3

反应的第一步是由亲核试剂 Nu^- 进攻羰基碳原子发生亲核加成反应，形成氧负离子中间体，羰基碳原子由 sp^2 杂化变成 sp^3 杂化；第二步是氧负离子中间体消去离去基团 L^-，恢复碳氧双键，羰基碳原子重新变回 sp^2 杂化状态，生成取代产物。该亲核取代反应的活性，主要取决于第一步羰基碳原子与亲核试剂 Nu^- 的反应能力，和第二步离去基团 L^- 的碱性。羰基碳原子的正电性越大，空间位阻越小，越有利于加成；离去基团的碱性越弱，越有利于离去。一方面，从电子效应来看，基团 L 吸电子诱导效应(−I)大小顺序为 Cl—>RCOO—>RO—>—NH_2，而与酰基发生 p-π 共轭效应的顺序正好与此相反。吸电子能力越大，p-π 共轭效应越小，羰基碳原子的正电性越强，亲核试剂 Nu^- 就越容易进行加成；另一方面，离去基团 L^- 的碱性由弱到强的顺序为 Cl—<RCOO—<RO—<—NH_2，即离去的难易顺序为 Cl—>RCOO—>RO—>—NH_2。

综上所述，羧酸衍生物水解、醇解和氨解的反应活性顺序为：酰氯>酸酐>酯>酰胺。

4. 还原反应

与羧酸相比，羧酸衍生物更容易被还原。$LiAlH_4$ 可将酰氯、酸酐和酯还原为伯醇，酰胺被还原为胺。

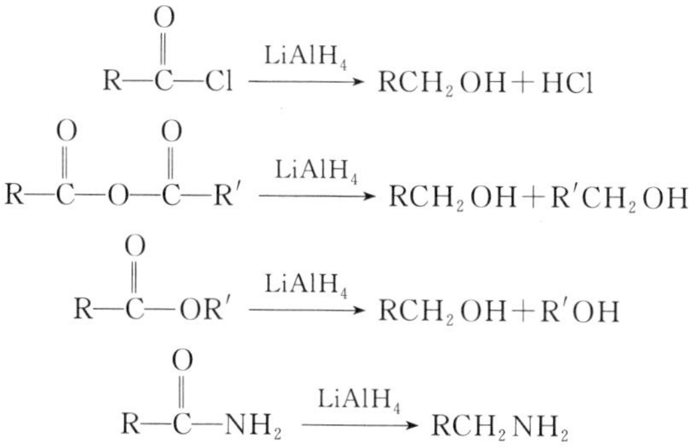

酯可被金属钠和醇还原为伯醇，该反应对双键没有影响。此法操作方便，价格便宜，因此常将羧酸转化成酯，再用此法还原。

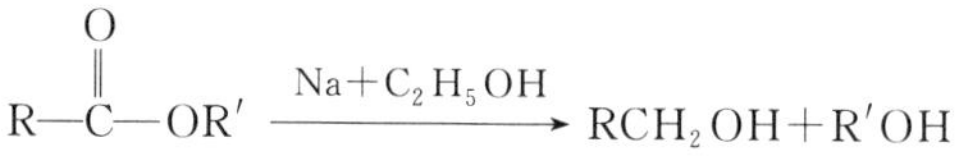

思考题 9-3 试写出乙酰氯与下列试剂反应的产物。

(1) 乙醇　(2) 水　(3) 乙胺

5. 酯缩合反应

酯分子中的 α-H 原子由于受到酯基的影响比较活泼，用醇钠等强碱处理时，两分子的酯脱去一分子醇生成 β-酮酸酯，这个反应叫酯缩合反应，或称为克莱森(Claisen)酯缩合反应。例如，在乙醇钠的作用下，乙酸乙酯发生酯缩合反应，生成乙酰乙酸乙酯。

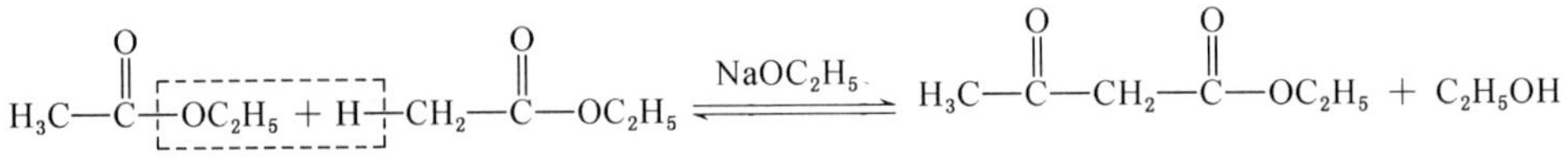

乙酰乙酸乙酯

酯缩合反应机理类似于羟醛缩合反应。首先酯分子被强碱夺去 α-H 原子形成碳负离子，该碳负离子作为亲核试剂与另一酯分子中带部分正电荷的羰基碳原子进行亲核加成，然后失去烷氧基负离子生成 β-酮酸酯。

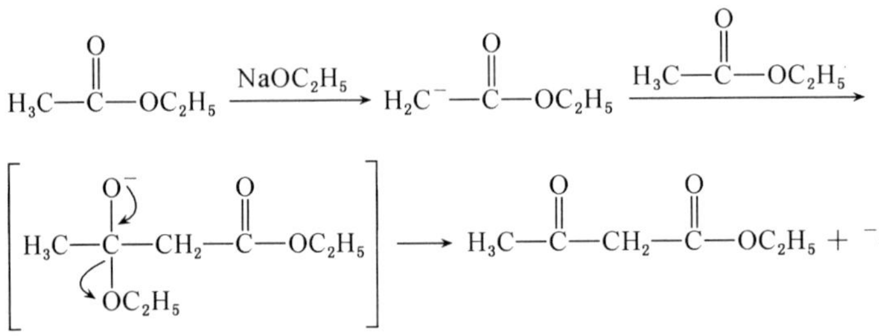

当两个不同的都含有 α-H 的酯发生酯缩合反应时，就会生成四种产物，无实际意义。但是如果两种酯中一个含有 α-H，另一个不含 α-H，就可以生成一种主要缩合产物。例如：

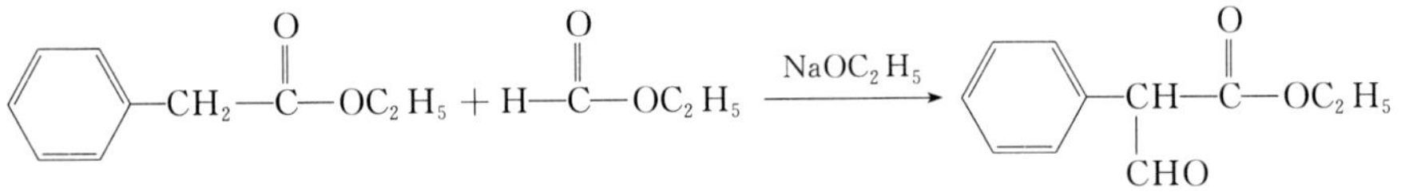

6. 酰胺的特性

(1)酰胺的酸碱性　氨具有碱性，但酰胺一般是呈中性或近中性，这是因为酰胺氮上未共用电子对与羰基形成 p-π 共轭体系，从而使氮原子上的电子云密度降低。

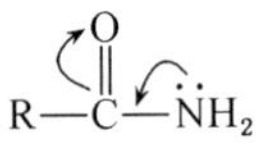

如果氨分子中的两个氢原子被酰基取代，则生成酰亚胺。受两个酰基的吸电子作用的影响，酰亚胺氮原子上氢原子的酸性明显增强，能与强碱生成盐。例如：

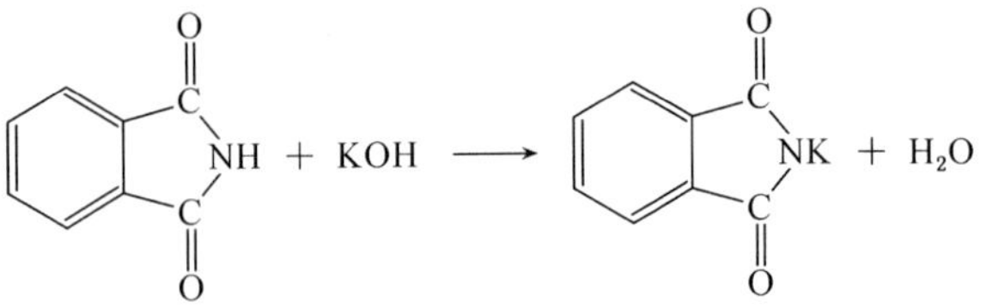

(2)酰胺的霍夫曼降解反应　酰胺与溴的氢氧化钠溶液作用,脱去羰基生成少一个碳原子的伯胺,该反应称为霍夫曼(Hoffmann)降解反应。利用这个反应可以制备比原酰胺少一个碳原子的伯胺。

$$\mathrm{R{-}\overset{\overset{\large O}{\|}}{C}{-}NH_2 + Br_2 + NaOH \longrightarrow R{-}NH_2 + NaBr + Na_2CO_3 + H_2O}$$

(3)酰胺与亚硝酸的反应　若酰胺分子中含有氨基,可与亚硝酸反应释放出氮气。

$$\mathrm{R{-}\overset{\overset{\large O}{\|}}{C}{-}NH_2 + HNO_2 \longrightarrow RCOOH + H_2O + N_2\uparrow}$$

9.2.4　碳酸的酰胺

碳酸是不稳定的化合物,但它能形成稳定的衍生物。从结构上看,碳酸是一个双羟基的二元羧酸,因此它可形成碳酸一酰胺和碳酸二酰胺两种酰胺。

$$\mathrm{HO{-}\overset{\overset{\large O}{\|}}{C}{-}OH} \qquad \mathrm{HO{-}\overset{\overset{\large O}{\|}}{C}{-}NH_2} \qquad \mathrm{H_2N{-}\overset{\overset{\large O}{\|}}{C}{-}NH_2}$$

碳酸　　碳酸一酰胺(氨基甲酸)　　碳酸二酰胺(尿素或脲)

1. 氨基甲酸酯

氨基甲酸是碳酸一酰胺,它是含羟基的酸性碳酸衍生物,不稳定,易分解为二氧化碳和氨。但氨基甲酸酯类化合物却比较稳定,它是一类高效低毒有机农药,可用作杀虫剂、杀菌剂和除草剂。该类农药易降解,对人畜和环境影响小,应用较为广泛,如用作杀虫剂的西维因和用作除草剂的灭草灵等。

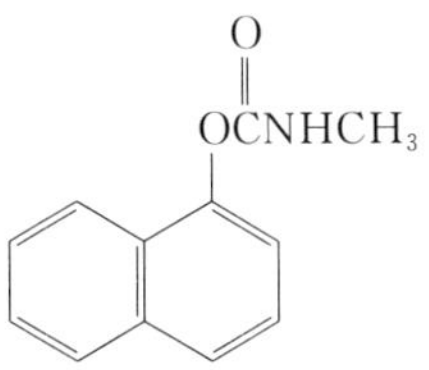

西维因

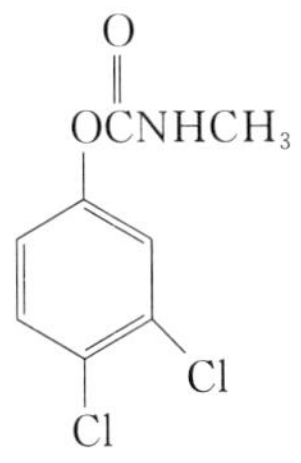

灭草灵

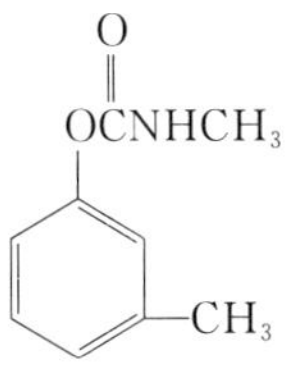

速灭威

2. 尿素

尿素简称脲,是碳酸的二酰胺。它是人和哺乳动物体内蛋白质代谢的最终产物之一,主要存在于尿液中。尿素是白色晶体,熔点 132 ℃,易溶于水和乙醇,难溶于乙醚。尿素在农业上广泛用作氮肥,含氮量达 46.6%;在工业中是有机合成的重要原料,用于合成一些医药、农药和塑料。

尿素含两个氨基而显碱性,但其碱性很弱($pK_b=13.9$),不能用石蕊试纸检验。尿素能与强酸生成盐,如与硝酸、草酸生成不溶性的盐。利用该性质可从尿液中分离出尿素。

$$H_2N-\overset{\overset{O}{\|}}{C}-NH_2+HNO_3 \longrightarrow CO(NH_2)_2\cdot HNO_3\downarrow$$

$$H_2N-\overset{\overset{O}{\|}}{C}-NH_2+\begin{matrix}COOH\\ |\\ COOH\end{matrix} \longrightarrow CO(NH_2)_2\cdot (COOH)_2\downarrow$$

尿素与酰胺的化学性质相似，可在酸或碱的作用下水解。

$$H_2N-\overset{\overset{O}{\|}}{C}-NH_2+H_2O \xrightarrow{H^+} NH_4^+ + CO_2\uparrow$$

$$H_2N-\overset{\overset{O}{\|}}{C}-NH_2+H_2O \xrightarrow{OH^-} NH_3 + CO_3^{2-}$$

植物和许多微生物中含有尿素酶，它能使尿素水解。在土壤中尿素受该种酶的作用，逐渐水解，生成铵离子而被植物吸收利用。

尿素分子中含有氨基，因而能与亚硝酸作用放出氮气。该反应是定量进行的，可用来测定尿素的含量。

$$H_2N-\overset{\overset{O}{\|}}{C}-NH_2+2HNO_2 \longrightarrow [HO-\overset{\overset{O}{\|}}{C}-OH]+2N_2\uparrow+2H_2O$$

$$[HO-\overset{\overset{O}{\|}}{C}-OH] \longrightarrow CO_2\uparrow + H_2O$$

将尿素晶体加热至熔点以上(150～160 ℃)时，两分子尿素间脱去一分子 NH_3，生成缩二脲。

$$H_2N-\overset{\overset{O}{\|}}{C}-\boxed{NH_2+H}-HN-\overset{\overset{O}{\|}}{C}-NH_2 \xrightarrow{150\sim160℃} \underset{\text{缩二脲}}{H_2N-\overset{\overset{O}{\|}}{C}-HN-\overset{\overset{O}{\|}}{C}-NH_2} + NH_3\uparrow$$

缩二脲在碱性溶液中能与稀的硫酸铜溶液反应，生成紫红色配位化合物，该反应叫缩二脲反应。凡分子中含有两个或两个以上酰胺键(—CONH—)的化合物，如多肽、蛋白质等，都能发生缩二脲反应，因此这个反应可用来鉴别尿素、多肽和蛋白质等。

9.2.5 重要的羧酸衍生物

1. 乙酰氯

乙酰氯为无色有刺激性气味的液体，对人的皮肤及眼睛有强烈的刺激作用，沸点 51 ℃，遇水剧烈水解，并放出大量的热。乙酰氯在空气中因吸收水分而产生氯化氢白烟，因此应密闭保存。乙酰氯能与氯仿、乙醚和苯等有机溶剂互溶。在有机合成中，乙酰氯常用作乙酰基化试剂。

2. 苯甲酰氯

苯甲酰氯为无色有刺激性的液体，具有强烈的渗透性，沸点 197 ℃，遇水逐渐分解为苯甲酸和氯化氢。苯甲酰氯有毒，并有强烈催泪性，因此使用时应戴好防护用具。苯甲酰氯能与乙醚和苯等有机溶剂互溶。在有机合成中，苯甲酰氯常用作苯甲酰基化试剂。

3. 乙酸酐

乙酸酐简称乙酐，也称醋酸酐或醋酐，是无色具有刺激性酸味的液体，沸点 140 ℃，微溶于水，易溶于有机溶剂。在有机合成中，乙酸酐常用作乙酰化试剂和有机溶剂；在工业中，乙酸酐主要用于合成醋酸纤维素、香料、染料和药物。

4. 邻苯二甲酸酐

邻苯二甲酸酐为白色固体，熔点 130.5 ℃，不溶于水，易升华。邻苯二甲酸酐广泛用于合成树脂、化学纤维和药物等。常用的酸碱指示剂酚酞就是由邻苯二甲酸酐与苯酚缩合而成的。

5. 乙酸乙酯

乙酸乙酯是无色有水果香味的液体，沸点 77 ℃，微溶于水。在碱性条件下，乙酸乙酯极易水解。乙酸乙酯的蒸气能形成爆炸性混合物，其爆炸极限为 2.2%～11.2%（体积分数）。在工业中，乙酸乙酯主要用于合成香料、染料和药物，同时它也是常用的有机溶剂之一。

习　题

9-1　用系统命名法命名下列化合物。

(1) $CH_3CHCH{=}CHCH_2COOH$
　　　|
　　CH_3

(2) 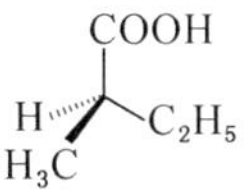

(3) 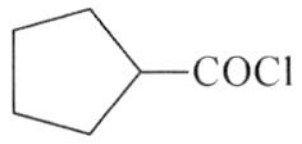

(4) 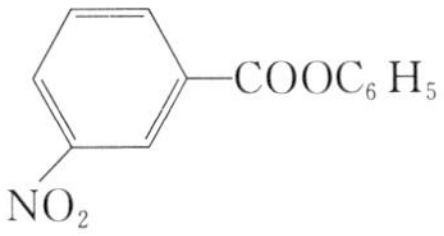

(5) 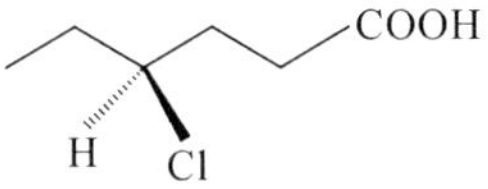

(6) 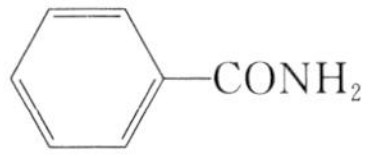

9-2　写出下列化合物的结构式。

(1)丙酸异丙酯　(2)(*E*)-2-甲基-2-戊烯酸　(3)N,N-二甲基乙酰胺

(4)邻苯二甲酰亚胺　(5)乙酸乙烯酯　(6)α-萘乙酸

(7)(*R*)-2-氯丁酸　(8)安息香酸　(9)缩二脲

9-3　用化学方法鉴别下列各组化合物。

(1)苯酚、苯甲酸、苯甲醇和苯甲醛　(2)乙酸、草酸和丁二酸

(3)甲酸乙酯、乙酸乙酯和乙酰胺

9-4　写出下列反应的主要产物。

(1) $CH_3CH_2CH_2COOH + SOCl_2 \longrightarrow$

(2) 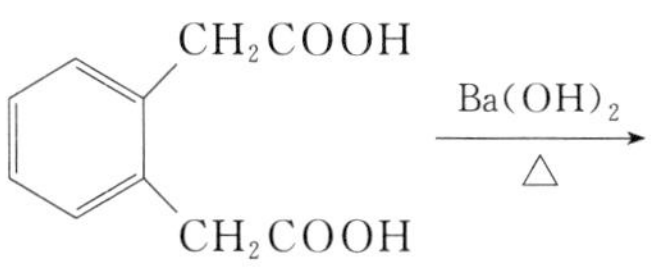

(3) 

(4) 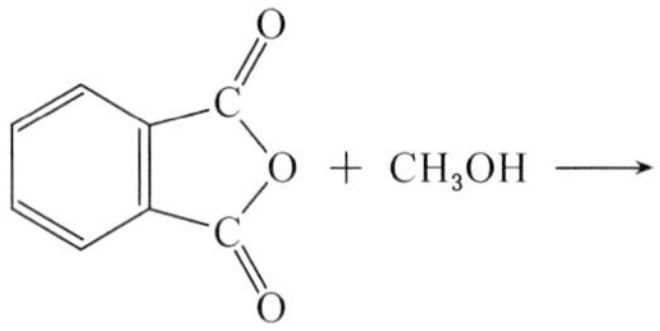

(5) $CH_3CH_2COOC_2H_5 \xrightarrow{NaOC_2H_5}$

(6) 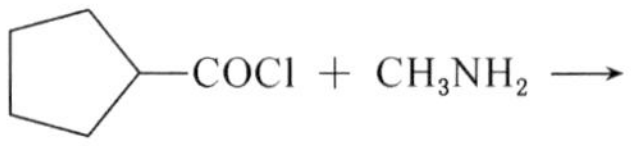

(7) 

(8) 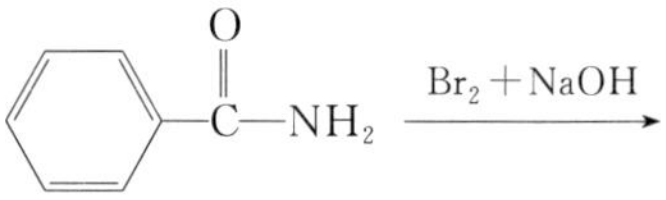

(9) $CH_3CH_2CONH_2 \xrightarrow{\triangle}$? $\xrightarrow{H^+}$

(10) $CH_3CH_2MgBr \xrightarrow{CO_2}$? $\xrightarrow{H^+}$

9-5 试用化学方法对苯甲酸、苯甲醇和对甲基苯酚的混合物进行分离。

9-6 由给定原料合成下列化合物。

(1)由乙烯合成丁酸乙酯　　(2)由 1-丁烯合成 2-甲基丁酸

(3)由 1-丙醇合成丁酰胺　　(4)由苯合成邻苯二甲酸酐

(5)由乙醛合成 3-氯丁酸　　(6)由甲苯合成苯胺

9-7 化合物 A 的分子式为 $C_5H_8O_4$，它有旋光活性，可与碳酸氢钠作用放出 CO_2，A 与 NaOH 的水溶液共热后发生反应，生成无旋光活性的化合物 B 和 C，试推导 A、B 和 C 的结构式，并写出各步反应方程式。

9-8 化合物 A 的分子式为 $C_4H_8O_2$，A 与 NaOH 的水溶液共热后发生反应，反应产物经酸化得到化合物 B 和 C，B 有酸性，并能发生银镜反应，C 能发生碘仿反应，试推导 A、B 和 C 的结构式，并写出各步反应方程式。

Chapter 10 第10章

取代酸

Substituted Acids

羧酸分子中烃基上的氢原子被其他原子或基团取代后的产物称为取代酸。常见的取代酸有卤代酸、羟基酸、羰基酸和氨基酸等。它们都是具有两种以上不同官能团的化合物。这类化合物在性质上不仅具有两种官能团的典型性质，而且还具有由官能团之间的相互影响所表现的一些新的特性。

取代酸在自然界中广泛存在，是生物代谢中的重要物质，它们中有些还是有机合成的重要原料。本章主要介绍羟基酸和羰基酸。

10.1 羟基酸

10.1.1 羟基酸的概述和命名

分子中同时含有羧基和羟基的化合物称为羟基酸。羟基酸又分为醇酸和酚酸，羟基连在碳链上或脂环上的称为醇酸，羟基连在芳环上的称为酚酸。

羟基酸的系统命名以羧酸为母体，羟基为取代基。醇酸中羧基与羟基的相对位置可用阿拉伯数字或希腊字母表示。酚酸中羧基和羟基的相对位置可用邻、间、对或阿拉伯数字表示。但许多羟基酸更常用俗名。例如：

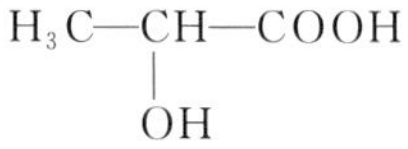

2-羟基丙酸（乳酸）

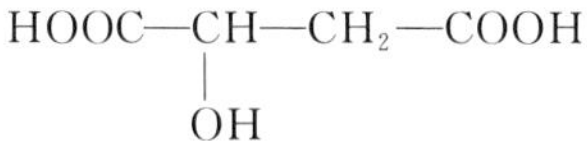

2-羟基丁二酸（苹果酸）

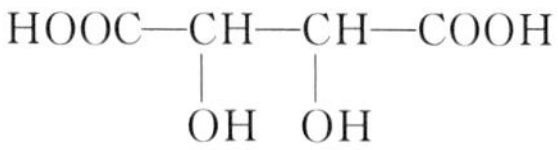

2,3-二羟基丁二酸（酒石酸）

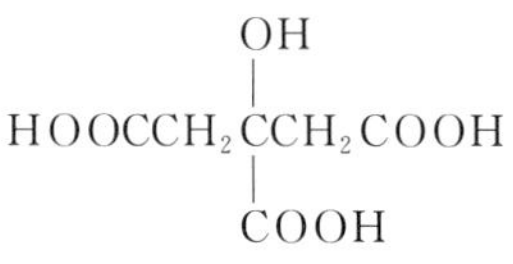

3-羟基-3-羧基戊二酸（柠檬酸）

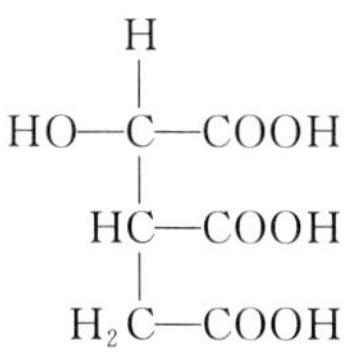

2-羟基-3-羧基戊二酸（异柠檬酸）

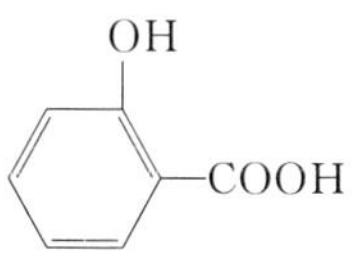

邻羟基苯甲酸（水杨酸）

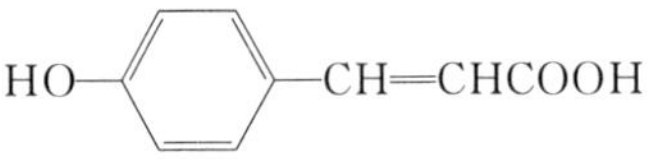

对羟基苯丙烯酸(香豆酸)

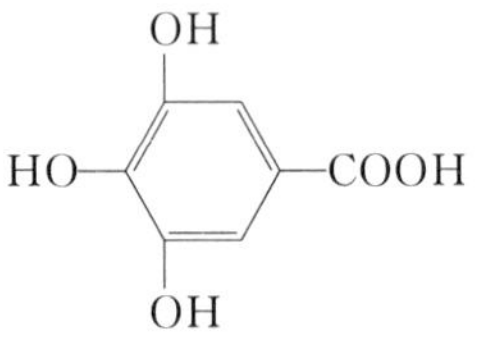

3,4,5-三羟基苯甲酸(没食子酸)

10.1.2 羟基酸的物理性质

羟基酸分子中同时含有羟基和羧基,分子间能形成氢键,熔点比相应的羧酸高,因此多为黏稠状液体或结晶固体,还可与水形成氢键,在水中的溶解度较其相应的羧酸大。酚酸都是固体,多以盐、酯或糖苷的形式存在于植物中。一些重要的羟基酸及其物理常数见表 10-1。

表 10-1 重要羟基酸及其物理常数

类别	结构式	名称	熔点/℃	溶解度(25 ℃)/(g/100 g 水)	比旋光度	pK_a
醇酸	$HOCH_2$—COOH	2-羟基乙酸	80			3.74
	H_3C—CH(OH)—COOH	(±)-乳酸	18	∞	0	3.87
		(+)-乳酸	26	∞	+3.8	
		(−)-乳酸	26	∞	−3.8	
	HOOC—CH(OH)—CH_2—COOH	(±)-苹果酸	128.5	144	0	3.36
		(+)-苹果酸	100	∞	+2.3	
		(−)-苹果酸	100	∞	−2.3	
	HOOC—CH(OH)—CH(OH)—COOH	(meso)-酒石酸	140	125	0	3.11
		(±)-酒石酸	206	206	0	3.82
		(+)-酒石酸	170	139	+15	
		(−)-酒石酸	170	139	−15	
	$HOOCCH_2C(OH)(COOH)CH_2COOH$	柠檬酸	153	133		3.01
酚酸	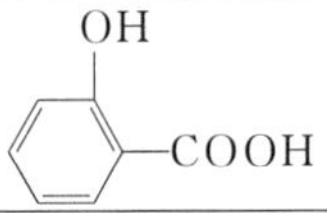	水杨酸	159	微溶于冷水,易溶于热水		3.00
	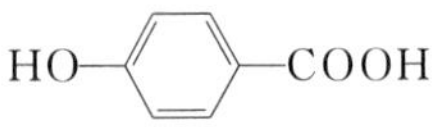	对羟基苯甲酸	215	微溶于水,易溶于热水		4.54
	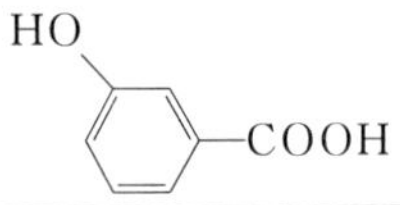	间羟基苯甲酸	202	微溶于水		4.12
	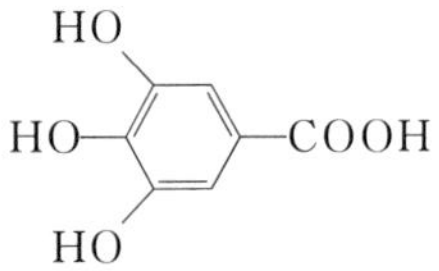	没食子酸	253	微溶于冷水		

10.1.3 羟基酸的化学性质

醇酸既具有醇和羧酸的一般性质，如醇羟基可以氧化、酰化、酯化；羧基可以成盐、成酯等，又由于羟基和羧基的相互影响，而具有一些特殊的性质。这些特性又根据羟基的相对位置而有所差异。

1.醇酸的酸性

在醇酸分子中，由于羟基的吸电子诱导效应沿着碳链传递到羧基上，而降低了羧基碳的电子云密度，使羧基中氧氢键的电子云偏向于氧原子，促进了氢原子解离成质子。诱导效应随传递距离的增长而减弱，因此醇酸的酸性随着羟基与羧基距离的增加而减弱。例如：

	CH_3CH_2COOH	$CH_3CH(OH)COOH$	$CH_2(OH)CH_2COOH$
pK_a	4.88	3.87	4.51

在酚酸分子中，羟基在不同位置时，其酸性强弱如下：

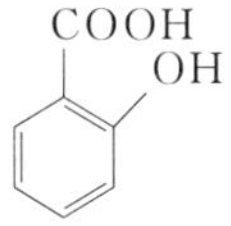

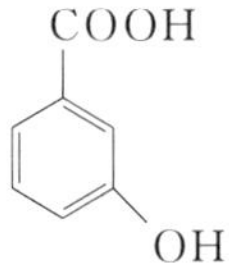

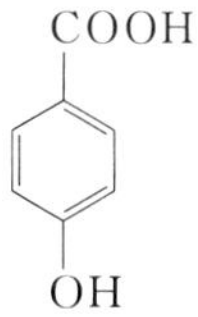

pK_a　3.00　4.12　4.17　4.54

对位异构体由于取代基距羧基较远，诱导效应很微弱，起主导作用的是共轭效应，羟基中氧上的孤对电子对通过苯环转向羧基中羰基，使质子不易离去，因此，其酸性较苯甲酸酸性弱；而在间位异构体中，由于羟基、苯环和羧基三者不处于一个共轭体系中，因此取代基不会通过共轭效应直接影响羧基，由于羟基距羧基也较远，诱导效应较弱，但仍可对羧基产生吸电子的诱导效应(−I)，此外，又因为羟基与苯环共轭效应(+C)作用使羟基间位碳原子电子云密度降低，诱导效应和共轭效应叠加对羧基上的电子的吸引较大，使羧基电子云密度降低，羧基上的氢原子易离解，故酸性较苯甲酸强。邻位异构体中，电子效应使羧基中的电子云密度降低，使羧基上的氢原子易离解，而邻羟基苯甲酸离解一个质子后，共轭碱中的 OH^- 和 COO^- 基团之间形成分子内氢键，进一步增加了它的酸性。

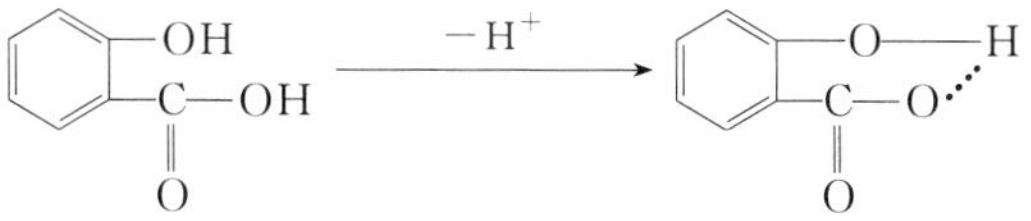

2.醇酸的脱水反应

醇酸较易脱水，受热时即发生脱水反应，脱水的方式随着羟基和羧基的相对位置不同而异。

(1)α-羟基酸　受热时发生分子间的脱水反应，一分子中的羟基与另一分子中的羧基两两失水，形成环状的酯，叫作交酯。

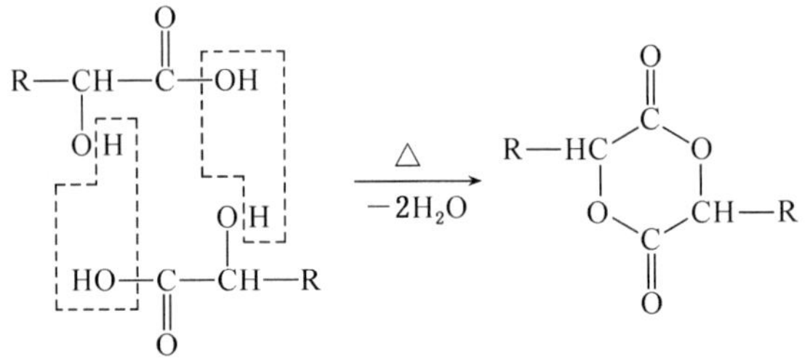

(2)β-羟基酸　α-氢由于受羟基和羧基的双重影响，变得比较活泼，受热时易和相邻碳原子上的羟基失水而生成烯酸。

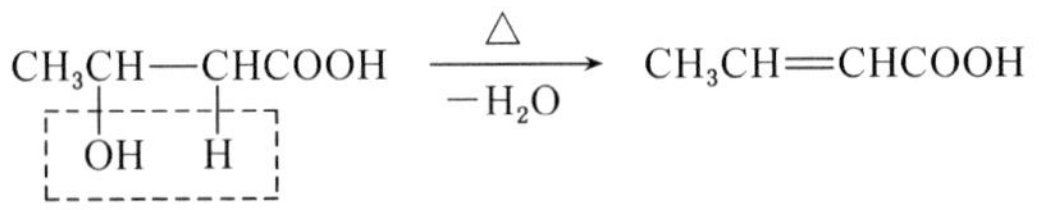

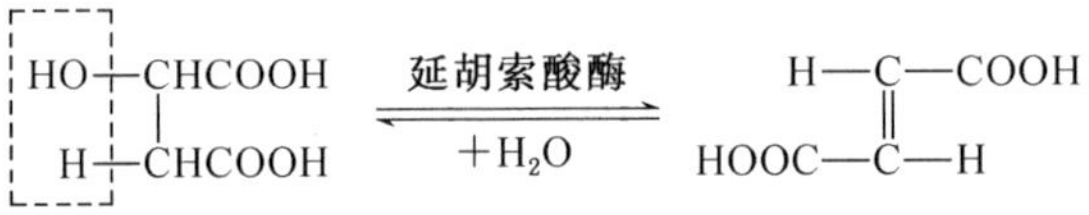

苹果酸　　　　　　延胡索酸

(3)γ-或δ-羟基酸　在常温下发生分子内脱水（内酯化反应），生成环状内酯。

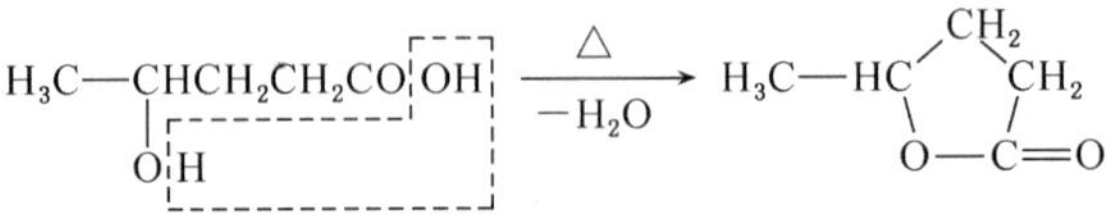

γ-内酯

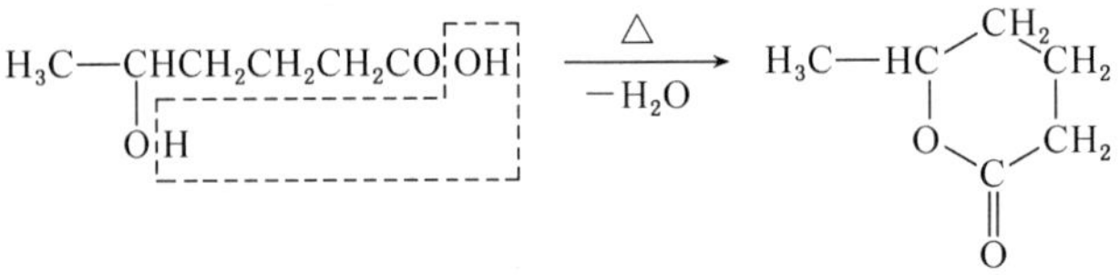

δ-内酯

3. 醇酸的氧化反应

α-羟基酸的羟基由于受到羧基－I效应的影响，比醇中的羟基更容易被氧化。如稀硝酸不能氧化醇分子中的羟基，但可把醇酸氧化成醛酸、酮酸或二元羧酸；托伦试剂一般不能氧化醇，但可氧化α-羟基酸中的羟基。

$$HOCH_2COOH \xrightarrow{稀\ HNO_3} OHCCOOH \xrightarrow{稀\ HNO_3} HOOCCOOH$$

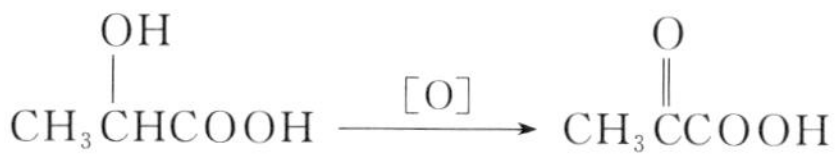

乳酸　　　　丙酮酸

生物体内的醇酸在酶的催化下发生脱氢氧化。

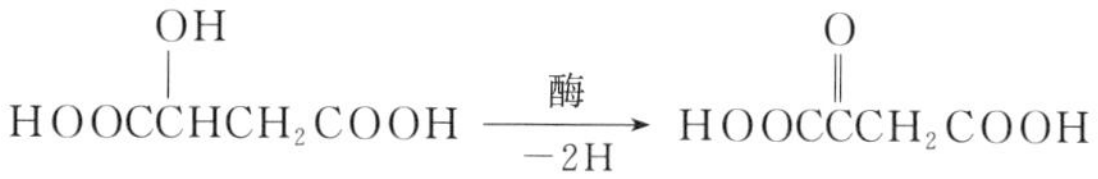

苹果酸　　　　草酰乙酸

4. *α*-羟基酸的分解反应

由于羟基和羧基都有吸电子诱导效应，使羧基与 *α*-碳原子之间的电子云密度降低，有利于二者之间键的断裂，所以当 *α*-醇酸与稀硫酸共热时，分解成比原来少一个碳原子的醛或酮和甲酸；与浓硫酸共热，分解为少一个碳原子的醛(酮)、水和一氧化碳。

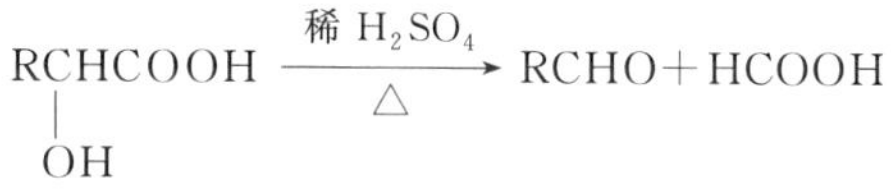

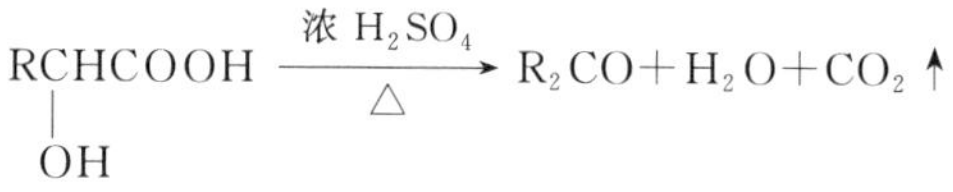

10.1.4 重要的羟基酸

1. 乳酸

乳酸存在于青贮饲料和泡菜中，在剧烈运动时，由于体内的酮酸转化为乳酸，人会感到肌肉酸痛。乳酸是无色黏稠液体，有很强的吸湿性，可溶于水、乙醇和乙醚中。乳酸与苯酚的三氯化铁溶液作用，能使溶液的紫色褪去而呈亮黄色，利用这个反应可检验乳酸的存在。

乳酸分子含有一个手性碳原子，因此具有旋光性。乳酸分为 *D*-乳酸、*DL*-乳酸和 *L*-乳酸，*D*-乳酸为左旋，而 *L*-乳酸为右旋。由于人体只具有分解 *L*-乳酸的酶，只能利用 *L*-乳酸，*D*-乳酸用途很少，已基本不生产；*DL*-乳酸有一定毒副作用，一般只作工业用。1998 年，世界卫生组织已将 *DL*-乳酸列为禁止药用与食用。

乳酸的用途很广，广泛用于制药、酿酒、食品、饮料、保健品、造纸、制革、卷烟、油漆、油墨、电镀和塑料工业及输油管道防腐等。食品工业上用作软饮料的酸味剂和防腐剂，也用于调制酸奶。啤酒生产上用乳酸调节发酵液的 pH。在医药上除直接用作消毒剂外，由于乳酸钙、乳酸铁等乳酸盐在水中溶解度较大，无异味、易为人体吸收，因此是补充钙、铁元素的良好药品及营养添加剂。在化工上乳酸甲酯、乳酸丁酯及乳酸的高级酯和醚类是油漆、涂料、树脂的良好溶剂，塑料的增塑剂和润滑剂。*L*-乳酸还可用于生产聚 *L*-乳酸。聚 *L*-乳酸属于无毒的高分子化合物，具有生物相容性，可用于制造生物降解塑料、生物降解纤维、生物植片等。

乳酸的生产方法有合成法与发酵法。乳酸是以玉米、糙米、甘薯、马铃薯淀粉为主要原料，通过发酵过滤、酸解、短程蒸馏等工序深加工而成。合成法用乙醛和氢氰酸作用，生成乙腈，用硫酸水解，再与甲醇酯化得到乳酸甲酯，经精馏后水解制的。

2. 苹果酸

自然界存在的苹果酸是 *L*-苹果酸，苹果、樱桃、葡萄、李子等水果含有较丰富的 *L*-苹果酸。未成熟苹果中含 0.5%左右的有机酸，其中 *L*-苹果酸占 97.2%以上，苹果酸因此而得名。

苹果酸是白色结晶体或结晶状粉末，有较强的吸湿性。由于分子中有一个手性碳原子，有两种立体异构体。大自然中以三种形式存在，即 *D*-苹果酸、*L*-苹果酸和其混合物 *DL*-苹果酸。*D*-苹果酸，相对密度 1.595，熔点 101 ℃，分解点 140 ℃，比旋光度+2.92°(甲醇)，溶于水、甲醇、乙醇、丙酮；*L*-苹果酸，相对密度 1.595，熔点 101 ℃，分解点 140 ℃，比旋光度−2.3°(8.5 g/100 mL 水)，易溶于水、甲醇、丙酮，不溶于苯；等量的左旋体和右旋体混合得到外消旋体，相对密度 1.601，熔点 133 ℃，分解点 150 ℃，溶于水、甲醇、乙醇、丙酮，不溶于苯。

苹果酸是在医药、食品及工业等方面有广泛用途的有机酸。其酸味持久柔和、风味别致、解渴爽口、性质稳定，是国际上公认的安全、无毒无害的食用有机酸，其还具有抗菌作用，亦可作为一些食品的保鲜剂，可保持食品的原有风味和气味。利用 *L*-苹果酸的抗疲劳，保护心、肝、肾等重要器官的作用，还可开发保健型饮品。苹果酸钙中的钙素，比牛奶、碳酸钙中的钙能更好地为人体吸收，既可以作为儿童和青少年日常补充钙的来源，又能延缓中老年人骨质中钙的损失，避免骨质疏松症的发生，故可开发出强化钙的食品。此外，应用苹果酸某些盐类代替食盐浸渍咸菜时，其成分仅有食盐 1/7～1/5 的情况下，而浸渍效果却是食盐的两倍。*L*-苹果酸具有重要的生理功能，它可直接进入三羧酸循环，参与人体代谢，对人体的健康有益，常配入复合氨基酸注射液中，以提高氨基酸的利用率，对术后虚弱、贫血和肝功能障碍病人尤为重要，*L*-苹果酸可以减少氨基酸的代谢损失和弥补肝功能的缺陷。各种片剂、糖浆配以 *L*-苹果酸可以呈水果味，有利于在体内的吸收、扩散。

3. 柠檬酸

柠檬酸为无色半透明晶体或白色颗粒或白色结晶性粉末，无臭、味极酸，易溶于水和乙醇，水溶液显酸性。柠檬酸结晶形态因结晶条件不同而不同，有无水柠檬酸也有含结晶水的柠檬酸。在干燥空气中微有风化性，在潮湿空气中有潮解性。175 ℃以上分解为水及二氧化碳。柠檬酸是一种较强的有机酸，有 3 个 H^+ 可以离解，水溶液呈酸性。加热可以分解成多种产物，也可与酸、碱、甘油等发生反应。

柠檬酸是食品加工业中很重要的食品添加剂，也广泛应用于医药、染料及其他工业。用于香料或作为饮料的酸化剂，在食品和医学上用作多价螯合剂，还可用作防腐剂、抗氧化增效剂、pH 调节剂，也是化学中间体。柠檬酸有两条生产途径：一条是以淀粉及糖类为原料，用微生物发酵方法来制取；另一条是从含酸丰富的原料中提取，特别是在果品加工中进行综合利用如制梅胚后排出的咸酸汁液(含酸量可达 4%～5%)和制柑橘胚后排出的咸酸汁液都是提取柠檬酸很好的原料。

柠檬酸在 150 ℃发生分子内脱水，生成顺乌头酸，后者加水可生成柠檬酸和异柠檬酸两种异构体。这种变化在生物体内经酶的催化也可进行。

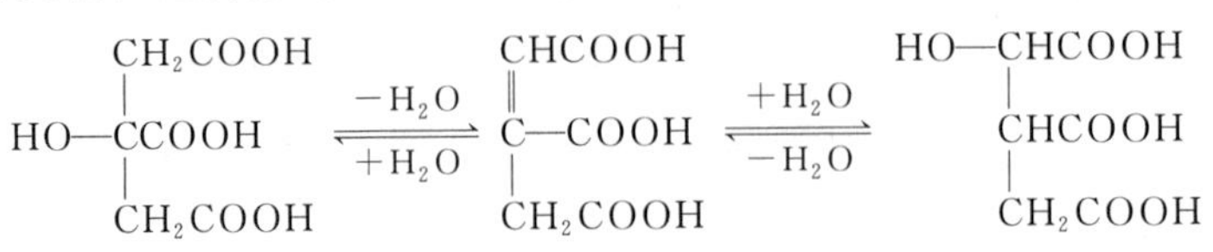

柠檬酸　　顺乌头酸　　异柠檬酸

4. 酒石酸

酒石酸是易溶于水的无色结晶，不溶于有机溶剂。酒石酸主要以钾盐的形式存在于多种植物和果实中，以葡萄中含量较多，也有少量是以游离态存在的。酒石酸氢钾存在于葡萄汁内，此盐难溶于水和乙醇，在葡萄汁酿酒过程中沉淀析出，称为酒石，酒石酸的名称由此而来。

酒石酸有两个手性碳原子，四种立体异构体，即右旋型（*D* 型，*L* 型）、左旋型（*L* 型，*D* 型）、内消旋型、外消旋型。通常，外消旋型酒石酸又称为葡萄酸。右旋酒石酸存在于多种果汁中，工业中常用葡萄糖发酵来制取。左旋酒石酸可由外消旋体拆分获得。外消旋体可由右旋酒石酸经强碱或强酸处理制得，也可通过化学合成，例如由反丁烯二酸用高锰酸钾氧化制得。内消旋体不存在于自然界中，它可由顺丁烯二酸用高锰酸钾氧化制得。

酒石酸广泛用于食品、医药、化工、轻工等行业。在食品行业用作啤酒发泡剂、食品酸味剂、矫味剂等。其酸味为柠檬酸的 1.25 倍，特别适用作葡萄汁的酸味剂，还可作焙烤食品的膨松剂和发酵剂。酒石酸和单宁合用，可作为酸性染料的媒染剂。酒石酸能与多种金属离子配合，可作金属表面的清洗剂和抛光剂。酒石酸钾钠又称为罗谢尔盐，可配制斐林试剂，还可作为医药的缓泻剂和利尿剂。酒石酸钾钠晶体具有压电性质，可用于电子工业。酒石酸锑钾为呕吐剂，又称吐酒石，并可治疗血吸虫病。

5. 五倍子酸

五倍子酸又名没食子酸，由五倍子中提取的鞣质（单宁酸），就是葡萄糖的没食子酸酯，将其在酸性或碱性中水解，可得没食子酸。没食子酸是植物中分布最广的一种酚酸，通常以游离酸或各种酯的形式存在于五倍子、槲树皮、茶叶以及其他植物中。没食子酸为针状晶体，难溶于冷水，可溶于热水、丙酮、乙醇中，不溶于苯和氯仿。在空气中易变色，加热至 235～240 ℃分解为焦性没食子酸和二氧化碳。

没食子酸与三价铁离子生成蓝黑色沉淀，是蓝黑墨水的原料；工业上也用于制革；还可做照相显影剂。没食子酸丙酯为抗氧剂，可用于食用油脂以防止腐臭变质。在医药上没食子酸是止血收敛剂，也是温和的局部刺激剂；次没食子酸铋常用作温和的皮肤消毒剂。没食子酸对人体的毒性极小，大鼠皮下注射致死量为 4 g/kg。

6. 单宁酸

单宁酸又名鞣酸、丹宁酸、五倍子单宁酸、单宁。单宁酸是淡黄色至浅棕色无定型粉末或松散有光泽的鳞片状或海绵状固体，暴露于空气中能变黑。无臭，有强烈的涩味，可燃，溶于水、乙醇、丙酮，几乎不溶于苯、氯仿、乙醚及石油醚。在 210～215 ℃时熔融分解。

单宁酸存在于多种树木（如橡树和漆树）的树皮和果实中，也是这些树木受昆虫侵袭而生成的虫瘿中的主要成分，含量 50%～70%。单宁酸不是单一的化合物，化学组成比较复杂。单宁酸的化学组分随原料来源而异，由中国五倍子得到的单宁酸含葡萄糖约 12%；由土耳其五倍子得到的单宁酸含葡萄糖约 16.5%。单宁酸是止血剂。在医药上曾用于治疗咽喉炎、扁桃体炎、痔疮和皮肤疱疹等，内用可制止腹泻、肠出血等。单宁酸能与金属、生物碱和糖苷等生成沉淀，对这些物质具有解毒作用。单宁酸可用于鞣革、墨水制造、纸张和丝绸上胶、锅炉除垢等，还可作媒染剂、啤酒和葡萄酒的澄明剂、橡胶的凝结剂等。单宁酸本身毒性很低。

7. 水杨酸

水杨酸，白色针状结晶或单斜棱晶，有特殊的酚酸味。在空气中稳定，但遇光渐渐改变颜色，微溶于冷水，易溶于热水、乙醇、乙醚和丙酮，溶于热苯，存于阴凉、通风、干燥的库房中，远离火源、热源，与易爆品、氧化剂分开存放。水杨酸可从植物柳树皮中提取，是一种天然的消炎药。

水杨酸可作为医药工业的原料，用于制备阿司匹林、水杨酸钠、水杨酰胺、止痛灵、水杨酸苯酯等药物。常用的感冒药阿司匹林就是水杨酸的衍生物乙酰水杨酸钠，而对氨基水杨酸钠则是一种常用的抗结核药物。水杨酸在皮肤科常用于治疗各种慢性皮肤病如痤疮、癣等。水杨酸可以祛角质、杀菌、消炎，因而非常适合治疗毛孔堵塞引起的青春痘，也可作化妆品防腐剂，主要用于花露水、痱子水、奎宁头水等水类化妆品，除防腐杀菌作用外，还有祛除汗臭、止痒消肿、止痛消炎等功能。少量用于配制动物香型香精等日用香精。微量用于食品中，起防腐剂的作用。

10.2 羰基酸

10.2.1 羰基酸的分类和命名

分子中既含有羰基又含有羧基的化合物称为羰基酸。羰基在碳链一端的叫醛酸，在碳链当中的叫酮酸。

羰基酸的命名与醇酸相似，也是以羧酸为母体，羰基的位次用阿拉伯数字或用希腊字母表示。亦可用酰基法命名为某酰某酸。例如：

$$H-\overset{\overset{\displaystyle O}{\|}}{C}-COOH$$

乙醛酸(甲酰甲酸)

$$H_3C-\overset{\overset{\displaystyle O}{\|}}{C}-COOH$$

丙酮酸(乙酰甲酸)

$$H_3C-\overset{\overset{\displaystyle O}{\|}}{C}-CH_2COOH$$

β-丁酮酸(乙酰乙酸)

$$HOOC-\overset{\overset{\displaystyle O}{\|}}{C}-CH_2COOH$$

α-丁酮二酸(草酰乙酸)

$$HOOC-\overset{\overset{\displaystyle O}{\|}}{C}CH_2\underset{\underset{\displaystyle CH_3}{|}}{CH}COOH$$

4-甲基-2-戊酮二酸

10.2.2 羰基酸的化学性质

酮酸具有酮和羧酸的一般性质，如与亚硫酸氢钠加成、与羟胺生成肟、成盐和酰化等。由于两种官能团的相互影响，α-酮酸和β-酮酸又有一些特殊的性质。

1. 酸性

酮酸的酸性大于相应的羟基酸和羧酸，这是由于羰基吸电子的能力大于羟基。羰基酸分子中，羰基距羧基越近，酸性越强。例如：

	$CH_3-\overset{O}{\overset{\|}{C}}-COOH$	$CH_3CH(OH)COOH$	CH_3-CH_2-COOH
pK_a	2.25	3.87	4.88

$$CH_3-\overset{O}{\overset{\|}{C}}-COOH > CH_3-\overset{O}{\overset{\|}{C}}-CH_2COOH > CH_3-\overset{O}{\overset{\|}{C}}-CH_2CH_2COOH$$

2.氧化还原反应

醛酸中的醛基可被弱氧化剂氧化。

$$\begin{matrix}CHO\\|\\COOH\end{matrix}+2[Ag(NH_3)_2]OH\longrightarrow\begin{matrix}COONH_4\\|\\COONH_4\end{matrix}+2NH_3+H_2O+2Ag\downarrow$$

如果醛酸中没有 α-氢原子,在碱中可发生歧化反应。

$$2\begin{matrix}CHO\\|\\COOH\end{matrix}\xrightarrow{NaOH}\begin{matrix}COONa\\|\\COONa\end{matrix}+\begin{matrix}CH_2OH\\|\\COONa\end{matrix}$$

酮酸可还原成相应的醇酸,这是醇酸氧化反应的逆反应。

$$H_3C-\overset{O}{\overset{\|}{C}}-COOH\xrightarrow{[H]}H_3C-\overset{OH}{\overset{|}{C}H}-COOH$$

3.脱羧反应

酮酸较易发生脱羧反应。在 α-酮酸分子中,羰基与羧基直接相连,由于羰基具有较强的吸电子能力,使羰基碳与羧基碳原子之间的电子云密度降低,所以碳碳键容易断裂,在一定条件下可发生脱羧和脱羰反应。α-酮酸与稀硫酸或浓硫酸共热,分别发生脱羧和脱羰反应生成醛或羧酸。

$$R-\overset{O}{\overset{\|}{C}}-COOH\xrightarrow{稀\ H_2SO_4}R-\overset{O}{\overset{\|}{C}}-H+CO_2\uparrow$$

β-酮酸比 α-酮酸更易脱羧生成酮。室温或微热就能发生脱羧反应。

$$R-\overset{O}{\overset{\|}{C}}-CH_2-COOH\xrightarrow{\triangle}R-\overset{O}{\overset{\|}{C}}-CH_3+CO_2\uparrow$$

生物体内的 α-酮酸和 β-酮酸在酶的作用下,都能发生脱羧反应。例如:

$$HOOC-\overset{O}{\overset{\|}{C}}-CH_2COOH\xrightarrow{酶}HOOC-\overset{O}{\overset{\|}{C}}-CH_3+CO_2\uparrow$$

生物体内的丙酮酸,在缺氧的条件下,发生脱羧反应,生成乙醛,然后加氢还原成乙醇。如水果开始腐烂或制作发酵饲料时,常常产生酒味,就是由此而来。

$$H_3C-\overset{O}{\overset{\|}{C}}-COOH\xrightarrow{酶}H_3C-\overset{O}{\overset{\|}{C}}-H+CO_2\uparrow$$
$$\xrightarrow[2H]{酶}CH_3CH_2OH$$

思考题 10-1 完成下列反应方程式。

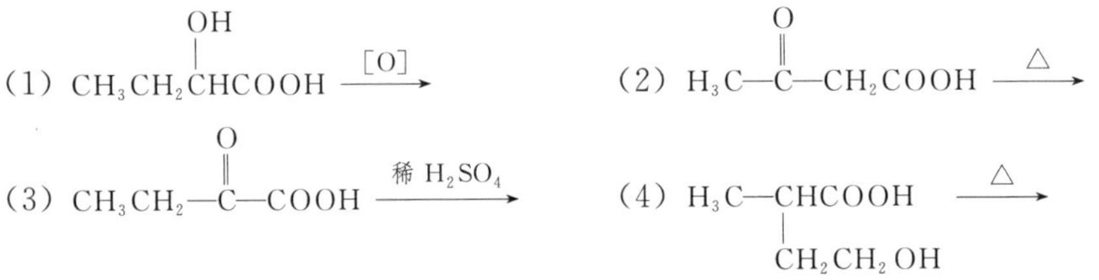

10.2.3 互变异构现象

乙酰乙酸乙酯具有羰基，因此具有酮的典型反应，可与羰基试剂(苯肼、羟氨等)反应，与亚硫酸氢钠、氢氰酸加成。另外，乙酰乙酸乙酯还能与金属钠反应放出氢气，能使溴水褪色，能与三氯化铁作用显蓝紫色，这些现象说明乙酰乙酸乙酯分子中具有烯醇式结构。

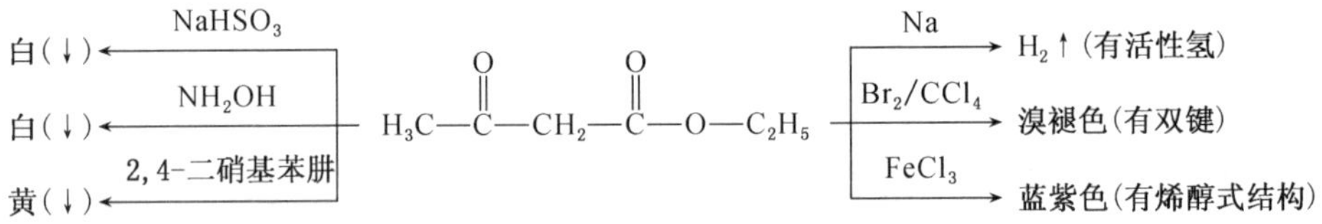

用物理的或化学的方法证明乙酰乙酸乙酯实际上不是一种物质，而是其酮式和烯醇式的混合物所形成的互变平衡体系。

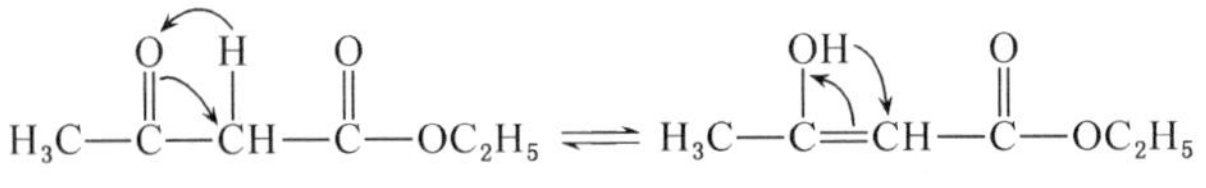

酮式(92.5%)　　烯醇式(7.5%)

它们分别叫作乙酰乙酸乙酯的酮式和烯醇式异构体，室温时，二者之间呈动态平衡，彼此互变的速度极快，不能将二者分离。这种同分异构体间以一定比例平衡存在，并能相互转换的现象叫作互变异构现象。

克诺尔(Knorr)首先发现在低温(−78 ℃)酮式和烯醇式两者互变的速度很慢，因此在低温下可把二者分开。克诺尔把乙酰乙酸乙酯冷却到−78 ℃得到一种结晶性的化合物，熔点为−39 ℃，刚刚析出时，不与溴发生加成反应，不与三氯化铁发生颜色反应，但有酮的加成反应。这个化合物就是酮式异构体。如果将乙酰乙酸乙酯与金属钠作用得到的产物，在−78 ℃用稍不足量的盐酸分解，则得到另一种结晶化合物，不与羰基试剂反应，使溴水褪色，这个化合物就是烯醇式异构体。在相当低的温度下，异构体之间的相互转化很慢，纯的酮式和烯醇式可以保留一个时期，但温度升高时，互变的速度变快。在室温时，任一纯的异构体都能逐渐地部分转化为另一异构体，最终建立相同的平衡体系。

互变异构体的平衡混合物遇到羰基试剂，则酮式异构体发生反应，烯醇式异构体便随之转化为酮式，在足够量的羰基试剂作用下，最后全部转化为酮式异构体的衍生物。反之，如在平衡混合物中加入足够量的溴水或金属钠，则最后得到的都是烯醇式异构体的衍生物。从上述表现出来的化学性质，可以说乙酰乙酸乙酯具有酮和烯醇的双重反应性能，但必须明确的是，乙酰乙酸乙酯并不是一种单一的物质，而是酮式和烯醇式两种物质的互变平衡混合物。

互变异构实质上属于官能团异构，它是有机化学中一个比较普遍的现象。

$$\underset{20\%}{CH_3COCH_2COCH_3} \rightleftharpoons \underset{80\%}{CH_3\overset{OH}{\overset{|}{C}}=CHCOCH_3}$$

$$\underset{1\%}{C_6H_5COCH_2COCH_3} \rightleftharpoons \underset{99\%}{C_6H_5\overset{OH}{\overset{|}{C}}=CHCOCH_3}$$

对于一般的醛、酮，α-H 只受一个羰基活化，所以烯醇式异构体所占的比例太小，一般化学方法不能检出，故略而不计。例如，烯醇式丙酮比例只占 0.000 25%，故可不考虑丙酮的烯醇式结构。

除酮-烯醇互变异构外，只要结构中有活泼氢原子和不饱和键相邻时，都可能有类似的互变异构现象。例如：

酰胺-亚胺醇互变 $\quad -\overset{O}{\overset{\|}{C}}-NH- \rightleftharpoons -\overset{OH}{\overset{|}{C}}=N-$

异羟肟酸-羟肟酸互变 $\quad -\overset{O}{\overset{\|}{C}}-\overset{H}{\overset{|}{N}}-OH \rightleftharpoons -\overset{OH}{\overset{|}{C}}=N-OH$

思考题 10-2 写出下列化合物酮式和烯醇式的互变平衡。

(1) $H_5C_2-\overset{O}{\overset{\|}{C}}-CH_2-\overset{O}{\overset{\|}{C}}-OH$ (2) $H_3C-\overset{O}{\overset{\|}{C}}-CH_2-\overset{O}{\overset{\|}{C}}-C_2H_5$ (3)

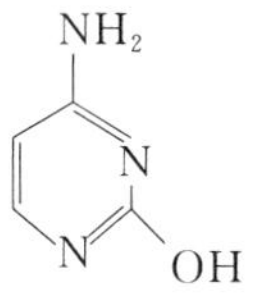

10.2.4 乙酰乙酸乙酯在有机合成中的应用

乙酰乙酸乙酯亚甲基上氢原子既受到羰基的影响，又受到酯基的影响，因此相当活泼，容易以质子的形式离去，所以在强碱如醇钠的作用下，亚甲基上的氢可以被钠取代，产生碳负离子，生成钠盐。

乙酰乙酸乙酯钠与伯或仲卤代烃作用生成乙酰乙酸乙酯的烃基衍生物，且烃基与亚甲基上的碳原子相连：

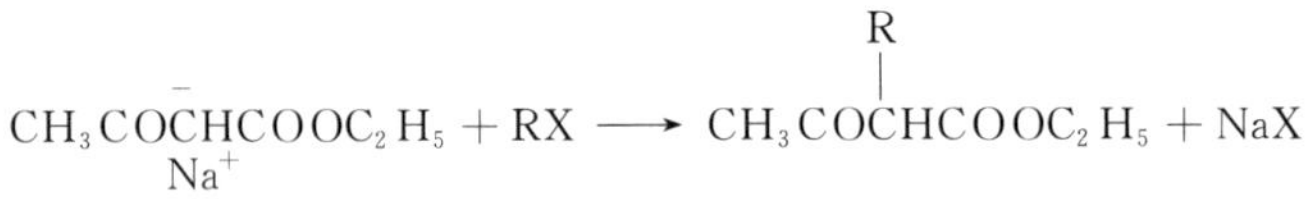

导入一个烃基后，重复上面的反应，可以导入第二个烃基。

乙酰乙酸乙酯及其烃基化产物用稀碱水解后酸化，生成的 β-酮酸受热易脱羧失去二氧化碳变成相应的甲基酮（称为成酮分解）。

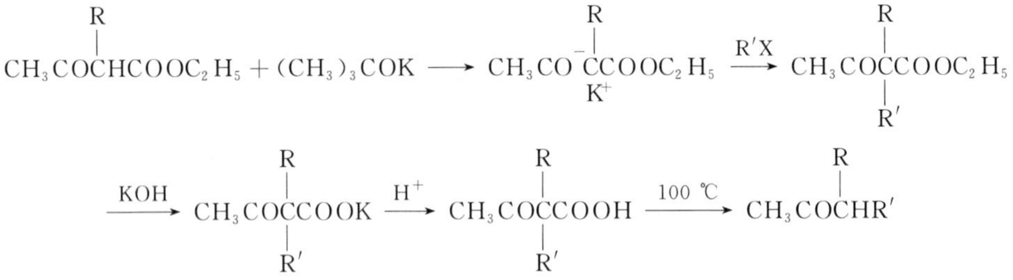

用稀酸水解也得到同样结果。因此，用乙酰乙酸乙酯作原料可合成甲基酮（或一元羧酸）。例如：

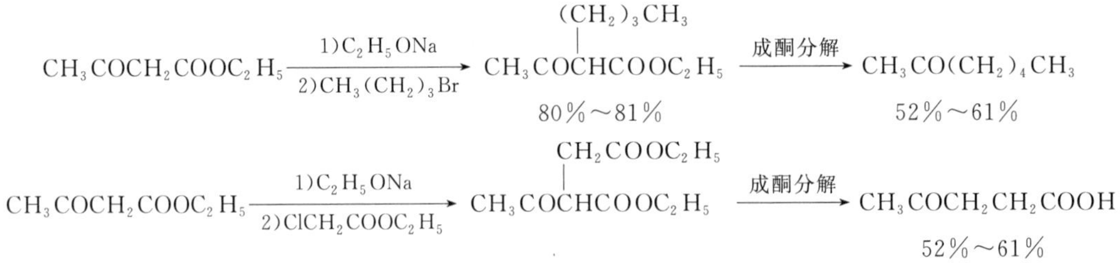

10.2.5 丙二酸二乙酯在有机合成中的应用

与乙酰乙酸乙酯相似，烃基取代的丙二酸二乙酯水解和酸化后，加热容易脱羧生成相应的羧酸，因此可以用于羧酸的合成。丙二酸酯中的两个亚甲基氢都可以被取代，但第二个取代基的引入稍困难一些，故应该先引入大的取代基，第二次所用的卤代物也要更活泼一些，产物为 α,α-二取代的乙酸：

$$CH_2(CO_2C_2H_5)_2 \xrightarrow[2)RX]{1)C_2H_5ONa} RCH(CO_2C_2H_5)_2 \xrightarrow[2)R'X]{1)C_2H_5ONa} RR'C(CO_2C_2H_5)_2 \xrightarrow{H^+} RR'CHCO_2H$$

例如，合成 2-甲基戊酸：

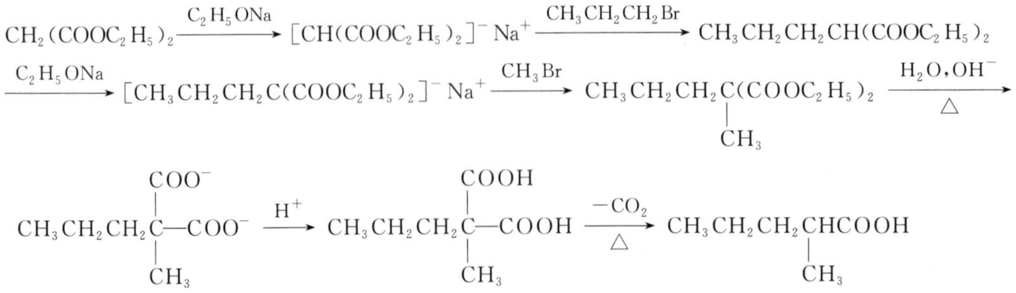

又如，合成 α-甲基丁二酸：

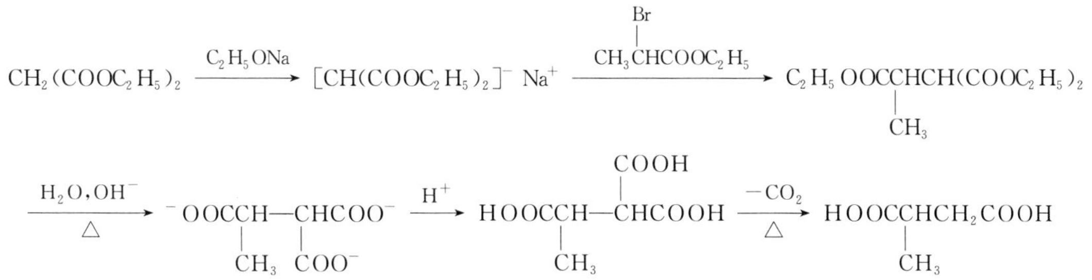

思考题 10-3 完成下列转化。

(1) $H_2C{=}CH_2 \longrightarrow CH_3C(=O)COOH$

(2) $CH_3COCH_2COOC_2H_5 \longrightarrow$ 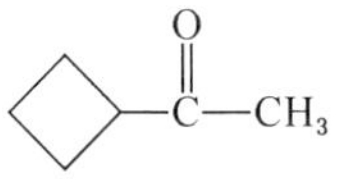

(3) $CH_3CH(Cl)COOH \longrightarrow CH_3CH(COOC_2H_5)_2$

□ 习　题

10-1 命名或写出结构式。

(1)酒石酸　(2)苹果酸　(3)柠檬酸

(4)丙酮酸　(5)草酰乙酸　(6)异柠檬酸

(7)顺乌头酸　(8)乙酰水杨酸　(9) 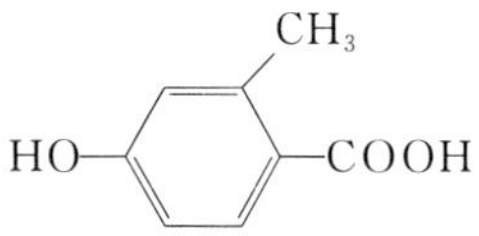

(10) $HOOCC(=O)CH_2COOH$　(11) $CH_3CH(OH)CH{=}CHCOOH$

10-2 完成下列反应方程式。

(1) $CH_3CH_2CH(OH)CH_2COOH \xrightarrow{\triangle}$

(2) $CH_3CH_2C(=O)COOH \xrightarrow[\triangle]{\text{稀 } H_2SO_4}$

(3) $CH_3C(=O)CH(CH_2CH_3)C(=O)OC_2H_5 \xrightarrow[2)H^+,\triangle]{1)\text{稀 NaOH}}$

(4) $CH_3COCH(CH_2COOCH_3)COOC_2H_5 \xrightarrow[2)H^+,\triangle]{1)NaOH}$

(5) $C_2H_5CH(COOC_2H_5)_2 \xrightarrow[H_2O]{NaOH} ? \xrightarrow{\triangle}$

(6) $CH_3CH(CH_3)CH(OH)COOH \xrightarrow{[O]}$

(7) $CH_3—CHCOOH$ / $CH_3—CHCH_2OH$ (两个 CH 相连) $\xrightarrow{\triangle}$

(8) 

10-3 用乙酰乙酸乙酯及其他必要试剂合成下列化合物

(1)4-苯基-2-丁酮　　(2)4-甲基-2-戊酮　　(3)2,4-己二酮

10-4 用丙二酸二乙酯及其他必要试剂合成下列化合物

(1)3-乙基戊酸　　(2)4-甲基环己烷乙酸　　(3)己酸

10-5 用化学方法鉴别下列化合物。

(1)水杨酸、乳酸和丁酸　　(2)丙酮酸、丙酮和乙烯

10-6 完成下列转化：

(1) 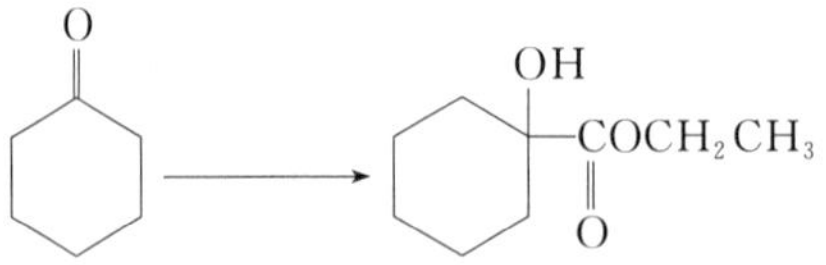

(2) $CH_3CH_2COOC_2H_5 \longrightarrow CH_3CH_2\overset{O}{\overset{\|}{C}}CH_2CH_3$

(3) 

10-7 化合物 A($C_4H_8O_3$)具有旋光性，溶于水并呈酸性，强烈加热得 B($C_4H_6O_2$)，无旋光性，B 比 A 更易被高锰酸钾氧化，当 A 与稀重铬酸钾在酸性条件下加热，可得到 C(C_3H_6O)，C 与高锰酸钾不反应，但可发生碘仿反应，试推导 A、B、C 的构造式。写出有关反应方程式。

10-8 化合物 A($C_9H_{10}O_3$)不溶于水、稀盐酸和稀 $NaCO_3$ 溶液，但可溶于 NaOH 溶液。A 与稀 NaOH 溶液共热反应后，经冷却、酸化得到 B($C_7H_6O_3$)。B 也不溶于水中，但可溶于 $NaHCO_3$ 溶液，B 在酸性介质中可进行水蒸气蒸馏。试写出 A、B 的结构式。

10-9 化合物($C_6H_{10}O_3$)可与苯肼反应生成腙，与 $FeCl_3$ 溶液显紫色，与金属 Na 作用放出 H_2，A 在稀酸的作用下得到 B($C_4H_6O_3$)和 C。B 易脱羧，脱羧产物为 D，D 有碘仿反应。C 也能进行碘仿反应。试推测 A、B、C、D 的结构式。

Chapter 11 第11章

含氮和含磷化合物

Nitrogen and Phosphorus Compounds

含氮有机物是指分子中含有 C—N 键的化合物，也可以看作是烃分子中的氢原子被含氮官能团取代的产物。氮的有机化合物在自然界中广泛存在，如胺、酰胺、肼、肟、腈、异腈、硝基化合物等，与生命活动和日常生活关系非常密切。

磷是与氮处于同一主族的元素，所以含磷化合物与含氮化合物有着相似的性质。由于磷和氮的原子结构不同，使得含磷化合物具有一些比较特殊的性质。许多含磷的有机化合物在生物化学、农药和医药方面具有重要用途。

11.1 胺

胺可看作 NH_3 分子中的氢原子被烃基取代而形成的有机化合物。胺类是非常重要的一类含氮有机化合物，例如，苯胺是合成许多药物、染料等的重要原料；胆碱是调节脂肪代谢的物质，它的乙酰衍生物乙酰胆碱是神经传导的递质。

11.1.1 胺的分类和命名

1. 胺的分类

胺可看作是氨的烃基取代物，根据氨中氢原子被取代的数目分为伯胺、仲胺、叔胺和季铵化合物，季铵化合物中的氮原子与四个相同或不同的烃基相连，其中 N 原子带正电荷。

氨		胺		铵盐	季铵盐
NH_3	RNH_2	R_2NH	R_3NH	$NH_4^+Cl^-$	$R_4\overset{+}{N}Cl^-$
	伯胺	仲胺	叔胺		
	1°级胺	2°级胺	3°级胺		

根据胺中烃基种类的不同，可分为脂肪族胺和芳香族胺。例如：

$CH_3CH_2NH_2$

乙胺(脂肪族胺)

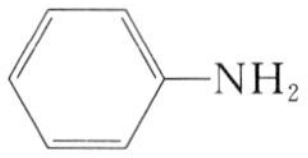

苯胺(芳香族胺)

根据分子中氨基的数目分为一元胺、二元胺、多元胺等。例如：

CH_3NH_2

甲胺(一元胺)

$NH_2CH_2CH_2NH_2$

乙二胺(二元胺)

2. 胺的命名

简单胺的命名是按所含的烃基命名为“某胺”，对于仲胺和叔胺，烃基相同时，前面加二、三表示烃基的数目；烃基不同时，按简单到复杂先后列出。例如：

$CH_3CH_2NH_2$

乙胺

$(CH_3CH_2)_2NH$

二乙胺

$(CH_3)_2NCH(CH_3)_2$

二甲基异丙胺

$NH_2CH_2CH_2NH_2$

乙二胺

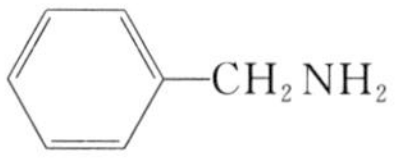

苄胺(苯甲胺)

芳香胺的命名常以芳胺为母体，对于芳香仲胺和叔胺，前面冠以“N”表示取代基连在氮原子上。例如：

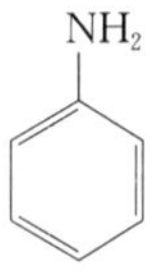

苯胺

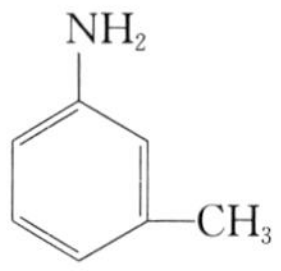

3-甲基苯胺(间甲苯胺)

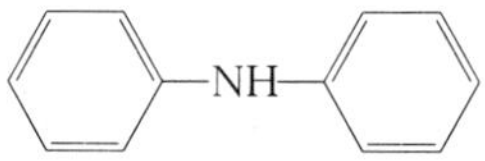

二苯胺

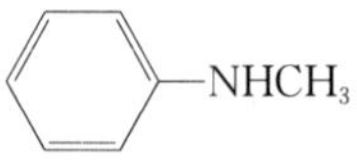

N-甲基苯胺

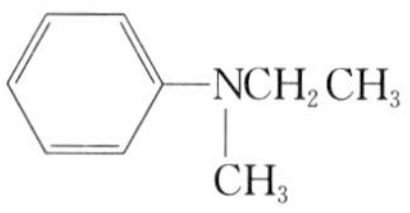

N-甲基-N-乙基苯胺

复杂的胺命名时，以烃基为母体，氨基作为取代基。取代基按次序规则排列，将较优基团后列出。例如：

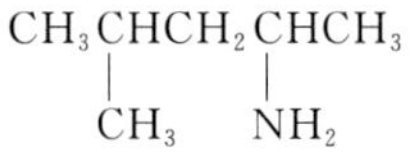

4-甲基-2-戊胺

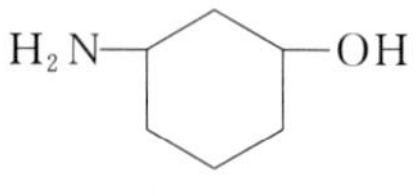

3-氨基环己醇

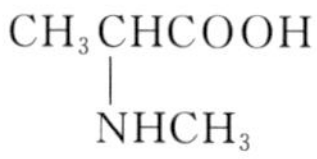

2-(N-甲氨基)丙酸

季铵类化合物的命名与氢氧化铵和铵盐类似。例如：

$(CH_3)_4N^+OH^-$ 氢氧化四甲铵

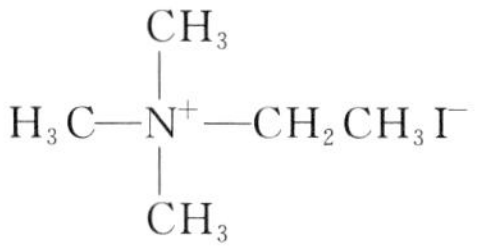

碘化三甲基乙基铵

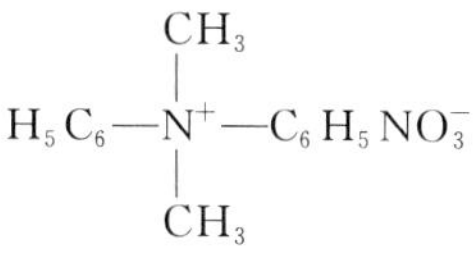

硝酸二甲基二苯基铵

胺与酸成盐可直接称为某胺的某盐。例如：

$CH_3N^+H_3Cl^-$

甲胺盐酸盐
（氯化甲铵）

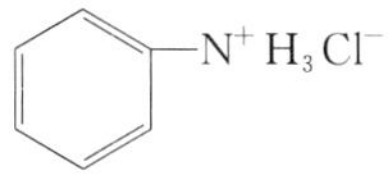

苯胺盐酸盐
（氯化苯铵）

$(CH_3CH_2)_3N^+H\ HSO_4^-$

三乙胺硫酸盐
（硫酸三乙铵）

注意“氨”、“胺”和“铵”字的用法，命名基团时用“氨”字，如氨基；氨的烃基衍生物用“胺”字；命名季铵类和铵盐时，则用“铵”字。

11.1.2 胺的结构

脂肪胺分子的结构和氨相似，氮原子采取 sp^3 不等性杂化，其中 3 个 sp^3 杂化轨道与 3 个其他原子（氢原子或碳原子）形成 3 个 σ 键。孤对电子占有另一个杂化轨道。根据氮原子上的基团不同，3 个 σ 键的键角有些差异，但脂肪胺的形状一般为棱锥形，如图 11-1 所示。

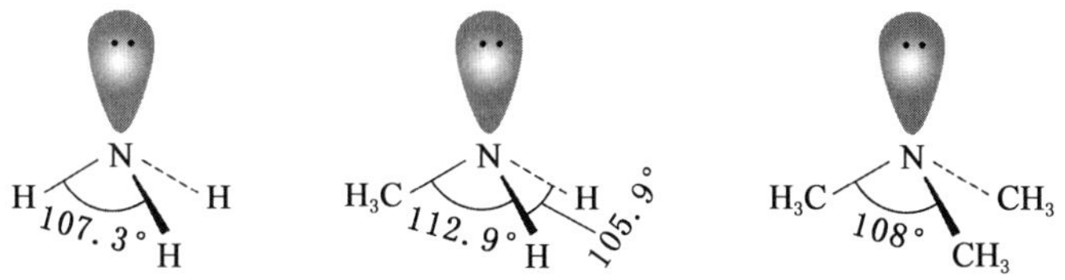

氨的结构　　甲胺的结构　　三甲胺的结构

图 11-1　氨及胺的结构

芳香胺中的氮是氮原子介于 sp^3 和 sp^2 杂化之间，更接近于 sp^2 杂化，氮的未杂化 p 轨道上一对孤电子对与芳环大 π 键发生共轭，形成 p-π 共轭体系。苯胺的结构如图 11-2 所示：

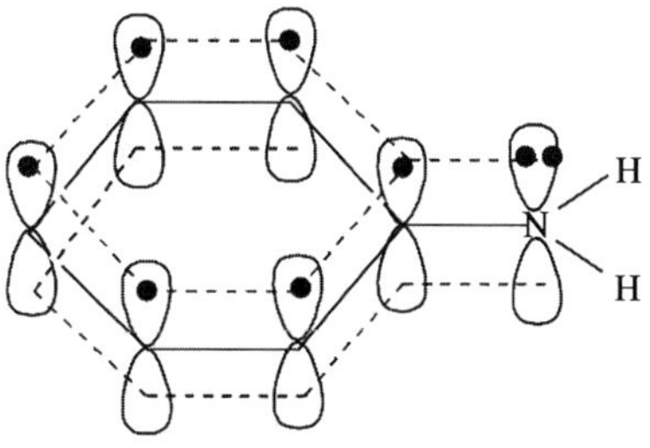

图 11-2　苯胺的结构

11.1.3 胺的物理性质

低级脂肪胺中甲胺、乙胺、二甲胺和三甲胺在常温下是气体，丙胺以上是液体，十二胺以上为固体。低级脂肪胺有不愉快、难闻的臭味。例如，二甲胺和三甲胺有鱼腥味，肉和尸体腐烂产生的1,4-丁二胺(腐胺)和1,5-戊二胺(尸胺)有恶臭。

芳香胺是无色高沸点液体或低熔点固体，有特殊的气味，毒性很大。液体芳胺还能通过皮肤吸收而致使人、畜中毒。苯胺、α-萘胺、β-萘胺、联苯胺等还有致癌作用。

伯胺和仲胺分子间可以形成氢键，但氮原子的电负性小于氧，分子间所形成的氢键N—H……N要比醇的氢键O—H……O弱，因此伯胺的沸点要低于相对分子质量相近的醇。由于N上氢的数目减少，形成氢键的能力减弱，伯胺的分子间氢键比仲胺强，叔胺分子间不能形成氢键，因此，在含有相同碳原子数的胺中，伯胺的沸点最高，仲胺次之，叔胺最低。例如，丙胺、甲乙胺和三甲胺的沸点分别为49 ℃、36.5 ℃和9.9 ℃。

邻硝基苯胺的熔点和沸点(71.5 ℃、284 ℃)都比它的间位异构体(114 ℃、306 ℃)和对位异构体(114 ℃、332 ℃)低，这是因为邻位异构体能生成分子内氢键，而间位和对位异构体则生成分子间氢键。分子间氢键在晶体熔化时部分断裂，而在气相中差不多完全断裂，所以间位和对位异构体在相变过程中需要的能量高于邻位异构体。

低级的伯、仲、叔胺易溶于水，这是因为它们是极性分子，都能与水形成分子间氢键。但随着相对分子质量的增加，烃基的比例越来越大，其水溶性迅速减小，因此高、中级胺和芳香胺微溶或难溶于水。大多数胺易溶于醚、醇、苯等有机溶剂。

一些胺的物理常数见表11-1。

表11-1 一些胺的物理常数

化合物	熔点/℃	沸点/℃	溶解度/(g/100 g水)	pK_b (H_2O,25 ℃)
甲胺	−92.5	−6.7	易溶	3.38
二甲胺	−92.2	6.9	易溶	3.23
三甲胺	−117.1	9.9	41(19 ℃)	4.20
乙胺	−80.6	16.6	∞	3.37
二乙胺	−50	55.5	易溶	3.07
三乙胺	−114.7	89.4	∞	3.28
正丙胺	−83	49	∞	3.29
正丁胺	−50	77.8	∞	3.23
苯胺	−6.1	184.4	3.6(18 ℃)	9.38
N-甲基苯胺	−57	196.3	难溶	9.15
N,N-二甲基苯胺	2.5	194.2	不溶	8.93
邻甲基苯胺	−16.4	200.6	1.5(25 ℃)	9.56
间甲基苯胺	−31.3	203.4	微溶	9.28
对甲基苯胺	43.8	200.6	0.74(21 ℃)	8.92
二苯胺	52.9	302	不溶	13.1
三苯胺	126.5	365	不溶	

11.1.4 胺的化学性质

胺分子中氮原子上都具有未共用电子对，主要性质是碱性和亲核性，以及芳环上的氨基(或N-取代氨基)对芳环上亲电取代反应的影响。不同的胺因氮原子所连烃基的种类和数目不同，在性质上又存在着差异。

1. 胺的碱性

胺分子中氮原子上的孤对电子和氨中的一样，可以接受质子，所以显碱性。

$$RNH_2 + H_2O \longrightarrow R\overset{+}{N}H_3 + OH^-$$

$$RNH_2 + HCl \rightleftharpoons RN^+H_3Cl^-$$

$$RN^+H_3Cl^- + NaOH \rightleftharpoons RNH_2 + NaCl + H_2O$$

胺的碱性通常用胺的离解常数来表示：

$$RNH_2 + H_2O \longrightarrow R\overset{+}{N}H_3 + OH^-$$

$$K_b = \frac{[R\overset{+}{N}H_3][OH^-]}{[RNH_2]}$$

胺在水溶液中的离解度能反映出胺结合质子的能力，所以胺的碱性强弱常用胺在水溶液中的离解常数 K_b 或 pK_b 来表示，K_b 越大或 pK_b 越小，碱性越强。胺的碱性也可用其共轭酸铵离子(RN^+H_3)的离解常数 K_a 或 pK_a 来表示，K_a 越小或 pK_a 越大，则胺的碱性越强。

由于结构不同，胺的碱性强弱也不同。不同胺类的碱性强弱具有一定的规律，影响脂肪族胺碱性强弱的因素如下：

(1)电子效应

①诱导效应的影响　胺分子中N—C键是极性键，有偶极矩，与氮原子相连的烷基的诱导效应(+I)使氮上的电子云密度增加，增强了胺对质子的吸引力，生成的铵离子也因正电荷得到分散而比较稳定。氮上烷基数越多，氮原子上电子云密度越大，碱性越强。因此，脂肪胺的碱性都比氨强。

②共轭效应的影响　芳香胺的芳环大π键与氮原子上未共用的p电子对形成p-π共轭体系，孤对电子部分地转向芳环，降低了氮原子接受质子的能力，碱性变弱。所以各种芳胺都比氨的碱性弱。

(2)空间效应的影响　胺分子中的烷基越多、越大，则占据的空间位置就越大，使质子不易靠近氮原子，因而胺的碱性就降低。

(3)溶剂化效应的影响　胺分子的体积越大，和溶剂结合能力越差；体积越小，和溶剂结合能力越强，溶剂化越容易。

影响碱性强弱的因素：电子效应：3°胺>2°胺>1°胺

空间效应：1°胺>2°胺>3°胺

溶剂化效应：NH_3>1°胺>2°胺>3°胺

综合上述各种因素，在水溶液中，胺的碱性强弱次序为：脂肪胺(2°>1°>3°)>氨>芳香胺。当芳环上连有吸电子基团时，芳胺的碱性减弱。

常见的各种胺的碱性强弱顺序如下：

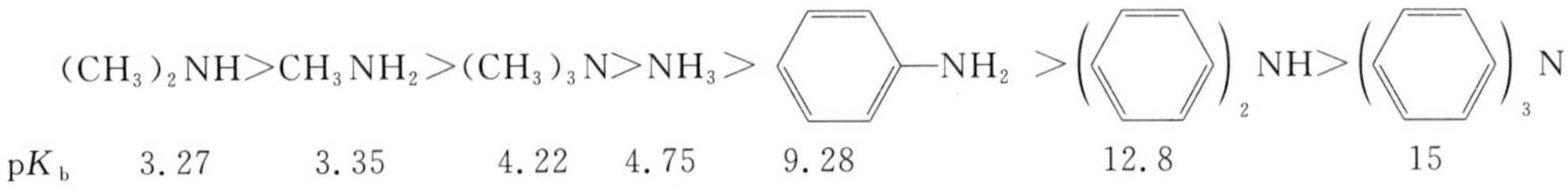

思考题 11-1 比较下列化合物的碱性。

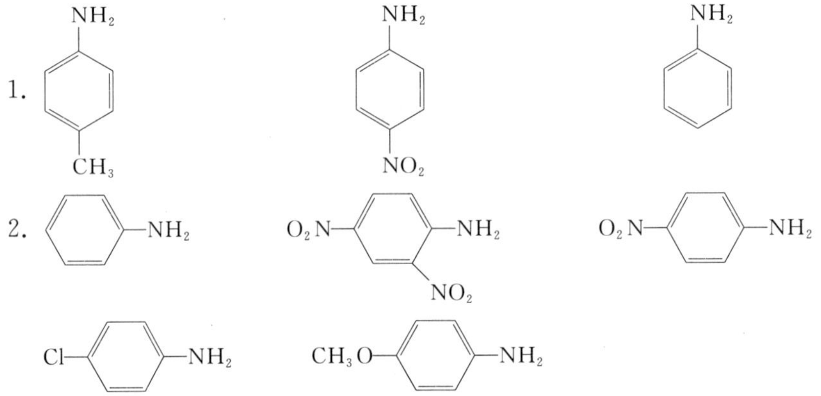

胺呈碱性，能和多数酸作用生成铵盐。例如：

$$R-\overset{H}{\underset{H}{\overset{|}{\underset{|}{N}}}}:+HCl \longrightarrow R-\overset{H}{\underset{H}{\overset{|}{\underset{|}{N^+}}}}-HCl^-$$

铵盐一般都是晶体，易溶于水和乙醇，难溶于非极性溶剂。遇到强碱时，铵盐又可以释放出原来的胺：

$$RNH_2 \xrightarrow{HCl} [R\overset{+}{N}H_3]Cl^- \xrightarrow{NaOH} RNH_2 + NaCl + H_2O$$

苯胺能与稀盐酸、硫酸等强酸成盐，但不能与乙酸成盐。二苯胺只能与浓的盐酸、硫酸成盐，但形成的盐遇水立即水解。三苯胺则接近中性，不能和浓盐酸等成盐。

利用胺的碱性及铵盐在不同溶剂中的溶解性，可以分离和提纯胺，也可以分离胺与中性有机物。

思考题 11-2

1. 设计实验除去环己胺中混入的少量环己醇。
2. 试设计分离苯甲酸、苯酚、苯胺和苯甲醇的实验方法。

季铵碱是有机化合物中的强碱。它们在固态时即是离子状态，例如 $(CH_3)_4N^+OH^-$ 易溶于水，其碱性与氢氧化钠或氢氧化钾相当。季铵碱和铵盐不同，前者是强碱的盐，与氢氧化钠等不发生反应。

2. 烷基化反应

氨基中氮上的孤对电子能进攻缺电子中心而显亲核性。作为亲核试剂，胺可以与卤代烷或醇进行亲核取代反应，在氮原子上引入烷基，生成N-烷基化产物。氨或伯胺与伯卤代烷发生S_N2反应可得到仲胺与叔胺的混合物，这是因为伯胺的亲核性比氨更强，故可继续与卤代烷反应生成仲胺盐、叔胺盐和季铵盐。如果用过量的氨或胺，得到的是伯胺、仲胺等的混合物。仲胺发生此反应主要生成叔胺，叔胺也可与卤代烃作用生成季铵盐。仲胺、叔胺盐用碱处理时生成游离的胺，季铵盐和季铵碱不容易生成游离的胺。其反应如下所示：

$$CH_3NH_2 + R\text{—}Br \longrightarrow CH_3\overset{+}{N}H_2R + Br^-$$
$$CH_3\overset{+}{N}H_2R \xrightarrow{OH^-} CH_3NHR + H_2O$$

$$CH_3NHR + R\text{—}Br \longrightarrow CH_3\overset{+}{N}HR_2 + Br^-$$
$$CH_3\overset{+}{N}HR_2 \xrightarrow{OH^-} CH_3NR_2 + H_2O$$

$$CH_3NR_2 + R\text{—}Br \longrightarrow CH_3\overset{+}{N}R_3Br^-$$

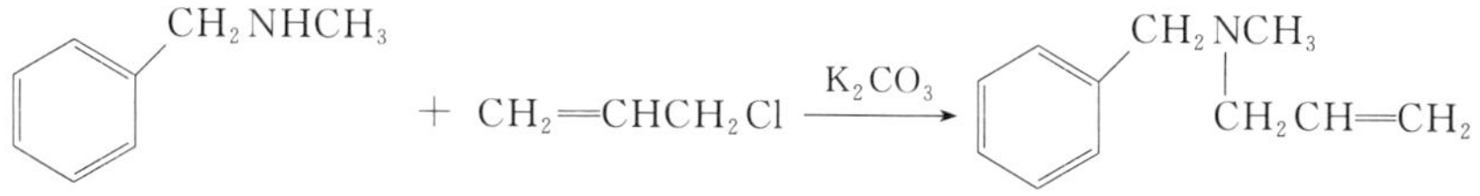

实验证明，在一般情况下，氨或胺的烷基化往往得到伯、仲、叔胺和季铵盐的混合物，分离纯化困难，因此在应用方面有一定的限制。

3. 酰基化反应

伯胺、仲胺与氨一样，能与酰卤、酸酐等酰基化试剂进行酰基化反应，氨基上的氢原子被酰基取代，生成酰胺。例如：

$$RCOCl + \begin{cases} R'NH_2 \longrightarrow R'NHCOR + HCl \\ R'_2NH \longrightarrow R'_2NCOR + HCl \\ R'_3N \longrightarrow \text{不反应} \end{cases}$$

胺分子中R′可以是烷基，也可以是芳基；除酰卤之外，酸酐、酯也可以作为酰基化试剂与胺发生酰基化反应。酰基化试剂的反应活性由强到弱的顺序依次为酰卤、酚酐、脂，酰基化反应是酰基取代氨基上氢的反应，叔胺氮原子上没有氢，所以不能与酰基化试剂反应。

胺与磺酰化试剂反应生成磺酰胺的反应叫作磺酰化反应。

常用的磺酰化试剂是苯磺酰氯和对甲基苯磺酰氯：

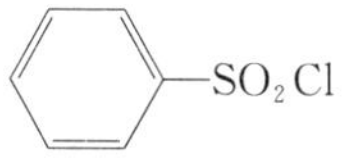

苯磺酰氯

对甲基苯磺酰氯(TsCl)

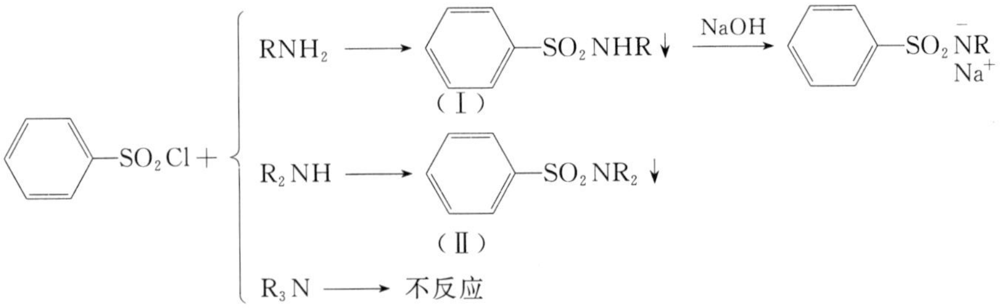

伯胺与苯磺酰氯作用，得到苯磺酰胺(Ⅰ)；苯磺酰胺(Ⅰ)氮原子上的氢受磺酰基的影响，酸性增强，可溶于碱中；仲胺与苯磺酰氯作用得产物(Ⅱ)的氮原子上没有氢，不能溶于碱中，呈固体析出；叔胺与苯磺酰氯不反应。利用与苯磺酰氯的反应既可分离又可鉴别伯、仲、叔胺，该反应称为兴斯堡(Hinsberg)反应。

4. 与亚硝酸的反应

伯、仲、叔胺都可与亚硝酸反应，但产物不同。由于亚硝酸易分解，反应时亚硝酸一般由亚硝酸钠与酸作用来生成。

(1)伯胺的反应　脂肪族伯胺与亚硝酸作用先生成极不稳定的重氮盐，然后立即自动分解放出氮气并生成相应的烯烃、醇和卤代烃等多种产物：

$$R—NH_2+NaNO_2+HCl \longrightarrow N_2\uparrow+R—OH+NaCl+H_2O$$

由于反应产物复杂，在合成上的意义不大。但是，反应中定量放出氮气，可定量测定伯胺，可以用来测定氨基酸和蛋白质的含氮量。

芳香族伯胺与 HNO_2 在低温下(0～5 ℃)作用生成稳定的重氮盐：

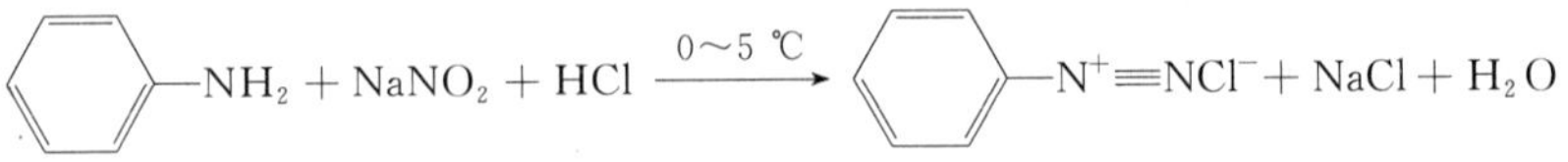

(2)仲胺的反应　脂肪族仲胺或芳香族仲胺与亚硝酸作用都生成黄色油状液体或固体的 N-亚硝基胺。

$$R_2NH+HNO_2 \longrightarrow R_2N—NO$$

N-亚硝基化合物

芳香族仲胺生成的 N-亚硝基化合物在强酸中发生重排，亚硝基转移到芳环氨基的对位上。例如：

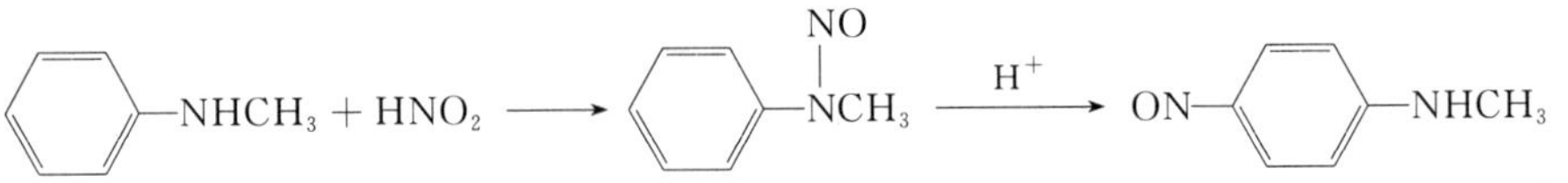

对亚硝基-N-甲基苯胺

黄色　　蓝绿色

N-亚硝基胺是一类可能引起癌变的物质。在罐头食品及腌肉中常加有硝酸钠及亚硝酸钠作防腐剂，并保持肉的鲜红颜色。近年认为亚硝酸盐是能引起癌变的物质，这可能是由于亚硝酸钠在胃酸的作用下可以产生亚硝酸，从而可能引起机体内氨基的亚硝化反应产生致癌的亚硝胺。

(3)叔胺的反应　脂肪族叔胺与亚硝酸作用,生成不稳定的亚硝酸盐而溶解:

$$R_3N + HNO_2 \rightleftharpoons R_3\overset{+}{N}HNO_2^-$$

芳香族叔胺与亚硝酸作用,在环上发生亚硝化反应:

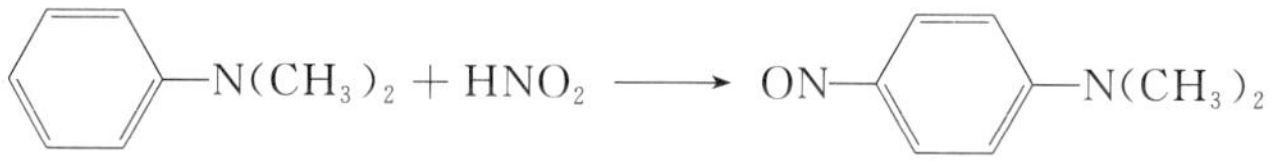

N,N-二甲基苯胺　　　　对亚硝基-N,N-二甲基苯胺

此反应首先在对位发生,对位被占则在邻位发生,生成的产物为绿色固体。

思考题 11-3　用化学方法鉴别下列化合物。

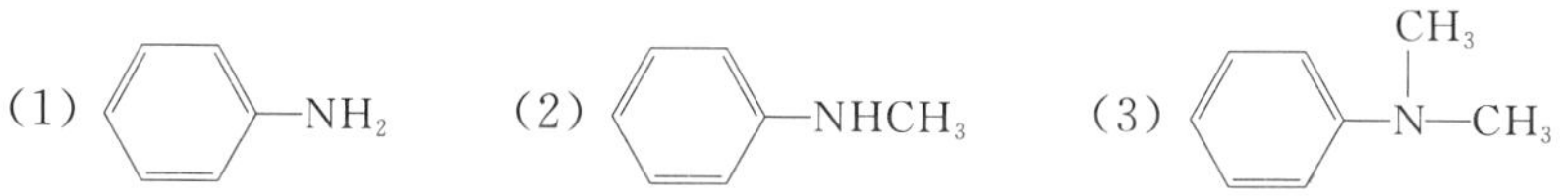

5.氧化反应

胺容易被空气中的氧氧化成有色物质,主要的氧化试剂有:过氧化氢、开诺酸。

脂肪族伯胺主要被氧化成醛肟或酮肟:

$$RCH_2NH_2 + H_2O_2 \longrightarrow RCH{=}NOH + H_2O$$

$$R_2CHNH_2 + H_2O_2 \longrightarrow R_2C{=}NOH + H_2O$$

脂肪族仲胺被氧化成羟胺的衍生物:

$$R_2NH + H_2O_2 \longrightarrow R_2NOH + H_2O$$

脂肪族叔胺被氧化成氧化胺:

$$R_3N + H_2O_2 \longrightarrow R_3N{\rightarrow}O + H_2O$$

6.芳香胺的反应

芳香胺分子中的氨基直接连在芳环上,由于氨基是强的邻对位定位基,可使芳环高度活化,因此具有一些特殊的化学性质。

(1)取代反应　芳香胺与溴很容易发生亲电取代反应,而且反应较难控制在一取代阶段。在苯胺的水溶液中滴加溴水,立即生成2,4,6-三溴苯胺白色沉淀,反应不需要催化剂即可定量进行,故可用作苯胺的鉴定和定量分析。

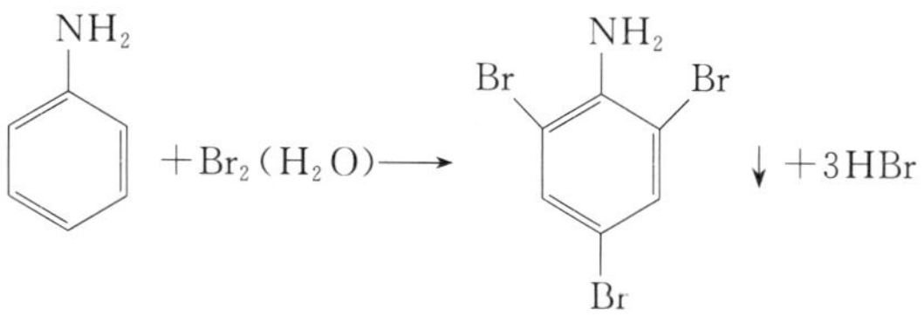

2,4,6-三溴苯胺

芳环也可起硝化反应,但此时要注意氨基的保护,可先使氨基酰化,再进行硝化,然后水解去掉起保护作用的酰基,恢复原来的氨基。

例如，从苯胺制取邻(对)硝基苯胺，经历如下过程：

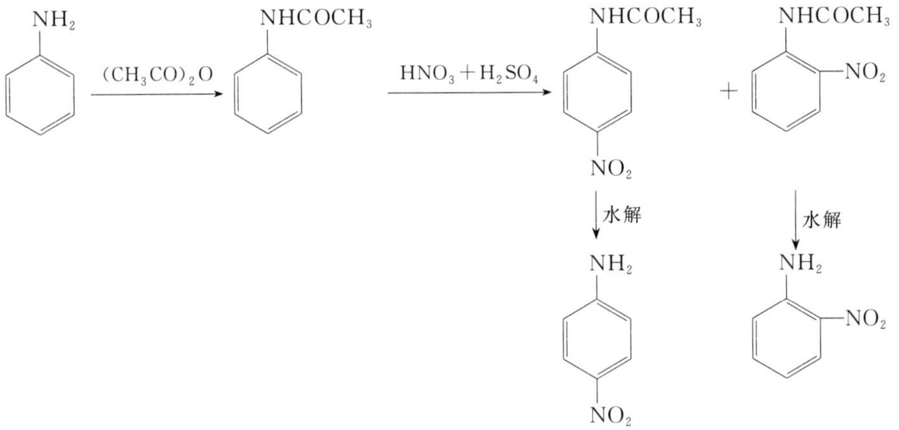

苯胺也能发生磺化反应，与浓硫酸作用首先生成苯胺硫酸盐，在 180～200 ℃加热"焙烘"，脱水即得稳定的重排产物——对氨基苯磺酸。

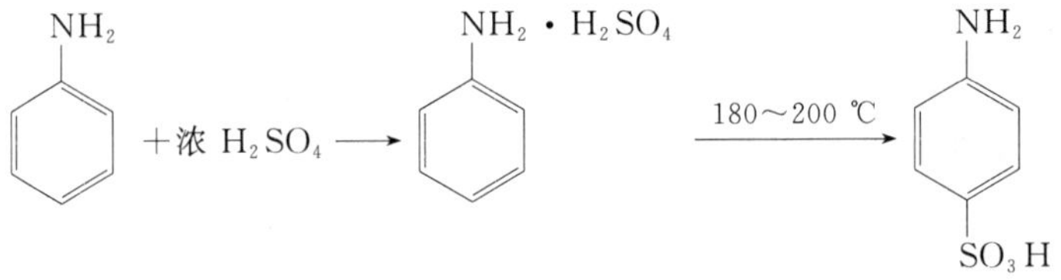

(2)氧化反应　芳香胺很容易被氧化，尤其是芳香族伯胺及仲胺对氧化剂特别敏感，暴露在空气中往往颜色变深，氧化过程很复杂，产物也难分离。例如，纯苯胺是无色的，但暴露在空气中很快就变成黄色然后变成红棕色。用氧化剂处理苯胺时，生成复杂的混合物。在一定的条件下，苯胺的氧化产物主要是对苯醌。

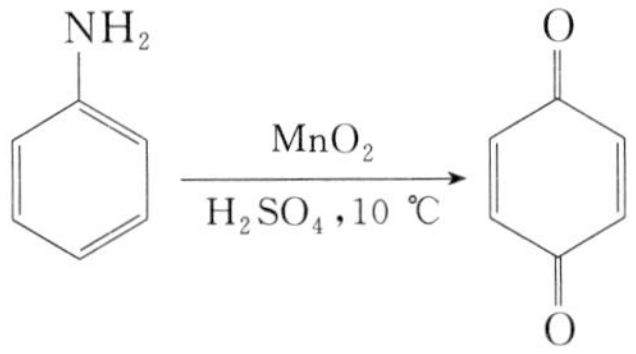

在酸性条件下用重铬酸盐氧化苯胺可得到"苯胺黑"。苯胺黑的结构十分复杂，可用下面的结构通式表示：

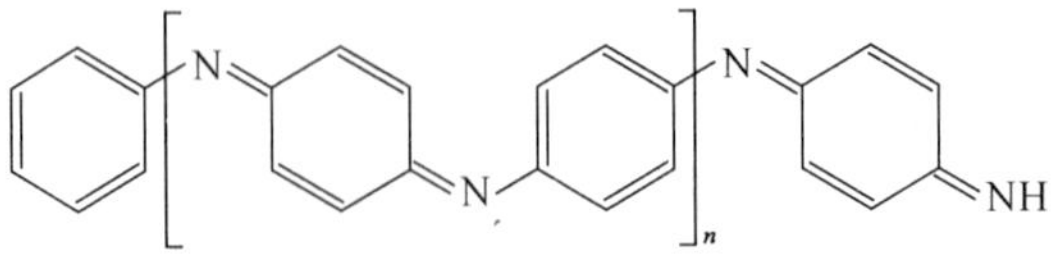

苯胺黑

苯胺黑是最早的有机合成染料之一，大约在 1860 年被发现。苯胺黑俗称阿尼林黑或精元，广泛用于棉织物的染色和印花，染品能耐日晒雨淋，对热肥皂溶液和稀漂白粉溶液都很坚牢。

7. 重氮化反应

芳香族伯胺与亚硝酸反应，生成重氮盐，称为重氮化反应。

$$ArNH_2 + NaNO_2 + HCl \longrightarrow ArN_2^+Cl^- + H_2O + NaCl$$

纯粹的重氮盐为无色晶体，能溶于水，不溶于有机溶剂，在稀溶液中完全离解。重氮盐晶体在空气中颜色变深，受热或震动能发生爆炸。重氮盐水溶液没有爆炸的危险，因此，一般在水溶液中制备和使用。

重氮盐水溶液在升高温度时放出氮气，光也能促进重氮盐的分解，在 0 ℃时一般的重氮盐水溶液也只能保存几小时，因此，在制备后应尽快使用。

(1)重氮基被取代的反应　重氮盐的重氮基（$—N_2^+X^-$）在不同条件下可被羟基、卤素、氰基、氢原子等取代，同时放出氮气。利用这些反应，可以从芳烃开始合成不同类型的芳香烃衍生物。

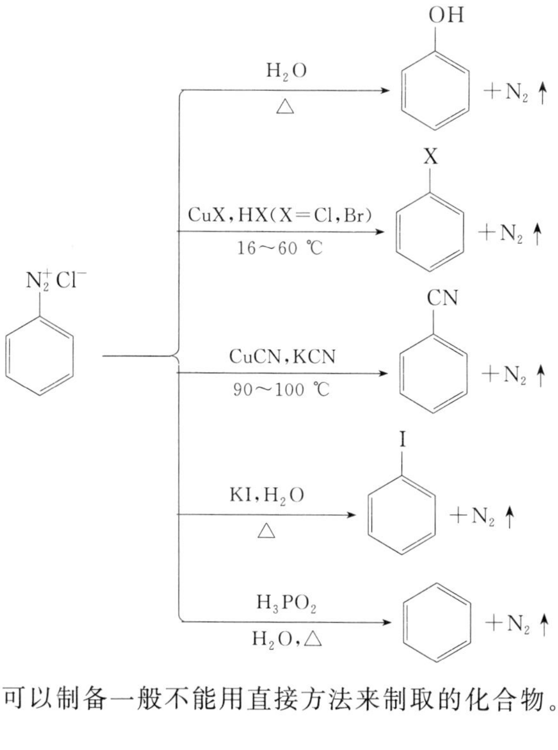

通过重氮化反应，可以制备一般不能用直接方法来制取的化合物。例如，以甲苯为原料制备间溴甲苯：

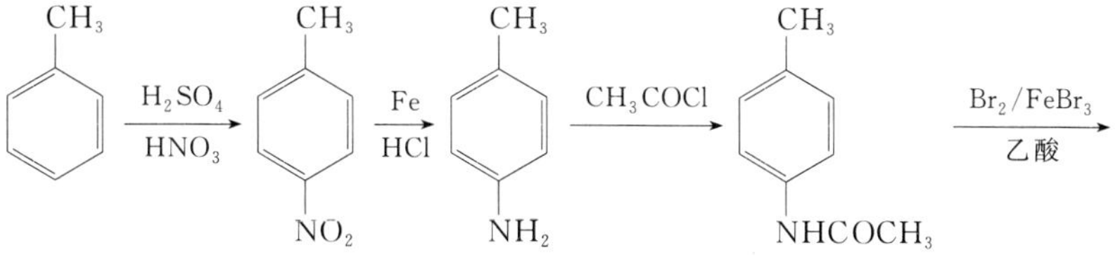

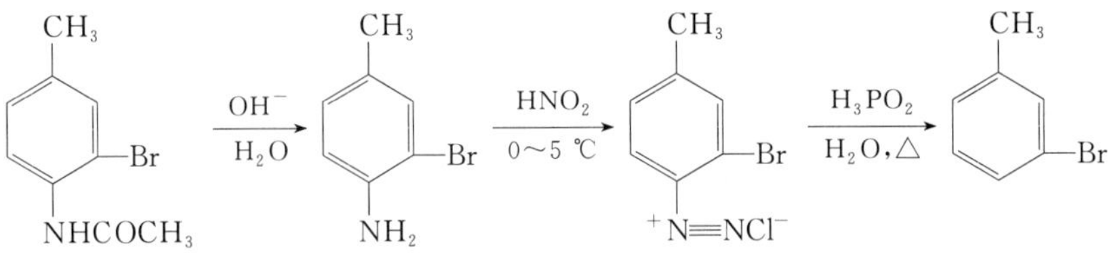

由硝基苯制备2,6-二溴苯甲酸：

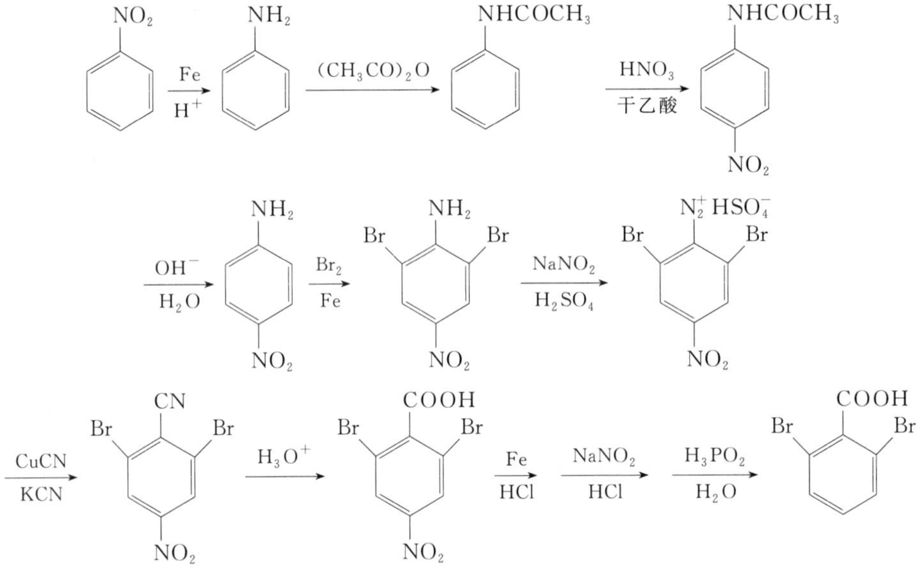

又如，以苯为原料制备1,3,5-三溴苯。

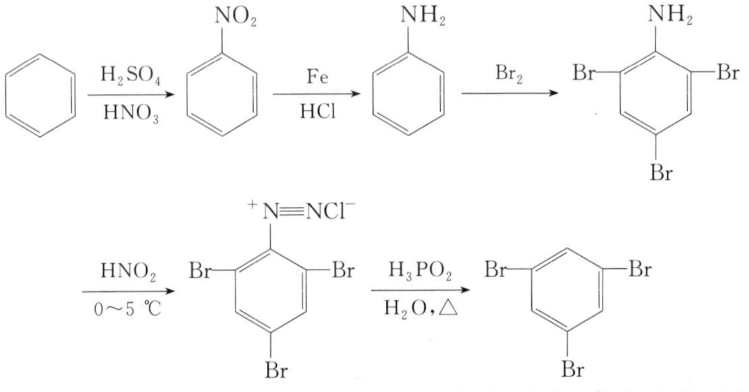

(2)偶合反应　偶合反应也叫偶联反应。重氮盐与芳香胺、酚类的芳环发生亲电取代反应，生成偶氮(—N═N—)化合物。例如，指示剂甲基橙就是一种偶氮化合物，它是由对氨基苯磺酸重氮化后，再与N,N-二甲基苯胺发生对位偶合而得。

①与胺偶联

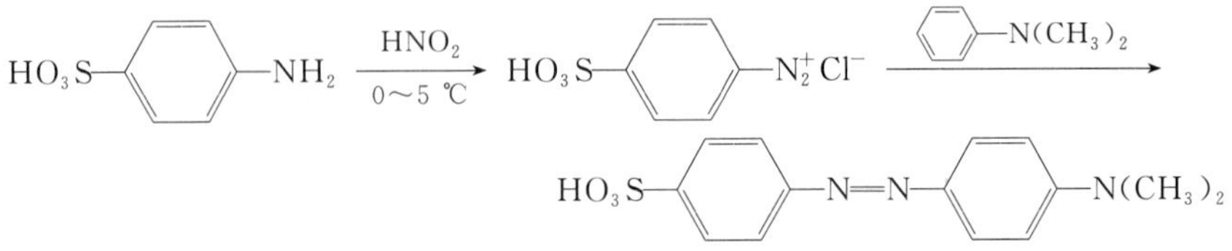

甲基橙

该反应必须在中性或弱酸性溶液中进行，因为在中性或弱酸性溶液中，重氮离子的浓度最大，且氨基是游离的，不影响芳胺的反应活性；若溶液的酸性太强（pH<5），会使胺生成不活泼的铵盐，偶联反应就难进行或很慢。

②与酚偶联

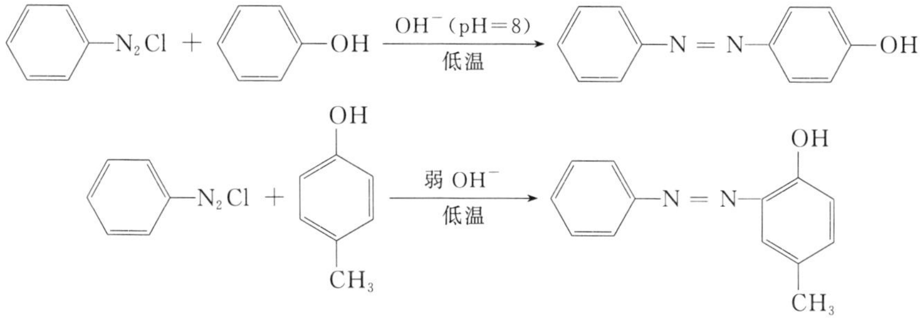

该反应必须在弱碱性条件下进行，因在弱碱性条件下酚生成酚盐负离子，使苯环更活化，有利于亲电试剂重氮阳离子的进攻；反应的碱性不能太大（pH 不能大于 10），因碱性太强，重氮盐会转变为不活泼的苯基重氮酸或重氮酸盐离子。而苯基重氮酸或重氮酸盐离子都不能发生偶联反应。

重氮阳离子是一个弱亲电试剂，只能与活泼的芳环（酚、胺）偶合，其他的芳香族化合物不能与重氮盐偶合。在重氮基的邻对位连有吸电子基时，对偶联反应有利。

该反应在食品分析和土壤分析中常用来测定样品中亚硝酸盐的含量。例如：在准确称量的样品溶液中分别加入对氨基苯磺酸的醋酸溶液和萘胺的醋酸溶液，混合液便发生重氮化和偶合两步反应使溶液呈红色。用比色法测出样品中亚硝基的含量。

（3）还原反应　重氮盐与锌粉和醋酸、氯化亚锡和盐酸或亚硫酸钠等较弱的还原剂作用，生成苯肼。例如：

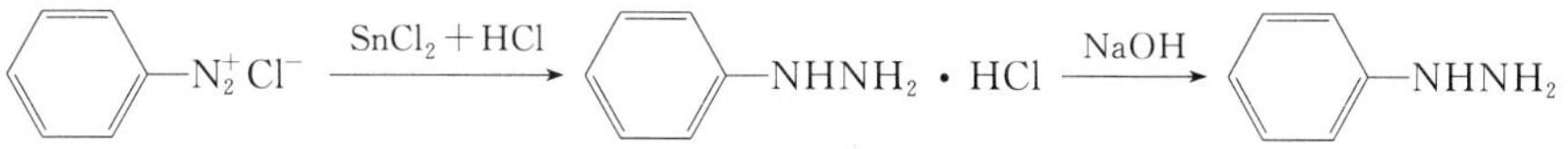

用强还原剂（如 Zn＋HCl）则生成苯胺和氨：

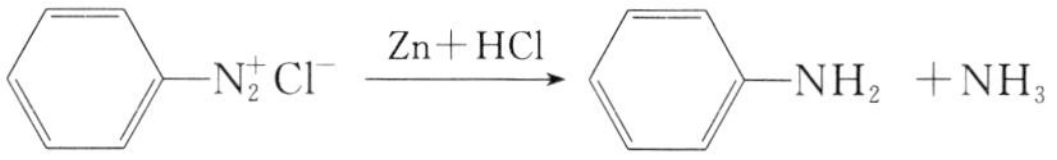

11.1.5 重要的胺类化合物

1. 苯胺

苯胺是最简单也是最重要的芳香伯胺，是合成药物、染料等的重要原料。苯胺为油状液体，沸点 184.4 ℃，微溶于水，易溶于有机溶剂。新蒸馏的苯胺无色，但久置会因氧化而颜色变深。苯胺有毒，能透过皮肤或吸入蒸气使人中毒。因此，接触苯胺时应加以注意。制取苯胺最有效的方式是用硝基苯还原：

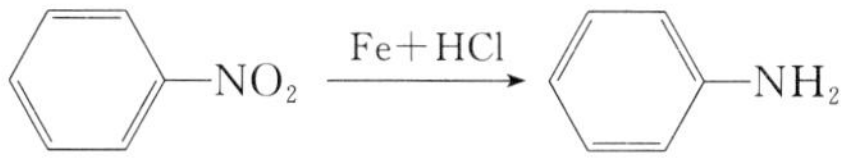

2. 乙二胺

乙二胺是一种无色液体，是合成药物、乳化剂、离子交换树脂和杀虫剂的原料，也可作为环氧树脂的固化剂。分析化学中常用的 EDTA 就是乙二胺的衍生物——乙二胺四乙酸，它可用乙二胺和氯乙酸来合成。

$$H_2NCH_2CH_2NH_2 + 4ClCH_2COOH \xrightarrow[2)H^+]{1)NaOH} \begin{array}{l} CH_2N(CH_2COOH)_2 \\ | \\ CH_2N(CH_2COOH)_2 \end{array}$$

乙二胺四乙酸(EDTA)

3. 胆胺和胆碱

胆胺和胆碱广泛存在于动植物体内，发挥着重要的生理功能。胆碱是一种季铵碱，在脑组织和蛋黄中含量较多，是卵磷脂的组成部分。胆碱为白色结晶，吸湿性强，易溶于水和乙醇，而不溶于乙醚和氯仿等。它在体内参与脂肪代谢，有抗脂肪肝的作用。

$HOCH_2CH_2NH_2$ 胆胺(乙醇胺)

$[HOCH_2CH_2N^+(CH_3)_3]OH^-$ 胆碱(氢氧化三甲基羟乙基铵)

胆碱分子中醇羟基的氢原子被乙酰基取代所生成的酯叫作乙酰胆碱，是一种在动物体内交感神经与神经节或神经与肌肉及腺体的连接处传递神经冲动的化学媒介物。在传导神经冲动过程中生成的乙酰胆碱立即受胆碱酯酶的催化作用而迅速发生水解，重新生成胆碱。

$$[CH_3COOCH_2CH_2N^+(CH_3)_3]OH^-$$

乙酰胆碱

多数有机磷农药(如 1605、1059 等)对于昆虫的毒杀作用，主要就是因为这些农药能够强烈地抑制胆碱酯酶的作用。

氯化氯代胆碱，简称 C. C. C，化学名称是 2-氯乙基三甲基氯化铵。它是 20 世纪 60 年代发现的一种人工合成的植物生长调节剂，商品名称叫作矮壮素。矮壮素具有抑制植物体内赤霉素的生物合成的作用，用于防止小麦等作物的倒伏，使作物增产；也可用于防止棉花的徒长，减少蕾铃脱落。

11.2 其他含氮有机化合物

1. 硝基化合物

烃分子中的氢被硝基($—NO_2$)取代的产物叫硝基化合物，其通式是：$R—NO_2$ 或 $Ar—NO_2$。

(1)还原反应　硝基很容易发生还原反应生成胺。如硝基苯还原成苯胺：

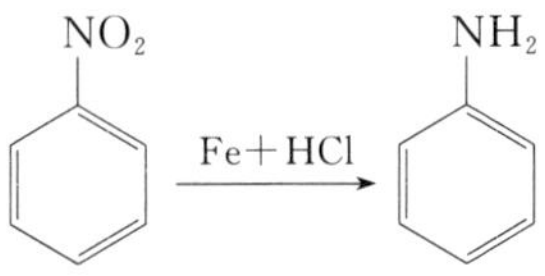

氯化亚锡加盐酸也是重要还原剂，它只还原芳环上的硝基，而不影响其他基团。例如：

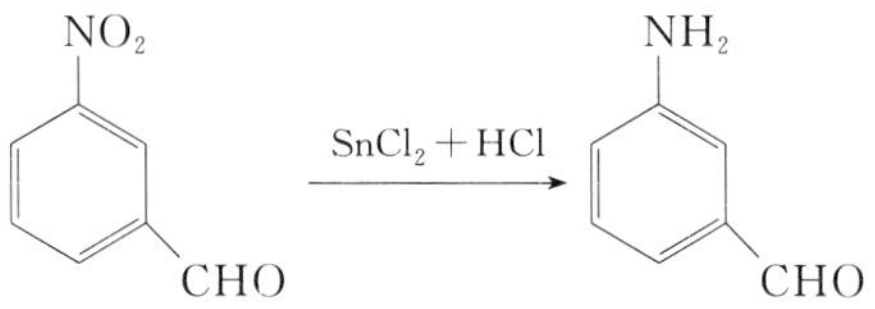

(2)酸性-互变异构的影响　硝基是强吸电子基团，它能活化硝基所连碳上的 α-H，产生互变异构现象：

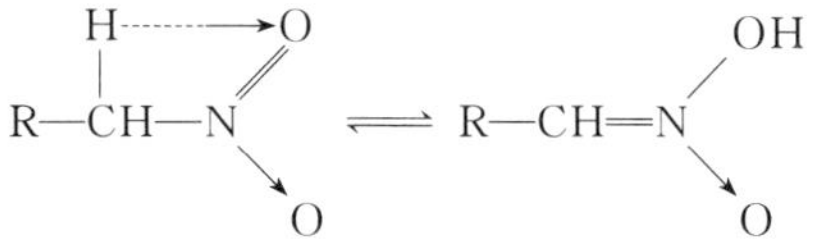

硝基式　　　　酸式

酸式中羟基具有酸性，能与碱作用生成盐而溶在碱溶液中：

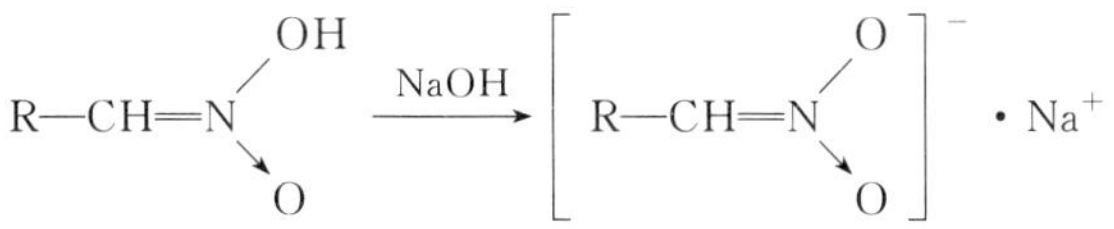

伯、仲硝基化合物都有类似的反应；芳香族硝基化合物及脂肪族叔硝基化合物，因为无 α-H，所以无此反应。但是伯、仲硝基化合物在游离状态时，主要以硝基形式存在，不显酸性，只是遇碱时才成盐。

(3)硝基对芳环上取代基的影响　苯酚环上有硝基能使酚的酸性增强。氯苯的氯原子很不活泼，不易发生水解，也不易被羟基取代，但 2,4-二硝基氯苯则容易水解成 2,4-二硝基苯酚，这是因为硝基的强吸电子作用使氯原子活化。

2. 腈

腈是烃的氰基衍生物，其通式为 R—CN，命名时把氰基(—CN)碳原子一并计算在内称为某腈。例如：

CH_3CN　乙腈

$NC(CH_2)_4CN$　己二腈

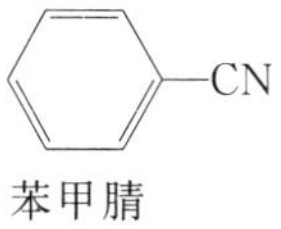

苯甲腈

腈是重要的工业原料。己二腈为合成尼龙 66 的原料，乙腈可作为溶剂。腈有毒，但比 HCN 毒性小。

腈的化学反应如下：

(1)水解反应　腈在酸或碱中水解可生成羧酸(碱中生成羧酸盐)。此过程首先经过酰胺阶段，最后水解为羧酸：

$$RCN \xrightarrow{H_2O} RCONH_2 \xrightarrow{H_2O} RCOOH$$

(2)加氢反应　腈的氰基具有不饱和性，可以加氢生成伯胺：

$$RCN + H_2 \xrightarrow{Ni} RCH_2NH_2$$

11.3 含磷化合物

11.3.1 含磷有机化合物概述

磷和氮同属周期表第五主族的元素，磷是第三周期元素，价电子构型是 $3s^2 3p^3$，它与氮的价电子构型相似，能形成相类似的化合物：

NH_3	RNH_2	R_2NH	R_3N	$[R_4N]^+$
氨	一级胺(伯胺)	二级胺(仲胺)	三级胺(叔胺)	季铵离子
PH_3	RPH_2	R_2PH	R_3P	$[R_4P]^+$
磷化氢	一级膦(伯膦)	二级膦(仲膦)	三级膦(叔膦)	季鏻离子

磷酸分子中的羟基被烃基取代的衍生物称膦酸：

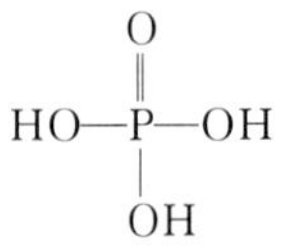
磷酸

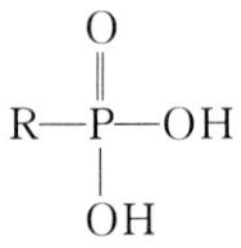
一烃基膦酸

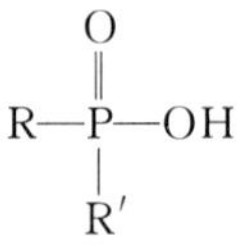
二烃基膦酸

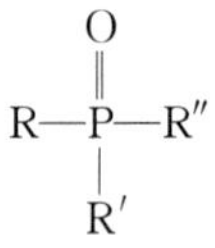
三烃基膦酸
(氧化三烃基膦)

膦酸分子中羟基的氢被烃基取代生成膦酸酯。例如：

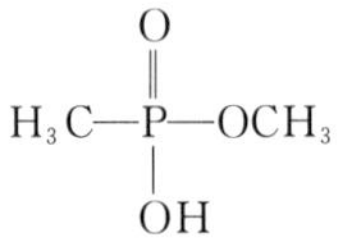
O-甲基甲基膦酸酯

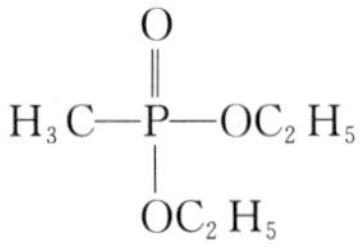
O,O-二乙基甲基膦酸酯

凡是含有 C—P 键的化合物都应该使用“膦”字，凡是形成五价磷离子型的化合物，都应该使用“鏻”字，除此以外的，则都用“磷”字，例如：$(CH_3)_3P$(三甲膦)；$(CH_3)_4P^+Cl^-$(氯化四甲鏻)；$CH_3OPO(OH)_2$(磷酸甲酯)：

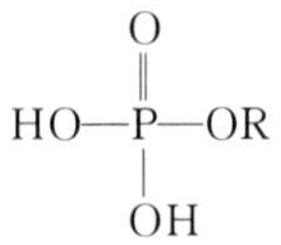
磷酸烃基酯

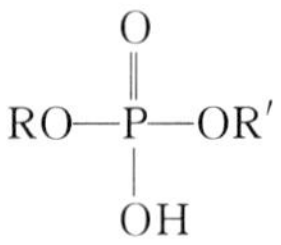
磷酸二烃基酯

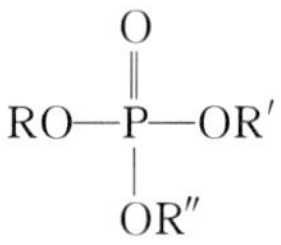
磷酸三烃基酯

除上述化合物外，在合成农药中还有硫代磷酸酯和二硫代磷酸酯，其通式为：

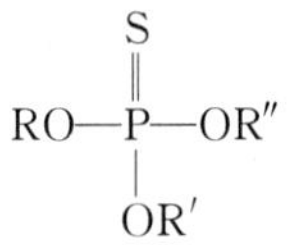

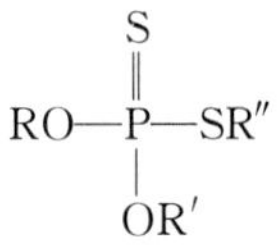

例如：

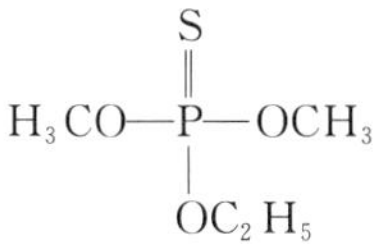

O,O-二甲基-O-乙基硫代磷酸酯

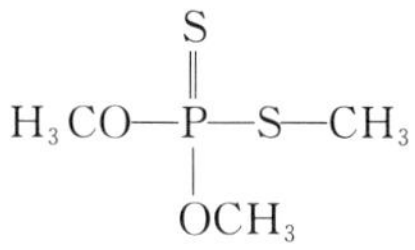

O,O-二甲基-S-甲基二硫代磷酸酯

膦酸、磷酸及硫代磷酸的衍生物构成一类重要的有机磷农药，在农业生产中获得了广泛应用。

思考题 11-4 命名下列化合物。

(1) 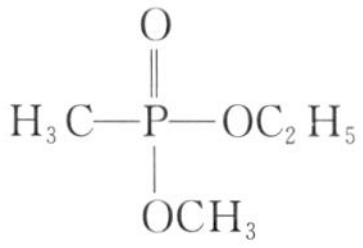

(2) 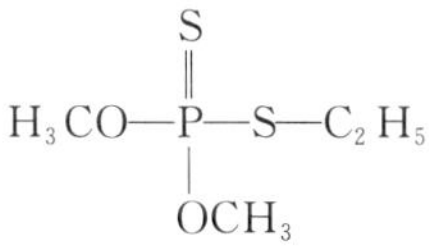

11.3.2 有机磷农药简介

有机磷农药大部分属有机磷酸酯类化合物或硫代磷酸酯类化合物，这一类农药品种多、药效高、用途广、易分解，在人、畜体内一般不积累，是使用量最大、最为重要的农药之一。按其用途有机磷农药一般可分为有机磷杀虫剂、除草剂和杀菌剂三种。有机磷农药的种类很多，常见的有甲拌磷(3911)、特普、敌百虫、乐果、马拉硫磷(4049)、甲胺磷、敌敌畏等。

1. 敌敌畏

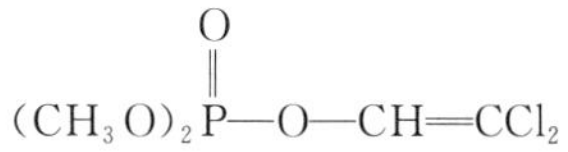

O,O-二甲基-O-(2,2-二氯乙烯基)磷酸酯(敌敌畏)

敌敌畏是无色或淡黄色液体，易挥发，微溶于水。它对昆虫兼有胃毒和触杀作用，广泛用于防治刺吸口器害虫和潜叶害虫，但它对人、畜毒性较大。

2. 乐果

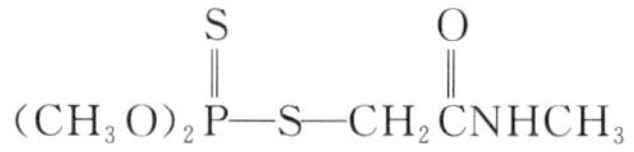

O,O-二甲基-S-(N-甲基氨甲酰甲基)二硫代磷酸酯(乐果)

乐果是白色晶体，可溶于水和多种有机溶剂中，是一种高效低毒的杀虫剂，具有内吸性，被植物吸收后能传导至整个植株，昆虫即使食用非施药部位也能中毒。

3. 甲胺磷

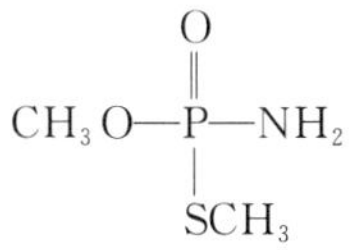

O,S-二甲基硫代磷酰胺(甲胺磷)

甲胺磷为白色晶体，易溶于水、甲醇及丙酮等极性溶剂，具有胃毒和触杀及内吸作用，是一种高效、高毒的广谱性杀虫、杀螨剂。

习　　题

11-1　用系统命名法命名下列化合物。

(1) 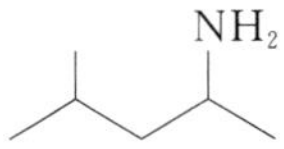

(2) 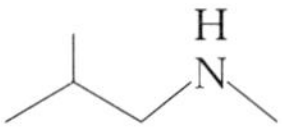

(3) 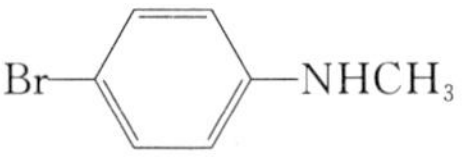

(4) $H_2NCH_2CHCH_2NH_2$（CH 上连 CH_3）

(5) 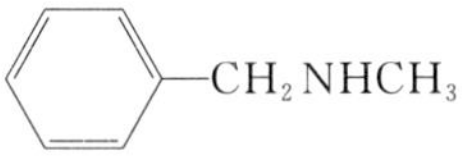

(6) 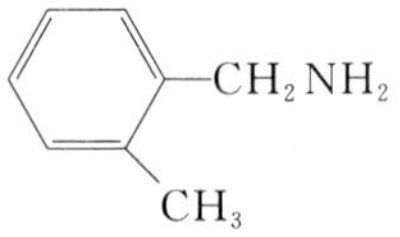

(7) $(CH_3)_2CHN^+(CH_3)_3I^-$　(8) $NH_2(CH_2)_5NH_2$

11-2　写出下列化合物的构造式。

(1)N,N-二甲基苯胺　(2)乙酰苯胺　(3)N-甲基-(3,5-二甲基苯基)胺

(4)2-氨基乙醇　(5)对氨基苯磺酰胺　(6)N-苯甲基对乙基苯胺

(7)胆碱　(8)溴化三甲基乙基铵　(9)苯乙腈

11-3　将下列各组化合物按碱性强弱次序排列。

(1) $CH_2FCH_2NH_2$，　$CHF_2CH_2NH_2$，　$CF_3CH_2NH_2$

(2) 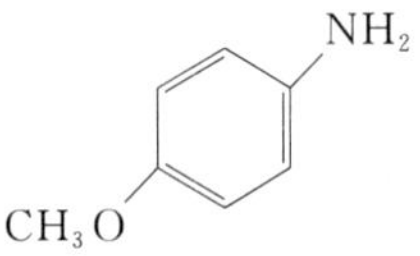

，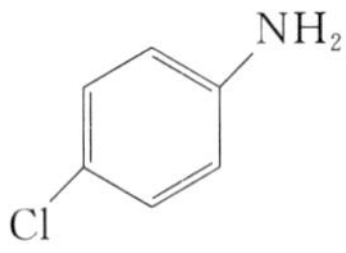

，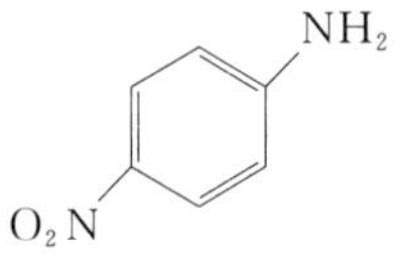

(3)甲酰胺，甲胺，尿素，邻苯二甲酰亚胺

11-4　为什么苯胺、间硝基苯胺、对硝基苯胺和邻硝基苯胺的碱性依次减弱？

11-5　完成下列反应方程式，写出主要反应产物。

(1) 

(2) 

(3) $(CH_3)_2CHCH_2NH_2 \xrightarrow{HNO_2}$

(4) 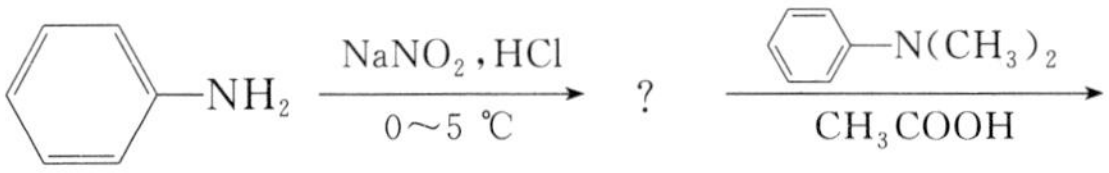

(5) 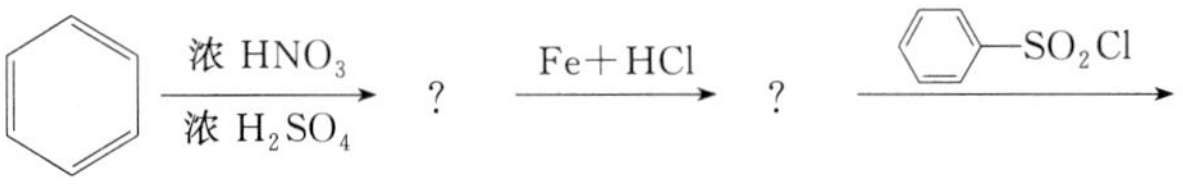

11-6　完成下列转化。

(1) 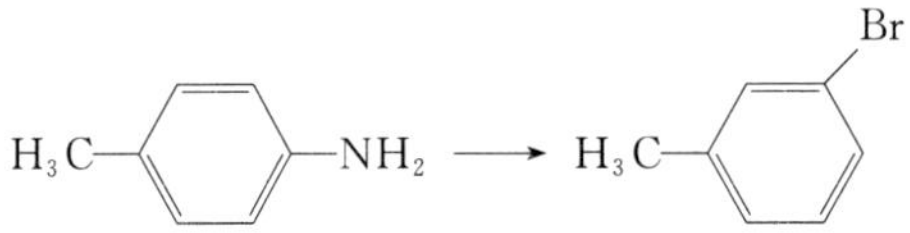

（2） 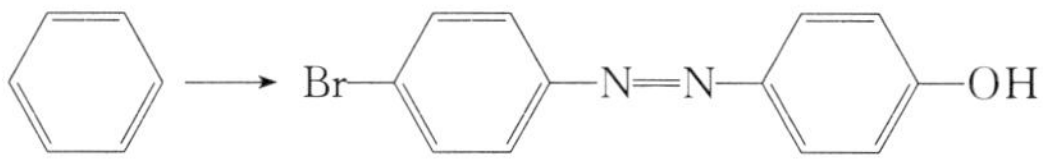

（3） 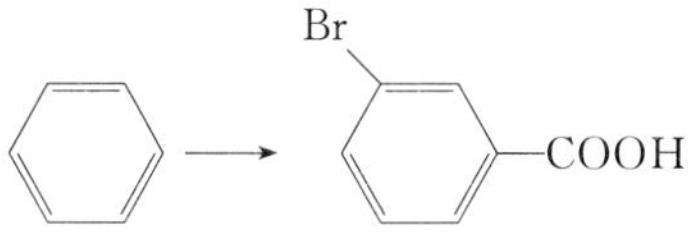

11-7 用化学方法鉴别下列各组化合物。

（1）环己胺、N-甲基环己胺和苯胺

（2）苯胺、环己胺、环己基甲酰胺

（3）硝基苯、苯胺、苯酚、水杨酸和甲苯

（4）甲醇、甲酸、丁胺、乙酰胺和甲醛

11-8 某化合物 A 的分子式为 $C_7H_7NO_2$，能与 Fe + HCl 反应生成分子式为 C_7H_9N 的化合物 B；B 和 $NaNO_2$ + HCl 在 0～5 ℃反应生成分子式为 $C_7H_7ClN_2$ 的化合物 C；C 经加热水解得到对甲基苯酚。试推测 A、B 和 C 可能的构造式，并写出各步反应。

11-9 化合物 A（$C_5H_{11}NO_2$），与稀酸共热可得到化合物 B 和 C。B 具有旋光性，为 S 构型，与亚硝酸反应放出氮气，与碳酸氢钠反应放出二氧化碳；C 无旋光性，也不与苯肼发生反应，但与次碘酸钠反应生成黄色碘仿沉淀和甲酸。试推断 A、B、C 的结构并写出有关反应式。

Chapter 12 第12章

杂环化合物

Heterocyclic Compounds

环状有机化合物中，构成环的原子除C原子外还含有其他原子（称为杂原子），这种环状化合物叫作杂环化合物。常见的杂原子有N、O和S原子，杂环上可以有一个、两个或多个杂原子。前面讨论过的环醚、内酯、内酸酐、内酰胺等也应属于杂环化合物，但它们的环容易形成也容易开裂，在性质上与同类的开链化合物相似，所以一般常将它们和开链化合物归类。

由于组成杂环的杂原子的种类、数量不同，环的大小及稠合方式不同，因此杂环化合物的数目十分庞大，约占全部已知有机化合物的1/3。杂环化合物在自然界分布很广，对动植物体的生命活动起着至关重要的生理作用，例如，中草药的有效成分生物碱大多是含氮杂环化合物，血红素、叶绿素、抗生素以及核酸中的碱基都是含氮杂环化合物，部分维生素及一些植物色素都含有杂环。除此之外，杂环化合物还广泛应用于染料、香料、高分子材料等领域。

本章讨论的主要是体系比较稳定，具有不同程度芳香性的杂环化合物，即芳杂环化合物，一般也简称为杂环化合物。

12.1 杂环化合物的分类和命名

12.1.1 杂环化合物的分类

杂环化合物种类繁多，可采用不同的标准来分类。杂环化合物可按照环的数目分为单杂环和稠杂环两大类。单杂环中，最普遍存在的是五元杂环和六元杂环。稠杂环中，最常见的是两个单杂环稠合和苯与单杂环稠合两种。此外，也可按照杂原子的种类分为氧杂环、硫杂环、氮杂环等。一些常见的杂环母体见表12-1。

表12-1 常见的杂环母体

类别		结构式	英文名称	音译名
单杂环	五元杂环	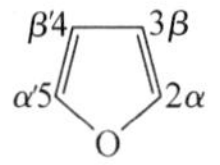	furan	呋喃
			thiophene	噻吩

续表 12-1

类别		结构式	英文名称	音译名
单杂环	五元杂环	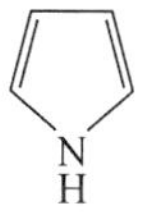	pyrrole	吡咯
		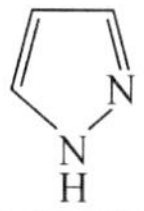	pyrazole	吡唑
		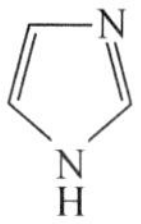	imidazole	咪唑
	六元杂环	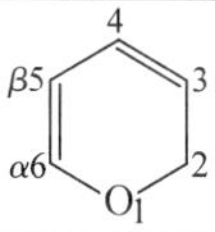 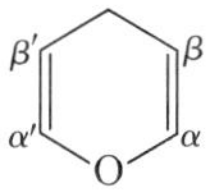	α-pyran (1,2-pyran) γ-pyran (1,4-pyran)	α-吡喃 (1,2-吡喃) γ-吡喃 (1,4-吡喃)
		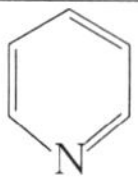	pyridine	吡啶
		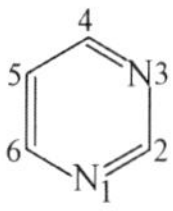	pyrimidine	嘧啶
稠杂环		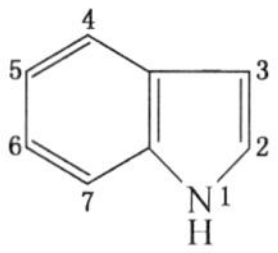	indole	吲哚
		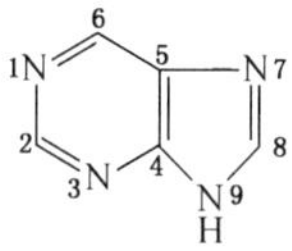	purine	嘌呤
		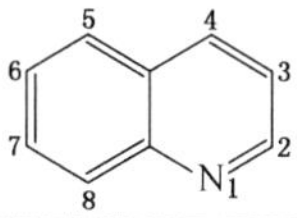	quinoline	喹啉

12.1.2 杂环化合物的命名

杂环化合物的命名比较复杂，国际上大多采用习惯命名法。我国一般采用音译的方法：根据 IUPAC 推荐的通用名，以中文译音的方法来命名，即根据其英文读音，在同音汉字旁加上“口”字旁。这种命名比较简单，在文献中和习惯上较为常用。例如：

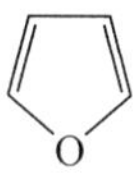
呋喃
(furan)

噻吩
(thiophene)

吡咯
(pyrrole)

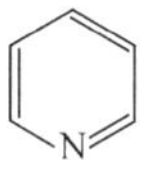
吡啶
(pyridine)

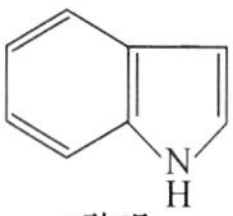
吲哚
(indole)

杂环化合物,命名时以杂环为母体,然后把杂环上的原子依次编号而确定取代基的位次。编号的原则:含一个杂原子的单环,一般从杂原子开始依次用 1、2、3,… 将环上的原子编号,也可以用希腊字母 α、β、γ 编号,靠近杂原子的碳原子为 α 位,依次为 β 位、γ 位。当有两个或两个以上相同的杂原子的单杂环衍生物,编号从连有取代基(或氢原子)的那个杂原子开始,顺序定位,使另一个杂原子的位次保持最小;有两个以上不相同杂原子在环上时,则按 O、S、N 的顺序依次编号。例如:

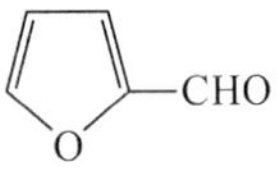

α-呋喃甲醛
(2-呋喃甲醛)

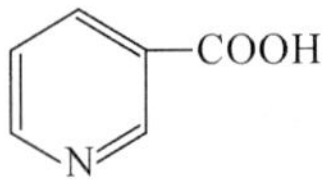

β-吡啶甲酸
(3-吡啶甲酸)

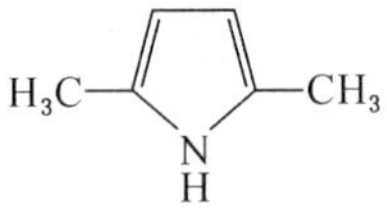

α,α′-二甲基吡咯
(2,5-二甲基吡咯)

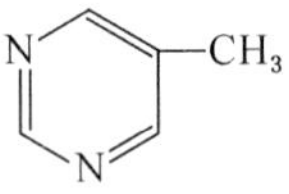

5-甲基嘧啶

比较复杂的稠杂环一般有特定的名称和编号。

思考题 12-1 命名下列杂环化合物。

(1) 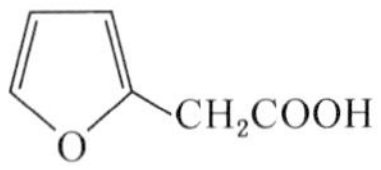

(2) 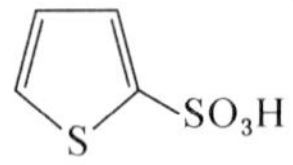

(3) 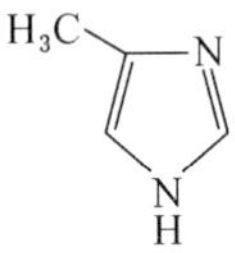

(4) 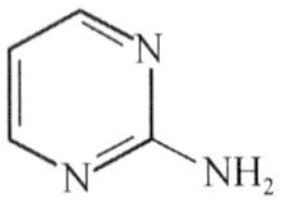

(5) 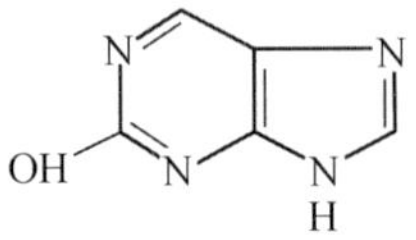

12.2 杂环化合物的结构

12.2.1 五元单杂环的结构

五元单杂环化合物中最重要的是呋喃、噻吩、吡咯。这三种简单的杂环的衍生物种类繁多,有些是重要的工业原料,有些是具有重要生理作用的物质。

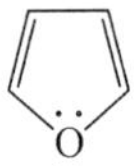

呋喃

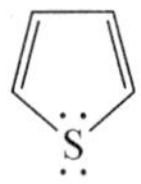

噻吩

吡咯

从这三种杂环的经典结构式来看,它们都具有共轭二烯烃的结构,似乎应具有共轭二烯烃的性质,但实验表明,它们除了有加成反应倾向外,其典型化学性质却类似于苯,能起亲电取代反应如硝化、磺化、卤化等，具有一定的芳香性。

根据现代物理方法证明，呋喃、噻吩、吡咯均是一个平面结构。从结构上可看作苯环中的一个 —CH=CH— 链节被杂原子(O、S 或 NH)置换而成。环中的碳原子与杂原子均以 sp^2 杂化轨道彼此间“头碰头”重叠形成 σ 键，每个碳原子的 p 轨道上有一个电子，杂原子的 p 轨道上有两个电子，p 轨道都垂直于环平面，互相平行，肩并肩重叠形成环状闭合共轭体系，其 π 电子数为 6 个，符合休克尔的$(4n+2)$规则(图 12-1)。

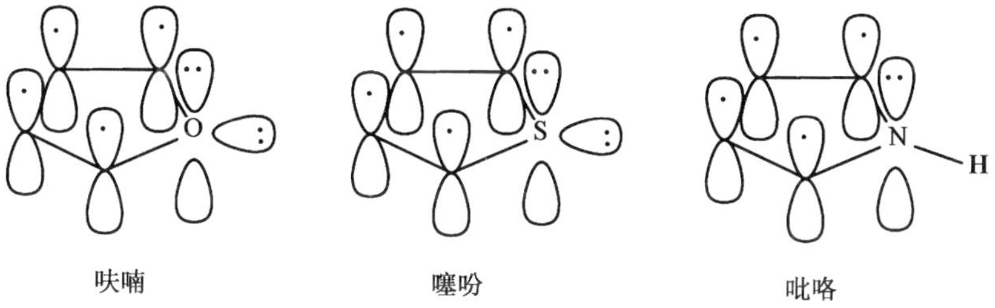

图 12-1 五元杂环的分子结构

因此，呋喃、噻吩、吡咯表现出与苯相似的芳香性，称其为芳香杂环化合物。但是，由于它们环中杂原子的电负性和电子结构不同于碳原子，使杂环上电子云分布不均匀，即环中的单双键只是发生了部分平均化，仍具有不饱和化合物的性质。它们的芳香性都比苯小，稳定性比苯差。杂原子的电负性是氧>氮>硫，因此，其芳香性强弱顺序为：

苯>噻吩>吡咯>呋喃

呋喃的芳香性最弱，实际上它可以进行双烯加成反应，表现出共轭二烯烃的性质。它是介于芳香族和脂肪族之间的化合物。它们分子中的键长数据如下：

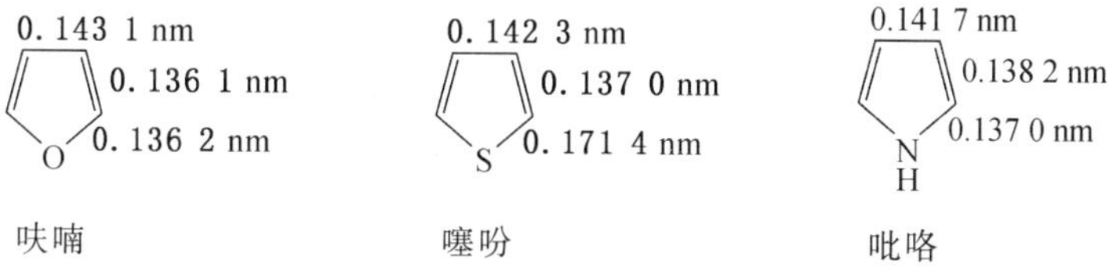

12.2.2 六元单杂环的结构

六元单杂环的典型结构可以用吡啶来说明。吡啶的结构和苯很相似，可以看作是苯分子中的一个 CH 基团被 N 原子取代，这个氮原子以 sp^2 不等性杂化轨道与相邻两个碳原子的 sp^2 杂化轨道重叠形成两个 σ 键，环上每个原子均有一个 p 轨道垂直于环的平面，平行重叠形成环状闭合的六中心六电子的共轭体系，如图 12-2 所示。

吡啶环具有芳香性，它也能发生亲电取代反应。由于氮原子和碳原子的电负性及电子结构不同，致使吡啶分子中电子云的分布不均等，即单双键也只发生了部分平均化(分子中的键长数据也说明了这一点)。吡啶氮原子上还有一个 sp^2 杂化轨道，被一对电子占据，未参与成键，可以与质子结合，所以吡啶具有碱性。

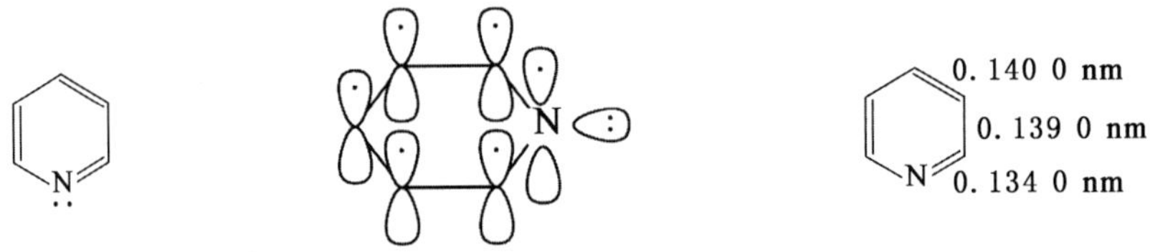

图 12-2 吡啶分子结构示意图

思考题 12-2 试比较苯、呋喃、噻吩、吡咯以及吡啶亲电取代反应活性的大小。

思考题 12-3 下列化合物有无芳香性?

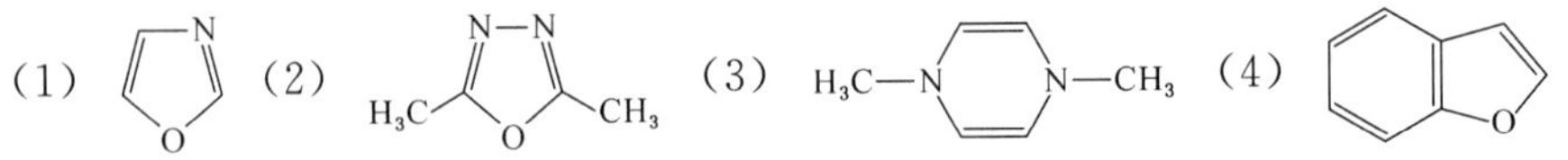

12.3 单杂环化合物的化学性质

12.3.1 亲电取代反应

呋喃、噻吩、吡咯都属于五中心六电子共轭体系,环上的 π 电子云密度比苯大,亲电取代反应比苯容易进行,同时环的稳定性比苯差。三种杂环化合物互相比较,吡咯最易发生亲电取代,噻吩最困难,这与杂原子的电子效应有关。从电负性看,O、N、S 均有吸电子诱导效应,O>N>S,从共轭效应看,均有给电子共轭效应,N>O>S(S 的 3p 轨道与 C 的 2p 轨道共轭相对较差),综合两种电子效应,N 对环贡献的电子最多,S 最少,所以它们在亲电取代反应中的活泼性顺序为:吡咯>呋喃>噻吩>苯,而且反应发生在 α 位。

吡啶属于六中心六电子共轭体系,由于 N 原子吸电子诱导效应的作用,使吡啶环上 C 原子电子云密度降低,尤其 α、γ 位降低得更多,类似于苯环上连接—NO_2 等吸电子基的作用,所以吡啶的亲电取代反应活性比苯要小,而且反应主要发生在 β 位,如环上有给电子基团,能增进吡啶环的反应性。

因此,呋喃、噻吩、吡咯亲电取代反应需在较温和的条件下进行,以避免氧化、开环或聚合等副反应。吡啶 C 原子上的电子云密度降低,亲电取代反应极为困难,一般要在较强烈的条件下才能发生取代反应。

1. 卤代反应

呋喃、噻吩在室温与溴反应很强烈,得到多卤代产物。如希望得到一取代产物,需在温和的条件如用溶剂稀释及低温下进行反应。不活泼的碘则必须在催化剂作用下才能进行反应。

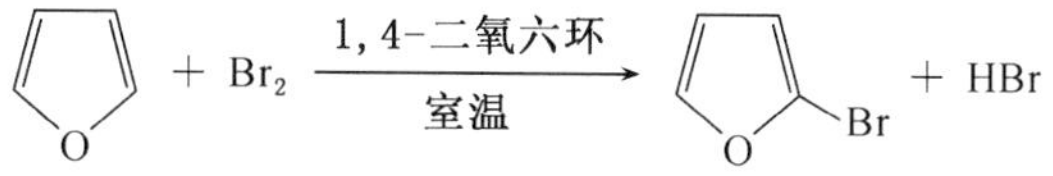

2-溴呋喃(α-溴呋喃),80%

2-溴噻吩,78%

吡咯的活性与苯胺相似,很容易生成多卤代物。例如在碱性介质中同碘作用,生成的是四碘吡咯:

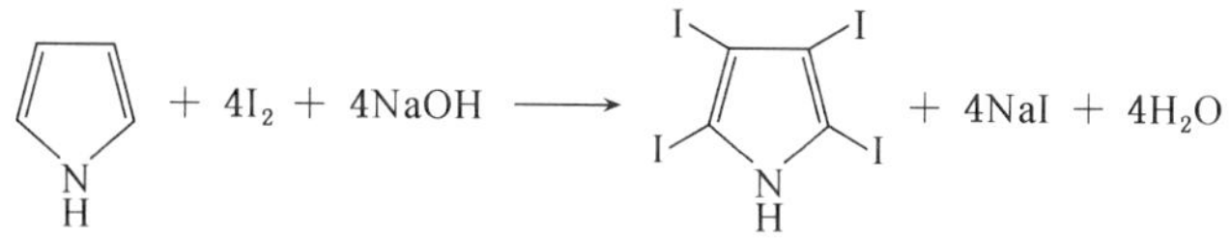

2,3,4,5-四碘吡咯

吡啶的卤代反应不但需要催化剂,而且要在较高的温度下才能进行:

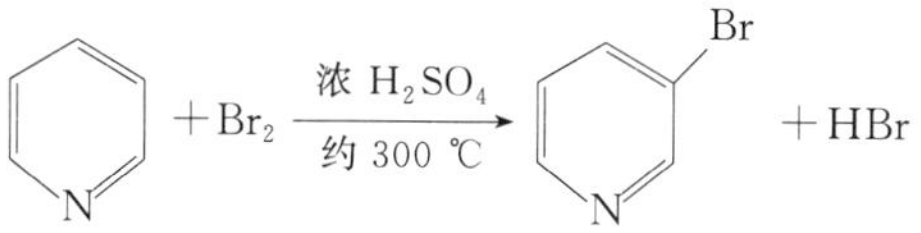

3-溴吡啶(β-溴吡啶),39%

2. 硝化反应

呋喃、噻吩、吡咯很容易被氧化,甚至也能被空气氧化。硝酸是强氧化剂,因此一般不用硝酸直接硝化。通常用比较温和的非质子硝化试剂——乙酰硝酸酯(CH_3COONO_2)进行硝化,反应还需在低温进行。

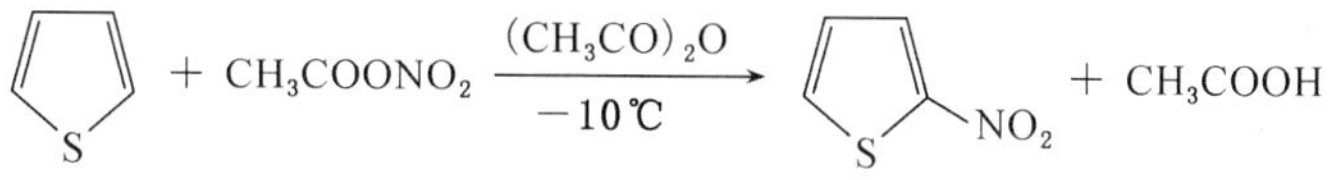

2-硝基噻吩,60%

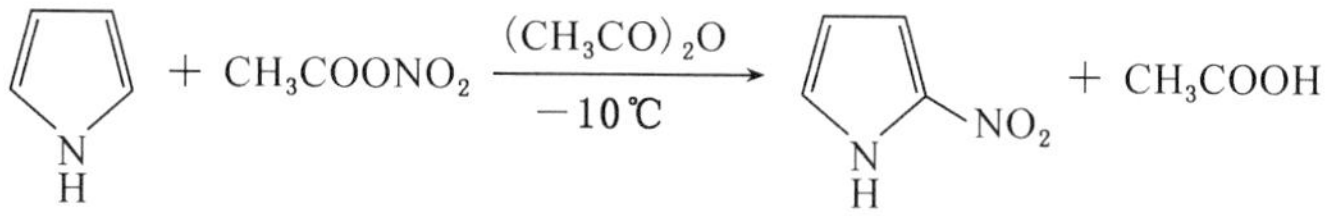

2-硝基吡咯,51%

呋喃比较特殊,在此反应中首先生成稳定的或不稳定的 2,5-加成产物,然后加热或用吡啶除去乙酸,得硝化产物。

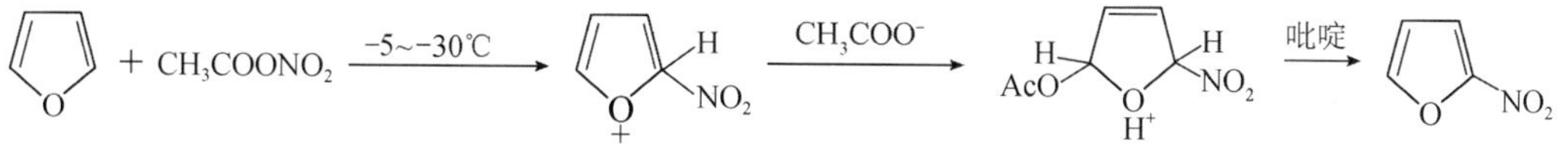

2-硝基呋喃,35%

吡啶的硝化反应在浓酸和高温下才能进行，而且产率很低。

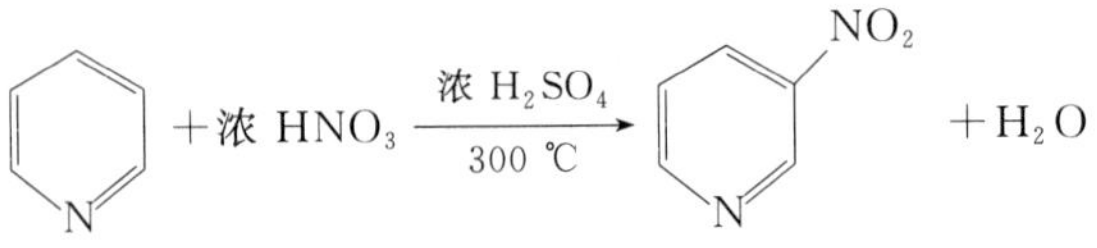

3-硝基吡啶，6%

吡啶环上连有烷基、烷氧基、氨基等给电子基时，有利于亲电取代反应进行，但反应活性仍低于相应的苯系化合物。

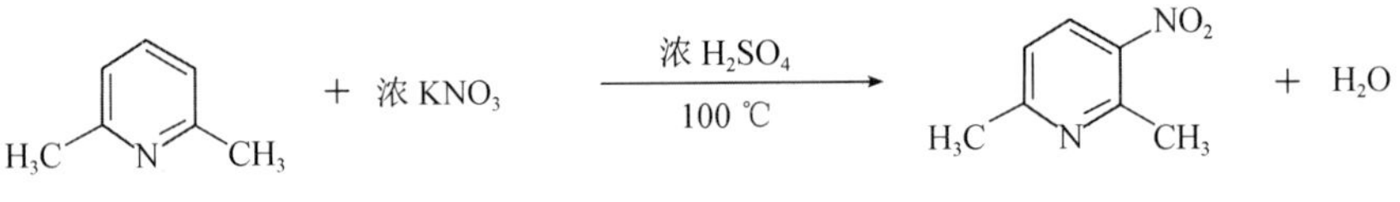

2,6-二甲基-3-硝基吡咯，66%

3. 磺化反应

呋喃、吡咯对酸很敏感，强酸能使它们开环聚合，需避免直接用硫酸进行磺化，常用温和的非质子磺化试剂，如吡啶与三氧化硫加合化合物作为磺化试剂进行反应。

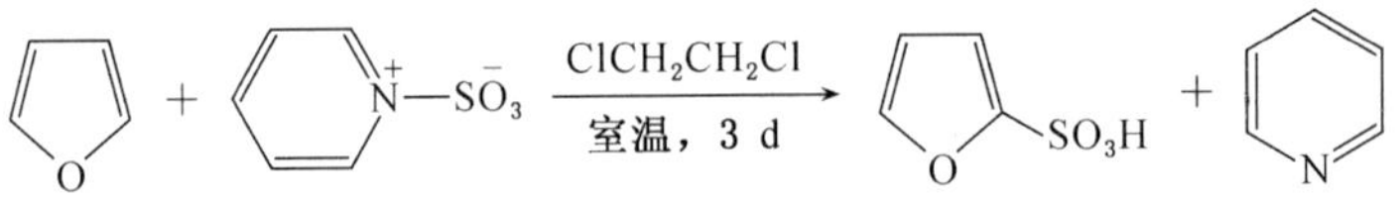

2-呋喃磺酸，41%

2-噻吩磺酸，86%

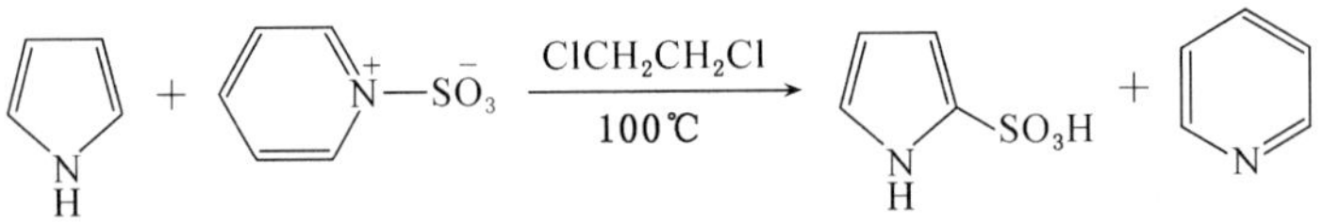

2-吡咯磺酸，90%

由于噻吩比较稳定，在室温下可以直接用浓硫酸进行磺化，但产率不如用上述试剂的高。从煤焦油中得到的苯通常含有少量噻吩，可在室温下反复用硫酸提取，因为噻吩比苯容易磺化，磺化的噻吩溶于浓硫酸内，可以与苯分离，然后水解，将磺酸基去掉，可得到噻吩：

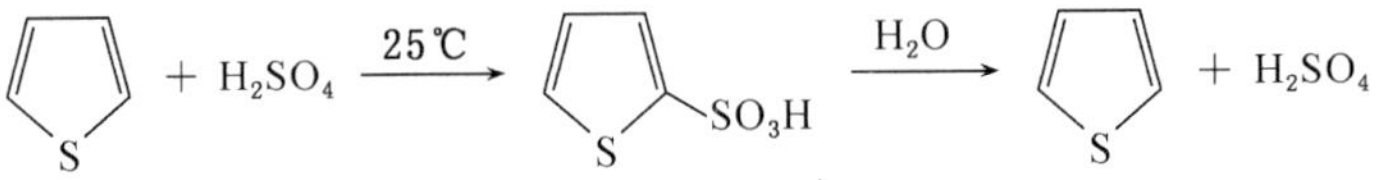

2-噻酚磺酸，69%～76%

常用此法除去苯内含有的少量噻吩。

吡啶在硫酸汞的催化和加热条件下才能发生磺化反应。

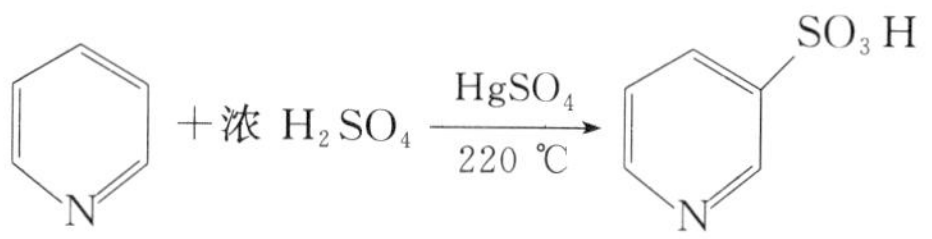

3-吡啶磺酸，70%

4. 弗-克(Friedel-Crafts)酰基化反应

呋喃用酸酐或酰氯在 Friedel -Crafts 催化剂作用下发生酰基化反应，酸酐如用三氟化硼作催化剂产率最高。

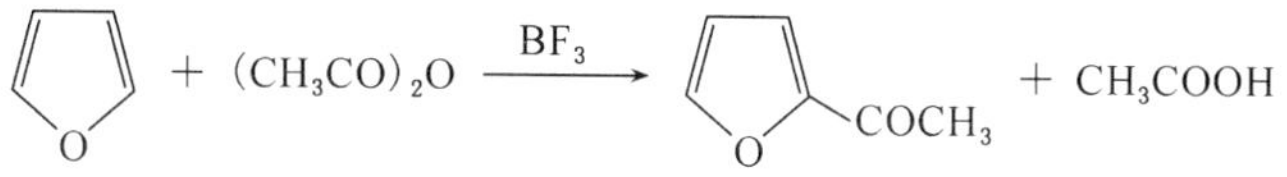

2-乙酰基呋喃，75%～92%

噻吩进行 Friedel-Crafts 酰基化反应时必须小心控制反应条件，如用无水三氯化铝、氯化锡等催化剂易于噻吩产生树脂状物质，必须将三氯化铝等先与酰基化试剂反应制成活泼的亲电试剂，然后再与噻吩反应。苯中噻吩通常用磺酸化方法除去。

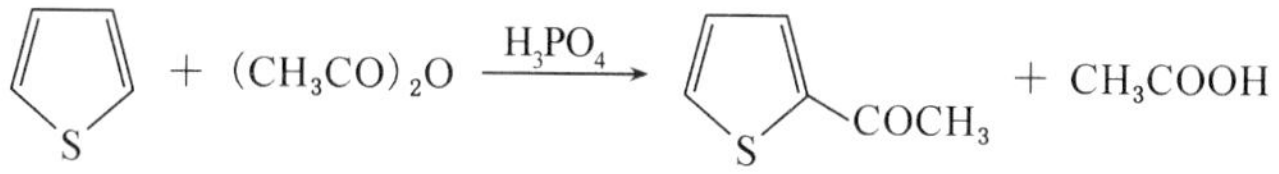

2-乙酰基噻吩，70%

吡咯可用乙酸酐在 150～200 ℃直接酰化。

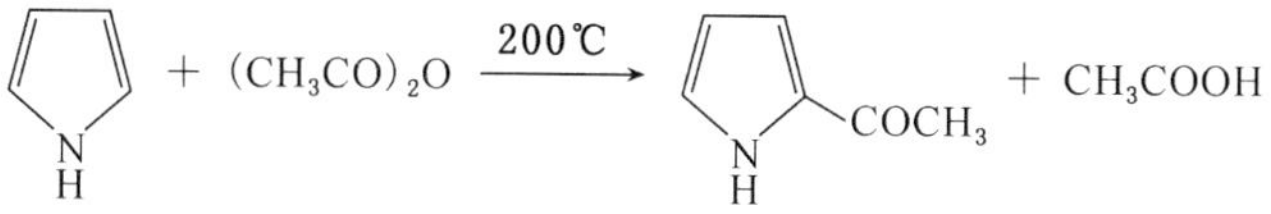

2-乙酰基吡咯，60%

吡啶是缺电子芳香杂环化合物，一般不进行弗-克反应。

5. 弗-克(Friedel-Crafts)烷基化反应

呋喃、噻吩、吡咯的烷基化反应很难得到一烷基取代的产物，通常得到混合的多烷基取代物，甚至产生树脂状物质，因此用处不大。但呋喃 α 位烷基化可在正丁基锂作用下与卤代烷反应生成。

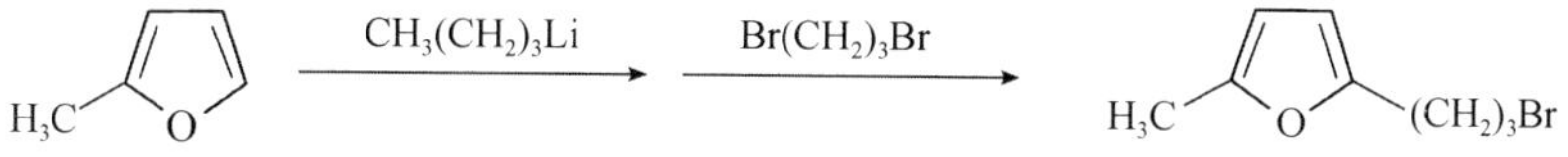

思考题 12-4 吡咯、呋喃、噻吩的硝化反应能否在强酸条件下进行？为什么？

思考题 12-5 如果苯中含有少量吡咯、噻吩，请设计一个提纯苯的实验方案。

思考题 12-6 完成下列反应方程式，写出主要产物。

(1) 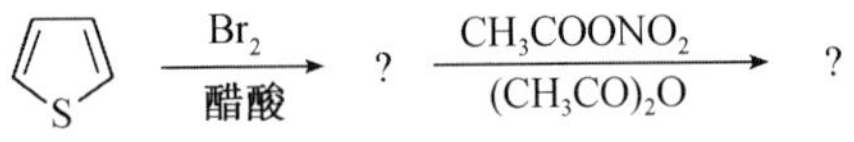

(2) 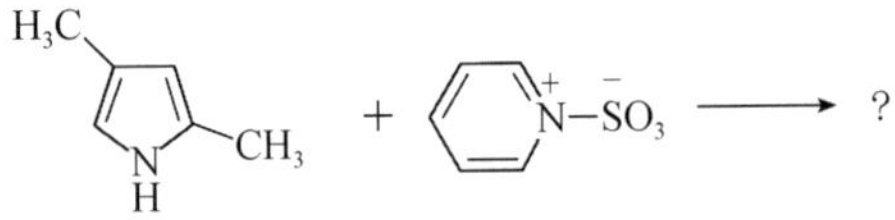

(3) 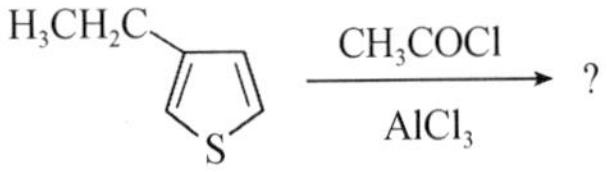

(4) 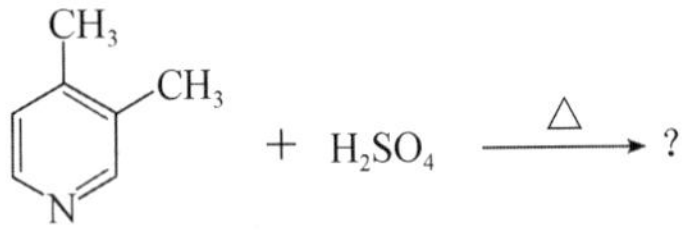

12.3.2 加成反应

1. 催化加氢

呋喃、噻吩、吡咯均可进行催化氢化反应，失去芳香性而得到饱和杂环化合物。呋喃与吡咯可用一般催化剂还原，噻吩能使一般的催化剂中毒，需使用特殊的催化剂。

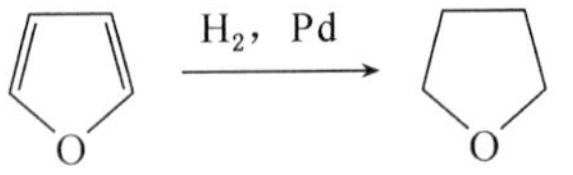

四氢呋喃

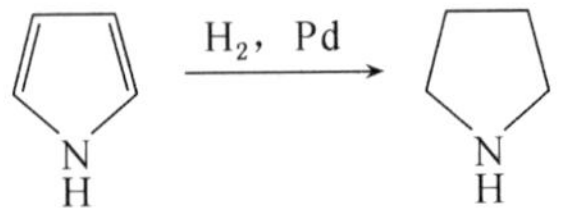

四氢吡咯

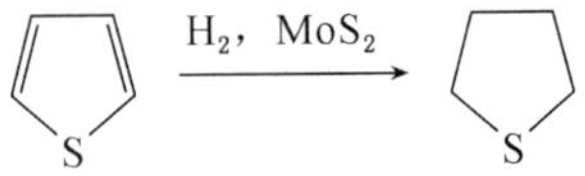

四氢噻吩

四氢呋喃在有机合成中是重要的有机溶剂；四氢吡咯具有二级胺的性质；四氢噻吩可氧化成砜或亚砜，如四甲基亚砜，是很重要的有机溶剂。

吡啶对还原剂比苯环活泼。例如，金属钠与无水乙醇可使吡啶还原为六氢吡啶，而苯是不受还原剂作用的。

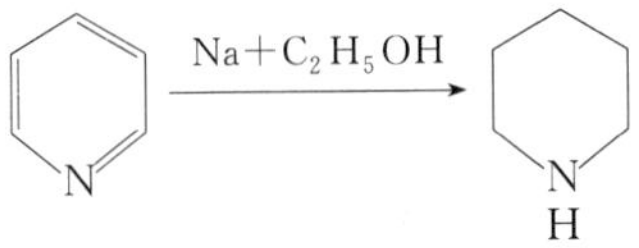

六氢吡啶

催化加氢也能使吡啶还原为六氢吡啶。

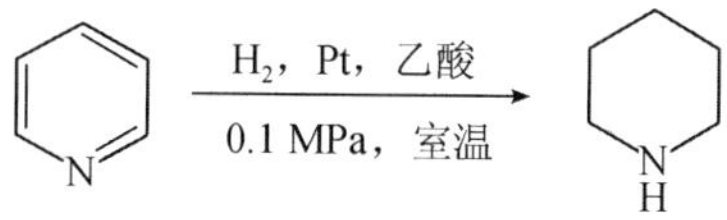

六氢吡啶具有二级胺的特性，碱性比吡啶强，其衍生物在自然界分布很广，很多天然产物都含有这个环系。

2. 双烯加成反应

呋喃的芳香性最弱，还显示出共轭二烯烃的性质，很容易与亲双烯体发生 Diels-Alder 反应。

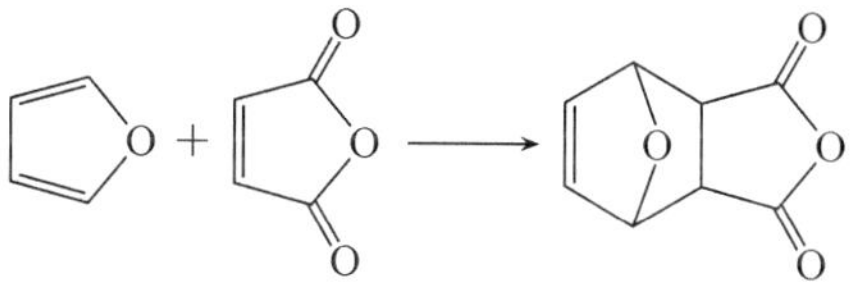

90%

吡咯可以和某些亲双烯体发生 Diels-Alder 反应。

噻吩基本上不会发生双烯加成，即使在个别情况下发生，生成物也是不稳定的，会直接失硫生成苯的衍生物。

12.3.3 氧化反应

呋喃和吡咯对氧化剂很敏感，空气中的氧就能使其氧化，噻吩相对要稳定一些。吡啶环N原子电负性大，环上π电子云向氮偏移，使环上C原子的电子云密度降低，且在酸性溶液中N原子与H^+结合成为碳正离子，环上碳电子云密度降低更多，因此吡啶环一般比苯环稳定，更难氧化。例如，吡啶的烃基衍生物在强氧化剂作用下，只发生侧链氧化。

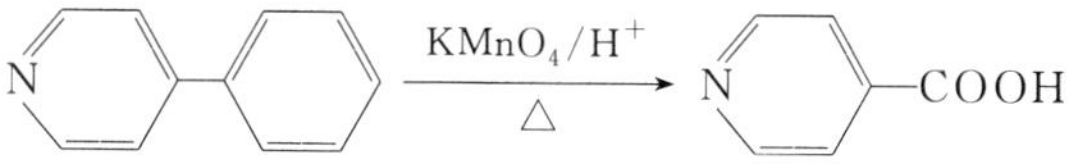

4-吡啶甲酸(异烟酸)

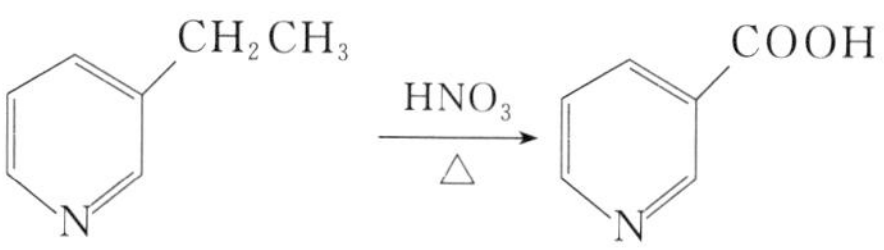

3-吡啶甲酸(烟酸)

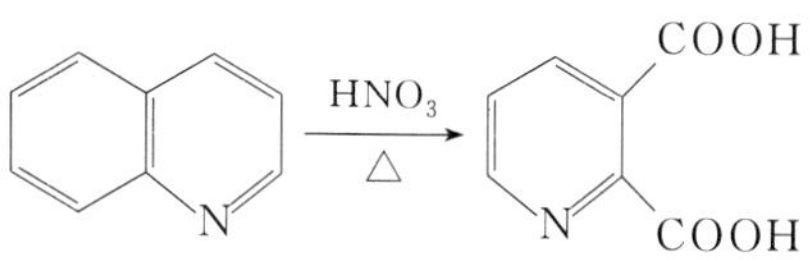

2,3-吡啶二甲酸

12.3.4 吡咯和吡啶的酸碱性

从结构上看，吡咯是一个环状的二级胺，N 原子的给电子共轭效应大于吸电子诱导效应，导致 N 的电子云密度降低，碱性减弱而酸性增强。因此，吡咯的碱性比苯胺还要弱得多，不能与酸形成稳定的盐，其酸性较醇强而比酚弱，故吡咯可与固体氢氧化钾加热生成钾盐。

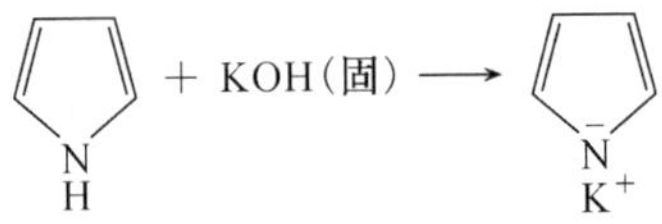

吡啶是一个弱碱。吡啶 N 原子上的未共用电子对不参与环共轭体系，能接受一个质子，因此吡啶的碱性比吡咯强得多。从结构看，吡啶属于环状三级胺，但其碱性比脂肪族三级胺弱，由于其 N 原子上的孤对电子未参与共轭，所以比苯胺碱性强，能同盐酸反应生成吡啶盐酸盐。吡啶环上连有吸电子取代基时，碱性减弱，连有给电子基时，碱性增强。

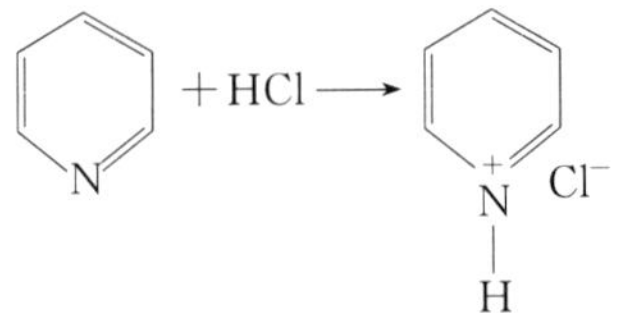

思考题 12-7 完成下列反应方程式，写出主要产物。

(1)

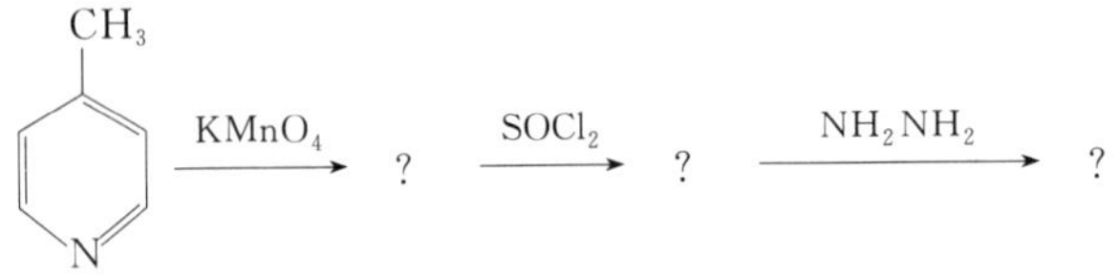

(2)

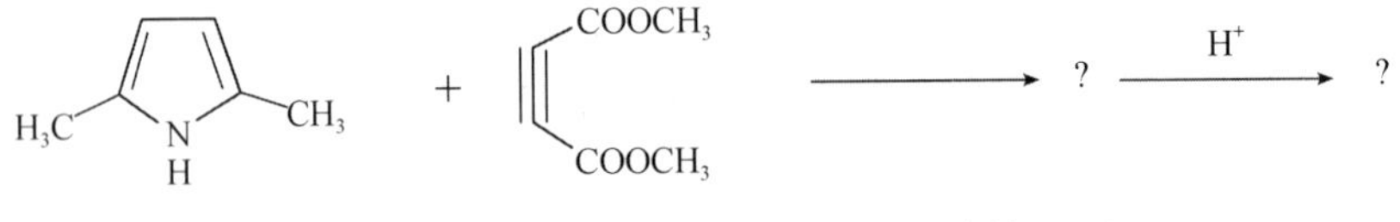

思考题 12-8 试比较吡啶、吡咯、四氢吡咯和苯胺的碱性强弱。

12.4 重要的五元杂环化合物

12.4.1 呋喃衍生物

α-呋喃甲醛最初是从米糠中得来的，故俗称糠醛，是呋喃衍生物中最重要的一个。实际上很多农副产品如麦秆、玉米芯、棉籽壳、甘蔗渣、花生壳、高粱秆等都可用来制取糠醛。因为这些农副产品中都含有多聚戊糖，在稀硫酸或稀盐酸的作用下加热水解成戊醛糖后，再进一步脱水环化，生成糠醛。糠醛是重要的化工原料，我国是农业大国，有丰富的农副产品资源，这是糠醛的主要来源。

$$(C_5H_8O_4)_n + nH_2O \xrightarrow[\triangle,\text{水解}]{3\%\sim5\%H_2SO_4} nC_5H_{10}O_5$$

多聚戊糖　　　　　　　　戊醛糖

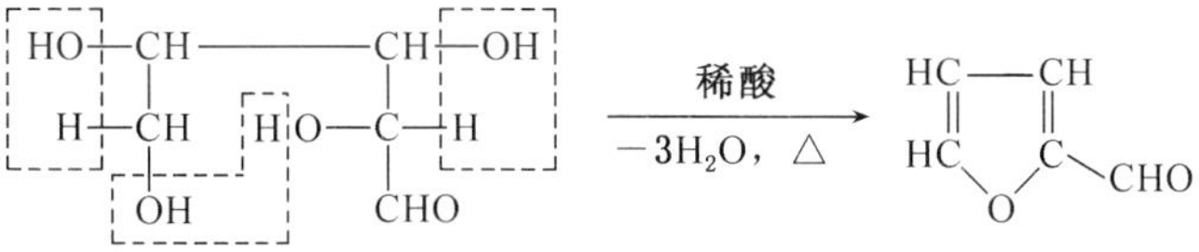

戊醛糖　　　　　　　　糠醛

糠醛为无色液体，熔点 −36.5 ℃，沸点 162 ℃，相对密度 1.160，可溶于水，并能与醇、醚混溶，是良好的溶剂，在空气中易被氧化聚合而使颜色变深。糠醛可发生银镜反应，也可与苯胺醋酸盐溶液呈深红色颜色反应，可用于鉴别糠醛。

糠醛具有无 α-氢的醛（化学活性与苯甲醛相似）和不饱和呋喃杂环的双重化学性质，具有广泛的用途，是重要的有机合成原料。例如，糠醇（呋喃甲醇）是优良溶剂，也是制造糠醇树脂（用作防腐蚀涂料及钢化玻璃）的原料；糠酸（呋喃甲酸）可用作防腐剂及制造增塑剂等的原料；四氢糠醇也是一种优良溶剂和合成原料。

呋喃坦啶、呋喃唑酮和呋喃西林是一类 5-硝基呋喃甲醛的衍生物，也都是人工合成的广谱抗菌药物，其结构式如下。

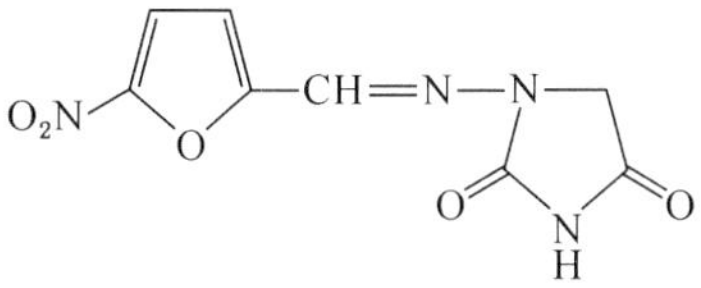

呋喃坦啶

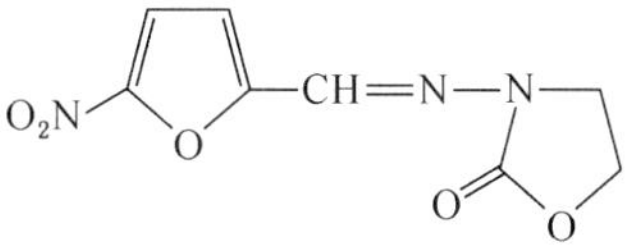

呋喃唑酮

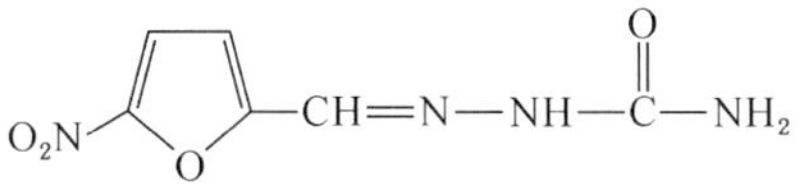

呋喃西林

呋喃坦啶又名呋喃妥因，是鲜黄色晶体，味苦，熔点约 258 ℃（分解），难溶于水及有机溶剂，可溶于 N,N-二甲基甲酰胺中。它主要用于抑制和杀灭大肠杆菌、金黄色葡萄球菌、化脓性链球菌和伤寒杆菌等，常用于治疗泌尿系统的炎症。

呋喃唑酮又名痢特灵，它是黄色粉末，熔点 254～258 ℃（分解），难溶于水及有机溶剂。大肠杆菌、炭疽杆菌、痢疾杆菌和伤寒杆菌等对其最为敏感，故常用于肠道感染和菌痢等的治疗。

呋喃西林又名呋喃新。它是柠檬黄色结晶粉末，难溶于水及醇，主要对葡萄球菌、痢疾杆菌和枯草杆菌等有杀灭和抑制作用。由于它的毒性较大，已很少内服，多作为外用消炎剂。

12.4.2 噻吩衍生物

噻吩衍生物中有许多是重要的药物，例如生物素及先锋霉素Ⅰ。

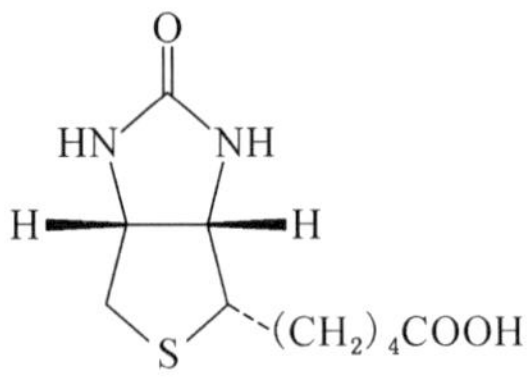

生物素

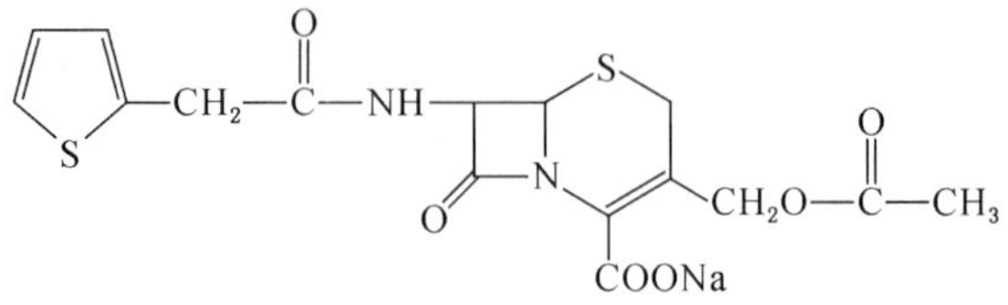

先锋霉素Ⅰ

生物素又名维生素H，为无色针状晶体，熔点232～233 ℃，溶于水和乙醇，是人体必需的维生素之一，广泛存在于动植物体内，如谷物、蔬菜和肉类中。在动物的生理过程中，参与CO_2的固定及羧化过程。人体缺乏它，会导致身体疲乏、食欲不振、贫血和皮肤发炎、脱屑等症状。

先锋霉素是由头孢菌素C半合成的一类广谱抗生素。目前人工合成的先锋霉素类药物有十余种，其中，先锋霉素Ⅰ又叫头孢菌素，是白色结晶粉末，味苦，易溶于水，难溶于有机溶剂，抗菌谱广，主要用于对青霉素耐药的金黄色葡萄球菌和一些革兰氏阴性杆菌引起的严重感染，如尿道和肺部的感染、败血症、脑膜炎及腹膜炎等。

12.4.3 吡咯衍生物

吡咯的衍生物极为重要，很多有重要生理作用的物质都是由它的衍生物组成的，如叶绿素、血红素、维生素B_{12}及胆色素等都是吡咯的衍生物。叶绿素、血红素和维生素B_{12}的分子中含有一个相同的基本碳架——卟吩环(也叫卟啉环)。卟吩环是由4个吡咯环和4个次甲基(—CH═)交替相连而形成的环状共轭体系，同样具有芳香性。

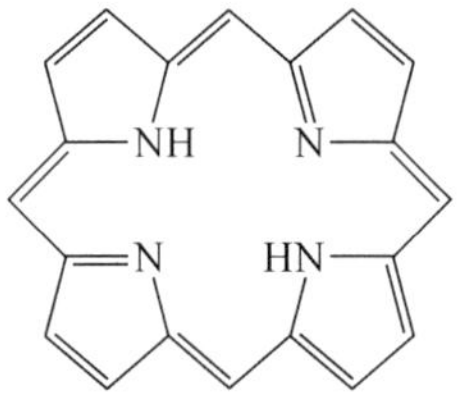

卟吩

卟吩环是由20个碳原子组成的共轭体系，呈平面形，这类物质表现得十分稳定。环中的氮原子可以用共价键和配位键与不同的金属离子结合，如在血红素中结合的是Fe^{2+}，在叶绿素中结合的是Mg^{2+}，在维生素B_{12}中则是与钴离子结合，同时在四个吡咯环的β位上各连有不同的取代基。

血红素存在于哺乳动物的红细胞中，它与蛋白质结合成血红蛋白。血红蛋白是高等动物血液输送氧及二氧化碳的主要物质。用盐酸水解血红蛋白，则得氯化血红素，其结构如下：

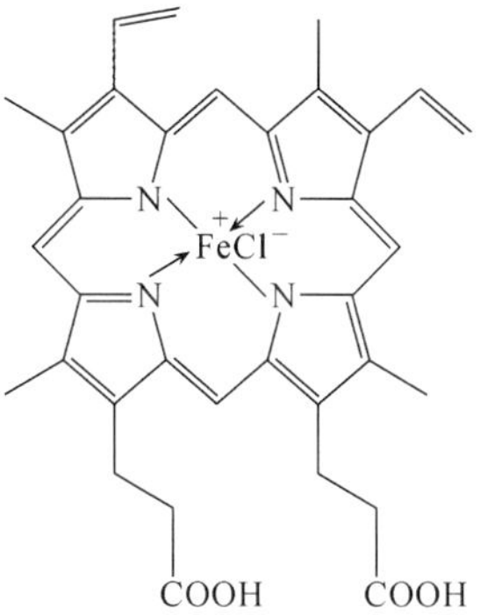

氯化血红素

叶绿素是一个重要的色素，也是植物进行光合作用时所必需的催化剂，存在于绿色细胞内的叶绿体中，和蛋白质结合成为一个复合体，但极易分解。如将绿叶(干燥)用盐酸处理，即可分解为蛋白质和叶绿素。叶绿素有叶绿素 a、叶绿素 b、叶绿素 c、叶绿素 d 四种，叶绿素 a 存在于所有高等植物、藻类和蓝细菌中，叶绿素 b 主要存在于高等植物、绿藻中，叶绿素 c 则存在于硅藻、褐藻、甲藻中，叶绿素 d 仅在红藻中发现。最重要的是叶绿素 a 和叶绿素 b 两种：叶绿素 a 为蓝黑色晶体，熔点 117～120 ℃，在乙醇溶液中呈蓝绿色，叶绿素 b 为黄绿色粉末，熔点 120～130 ℃，在乙醇溶液中呈黄绿色。二者的差别仅在于环Ⅱ上的 R 基不同，R 为 CH_3 时是叶绿素 a，R 为 CHO 时是叶绿素 b，叶绿素 a 和叶绿素 b 中都含有镁，在多数植物体内叶绿素 a ∶ 叶绿素 b 为 3 ∶ 1。

叶绿素不溶于水，而溶于丙酮、乙醇、氯仿等有机溶剂中，叶绿素分子中有两个酯键，易水解为相应的叶绿素酸及一分子甲醇和一分子的植物醇。在碱性条件下，用硫酸铜溶液小心处理叶绿素，铜离子代替镁离子而进入卟吩环中，叶绿素仍保持绿色，且更稳定，在制作植物标本时，常用此法保持植物的绿色。

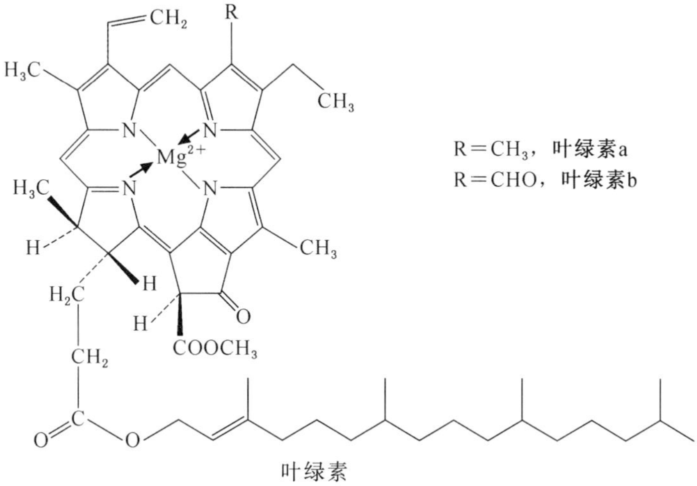

叶绿素

12.4.4 三唑类的衍生物

三唑类的衍生物一般是指分子中含有 3 个 N 原子的五元杂环化合物，此处主要讨论

1,2,4-三唑衍生物。1,2,4-三唑是白色晶体,熔点 121 ℃,沸点 260 ℃,具有芳香性,对氧化剂稳定,有很弱的碱性,同时,氮上的氢又显弱酸性,可被活泼金属取代。1,2,4-三唑的衍生物三唑酮和三唑醇是人工合成的杀菌剂。

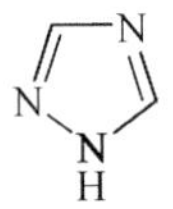

1,2,4-三唑

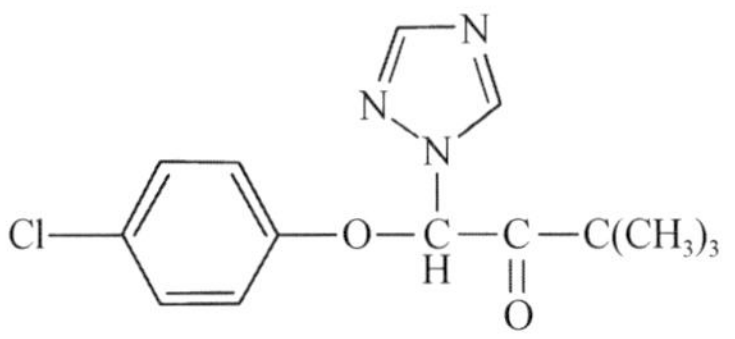

三唑酮

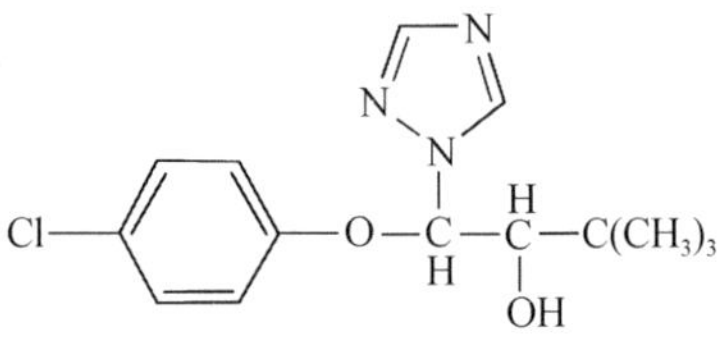

三唑醇

三唑酮又叫粉锈宁,无色晶体,熔点 82.3 ℃,难溶于水,易溶于异丙醇和三氯甲烷等有机溶剂中,在酸碱中稳定。三唑醇又名羟锈宁,无色晶体,熔点 111.7 ℃,微溶于水,可溶于多种有机溶剂中,对光、热和一定酸碱条件下稳定。三唑酮和三唑醇都是高效低毒、广谱、长效和内吸性杀菌剂。对多种农作物的白粉病、锈病、黑穗病等有良好的防治作用。在农业中,广泛用作杀菌剂和种子消毒剂。

12.4.5 噻唑和咪唑及其衍生物

噻唑是含有一个 S 原子和 N 原子的五元杂环化合物,无色,有吡啶臭味的液体,沸点 117 ℃,易与水互溶,有弱碱性。咪唑是含有两个 N 原子的五元杂环化合物,无色固体,熔点 90 ℃,易溶于水,碱性比噻唑强,也有微弱的酸性。

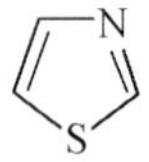

噻唑

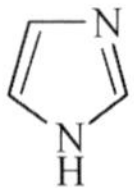

咪唑

噻唑环和咪唑环均较容易发生亲电取代反应,如卤代、硝化和磺化等。含噻唑环或咪唑环的物质广泛存在于自然界中,具有突出的生理活性,如合成药物青霉素 G 和毛果芸香所含的生物碱以及高效、广谱性杀菌剂多菌灵。

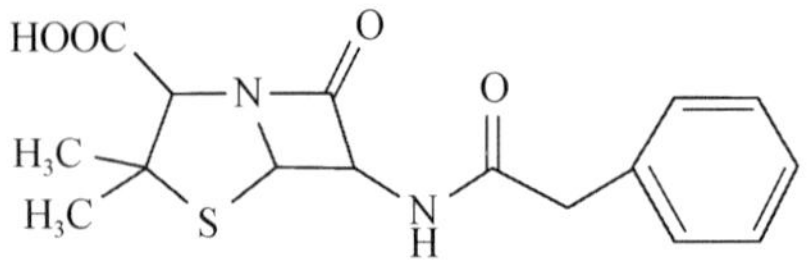

青霉素 G

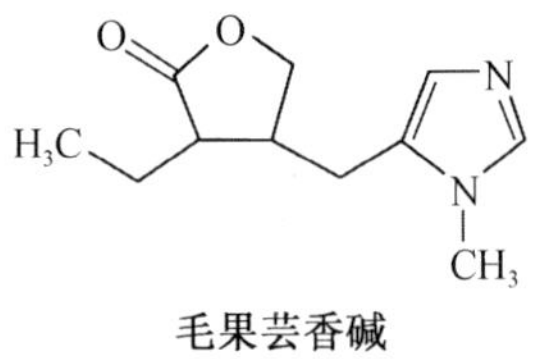

毛果芸香碱

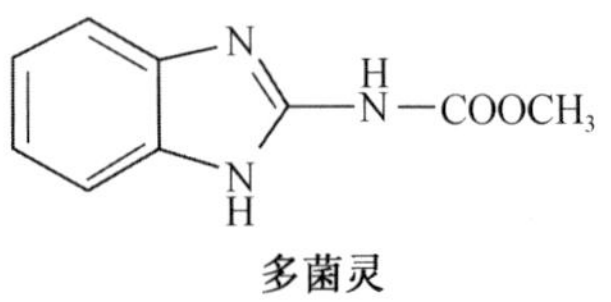

多菌灵

12.5 重要的六元杂环化合物

12.5.1 吡啶衍生物

吡啶的衍生物广泛存在于自然界中，并且大都具有强烈的生理活性，其中维生素 PP、维生素 B_6、雷米封等是吡啶的重要衍生物。

维生素 PP 是烟酸和烟酰胺两种物质的总称。

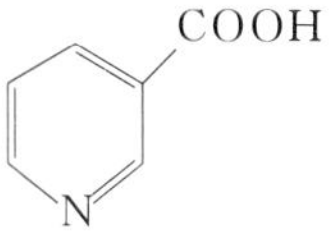
烟酸

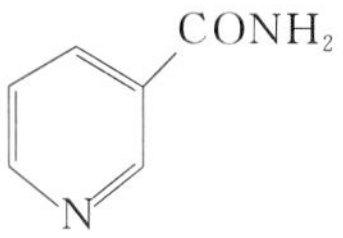
烟酰胺

烟酸即 β-吡啶甲酸，为无色针状晶体，熔点 235.2 ℃，易溶于热水和乙醇，对酸、碱稳定，可由烟碱(尼古丁)氧化得到。烟酰胺即 β-吡啶甲酰胺，为白色针状结晶或粉末，熔点 133 ℃，易溶于水，广泛存在于肉类、肝、肾、乳汁、花生、米糠和酵母中，对光、热都较稳定。维生素 PP 是 B 族维生素之一，能促进人体细胞的新陈代谢。体内缺乏维生素 PP 时，能引起皮炎、消化道炎以致神经紊乱等症状，叫作癞皮病。所以维生素 PP 又叫抗癞皮病维生素。

维生素 B_6 又名吡哆素，是吡哆醇、吡哆醛和吡哆胺的总称，为无臭的白色晶体，在空气中稳定，易溶于水和乙醇，广泛存在于鱼、肉、蛋、蔬菜及谷物中。参与生物体内氨基酸和脂肪的代谢，在临床上用于治疗脂溢性皮炎和促进白细胞的生成。

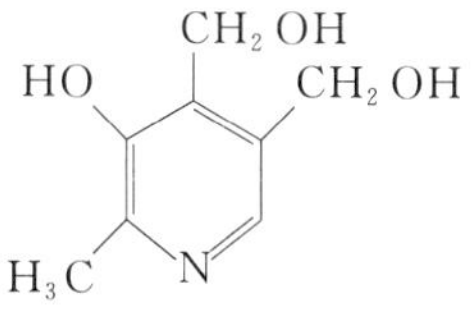
吡哆醇

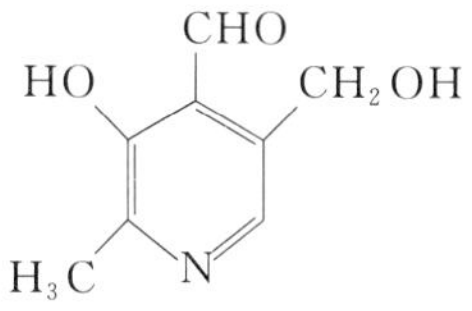
吡哆醛

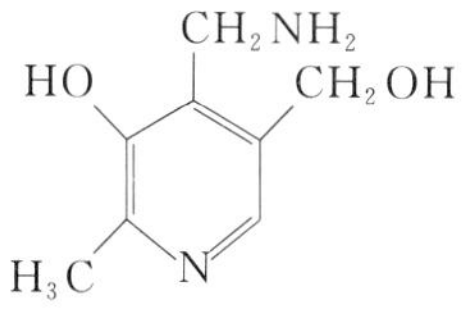
吡哆胺

雷米封的学名为 γ-吡啶甲酰胺，是一种白色固体，易溶于水，是治疗结核病(肺结核、肠结核)的良好药物。

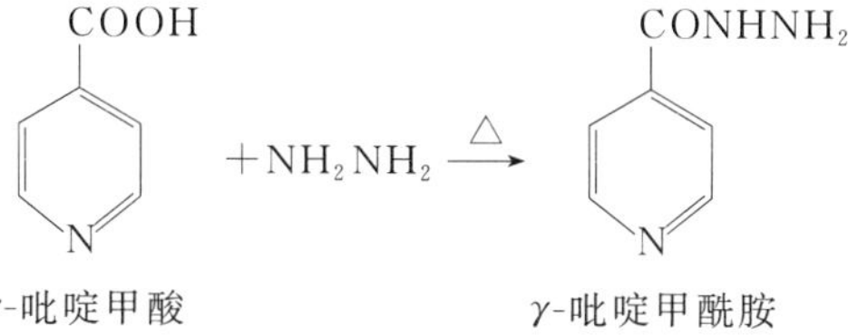
γ-吡啶甲酸　　γ-吡啶甲酰胺

12.5.2 嘧啶及其衍生物

嘧啶是含有两个 N 原子的六元杂环，为无色结晶，熔点 22 ℃，沸点 123～124 ℃，易溶于水。嘧啶也是六原子所组成的闭合共轭体系，环上有两个 N 原子，故各 C 原子上的电子云密度更低，亲电取代反应比吡啶困难，而亲核取代则比吡啶容易。嘧啶具有弱碱性，可与强酸成盐，其碱性比吡啶弱。

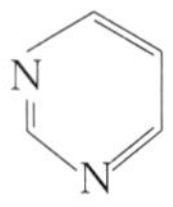

嘧啶

嘧啶本身在自然界中并不存在，但其衍生物却广泛存在，有的具有特殊的生理活性，如组成核酸的重要碱基——胞嘧啶、尿嘧啶、胸腺嘧啶都具有嘧啶结构。这三种嘧啶碱都有酮式和烯醇式互变异构现象。

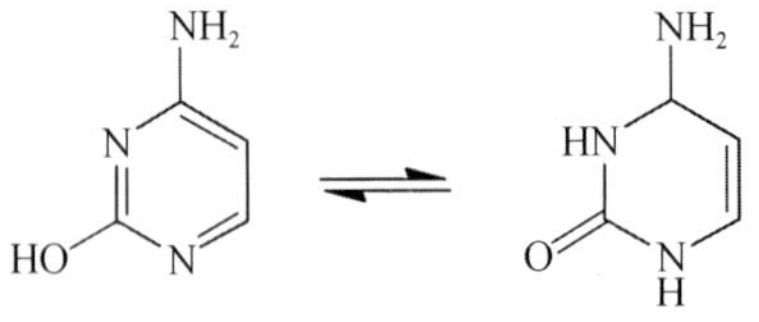

烯醇式　　酮式

胞嘧啶

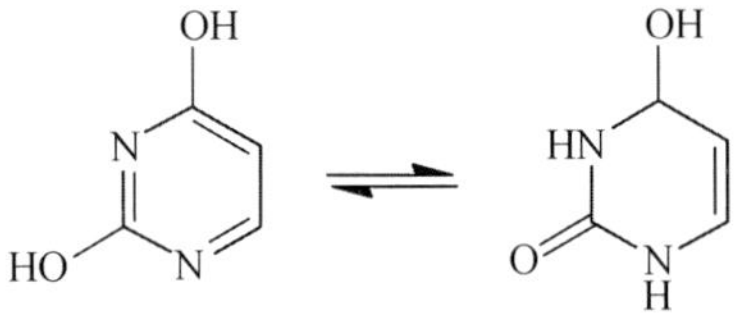

烯醇式　　酮式

尿嘧啶

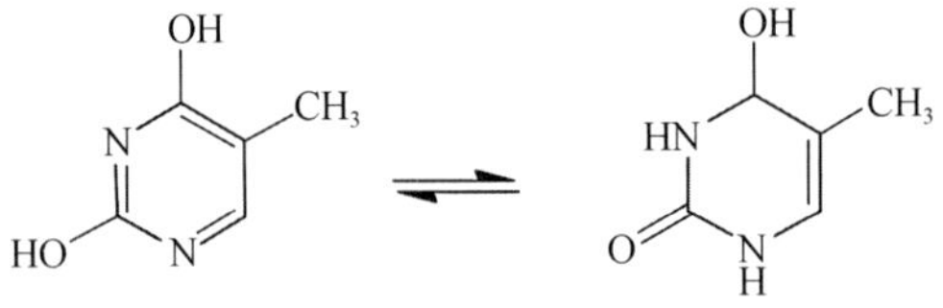

烯醇式　　酮式

胸腺嘧啶

维生素 B_1 又名硫胺素，存在于米糠、麸皮、酵母、花生和豆类中。药用硫胺素是其盐酸盐。盐酸硫胺素是白色晶体，微苦，熔点 248 ℃(分解)，易溶于水，对酸稳定，但加热或碱能使其分解。维生素 B_1 能维持心脏、神经和消化系统的正常功能，促进碳水化合物代谢。人体内缺乏维生素 B_1 时，糖代谢就无法正常进行，导致脚气病、多发性神经炎、食欲不振和消化不良等。

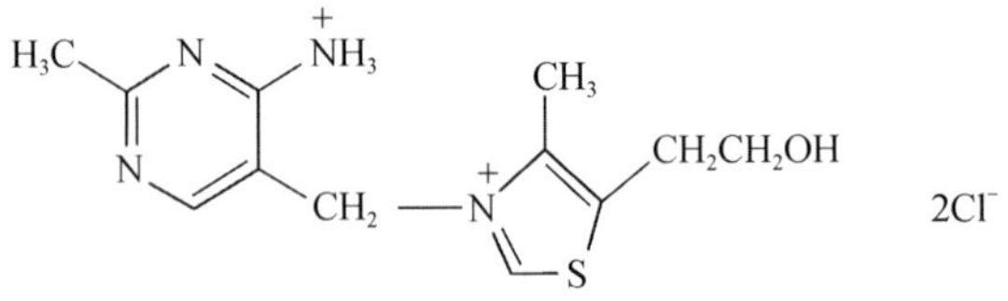

维生素 B_1

很多嘧啶环系被用于药物的合成，例如磺胺药、安眠药、抗癌药等。

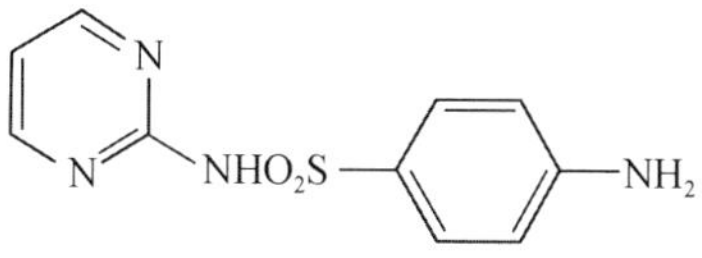

磺胺嘧啶（治疗肺炎、脑炎等炎症）

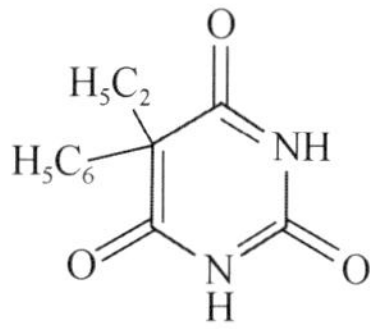

鲁米那（安眠药）

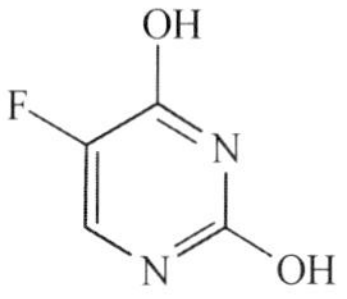

5-氟尿嘧啶（抗癌药）

12.6 重要的稠杂环化合物

12.6.1 吲哚及其衍生物

吲哚可以看作苯环和吡咯环稠合而成，为无色晶体，熔点 52 ℃，沸点 254 ℃，少量存在于煤焦油中，也存在于素馨花和柑橘花中。蛋白质降解时，其中色氨酸组分变成吲哚和 3-甲基吲哚残留于粪便中，是粪便的臭气成分。但纯的吲哚在浓度极稀时有素馨花的香气，故可用作香料，在香料工业中用来制造茉莉花型香精。吲哚和吡咯相似，有弱酸性，松木片反应呈红色，在空气中易氧化成有颜色的化合物。

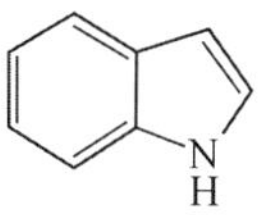

吲哚

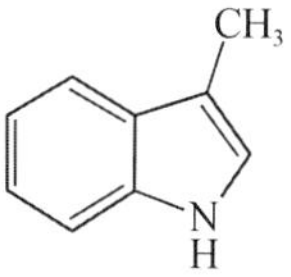

3-甲基吲哚（粪臭素）

吲哚的衍生物在自然界中分布很广，大多数有显著的生物活性。β-吲哚乙酸是一种植物生长激素，为无色晶体，熔点 164～165 ℃，微溶于水，易溶于醇和醚等有机溶剂，存在于植物的生长点和人畜的尿中，在植物农林业生产中常用于植物插条生根和促进果实形成。

蛋白质分解产物色氨酸、哺乳动物和人脑中思维活动的重要物质 5-羟基色胺、植物染料靛蓝，许多生物碱如利血平、马钱子碱等都是吲哚的衍生物。

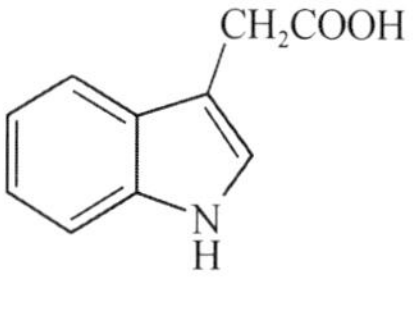

β-吲哚乙酸

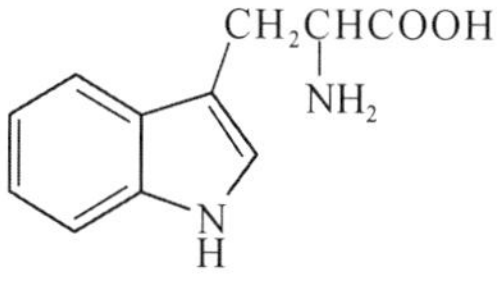

色氨酸

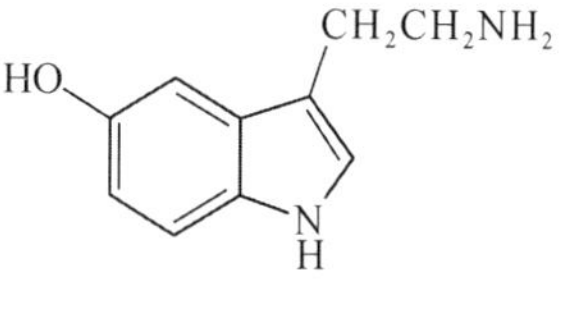

5-羟基色胺

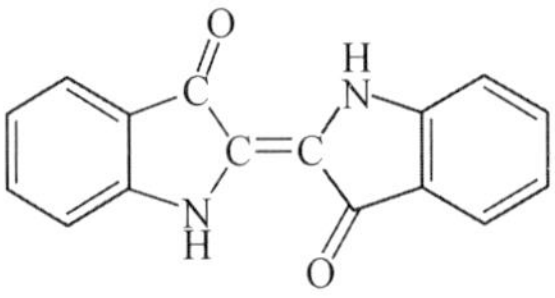

靛蓝

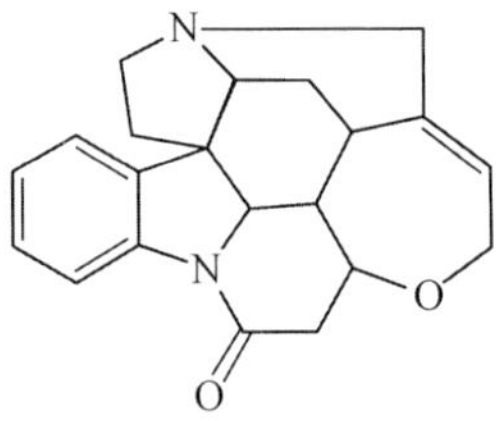

马钱子碱（番木鳖碱，有中枢兴奋作用）

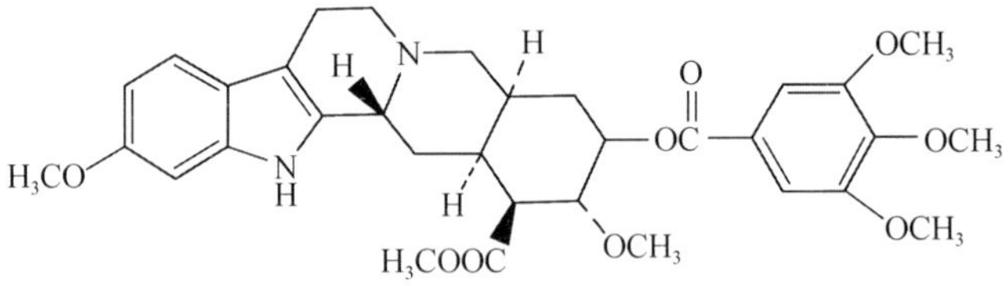

利血平（存在于萝芙木的生物碱中，有镇静及降压作用）

12.6.2 喹啉和异喹啉及其衍生物

喹啉和异喹啉都是苯并吡啶，常以生物碱的形式广泛存在于植物界中，其中许多具有重要的药用价值，如抗疟药、杀虫药和心血管药等。喹啉环的结构相当于萘上有一个—CH 被 N 所取代，氮的结构与吡啶环中氮的结构类似，也是 sp^2 杂化，并以一个 p 电子参加共轭，具有弱碱性。

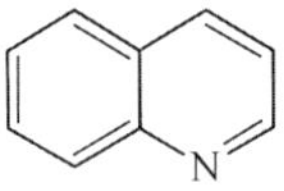

喹啉

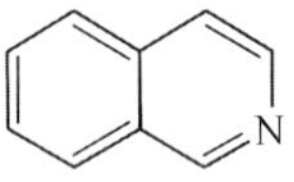

异喹啉

金鸡纳树的根、枝、干及皮内含有 25 种以上的碱。1820 年，从金鸡纳树皮中取得两种最重要的碱，即辛可宁碱及金鸡纳碱。金鸡纳碱（奎宁）是传统的抗疟药，具有退热的作用，对于某些疟疾原虫具有迅速杀灭的效能。合成抗疟剂药物有数千种，主要都是喹啉的衍生物，其中最有效的是下列几种。

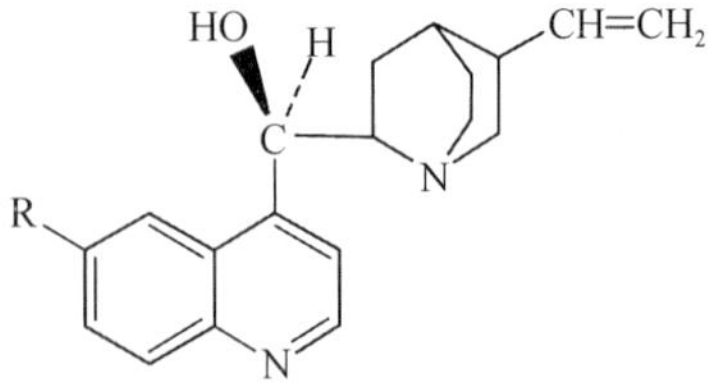

辛可宁碱：R=H；金鸡纳碱（奎宁）：$R=OCH_3$

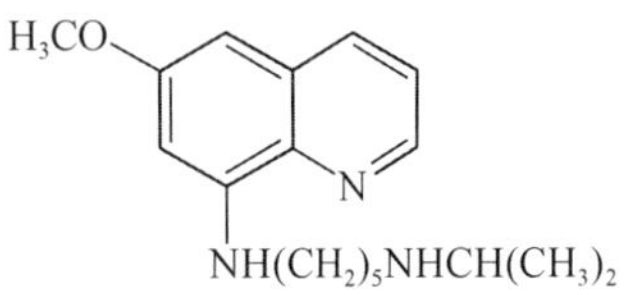

戊喹啉

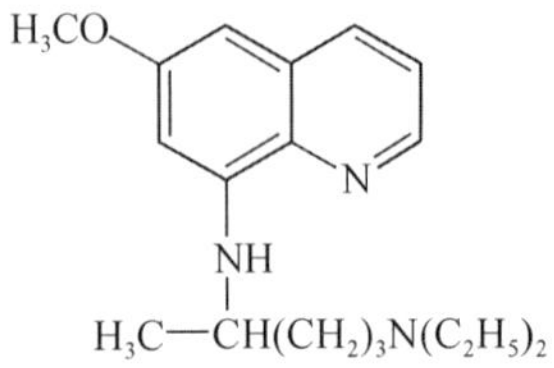

抗疟喹啉

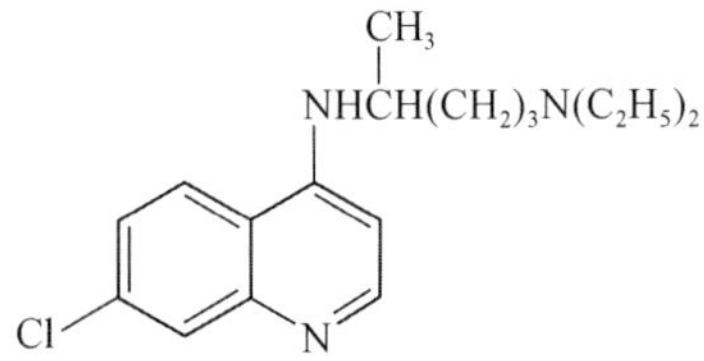

氯喹

12.6.3 苯并吡喃及其衍生物

苯并吡喃是苯和吡喃环稠合而成的，许多天然色素是其衍生物，如花色素和儿茶素等。

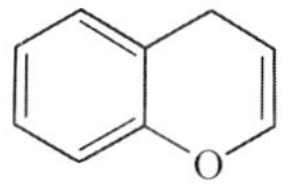

苯并吡喃

花色素是苯并吡喃的重要衍生物，2-苯基苯并吡喃是花色素的基本骨架，能与糖结合成糖苷存在于花或果实中，这种苷叫作花色苷，可导致植物的花及果呈现各种颜色。各种花色素的区别就在于苯环上所带的羟基的位置、数目以及与其成苷的糖的不同。用稀盐酸与花色苷一起加热，水解即得花色素的盐酸盐和糖。常见的花色素有以下 3 种，均为有色物质。

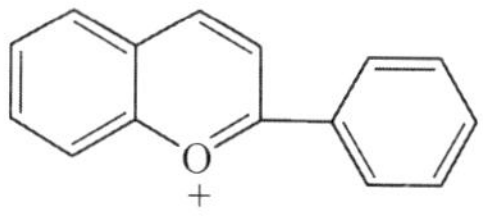

2-苯基苯并吡喃

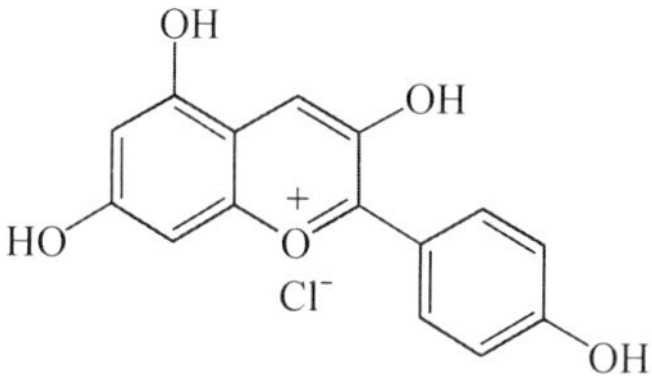

氯化天竺葵素

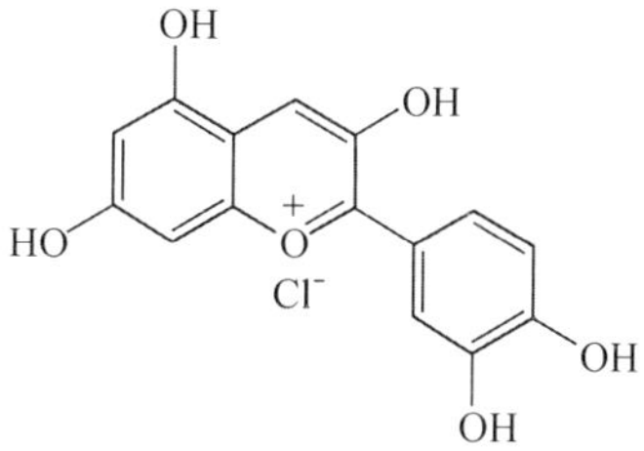

氯化青芙蓉素

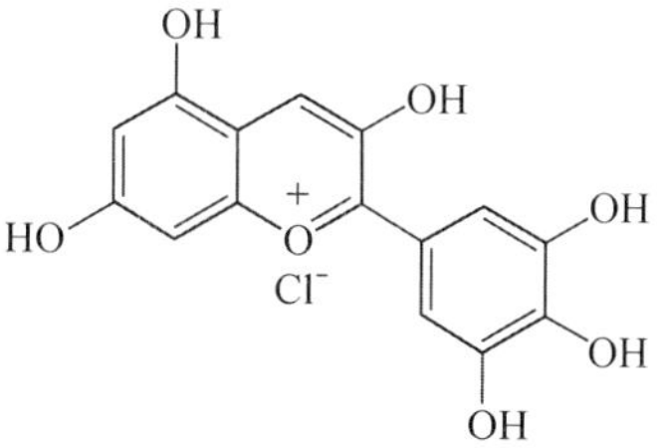

氯化飞燕草素

花色苷在不同的 pH 介质中显示不同的颜色，同一种花色苷在不同的植物中或种植在不同土壤中的同一种花草也能呈现出不同的颜色。青芙蓉素苷在玉蜀黍的穗中显紫色，而在玫瑰花中却显红色，这是因为在不同的 pH 介质中结构发生了变化。青芙蓉素二葡萄糖苷在不同 pH 介质中的结构及颜色变化如下。

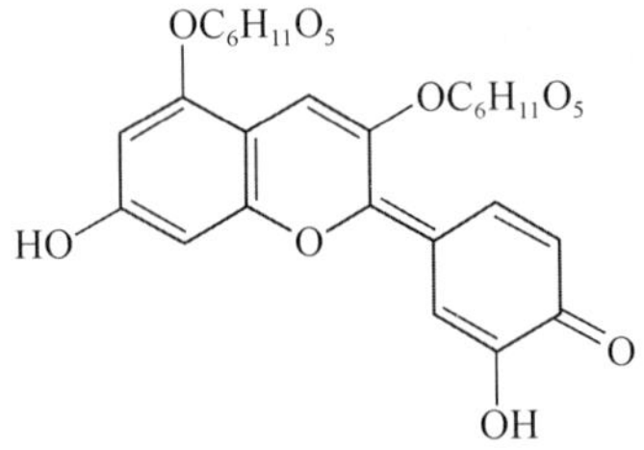

青芙蓉苷色素（紫色，pH=7~9）

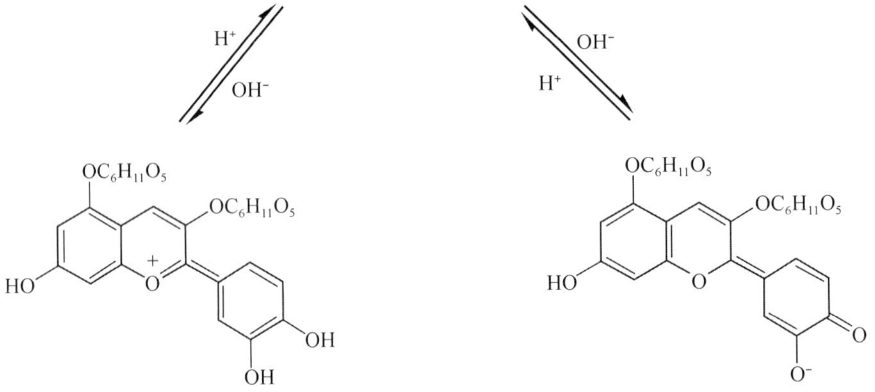

青芙蓉苷阳离子（红色，pH<3）　　青芙蓉苷阴离子（蓝色，pH>11）

儿茶素又称儿茶酸，白色针状晶体，能溶于热水、醇、丙酮和冰醋酸，微溶于冷水和乙醚，几乎不溶于苯、氯仿和石油醚中，是茶叶、儿茶、葡萄等所含鞣质的主要组成成分。儿茶素不是鞣质，不具有鞣质的特性，而其三聚体及多聚体都具有鞣质的特性。

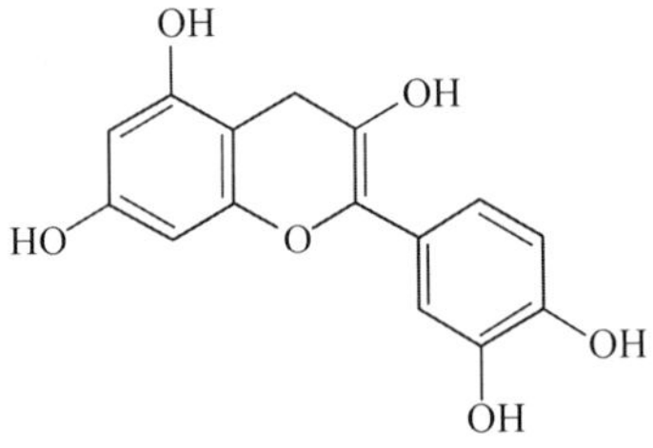

儿茶素

12.6.4 嘌呤及其衍生物

嘌呤是由一个嘧啶环和一个咪唑环共用一个边稠合而成的，有 9H-嘌呤和 7H-嘌呤两个互变异构体可形成平衡体系，但主要以 9H-嘌呤存在。

9H- 嘌呤　　7H- 嘌呤

嘌呤为无色晶体，熔点 216 ℃，易溶于水，水溶液呈中性，但却能与酸或碱生成盐。嘌呤本身不存在于自然界，但其衍生物却广泛存在于动、植物体内，并有显著的生理作用，如尿酸、黄嘌呤、咖啡碱、茶碱、可可碱、腺嘌呤、鸟嘌呤和细胞分裂素等。

尿酸为无色结晶，难溶于水，酸性很弱，为二元酸，是核蛋白的代谢产物，存在于鸟类和爬虫类动物的排泄物中，含量很多，人尿中也含有少量尿酸。

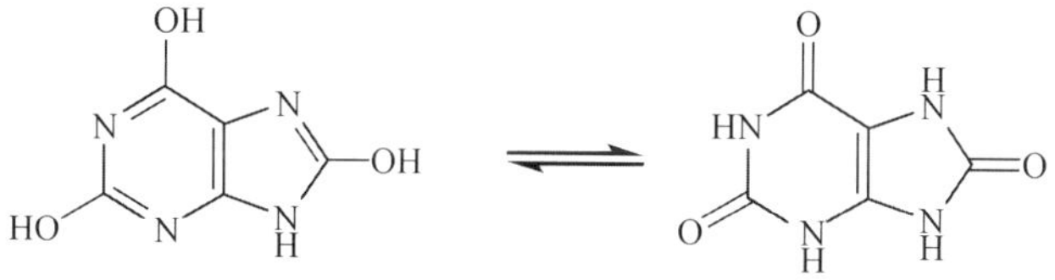

烯醇式　　酮式

尿酸酮醇式互变异构

黄嘌呤即 2,6-二羟基嘌呤，存在于动物肝脏、血液和尿中，茶叶、大豆和米胚芽中也有少量存在。而存在于茶叶、咖啡和可可中的茶碱、咖啡碱以及可可碱，都是黄嘌呤的甲基衍生物，有利尿和兴奋中枢神经的作用。

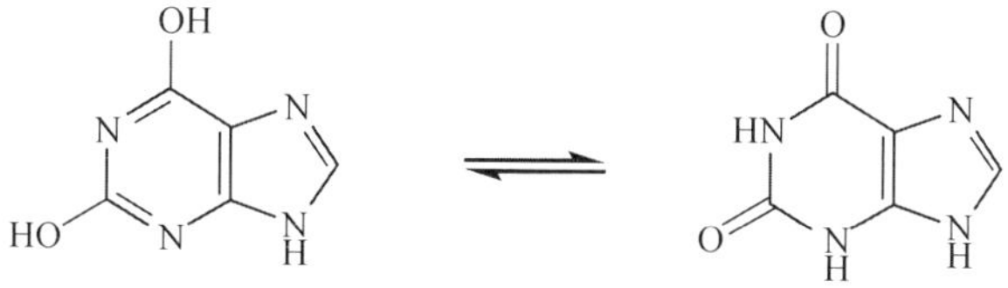

烯醇式　　酮式

黄嘌呤酮醇式互变异构

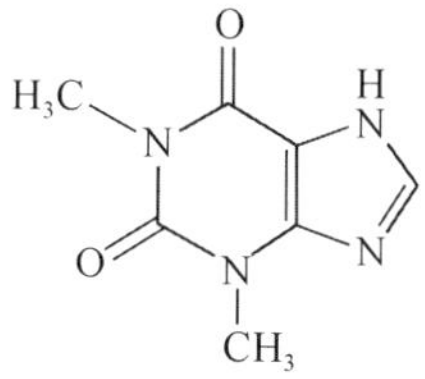

茶碱

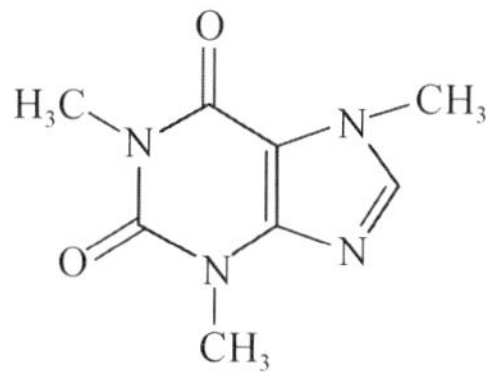

咖啡碱

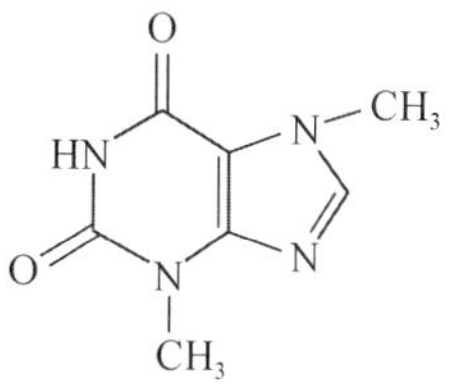

可可碱

腺嘌呤和鸟嘌呤是广泛存在于生物体核蛋白中的两种重要的嘌呤衍生物。

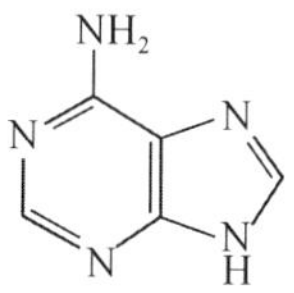

腺嘌呤

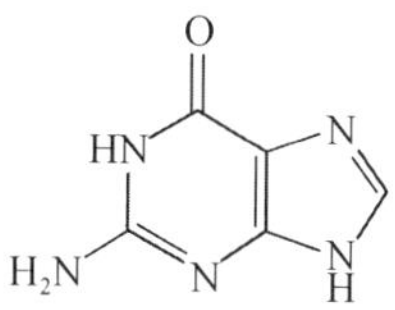

鸟嘌呤

细胞分裂素是分子内含有嘌呤环的一类植物激素，广泛存在于植物体中，常见的有激动素、玉米素和 6-苄氨基嘌呤等。细胞分裂素能促使植物细胞分裂、扩大和诱导细胞分化、抑制衰老，以及促进种子发芽等。

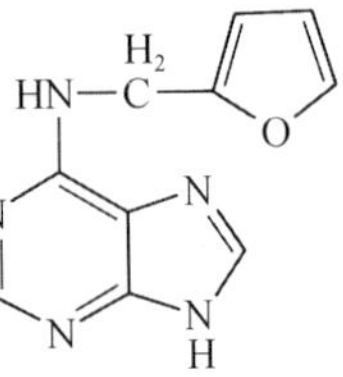
激动素

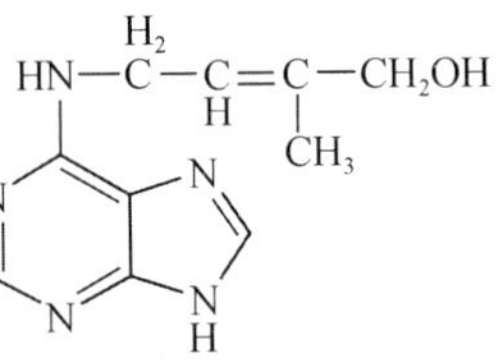
玉米素

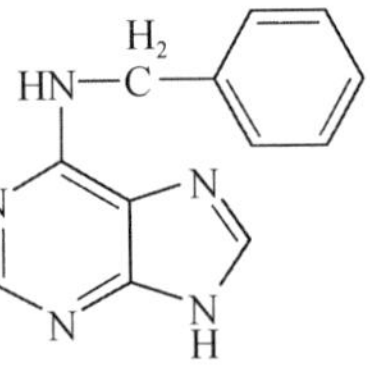
6-苄氨基嘌呤

嘌呤衍生物在医药上也有重要应用，例如6-巯基嘌呤是具有一定疗效的抗癌药物，尤其是治疗儿童的急性白血病疗效更好。

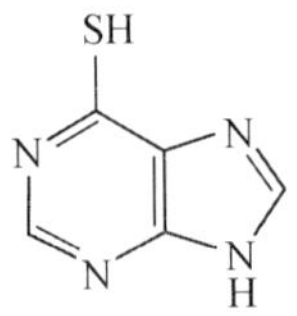
6-巯基嘌呤

12.7 生物碱

12.7.1 生物碱概述

生物碱是指从动植物体内得到的一类对人和动物有强烈生理作用的含氮碱性有机化合物(氨基酸和核酸除外)。其碱性大多数是因为含有氮杂环，但也有少数非杂环的生物碱。大多数生物碱都是从植物体内得到的，植物生物碱绝大多数存在于双子叶植物内，以毛茛科、罂粟科及茄科内含碱的植物最多。植物中若含有生物碱，往往含有多种结构相近的一系列生物碱。例如，金鸡纳树内含有25种以上结构近似的碱，罂粟中含有约20种不同的生物碱，烟草中含有10种以上的生物碱。生物碱在植物中的含量一般低于1%，但也有含量很高的，例如，金鸡纳树皮中奎宁可达15%，黄连中的黄连素可达9%。

一个生物碱可以存在于不同科内的情况很少，通常每一科都有特殊结构的生物碱。存在于植物体内的生物碱是由氨基酸转化而来的，一般都具有环状或开链胺的结构。绝大多数生物碱在植物体内常与有机酸如乳酸、草酸、柠檬酸、单宁酸等或无机酸如磷酸、硫酸等结合成盐，也有少数生物碱以酰胺、酯和糖苷的形式存在，而以游离碱形式存在的很少。

我国使用中草药的历史已有数千年，生物碱是中草药的主要有效成分，是极有价值的药物。新中国成立以后，我国中草药的研究受到很大重视，生物碱的研究取得显著的成果。到1973年止，人们已经从植物中分离出了几千种的生物碱，但应用于临床治病的却为数不多，在此领域还需继续探索研究。

12.7.2 生物碱的一般性质

1. 生物碱的物理性质

生物碱种类很多，并且结构差异很大，生理作用也互不相同，但是，其均为含氮的有机物，因此有很多相似的性质。

大多数生物碱是无色味苦、难溶于水而易溶于有机溶剂的晶体或结晶性粉末，少数生物碱具有颜色，个别的是液体。如血根碱是无色针状晶体，小檗碱是黄色固体，烟碱是无色液体。许多生物碱的分子结构中都含有手性碳原子和具有手性，天然的生物碱多半是有左旋光性的手性化合物。

生物碱的盐易溶于水，不同酸的生物碱盐在水中的溶解度有很大差别。例如，小檗碱硫酸盐在水中的溶解度为 1∶30，酸性硫酸盐为 1∶100，柠檬酸盐为 1∶250，盐酸盐为 1∶500。

2. 生物碱的化学性质

生物碱在酸性或中性水溶液中能同一些化学试剂生成沉淀或发生颜色反应，这些试剂叫作生物碱试剂。

(1)沉淀反应——生物碱沉淀试剂大多是重金属盐、复盐、杂多酸或某些有机酸等，常见的沉淀试剂有氯化汞、碘化汞钾、碘化铋钾、碘-碘化钾、雷氏铵盐、10%苦味酸、磷钼酸、硅钨酸、单宁酸、$AuCl_3$ 盐酸溶液、$PtCl_4$ 盐酸溶液等。不同的生物碱与不同的沉淀试剂能产生不同颜色的沉淀。可利用沉淀的颜色和结晶形状检查生物碱的存在和鉴定生物碱。

(2)颜色反应——生物碱显色试剂多为氧化剂或脱水剂，常见的显色试剂有 1%钼酸铵的浓硫酸溶液、1%钼酸钠的浓硫酸溶液、甲醛的浓硫酸溶液、浓碘酸、浓硝酸、高锰酸钾、重铬酸钾等。生物碱能与这些试剂呈现出各种颜色，其颜色随各种生物碱而各有特征，利用这点可进行生物碱的鉴别。

12.7.3 生物碱的提取方法

游离生物碱本身难溶于水，易溶于有机溶剂。但生物碱的盐却易溶于水，所以可以利用这些性质进行生物碱的提取和精制。提取生物碱通常有以下两种方法。

1. 稀酸提取法

将干燥植物粉碎后用稀酸水溶液(0.5%～1%硫酸或乙酸)浸泡或加热提取。所得生物碱盐的水溶液通过阳离子交换树脂层，则生物碱阳离子与离子交换树脂的阴离子结合留在交换树脂上，其他非离子性杂质随溶液流去。然后用稀氢氧化钠溶液洗脱生物碱，再用有机溶剂提取，浓缩提取液即得到生物碱的结晶。

2. 有机溶剂提取法

将植物细粉与碱液(10%氨水，Na_2CO_3 或 $Ca(OH)_2$ 水溶液)拌匀研磨，以析出游离生物碱，再用有机溶剂(氯仿、苯)浸泡。有机溶剂浸出液用稀酸(1%～2%盐酸)抽提，则生物碱成为盐而溶于水中。将水溶液浓缩后再加入无机碱(氨水，Na_2CO_3 或 $Ca(OH)_2$)，使生物碱游离析出，再用有机溶剂抽提，抽提液浓缩、冷却后即可析出生物碱结晶。

由于一种植物中含有多种生物碱，利用上述方法提取的往往是多种生物碱的混合物，需进一步分离和精制。纯化后，测定其物理常数如熔点、比旋光度等，以及利用化学方法和现代物理方法确定其结构，并与医药工作者配合，试验其药理作用及疗效等。

12.7.4 生物碱的代表化合物

生物碱通常按照其所含杂环来分类，如有机胺类、吡咯类、吡啶类、颠茄类、吲哚类、喹啉类、嘌呤类、萜类以及甾体类等。生物碱根据其来源植物而命名。例如,烟碱是由烟草中取得的,麻黄碱是由麻黄中取得的。生物碱的名称也可采用国际通用名称的译音,如烟碱又名尼古丁。

1. 麻黄碱

麻黄碱又名麻黄素,是具有苯乙胺体系的链形生物碱,存在于麻黄中。麻黄是我国特产,使用已有数千年历史。麻黄碱分子中含有两个手性 C 原子,应该有四个旋光异构体:左旋麻黄碱、右旋麻黄碱、左旋伪麻黄碱和右旋伪麻黄碱。但在麻黄中只有左旋麻黄碱和右旋伪麻黄碱存在。其结构式如下。

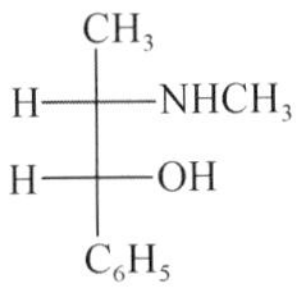

D-(−)-麻黄碱

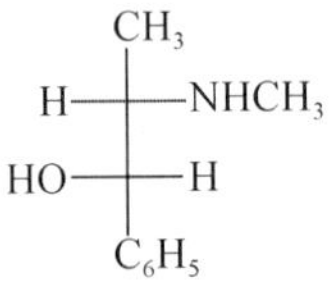

L-(+)-伪麻黄碱

麻黄碱和伪麻黄碱都是仲胺的衍生物,有较强的碱性,易挥发,与多数生物碱沉淀试剂不发生反应,与碱性硫酸铜试剂反应呈蓝紫色。左旋麻黄碱为无色晶体,熔点 40 ℃,沸点 255 ℃,易溶于水,可溶于乙醇、乙醚、氯仿等有机溶剂,具有兴奋交感神经、收缩血管、增高血压和扩张支气管等功能,临床上常用作止咳、平喘和防止血压下降的药物。伪麻黄碱有升压、利尿的作用。

2. 秋水仙碱

秋水仙碱原提取于欧洲中部和南部以及非洲北部的百合科植物秋水仙的球茎和种子中,我国云南山慈姑的鳞茎中也含有秋水仙碱。秋水仙碱不含杂环,是一种环外酰胺的结构。

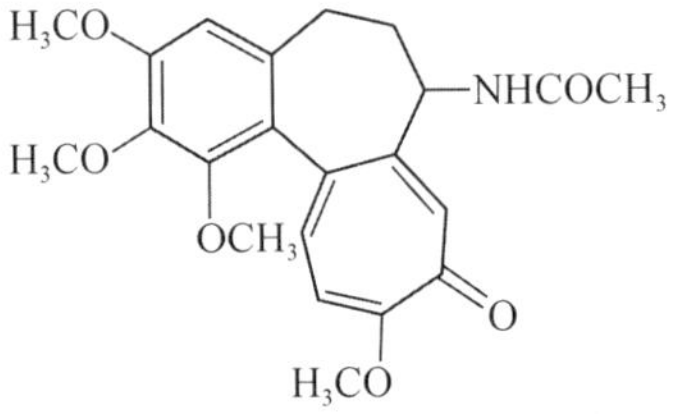

秋水仙碱是浅黄色针状晶体,熔点 155~157 ℃,略有臭味,味苦,能溶于水,易溶于乙醇和氯仿,有旋光性。对细胞分裂有较强的抑制作用,能抑制癌细胞的增长,在临床上用于治疗乳腺癌和皮肤癌等,也可以治疗急性痛风,但毒性较大。

3. 烟碱

烟碱又叫尼古丁,在烟叶中的含量为 2%~8%,常与柠檬酸、苹果酸等有机酸形成盐,烟草中含有 12 种生物碱中,其中最重要的是烟碱和新烟碱。其结构如下。

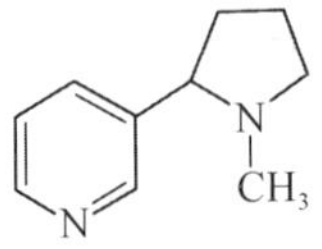

烟碱

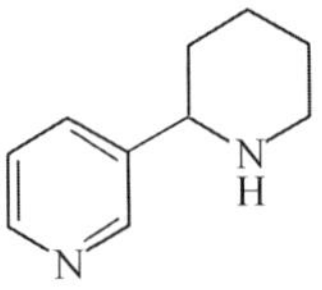

新烟碱

纯烟碱为微黄色液体，沸点 246 ℃，具有旋光性，有苦辣味，易溶于水和乙醇。自然界的烟碱是左旋体，易被空气氧化而变色。烟碱的毒性很大，少量吸入有兴奋中枢神经、增高血压的作用，大量时则能抑制中枢神经系统，使呼吸停止和心脏停搏致死。烟碱在农业上用作接触杀虫剂。也可将其氧化得烟酸，进一步合成营养性物质 β-吡啶甲酰胺（俗称维生素 P）。

4. 常山碱

我国生产的中药常山，长期作为抗疟药使用，含有多种生物碱，其中效能最强的是常山碱。

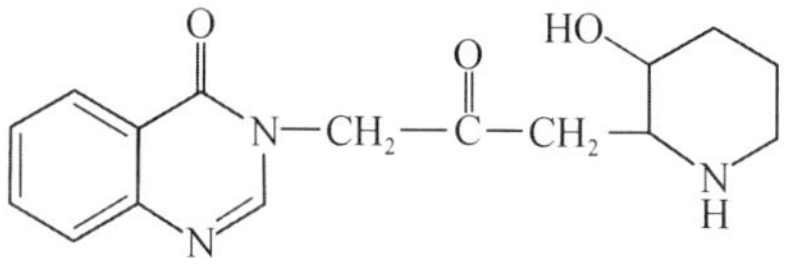

常山碱

常山碱的抗疟作用为奎宁的 100 倍以上，但纯的常山碱毒性很大，不能作为药剂使用。

5. 罂粟碱和吗啡碱

罂粟碱是鸦片的成分之一。未成熟的罂粟果的乳汁（晾干后即为鸦片）含有大约 25 种碱，罂粟碱是其中之一，具有镇痛作用。

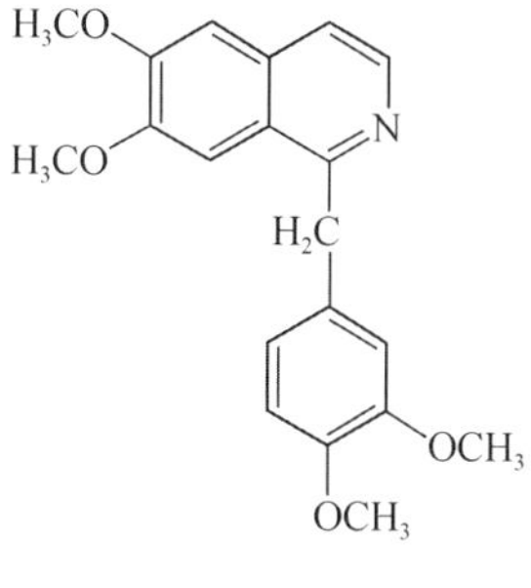

罂粟碱

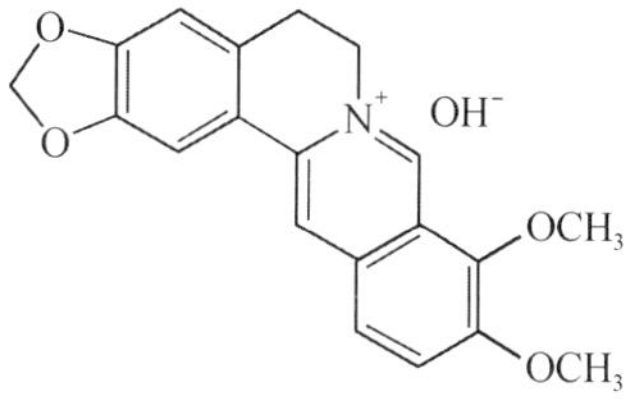

小檗碱

黄连中的小檗碱和罂粟中的碱很相像。小檗碱也叫黄连素，是一种抗菌药，我国现在用全合成的方法进行生产。

鸦片中另外一种重要的生物碱是吗啡碱，是最早得到的一个生物碱。吗啡碱是白色晶体，在医药中应用很广，有麻醉、安眠、止痛等作用，但能成瘾，使用时须十分慎重和严格控制。

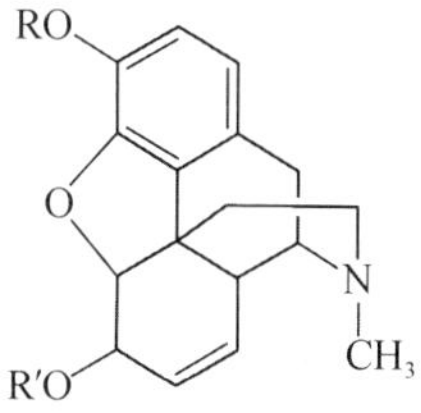

吗啡：R=R′=H；海洛因：R=R′=$COCH_3$

海洛因是吗啡经乙酸酐处理后生成的二乙酸酯，是毒品。

6. 茶碱、可可碱和咖啡碱

茶碱、可可碱和咖啡碱存在于茶叶、可可豆以及咖啡中，属于嘌呤类生物碱，是黄嘌呤的甲基衍生物。

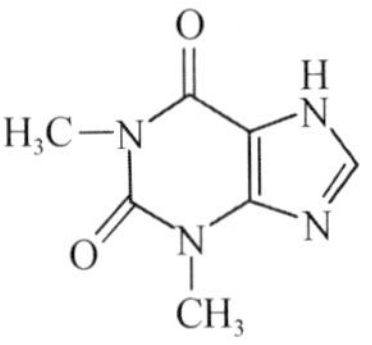

茶碱

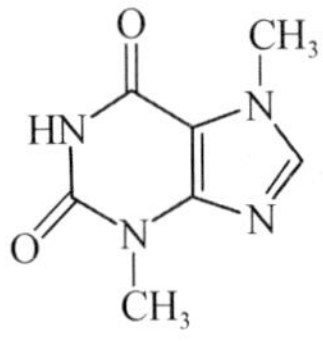

可可碱

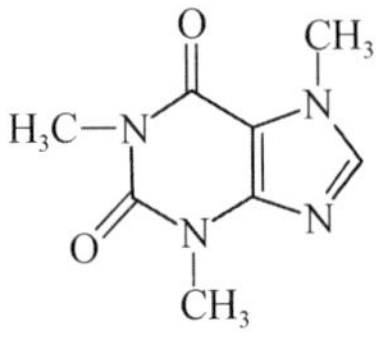

咖啡碱

茶碱、可可碱均有较强的利尿作用，抑制胃小管再吸收。咖啡碱又叫咖啡因，其利尿作用不如前二者，但有兴奋中枢神经和止痛作用，医药中作为中枢神经兴奋剂，也常用于治疗偏头痛，是镇痛药复方阿司匹林的组成成分。

7. 喜树碱

喜树碱存在于我国西南和中南广大地区的喜树中，1976 年中国化学家高怡生等成功合成消旋喜树碱。

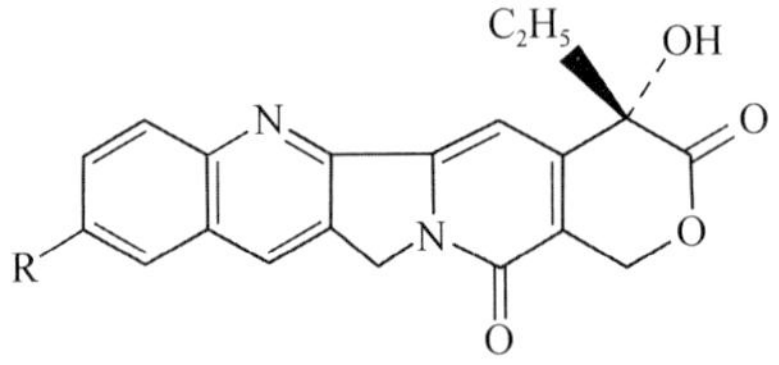

喜树碱：R＝H；10-羟基喜树碱：R＝OH；10-甲氧基喜树碱：$R=OCH_3$

喜树碱为抗癌药物，临床使用对肠癌、直肠癌、胃癌以及白血病等有显著的抗癌活性，但毒性较大，对少数病人有尿血的副作用。10-羟基喜树碱的抗癌活性超过喜树碱，对肝癌和头颈部癌也有明显疗效，且副作用较少。

习　题

12-1　命名下列化合物。

(1) 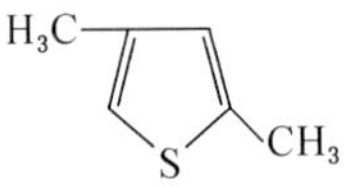

(2) 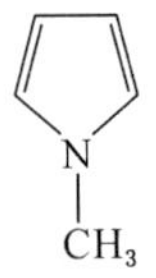

(3) 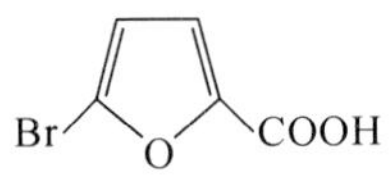

(4) 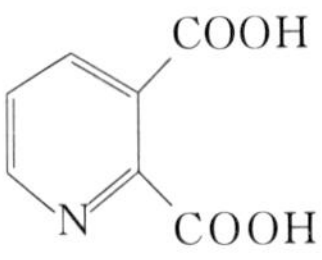

(5) 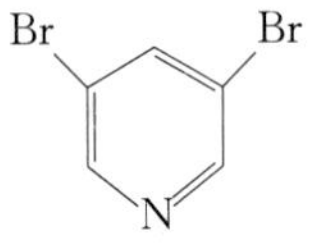

(6) 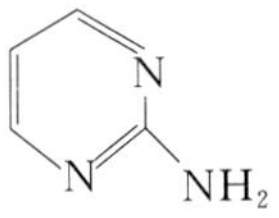

(7) 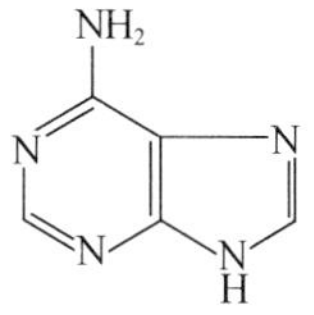
(8) 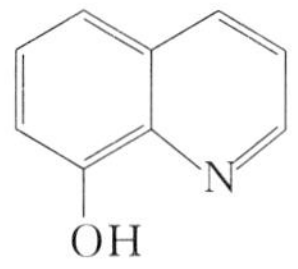
(9) 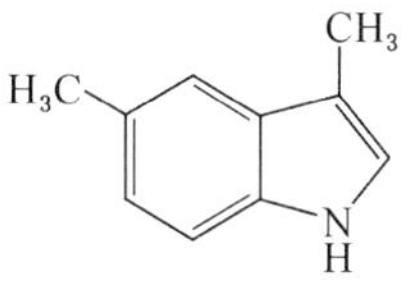

12-2 写出下列杂环化合物的结构式。

(1)六氢吡啶 (2)2-溴呋喃 (3)3-氯吡咯 (4)γ-吡啶甲酸甲酯
(5)2-氨基噻吩 (6)5-甲基糠醛 (7)苯并吡喃 (8)5-硝基吲哚
(9)4-甲基咪唑 (10)2,6,8-三羟基嘌呤

12-3 写出下列反应的主要产物。

(1) 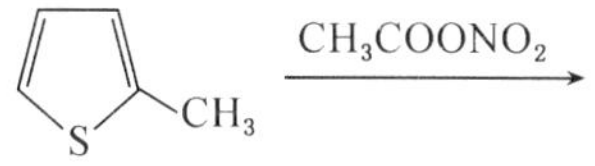

(2) 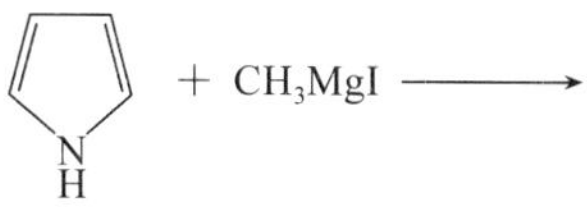

(3) 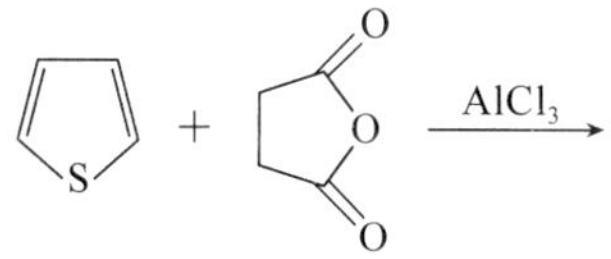

(4) 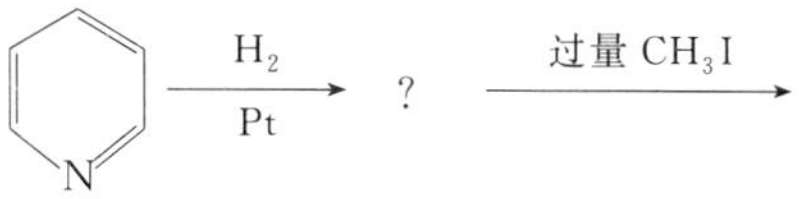

(5) 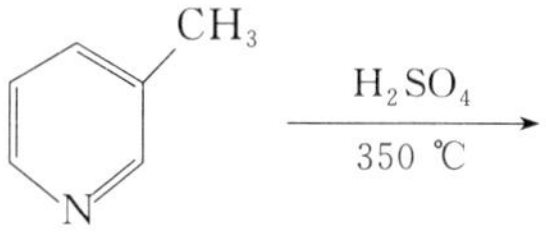

(6) 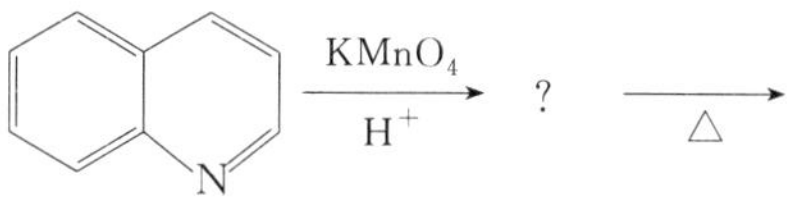

(7) 

(8) 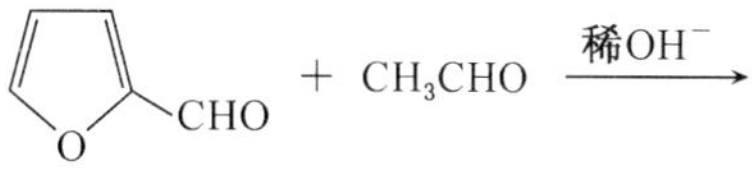

12-4 将下列化合物按碱性由强到弱次序排列。

(1)六氢吡啶、吡啶、吡咯、氨

(2)甲胺、苯胺、氨、四氢吡咯

12-5 用化学方法鉴别下列化合物。

(1)吡啶、γ-甲基吡啶、苯胺

(2)吡咯、四氢吡咯、N-甲基六氢吡啶

12-6 用化学方法除去下列化合物中的少量杂质。

(1)甲苯中混有少量的吡啶

(2)吡啶中混有少量的六氢吡啶

(3)苯中混有少量的噻吩

12-7 完成下列转化。

(1) 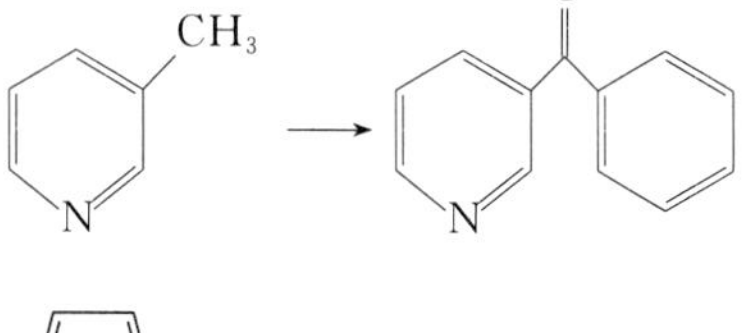

(2) 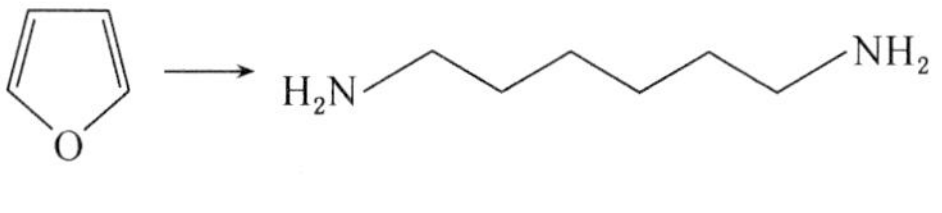

12-8 杂环化合物 A 的分子式为 $C_5H_4O_2$，经氧化后生成羧酸 $C_5H_4O_3$(B)，把此羧酸的钠盐与碱石灰作用，转变为化合物 C_4H_4O(C)，C 不与金属钠作用，也不与羰基试剂反应。试推测 A、B、C 的结构式。

12-9 杂环化合物 A 的分子式为 $C_{12}H_{13}NO_2$，经稀酸水解可得到产物 B 和 C。B 可发生碘仿反应而 C 不能，C 能与 $NaHCO_3$ 作用放出气体而 B 不能。C 是一种吲哚类植物生长激素，可与盐酸松木片反应呈红色。试推测 A、B、C 的结构式。

12-10 烟草中的主要生物碱是毒藜碱，其结构如下。

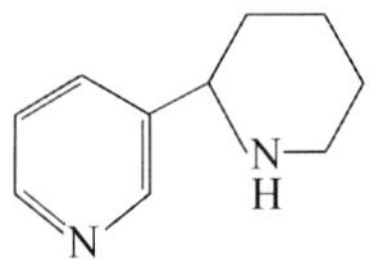

试设计从黄花烟草中提取毒藜碱的实验方案。

Chapter 13 第13章

糖类化合物

Carbohydrates

糖类化合物是自然界分布最广、数量最多的一类有机化合物。它是由碳、氢和氧三元素组成的。葡萄糖、果糖、蔗糖、淀粉和纤维素等都属于糖类化合物。它是自然界中最丰富的一种有机化合物，几乎存在于所有生物体中，如纤维素是植物的结构材料，壳聚糖是蟹、虾等甲壳的主要成分，淀粉和糖原则是动植物生存的能量物质。在人类的生活中更是无法缺少糖类化合物的存在——我们以棉花和亚麻等形式的纤维素去制作衣物，以木材的形式利用纤维素去建造房子，甚至连这页纸也是由纤维素构成的。由此可见，糖类的研究具有重大的理论意义和实际意义。

糖类化合物也称为碳水化合物，这是因为最初人们发现这类化合物除碳原子外，氢与氧原子数之比与水相同，为 2∶1，通式可写成 $C_m(H_2O)_n$（m、n 为正整数），如葡萄糖 $C_6H_{12}O_6$ 可用 $C_6(H_2O)_6$ 表示；蔗糖 $C_{12}H_{22}O_{11}$ 可用 $C_{12}(H_2O)_{11}$ 表示。但后来人们发现这类化合物并不是由碳和水结合而成的，如脱氧核糖（$C_5H_{10}O_4$）分子中氢和氧之比并不是 2∶1，它却属于碳水化合物。而另外有一些化合物，如乙酸（$C_2H_4O_2$），分子式虽然符合 $C_m(H_2O)_n$，但结构和性质与碳水化合物不同。因此，碳水化合物这一名词已失去原有含义，但现仍在使用。

从结构上看，糖类化合物是多羟基醛或多羟基酮，以及能水解生成多羟基醛或多羟基酮的一类化合物。

$$HOCH_2-(CHOH)_n-CHO \qquad HOCH_2-(CHOH)_n-\overset{\displaystyle O}{\overset{\|}{C}}-CH_2OH$$

多羟基醛　　　　多羟基酮

根据糖类化合物的结构和性质，可以把它分为以下三类。

(1)单糖　不能水解成更小分子的多羟基醛或多羟基酮叫单糖，如葡萄糖和果糖等。

(2)低聚糖　能水解成两、三个或几个分子单糖的碳水化合物叫低聚糖，所以低聚糖相当于由几分子单糖缩合而成的，一般是由 2～10 分子单糖缩合成的物质。按照水解后生成单糖的数目，低聚糖可分为二糖、三糖、四糖等，其中最重要的是二糖，如蔗糖、麦芽糖等。低聚糖也称寡糖。

(3)多糖　水解后能产生较多个分子单糖的碳水化合物叫多糖，它们相当于由许多单糖形成的高聚物，所以也叫高聚糖，属天然高分子化合物，如淀粉和纤维素等。

13.1 单糖

单糖是多羟基醛、酮，是组成低聚糖和高聚糖的基本单元。单糖可以根据分子中所含碳原子的数目，分为丙糖、丁糖、戊糖和己糖等；分子中含有醛基的称为醛糖，含有酮基的称为酮糖。这两种分类方法可以合并使用，例如五个碳的醛糖叫戊醛糖，六个碳的酮糖叫己酮糖。

自然界分布较广的是戊醛糖、己醛糖和己酮糖，其中比较重要的有：

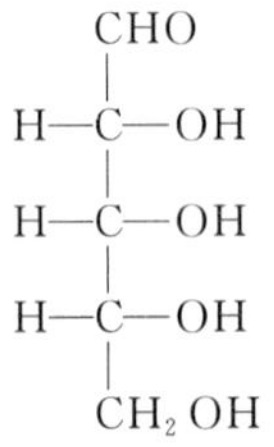

D-(－)-核糖

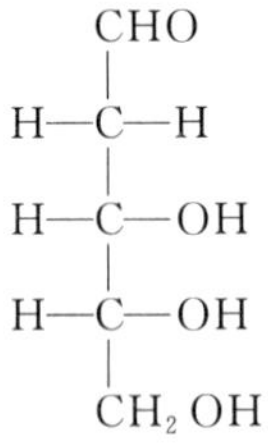

D-(－)-2-脱氧核糖

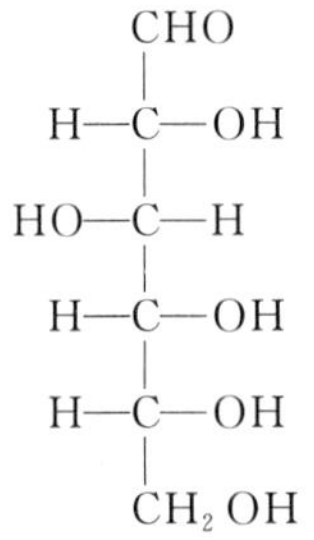

D-(＋)-葡萄糖

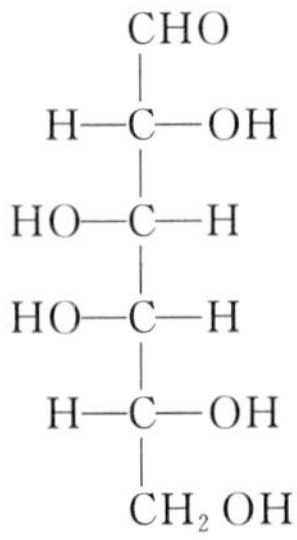

D-(＋)-半乳糖

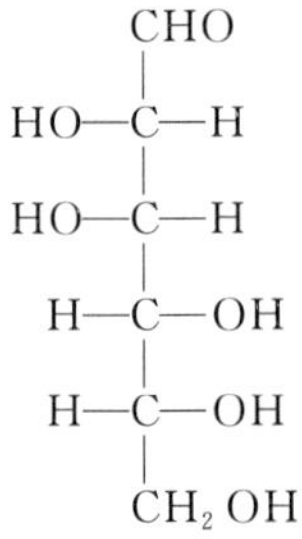

D-(＋)-甘露糖

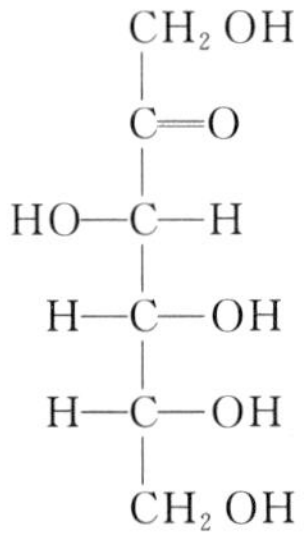

D-(－)-果糖

在这些糖中最常见的是葡萄糖和果糖，而且从结构和性质上都可以作为各种单糖的代表，所以这里主要以葡萄糖和果糖为例来讨论单糖的构型、环状结构以及理化性质。

13.1.1 单糖的构型

除丙酮糖(二羟基丙酮)外的单糖都是手性的，所以都有旋光异构体。例如己醛糖有四个手性碳原子，应有十六种旋光异构体。己酮糖有三个手性碳原子，有八种旋光异构体。所以只测定单糖的构造式是不够的，还必须确定它的立体构型。

丙醛糖(甘油醛)是最简单的醛糖，其他醛糖及其构型都可以由它通过增长碳链的方法而得到。例如，甘油醛与 HCN 加成后可增加一个碳原子得到羟基腈。因 CN^- 从羰基所处平面的两侧向羰基碳原子进攻的机会是均等的，所以就形成两种羟基腈。这两种羟基腈的区别就在于新生成的手性碳原子的构型相反，而原来的手性碳原子的构型是相同的，所以经水解、酯化、还原后，则得两种构型与 *D*-甘油醛一致的丁醛糖，即 *D*-赤藓糖和 *D*-苏阿糖。

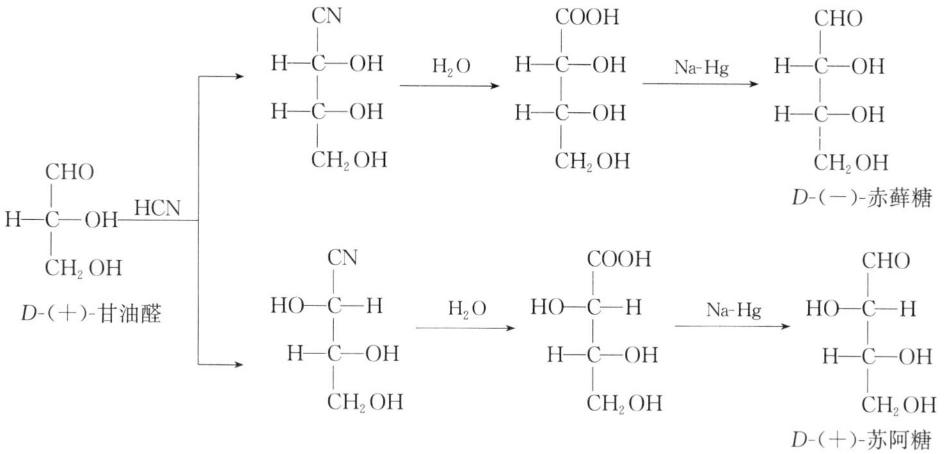

从 D-赤藓糖和 D-苏阿糖出发，用上述增长碳链的方法，可以各衍生出两个 D-戊醛糖（即四个非对映异构体）。从四个 D-戊醛糖出发，又可衍生出八个 D-己醛糖。为了书写简便在费歇尔投影式中将手性碳原子上的 H 省略，用一短横线代表手性碳原子上的羟基。由 D-(+)-甘油醛衍生出来的所有 D 型丁醛糖、戊醛糖和己醛糖如图 13-1 所示。

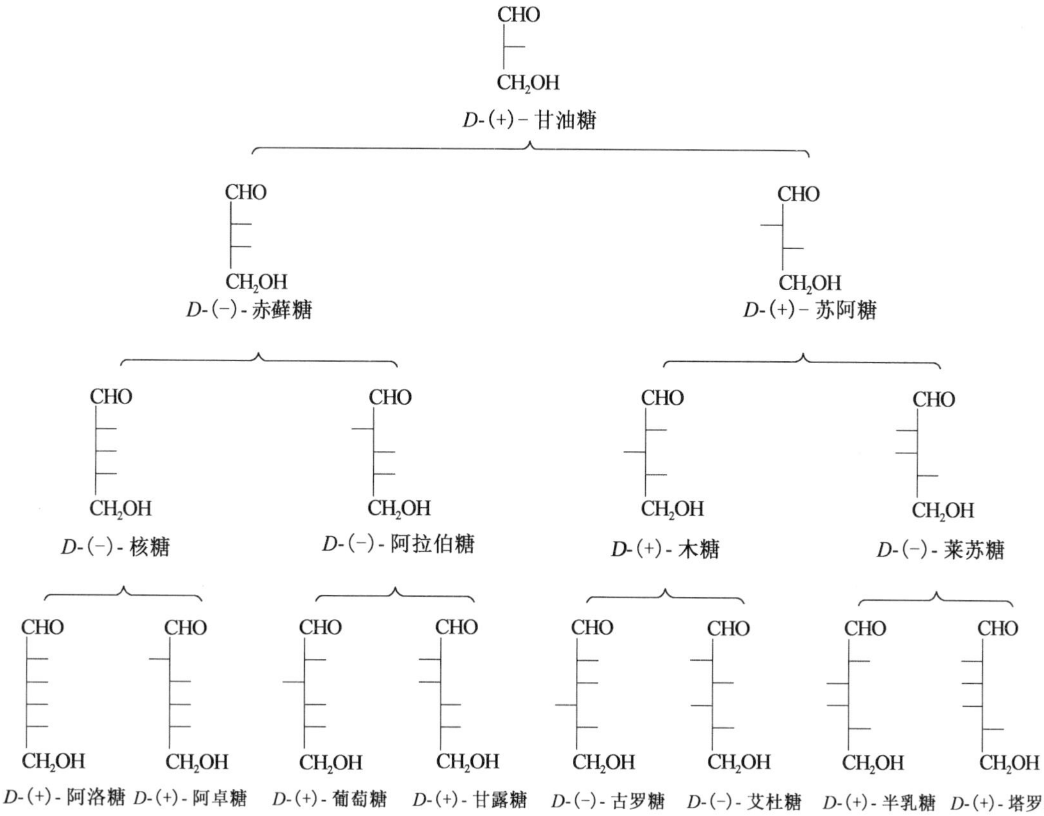

图 13-1　醛糖的 D 型异构体

从 D-(+)-甘油醛衍生的一系列 D 型异构体简称为 D 系列。同样，从 L-(−)-甘油醛衍生的一系列 L 型异构体称 L 系列。从图 13-1 可看出，D 系列单糖的结构特点是分子中与羟甲基相邻的手性碳原子上羟基都在碳链的右侧，即此手性碳的构型和 D-(+)-甘油醛分子中手性碳的构型一致，所以这些糖都属于 D 型。对于酮糖也可用同样方法确定构型，例如下面各糖虚线以下碳原子的构型是相同的，它们都是 D 型糖。

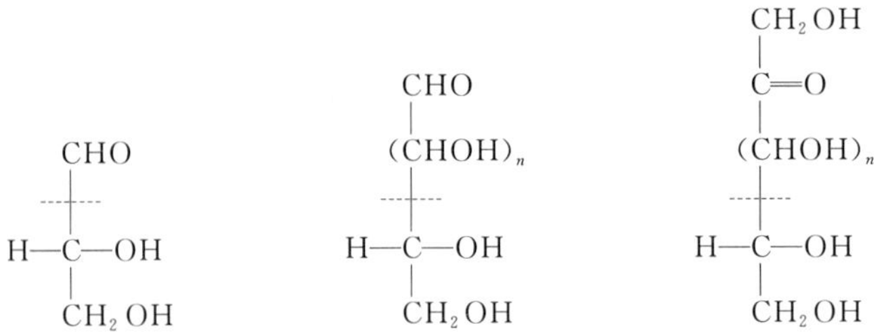

D-某油醛　　D-某醛糖　　D-某酮糖

图 13-1 中各 D 型异构体都各有一个 L 型的对映异构体。例如，D-(+)-葡萄糖的对映体是 L-(−)-葡萄糖。它们的比旋光度相等，方向相反。所以在己醛糖的 16 个旋光异构体中，有 8 个是 D 型的，有 8 个是 L 型的。自然界存在的糖几乎都是 D 型的。

D-(+)-葡萄糖　　L-(−)-葡萄糖

酮糖比含同碳原子数的醛糖少一个手性碳原子，所以旋光异构体的数目要比相应醛糖少。己酮糖有 3 个手性碳原子，应有 8 个旋光异构体，其中 4 个为 D 型，4 个为 L 型。D-果糖是自然界分布最广的酮糖，D-景天庚酮糖是光合作用中很重要的物质。

思考题 13-1

(1)丁醛糖有几个手性碳原子？写出所有丁醛糖的立体异构体。

(2)己醛糖有几个手性碳原子和多少个立体异构体？己酮糖呢？

(3)丙酮糖只有一种，叫作双羟基丙酮，试写出其结构式。

(4)D 和 L 构型的糖中，最底端手性碳原子分别是什么构型(R 或 S)？

13.1.2 单糖的环状结构

1. 单糖的氧环式

虽然单糖的多羟基醛(酮)结构能说明它的许多反应,但它也有一些现象以这种开链结构却无法解释。例如,*D*-葡萄糖存在有两种结晶:一种是在常温下从水或乙醇溶液中结晶出来的,其比旋光度为+112°,熔点为 146 ℃;另一种是在高温下从醋酸或吡啶溶液中结晶析出的,其比旋光度为+19°,熔点为 150 ℃。如果把两种不同的 *D*-葡萄糖结晶分别溶解于水中,并将这两种新配制的葡萄糖水溶液分别置于旋光仪中,则可观测到它们的比旋光度都逐渐发生变化,前者从+112°逐渐下降至+52°,后者则从+19°上升至+52°。当两者的比旋光度变化至+52°后,均不再改变。这种现象称为变旋现象。

现在已经证实,结晶状态的单糖是以环状结构存在的。开链结构中的羟基与羰基可在分子内进行加成,形成环状半缩醛(酮)结构。五、六元环比较稳定,容易形成,因此对于五碳糖和六碳糖来说,在一般情况下形成的都是五、六元环。例如,*D*-葡萄糖分子内醛基与醇羟基加成,结果形成下面两种环状半缩醛:

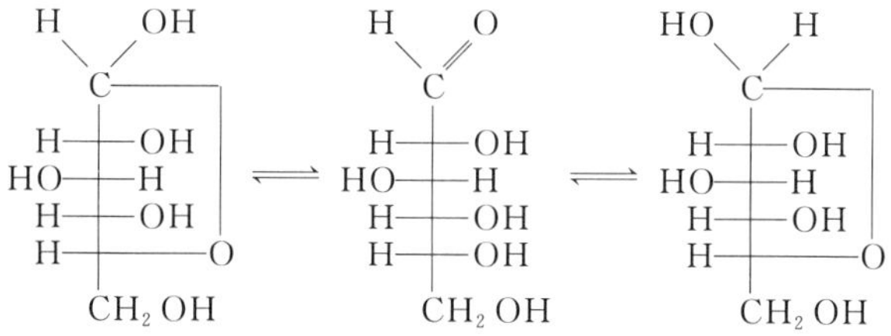

D-葡萄糖由醛式转为环状半缩醛式时,其中 C_1 由 sp^2 杂化状态转化为 sp^3 杂化状态,同时产生一个新的手性碳原子。因此,对 C_1 来说,可以有两种构型,即 α 式与 β 式。α-*D*-葡萄糖和 β-*D*-葡萄糖是非对映体,因为它们不是镜像关系,它们的区别在于 C_1 的构型相反,而其他碳原子的构型相同。从氧环式来看,新形成的手性碳原子上羟基(称苷羟基或半缩醛羟基)与 C_5 上的羟基(即决定糖构型的碳原子上的羟基)在同侧为 α 式,在异侧称为 β 式。

2. 单糖的哈沃斯透视式

糖的氧环式结构不能反映出原子和基团在空间的相互关系。1926 年哈沃斯(Haworth)提出一种更符合实际的环状结构表示式,这就是哈沃斯透视式,简称哈沃斯式。由开链式变成哈沃斯式的过程见图 13-2。

(Ⅰ)式是开链 *D*-葡萄糖的费歇尔投影式,六个碳原子并不在一条直线上,其空间形象是向后弯曲的。保持这种空间形象不变,把(Ⅰ)式向右倒成水平的(Ⅱ)式,右侧基团写在下面,左侧基团写在上面。(Ⅱ)式的碳链也不是水平的直线,同样是向后弯曲的,这样就将(Ⅱ)式写成(Ⅲ)式。由于是 C_5 上的羟基与醛基反应形成环状半缩醛,为此必须将 C_5 上的基团绕着 C_4—C_5 之间的键轴旋转 120 ℃,使 C_5 羟基与醛基接近,呈(Ⅳ)式。(Ⅳ)式 C_5 羟基可从羰基平面上进攻羰基碳,即按 a 途径反应,得(Ⅴ)式,形成的半缩醛羟基在环下;也可从羰基平面下进攻,即按 b 途径反应,得(Ⅵ)式,形成的半缩醛羟基在环上。由于(Ⅱ)式中 C_5 上羟基(决定 *D* 构型的羟基)也在碳链下方,所以(Ⅴ)式叫 α-*D*-吡喃葡萄糖,而(Ⅵ)式叫

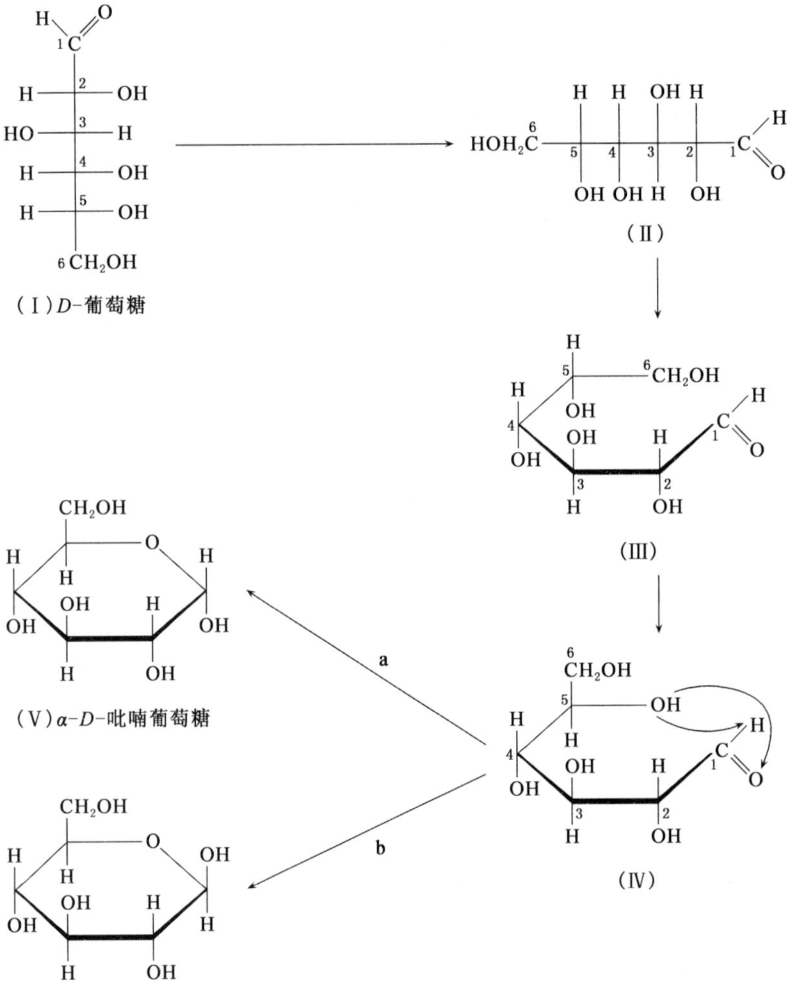

图 13-2 链状葡萄糖变成哈沃斯式示意图

β-D-吡喃葡萄糖。

比旋光度为+112°，熔点为 146 ℃的结晶即是 α-D-(+)-葡萄糖；比旋光度为+19°，熔点为 150 ℃的结晶则为 β-D-(+)-葡萄糖。如果将 α-D-(+)-葡萄糖溶于水中，由于它含有苷羟基，便有少量 α-D-(+)-葡萄糖转变为链式异构体，并且 α-D-(+)-葡萄糖与链式异构体之间可以相互转变。但当链式结构转变为环状半缩醛结构时，不仅能生成 α-D-(+)-葡萄糖，而且也能生成 β-D-(+)-葡萄糖，经过一定时间以后，α、β 和链式异构体达成了动态平衡，形成一个互变平衡体系。此时，溶液的比旋光度也达到一个平衡值不再转化。如将 β-D-(+)-葡萄糖溶于水中，经过一段时间后亦形成与上述相同的三种异构体的互变平衡体系。在此互变平衡体系中，虽然链式异构体所占比例极少(0.1%)，但 α 与 β 二异构体之间的互变又须通过它才能完成。

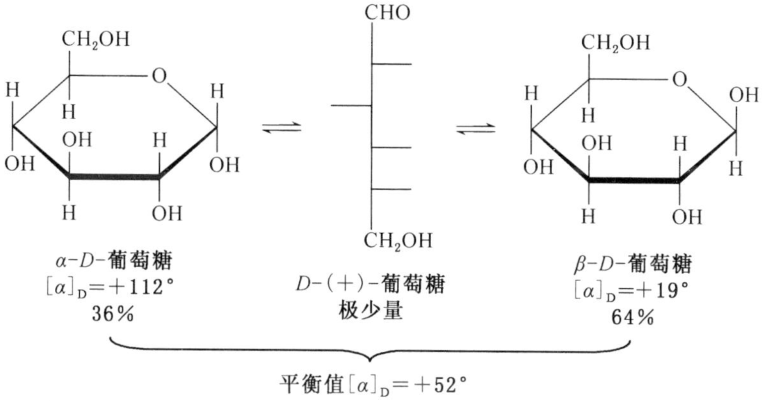

D-果糖也可以用相似的方法由开链式变成哈沃斯式(图 13-3)。

果糖的开链结构式(Ⅰ)可以构成五元环状结构(Ⅱ)、(Ⅲ),也可以形成六元环状结构(Ⅳ)、(Ⅴ)。五元环果糖是 C_2 上的羰基与 C_5 上的羟基成环;六元环果糖是 C_2 上的羰基与 C_6 上的羟基成环。在自然界中的果糖衍生物以五元环呋喃果糖为主。

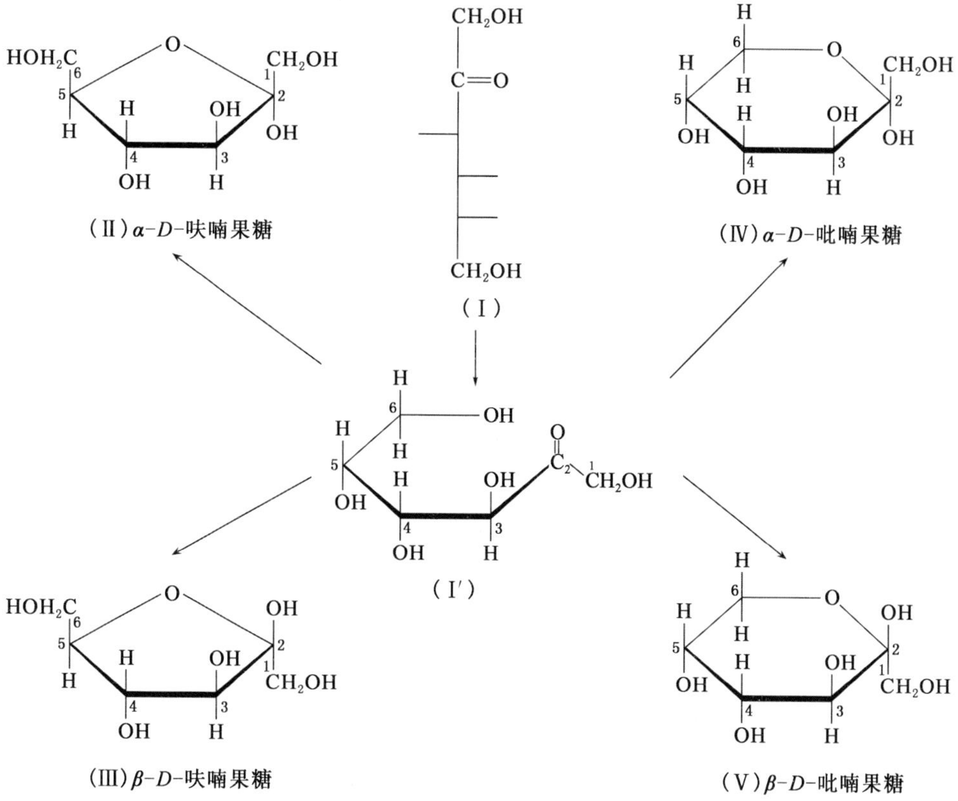

图 13-3 链状 *D*-果糖变成哈沃斯式示意图

在单糖的环状结构中，五元环与呋喃环相似，六元环与吡喃环相似。因此将五元环单糖称为呋喃式，六元环单糖称为吡喃式。

其他几个重要单糖的呋喃式或吡喃式异构体的哈沃斯式结构为：

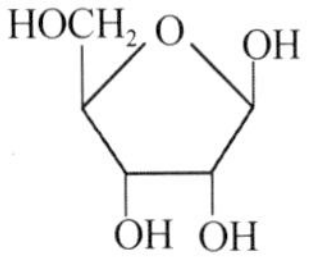

β-*D*(－)-核糖

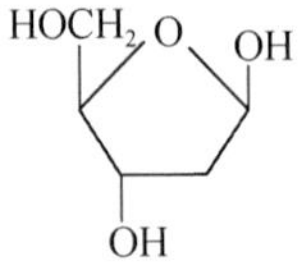

β-*D*(－)-2-脱氧核糖

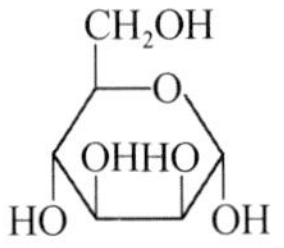

α-*D*(＋)-甘露糖

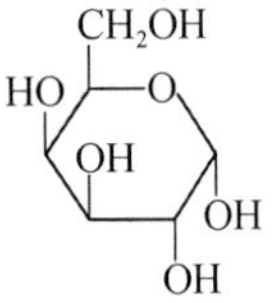

α-*D*(＋)-半乳糖

从单糖的费歇尔投影式转变成哈沃斯式应注意下述书写规则(以葡萄糖为例)：

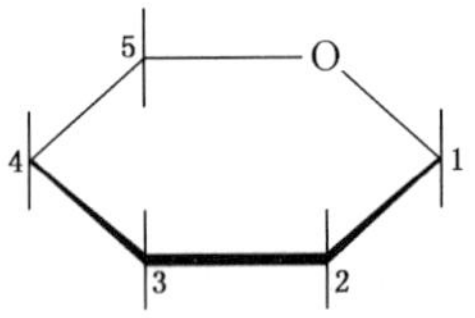

(氧通常写在右上角)

(1)将吡喃型氧环略去碳原子后，写成垂直于纸面的六元环，并把指向前面的三根链用粗线表示，成环碳原子位次以顺时针方向排列。氧通常写在环中的右上角。

(2)将费歇尔式碳链右侧基团或原子写在哈沃斯式环平面的下方；左侧基团或原子写在环平面上方。

(3)*D* 型糖的羟甲基($—CH_2OH$)应写在环平面的上方，*L* 型糖的羟甲基则写在环平面下方，由于天然存在的糖多属 *D* 型，所以经常看到的是$—CH_2OH$ 写在环平面上方。在 *D* 型糖中，半缩醛羟基在环平面下方为 *α* 型，在环平面上方为 *β* 型。在 *L* 型糖中，半缩醛羟基在环平面上方为 *α* 型，在环平面下方为 *β* 型。

3. 单糖的构象式

吡喃式糖环中 C—O—C 键角(110°)与环己烷中 C—C—C 的键角(109°28′)很接近，所以其稳定构象式与环己烷相似，即应该是非平面形的、角张力和扭转张力都最小的椅式构象。例如，*β*-*D*-(＋)-吡喃葡萄糖的椅式构象(Ⅰ)、(Ⅱ)。构象(Ⅰ)中所有较大的取代基($—CH_2OH$、—OH)都占据 e 键，拥有较大空间，而在构象(Ⅱ)中它们都在 a 键上，存在“1,3-相互作用”，所以构象(Ⅰ)较稳定，是优势构象。

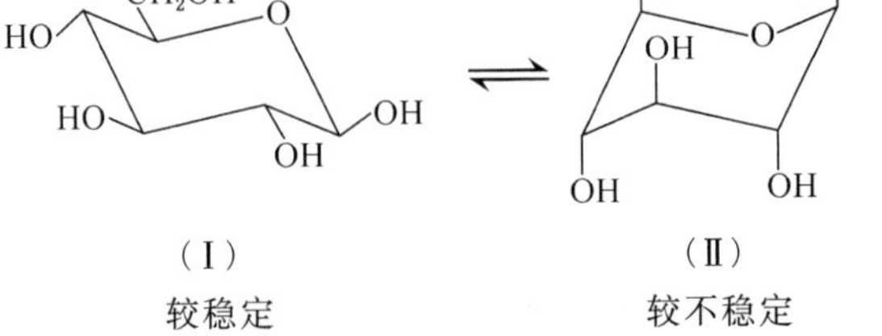

(Ⅰ) 较稳定　　(Ⅱ) 较不稳定

β-*D*-吡喃葡萄糖

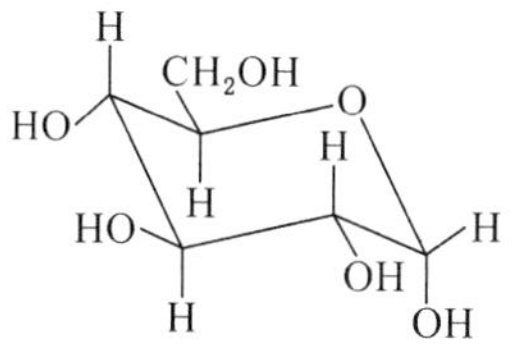

α-D-(+)-葡萄糖

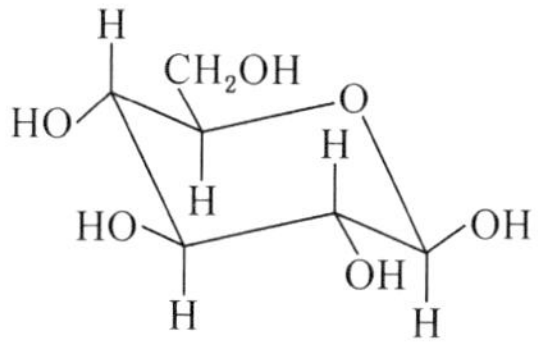

β-D-(+)-葡萄糖

通过单糖的环状构型可以推知 α 型异构体的优势构象。下面再将 α、β 两异构体优势构象加以比较。α 型的苷羟基处于 a 键，有"1,3-相互作用"，而 β 型的苷羟基位于 e 键，其苷羟基不存在"1,3-相互作用"，同时体积较大的基团处于 e 键，因此 β 型比 α 型内能更低、更稳定。从两者来看，β 异构体为优势构象。所以在 D-(+)-葡萄糖溶液的变旋平衡混合物中 β 型(63.6%)所占比例要大于 α 型(36.4%)。

对于其他己醛糖，它们的优势构象也都是使其中体积较大的基团尽可能多地占据有较大空间的 e 键位置。例如：

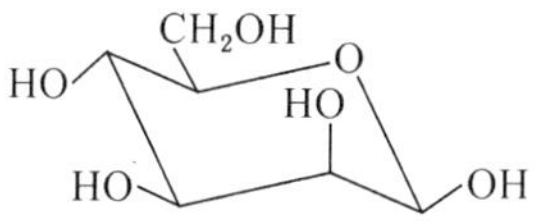

β-D-(+)-甘露糖

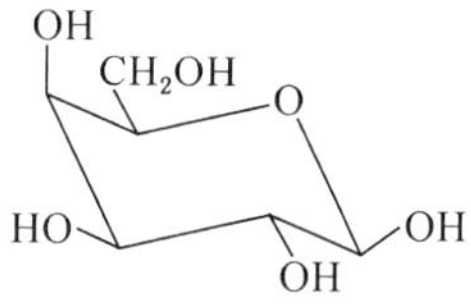

β-D-(+)-半乳糖

在所有的吡喃 D-己醛糖中，只有 β-D-(+)-葡萄糖的优势构象能够使各大基团都位于 e 键位置，所以它最广泛地存在于自然界。

思考题 13-2

(1)塔罗糖是甘露糖的 C_4 差向异构体，试写出 D-吡喃塔罗糖的椅式构象。

(2)写出 D-半乳糖和 D-甘露糖的环状半缩醛的椅式构象和哈沃斯式。

13.1.3 单糖的物理性质

单糖一般为无色结晶，分子中含有多个羟基，因此易溶于水，而不溶于己烷、苯等非极性溶剂。单糖水溶液绝大多数具有甜味，各种糖的甜度不同，一般以蔗糖的甜度为 100 来比较其他糖类的相对甜度。如葡萄糖的甜度为 74，果糖的甜度为 173。果糖是目前已知的甜度最大的糖。单糖分子间存在氢键，所以熔点、沸点很高。一些糖的物理常数见表 13-1。

表 13-1　糖的物理常数

名称	糖脎熔点/℃	比旋光度$[\alpha]_D$/(°)		
		α 式	β 式	平衡混合物
D-阿拉伯糖	160	−54	−175	−105
D-来苏糖	163	+5.5	−36	−14
D-核糖	160	—	—	−21.5
D-木糖	163	+92	−20	+19
D-葡萄糖	210	+112	+19	+52.5
D-甘露糖	210	+34	−17	+14.6
D-半乳糖	186	+144	+52	+80
D-古罗糖	168	—	—	−20
D-果糖	210	−21	−133	−92.3
麦芽糖	206	+168	+118	+130.4
乳糖	200	+90	+35	+55
纤维二糖	208	+72	+16	+35
蔗糖	—		+66.5	
转化糖*	—		−20	
淀粉	—		≥+196	
糖原	—		+196～197	

* 由蔗糖水解生成的 *D*-葡萄糖与 *D*-果糖的混合物称为转化糖。

13.1.4　单糖的化学性质

单糖是链状多羟基醛(酮)或环状半缩醛(酮)，因此，它具有醛、酮及醇类的某些性质，同时也由于分子内基团之间的相互影响，而产生了一些特殊性质。在单糖的反应中，某些在水溶液中进行的反应，如氧化反应、成脎反应等，都是互变平衡体系中链状异构体参与反应，而其中的环状异构体则不断地转变为链状，最后全部生成链状异构体的衍生物；但对于某些非溶剂条件下的反应，如成酯、成醚等反应，则都是环状半缩醛(酮)参与反应。

1. 差向异构化

用碱的水溶液处理单糖时，能形成某些差向异构体的平衡体系。例如，*D*-葡萄糖经稀碱处理时，部分转变成 *D*-甘露糖和 *D*-果糖，形成三种物质共存的平衡体系。由于 *D*-葡萄糖与 *D*-甘露糖只是 C_2 的构型不同，其他手性碳原子的构型完全一样，所以它们互称为 C_2 差向异构体，单糖的这种作用叫作差向异构化。这种转化是通过烯二醇中间体完成的。

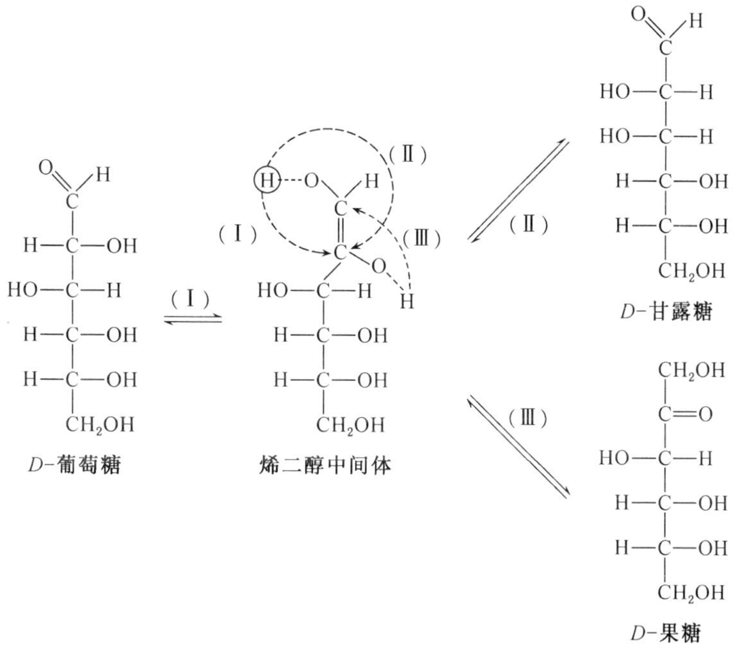

单糖的链状异构体具有 α-羟基醛(酮)结构，分子中的 α-氢受羰基和羟基双重吸电子诱导效应的影响而酸性增强了，因此在碱的催化下其分子中的羰基易于烯醇化。所以，当用稀碱处理 D-葡萄糖时就生成烯二醇中间体。烯二醇中间体结构很不稳定，又能重新转变成 α-羟基醛(酮)结构而形成互变平衡体系。

用稀碱处理 D-甘露糖或 D-果糖时，也得到同样的平衡混合物。生物体代谢过程中某些糖的衍生物的相互转化就是通过烯二醇中间体进行的。

2. 氧化反应

单糖都能被氧化剂所氧化，其氧化过程比较复杂，氧化产物亦与试剂的种类、溶液的酸碱性等因素有关。

(1)与碱性试剂作用　单糖都能与碱性试剂——托伦试剂、斐林试剂和本尼迪特试剂发生氧化作用，将它们分别还原成单质银或氧化亚铜沉淀，而糖分子本身则被氧化成糖酸。需要指出的是，酮糖和酮的反应性质不尽相同，因酮糖属于 α-羟基酮，所以也能与上述弱氧化剂作用。

$$\text{醛(酮)糖} + Cu^{2+} \xrightarrow[\triangle]{OH^-} Cu_2O\downarrow + \text{氧化产物}$$

在糖类化学中，把糖能还原托伦试剂、斐林试剂等弱氧化剂的性质称为还原性；把具有还原性的糖统称为还原糖。还原糖与本尼迪特试剂的反应常用作糖类的定性或定量测定。

(2)与酸性试剂作用　醛糖能与溴水作用，被氧化成糖酸；酮糖则不能被溴水氧化。溴水是一酸性试剂，不会引起单糖分子的差向异构化。因此，可以利用这个反应来区别醛糖和酮糖。例如：

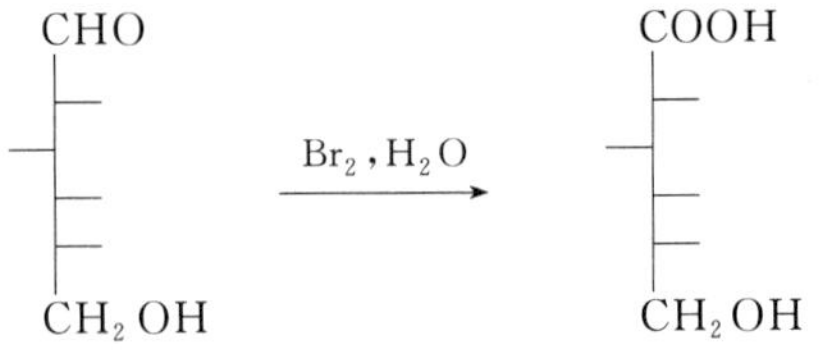

D-葡萄糖　　　　*D*-葡萄糖酸

稀硝酸的氧化作用比溴水强，不仅能氧化醛基而且能氧化羟甲基，能使醛糖氧化成糖二酸。例如：

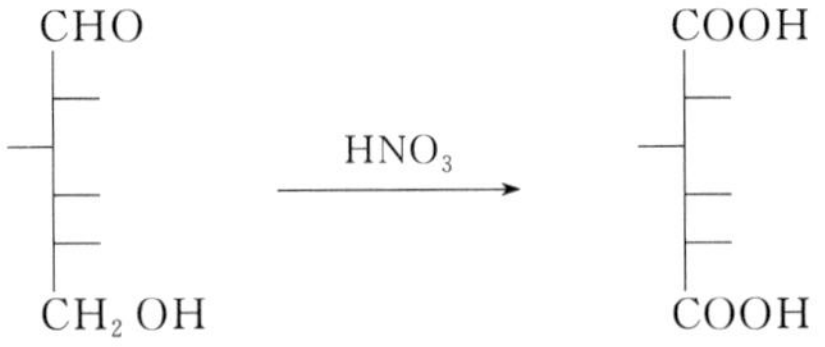

D-葡萄糖　　　　*D*-葡萄糖二酸

D-核糖　　　　*D*-核糖二酸

D-葡萄糖二酸有旋光性。*D*-核糖二酸是内消旋体，无旋光性，同样，*D*-赤藓糖或 *D*-木糖氧化后生成的二酸都是内消旋化合物。因此，将醛糖氧化成糖二酸，根据产物是否有旋光性可以推测糖的构型。

酮糖在同样条件下氧化时，发生 $C_1—C_2$ 键的断裂，生成比原来糖少一个碳原子的糖二酸。

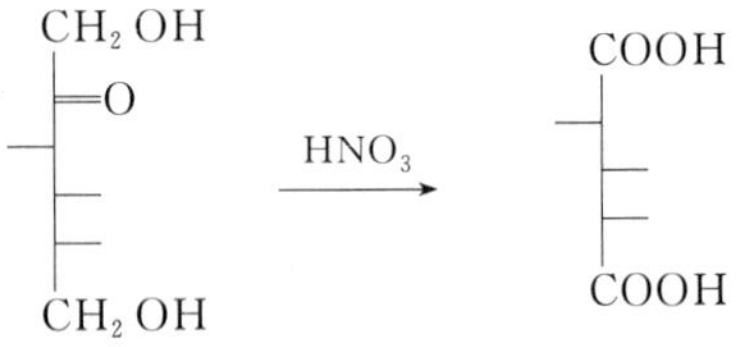

D-果糖

糖类也能被高碘酸氧化，像其他有两个或更多的羟基或羰基处在相邻的碳原子上的化合物一样，碳碳键都发生断裂，反应常常是定量的，每断裂一个碳碳键消耗 1 mol 高碘酸，因此，它是研究糖类结构的最有用的手段之一。

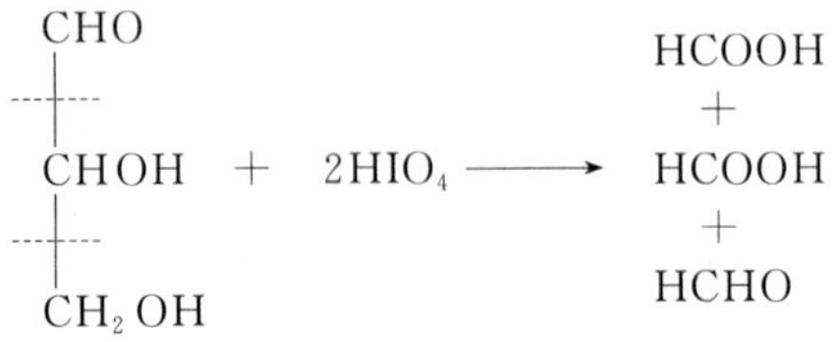

(3)生物体内氧化　在植物体内酶的作用下，有些醛糖如葡萄糖、半乳糖的羟甲基也可以氧化成羧基，生成相应的糖尾酸。

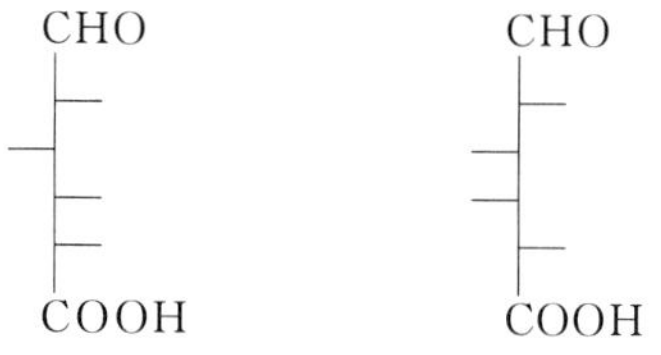

D-葡萄糖尾酸　　*D*-半乳糖尾酸

各种糖尾酸是组成果胶质、半纤维素、黏多糖等复杂多糖的重要成分，在土壤微生物作用下生成的多糖尾酸类物质是天然的土壤结构改良剂。

3. 还原反应

单糖在催化剂或生物体内酶的催化下可被氢化，生成相应的糖醇。例如，葡萄糖或果糖在碱性与加压条件下，均可被活性镍催化氢化生成山梨醇和甘露醇。此外，实验室条件下还可以用 $NaBH_4$ 作为还原试剂。

由于葡萄糖在碱性溶液中能部分的异构化成甘露糖，所以导致还原产物山梨醇中夹杂少量的甘露醇。

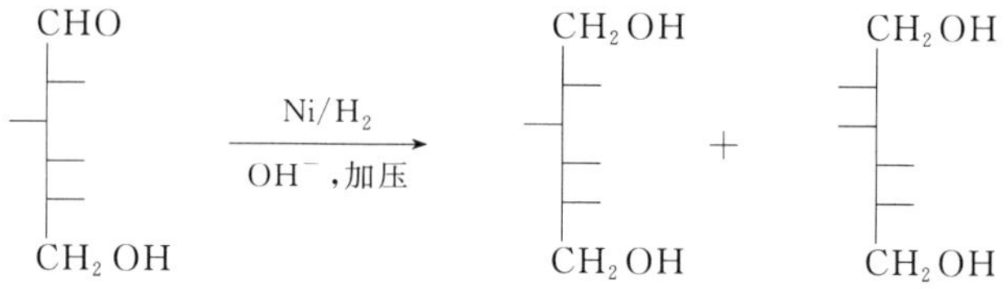

D-葡萄糖　　山梨醇　　甘露醇(少量)

由于果糖的异构化及羰基还原时的两种立体选择性，理论上可生成甘露醇和山梨醇，但实际上还原产物主要是甘露醇。

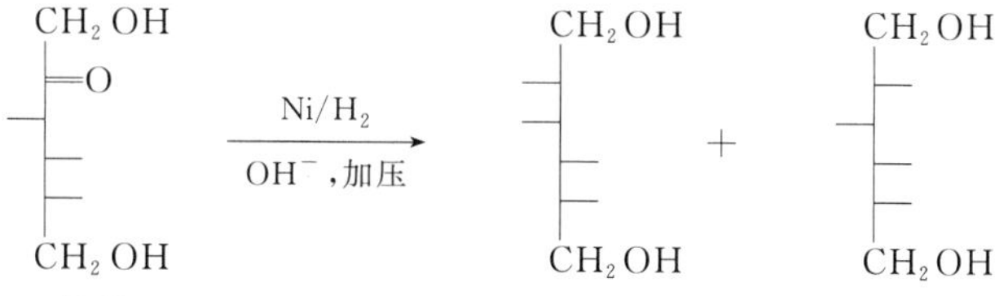

D-果糖　　甘露醇　　山梨醇

山梨醇和甘露醇广泛存在于植物体内，其中在桃、李、苹果、樱桃和梨等果实中，山梨醇含量较多，甘露醇则较多地存在于甘露蜜、柿子、胡萝卜和葱等中。甘露醇和山梨醇有降低颅内压、治疗脑水肿及利尿等作用。此外，山梨醇还常用作细菌的培养基及合成维生素 C 的原料。

4. 成脎反应

醛或酮能与苯肼反应生成苯腙：

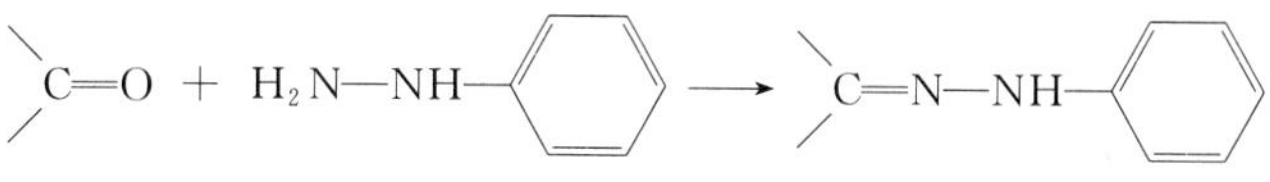

单糖的链状异构体属于 α-羟基醛(酮)，所以当它与苯肼作用时，首先羰基与一个分子苯肼生成糖苯腙；然后 α-羟基被苯肼分子氧化成羰基；最后所生成的羰基再与苯肼分子反应生成糖脎。

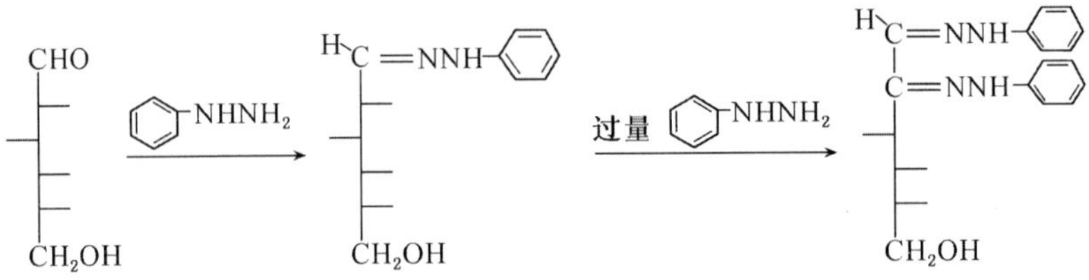

葡萄糖　　葡萄糖苯腙　　葡萄糖脎

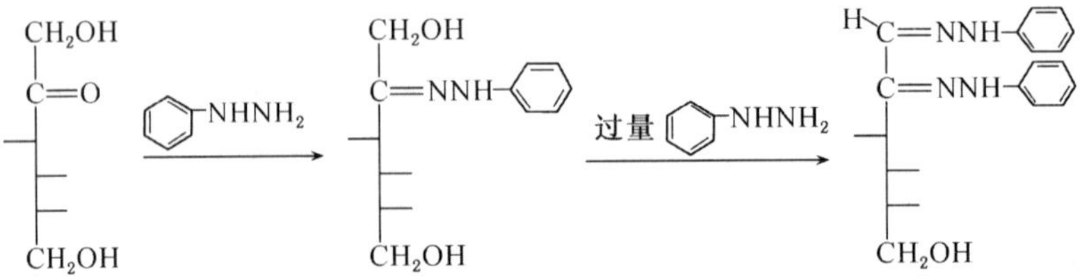

果糖　　果糖苯腙　　果糖脎

无论醛糖或酮糖，其成脎反应都只发生在 C_1、C_2 上，因此，含碳原子数相同的单糖，如果只是 C_1、C_2 上所连基团或构型不同，而其他碳原子的构型完全相同时，它们必生成同一种糖脎。例如，*D*-葡萄糖、*D*-甘露糖和 *D*-果糖的 C_3、C_4、C_5 的构型都相同，差别只在 C_1、C_2 上，因此，它们生成同一种糖脎。

糖脎都是不溶于水的黄色结晶，不同的糖脎结晶形状不同，在反应中生成的速度也不同，并且各自有固定的熔点，可以根据糖脎的结晶形状、生成速度及熔点来鉴定糖。

5. 成酯反应

单糖环状结构中所有的羟基，在适当的条件下都能酯化。例如葡萄糖与乙酐作用，在催化剂($ZnCl_2$ 或 $HClO_4$)存在下，生成葡萄糖五乙酸酯。

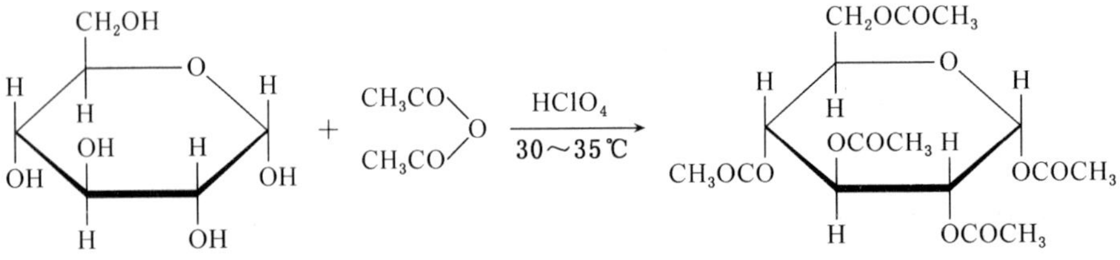

α-*D*-葡萄糖

6. 成苷反应

单糖的环状结构中含有半缩醛羟基，也称苷羟基，这个羟基较其他的羟基活泼，它能与含有羟基、亚氨基(>NH)或巯基等的化合物脱水形成缩醛(酮)型化合物，称为糖苷，这个反应叫成苷反应。例如：

α-D-葡萄糖　　　　α-D-葡萄糖苷

糖苷分子中，糖的部分叫糖基，非糖部分叫配糖基或苷元，连接糖基与配糖基的键叫苷键。

生成糖苷之后，糖苷分子中没有半缩醛羟基，就不能变成开链糖，当然就没有还原性、成脎、变旋现象等性质了。但是糖苷在稀酸或酶的作用下却易发生水解，水解时苷键断裂，形成原来的糖和非糖化合物。例如：

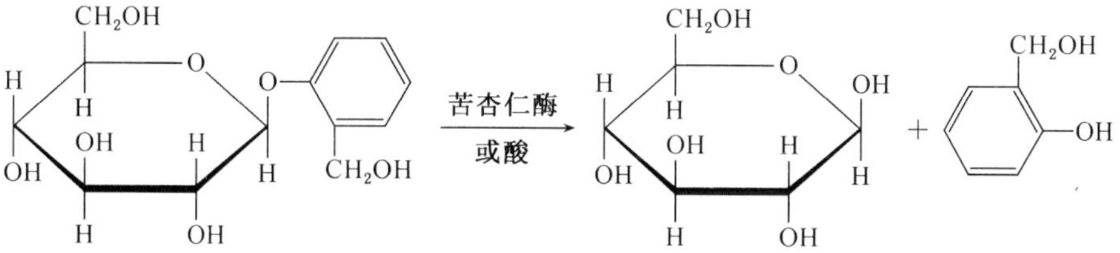

在生物体内，酶的作用有高度的专一性。例如：麦芽糖酶只能水解 α-糖苷，而不能水解 β-糖苷；苦杏仁酶只能催化水解 β-糖苷，却不能水解 α-糖苷。

7. 成醚反应

单糖在碱性溶液中与硫酸二甲酯［$(CH_3)_2SO_4$］作用或与碘甲烷和氧化银作用，分子中羟基上的氢原子可以全部被甲基所取代而生成五甲基糖。例如：

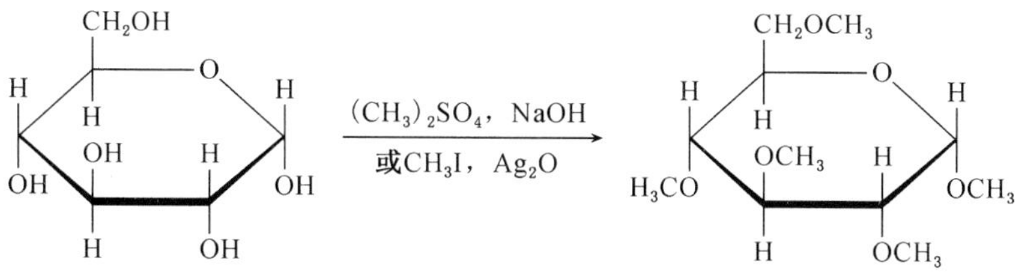

α-D-葡萄糖

上述反应产物在糖化学中极为重要，原因是它可溶于有机溶剂，并可蒸馏，容易提纯。用稀盐酸水解时，只有半缩醛羟基上的甲基活泼、容易水解，而其他四个甲基稳定、不受影响。

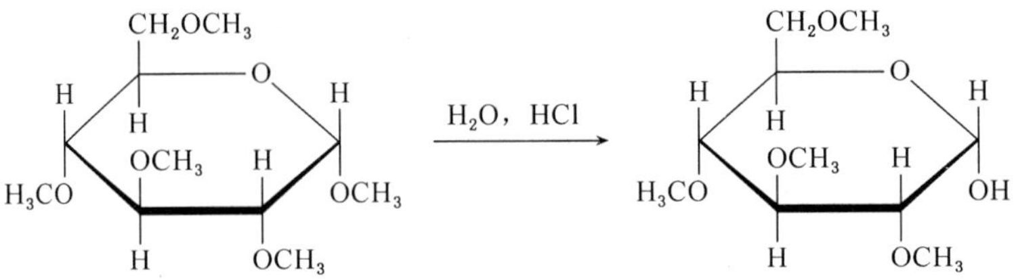

8. 呈色反应

单糖能与浓酸(如盐酸)作用,失去三分子水,生成糠醛或糠醛的衍生物。在一定条件下,糠醛及其衍生物能与许多酚类、芳胺、蒽酮作用,生成各种不同的有色物质,可用于糖类的定性检验。

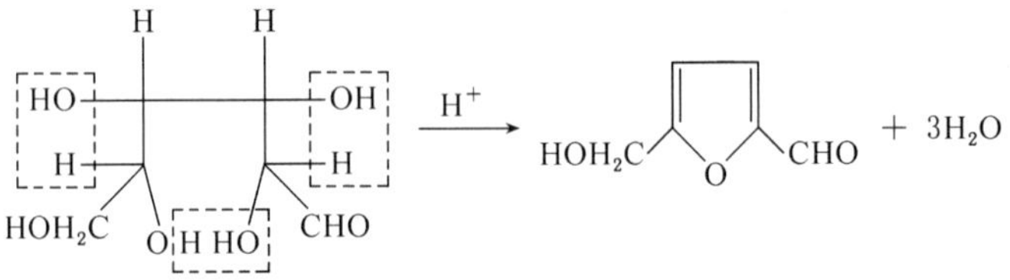

(1)莫利施(Molisch)反应　在糖的水溶液中加入 α-萘酚的乙醇溶液,混匀后沿试管壁小心地注入浓硫酸,不要振荡,则在两层液的界面处形成一个紫色环。这是鉴别所有糖类物质的常用方法。

(2)西列瓦诺夫(Seliwanoff)反应　酮糖与间苯二酚在浓盐酸存在下加热,2 min 内生成有色物质:果糖显红色;戊酮糖显蓝至绿色;醛糖无色。这是由于醛糖脱水速率较慢,在 2 min 内不呈阳性反应。因此,可以用这一反应鉴别酮糖和醛糖。

(3)蒽酮反应　糖都能与蒽酮的浓硫酸溶液作用生成绿色物质。这个反应可用来定量测定糖。

思考题 13-3

(1)分析碱催化下,赤藓糖差向异构化为哪些糖?

(2)*D*-塔罗糖是一种己醛糖,它和 *D*-半乳糖生成相同的糖脎,写出 *D*-塔罗糖及其糖脎的结构。

13.1.5　重要的单糖及其衍生物

1. *D*-核糖及 *D*-2-脱氧核糖

它们是极为重要的戊糖,常以呋喃式、β 型半缩醛结构与磷酸及某些含氮杂环化合物结合的形式而存在于核蛋白中,是核糖核酸(RNA)及脱氧核糖核酸(DNA)的重要组分之一,在生物体内发挥着重要作用。

2. *D*-葡萄糖

D-葡萄糖是自然界分布最广的单糖,由于它是右旋的,所以称为右旋糖。*D*-葡萄糖多

结合成二糖、多糖或糖苷存在于生物体内。游离的 *D*-葡萄糖既存在于动植物体的组织中，又存在于动物体的血液、淋巴液和脊髓液等中。它为无色结晶，甜度为蔗糖的 70%。易溶于水，微溶于乙醚和烃类。

葡萄糖在医药中用作营养剂，并有强心、利尿、解毒等作用。在食品工业中用以制作糖浆、糖果等。在印染工业中用作还原剂。

3. *D*-果糖

D-(—)-果糖以游离态存在于水果和蜂蜜中，它是蔗糖的组分。菊科植物根部贮藏的菊粉是多聚果糖。果糖是天然存在的最甜的糖，是食品工业中广泛使用的甜味剂。在水溶液中 $[\alpha]_D$ 为 $-92.3°$，所以称为左旋糖。

4. *D*-半乳糖

半乳糖是许多低聚糖如乳糖、棉籽糖等的组成成分，也是组成脑髓的重要物质之一，并以多糖的形式存在于许多植物的种子或树胶中。半乳糖是无色结晶，在水溶液中结晶时含有一分子结晶水，它溶于水及乙醇，呈右旋性，用于有机合成及医药上。

5. 维生素 C

维生素 C 不是单糖，而是一个与单糖有关的 *L* 型不饱和糖酸的内酯。其结构如下：

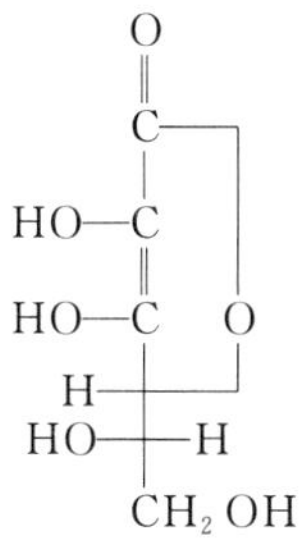

维生素 C(*L*-抗坏血酸)

将 *D*-葡萄糖还原成 *D*-山梨醇后，经生物氧化成 *L*-山梨糖。*L*-山梨糖再经氧化、内酯化，最后烯醇化便可得到维生素 C。因此，工业上大量地以 *D*-葡萄糖为原料来合成维生素 C。

维生素 C 是可溶于水的无色结晶，$[\alpha]_D$ 为 $+21°$，因其呈酸性，又具有防止坏血病的功能，所以在医药上常称它为 *L*-抗坏血酸。维生素 C 极易被氧化为去氢抗坏血酸，因此，它是一个较强的还原剂，可用作食品的抗氧化剂。

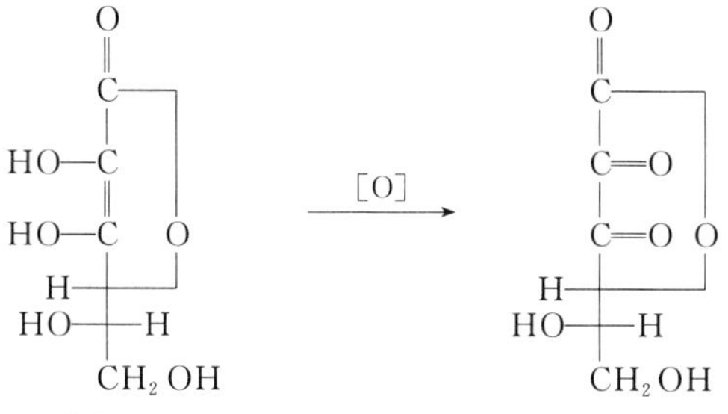

L-抗坏血酸　　　　*L*-去氢抗坏血酸

维生素 C 之所以呈酸性和还原性，是因为其分子中存在着烯二醇结构。维生素 C 存在于新鲜的蔬菜和水果中，在柠檬、橘子、番茄等中含量较多。人体如果缺乏维生素 C 便能引起坏血病。

6. 糖苷

糖苷在自然界中广泛存在，尤其植物中存在更多，下面是几个重要的植物糖苷。

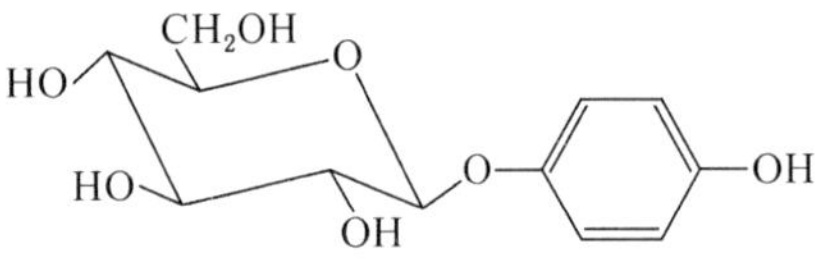

熊果苷

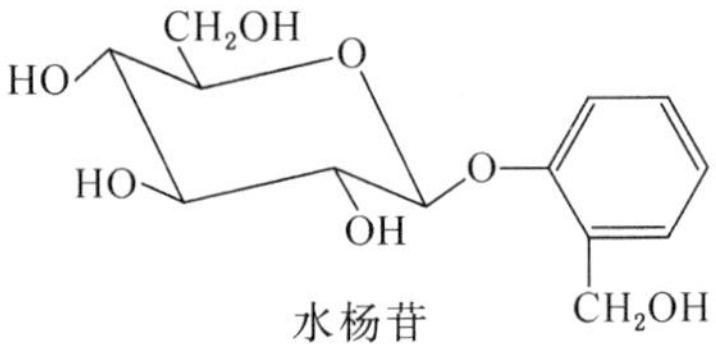

水杨苷

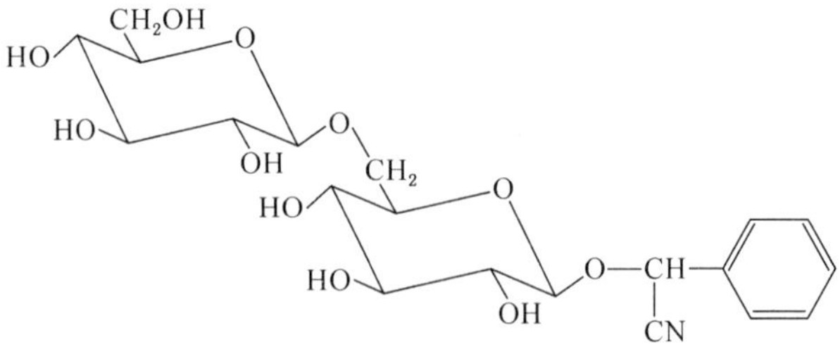

苦杏仁苷

熊果苷是由 β-D-葡萄糖和对苯二酚组成的。它存在于许多植物的叶子中，其苷元被空气氧化后显黑色。

水杨苷是由水杨醇和 β-D-葡萄糖形成的苷。它在柳树和松针内含量较多，具有止痛作用。

苦杏仁苷存在于杏、桃和李等蔷薇科植物的核仁和叶子里，但在苦杏仁中含量最多，因而得名。它是由龙胆二糖和苦杏仁腈组成的。在浓盐酸作用下彻底水解，生成两分子 D-葡萄糖和一分子苦杏仁酸；如用苦杏仁酶水解，则产物为苯甲醛、氢氰酸和两分子 D-葡萄糖。

13.2 二糖

二糖是由两个单糖脱水缩合而成的。两个单糖脱水生成二糖有两种方式：第一种是一个单糖的半缩醛羟基和另一个单糖的非半缩醛羟基脱水生成二糖，分子中还保留一个半缩醛羟基。有半缩醛羟基的那个单糖部分能变成开链结构，这就决定了它具有单糖的一般性质，如有变旋现象、能成脎、有还原性，这类二糖就叫还原性二糖，如麦芽糖、乳糖、纤维二糖等。第二种是两个单糖都用半缩醛羟基脱水，这时生成的二糖分子中就无半缩醛羟基，不能变成开链结构，当然也就不具备单糖的一些性质，如无变旋现象，不能成脎，没有还原性，这类二糖叫非还原性二糖，如蔗糖。

二糖就是按其性质分为还原性二糖和非还原性二糖两类。

13.2.1 还原性二糖

1. 麦芽糖

麦芽糖在麦芽糖酶的作用下，能水解成两分子 D-葡萄糖，但不能被苦杏仁酶水解。这一事实说明麦芽糖属 α-葡萄糖苷。它是由一分子 α-D-葡萄糖 C_1 上的半缩醛羟基与另一分

子 *D*-葡萄糖的 C_4 羟基失水通过苷键结合而成的。这种苷键称为 α-1,4-苷键。

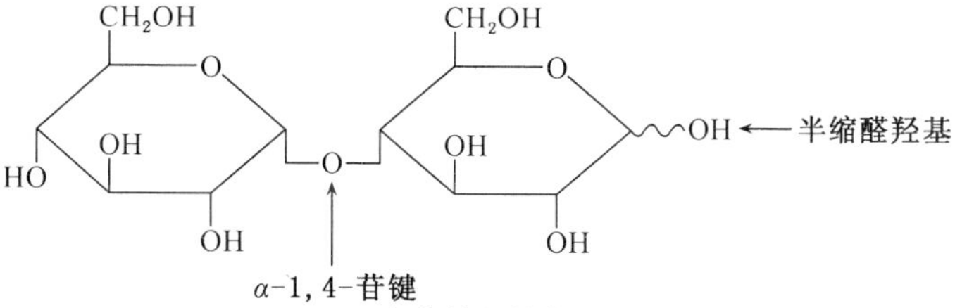

麦芽糖的结构

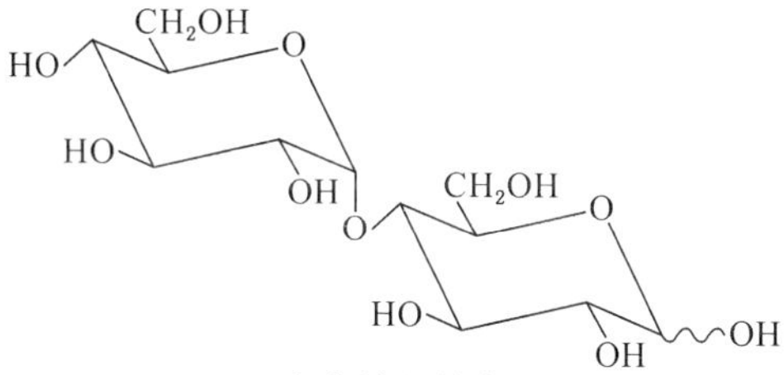

麦芽糖的构象

麦芽糖为无色片状结晶,易溶于水,在水溶液中也以 α、β 和醛式三种形式存在。α-麦芽糖的$[\alpha]_D$ 为$+168°$,β-麦芽糖的$[\alpha]_D$ 为$+118°$,变旋平衡混合物的$[\alpha]_D$ 为$+130.4°$。所以麦芽糖具有还原性,能还原斐林试剂等弱氧化剂,并能与苯肼生成糖脎。

麦芽糖是淀粉的基本结构单元,在自然界中很少以游离态存在。用淀粉酶或唾液酶水解淀粉可得到麦芽糖。麦芽糖是饴糖的主要成分,甜度约为蔗糖的 40%,常用作营养剂和培养基等。

2. 纤维二糖

纤维二糖在苦杏仁酶的作用下,能水解生成两分子 *D*-葡萄糖,但不被麦芽糖酶水解,因此可以证明纤维二糖属于 β-葡萄糖苷。它是由两分子 *D*-葡萄糖通过 β-1,4-苷键连接而成的。

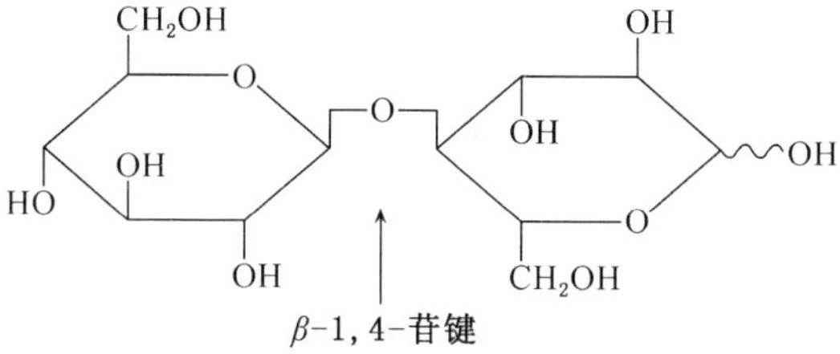

纤维二糖的结构

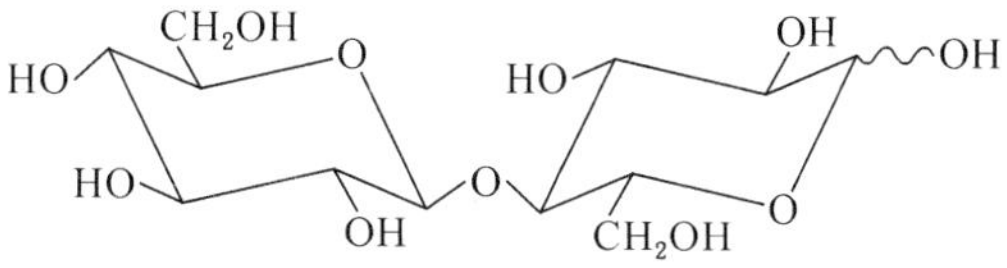

纤维二糖的构象

纤维二糖同麦芽糖一样，分子结构中也保留着一个半缩醛羟基，所以它也是还原二糖，具有与麦芽糖相似的化学性质。

纤维二糖是纤维素的基本结构单元，在自然界中并不以游离状态存在。用稀酸水解纤维素时，可以得到纤维二糖。

3. 乳糖

乳糖用苦杏仁酶水解时，生成等量的 *D*-(＋)-葡萄糖和 *D*-(＋)-半乳糖。显然，乳糖分子是一个由一分子 *D*-(＋)-葡萄糖和一分子 *D*-(＋)-半乳糖结合起来的 β-糖苷。经氧化、甲基化和水解等一系列反应，进一步证明乳糖是由一分子 β-*D*-(＋)-半乳糖的半缩醛羟基与一分子 *D*-(＋)-葡萄糖 C_4 上的醇羟基失水形成的 β-半乳糖苷，即：

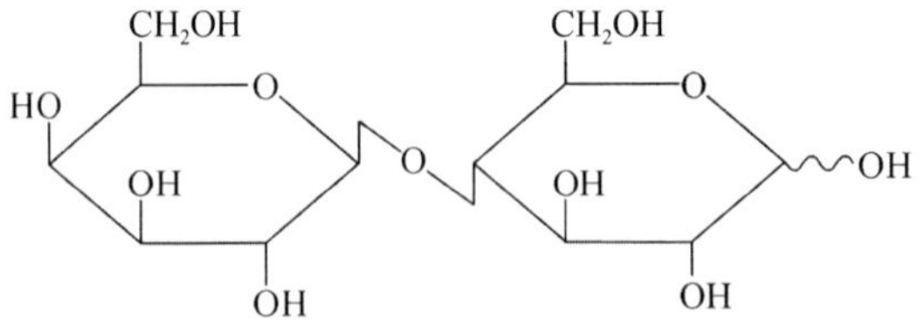

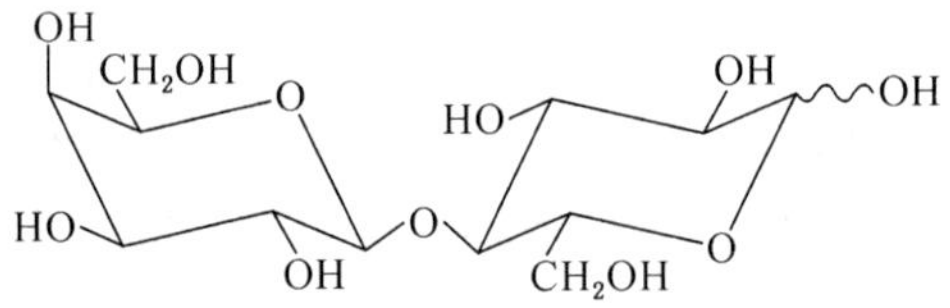

乳糖的构象

乳糖分子结构中仍有半缩醛羟基，所以它是一个还原糖，具有变旋现象，能还原斐林试剂，能生成糖脎。

乳糖存在于哺乳动物的乳汁中，在牛乳中约含 5%，由牛乳制干酪时可以得到乳糖，甜度约为蔗糖的 70%。乳糖是二糖中水溶性最小且没有吸湿性的糖，可用于食品及医药工业。

13.2.2 非还原性二糖

1. 蔗糖

蔗糖既可用麦芽糖酶，又可用蔗糖酶(又称转化酶)水解，并且水解产物均为 *D*-葡萄糖和 *D*-果糖的等量混合物。这一事实说明蔗糖既是一个 α-*D*-葡萄糖苷，又是一个 β-*D*-果糖苷，即蔗糖分子是由一分子 α-*D*-葡萄糖 C_1 上的半缩醛羟基与 β-*D*-果糖 C_2 上的半缩醛羟基脱一分子水，通过 1,2-苷键连接而成的二糖。甲基化、水解和硝酸氧化等一系列作用表明，蔗糖分子中含有果糖单元，是五元(呋喃式)环。

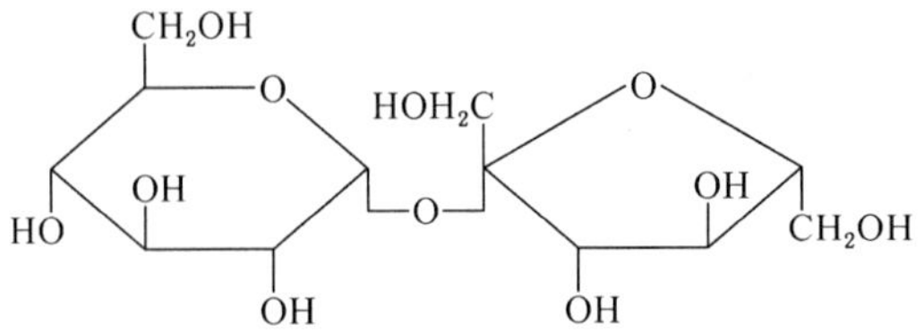

蔗糖

蔗糖分子中不存在苷羟基,因此它没有变旋现象,无还原性,也不能成脎。蔗糖易溶于水,难溶于酒精,$[\alpha]_D^{20}$ 为+66.5°。它的水解产物$[\alpha]_D^{20}$ 为−20°。

由于蔗糖的水解反应伴随有从右旋到左旋的旋光方向的变化,所以常把这种水解作用称为蔗糖的转化作用。由转化作用所生成的等量 *D*-(+)-葡萄糖和 *D*-(+)-果糖的混合物称为转化糖。因为蜂蜜中大部分是转化糖,其中含有甜度大的果糖,所以其甜度比蔗糖大。

$$\text{蔗糖} + H_2O \xrightarrow[\text{或蔗糖酶}]{\text{稀酸}} D\text{-葡萄糖} + D\text{-果糖}$$

蔗糖就是普通食糖,在所有光合植物中都有不同程度的存在,但在甜菜和甘蔗中含量最多。

蔗糖是植物体内碳水化合物运输的主要形式,同时也是碳水化合物的一种贮存形式。光合作用产生的葡萄糖转变为蔗糖后再向植物各部分运输,蔗糖被运输到达植物的各部位后,又迅速地转变成葡萄糖供植物利用,或变成淀粉贮存起来。

2. 海藻糖

海藻糖又叫酵母糖,存在于海藻、昆虫血液以及真菌体内。海藻糖是各种昆虫血液中的主要血糖。经测定,海藻糖是由两分子 *α*-*D*-(+)-葡萄糖的半缩醛羟基之间脱水,通过 *α*-1,1-苷键结合而成的二糖,其分子结构中不存在半缩醛羟基,所以也是一种非还原性二糖。

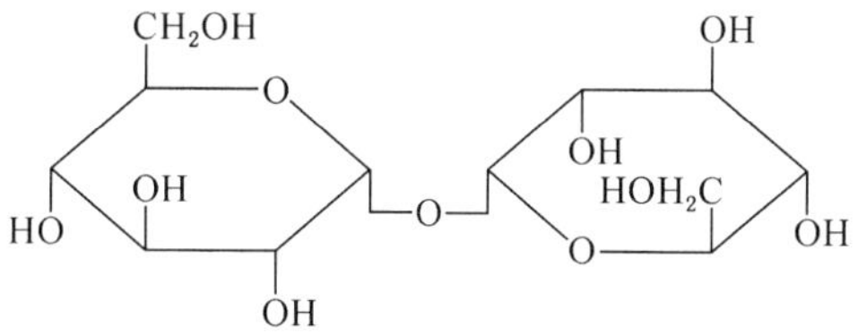

(+)-海藻糖

13.3 多糖

多糖是一类天然高分子化合物,是由成百上千个单糖单元以苷键相连成的高聚物。自然界存在的多糖,根据组成情况可分为均多糖和杂多糖两大类。均多糖仅由一种单糖组成的,如淀粉和纤维素;杂多糖是由两种或两种以上的单糖或单糖衍生物组成的。如果胶质和黏多糖。

多糖与单糖及低聚糖在性质上有较大的差别,多糖没有还原性和变旋现象,也没有甜味,而且大多不溶于水,有些多糖能与水形成胶体溶液。

多糖在自然界分布很广,按其生物功能大致可分为两类:一类是作为动植物贮存的营养物质,如植物中的淀粉,动植物体内的糖原;另一类是构成植物的结构物质,如纤维素、半纤维素和果胶质等。

13.3.1 淀粉

淀粉是植物体内贮存的营养物质,多存在于种子、块根与块茎中。例如,稻米中含淀粉62%~82%,玉米中含65%~72%,小麦中含57%~75%,马铃薯中含12%~14%。

淀粉是绿色植物光合作用的产物，使太阳能转变为化学能贮存于分子内。人与动物以淀粉为食物时，在体内经过一系列复杂的代谢过程最后氧化成二氧化碳和水，同时，释放出供给生命活动所需的能量。所以它是维持生命活动所不可缺少的物质。

淀粉是葡聚糖，由许多 α-D-(+)-葡萄糖单元通过苷键结合而成，其分子式可用通式表示为$(C_6H_{10}O_5)_n$。淀粉粒一般由两种成分组成：一种是直链淀粉，约占淀粉的 20%；另一种是支链淀粉，约占淀粉的 80%。这两种淀粉的结构和理化性质都有差别。

直链淀粉存在于淀粉粒内层，组成淀粉颗粒质。用物理方法测得它是由 1 000～4 000 个 α-D-(−)-葡萄糖单元通过 1,4-苷键连接而成的，其相对分子质量范围为 15 万～60 万(因来源不同而异)。

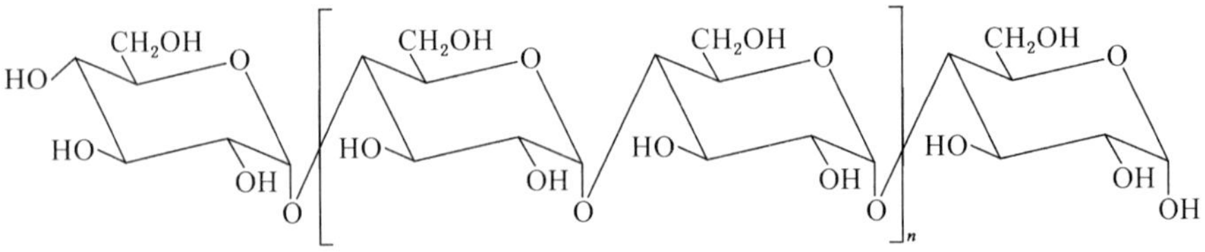

直链淀粉的结构

直链淀粉能溶于热水而不呈糊状，在淀粉酶的作用下可全被水解成麦芽糖，此外，它能使碘显深蓝色。X 射线分析表明，直链淀粉并不是伸展着的一条直链，而是借助分子内的氢键卷曲盘旋成螺旋状。在螺旋中间刚好能容纳碘分子的空间，当碘分子进入此空间时，被吸附从而形成深蓝色的复合物，如图 13-4 所示。这就是淀粉使碘显深蓝色的原因。在分析化学中，可溶性淀粉常用作碘量法分析的指示剂。

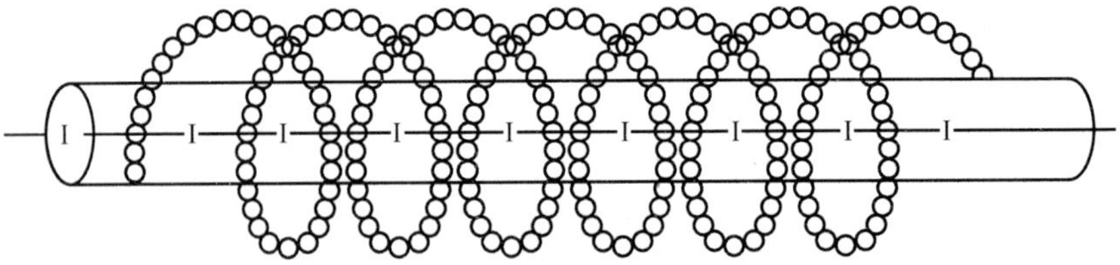

图 13-4 淀粉-碘复合物示意图

(每一个圆圈代表一个葡萄糖单元，每两个圆圈相连代表一个麦芽糖单元)

支链淀粉存在于淀粉粒的外层，组成淀粉皮质。由物理方法测定相对分子质量表明，支链淀粉分子含有多达百万个 α-D-葡萄糖单元。它是高度支化的分子结构，是由 20～25 个 D-葡萄糖单元以 α-1,4-苷键连接起来的许多短链组成的，而在这些短链之间是以 α-1,6-苷键互相连接起来的，如图 13-5 所示。

支链淀粉不溶于水，在热水中吸水糊化，形成极黏稠的溶液，遇碘产生紫红色，在淀粉酶的作用下只有 62%水解成麦芽糖。

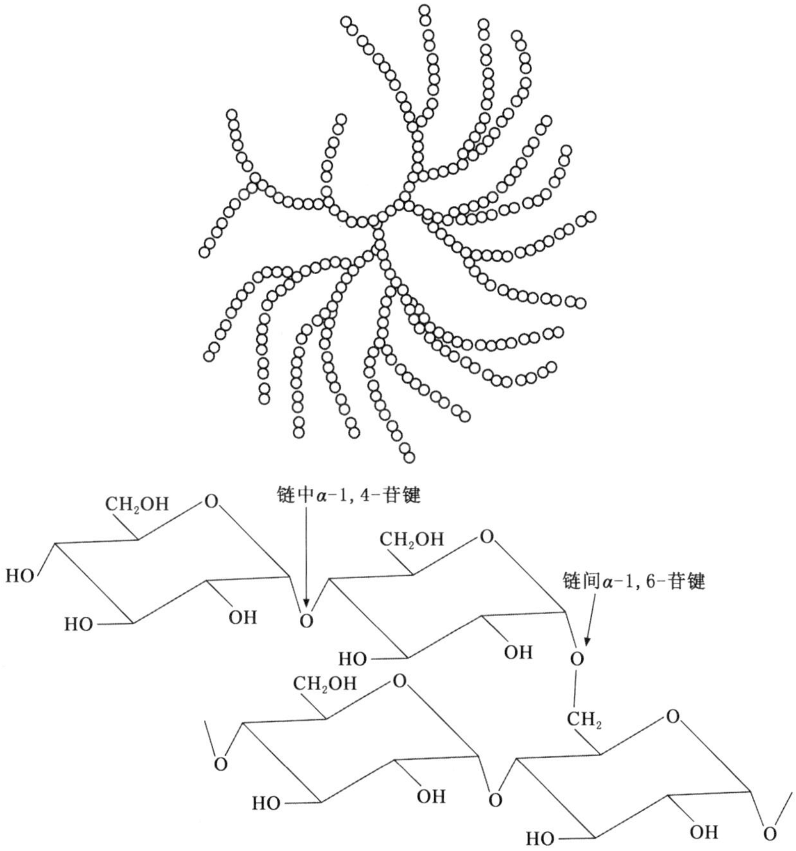

图 13-5　支链淀粉结构示意图

淀粉虽然是由葡萄糖分子结合成的，但葡萄糖分子间是通过苷键连接的，只有在淀粉分子末端的葡萄糖单元上还保留游离的半缩醛羟基。但因其在分子中所占的比例极其微小，所以难以使淀粉分子显示还原性。同理，其他多糖也不显示还原性。

淀粉可以在酸的作用下水解，也可以在生物体内酶的作用下水解。淀粉的水解是大分子逐步裂解为小分子的过程，这个过程的中间产物总称为糊精。在水解过程中，糊精分子逐渐变小，根据它们与碘产生的不同颜色，可分为蓝色糊精、红色糊精和无色糊精。无色糊精继续水解生成麦芽糖，最后生成 *D*-葡萄糖。

淀粉在淀粉酶催化下水解的最终产物是麦芽糖。

近年来，中国的一些学者在研究中成功利用二氧化碳（CO_2）合成淀粉，这项研究具有重要的科学意义和应用价值。二氧化碳是一种温室气体，它在全球变暖和气候变化中起着关键作用。通过将二氧化碳转化为淀粉，在解决环境问题的同时，还可以提供一种新的食品生产途径，促进农业的可持续发展。这符合我国积极应对气候变化、推动绿色发展和构建生态文明的国家战略，对于实现可持续发展目标具有重要意义。

13.3.2　糖原

糖原是动物体内贮存的糖类化合物，也叫作动物淀粉，主要存在于肝脏和肌肉中，因此有肝糖原和肌糖原之分。

糖原也是由葡萄糖组成的，结构与支链淀粉相似，但分支程度比支链淀粉要高。分支点之间的间隔是 3～4 个葡萄糖单位。

糖原为无色粉末，溶于水呈乳色，遇碘显棕至紫色。

糖原是动物体能量的主要来源。葡萄糖在动物血液中的含量较高时，它就结合形成糖原贮存于肝脏中。当血液中含糖量降低时，糖原就分解为葡萄糖而供给机体以能量。

13.3.3 纤维素

纤维素是自然界分布最广的多糖，它构成植物细胞壁中纤维组织，是木材和植物纤维的主要成分。例如，木材中含有 50% 的纤维素，亚麻中含 80% 的纤维素，棉花几乎是纯的纤维素。

纤维素是由几千个 *β*-*D*-葡萄糖单元通过 1,4-苷键连接成的一条没有分支的链状分子。它的分子结构式如下：

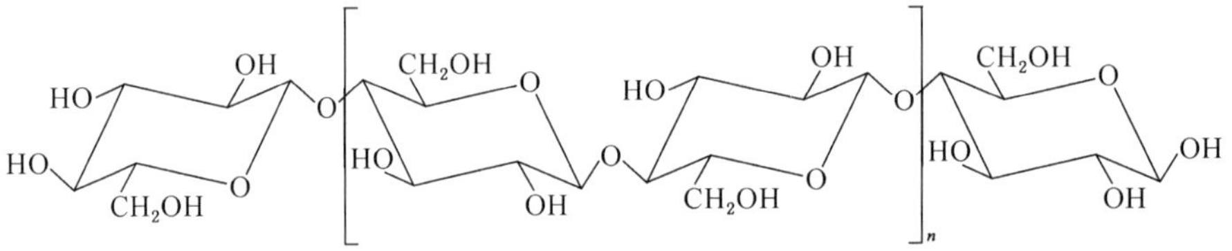

纤维素的结构式

物理方法测得纤维素的相对分子质量为 25 万～100 万或更高，每个分子中至少有 1 500 个 *β*-*D*-葡萄糖单元。从 X 射线分析和电子显微镜观察得知：纤维素呈绳索状长链排列，每一束由 100～200 条彼此平行的纤维素分子链通过分子间氢键聚集在一起。因此，纤维素具有很好的机械强度和化学稳定性。绳索状纤维素如图 13-6 所示。

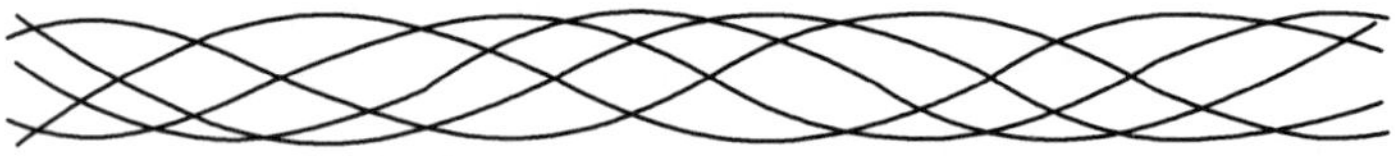

图 13-6　扭在一起的纤维素链示意图

纤维素是白色纤维状固体，不溶于水，仅能吸水膨胀，也不溶于稀酸、稀碱和一般的有机溶剂。纤维素无还原性，在稀硫酸中加热，苷键就断裂，部分水解产物是纤维二糖，在高温高压下被水解成 *D*-葡萄糖。食草动物在消化道里含有分解纤维素的特殊微生物，这些微生物能分泌出纤维素酶，使纤维素水解生成葡萄糖，以供给动物营养。

13.3.4 果胶质

果胶质是植物细胞壁的组成成分，它充塞在植物细胞壁之间，使细胞黏合在一起。在植物的果实、种子、根、茎和叶里都含有果胶质，但以水果和蔬菜中含量较多。

果胶质是一类成分比较复杂的多糖，它们的分子结构尚不完全清楚。其化学组成常因来源不同而有差别。根据其结合状况和理化性质可把果胶质分为原果胶、可溶性果胶和果胶酸。

1. 原果胶

原果胶存在于未成熟的水果和植物的茎、叶里。它是可溶性果胶与纤维素缩合而成的高分子化合物，不溶于水。未成熟的水果是坚硬的，这直接与原果胶的存在有关。在稀酸或原果胶酶的作用下，原果胶可转变为可溶性果胶。

2. 可溶性果胶

可溶性果胶的主要成分是半乳糖醛酸甲酯以及少量半乳糖酸通过1,4-苷键连接而成的长链高分子化合物，水解后产生半乳糖尾酸。可溶性果胶的结构可表示为：

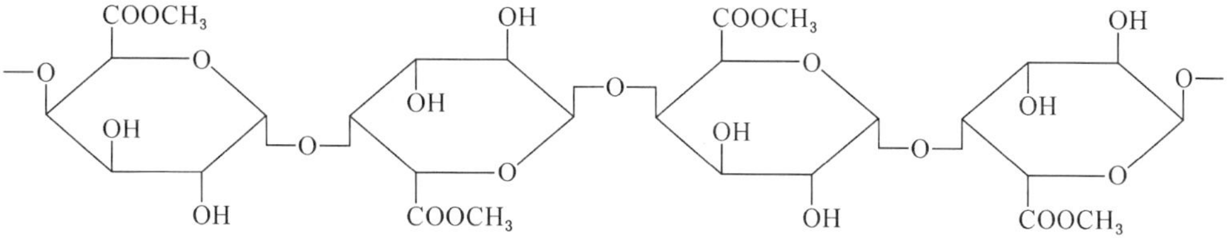

可溶性果胶能溶于水，水果成熟后由硬变软，其原因之一是原果胶转变为可溶性果胶。可溶性果胶在稀酸或原果胶酶的作用下，在半乳糖尾酸的甲酯部分水解生成果胶酸和甲醇。

3. 果胶酸

果胶酸是由很多个半乳糖尾酸通过1,4-苷键结合而成的长链高分子化合物。其分子结构中含有游离的羧基，因此果胶酸能与Ca^{2+}或Mg^{2+}生成不溶性的果胶酸钙或果胶酸镁沉淀。这个反应可用来测定果胶质的含量。

植物的落叶、落花、落果和落铃等都与中胶层内果胶质的变化有关，以至细胞之间分离，即发生离层，花、果或蕾铃就脱落。中胶层细胞之间的原果胶转变为可溶性果胶，并进一步变成小分子糖。此外，某些病原微生物的菌丝分泌果胶酶，使植物组织中原果胶发生分解，致使植物组织破坏。

果胶与适量的糖分和有机酸混合可形成凝胶，果冻的加工就是以这种特性为依据的。

13.3.5 琼脂

琼脂又称琼胶，俗称洋菜，是从红藻类植物石花菜中提取出来的一种黏胶。它是由半乳糖缩合而成的多糖。结构可能是九个*β*-*D*-半乳糖以*β*-1,3-苷键连接成键，链末端又以*β*-1,4-苷键与*β*-*L*-半乳糖相连。*β*-*L*-半乳糖C_6上羟基与硫酸成酯。其结构如下：

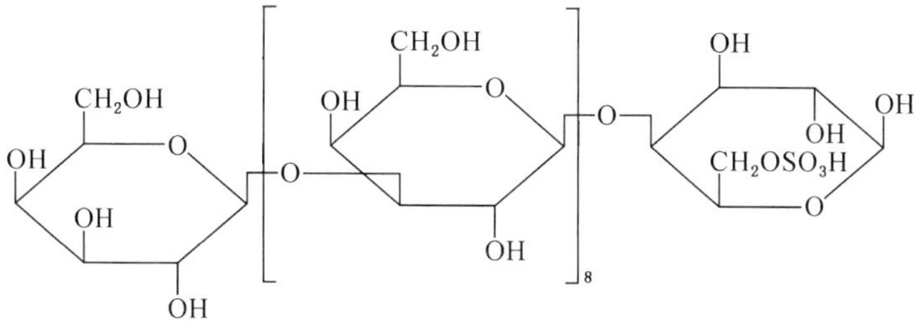

琼脂是从海藻中提取的多糖体，是目前世界上用途最广泛的海藻胶之一。琼脂无色、无味，不溶于冷水而溶于热水，冷却后变成凝胶；它不能被微生物利用，故在微生物培养中用作培养基的固化物。此外，它在食品工业、医药工业、日用化工、生物工程等许多方面也有着广泛的应用，并被美国食品药物管理条例列为公认安全的产品，获准作为食品添加剂使用。

□ 习　题

13-1　选择题。

(1)葡萄糖和果糖可以用(　　)来鉴别。

A. 苯肼　B. 托伦试剂　C. 斐林试剂　D. 溴水

(2)纤维素水解的最终产物是(　　)。

A. 葡萄糖　B. 果糖　C. 蔗糖　D. 以上三种

(3)下列化合物具有还原性的是(　　)。

A. 蔗糖　B. 淀粉　C. 果糖　D. 纤维素

(4)*D*-(+)-葡萄糖与 *D*(+)-甘露糖的关系是(　　)。

A. 醛糖和酮糖　B. C_2 差向异构体　C. 对映异构体　D. 外消旋体

(5)和苯肼反应时，能生成相同脎的是(　　)。

A. 葡萄糖与半乳糖　B. 果糖与甘露糖　C. 乳糖与半乳糖　D. 蔗糖与麦芽糖

(6)下列糖中不能被斐林试剂氧化的是(　　)。

A. 半乳糖　B. 蔗糖　C. 麦芽糖　D. 果糖

(7)不能生成脎的化合物是(　　)。

A. 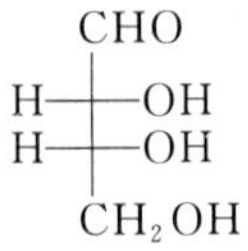　B. 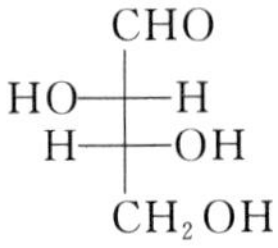

C. 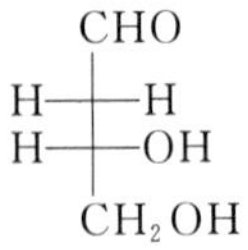　D. 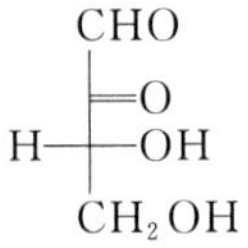

(8)下列化合物进行成脎反应时，可生成同 *D*-葡萄糖脎相同结构的是(　　)。

A. 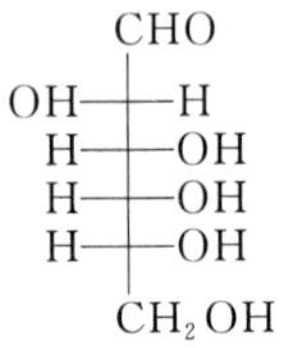　B. 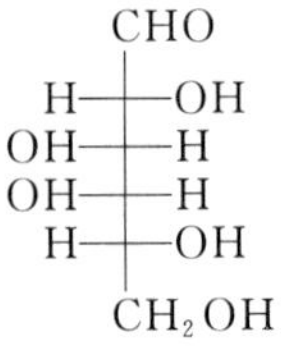

C. 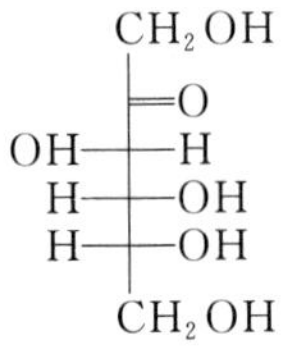　D. 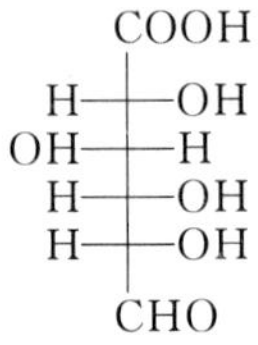

13-2　填空题。

(1)区别淀粉和纤维素的试剂是____________。

(2)化学式 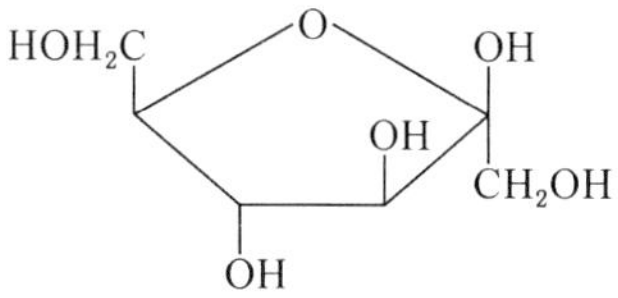 的名称为__________。

13-3 鉴别下列各组化合物。

(1)己六醇和 *D*-葡萄糖　(2)果糖和蔗糖　(3)蔗糖和淀粉

13-4 判断对错。

(1)*α*-*D*-葡萄糖和 *β*-*D*-葡萄糖是对映体

(2)*D*-甘露糖和 *D*-葡萄糖是差向异构体

(3)*D*-果糖和多糖都没有还原性

(4)二糖和多糖都没有还原性

13-5 命名下列化合物。

(1) 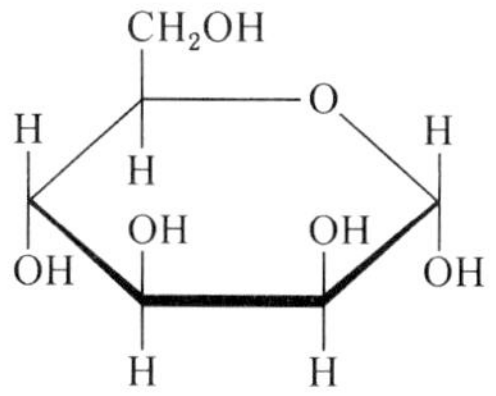

(2) 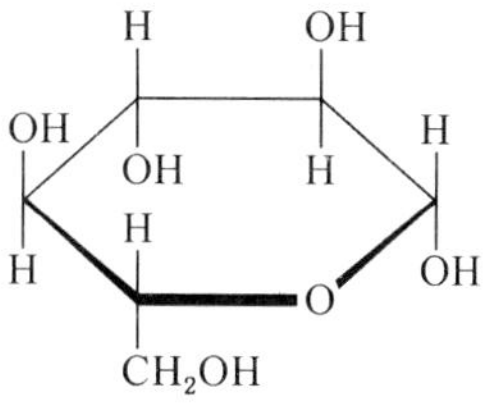

(3) 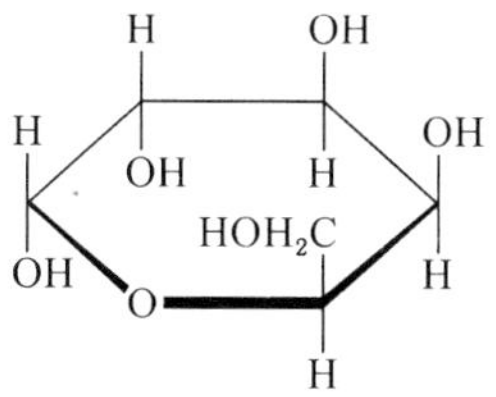

(4) 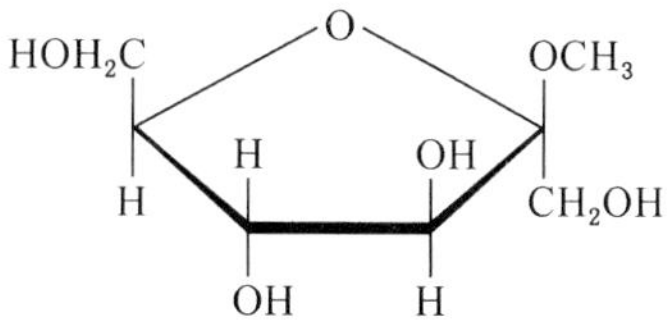

13-6 有一个 *D* 型还原糖 A,分子式为 $C_6H_{12}O_6$,经稀 HNO_3 氧化后得一没有旋光性的二元酸 B,分子式为 $C_6H_{10}O_8$。A 降解后得一新的还原糖 C,分子式为 $C_5H_{10}O_5$,以稀 HNO_3 氧化后得一有旋光性的二元酸 D,分子式为 $C_5H_8O_7$。试写出 A、B、C、D 的结构式。

13-7 某化合物 A 的组成为 $C_5H_{10}O_4$,有旋光性,无变旋现象,与乙酐作用得二乙酰化合物。A 用稀 HCl 处理得甲醇和产物 B,B 的组成为 $C_4H_8O_4$,有旋光性,能成脎,温和氧化得一酸 C,组成为 $C_4H_8O_5$。B 用 HNO_3 氧化得二酸,且无旋光性,组成为 $C_4H_6O_6$。试推导 A、B、C 的可能结构。

13-8 两个 *D* 型糖 A 和 B,分子式均为 $C_5H_{10}O_5$,它们与盐酸-间苯二酚溶液反应时,B 很快产生红色,而 A 慢。A 和 B 可生成相同的糖脎。A 用硝酸氧化得内消旋物,B 的 C_3 构型为 *R*。试推断 A 和 B 的结构式。

Chapter 14 第14章

氨基酸、蛋白质和核酸

Amino Acids, Proteins and Nucleic Acids

蛋白质和核酸是对生命现象有重大意义的生物高分子化合物，是生命的基础物质，广泛存在于生物体内，并在生物体内占有特殊的地位。由于它们的结构复杂，生理功能多种多样，因此对它们的研究成为当代生物学领域内的尖端部分。

100 多年前，恩格斯就指出："生命是蛋白体的存在方式。"这里所说的蛋白体就是蛋白质和核酸为主体的原生质。蛋白质和核酸的变化决定着生物的生长、发育、变异与遗传。为了认识生命现象，就必须了解它的基础物质——蛋白质与核酸的结构、性质和功能。

蛋白质是由许多氨基酸组成的复杂的高分子化合物。也就是说，氨基酸是组成蛋白质的基石。因此，在研究蛋白质之前，必须掌握有关氨基酸的基本知识。

14.1 氨基酸

14.1.1 氨基酸的分类

氨基酸也是一类取代羧酸，即羧酸分子中烃基上的氢原子被氨基取代的化合物叫作氨基酸。至今已发现的天然氨基酸有 200 余种，但组成蛋白质的氨基酸只有 30 余种，比较常见的有 20 多种，这些氨基酸几乎都是 L-α-氨基酸，其构型通式可表示为：

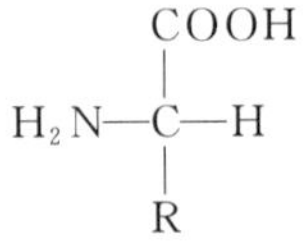

氨基酸可按照氨基在烃基上的位置不同而分为 α-、β-、γ-……ω-氨基酸等。例如：

α-氨基酸

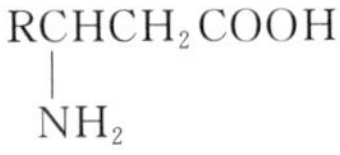

β-氨基酸

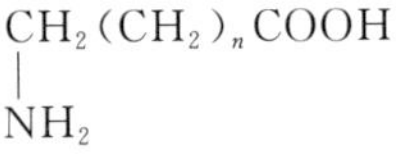

ω-氨基酸

根据氨基酸侧链 R 基的化学结构，α-氨基酸分为四大类：

——脂肪族氨基酸，如甘氨酸、丙氨酸、谷氨酸等。

——芳香族氨基酸，如苯丙氨酸、酪氨酸。

——杂环氨基酸，如组氨酸、色氨酸。

——杂环亚氨基酸，如脯胺酸。

此外，也可按照氨基酸分子中氨基与羧基的数目进行分类。氨基和羧基数目相等的氨基酸，叫作中性氨基酸；氨基数目多于羧基的氨基酸，叫作碱性氨基酸；氨基数目少于羧基的氨基酸，叫作酸性氨基酸。但应该明确地指出，这里所指的中性，并不是指 pH=7，实际上，氨基的碱性和羧基的酸性，在分子中并不能抵消而呈现中性。α-氨基酸的其他基团也会对氨基酸的酸碱性产生影响，各种 α-氨基酸都有不同的 pK_a 和 pK_b 值。

14.1.2 氨基酸的命名

氨基酸的系统命名法，是把氨基作为取代基，羧酸作为母体来命名。例如：

CH_2COOH | NH_2	$CH_2(CH_2)_3CHCOOH$ | | NH_2 NH_2	$HOOC(CH_2)_2CHCOOH$ | NH_2
氨基乙酸 （甘氨酸）	2,6-二氨基己酸 （赖氨酸）	2-氨基戊二酸 （谷氨酸）

作为天然蛋白质基本单位的 α-氨基酸通常都不按照系统命名法命名，而是按其最初发现的生物来源或性质来命名。例如：2-氨基丁二酸的俗名为天冬氨酸，因为最初是在天门冬幼苗中发现的；氨基乙酸的俗名为甘氨酸，因为它有甜味。

为方便起见，组成蛋白质的氨基酸常用符号来表示。国际通用符号由氨基酸英文名字的前三个字母组成，有时仅用一个英文字母或中文缩写代替。使用这些缩写符号对表示蛋白质或多肽中 α-氨基酸的排列顺序很方便。表 14-1 列出了蛋白质水解得到的主要氨基酸。

表 14-1 蛋白质水解得到的主要氨基酸

名称	缩写符号	构造式	等电点
		（一）中性氨基酸	
甘氨酸(Glycine) 氨基乙酸	甘 Gly(G)	H_2NCH_2COOH	5.97
丙氨酸(Alanine) 2-氨基丙酸	丙 Ala(A)	$CH_3CHCOOH$ | NH_2	6.02
丝氨酸(Serine) 2-氨基-3-羟基丙酸	丝 Ser(S)	$CH_2CHCOOH$ | | OH NH_2	5.68
半胱氨酸(Cysteine) 2-氨基-3-巯基丙酸	半胱 Cys(C)	$CH_2CHCOOH$ | | SH NH_2	5.02
胱氨酸(Cystine) 双 3-硫代-2-氨基丙酸	胱 Cy-S-S-Cy	S—$CH_2CH(NH_2)COOH$ | S—$CH_2CH(NH_2)COOH$	4.60
* 苏氨酸(Threonine) 2-氨基-3-羟基丁酸	苏 Thr(T)	$CH_3CHCHCOOH$ | | OHNH_2	6.53

续表 14-1

名称	缩写符号	构造式	等电点
* 蛋氨酸(Methionine) 2-氨基-4-甲硫基丁酸	蛋 Met(M)	$CH_3SCH_2CH_2CH(NH_2)COOH$	5.74
* 缬氨酸(Valine) 2-氨基-3-甲基丁酸	缬 Val(V)	$(CH_3)_2CHCH(NH_2)COOH$	5.97
* 亮氨酸(Leucine) 2-氨基-4-甲基戊酸	亮 Leu(L)	$(CH_3)_2CHCH_2CH(NH_2)COOH$	5.98
* 异亮氨酸(Isoleucine) 2-氨基-3-甲基戊酸	异亮 Ile(I)	$CH_3CH_2CH(CH_3)—CH(NH_2)COOH$	6.02
* 苯丙氨酸(Phenylalanine) 2-氨基-3-苯基丙酸	苯丙 Phe(F)	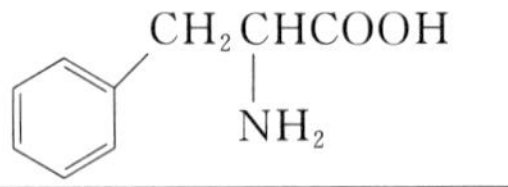	5.48
酪氨酸(Tyrosine) 2-氨基-3-对羟苯基丙酸	酪 Tyr(Y)	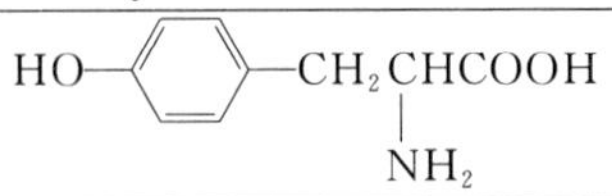	5.66
脯氨酸(Proline) α-四氢吡咯甲酸	脯 Pro(P)	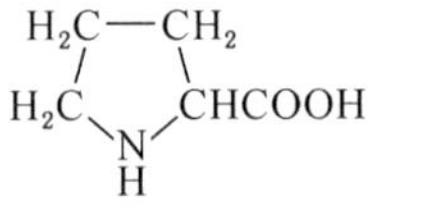	6.30
* 色氨酸(Tryptophan) 2-氨基-3-(3′-吲哚)丙酸	色 Try(W) 或 Trp	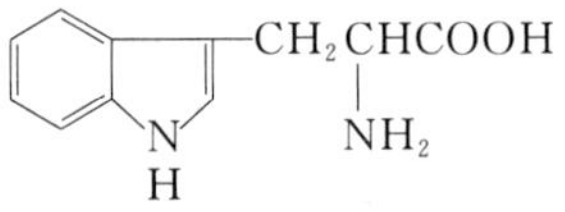	5.89
(二)酸性氨基酸			
天冬氨酸(Aspartic acid) 2-氨基丁二酸	天冬 Asp(D)	$HOOCCH_2CH(NH_2)COOH$	2.98
谷氨酸(Glutamic acid) 2-氨基戊二酸	谷 Glu(E)	$HOOCCH_2CH_2CH(NH_2)COOH$	3.22
(三)碱性氨基酸			
精氨酸(Arginine) 2-氨基-5-胍基戊酸	精 Arg(R)	$H_2NC(=NH)NH(CH_2)_3CH(NH_2)COOH$	10.76
* 赖氨酸(Lysine) 2,6-二氨基己酸	赖 Lys(K)	$H_2NCH_2(CH_2)_3CH(NH_2)COOH$	9.74
组氨酸(Histidine) 2-氨基-3-(5′-咪唑)丙酸	组 His(H)	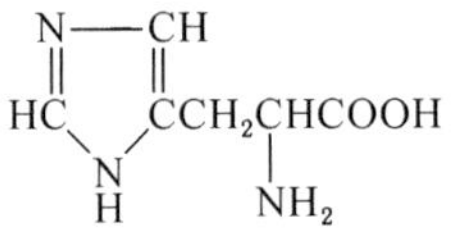	7.59

注:带 * 号者为必需氨基酸。

表 14-1 中带 * 号的八个氨基酸是人体必需氨基酸,人体内不能合成它们,必须从食物中得到。如果缺乏这些氨基酸,人体就会发生某些疾病,因此它们是生命的必需物质。人们

可以同时从不同的食物中得到必需的氨基酸,但并不能从某一种食物中获得全部必需的氨基酸。

通常,能为人类的营养提供恰当比例的必需氨基酸的蛋白质,被称为完全蛋白质,例如肉、鱼、奶、蛋等。成人每天需完全蛋白质 50 g。

严重缺少一种或几种必需氨基酸的蛋白质称为不完全蛋白质。如果人的饮食中的蛋白质主要来源于一种不完全蛋白质,人体所合成的蛋白质的数量会受到所缺乏的氨基酸数量的限制。植物蛋白通常是不充分的,大米、谷物和小麦都缺乏赖氨酸,大米缺乏苏氨酸,谷物缺乏色氨酸。蚕豆、豌豆和其他豆类在普通植物中含蛋白质最丰富,但是它们都缺乏蛋氨酸。因此,人们的饮食应多样化,这对人体健康非常有益。

14.1.3 氨基酸的物理性质

α-氨基酸都是无色晶体,其熔点一般为 200～300 ℃。各种氨基酸的熔点差别不大,因此熔点不能作为鉴定个别氨基酸的特性常数。氨基酸都能溶于强酸或强碱溶液中,除胱氨酸和酪氨酸外,都能溶于水;除脯氨酸和半胱氨酸外,都难溶于苯、乙醚等有机溶剂。有些氨基酸有甜味,如甘氨酸;有些氨基酸有鲜味,如味精(谷氨酸钠);还有些味苦或无味。

由蛋白质水解所得 α-氨基酸,除甘氨酸外,都有旋光性。比旋光度是 α-氨基酸的重要物理常数之一,也常用比旋光度来鉴别各种氨基酸。α-氨基酸的旋光方向和大小取决于它们的结构,同时也与测定时溶液的 pH 有关,这是因为在不同 pH 条件下氨基与羧基的解离状态不同。组成蛋白质的各种氨基酸的物理性质见表 14-2。

表 14-2 α-氨基酸的物理常数

氨基酸	熔点/℃	比旋光度/(°)	氨基酸	熔点/℃	比旋光度/(°)
甘氨酸	290		蛋氨酸	283	－10.0
丙氨酸	297	＋1.8	半胱氨酸	178	－16.5
缬氨酸	292～295	＋5.6	天冬酰胺	236	－5.6
亮氨酸	337	－11.0	谷氨酰胺	185	＋6.3
异亮氨酸	284	＋12.4	苯丙氨酸	284	－34.5
丝氨酸	228	－7.5	酪氨酸	344	－7.3
苏氨酸	253	－28.5	组氨酸	277	－38.5
天冬氨酸	270	＋5.05	色氨酸	282	－33.7
谷氨酸	249	＋12.0	脯氨酸	222	－86.2
赖氨酸	224～225	＋13.5	胱氨酸	261	
精氨酸	238	＋12.5	羟胱氨酸		－76.0

14.1.4 氨基酸的化学性质

氨基酸分子中同时含有氨基和羧基,它们具有氨基和羧基的典型性质。又由于这两种官能团相互影响,而表现出一些特殊性质。

1. 氨基酸的两性和等电点

氨基酸分子中的氨基显碱性,而羧基显酸性,所以它们是两性物质,与强酸或强碱都可以生成盐。例如：

$$H_2NCH_2COOH + HCl \longrightarrow [H_3N^+CH_2COOH]Cl^-$$

$$H_2NCH_2COOH + NaOH \longrightarrow H_2NCH_2COO^-Na^+ + H_2O$$

氨基酸本身的氨基与羧基作用也能成盐，称为内盐。由于这种分子同时具有两种离子的性质，所以叫偶极离子或两性离子。

$$\underset{\displaystyle NH_2}{RCHCOOH} \rightleftharpoons \underset{\displaystyle NH_3^+}{RCHCOO^-}$$

氨基酸在固态时主要以内盐形式存在，故具有熔点较高、不易挥发、难溶于乙醚和苯等性质。

氨基酸在水溶液中可以同时有两种离解方式：酸式离解，氨基酸形成负离子；碱式离解，氨基酸形成正离子。存在的平衡如下：

$$\underset{\displaystyle R}{H_2NCHCOOH}$$

$$\updownarrow$$

$$\underset{\displaystyle R}{H_3N^+CHCOOH} \underset{H^+}{\overset{OH^-}{\rightleftharpoons}} \underset{\displaystyle R}{H_3N^+CHCOO^-} \underset{H^+}{\overset{OH^-}{\rightleftharpoons}} \underset{\displaystyle R}{H_2NCHCOO^-}$$

正离子	偶极离子	负离子
(pH＜pI)	(等电点 pI)	(pH＞pI)

但氨基和羧基的离解度并不相同，即使是中性氨基酸，它的氨基和羧基的离解度也不一样。一般羧基离解略大于氨基的离解，故中性氨基酸水溶液并非中性，其 pH 略小于 7。

调节溶液的 pH(加酸或加碱)，使酸式离解与碱式离解相等，氨基酸分子以偶极离子存在，所带净电荷等于零，在电场中既不向阴极移动，也不向阳极移动，这时溶液的 pH 叫作这个氨基酸的等电点，用 pI 表示。由于各种氨基酸分子中氨基和羧基的数目及相对强度不同，因而各种氨基酸的等电点也不相同(表 14-1)。从表中可以看到，中性氨基酸的等电点一般在 5.0～6.5；酸性氨基酸的等电点在 2.7～3.2；碱性氨基酸的等电点在 7.5～11.0。

氨基酸的等电点不是中性点。当溶液的 pH 小于 pI 时，氨基酸主要以正离子形式存在；当溶液的 pH 大于 pI 时，它主要以负离子形式存在；当溶液 pH 等于 pI 时，主要以偶极离子形式存在。在等电点时，氨基酸的溶解度最小，从溶液中析出沉淀。因此可以利用各种氨基酸有不同的等电点的特性，对含有多种氨基酸的混合液，分步调节溶液的 pH，使不同氨基酸分步达到等电点而析出沉淀，达到分离的目的。

2. 与亚硝酸的反应

伯胺在室温下与亚硝酸反应放出氮气，同样，氨基酸(除脯氨酸外)在室温下与亚硝酸反应也生成氮气。反应所生成氮气的摩尔数等于所用氨基的摩尔数。此反应进行的迅速而完全，所以在标准条件下测定生成氮气的体积，即可计算出氨基酸中伯氨基的含量，此法称为范斯莱克(van Slyke)法。用于测定氨基酸、多肽、蛋白质中游离伯氨基的含量。亚氨基、胍基、叔氮原子等都不能与亚硝酸反应放出氮气。

$$\underset{\substack{|\\ NH_2}}{RCHCOOH} + HNO_2 \longrightarrow \underset{\substack{|\\ OH}}{RCHCOOH} + N_2\uparrow + H_2O$$

反应所生成氮气的物质的量等于所用氨基酸的物质的量。此反应较易进行，α-氨基酸在常温下三四分钟即可完成，氨基不在 α 位上的氨基酸则反应较慢。

3. 与 2,4-二硝基氟苯(DNFB)的反应

α-氨基酸中的 α-氨基与 2,4-二硝基氟苯在弱碱性或中性条件下，生成 2,4-二硝基苯基氨基酸(DNP-氨基酸)。

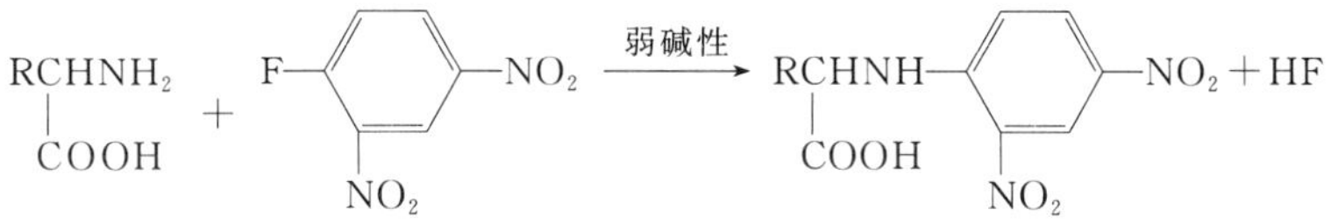

DNFB　　　　DNP-氨基酸

生成的 2,4-二硝基苯基氨基酸呈黄色，用非极性溶剂(如乙醚、氯仿等)提取后，再用层析法(纸上层析法)与标准的 DNP-氨基酸作比较，可鉴定氨基酸。此方法首先被英国的桑格(Sanger)用来鉴定多肽或蛋白质的末端氨基酸，故称桑格法，现广泛用于测定氨基酸在多肽或蛋白质中的排列顺序。

4. 与甲醛的反应

氨基酸水溶液因氨基与羧基形成内盐，因此不能用酸碱滴定方法测定氨基酸。但若加入甲醛溶液则氨基酸中的氨基作为亲核试剂与甲醛中的羰基发生加成反应，生成 N,N-二羟甲基氨基酸。

$$\underset{\substack{|\\ NH_2}}{RCHCOOH} + 2HCHO \longrightarrow \underset{\substack{|\\ N(CH_2OH)_2}}{RCHCOOH}$$

N,N-二羟甲基氨基酸

氨基上氢被羟甲基取代后，氮原子的电子密度大大降低，失去接受质子能力，使氨基酸可以用标准碱滴定，计算氨基酸含量。

5. 氧化脱氨反应

氨基酸分子中的氨基被氧化剂(如过氧化氢、高锰酸钾)氧化成亚氨基(═NH)，再经水解，生成 α-酮酸。

$$\underset{\substack{|\\ NH_2}}{RCHCOOH} \xrightarrow{KMnO_4\text{ 或 }H_2O_2} \underset{\substack{\|\\ NH}}{RCCOOH} \xrightarrow[-NH_3]{+H_2O} \underset{\substack{\|\\ O}}{RCCOOH}$$

α-氨基酸　　　　α-酮酸

这个反应中，氨基酸氧化成酮酸的同时，脱去一分子氨气，因此这个反应称为氧化脱氨反应。在生物体内，在酶的作用下，氨基酸的氧化脱氨反应是氨基酸代谢的基本过程。

6. 脱羧反应

氨基酸的羧基除可以成盐、成酯、成酐、成酰胺等反应外，将氨基酸小心加热或在高沸点溶剂中回流，可脱去二氧化碳而生成胺。在生物体内脱羧酶或细菌的作用下，也能发生脱羧反应而生成相应的胺。

$$\underset{\text{赖氨酸}}{H_2N(CH_2)_4\underset{\underset{NH_2}{|}}{C}HCOOH} \xrightarrow[\text{加热或脱羧酶}]{-CO_2} \underset{\text{戊二胺（尸胺）}}{H_2N(CH_2)_5NH_2}$$

7. 脱水反应（成肽反应）

羧酸与胺作用可形成酰胺。同样，两分子 α-氨基酸也可以通过羧基与氨基间的相互作用而形成酰胺型化合物。由氨基酸间形成的酰胺型化合物称为肽。肽分子中的酰胺键称肽键。

$$H_2N\underset{\underset{R_1}{|}}{C}HCOOH + H{-}NH\underset{\underset{R_2}{|}}{C}HCOOH \xrightarrow{-H_2O} H_2N\underset{\underset{R_1}{|}}{C}H\overset{\text{肽键}}{CONH}\underset{\underset{R_2}{|}}{C}HCOOH$$

在实验室里，肽的形成是很不容易的，但在生物体内，在一系列酶的作用下，肽就较容易形成了。肽的形成是蛋白质合成的基础。

通常，由两个氨基酸缩合而成的肽叫作二肽；由三个氨基酸缩合而成的肽叫作三肽；由很多氨基酸缩合而成的肽统称为多肽。可用下面通式表示：

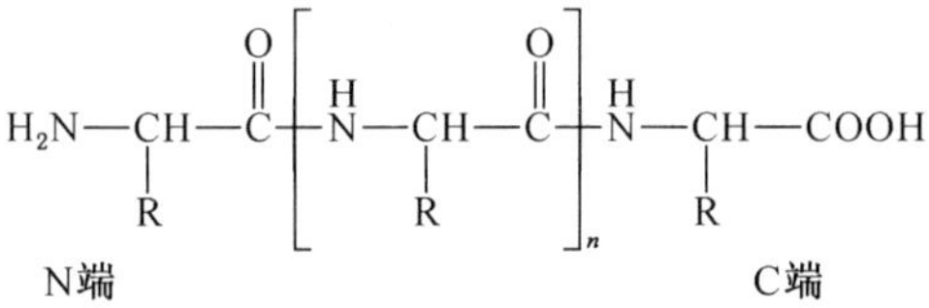

形成肽的氨基酸可以相同或不同。肽的长链结构中，α-碳原子上保留氨基的一端称为 N 端，α-碳原子上保留羧基的一端称为 C 端。肽链的走向是从 N 端到 C 端。

二肽、三肽等的命名通常以 C 端氨基酸为母体，从 N 端开始将其他氨基酸的酰基名称依次写在母体氨基酸前面。例如：

$$H_2N\underset{\underset{CH_3}{|}}{C}H\overset{\overset{O}{\|}}{C}NHCH_2COOH$$

此二肽命名为丙氨酰甘氨酸（可简称为丙甘肽或 Ala-Gly）。

8. 与水合茚三酮的反应

α-氨基酸的水溶液与水合茚三酮在加热的条件下生成有色产物。大多数 α-氨基酸遇此试剂显蓝紫色。总反应可表示如下：

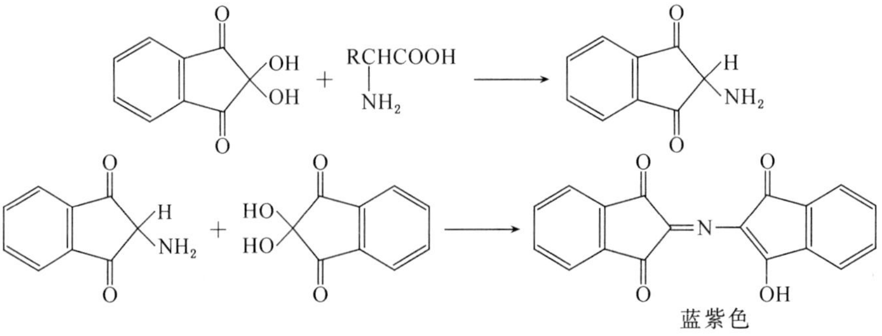

这个颜色反应可以作为 α-氨基酸的比色测定方法。用纸层析或柱层析把各种氨基酸分开后，利用水合茚三酮显色可以定性或定量地测定各种 α-氨基酸。多肽和蛋白质也能发生此反应。

9. 与金属离子的配位反应

氨基酸分子中的羧基可以与金属成盐，同时氨基氮原子上的未共用电子对也可以与某些金属离子（如 Cu^{2+}、Hg^{2+}、Ag^{+} 等）形成配位键而生成稳定的配位化合物。如氨基酸与 Cu^{2+} 能生成蓝色配位化合物结晶，可用以分离或鉴定氨基酸。

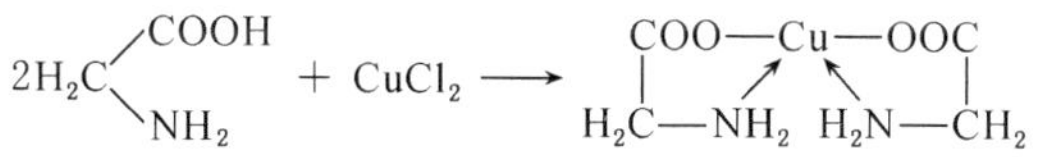

思考题 14-1　写出下列 α-氨基酸在给定的 pH 时的构造式。

(1) 甘氨酸在 pH=8 时　　(2) 半胱氨酸在 pH=2 时

(3) 谷氨酸在 pH=5 时　　(4) 色氨酸在 pH=10 时

14.2　蛋白质

14.2.1　蛋白质的概述

蛋白质一词来自希腊文，是“最原始的”意思。蛋白质是由许多不同的 α-氨基酸按一定的序列通过酰胺键（蛋白质化学中专称为肽键）缩合而成的，具有较稳定的构象并具有一定生物功能的生物大分子，其相对分子质量从 1 万到数千万。蛋白质是一切生物体的主要组成成分，是生命活动所依赖的物质基础。例如，生物体的各组成部分的自我更新是生命活动的本质，而构成新陈代谢的所有化学反应，几乎都是在一类特殊的生物大分子——酶催化下进行的，目前已发现的酶绝大多数是蛋白质。此外，蛋白质在生物体的运动、防御体系、遗传信息的控制以及细胞膜的通透性等方面都具有重要的作用。

许多蛋白质已经获得结晶的纯品。根据蛋白质的元素分析，发现它们的元素组成都含有碳、氢、氧、氮，多数蛋白质中还含有硫。有些蛋白质还含有其他元素，主要是磷、铁、铜、锰、锌等。

各种不同来源的蛋白质中含氮量的变化幅度不大，在 15%～17%，平均以 16% 计算。生物样品中每测得 1 g 氮，意味着样品中约有 100/16=6.25 g 蛋白质（粗蛋白质）。因此 6.25 称为蛋白质系数。在农牧产品分析中，用一般的测氮法测出含氮量后，乘以 6.25 即可计算出粗蛋白质的含量：

$$粗蛋白质(\%)=M(\%)\times 6.25$$

14.2.2　蛋白质的结构

蛋白质不仅相对分子质量很大，而且结构非常复杂。它不仅存在着多肽链内氨基酸种类和排列问题(构造),还存在着一条多肽链本身或几条多肽链之间的空间结构问题(构型和构象)。通常将蛋白质的结构层次分为四级。其中,一级结构也叫初级结构,其他可统称为高级结构或空间结构。

1. 蛋白质的一级结构

蛋白质的一级结构是指蛋白质多肽链中氨基酸的排列顺序。每种蛋白质中的氨基酸都有严格的一定的排列次序,这不仅对蛋白质分子的结构,而且对整个蛋白质分子的性能都起着决定性的作用。蛋白质分子只要改变任一个氨基酸就可能导致整个蛋白质分子的性能改变,从而造成生物功能的巨大变化。也就是说,各种蛋白质的生物活性首先是由它的一级结构决定的。

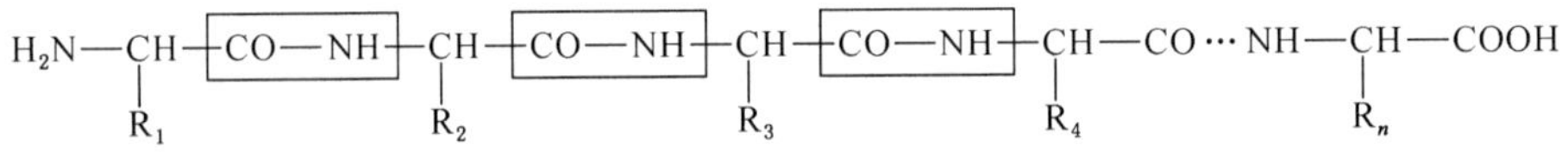

肽链上的 R_1、R_2、R_3、…、R_n 代表各氨基酸的不同侧链。从上述结构通式可以看到,组成多肽链的氨基酸单位已不是完整的氨基酸分子,因此每一个 $-NH-\underset{\overset{|}{R}}{CH}-CO-$ 单位称为氨基酸残基。通常书写多肽或蛋白质肽链结构时,习惯上总是把肽链末端有 α-氨基的写在左边,称 N 端或氨基末端,有 α-羧基末端的写在右边,称 C 端或羧基末端。

蛋白质分子并不是这样简单的一条肽链,有的呈环状,有的是由一条以上肽链组成。肽链中除肽键外还有二硫键,它是由肽链中相应部位上两个半胱氨酸残基脱氢连接而成的,是连接肽链内或肽链间的主要桥键(图 14-1)。

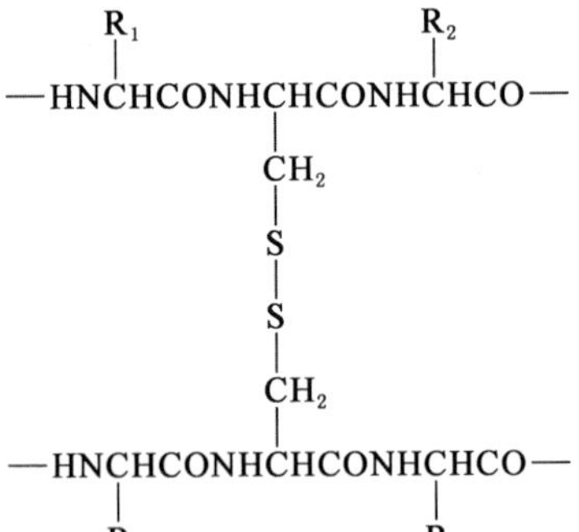

图 14-1 蛋白质肽链间二硫键示意图

二硫键在蛋白质分子中起着稳定肽链空间结构的作用,往往与生物活性有关。当二硫键破坏后,蛋白质或多肽的生物活性就消失。一般情况下,二硫键数目越多,蛋白质结构的稳定性就越强。生物体内起保护作用的皮、角、毛发的蛋白质中二硫键最多。目前,随着测试手段以及方法的完善,许多蛋白质的一级结构已经测定出来。例如,成人血液中的血红蛋白是由 574 个氨基酸组成的,其排列次序也已测出。胰岛素是由 51 个氨基酸形成的两条肽链组成的。一条是由 21 个氨基酸缩合而成的 A 链,另一条是由 30 个氨基酸缩合而成的 B

链，A 链和 B 链通过两个二硫键连接形成胰岛素。

2. 蛋白质的二级结构

蛋白质分子中的肽链并非是直线型的，而是排列成盘曲或折叠片状，这就是蛋白质的空间构象，即二级结构。天然蛋白质一般均含有 α-螺旋、β-折叠和 β-转角的结构，这些都是二级结构的内容。

(1)α-螺旋结构　α-螺旋结构是蛋白质主链的一种典型结构方式。它除了在羊毛等纤维状蛋白质中存在外，在球状蛋白质分子中也普遍存在。由于蛋白质多肽链的一级结构不同，α-螺旋的多寡程度也就不同。

在 α-螺旋中，每隔 3.6 个氨基酸残基，螺旋上升一圈，即大约 18 个氨基酸分子绕成 5 圈。螺旋沿螺旋体的中心轴每上升一圈相当于向上平移 0.54 nm，即每个氨基酸残基沿轴上升 0.15 nm。螺旋上升时，每个残基沿轴旋转 100°(图 14-2)。

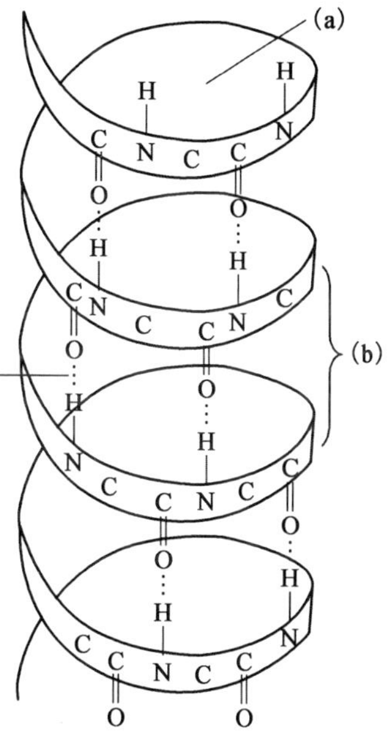

图 14-2　α-螺旋结构示意图

(a)中间很小的空隙可让溶剂分子进入；
(b)螺距＝0.54 nm，每圈 3.6 个氨基酸残基

(2)β-折叠结构　这种结构是肽链相当伸展的结构，除了在纤维蛋白中有，也存在于球状蛋白质中。该结构中，氮原子的三个价键处在一个平面上，α-碳原子恰好处在折叠处，可以在上凸或下凹交替放置。这样排列的每一多肽链之间平行地配置着，通过氢键将各平行的多肽链固定下来(图 14-3)。

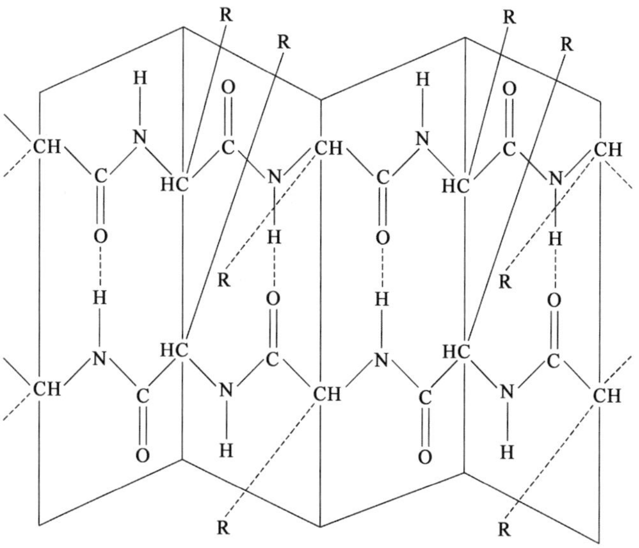

图 14-3　β-折叠结构示意图

多肽长链中的有些 R 侧链伸向螺旋外面，有些 R 侧链则伸向螺旋圈里面。R 上的羧基、氨基、羟基、巯基等，如果距离适当，也能形成盐键、酯键、二硫键等。这些键与数目众多的氢键合称为蛋白质的副键（蛋白质的主键是肽键）。以氢键为主的副键，维持了蛋白质二级结构的稳定性。如果副键受到过多的破坏，二级结构也就破坏了，蛋白质的性质就会发生极大的改变。

近几年来，在研究蛋白质构象、功能和进化中的变化时，常常引入超二级结构和结构域的结构层次，作为蛋白质二级结构至三级结构层次的一种过渡态构象层次。这种结构是指若干相邻的二级结构中的构象单元彼此相互作用，形成有规则的，在空间上能辨认的二级结构组合体。通常有 $\beta\alpha\beta$、$\beta\beta\beta$、$\alpha\alpha$、$\beta\beta$ 等，在这里不加详述。

3. 蛋白质的三级结构

多肽链首先在某些区域相邻氨基酸残基之间形成有规则的二级结构：α-螺旋、β-折叠、无规则卷曲等构象单元；然后以相邻的二级结构片段集装成超二级结构，进而折叠绕曲成结构域，由两个或两个以上的结构域组装成三级结构，即蛋白质的三级结构是指多肽链上的所有原子（包括主链和残基侧链）在三维空间的分布。

三级结构研究最早的是肌红蛋白。它由一条多肽链构成，有 153 个氨基酸残基和一个血红素辅基组成，相对分子质量为 17 800。肌红蛋白的三级结构如图 14-4 所示。

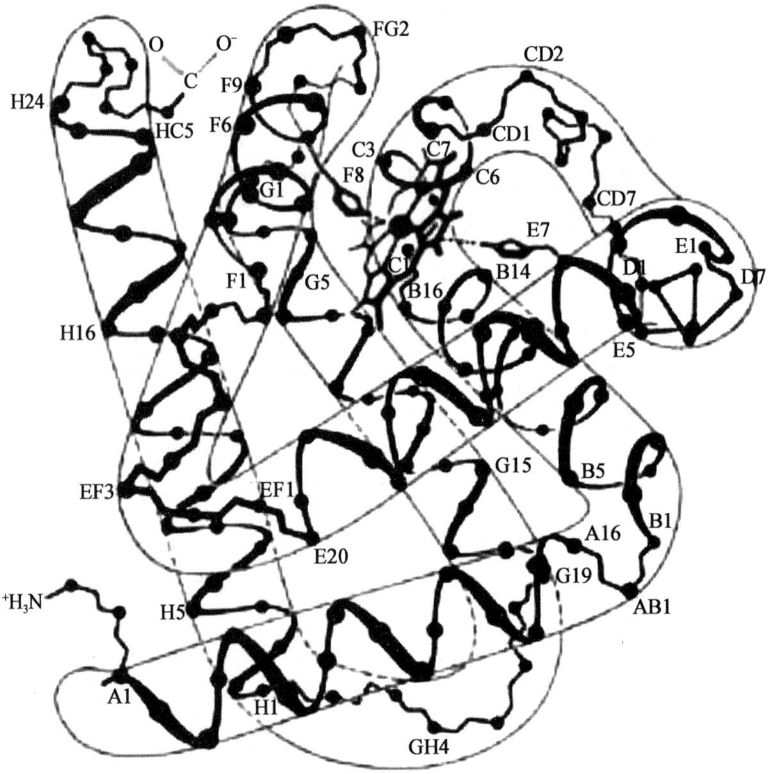

图 14-4 肌红蛋白的三级结构

4. 蛋白质的四级结构

大多数相对分子质量大的蛋白质都是由几条多肽链组成为一个活性单位。这些肽链相互以非共价键连接成一个相当稳定的单位，这种肽链就称为该蛋白质的亚基。蛋白质四级结构是指亚基的相互关系，空间的排布，亚基间通过非共价键聚合而成的特定构象。亚基单独存在，无生物活性或活性很弱，只有通过亚基相互聚合成四级结构时，蛋白质才具有完整的生物活性。

14.2.3 蛋白质的性质

1. 蛋白质的两性和等电点

蛋白质多肽长链的 N 端有氨基，C 端有羧基，肽链的侧链 R 上也经常有酸性基团和碱性基团。因此，同氨基酸一样，蛋白质也是两性物质。蛋白质在水溶液中离解，可用下式表示（Pr 代表蛋白质分子）：

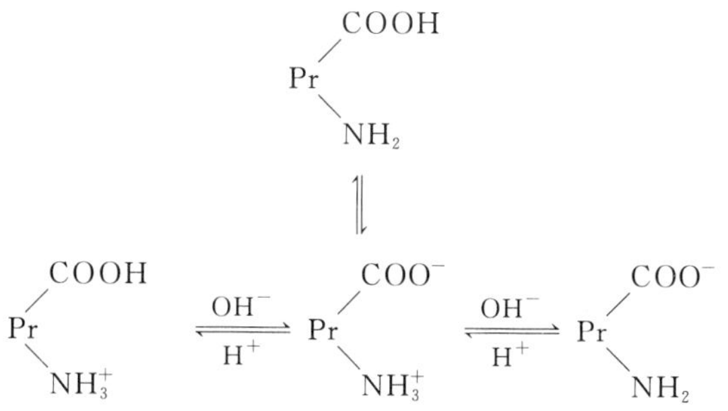

蛋白质正离子　　偶极离子　　蛋白质负离子
（pH<pI）　　（等电点 pI）　　（pH>pI）

蛋白质分子中含有很多可解离基团，可以把蛋白质分子看作一个多价离子，所带电荷的性质和数量是由蛋白质分子中的可解离基团的种类和数目及溶液的 pH 所决定的。对某一蛋白质来说，在某一 pH 时，它所带的正电荷与负电荷恰好相等，即净电荷是零。在电场中，这时的蛋白质分子既不向阳极移动，也不向阴极移动，这一 pH 称为蛋白质的等电点。在小于等电点的 pH 溶液中，蛋白质分子作为正离子可向阴极移动。相反，在大于等电点的 pH 溶液中，蛋白质分子作为负离子可向阳极移动。

蛋白质在等电点时由于所带正负电荷相等，净电荷为零，因而蛋白质分子之间的静电斥力减弱。同时，蛋白质分子的水化能力也减弱，导致水化膜的厚度变小，甚至丧失，故易沉淀析出。因此，在等电点时，蛋白质的溶解度最小。利用此性质，可以把蛋白质混合物彼此分开。

各种蛋白质由于氨基酸的组成不同，各有其自己的等电点。如含有较多酸性氨基酸的蛋白质，其等电点较低；含较多碱性氨基酸的蛋白质，其等电点较高。大多数蛋白质的等电点在 5 左右，故在动植物组织中（pH 近于 7），蛋白质大都成为负离子。

2. 蛋白质的颜色反应

蛋白质分子中存在着许多肽键和侧链，它们能与某些试剂作用而生成有色物质。我们可以根据这些颜色反应来鉴定蛋白质或多肽，或者检查某个蛋白质或多肽中是否存在某种氨基酸。

(1)缩二脲反应　蛋白质和多肽分子中都含有两个以上肽键，所以能发生缩二脲反应，在蛋白质或多肽溶液中加入 NaOH 与几滴稀硫酸铜溶液，则产生蓝紫色。这是检查蛋白质的通用反应之一。

(2)水合茚三酮反应　含有 α-氨基酰基（ $\overset{NH_2}{\overset{|}{—CHCO—}}$ ）的化合物都能与水合茚三酮反应生成蓝紫色物质。所以一切蛋白质、肽和 α-氨基酸都能与水合茚三酮反应而呈蓝紫色。这也是检查蛋白质的通用反应之一。

(3)米勒(Millon)反应　米勒试剂是硝酸、亚硝酸、硝酸汞、亚硝酸汞的混合液。米勒试剂遇蛋白质能生成白色蛋白质汞盐沉淀，加热后转变成砖红色，这就是米勒反应。沉淀的产生是由于蛋白质分子中含有酚基侧链(也就是含有酪氨酸)的缘故。一般蛋白质中大多含有酪氨酸，所以这个反应也可作为检测蛋白质的反应，也可用于检测多肽分子中是否存在酪氨酸。

(4)黄蛋白反应　蛋白质与浓硝酸共热呈黄色，再加碱，颜色较深而显橙色，这叫黄蛋白反应。颜色的产生是由于蛋白质分子中含有芳香侧链的缘故。一般蛋白质大多含有酪氨酸和苯丙氨酸，所以这个反应也是很普遍的。皮肤沾染浓硝酸而变黄，就是这个原因。

思考题 14-2

(1)蛋白质多肽链中的肽键是通过一个氨基酸的______基和另一氨基酸的______基连接而形成的。

(2)大多数蛋白质中氮的含量较恒定，平均为____%，如测得 1 g 样品含氮量为 10 mg，则蛋白质含量为____%。

(3)在组成蛋白质的 20 种氨基酸中，酸性氨基酸有______和______ 2 种，具有羟基的氨基酸是______和______，能形成二硫键的氨基酸是______。

(4)在组成蛋白质的 20 种氨基酸中，含有咪唑环的氨基酸是________，含硫的氨基酸有________和________。

(5)蛋白质的二级结构最基本的两种类型是________和________。

(6)今有甲、乙、丙三种蛋白质，等电点分别为 8.0、4.5 和 10.0。在 pH 8.0 缓冲液中，它们在电场中电泳的情况为：甲______，乙______，丙______。

(7)组成蛋白质的基本单位是______，它们的结构均为______。它们之间靠______键彼此连接而形成的物质称为______。

14.3 核酸

14.3.1 核酸的概述

1869 年，瑞士生理学家米歇尔(Miescher)首次从细胞核中分离到一种酸性物质，由于是从细胞核中发现的，又具有酸性，所以称为核酸。自发现核酸以后的四五十年中，人们做了大量研究工作，逐步明确核酸可分为两大类——脱氧核糖核酸(DNA)和核糖核酸(RNA)。

随后，尽管已证明了生物体普遍含有DNA和RNA，但是当时流行的"四核苷酸假说"认为，核酸是由4种核苷酸组成的单体构成的，缺乏结构方面的多样性，不大可能有重要的生理功能。因而核酸的研究未能引起足够的重视。一直到了20世纪50年代，研究人员发现DNA中的4种碱基的比例并不相等，推翻了"四核苷酸假说"，并通过细菌的转化实验证明了DNA是重要的遗传物质，由此，核酸的重要性得到了公认，而核酸的研究则成了生命科学中最活跃的领域之一。

14.3.2　核酸的组成

核酸由C、H、O、N、P(个别有微量S)所组成。N、P含量较高，分别为15%～16%和9%～10%。磷的含量较稳定，在各种核酸中变化范围很小，一般在9.5%左右。因此常测定其含磷量以推算核酸的含量。100/9.5=10.5，称为核酸系数。

$$核酸含量(\%)=P(\%)\times 10.5$$

核酸是多聚核苷酸的简称，水解可得到单核苷酸。单核苷酸再水解则可以产生核苷和磷酸，而核苷由嘌呤和嘧啶等碱性物质和戊糖(核糖和脱氧核糖)所组成。核酸的逐步水解过程可总结如图14-5所示。

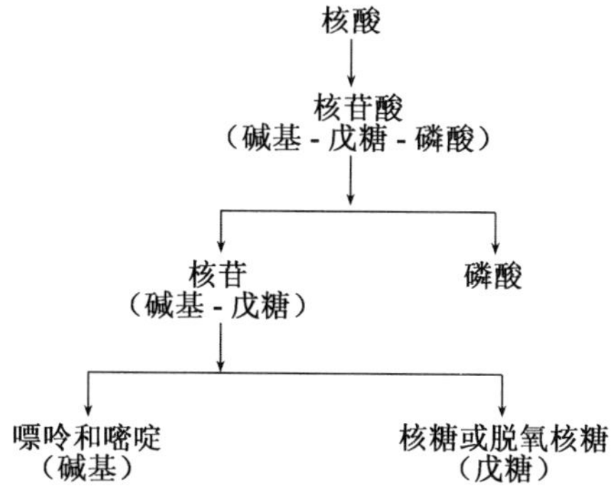

图14-5　核酸水解示意图

因此核酸根据化学成分的不同可分为两类：一类含核糖，叫核糖核酸(RNA)；另一类含脱氧核糖，叫作脱氧核糖核酸(DNA)(表14-3)。

表14-3　两类核酸的基本化学组成

化学成分	核糖核酸(RNA)	脱氧核糖核酸(DNA)
嘌呤碱	腺嘌呤(A)　鸟嘌呤(G)	腺嘌呤(A)　鸟嘌呤(G)
嘧啶碱	胞嘧啶(C)　尿嘧啶(U)	胞嘧啶(C)　胸腺嘧啶(T)
戊糖	β-D-核糖	β-D-2-脱氧核糖
酸	磷酸	磷酸

重要的嘌呤和嘧啶结构如图14-6所示。

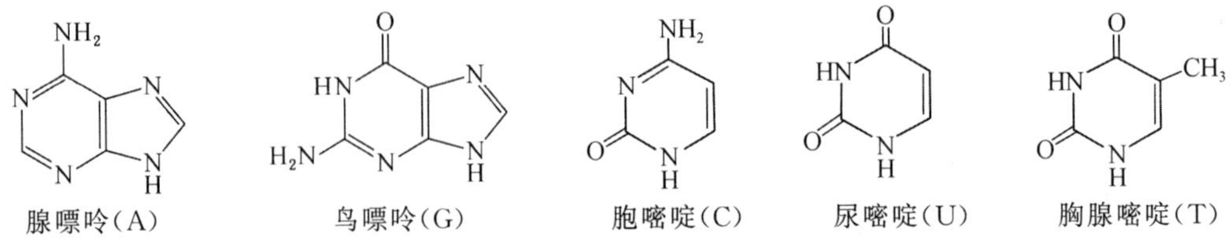

图 14-6　重要的嘌呤和嘧啶结构

14.3.3　核酸的结构

核酸的结构与蛋白质一样，非常复杂。也分为一级结构与空间结构。一级结构指组成核酸的单核苷酸之间键连的方式，以及核苷酸排列的顺序；空间结构指多核苷酸链内或链与链之间通过氢键折叠卷曲而成的构象。

1. 核酸的一级结构

核苷酸 5′位的磷酸基上还有羟基，可以与另一个核苷酸 3′的羟基形成磷酸二酯键。两个核苷酸分子通过磷酸二酯键结合成二核苷酸，二核苷酸还可以形成三核苷酸、四核苷酸……多核苷酸。正像氨基酸通过肽键连接成多肽一样。

RNA 和 DNA 的一级结构，分别就是由四种核苷酸和四种脱氧核苷酸以不同比例不同顺序通过 3′,5′-磷酸二酯键连接而成的多核苷酸长链和多脱氧核苷酸长链，简称 C_3'—O—P—O—C_5'键。RNA 和 DNA 均无支链，如图 14-7 所示。

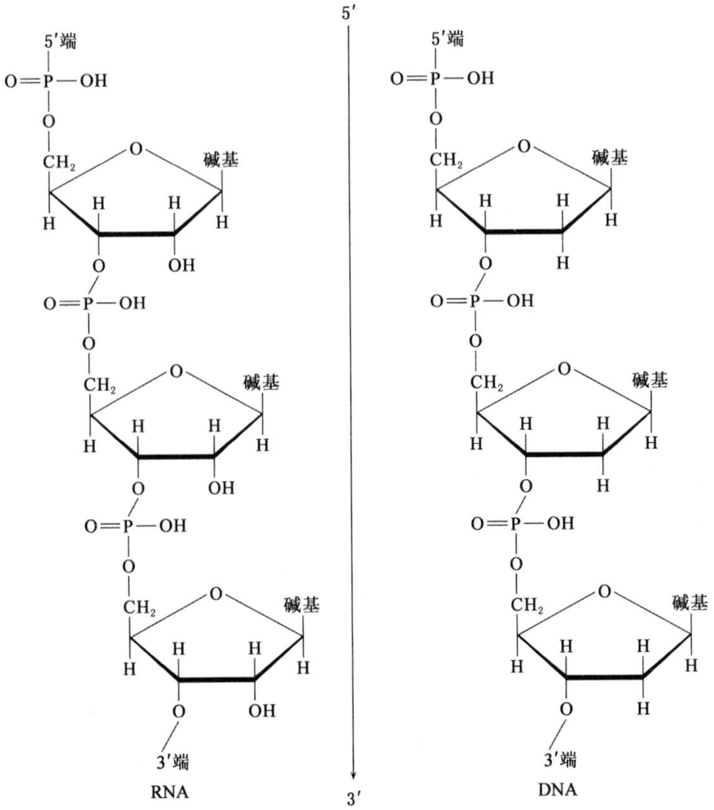

图 14-7　RNA 和 DNA 的一级结构

一条多核苷酸长链有两个末端，戊糖5′位未与其他核苷酸相连的一端称为5′端，戊糖3′位未与其他核苷酸相连的一端称为3′端。链的走向一般是从5′端到3′端。DNA链可以有成千上万个脱氧核苷酸单位，RNA链相对要短些。但戊糖与磷酸组成的长链上都有碱基侧链，正如蛋白质多肽长链上有R侧链一样。

2.核酸的二级结构

（1）DNA的二级结构　DNA的二级结构一般就是指DNA的双螺旋结构。沃森（J. D. Watson）和克里克（F. H. C. Crick）于1953年提出DNA的二级结构为双螺旋结构。这一学说已得到公认，其具体内容归纳如下：

①反向平行：DNA分子是由两条反向平行的多核苷酸链构成的，两条链均为右手螺旋，有一共同的螺旋轴。这两条多核苷酸链的骨架是由脱氧核糖和磷酸组成的，糖和磷酸位于链的外侧，碱基在链的内侧，螺旋直径0.2 nm。

②碱基互补：两条链中的碱基，在双螺旋内侧通过氢键形成碱基对，使两条链稳固并联，其中一条链上的嘌呤必须与另一条链上的嘧啶配对，即A—T、C—G互补成对。根据碱基构象研究的结果，A与T配对形成两个氢键，G与C配对形成3个氢键（图14-8）。由于碱基对的大小基本相同，所以无论碱基序列如何，双螺旋DNA分子整个长度的直径相同，螺旋直径为2.0 nm。

由于一个碱基只能与另一个特定的碱基互补，所以，一条螺旋的单核苷酸次序（碱基次序）就必然决定了另一条螺旋的单核苷酸次序。故碱基互补原则具有极其重要的生物学意义。

③楼梯结构：每个碱基对中的两个碱基处于同一平面，此平面与中心轴垂直。碱基平面间距0.34 nm。每十个核苷酸绕螺旋上升一圈，共上升3.4 nm，相邻核苷酸夹角36°。整个结构如同一螺旋状楼梯，碱基平面为其台阶。各碱基对平面间存在着碱基堆积力，使双螺旋结构更加稳定（图14-9）。

维持双螺旋的力主要是氢键和碱基堆积力，另外还有磷酸残基的负电荷与介质中的正离子形成的离子键。

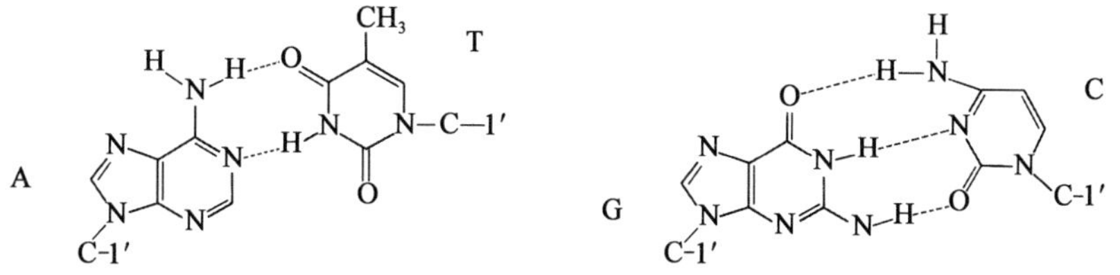

A-T碱基对中含有两个氢键　　C-G碱基对中含有三个氢键

C-1′表示脱氧核糖中的第1位碳原子

图14-8　DNA双螺旋分子中的碱基对

（2）RNA的二级结构　天然RNA的二级结构，一般不像DNA那样是双螺旋结构。大多数天然RNA分子是一条单链，其中许多区域自身发生回折，可使彼此配对的碱基（A—U，G—C）相遇，形成氢键，同时像DNA一样形成双螺旋结构。有40%～70%的核酸参与这

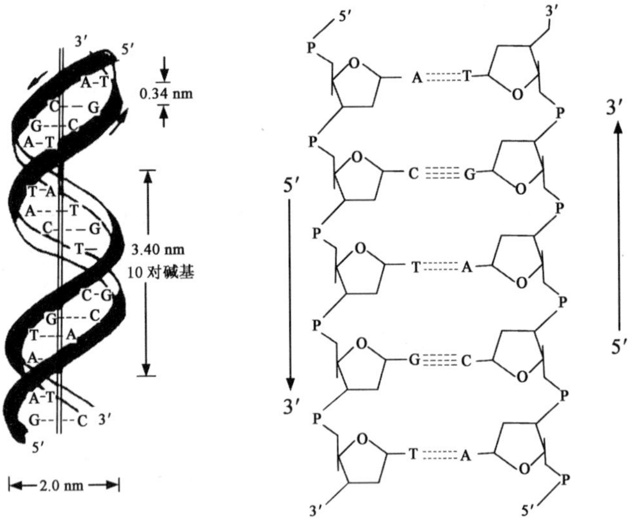

(a) 双螺旋模型　　(b) 简化表示法

图 14-9　DNA 的二级结构示意图

种螺旋的形成。碱基不能配对区形成突环被排斥在双螺旋结构之外(图 14-10)。RNA 中稳定螺旋结构的因素也主要是氢键和碱基堆积力。每一段双螺旋区至少需要 4～6 对碱基才能保持稳定。

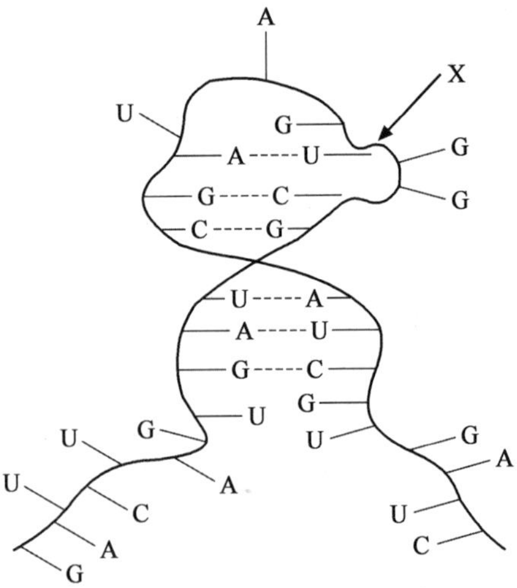

图 14-10　RNA 的二级结构示意图

14.3.4　核酸的理化性质

1. 核酸的溶解性

DNA 和 RNA 的分子中有不少亲水基,因此都可微溶于水,形成具有一定黏度的溶液,溶液呈酸性。由于 DNA 的相对分子质量较大,因此水溶液的黏度较大,当浓度较高时容易变成凝胶。DNA 和 RNA 可溶于稀碱和中性碱金属盐溶液以及 2-甲氧乙醇中,不溶于乙醇和乙醚。但两者都可溶于乙醇的水溶液，当乙醇浓度达到50%时，DNA会沉淀出来，乙醇浓度达到75%时，RNA亦沉淀，因此可以分离DNA和RNA。

DNA和RNA在细胞内常与蛋白质结合成核蛋白，两种核蛋白在盐溶液中的溶解度不同。DNA核蛋白难溶于0.14 mol/L的NaCl溶液，可溶于高浓度(1～2 mol/L)的NaCl溶液，而RNA核蛋白则易溶于0.14 mol/L的NaCl溶液，因此常用不同浓度的盐溶液分离两种核蛋白。

2. 核酸的水解

核酸在酸、碱和酶的催化下容易水解。由于磷酸二酯键和糖苷键都可在水解时断裂，因此反应的产物比较复杂。彻底水解可以得到磷酸、戊糖(*D*-核糖或*D*-2-脱氧核糖)以及嘌呤碱和嘧啶碱。碱催化水解时，由于糖苷键对碱较为稳定(DNA又较RNA稳定一些)，所以主要是磷酸二酯键断裂。酸催化水解时，糖苷键断裂得到含氮碱。随着水解的时间增长，酸浓度增大，磷酸二酯键也较多地发生水解。

酶水解比较温和，利用酶的选择性，可以专一地水解核酸分子中的某些键。例如，用脱氧核糖核酸酶Ⅰ小心水解DNA，可以得到平均由四个核苷酸单位组成的多核苷酸；用脱氧核糖核酸酶Ⅱ水解，可以得到平均由六个核苷酸单位组成的多核苷酸；用5′-磷酸二酯酶水解，则可得到5′-核苷酸。

3. 核酸的变性

当核酸分子的空间结构发生改变时便会失去原有的生理活性而发生变性。变性了的核酸虽然其多核苷酸链并没有断裂，但碱基对之间的氢键断裂，空间构象或多或少地发生了改变，呈现出松弛状态。能使蛋白质变性的各种物理、化学因素同样导致核酸的变性，例如高能射线(紫外线、X射线、激光等)、加热、某些化学试剂等。

4. 核酸的显色反应

核酸分子中都存在戊糖基，在酸性条件下可以生成某些能发生显色反应的物质。例如，将RNA和浓盐酸共热，产物在氯化铁催化下能与苔黑酚(5-甲基-1,3-苯二酚)呈绿色。又如，DNA在过氯酸存在下与二苯胺作用生成蓝色。这些显色反应可用于核酸的定量测定。

核酸在强酸作用下加热水解可得到磷酸。磷酸能与钼酸铵作用，在有还原剂(如抗坏血酸、亚硫酸钠等)存在时形成蓝色化合物钼蓝，通过比色方法可算出样品中的含磷量并折算出核酸的含量。

5. 核酸的紫外吸收

嘌呤碱和嘧啶碱具有共轭双键，使碱基、核苷、核苷酸和核酸在260～290 nm的紫外波段有一强烈的吸收峰，因此核酸具有紫外吸收特性。DNA钠盐的紫外吸收在260 nm附近有最大吸收值，其吸光度以A_{260}表示，A_{260}是核酸的重要性质，在核酸的研究中有重要作用；在230 nm处为吸收低谷。RNA钠盐的吸收曲线与DNA无明显区别。不同核苷酸有不同的吸收特性，所以可以用紫外分光光度计加以定量及定性测定。

实验室中最常用的是定量测定小量的DNA或RNA。因为蛋白质的最大吸收在280 nm处，所以根据待测样品260 nm与280 nm的吸光度的比值A_{260}/A_{280}可判断其纯度，纯DNA的A_{260}/A_{280}应为1.8，纯RNA应为2.0。样品中如含有杂蛋白及苯酚，A_{260}/A_{280}比值即明显降低。利用紫外吸收法可以定量测定核酸含量，不纯的样品不能用此法作定量测定。

思考题 14-3

(1)脱氧核糖核酸(DNA)的基本结构单位是______。

(2)DNA 和 RNA 中的碱基不同的是______和______。

(3)核酸中核苷酸之间的连接方式是______。

(4)维系 DNA 双螺旋稳定的最主要的力是______、______。

(5)保持 DNA 双螺旋稳定的因素为______、______和______。

□ 习　题

14-1　选择题。

(1)由甘氨酸和半胱氨酸合成的二肽数目为(　　)个。

A. 1　　B. 2　　C. 3　　D. 4

(2)在 pH=3.2 时,下列氨基酸(括号内数字为等电点)以负离子存在的是(　　)。

A. 天门冬氨酸(2.77)　B. 脯氨酸(6.33)　C. 组氨酸(7.50)　D. 谷氨酸(3.20)

14-2　填空题。

(1)甘氨酸的结构式为______________。

(2)α-氨基酸水溶液加几滴 0.25%茚三酮,加热 1~2 min,呈________色。

(3)鉴别蛋白质和多糖可选用的试剂是______________。

(4)半胱氨酸的结构式为______________。

14-3　写出下列 pH 介质中各氨基酸的主要存在形式。

(1)谷氨酸在 pH=3 时　(2)赖氨酸在 pH=10 时　(3)丝氨酸在 pH=1 时

(4)缬氨酸在 pH=8 时　(5)色氨酸在 pH=12 时

14-4　某氨基酸溶于 pH=7 的纯水中,所得氨基酸的溶液 pH=6,问此氨基酸的等电点大于 6、等于 6、还是小于 6。

14-5　判断对错。

(1)在 pH=6 的溶液中,谷氨酸(pI=3.22)主要以负离子形式存在。

(2)凡含有酰胺结构的化合物都能发生缩二脲反应。

14-6　写出下列氨基酸的投影式,并用 *R*/*S* 标记法表示它们的构型。

(1)*L*-丙氨酸　(2)*L*-丝氨酸　(3)*L*-半胱氨酸

14-7　写出下列化合物的结构式。

(1)天冬酰天冬酰酪氨酸　(2)尿苷-2′,3′-磷酸

(3)苯丙氨酰腺苷酸　(4)谷胱甘肽(Glutathione,一种辅酶,生物还原剂)

14-8　简答题。

(1)某氨基酸的等电点为 pI,在电场中,溶液的 pH<pI、pH>pI 及 pH=pI 的情况下,该氨基酸的迁移方向如何变化?

(2)如何分离赖氨酸和甘氨酸?

(3)DNA 和 RNA 在结构上有什么主要差别?

14-9 结构推断题。

(1)一个三肽与2,4-二硝基氟苯作用后水解,得到下列化合物:N-(2,4-二硝基苯基)-甘氨酸、N-(2,4-二硝基苯基)-甘氨酰丙氨酸、丙氨酰亮氨酸、丙氨酸及亮氨酸。试推测此三肽的结构。

(2)用亚硝酸与一个两性物质A($C_5H_{11}O_2N$)作用,得到B($C_5H_{10}O_3$),然后加热得到C($C_5H_8O_2$),用高锰酸钾氧化C得到D(C_3H_6O)、CO_2、H_2O。试写出A、B、C、D的结构式。

Chapter 15 第15章

油脂和类脂化合物

Fats and Lipid Compounds

油脂和类脂是生物体维持正常的生命活动不可缺少的物质。油脂是指动植物体中的油和脂肪；类脂通常是指磷脂、蜡、甾族化合物等。类脂的化学组成、结构和生理功能有的与油脂差异很大，但由于某些物理性质特别是在溶解性方面与油脂相似，即不溶于水，易溶于乙醚、苯、氯仿等有机溶剂中，因而称为类脂。

15.1 油脂与磷脂

15.1.1 油脂的结构与组成

油脂广泛存在于动植物体内，是动植物体内的重要贮藏物质之一。在动物体内，油脂主要存在于内脏、皮下组织和骨髓中；在植物体中，油脂多分布于果实和种子内，而花、叶、茎、根等部位含量较少。油脂在生物体内有着重要的生理功能，是动植物体生命活动所需能量的主要来源之一，1 g 油脂在人体内完全氧化，放出约 39 kJ 的热量，比 1 g 糖(约 17 kJ)或 1 g 蛋白质(约 17 kJ)氧化所放出的热量高 1 倍多。油脂能提供人体必需的不饱和脂肪酸如油酸、亚油酸等；油脂有助于脂溶性维生素(如维生素 A、维生素 D、维生素 E、维生素 K 等)在体内的吸收和运输；动物的皮下脂肪既可防止体温散失，又可保护内脏免受机械损伤；植物种子中贮存的油脂是供给种子发芽时所需要的养料。

油脂也是重要的化工原料，非食用油大量用于制肥皂、油漆、润滑剂等。

油脂是油和脂肪的总称。习惯上，将室温下呈液态的油脂称为油，如菜油、豆油、花生油等；将室温下呈固态或半固态的称为脂肪，如猪油、牛油等。不论是液态油还是固态脂肪，从化学结构看，其主要成分都是高级脂肪酸与甘油形成的酯。通式如下：

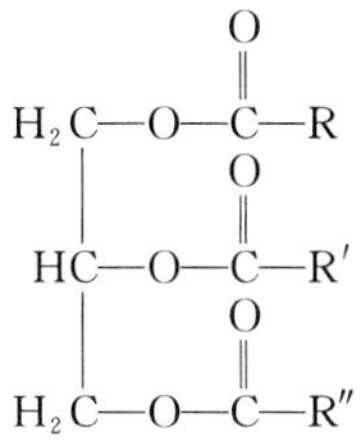

式中：R、R′、R″为饱和与不饱和脂肪酸的烃基。固态的油脂中烃基多为饱和的，而液态的油脂中烃基多为不饱和的。如果 R、R′、R″完全相同则为简单甘油酯，R、R′、R″中有两个或三个都不相同则为混合甘油酯。天然油脂大多是多种混合甘油酯的混合物。

组成油脂的脂肪酸种类很多，其中绝大多数是含偶数碳原子的饱和或不饱和的一元直链高级脂肪酸。一般饱和脂肪酸多为 12～22 个碳原子，不饱和脂肪酸多为 10～24 个碳原子。饱和脂肪酸中，以软脂酸的存在最广，几乎存在于所有的油脂中；其次是月桂酸、豆蔻酸和硬脂酸。不饱和脂肪酸中，以油酸、亚油酸和亚麻酸分布最广。油脂中常见的脂肪酸见表 15-1。

从表 15-1 中可以看出，不饱和脂肪酸的熔点比饱和脂肪酸要低，并随着不饱和度的增加而降低。不饱和脂肪酸的构型几乎全部是顺式，顺式的不饱和键有降低熔点的作用。这是因为在固态中，脂肪酸的分子要尽可能紧密地贴合在一起，它们贴合得越紧密，则分子间的范德华力作用就越强，熔点也越高，饱和脂肪酸的链呈锯齿形，所以能紧密贴合，熔点较高。反式不饱和脂肪酸的链可以同样伸展，但顺式的链在双键处呈弯弓状，相互之间贴合程度相对较低，从而降低了油脂的熔点。不饱和脂肪酸中顺式构型的双键越多，则其熔点越低。这种作用看起来很小，却具有极其重要的生理作用。例如，磷脂存在于细胞膜中，因为磷脂的不饱和酸烃基链也为顺式，所以使细胞膜在生理温度下为半液态，从而使细胞膜有半透膜的作用。

硬脂酸和油酸的分子间排列见图 15-1。

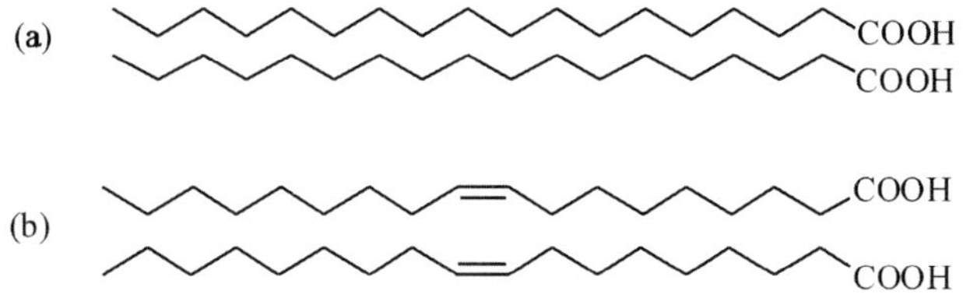

图 15-1 硬脂酸(a)和油酸(b)的分子间排列

高级脂肪酸的命名多采用俗名。若用系统命名法命名时，根据分子中的碳原子数称“某碳酸”或“某碳烯酸”；对于不饱和脂肪酸常用“Δ”代表双键，双键的位置以上标形式写在“Δ”的右上角。例如：

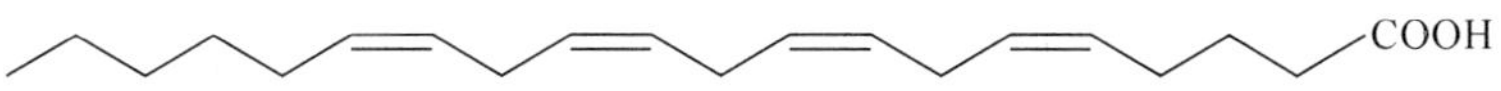

顺，顺，顺，顺-$\Delta^{5,8,11,14}$-二十碳四烯酸（花生四烯酸）

表 15-1 油脂中常见的脂肪酸

类别	俗名	系统命名	结构式	熔点/℃	分布情况
饱和脂肪酸	羊蜡酸	癸酸	$CH_3(CH_2)_8COOH$	32	椰子油、奶油
	月桂酸	十二碳酸	$CH_3(CH_2)_{10}COOH$	44	鲸蜡、椰子油
	豆蔻酸	十四碳酸	$CH_3(CH_2)_{12}COOH$	58	肉豆蔻脂
	软脂酸	十六碳酸	$CH_3(CH_2)_{14}COOH$	63	动植物油脂
	硬脂酸	十八碳酸	$CH_3(CH_2)_{16}COOH$	70	动植物油脂
	花生酸	二十碳酸	$CH_3(CH_2)_{18}COOH$	75	花生油
不饱和脂肪酸	油酸	顺-Δ^{9}-十八碳烯酸	$CH_3(CH_2)_7CH{=}CH(CH_2)_7COOH$	13	动植物油脂
	亚油酸*	顺,顺-$\Delta^{9,12}$-十八碳二烯酸	$CH_2CH{=}CH(CH_2)_7COOH$ | $CH{=}CH(CH_2)_4CH_3$	−5	植物油
	亚麻酸*	顺,顺,顺-$\Delta^{9,12,15}$-十八碳三烯酸	$CH_3CH_2CH{=}CHCH_2CH{=}CH\ CH_2CH{=}CH(CH_2)_7COOH$	−11	亚麻仁油
	桐油酸	顺,反,反-$\Delta^{9,11,13}$-十八碳三烯酸	$CH_3(CH_2)_3CH{=}CHCH{=}CH\ CH{=}CH(CH_2)_7COOH$	49	桐油
	蓖麻酸	12-羟基-顺-Δ^{9}-十八碳烯酸	OH | $CH_3(CH_2)_5CHCH_2CH{=}CH(CH_2)_7COOH$	5.5	蓖麻籽仁
	花生四烯酸*	顺,顺,顺,顺-$\Delta^{5,8,11,14}$-二十碳四烯酸	$CH_3(CH_2)_4CH{=}CHCH_2CH{=}CHCH_2CH{=}CHCH_2CH{=}CH(CH_2)_3COOH$	−49.5	磷脂
	芥酸	顺-Δ^{13}-二十二碳烯酸	$CH_3(CH_2)_7CH{=}CH(CH_2)_{11}COOH$	33.5	菜油

注:带 * 者为必需脂肪酸。

含一个以上双键的高级脂肪酸叫作多不饱和脂肪酸。某些多烯脂肪酸具有重要的生理活性。被称为“血管清道夫”的二十碳五烯酸(EPA)有降低血脂、降低血清胆固醇含量、防止动脉粥样硬化等药理作用。二十二碳六烯酸(DHA)有“脑黄金”之称，是大脑细胞形成和发育不可缺少的物质，对促进智力、增强记忆功能、延缓大脑衰老等有重要作用。DHA只存在于鱼和贝类水生动物中，在鱼油中含量最高。

简单甘油酯的命名与酯相同。例如：三硬脂酸甘油酯。

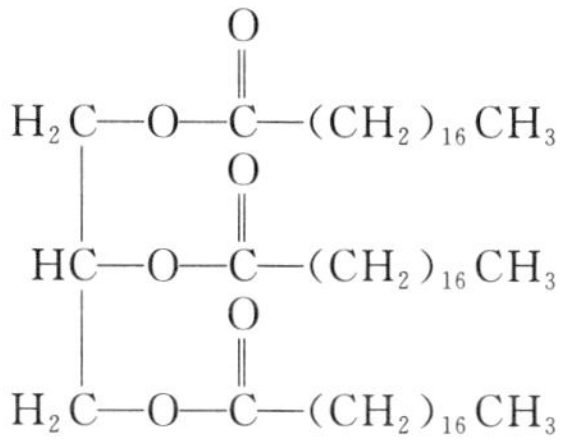

三硬脂酸甘油酯

混合甘油酯中三个脂肪酸的位置，可分别用 α、β 和 α' 表示。甘油两端的碳原子为 α 和 α'，中间碳原子为 β。例如：α-硬脂酸-β-软脂酸-α'-油酸甘油酯。

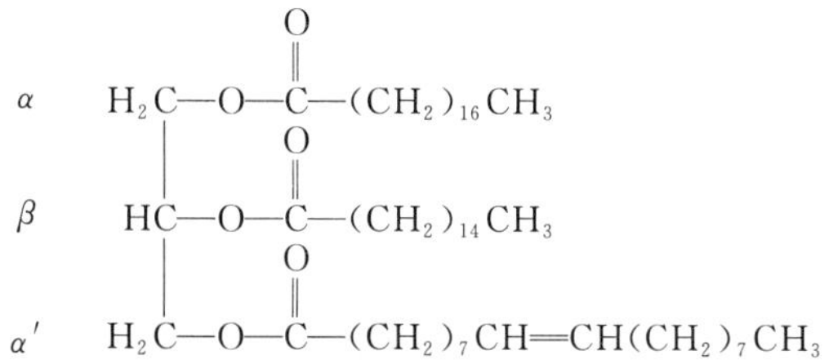

α-硬脂酸-β-软脂酸-α'-油酸甘油酯

如果 α,α'-碳原子上连接的脂肪酸不同，则 β-碳原子是手性碳原子，该油脂具有旋光性。

思考题 15-1 写出同时含有硬脂酸、软脂酸、油酸和亚油酸四种高级脂肪酸组成的甘油酯的可能结构式，并解释熔点的差异。

15.1.2 油脂的性质

纯净的油脂无色无味，但常因含有某些色素和杂质而带有颜色和不同气味。油脂不溶于水，易溶于乙醚、石油醚、氯仿、丙酮等有机溶剂。利用上述溶剂可以从动植物组织中提取粗脂肪，以测定其含量。油脂比水轻，相对密度一般在0.86～0.95。天然油脂是混合物，无固定的熔点，但各自有一定的熔点范围，如猪油的熔点为36～46 ℃，花生油为28～32 ℃。各种油脂有一定的折光率范围，如菜籽油为1.464 9～1.465 9(40 ℃)，猪油为1.460 9～1.462 0(40 ℃)，利用折光率可鉴定油脂的纯度。

不同油脂的主要区别在于组成油脂的高级脂肪酸的种类和比例不同。高级脂肪酸的饱和程度，对油脂的物理状态影响很大。含有较多不饱和脂肪酸的油脂在室温下呈液态；含较多饱和脂肪酸的油脂室温下呈固态或半固态。

油脂是高级脂肪酸甘油三酯，而且有不同程度的不饱和性，其化学性质与酯键和碳碳双键的结构密切相关。

1. 水解反应

油脂在酸或酶的催化下，可水解生成甘油和高级脂肪酸。酸催化的反应是可逆的，在碱催化下，油脂水解生成甘油和高级脂肪酸盐，反应是不可逆的。反应生成的高级脂肪酸钠盐或钾盐，通常称为钠肥皂或钾肥皂。所以，油脂在碱性溶液中的水解反应也称皂化反应。

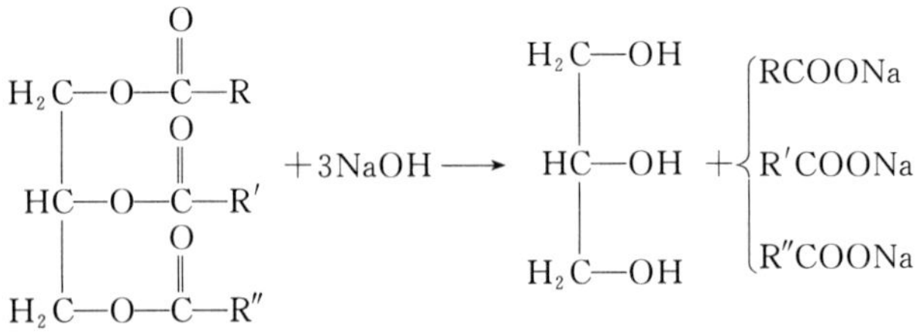

由于各种油脂的平均相对分子质量不同，平均相对分子质量越大，单位重量油脂中所含分子的摩尔数越小，皂化时所需碱的用量也就越小。通常把皂化 1 g 油脂所需氢氧化钾的毫克数称为该油脂的皂化值。根据皂化值，可以检验油脂的纯度，并计算出油脂的平均相对分子质量。

$$\text{平均相对分子质量}=\frac{3\times56\times1\ 000}{\text{皂化值}}$$

式中：3 为皂化 1 mol 油脂需 3 mol KOH；56 为 KOH 的相对分子质量。

从式中可以看出，油脂的平均相对分子质量与皂化值成反比，皂化值越小，平均相对分子质量越大；反之，平均相对分子质量越小。

天然油脂都有正常的皂化值范围，如果测得某油脂的皂化值低于或高于其正常范围，则表明该油脂中含有不能被皂化或者可以与 KOH 作用的杂质。所以皂化值是检验油脂质量的重要指标之一。一些常见油脂的皂化值范围见表 15-2。

表 15-2　一些常见油脂的分析数据

油脂	皂化值/mg	酸值/mg	碘值/g
桐油	190～197	2	150～170
亚麻油	190～195	2～6	173～205
豆油	190～193	0.3～1.8	126～135
棉籽油	192～194	2.6	101～121
芝麻油	188～193	9.8	103～117
蓖麻籽油	177～187	0.8～1	81～91
花生油	186～196	0.5～0.8	83～105
棕榈油	196～205		53～58
鱼肝油	168～190		135～198
猪油	195～203	0.5～0.8	47～53
牛油	193～200	0.7～0.9	35～47
羊油	192～196	2～3	33～34
奶油	221～233		25～50

2. 加成反应

含不饱和脂肪酸的油脂可以与氢、卤素等发生加成反应。

(1)加氢　在催化剂(Ni、Pt 等)作用下，不饱和脂肪酸甘油酯加氢生成饱和脂肪酸甘油酯。

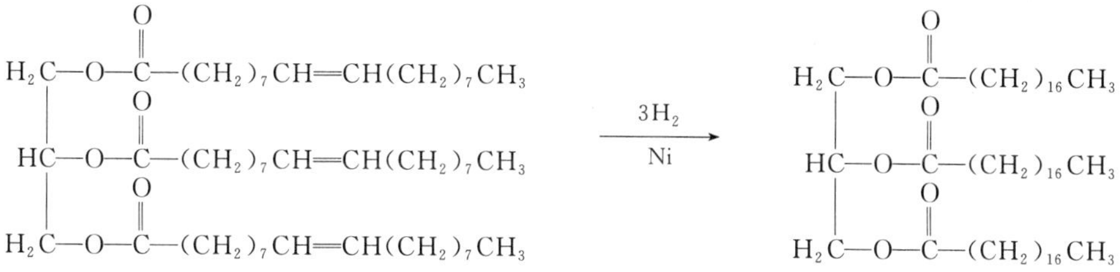

三油酸甘油酯　　　　三硬脂酸甘油酯

含较多不饱和脂肪酸甘油酯的液态油，通过催化加氢可以转化为饱和程度较高的固态或半固态脂肪，这个过程称为油脂的氢化或硬化。氢化后所得的油脂常称为硬化油。不能食用的动植物油通过氢化后可用于制造肥皂。由植物油部分氢化(完全氢化所得产物硬而脆)制成人造黄油供食用，可以避免摄入过多天然动物脂肪而使胆固醇升高。油脂氢化后不易变质，易于贮存和运输，还能改善其品质，如鱼油加氢之后能除去腥味。

思考题 15-2　人造奶油是利用油脂的哪一性质制成的？为何熔点会明显升高？

(2)加碘及碘值　在油脂分析中常用油脂与碘的加成反应来测定油脂的不饱和程度。100 g 油脂吸收碘的克数称为碘值。碘值越大，表明油脂的不饱和程度就越高。由于碘与碳碳双键的加成反应很慢，在实际测定中，通常用氯化碘(ICl)或溴化碘(IBr)的冰醋酸溶液作试剂代替，其中氯原子或溴原子能使碘活化。碘值也是评价油脂品质的重要指标之一。一些常见油脂的碘值见表 15-2。

3. 油脂的酸败

油脂在长期贮存过程中，受湿、热、光和空气的作用逐渐变质产生不愉快气味的现象称为油脂的酸败。引起油脂酸败的化学变化比较复杂，主要原因有两方面：一是空气中的氧使油脂氧化分解；二是微生物使油脂分解。

新鲜的油脂中含有少量的游离脂肪酸。中和 1 g 油脂中的游离脂肪酸所需氢氧化钾的毫克数，称为该油脂的酸值。未酸败的油脂其酸值都很低，而酸败后，酸值便明显升高，一般酸值大于 6 的油脂不宜食用。因此，酸值大小也是衡量油脂品质好坏的重要指标之一。一些常见油脂的酸值见表 15-2。

油脂酸败后不仅变味，而且具有不同程度的毒性，食用酸败变质的油脂对人体健康不利。为了防止油脂酸败，需将油脂保存在密闭的容器中，置于阴凉、干燥和避光处；另外，在油脂中加入少量抗氧剂，如维生素 E，用量控制在 0.03%即可抑制酸败。

思考题 15-3

(1)植物油和动物脂肪贮存时，哪种易酸败？为什么？如何防止？

(2)油脂的皂化值是否包括酸值？酸值是否包括皂化值？

4. 油脂的干化作用

某些不饱和油脂如桐油、亚麻油等涂成薄层暴露在空气中，其表面能形成一层坚韧、有弹性、不透水的薄膜，这种现象称为油脂的干化作用。容易干化的油称干性油，干性油可用作油漆和涂料的原料。

油脂的干化作用是一个复杂的过程，一般认为是一系列聚合反应的结果。氧化聚合物的结构尚不清楚，但实践证明，油的干化作用与油分子中所含双键数目及双键结构体系有关，含双键数目多，结膜快，数目少，结膜慢。有共轭双键体系结构的比孤立双键结构体系的结膜快。桐油的干化最好，是因为桐油酸的三个双键共轭的缘故。

油的干化使油成为油漆工业中的一种重要原料。由于碘值是标志油脂不饱和程度的重要数据，通常按碘值大小可将油脂分为三类：碘值在 130 以上的为干性油，如桐油、亚麻油；碘值在 100～130 的为半干性油，如棉籽油、豆油；碘值在 100 以下的为非干性油，如花生油。

桐油是最理想的干性油之一，不仅结膜速度快，而且漆膜坚韧、耐光、耐冷热变化、耐潮湿和耐腐蚀。桐油是我国特产，产量占世界总量的 90%以上。

15.1.3 磷脂

磷脂(phosphatids)是一类含磷的类脂化合物，是生物膜的主要成分。广泛存在于动植物的各种细胞膜中，尤其是在动物的脑和神经组织中以及卵黄中含量较多。已知的磷脂多为甘油酯，以卵磷脂和脑磷脂最为重要。

1. 卵磷脂和脑磷脂

卵磷脂和脑磷脂的母体结构都是磷脂酸。磷脂酸是由甘油的三个羟基中两个羟基与高级脂肪酸结合，另一个羟基与磷酸结合所形成。

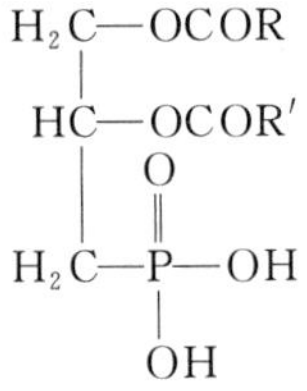

磷脂酸

卵磷脂中磷脂酸通过酯键与胆碱($[HOCH_2CH_2N(CH_3)_3]^+OH^-$)相结合，脑磷脂中磷脂酸通过酯键与胆胺($HOCH_2CH_2NH_2$)、丝氨酸($HOCH_2CH(NH_2)COOH$)或肌醇($C_6H_6(OH)_6$)相结合。

根据磷酸与甘油结合的位置不同，磷脂有 α 和 β 两种异构体。如果磷酸连在 α 位，不论 R、R′是否相同，β-碳一定是手性碳原子，应有两种旋光异构体存在，自然界常见的磷脂是

L-α-磷脂。

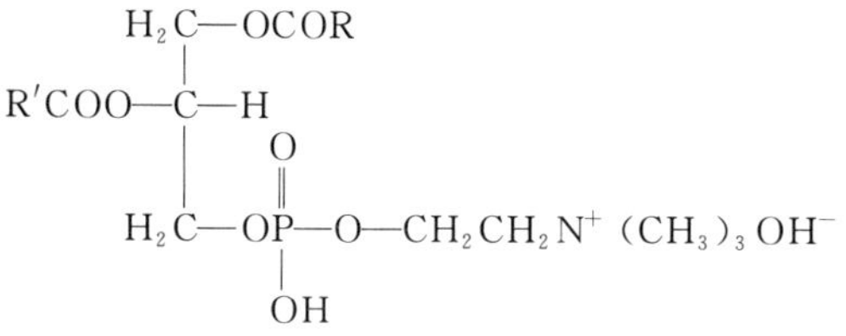

L-α-卵磷脂

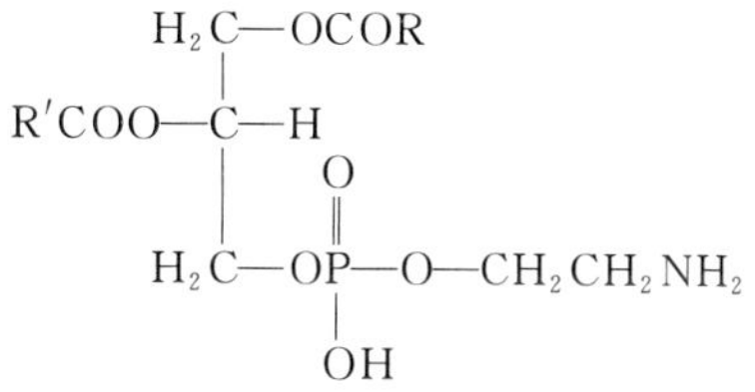

L-α-脑磷脂

组成磷脂的脂肪酸都是含 16 个碳原子以上的高级脂肪酸，如硬脂酸、软脂酸、油酸、亚油酸及花生四烯酸等。

磷脂分子可分为两个部分，一部分是具有长链脂肪酸的非极性端，是憎水部分，另一部分是带有正电荷和负电荷的取代磷酸酯基团的极性端，是亲水部分，因此，磷脂和油脂不同，但与肥皂的结构类似。磷脂分子中磷酸部分显酸性，含氮部分显碱性，因此可形成内盐。

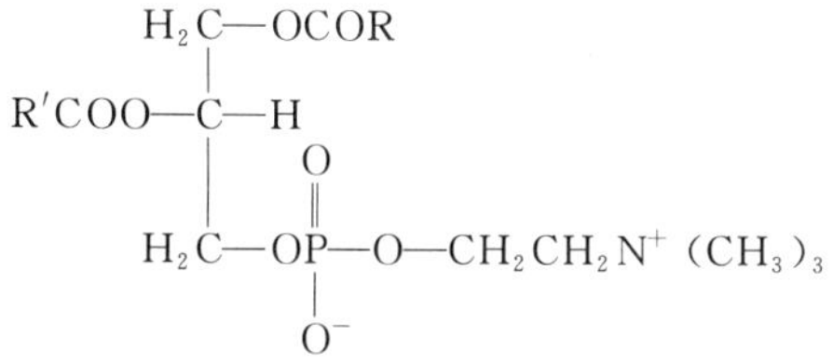

L-α-卵磷脂内盐

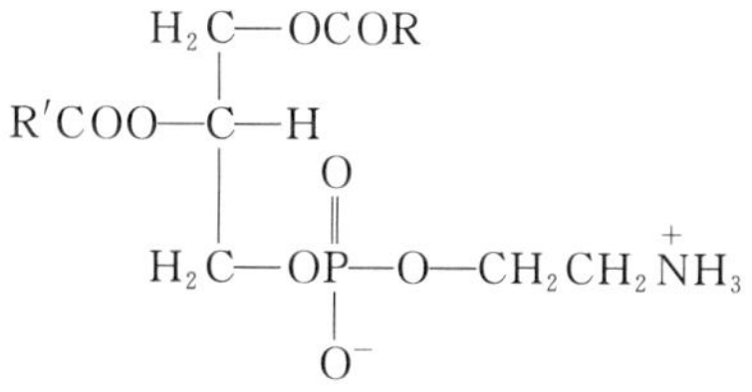

L-α-脑磷脂内盐

磷脂是吸湿性很强的白色蜡状固体，在空气中易被氧化逐渐变成黄色，久则变成棕褐色。卵磷脂能溶于乙醇和乙醚，但不溶于丙酮。脑磷脂能溶于乙醚，但不溶于乙醇和丙酮。在酸、碱或酶的催化下它们都能水解，彻底水解的产物是甘油、脂肪酸、磷酸和胆碱或胆胺。

2. 神经磷脂

神经磷脂主要存在于动物的脑和神经中。神经磷脂不是甘油酯，而是神经氨基醇的氨基与高级脂肪酸通过酰胺键相连，神经氨基醇的伯醇羟基通过酯键与磷酸相连，磷酸又通过酯键与胆碱相连。神经氨基醇的结构如下：

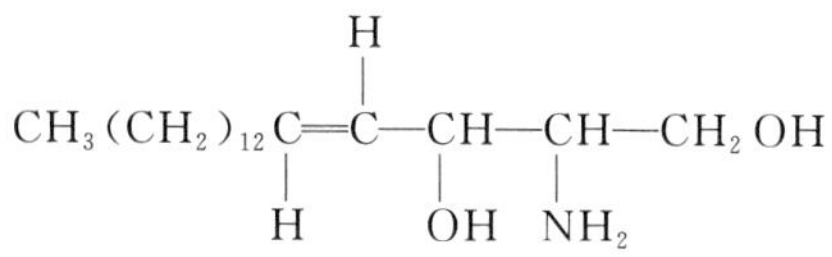

反-2-氨基-4-十八碳烯-1,3-二醇

神经磷脂的结构式为：

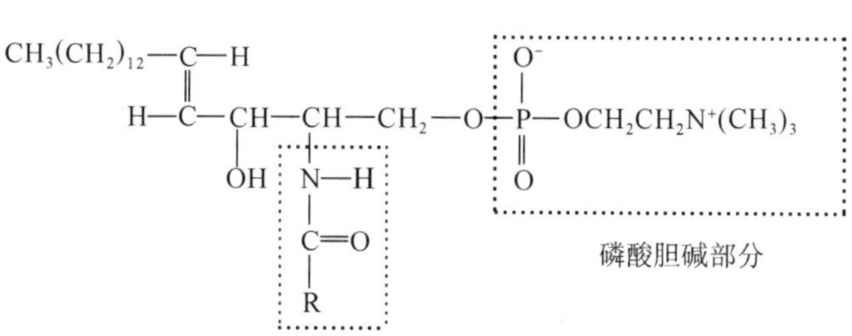

磷酸胆碱部分

酰胺键

组成神经磷脂的高级脂肪酸中，除软脂酸、硬脂酸和二十四酸外，还有脑神经酸（顺-Δ^{15}-二十四碳烯酸）。

神经磷脂是白色晶体，在空气中较稳定。不溶于水和丙酮，能溶于乙醚和热的酒精中，也可形成内盐，可水解。

思考题 15-4 如何将脑磷脂、卵磷脂和神经磷脂的混合物分离？

15.1.4 肥皂及合成表面活性剂

1.肥皂的组成及去污作用

肥皂是高级脂肪酸的钠盐或钾盐，它可以由天然油脂在碱性中水解得到。日常使用的肥皂是高级脂肪酸的钠盐。钠皂易于结块，能溶于水，制造成本较低，含有 70%的高级脂肪酸钠、30%的水分以及为增加泡沫而加入的某些泡沫剂如松香酸钠等。加入香料及色素就成为家庭用的香皂，加入甲苯酚或其他防腐剂就成为药皂。

高级脂肪酸的钾盐不能凝成硬块，叫作软皂。软皂制造成本较高，多用作洗发水和医用的乳化剂，如消毒用的煤酚皂溶液就是约含 50%甲苯酚的软皂溶液。

肥皂的去污作用是由高级脂肪酸盐的分子结构决定的。高级脂肪酸钠分子的一端是—COO^-Na^+，它是极性易溶于水的基团，叫作亲水基，它使肥皂具有水溶性；而较长的烃基部分则是不易溶于水而易溶于非极性物质的基团，叫作亲油基或疏水基。一个既有亲水基，又有亲油基的分子叫两亲分子。

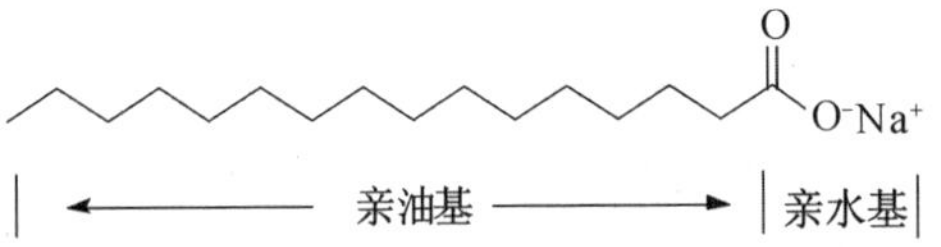

当肥皂与水接触时，肥皂分子的疏水烃基受水的排斥，聚集在一起，形成团粒，疏水烃基聚集在团粒内部，而亲水的羧基阴离子包围在团粒之外，这种团粒称为胶束。用肥皂洗涤衣物遇到油污时，经搅动或揉搓，肥皂分子的疏水烃基就会伸进油滴中，亲水基则包围在油滴外，油滴被肥皂分子包围着，带有相同电荷，相互排斥，能稳定地悬浮在水中，形成水包油的状态，这种现象称乳化作用（图 15-2）。具有乳化作用的物质称为乳化剂，为表面活性剂中的一类。

衣服上的油污用肥皂处理后，经摩擦和振动，油污便逐渐脱离附着物，形成乳化油滴，悬浮在水中，漂洗过程中随水流去，这就是肥皂的去污作用。

肥皂有很好的去污作用，但在酸性溶液中和硬水中则不宜使用。因肥皂是弱酸盐，遇强酸后便游离出高级脂肪酸而失去乳化剂的作用；在硬水中使用，遇硬水中的 Ca^{2+} 或 Mg^{2+}，则生成不溶性的高级脂肪酸的钙盐或镁盐，也失去乳化剂的作用。这不仅降低肥皂的去污能力，而且也损坏织物，使其变黄变硬。因此，肥皂的应用有一定的限制，而且制造肥皂还需

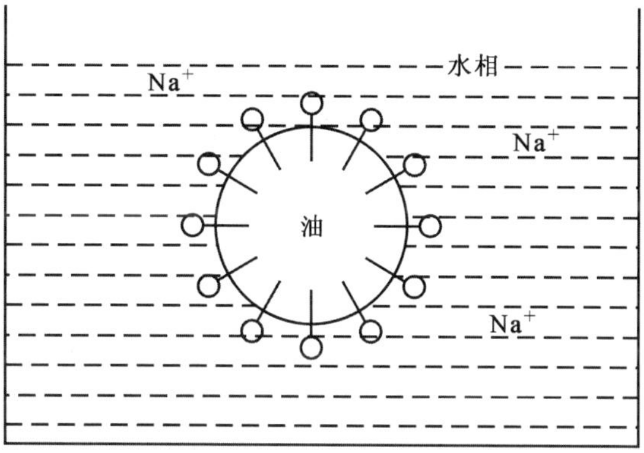

图 15-2　肥皂的乳化作用示意图

消耗一定量的天然油脂，所以目前国内外大量使用合成表面活性剂代替肥皂。

2. 合成表面活性剂

肥皂的乳化及去污等作用都是肥皂表面活性作用的体现。根据肥皂分子结构的特点，目前已合成许多具有表面活性作用的物质，这些物质统称表面活性剂。表面活性剂是能降低液体表面张力的物质，从结构的角度来说，表面活性剂分子中必须含有亲水基团和疏水基团。根据结构特点，表面活性剂可分为离子型表面活性剂及非离子型表面活性剂，离子型表面活性剂又分阳离子型和阴离子型两类。按其用途表面活性剂可分为乳化剂、润湿剂、起泡剂、洗涤剂、分散剂等。常用的表面活性剂见表 15-3。

表 15-3　常用表面活性剂

类别	名称	结构	主要用途
阴离子型表面活性剂	肥皂	$RCOONa(R=C_9\sim C_{20})$	洗涤、乳化
	烷基磺酸钠	$RSO_3Na(R=C_{12}\sim C_{18})$	洗涤、乳化、聚合、分散
	烷基苯磺酸钠	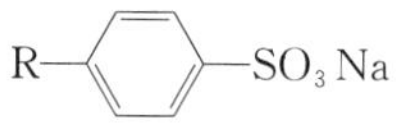	洗涤
	烷基硫酸酯盐	$R—OSO_3Na\ (R=C_{12}\sim C_{18})$	乳化、聚合
阳离子型表面活性剂	杜灭芬（溴化二甲基苯氧乙基十二烷基铵）	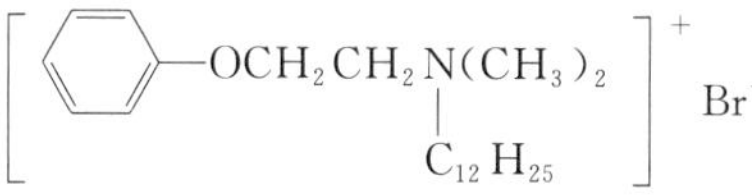	乳化、杀菌、防治口腔炎和咽炎的药物
	新洁尔灭（溴化二甲基苄基十二烷基铵）	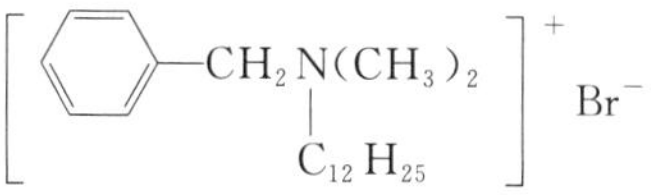	乳化、杀菌、外科手术消毒剂

续表 15-3

类别	名称	结构	主要用途
非离子型表面活性剂	烷基聚乙二醇醚	$R—O—(CH_2CH_2O)_nH$ ($R=C_{12}\sim C_{18}$，$n=6\sim 12$)	乳化、洗涤
	脂肪酸单甘油酯	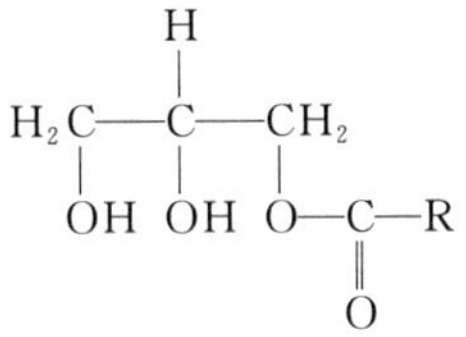	食品乳化
	聚氧乙烯烷基酚醚	 ($R=C_8\sim C_{10}$，$n=6\sim 12$)	洗涤、乳化

(1)阴离子型表面活性剂　阴离子型表面活性剂是应用最广的一类表面活性剂，与肥皂类似，其表面活性作用的基团是阴离子。日常使用的合成洗涤剂如烷基磺酸钠、烷基苯磺酸钠、烷基硫酸酯的钠盐(俗称烷基硫酸钠)等都属阴离子型表面活性剂。烷基中的碳原子数一般以 12 左右为好。过大油溶性太强，水溶性减弱；过小油溶性减弱，水溶性增强，影响洗涤效果。

这类合成表面活性剂可用作起泡剂、洗涤剂和分散剂等。如十二烷基硫酸钠具有优良的起泡性能，对皮肤作用温和且无毒，常用于牙膏、化妆品和洗涤剂中。现在国内外广泛使用的一种阴离子型表面活性剂是十二烷基苯磺酸钠，也是洗衣粉的主要成分。这类化合物都属于强酸强碱盐，水溶液呈中性，而且它们的钙、镁盐一般在水中溶解度较大，故可在酸性溶液或硬水中使用。

十二烷基苯磺酸钠

(2)阳离子型表面活性剂　阳离子型表面活性剂的亲水基团是阳离子，多数是季铵盐。阳离子型表面活性剂洗涤能力差，但具有较好的乳化作用和杀菌作用，多用作消毒剂、杀菌剂等。例如，新洁尔灭常用作医用消毒杀菌剂，杜灭芬则是预防和治疗口腔炎和咽炎的药物。

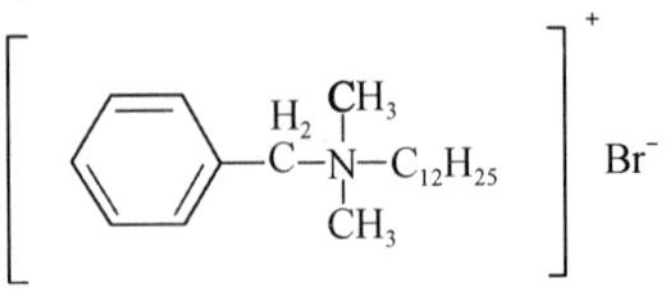

新洁尔灭

(3)非离子型表面活性剂　高级醇或烷基酚与多个环氧乙烷的聚合产物烷基聚乙二醇醚，或聚氧乙烯烷基酚醚，属于非离子型表面活性剂。这一类表面活性剂在水中不形成离子，分子中的聚醚部分含有许多能与水形成氢键的氧原子，是亲水基；烷基或烷基苯基则为疏水基。可以在酸和碱中使用，也可与离子型表面活性剂混用，可用作洗涤剂、乳化剂、染色剂等。

思考题 15-5 什么叫表面活性剂？表面活性剂的分子具有怎样的结构特点？

15.2 蜡

蜡(waxes)广泛分布在自然界，通常以混合物的形式存在，组成相当复杂。从化学结构上看，蜡也是酯，但与油脂不同，其主要成分是高级脂肪酸和高级饱和醇形成的酯类化合物。其酸和醇的碳原子数一般在16个以上，而且基本是偶数。最常见的酸有软脂酸(C_{16})和二十六酸；最常见的醇有十六醇、二十醇和三十醇。天然蜡中还含有少量的游离高级脂肪酸、高级醇、高级烷烃等。蜡在常温下是固体，不溶于水而溶于乙醚、苯、氯仿、四氯化碳等有机溶剂，化学性质较油脂稳定，不易水解，不易酸败，在空气中不易氧化变质。其水解产物不溶于水，不被肠胃吸收和消化，所以不能作为人和动物的养料。

根据来源，蜡可分为动物蜡和植物蜡两类。常见动物蜡有蜂蜡、白蜡、鲸蜡和羊毛蜡。蜂蜡主要成分是软脂酸蜂蜡酯，它由工蜂腹部的蜡腺分泌，是建造蜂窝的主要物质。白蜡又名虫蜡，主要成分是二十六酸二十六酯，是寄生在女贞树上的白蜡虫的分泌物。鲸蜡主要成分是软脂酸十六酯，是从巨头鲸脑部的油中冷却分离得到。羊毛蜡是由硬脂酸、软脂酸或油酸与胆甾醇形成的酯，存在于羊毛中。常见植物蜡棕榈蜡，主要成分是二十六酸二十六酯和二十六酸三十酯，存在于巴西棕榈叶中。

植物的果实和枝叶表面常有一层蜡，起保护作用，以减少水分的蒸发，也可以避免外伤和传染病。此外，蜡对鸟和动物的表面防水也起着重要作用。蜡在工业上可用作蜡模、蜡纸、鞋油、香脂及药膏的基质等。某些蜡的性质和主要成分见表15-4。

表 15-4 某些蜡的组成和性质

分类	名称	来源	物态	熔点/℃	主要成分
植物蜡	巴西蜡	巴西棕榈叶	黄绿色脆硬	83～90	$C_{25}H_{51}COOC_{30}H_{61}$
	棕榈蜡	棕榈树干	黄绿色脆硬	100～103	$C_{15}H_{31}COOC_{30}H_{61}$ $C_{25}H_{51}COOC_{26}H_{53}$
动物蜡	蜂蜡	蜜蜂分泌物	黄褐色	62～65	$C_{15}H_{31}COOC_{30}H_{61}$
	白蜡	白蜡虫	黄白色	80～83	$C_{25}H_{51}COOC_{26}H_{53}$

15.3 萜类与甾族化合物

萜类和甾族化合物广泛存在于动植物界，也是相当重要的两类天然物质。萜类和甾体化合物在结构上看来完全不同，但它们在生物体内都由同样的原始物质——醋酸通过乙酰辅酶A的类似途径生物合成。由于这些物质在生物合成上的共同点，所以把它们都归为“乙酰构成物”或“醋源化合物”。

15.3.1 萜类

萜类(terpenoid)多存在于植物体中,许多植物的花、叶、皮、种子、茎等经水蒸气蒸馏或溶剂提取,可得到挥发性较大的芳香物质,称为香精油。自古以来,人们对它们有着广泛的需求,如用玫瑰和薰衣草制造香料,用柠檬和薄荷来作调味品,还有许多其他植物的挥发油如桉树油、松节油、樟脑等被用作各种药物——防腐剂和润肤剂。通过对香精油的研究,发现其中许多化合物分子式的共同点:分子中含碳原子数都是5的整数倍,它们的碳骨架大都由异戊二烯单位组成,我们把由异戊二烯单位组成的化合物叫作萜类化合物,如:

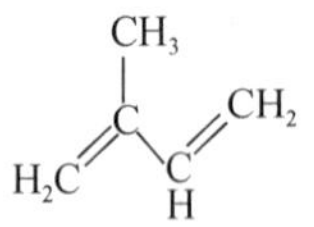

异戊二烯

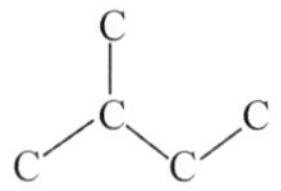

异戊二烯单位

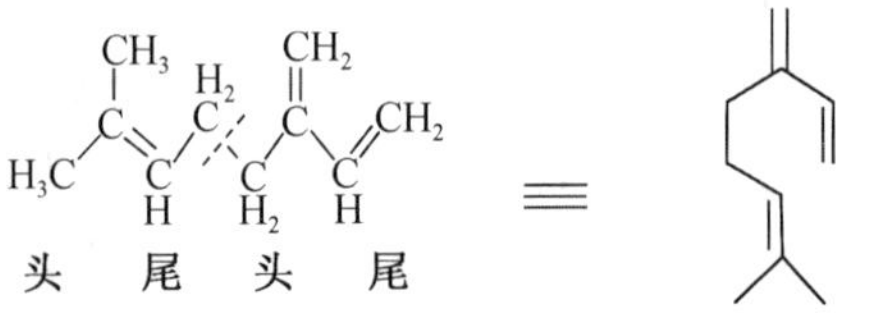

月桂烯(C_{10})

这些萜类化合物可以看成是由若干个异戊二烯以头尾相连接而形成,这种结构特点叫作萜类化合物的异戊二烯规律。若干个异戊二烯单位可以相连成链状,也可以连接成环。根据萜类化合物分子中异戊二烯单位的数目,可以分为单萜(由两个异戊二烯单位组成)、倍半萜(由三个异戊二烯单位组成)、二萜(由四个异戊二烯单位组成)、二倍半萜(由五个异戊二烯单位组成)、三萜(由六个异戊二烯单位组成)、四萜(由八个异戊二烯单位组成)、多聚萜(由八个以上异戊二烯单位组成)等。单萜是最常见的萜,有不少同分异构体。

1. 单萜

单萜化合物分子中含有两个异戊二烯单位,是萜类中最简单的化合物,根据单萜分子碳架的特点,可分为开链萜、单环萜和双环萜三类。

(1)开链单萜　开链单萜化合物中有许多是珍贵的香料,较重要的有:

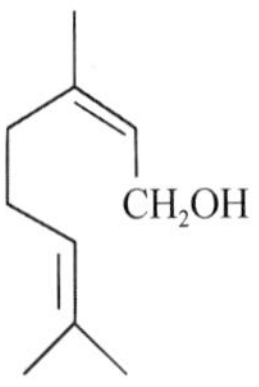

橙花醇

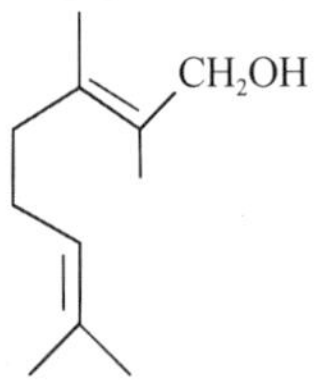

香叶醇

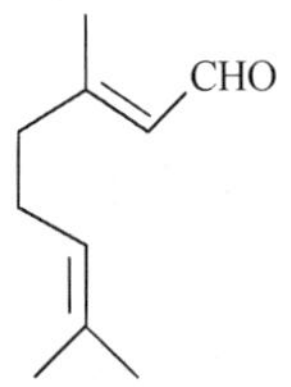

α-柠檬醛

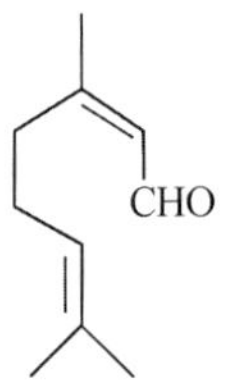

β-柠檬醛

橙花醇和香叶醇互为几何异构体，存在于玫瑰油、橙花油、香茅油等中，为无色有玫瑰香气的液体，都用来制造香料。柠檬醛是α-柠檬醛和β-柠檬醛两个几何异构体的混合物，它们存在于由新鲜柠檬果皮压榨而得的柠檬油中，含量为3%～5%，柠檬油主要从蒸馏香茅植物——柠檬草得到的柠檬草油中获得，柠檬草油中含柠檬醛达85%。

(2)单环单萜　单环单萜类化合物是由两个异戊二烯单位聚合而成的六元环状化合物，多数可以看成是苧烷的衍生物，如苧烯、薄荷醇。

苧烯又称为柠檬烯，分子中含1个手性碳原子，其右旋体存在于柠檬油和橘皮油中，左旋体存在于松针中，松节油中有其外消旋体。苧烯为无色液体，具柠檬香味，可用作香料。

薄荷醇存在于薄荷油中，薄荷油由50%～60%的薄荷醇及约35%的薄荷酮组成。薄荷醇分子内有3个手性碳，应有8个光学异构体，自然界中存在的主要是L-薄荷醇，有清凉愉快的芳香气味，有杀菌和防腐作用，是医药、食品和香料工业的重要原料。

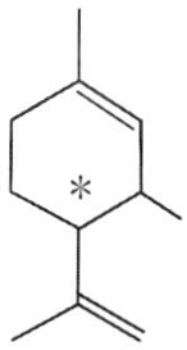
苧烯

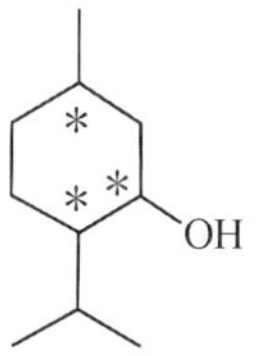

薄荷醇

(3)双环单萜　双环单萜的骨架是由一个六元环分别和五元、四元或三元环共用两个碳原子而构成。因此，根据它们分子中两个环的连接方式不同分为莰烷、蒎烷和蒈烷三种：

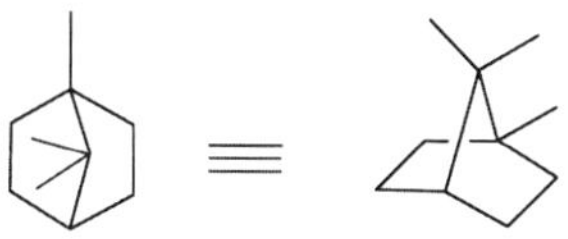
莰烷　1,7,7-三甲基双环[2.2.1]庚烷

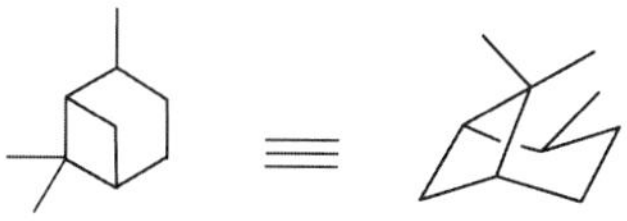
蒎烷　2,7,7-三甲基双环[3.1.1]庚烷

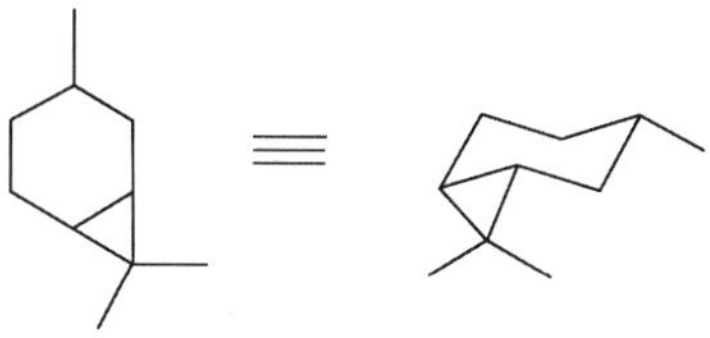
蒈烷　3,7,7-三甲基双环[4.1.0]庚烷

双环单萜类化合物自然界存在较多，其中最重要的是蒎和莰的衍生物。蒎烯是蒎的不饱和衍生物，有α和β两种异构体。它们的结构式如下：

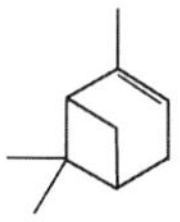
α-蒎烯

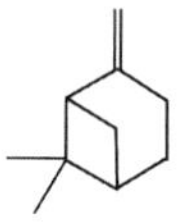
β-蒎烯

蒎烯是松节油的主要成分，含量占松节油的80%～90%，其中以α-蒎烯为主，含量可达

60%，是天然存在最多的一种萜类化合物。

樟脑是莰类衍生物，熔点为 179 ℃，无色闪光晶体，易升华。主要存在于樟树的木质部分和叶片中，具有特殊香味。其结构为

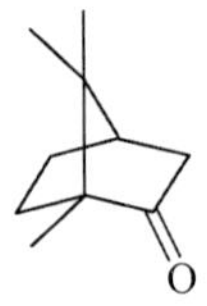

樟脑

樟脑是呼吸及循环系统兴奋剂，为急救良药，同时具有局部刺激和防腐作用，可用于神经痛及治疗冻疮。

龙脑也是一类莰类衍生物，又名冰片，熔点为 206～208 ℃，为透明的片状结晶，味似薄荷，产于印度尼西亚和南洋一带的龙脑树。其结构为

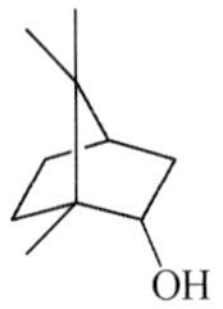

龙脑

龙脑具有发汗、镇痉、止痛作用，为人丹、冰硼散、六神丸等药物的主要成分之一。

2. 倍半萜

倍半萜类存在于自然界中，可用于药物或香料。山道年是三环倍半萜类化合物，存在于菊科植物蛔蒿的未开放花蕾中，山道年能兴奋蛔虫的神经节而使虫体发生痉挛性收缩，因而使其不能附着于肠壁，在泻药作用下使之排出体外，临床上用作驱蛔虫药。其结构为：

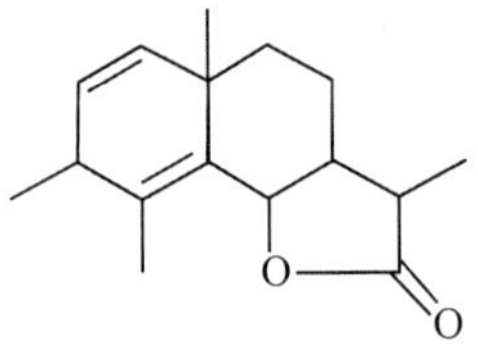

山道年

此外，存在于丁香油中的丁香烯和存在于桉树油中的桉叶醇都是倍半萜，而存在于玫瑰花油中的法尼醇是开链倍半萜。

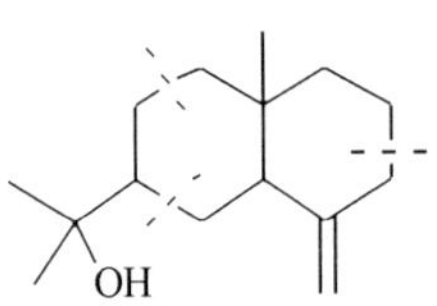

桉叶醇

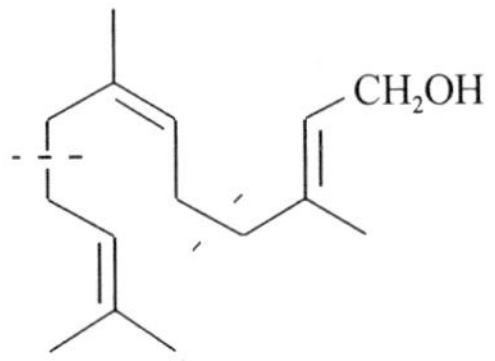

法尼醇

3. 二萜

维生素 A 是重要的二萜类化合物，存在于蛋黄和鱼肝油中是动物体生长和发育所必需的营养物质。缺乏维生素 A 可引起夜盲症。植醇是一种链状二萜类化合物，是叶绿素的组成部分。它们的结构为

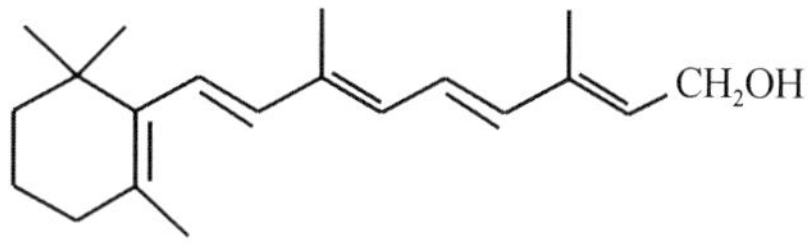

维生素 A

思考题 15-6 画出下列化合物的异戊二烯单位，并指出它们属于哪一类萜。

(1)

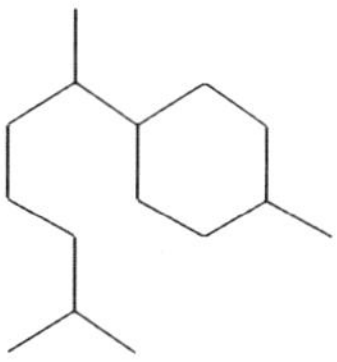

金合欢烷

(2)

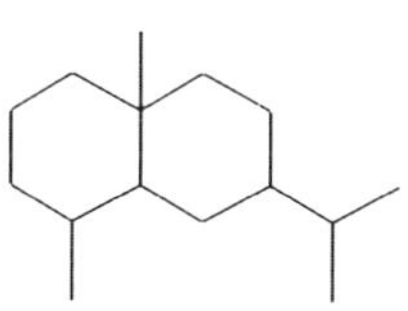

芹子烯

(3)

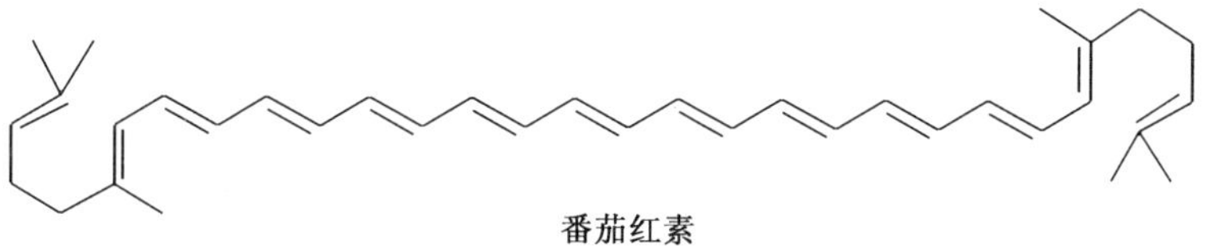

番茄红素

15.3.2 甾类

1. 甾族化合物的结构

甾族化合物也叫类固醇化合物，是广泛存在于动植物体内的一类重要的天然产物，对动植物的生命活动起着重要的作用。这一类化合物在结构上都含有一个由环戊烷与多氢菲并联的基本骨架。环上碳原子的编号方法如下：

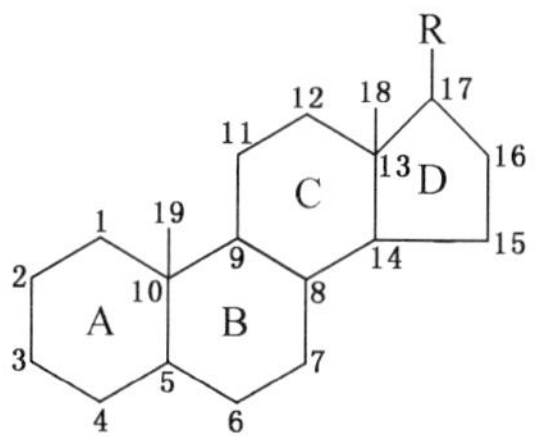

几乎所有这类化合物在 C_{10} 和 C_{13} 上都连接一个甲基，叫作角甲基；而在 C_{17} 上连有不同取代基。甾是个象形字，“甾”字中的“田”表示 4 个环，“巛”表示 C_{10}、C_{13} 及 C_{17} 上的 3 个取代

基。这个由四环和 3 个取代基构成的体系称为甾环，以甾环为基本骨架的化合物都是甾族化合物。

甾族化合物分子中含有多个手性碳原子，立体异构体的数目应该很多；但由于 4 个环稠合而相互牵制，使立体异构体数目大为减少。自然界中存在的甾族化合物，B 环与 C 环、C 环与 D 环之间绝大多数都是反式稠合的，只有 A 和 B 两环间存在顺式和反式两种稠合方式。一般把 A 和 B 两环顺式稠合称为正系，反式稠合称为别系。此外，根据甾族化合物环上所连的取代基在空间的不同取向，又可分为 α 和 β 两种构型。一般环上取代基与 C_{10} 和 C_{13} 角甲基在环平面同侧的称为 β 构型；环上取代基与 C_{10} 和 C_{13} 角甲基在环平面异侧的称为 α 构型。例如在甾族化合物母体结构中，根据 C_5 上氢原子的取向，可知正系属于 5β 构型，别系属于 5α 构型。

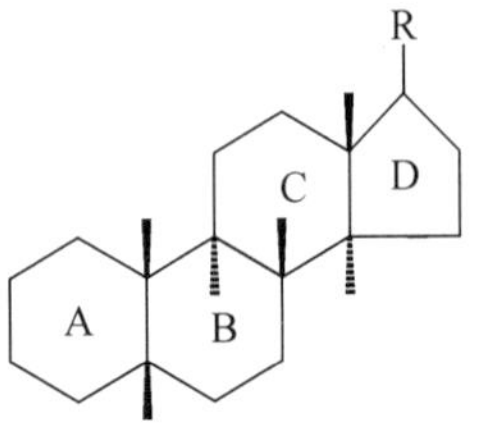

正系（A/B 顺式、5β 型）

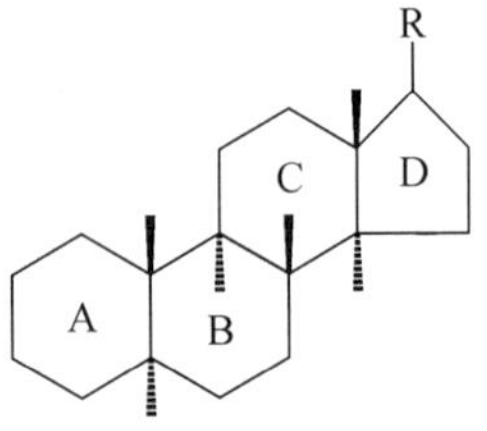

别系（A/B 反式、5α 型）

甾体化合物的种类很多，例如，动物激素、昆虫激素、心脏毒素、蟾蜍毒素、皂角素、胆酸、胆甾醇以及麦角甾醇都是甾体化合物，但它们在生物体内的含量一般都很少。

思考题 15-7 甾族化合物的结构特点是什么？其正系与别系、α 构型与 β 构型是如何确定的？

2. 重要的甾族化合物

(1)胆固醇　胆固醇又称胆甾醇，是最早发现的动物甾醇。它存在于动物的血液、脂肪、脑、脊髓和胆汁中，在动物胆石中的含量高达 90%。

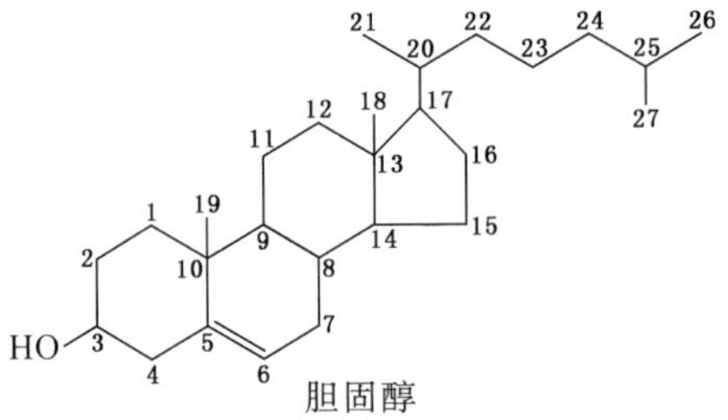

胆固醇

胆固醇是不饱和醇，为无色或略带黄色的晶体，熔点 148 ℃，微溶于水，易溶于乙醚、乙醇、氯仿等有机溶剂中。胆固醇不仅参与形成细胞膜，而且是合成胆汁酸、维生素 D 以及甾族激素的原料，因此适量的胆固醇对人体健康是有益的，但人体内积累过多，则会引起胆结石及动脉硬化症等疾病。

(2)麦角固醇　麦角固醇是一种重要的植物甾醇。它存在于酵母、麦角和真菌等中,也是青霉素生产中的一种副产物,因最初来自麦角而得名。它与胆固醇的区别是 C_7 和 C_8 之间,C_{22} 和 C_{23} 之间为双键,C_{24} 上有一个甲基,此结构是由我国化学家庄长恭 1933 年确定的。麦角固醇在紫外线照射下,C_9 和 C_{10} 之间开环,形成维生素 D_2(熔点 115～117 ℃)。

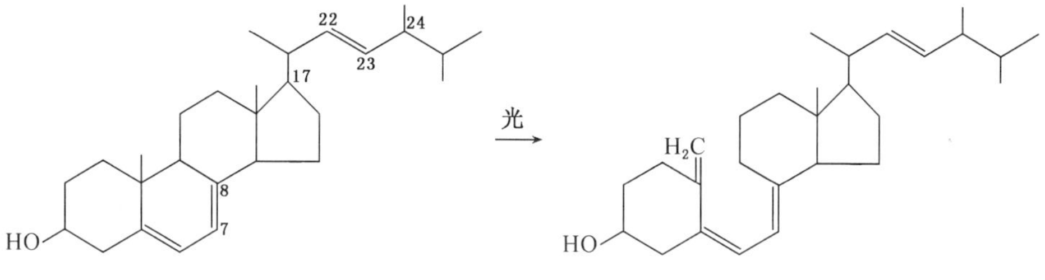

麦角固醇　　　　维生素 D_2

(3)7-脱氢胆固醇　7-脱氢胆固醇存在于动物表皮中。与胆固醇相比,它在 C_7 与 C_8 间多一个双键,在紫外线照射下 C_9 和 C_{10} 之间也能开环,转化为维生素 D_3(熔点 82～83 ℃)。

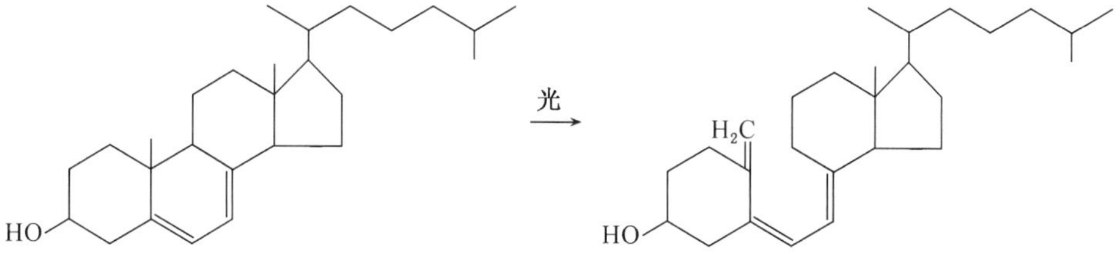

7-脱氢胆固醇　　　　维生素 D_3

维生素 D 是人体吸收 Ca^{2+} 的关键物质,缺乏维生素 D 则使体内 Ca^{2+} 浓度不足,而影响骨骼的生长,导致软骨病。最初发现麦角固醇经紫外线照射后,可以生成具有防止软骨病功能的物质,便将该物质定名为维生素 D_1。后来发现,所谓维生素 D_1 实际是一个混合物,其中维生素 D_2 和维生素 D_3 的生理作用最强,此外还有维生素 D_4、维生素 D_5 等同功物。维生素 D 不属于甾族化合物,只是它可以由某些甾族化合物合成。维生素 D 广泛存在于鱼肝油、牛奶、蛋黄等中。

(4)甾族激素　激素是由动物体内各种内分泌腺分泌的一类微量的但具有重要活性的化合物。许多激素都具有甾环结构,称甾族激素。根据功能不同,甾族激素分为性激素、肾上腺皮质激素和昆虫蜕皮激素等。

①性激素:性激素分为雄性激素和雌性激素两类,它们由性腺分泌,有很强生理作用,少量即能产生极大的影响。常见的性激素有睾丸酮、孕甾酮、雌二醇等。

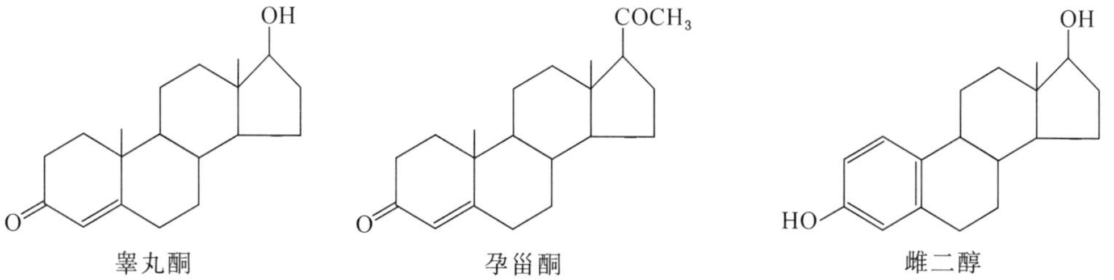

睾丸酮　　　　孕甾酮　　　　雌二醇

睾丸酮是由睾丸分泌的激素，具有促进雄性动物的发育、生长以及维持雄性特征的作用。

孕甾酮（也叫黄体酮）是卵巢分泌的激素，其生理作用是抑制排卵，并使受精卵在子宫中发育以及使乳腺发育，医药上用于防止流产等。

②肾上腺皮质激素：肾上腺皮质激素是哺乳动物肾上腺皮质的分泌物。目前从肾上腺皮质中已分离出30多种甾族化合物，其中7种具有显著的生理活性，人们熟知的可的松和氢化可的松即是这类化合物。

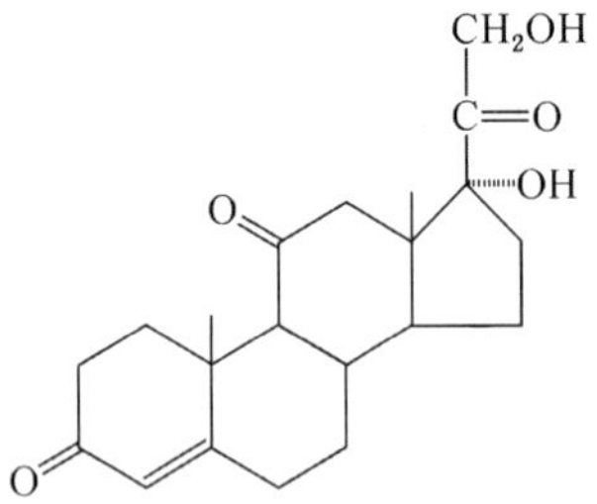

可的松

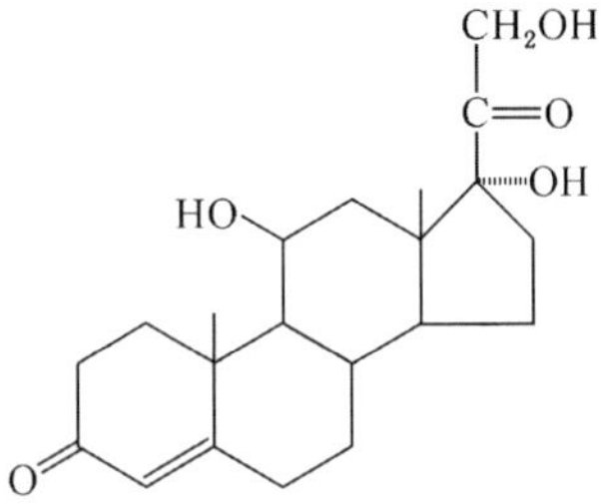

氢化可的松

肾上腺皮质激素具有调节糖代谢及电解质代谢等功能。可的松和氢化可的松具有抗炎、抗病毒、抗过敏等药理作用，医药中用于治疗风湿病、气喘及皮肤炎症。

(5)昆虫蜕皮激素　昆虫蜕皮激素是由昆虫的前胸腺分泌的一种动物激素，其作用是促进昆虫的幼虫蜕皮。它与保幼激素协同作用控制昆虫的蜕皮和变态。

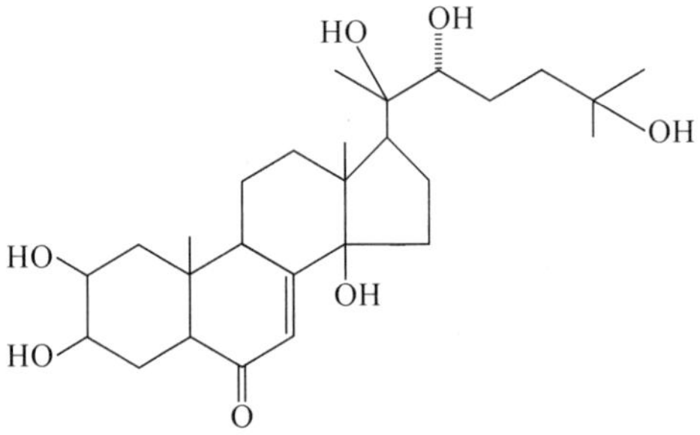

蜕皮激素

现已从昆虫和甲壳类动物中分离出多种昆虫蜕皮激素，并且人工合成了有类似结构和功能的多种蜕皮激素类似物，而且已应用于防治害虫和养蚕业中。

□ 习　题

15-1　命名下列化合物。

(1)$CH_3(CH_2)_{16}COOH$　　(2)$CH_3CH_2CH=CHCH_2CH=CHCH_2CH=CH(CH_2)_7COOH$

(3) 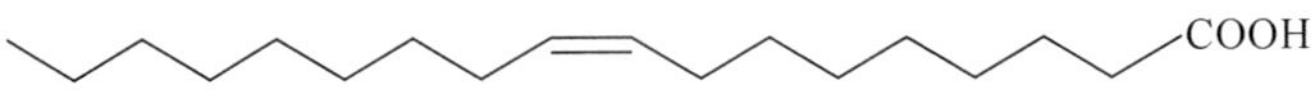

(4) 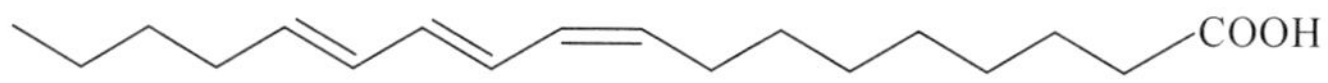

(5) 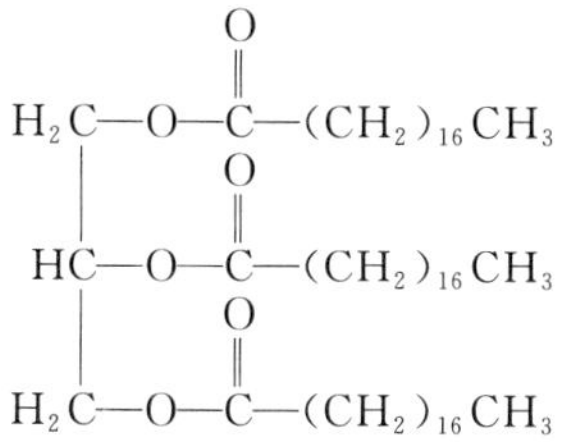

(6) 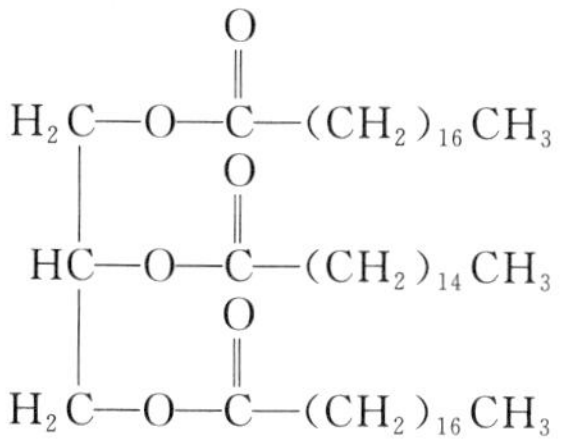

15-2 写出下列化合物的结构式。

(1)油酸 (2)软脂酸 (3)硬脂酸 (4)亚油酸

15-3 解释下列名词。

(1)皂化值 (2)碘值 (3)干性油

15-4 下列每组两个词的含义有何不同?

(1)油脂和类脂 (2)蜡和石蜡 (3)磷脂酸和磷酸酯 (4)混合甘油酯和甘油酯混合物

15-5 用简便的化学方法鉴别下列各组物质。

(1)硬脂酸与亚油酸 (2)液体石蜡与菜籽油 (3)三硬脂酸甘油酯与三油酸甘油酯

15-6 油脂酸败的原因是什么?如何防止油脂的酸败?

15-7 写出下列物质完全水解的反应式。

(1)三油酸甘油酯 (2)卵磷脂 (3)神经磷脂

15-8 皂化某油脂 2.0 g,用去 0.25 mol/L NaOH 溶液 28 mL,计算该油脂的皂化值。

15-9 菜籽油 3.0 g 用乙醇溶解后,以酚酞作指示剂,用 0.01 mol/L KOH 溶液 5.20 mL 滴定至淡红色,试计算菜籽油的酸值。

15-10 一未知结构的高级脂肪酸甘油酯有旋光活性,将其皂化后再酸化,得到软脂酸及油酸,其摩尔比为 2∶1。试写出此甘油酯的结构式。

15-11 划分出下列各化合物中的异戊二烯单位。

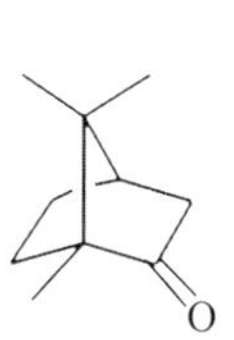

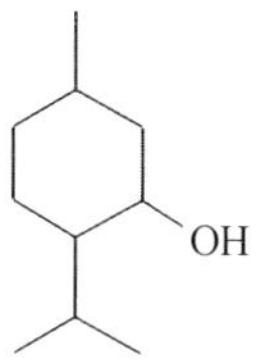

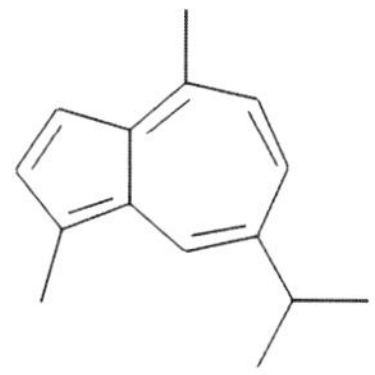

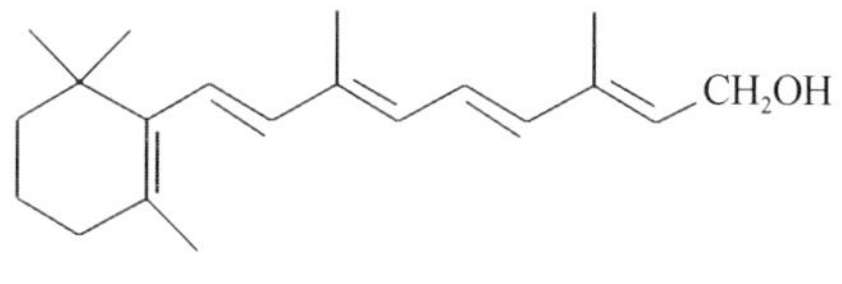

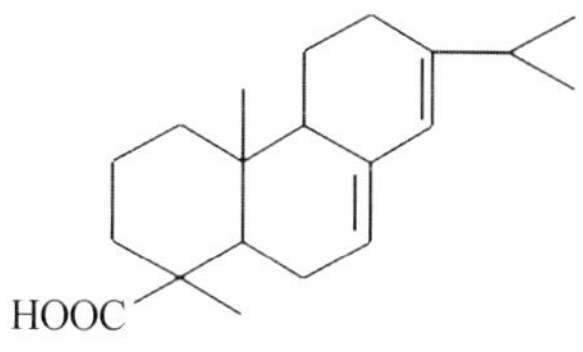

15-12 写出下列化合物的构造式。

(1)α-蒎烯 (2)樟脑 (3)龙脑 (4)薄荷醇

15-13 画出甾族化合物的基本结构,并标出其碳原子的编号。

15-14 比较油脂、蜡、磷脂及麦角固醇的结构特点,写出它们的一般结构式,并分析它们各属于哪一类有机化合物。

15-15 解释下列事实。

(1)软骨病需要补钙,为何需要补充维生素 D?

(2)在冰淇淋、巧克力等高脂肪酸含量的食物、医药以及化妆品中,常用卵凝脂来防止油和水分层的现象,这是根据卵凝脂的什么特性?

(3)硬脂酸在结晶中以及在膜中都倾向于直线地排列,而亚油酸则不能。

(4)某些生活在地球两极的海生哺乳动物的脂肪比栖居于地球赤道地区的哺乳动物的脂肪所含的不饱和脂肪酸更丰富。

Chapter 16 第16章

有机化合物波谱知识

Knowledge of Organic Spectroscopy

确定有机物的结构是研究有机化学的重要组成部分，过去是用化学实验的方法完成这项工作，由于耗时长、药品用量多、结果可靠性差，使确定有机物结构的工作显得异常烦琐、复杂。自 20 世纪 50 年代以来，由于光谱学的迅速发展，利用红外光谱、紫外光谱、核磁共振谱和质谱等物理方法测定有机物的结构，极大地提高了测定的速率和准确性。将不同的光谱联合使用，只需微量的样品（毫克级或微克级）就可得到化合物比较全面的结构信息，就能够快速、准确地确定有机物的结构。

16.1 紫外光谱

紫外线的波长在 100～400 nm，其中波长在 100～200 nm 的为远紫外线，波长在 200～400 nm 的为近紫外线。有机化合物分子吸收一定波长的紫外线，价电子发生跃迁而产生的吸收光谱称为紫外光谱（ultraviolet spectra，UV）。

在有机物结构测定中，所应用的紫外光谱一般是近紫外光谱。而远紫外光谱由于需要在真空中操作，在实际工作中很少应用。

紫外光谱通常以波长 λ（nm）为横坐标，以吸光度 A（absorption）（或摩尔吸收系数 ε，$\lg \varepsilon$）为纵坐标，如图 16-1 所示。紫外光谱图中最大吸收峰对应的波长称为最大吸收波长，用 λ_{max} 表示。

16.1.1 紫外光谱的基本原理

有机化合物分子中，主要有三种价电子：σ 电子、π 电子和 n 电子（未成键的孤对电子）。在基态下，电子在成键轨道（σ 轨道和 π 轨道）和非键轨道（n 轨道）中。当它们吸收一定波长的紫外线后，可由低能级跃迁到高能级轨道（σ^* 轨道和 π^* 轨道）。价电子跃迁类型有四种，即 $\sigma\rightarrow\sigma^*$、$n\rightarrow\sigma^*$、$\pi\rightarrow\pi^*$、$n\rightarrow\pi^*$，如图 16-2 所示。

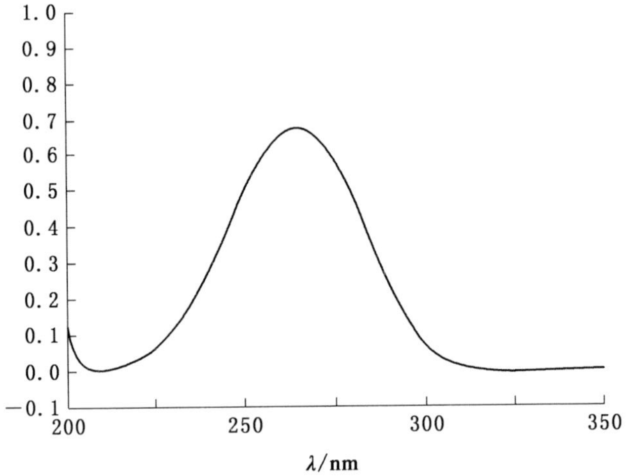

图 16-1　丙酮的紫外吸收光谱

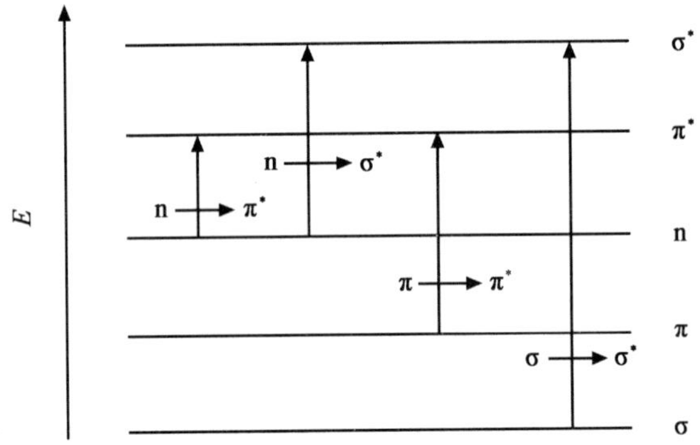

图 16-2　轨道能量及电子跃迁示意图

不同类型的跃迁所需要的能量大小不同，σ 键上的电子吸收能量，发生 $\sigma \rightarrow \sigma^*$ 跃迁，其吸收波长在远紫外区，这是由于 σ 键结合牢固，激发电子所需能量较高的缘故。

在含有 O、N、S、X 原子的分子中，由于含有未键合的孤对电子，吸收能量后，可发生 $n \rightarrow \sigma^*$ 跃迁，这类跃迁的最大吸收波长一般处于 200 nm 以下。

不饱和键的 π 电子均可发生 $\pi \rightarrow \pi^*$ 跃迁。若分子中含有孤立的 π 键，其最大吸收波长在 165 nm 左右；当分子中含有共轭体系时，其 $\pi \rightarrow \pi^*$ 跃迁所需能量降低，吸收波长向长波方向移动，而且共轭体系越大，吸收波长越长，摩尔吸收系数(ε_{max})越大(表 16-1)。

当分子中含有 π 电子的不饱和基团，由于可发生 $\pi \rightarrow \pi^*$ 跃迁，从而产生特征光谱，这种能产生光谱特征吸收峰的不饱和基团统称为发色团。

另外，一些带有孤对电子的基团，如卤素(—X)、氨基(—NH_2)、羟基(—OH)、烷氧基(—OR)，它们本身并不发色，当它们与发色团相连时，便导致 $n \rightarrow \pi^*$ 跃迁，并使 $\pi \rightarrow \pi^*$ 的 λ_{max} 向长波方向移动、ε_{max} 增大。这些基团称为助色团。例如，苯 λ_{max} 为 256 nm、ε_{max} 为

200，而苯胺 λ_{max} 为 280 nm、ε_{max} 为 1 430。

表 16-1 一些不饱和烃的最大吸收波长和摩尔吸收系数

化合物	双键数目	λ_{max}/nm	ε_{max}
乙烯	1	171	15 000
丁二烯	2	217	20 900
己三烯	3	258	35 000
二甲基辛四烯	4	296	52 000
癸五烯	5	335	118 000
二氢-β-胡萝卜素	8	415	210 000
反式番茄红素	11	470	185 000

16.1.2 紫外光谱在有机化学中的应用

1. 提供有机化合物结构的信息

紫外光谱主要提供有机物分子中是否含有共轭体系（或羰基）以及共轭体系的大小等信息。根据光谱中吸收峰的位置及形状，可大致判断分子中有哪些官能团，从而推测其结构，然后再结合其他方法加以证实。例如，α-紫罗兰酮和 β-紫罗兰酮是同分异构体，前者分子中含有两个孤立的碳碳双键，其 λ_{max} 在 228 nm，而后者的两个碳碳双键是共轭的，因此 λ_{max} 更大一些，其 λ_{max} 在 296 nm。

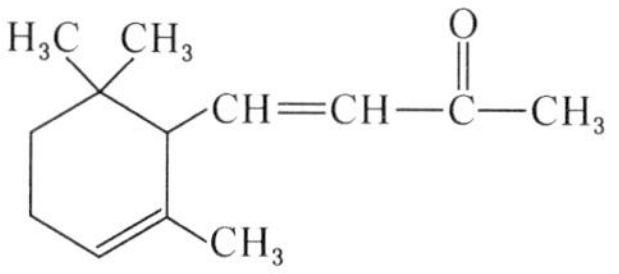

α-紫罗兰酮

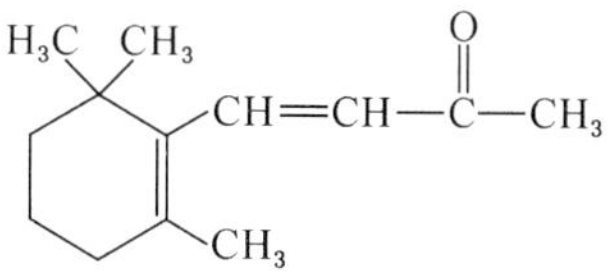

β-紫罗兰酮

2. 有机化合物的定量分析

吸收紫外线的物质，其吸光度与浓度的关系符合 Lambert-Beer 定律：

$$A = \lg \frac{I_0}{I} = \varepsilon cb$$

式中：A 为吸光度；I_0 为入射光强度；I 为透射光强度；c 为溶液的浓度，mol/L；b 为吸收池的厚度，cm；ε 为摩尔吸收系数。根据这一公式，可以测定有机物溶液的浓度。

3. 检验有机化合物的纯度

如果在已知的紫外光谱中发现其他吸收峰，便可断定在此物质中含有杂质。例如，环己烷中常含有少量苯，环己烷在近紫外区无吸收，而苯在 256 nm 处有一吸收峰，通过测其紫外光谱就可检测出环己烷中是否含有苯。

思考题 16-1 乙酰乙酸乙酯存在下列互变异构：

$$CH_3\overset{\overset{O}{\|}}{C}-CH_2-\overset{\overset{O}{\|}}{C}-OC_2H_5 \rightleftharpoons CH_3\overset{\overset{OH}{|}}{C}=CH-\overset{\overset{O}{\|}}{C}-OC_2H_5$$

测其紫外光谱观察到两个吸收峰，$\lambda_{max1}=243\ nm(\varepsilon_1=16\ 000)$，$\lambda_{max2}=272\ nm(\varepsilon_2=16)$，请回答两个吸收峰各属于哪个异构体。

16.2 红外光谱

红外光谱(infrared spectra, IR)是有机分子吸收红外光后引起振动能级和转动能级发生跃迁所产生的吸收光谱。

红外光谱图通常以波数$\sigma(cm^{-1})$为横坐标，以透光率(transmittance)$T(\%)$为纵坐标，如图 16-3 所示。红外吸收峰的数目相对较多，常常出现 10～30 个吸收峰。

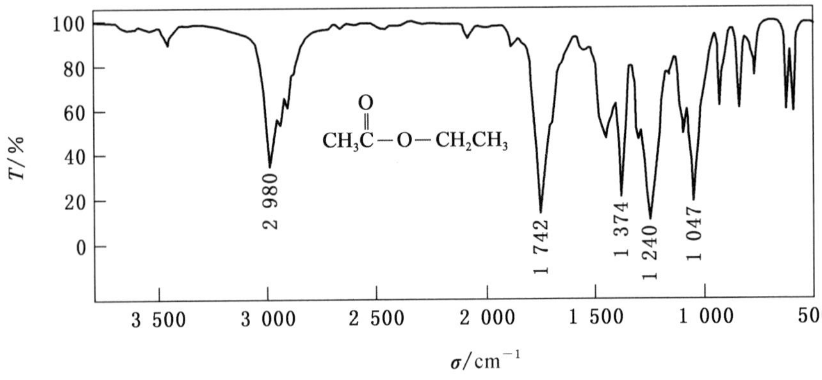

图 16-3 乙酸乙酯的红外光谱

红外光可分为近红外光、中红外光和远红外光，红外光谱的波数范围一般在 4 000～400 cm^{-1}，处于中红外区。在红外光谱中，通常又分为官能团区、指纹区。官能团区是指波数在 4 000～1 400 cm^{-1} 的区域，常见官能团在此区域都有特征吸收峰，如羟基在 3 650～3 100 cm^{-1} 处有一强峰，羰基在 1 850～1 650 cm^{-1} 有强吸收。指纹区是指低于 1 400 cm^{-1} 的区域，该区间的吸收峰很多，各吸收峰的位置和强度因化合物的不同而异，能够反映出分子结构的细微特征，如同人的指纹一样。这一区域出现的吸收主要是 C—C、C—N、C—O 等单键的伸缩振动和各种弯曲振动，在化合物鉴别中非常有用。

16.2.1 红外光谱的基本原理

红外光谱是由分子振动而产生的，其振动方式可分为伸缩振动和弯曲振动两大类。原子沿着化学键的键轴方向伸长或缩短，称为伸缩振动；组成化学键的原子离开键轴而上下左右弯曲摆动，称为弯曲振动。伸缩振动又分为对称伸缩(ν_s)和不对称伸缩振动(ν_{as})，弯曲振动则分为面内弯曲(β)和面外弯曲振动(γ)。

有机化合物分子中产生的振动很多，但并不是每个化学键的振动都能产生红外吸收，产生红外吸收须满足下列条件：①振动过程中偶极矩有变化；②满足振动能级跃迁所需的能量。

除光学异构体外，任何不同的有机物均可得到不同的红外光谱，各种官能团都有自己特征的吸收峰，这些吸收峰在光谱图中的位置基本不变，同一种官能团在不同化合物中红外吸收位置非常接近，如醇和酚中 O—H 的伸缩振动吸收均出现在 3 600～3 200 cm^{-1}。表 16-2 列出了一些重要官能团的特征吸收位置及强度。

表 16-2 各类化学键/官能团的特征吸收频率

基团	振动方式	ν/cm^{-1}	强度
>C—H	C—H(伸缩)	2 960～2 870	m～s
	$—CH_3$(弯曲)	1 385～1 380	s
	$—CH(CH_3)_2$(弯曲)	1 389～1 380	m
═C—H	(伸缩)	3 100～3 010	m
	(弯曲)	980～650	s，m
≡C—H	(伸缩)	3 300～3 200	s
Ar—H	(伸缩)	3 030	s
	一取代(弯曲)	770～730，710～690	s
	邻二取代(弯曲)	770～735	s
	对二取代(弯曲)	833～810	s
O—H	(伸缩)	3 650～3 100	s
N—H	(伸缩)	3 550～3 100	s
C—O	(伸缩)	1 300～1 000	s
C═C	(伸缩)	1 680～1 620	s
C═O	(伸缩)	1 850～1 650	s
C≡C	(伸缩)	2 260～2 100	m～w

注：s，强；m，中等；w，弱。

16.2.2 红外光谱的解析

谱图分析是一项非常复杂的工作，一般步骤是：先观察官能团区，初步推测确定分子中官能团；然后观察指纹区，根据指纹区吸收峰的特点，进一步确认官能团的存在，根据分子式推断分子可能的结构式。

在推断结构式时，知道化合物的不饱和度(用 U 表示)有利于分子式结构的推导。

$$U = n_4 + 1 + \frac{1}{2}(n_3 - n_1)$$

式中：n_1 为一价原子(如 H、Cl、Br 原子)的数目，n_3 为三价原子(如 N 原子)的数目，n_4 为四价原子(如 C、Si 原子)的数目。$U=0$，表明为开链饱和化合物；$U=1$，说明为含有一个双键的开链化合物或环状饱和化合物；$U=2$，表示含一个三键或两个双键等。

例如，某化合物分子式为 C_8H_8O，其红外光谱如图 16-4 所示，试推测其结构式。

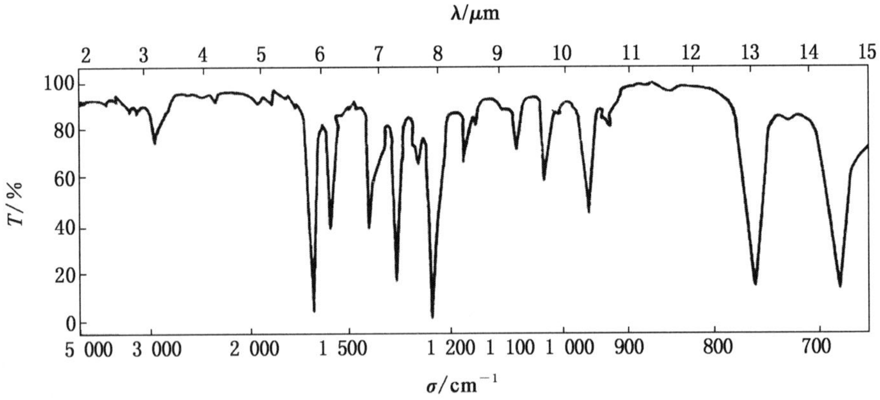

图 16-4　某化合物的红外光谱

计算可知，该化合物的不饱和度 $U=5$，说明分子中可能含有一个苯环（不饱和度为 4）和一个双键。3 030 cm^{-1} 及 1 600 cm^{-1}、1 460 cm^{-1} 等处的吸收峰表明有苯环存在，其中 3 030 cm^{-1} 是苯环上 C—H 键的伸缩振动吸收，1 600 cm^{-1}、1 460 cm^{-1} 为苯环碳骨架伸缩振动的特征峰。1 680 cm^{-1} 为羰基（C＝O）伸缩振动的特征峰，760、690 cm^{-1} 为单取代苯环的 C—H 键弯曲振动吸收峰。因此，推测该化合物可能是苯乙酮。

思考题 16-2　化合物 A、B、C 分子式均为 $C_3H_6O_2$，红外光谱中 A 在 3 400～2 600 cm^{-1} 有宽而强的吸收峰（其中心在 2 988 cm^{-1}），B、C 在此区域无吸收；A 在 1 717 cm^{-1} 有强吸收峰，B、C 在 1 750 cm^{-1} 有强吸收峰。此外，化学分析显示，在碱性条件下 B、C 能水解，且 B 的水解产物之一可发生碘仿反应。试推导三种化合物的结构。

16.3　核磁共振谱

核磁共振主要是由原子核的自旋运动引起的。对于 ^1H、^{13}C、^{31}P 等核自旋量子数不等于零的原子核，在外加磁场作用下分裂为两个能量不同的自旋能级。当受电磁波辐射时，处于低能级的自旋核吸收电磁波，跃迁到较高的能级，从而产生核磁共振现象，所得到的谱图称为核磁共振谱（nuclear magnetic resonance spectra，NMR）。氢原子核（^1H）的核磁共振谱最简单和最常用，又称为质子核磁共振谱（^1H-NMR）。

16.3.1　核磁共振谱的基本原理

原子核也存在自旋现象，当自旋量子数 $I\neq 0$ 时，原子核具有自旋角动量。由于原子核是带电的粒子，自旋时将产生核磁矩。例如，氢原子核（即质子）$I=\frac{1}{2}$，有两种自旋状态，磁

量子数 m_s 分别为 $+\frac{1}{2}$ 和 $-\frac{1}{2}$。

在没有外加磁场时，两种自旋状态的能量相等，质子处于这两个自旋状态的概率也相等。但在外加磁场的作用下，两种自旋状态产生了分裂，与外加磁场顺向排列的质子，能量较低，与外加磁场逆向排列的质子能量高，两个能级之差为 ΔE：

$$\Delta E = \gamma \frac{h}{2\pi} B_0$$

式中：γ 为磁旋比；h 为普朗克(Planck)常数；B_0 为外加磁场的磁感应强度。

在外加磁场中，处于低能级的质子数比处于高能级的质子数稍多一些。当外加电磁辐射的能量 $h\nu$ 与两个自旋态的能级差 ΔE 相等时，质子便吸收电磁辐射的能，从低能级跃迁到高能级，这种现象称为核磁共振。

核磁共振谱图以核磁吸收峰位置(用 δ 表示)为横坐标，吸收强度为纵坐标(用积分面积表示)，如图 16-5 所示。图中左边为低场，右边为高场。

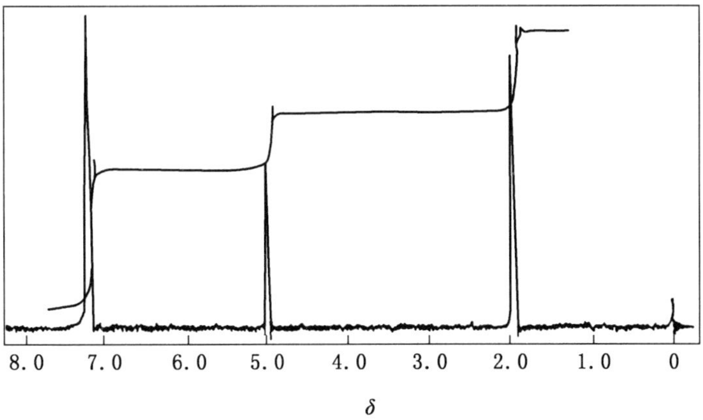

图 16-5 乙酸苄酯的核磁共振氢谱

在核磁共振谱中，峰面积与给出该峰信号的质子数成正比，通过各组峰面积之比，便可确定各组质子数目的比值。现代核磁共振仪上，带有自动积分仪，可对各峰面积进行自动积分，并以数字形式自动标出。

16.3.2 核磁共振谱与有机物结构的关系

1. 化学位移

氢核外有绕核高速运动的电子，电子在外加磁场作用下会产生一个感应磁场。感应磁场会对质子产生一定的屏蔽作用，使质子实际感受到的磁感应强度比 B_0 要略小一点，这种作用称为屏蔽效应。在分子中，质子与不同的原子或基团相连，使其周围的电子云分布产生差异，质子周围的电子云密度越大，屏蔽效应也越大，即质子需要在更高的磁感应强度下才能发生共振。质子由于化学环境不同而引起的核磁共振信号位置的变化称为化学位移，用 δ 表示。

在实际测定中，通常用四甲基硅（简写为 TMS）作为标准物质。规定 TMS 中质子的化学位移为零，其他化合物中质子的化学位移则是与 TMS 相比较而得。由于 TMS 中质子所经受的屏蔽效应较大，所以绝大多数有机物中的质子信号都在低磁场，即在零点的左边。

$$\delta=\frac{\nu_{样品}-\nu_{TMS}}{\nu_{仪}}\times 10^6$$

式中：$\nu_{样品}$ 为样品的共振频率；ν_{TMS} 为 TMS 的共振频率；$\nu_{仪}$ 为核磁共振仪所使用的频率。

常见质子的化学位移见表 16-3。

表 16-3　常见质子的化学位移

质子类型	化学位移	质子类型	化学位移
RCH_3	0.9	$C{=}CCH_3$	1.7
R_2CH_2	1.3	$ArCH_3$	2.2～3.0
R_3CH	1.5	$C{=}CH$	4.6～5.9
RCH_2F	4～4.5	$C{\equiv}CH$	2～3
RCH_2Cl	3～4	ArH	6～8.5
RCH_2Br	3～4	ROH	1～5.5
RCH_2I	2～4	ArOH	4～12
$ROCH_3$	3.4～4	RNH_2	1～5
$RCOOCH_3$	3.7～4.1	RCHO	8～10
$RCOCH_3$	2～2.5	RCOOH	10～12

2. 自旋偶合与峰的裂分

分子中只含有一个质子或只含有同一种质子时，其核磁共振氢谱上只显示出一个峰。若分子中相邻的碳原子上连有不同类型的质子时，两种质子之间就会发生自旋偶合（自旋干扰），引起能级分裂，从而使吸收峰分裂为几个峰，这种现象称为峰的裂分，又称自旋裂分。自旋偶合作用的大小用偶合常数 J 表示，以 Hz 为单位，J 越大，表明自旋偶合作用越强。

吸收峰分裂是有规律的，如果一组等价的质子，其邻近碳上 n 个相同类型的质子，则产生 $(n+1)$ 个裂分峰，这个规律称为 $(n+1)$ 规律。例如，乙醇的核磁共振氢谱中，甲基分裂为三重峰，亚甲基分裂为四重峰。核磁共振谱中的单峰、二重峰、三重峰、四重峰和多重峰，可分别用 s、d、t、q 和 m 表示。

注意化学位移相同的质子之间不产生自旋裂分，如 1,2-二氯乙烷或环丙烷的核磁共振谱图中只有一个单峰。

16.3.3　核磁共振谱的解析和应用

解析核磁共振谱图时，根据化学位移推断质子所在的基团，根据吸收峰的数目推测分子中等价质子的种类，根据吸收峰的面积判断各类等价质子的数目，根据吸收峰的裂分情况确定邻近质子的数目。

例如，某化合物分子式为 $C_{10}H_{12}O_2$，其核磁共振谱如图 16-6 所示，试推测其结构。

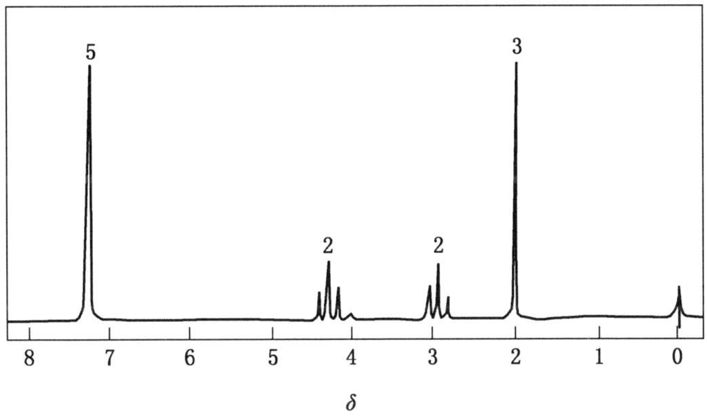

图 16-6 化合物 $C_{10}H_{12}O_2$ 的核磁共振氢谱

计算说明该化合物的不饱和度 $U=5$，说明分子中可能含有一个苯环及一个不饱和键；^{1}H NMR 谱中共有四组峰，表明有四种类型的质子，从谱图中可知四种质子的个数分别为 5、2、2、3。$\delta=7.3$ 的单峰为苯环质子，5 个质子提示苯环为单取代；$\delta=4.3$ 的三重峰为亚甲基(CH_2)分别与氧原子和另一个亚甲基连接；$\delta=2.9$ 的三重峰表示亚甲基直接与苯环和另一个 CH_2 相接；而 $\delta=2.0$ 的单峰为甲基吸收峰，并说明该甲基可能与羰基相连。因此，该化合物可能的构造式为：

思考题 16-3 按照化学位移的大小，将下列每个化合物中的核磁共振信号排序。

(1) $C_6H_5CH_2CH_2CH_3$　(2) $CH_3CH_2CH_2OCH_3$　(3) FCH_2CH_2Br

(4) $CH_3CH{=}CHCH_3$　(5) CH_3CH_2CHO　(6) $CH_3COOCH_2CH_3$

16.4 质谱

处于高真空中的气态有机物分子，受到高能电子束(50～100 eV)的轰击之后，变成带正电荷的分子离子($M^{+\cdot}$)。分子离子在电子束的进一步轰击下迅速裂解为各种带电和不带电的碎片，其中带正电荷的碎片离子在电场中被加速，在磁场的作用下，沿弧形轨道前进，按照质荷比(m/z)的大小顺序被记录下来，所形成的谱图称为质谱(mass spectra, MS)。

测定质谱的仪器是质谱仪。质谱仪主要由离子源、分离管和磁铁、离子收集器和记录器等三部分组成。在质谱仪中，通过改变电压或磁场强度使各种离子按质荷比的大小依次进入收集器，产生信号，再由记录器记录下来，得到质谱图。

质谱图通常以线条图表示，横坐标表示离子的质荷比，纵坐标为离子的相对强度，见

图 16-7。

谱图中强度最大的离子峰称为基峰，其强度人为地定为 100%，其他离子峰的强度以它们对基峰的百分比来表示。离子峰的强度与该离子的数量成正比，离子的数量越多，峰强度越大。每个峰的位置表示质荷比。

有机分子经高能电子束轰击后，除生成分子离子外，还可使离子中不稳定的键继续断裂，产生碎片离子、重排离子、同位素离子、亚稳离子等，这些离子峰对确定化合物结构都是非常有用的。

利用质谱可以确定化合物的相对分子质量和分子式，并推测有机物的结构。例如，某化合物分子式为 $C_9H_{12}O$，其质谱如图 16-7 所示，试推测其结构。

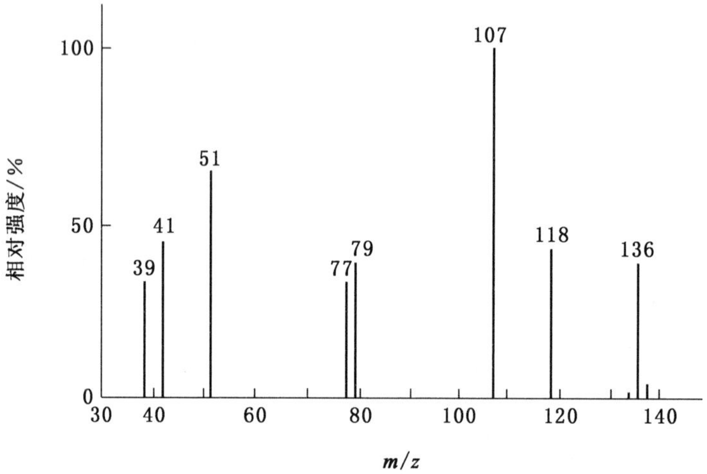

图 16-7　化合物 $C_9H_{12}O$ 的质谱

计算说明该化合物的不饱和度 $U = 4$，相对分子质量是 136，m/z 为 136 的峰是分子离子峰。m/z 为 77、51、39 的峰是苯环的系列峰，说明分子中含有苯环。m/z 为 118 的峰是 (M_r-18) 峰，是分子失去 H_2O 分子后产生的离子峰，证明分子中含有羟基。m/z 为 107 的峰是 (M_r-29) 峰，表明分子中含有乙基；该峰为基峰，它可能是分子失去乙基而产生的离子 $C_6H_5CH{=}\overset{+}{O}H$ 。综合分析结果表明，该化合物的结构是：

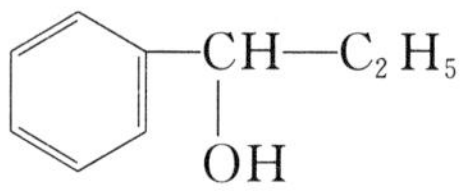

。

□ 习　　题

16-1　有机物分子中价电子跃迁有哪几种类型？能在紫外光谱上反映出的电子跃迁有哪几类？

16-2　下列化合物中在 200～300 nm 内有强烈吸收的有哪些？写出它们可能的结构式。

(1) C_6H_8　　(2) C_4H_8O　　(3) C_3H_8　　(4) $C_9H_{10}O$

16-3　在红外光谱中，能量高的吸收峰在左边还是在右边？C═C 与 C═O 谁的吸收强度大？

16-4 如何用红外光谱区别下列各组化合物？

(1) $CH_3CH_2CH_2CH_3$ 与 $CH_3CH_2CH{=}CH_2$ (2) $C_6H_5CH_2C{\equiv}CH$ 与 $C_6H_5CH_2CH{=}CH_2$

16-5 化合物A和B的分子式均为$C_2H_6O_2$，A的^1H NMR谱中只有一个单峰；B有三个峰，分别为单峰、三重峰和四重峰，试推测A和B的结构。

16-6 下列化合物在^1H NMR谱中有几个信号？每个信号的分裂情况如何？

(1)乙醇 (2)1,1,2-三氯乙烷 (3)1-丁烯 (4)1,1-二溴乙烷

16-7 化合物$C_{10}H_{14}O$，IR，3 350，1 600，1 490，710，690 cm^{-1}；^1H-NMR，δ_H，1.1(s，6H)，1.4(s，1H)，2.4(s，2H)，7.2(s，5H)，写出该化合物的结构式。

参考文献
References

[1] 邢其毅,裴伟伟,徐瑞秋,等. 基础有机化学. 3 版. 北京:高等教育出版社,2010.

[2] K. Peter, C. Vollhardt, Neil E. Schore. 有机化学结构与功能. 4 版. 戴立信,席振峰,王梅祥,等译. 北京:化学工业出版社, 2006.

[3] 叶非,付颖. 有机化学. 北京:中国农业出版社, 2020.

[4] 王积涛,张宝申,王永梅,等. 有机化学. 2 版. 天津:南开大学出版社,2003.

[5] 陈长水. 有机化学. 2 版. 北京:科学出版社,2008.

[6] John McMurry. 有机化学基础(英文版). 北京:机械工业出版社, 2005.

[7] 叶非,杨爱萍. 有机化学. 北京:中国农业大学出版社, 2009.

[8] L. G. 韦德 JR. 有机化学. 5 版. 万有志,等译. 北京:化学工业出版社, 2006.

[9] 胡宏纹. 有机化学. 3 版. 北京:高等教育出版社, 2006.

[10] 汪小兰 有机化学. 4 版. 北京:高等教育出版社, 2005.

[11] 徐雅琴,黄长干. 有机化学. 北京:中国农业出版社, 2009.

[12] 高吉刚,付蕾. 有机化学. 北京:科学出版社, 2009.

[13] 李景宁. 有机化学. 5 版. 北京:高等教育出版社. 2011.

[14] 常建华,董绮功. 波谱原理及解析. 北京:科学出版社,2001.